复旦卓越·21世纪烹饪与营养系列

饮食文化导论

主　编　陈苏华
副主编　徐秀平　胡孝平

TWENTY-FIRST CENTURY
COOKING AND NUTRITION SERIES

复旦大學出版社
www.fudanpress.com.cn

总/序
ZONG XU

　　酒店管理是全球十大热门职业之一,高级酒店管理人才在全球都是一直很紧缺的,近年来,在国际人才市场上,酒店管理人才出现了供不应求的局面。随着2008年北京奥运会、2010年上海世博会和越来越多的国际大型活动将在中国举行,中国对旅游、酒店管理专业人才的需求也日益增大。预计到2015年,高级酒店管理人才将成为职场上炙手可热的高薪阶层。

　　同时,随着中国职业教育(应用型本科、高职高专)的蓬勃发展,职业院校毕业生就业率逐年提高,毕业生越来越受到各行各业的欢迎。酒店管理专业是与实践紧密结合的专业,为此,在编写本套丛书的时候,我们主要考虑了以下几点。

一、强化实践性

　　目前,市场上出版的一些应用型本科、高职高专教材主要是供教师授课使用的。但是现实情况是,实践性教学一般占到高职高专教学总学时数的三分之一到二分之一,是普通高等教育和高等职业教育中的重要环节,因此,在本套丛书的编写中,我们增加了很多与实践相结合的栏目与内容。

二、教材内容与职业资格证书紧密衔接

　　"双证制"是高等职业教育的特色所在,因此,在本套教材的编写中,我们力图使本套教材的问世切实符合教学以及教育发展的特点,以职业目标和劳动过程为教材编写导向,通过岗位调研,在进行职业分析、确定职业能力的基础上改造传统的学科化教材,突出了职业教材的能力特色。

三、编写体例创新

　　高等教育包括职业教育的教材改革,要彻底革命,还需脱胎换骨。脱胎,就是走出普教教材的学科模式;换骨,就是建立具有职教特色、能力特色的职教教材的编写体例。在本套教材的编写中,我们力求做到与传统的应用型本科、高职高专教材有所不同。例如,每章前面都配有学习目标、关键概念,章内还配有要点提示、资料补充、课件使用、活动背景等小单元,每章后按教学需要配有不同程度的习题和案例。

四、出版形式创新

　　以电子化教学资源丰富纸制教材,增加教材的直观性和仿真性。过去的教

材,只是纸制的教材、教参、试题,版本单一,而且由于教材出版周期的问题,教材内容往往与技术发展实际有一定距离,因而学校对教材内容滞后、需要增加新技术、新工艺的呼声甚高。在本套教材的编写中,我们着重开发电子仿真教具,通过电脑演示、模拟原理等手段,学生能对工作原理一目了然,不仅丰富了教材、节省了学校人财物的投入,而且使学生在静态中的接受知识变为了在动态中的理解知识。

卓越·21世纪酒店管理教材编写委员会

目录

MU LU

第一章 绪 论

知识目标

本章阐述文化与饮食文化的概念,文化所具有的十种特质,揭示饮食文化作为人类文化的母文化与根文化的本质,强调饮食文化学的学科地位及其学习的重要性。

能力目标

通过教学,使学生能够了解什么是人类的文化及其饮食文化的实质;了解饮食文化作为人类母文化与根文化的本质;了解饮食文化在旅游、烹饪、酒店等相关专业学科中的地位,从而产生学习的兴趣。

人类总是将自己看作是地球的主人、万物之灵、众生之尊、食物链的终极杀手。人类不断地为自己在文化科学上的伟大进步而骄傲、而自豪。沉浸在基因工程、纳米技术、核能利用、外星探索的喜悦之中。然而当人类面临全球污染、气候异常、物种寂灭、江河断流、城市飞沙、风暴海啸的生存威胁与危机时,不得不深入反思:人类是什么?从哪里来?到哪里去?人类又做了什么?孰利孰害?对未来又该怎样选择生活的模式,重建文化的传统?于是便产生了现代文化人类学。文化人类学随着西方工业革命而兴起,迄今已有100多年历史,在西方产生出众多杰出的文化人类学家,如摩尔根、泰勒、施宾格勒、布留尔、道金斯、汤因比、卡西尼、怀特、马林洛夫、格罗塞、克鲁柯亨、本尼迪克特等。在中国,对文化学的研究也已近一个世纪。如周谷城、黄文山、费孝通、周积明、冯天喻、张光直、林语堂等,都创造出了骄人的研究成果。因此,我们学习饮食文化学首先须了解文化学的近现代最具代表性流派的一般理论。

第一节 人类文化的特质与概念

文化的概念一百多年来有着许多解释,其内涵不断地被扩展和延伸,并因研

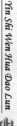

究的国家、民族、阶级、时代和知识背景的差异而"仁者见仁,智者见智"。产生了众多的学术流派,有近200种之多,其中最著名的有:古典进化论、传播学派、民族心理学派、文化形态史学派、功能学派、结构学派、新进化论学派、符号-文化学派。

西方文化学派多从人类学、民族学、历史学、哲学、心理学中派生出来,其文化定义强调人的全体性,将文化本质着意于动物本能与人的自觉区别点,故大都以原始文化为主要考察对象,把无意识含义系统抽象为文化的逻辑起点,而对阶级社会的文化现象有所忽视。而苏俄文化学则与马列主义哲学紧密结合,力图以历史唯物主义的方法解释文化本质,较为注重文化的物质动因,认为社会需求是文化的动因,文化是人们在社会发展中所创造的物质与精神财富的总和,认为马克思主义文化理论的出发点是物质文化和精神文化的有机统一。

现代中国的文化学者,受苏俄与西方文化研究影响很深,同时又具有深厚的传统文化理念基础,两者互为融通,在两者结合的基础上许多学者也具有出色的文化界定和论述。例如:

台大黄文山教授,他认为"文化的内容,是由人类过去的遗业所构成。所谓遗业,在性质上是累积的,而累积是一种客观的、历史的现象"(《文化学的方法》)。

综合近现代百家文化学派的文化界说,虽各有优长,各有自定目标准则,各有不同侧面和建树,但似乎并未能提出一个明朗的、完整的、论据充分的关于文化本质的定义。19世纪70年代,恩格斯就精辟地指出了这一共性缺乏的弱点所在。他论述道:"自然科学与哲学一样,直到今天还完全忽视了人的活动对他思维的影响,它们一个只知道自然界,另一个又只知道思想。但是,人的思维的最本质和最切近的基础,正是人所引起的自然界的变化,而不单纯是自然界本身;人的智力是按照人如何学会改变自然界而发展的。"(《自然辩证法》)恩格斯又明确地指出,文化是劳动,而劳动创造了人本身。恩格斯赋予了文化以科学合理的定义。劳动正是人类创造有意义符号的行为过程,而这也是人之所以为人的主体再造过程。他既注意到了人的外化创造物,又注意到了人自身塑造的能动性;既注意到创造文化的过程,又注意到对文化产品的研究,使内外主客统一,从而深刻地把握了文化概念上的本质。在文化创造过程中,亦是人与自然主客对立至统一的过程。这里的自然,不仅是指存在于人身之外的自然界,也包括人的本能,人体组织结构机能的各种自然性。文化的出发点是指因人自身的需要。人的改造自然进而改造社会的实践活动创造了文化的同时也创造了人本身,这种有意识的劳动活动直接将人与动物自然本能的生命活动相区别。高尔基在《一个读者的札记》中说:"人勇敢地、不断地研究,他的主要敌人——自然界的狡猾性,日益迅速地掌握了自然力,并为自己创造了'第二自然'。"这个"第二自然"及其创造过程就是文化,人的超越自然本能有意识地作用于自然界和人类社会的一切活动和产品都属广义文化范畴,这里引用中国当代杰出的文化史学家周积明等先生关于文化本质的概念如下：

"文化的实质性含义是'人类化'，是人类价值观念在社会实践过程中的对象化，是人类创造的文化价值，经由符号这一介质在传播中的实现过程，而这种实现过程包括外在的文化产品的创造与人身心智的创造。"（《中华文化史》，上海人民出版社，1990年版，第26页）

对诸多文化学著作的观点综合，大致有十大特质，即文化的人类性、符号性、学习性、强制性、变异性、整合性、选择性、共享性、多元性、扩散性等，兹分述如下：

（一）文化的人类性

据现代生物行为科学的研究，人类并不是具有文化行为的唯一生物，也不是唯一的社会性动物。例如蚂蚁、蜜蜂、猩猩等生物都具有一定的文化行为和社会化性质，但是，与之不同的是人类会制造和使用工具（语言、文字、生产工具）赋予对象以"人格化"的意义，为人类自身的需要服务。简言之，凡是超越本能的有意识地作用于自然界的一切活动及其产品都是人类的文化范畴，这是"自然的人化"。马克思说："动物只生产自己本身，而人则在生产整个自然界。"（《1844年经济学——哲学手稿》）例如一块天然的石头不具有文化意蕴，但经过人工打磨，使其注入了人的价值观念，而成为文化物。人类有意识地自觉的劳动改造了自然物，使之获得了人类的灵气，在这一文化过程之中，提高了人本身的知识与技能，同时也结成了人与人、人与自然之间的社会关系。因此，人的历史创造了文化的历史，反之，文化的历史就是人自身进化的历史。这种"人类性"的文化造物活动从根本上将人与其他动物相区别。

（二）文化的符号性

这里所指的是每一种文化产品都具有向我们传达信息的符号性质，从这一特性出发给文化的人以定义，人是符号的动物，而符号具有象征的意义。一切的文化产品都是一种符号，向人们传达种种经验。例如一个文化团体的组成，向我们传达其团队的社会性质与活动内容。这个文化团体作为符号单位而存在。再例如将面粉与其他辅料制成"月牙蒸饺"，则向我们传达其加工程序与风味特色以及人的情感等信息，月牙蒸饺也是作为一个符号单位而存在。即便是一台机器其实用性、美感性、方便性等人格化信号特征随处可见，那些抽象派雕塑则更以符号的形式向人表述无限深刻的心理境界。

（三）文化的学习性

一般认为，人是通过学习获得文化的，对周围文化环境的人和事耳濡目染而成为有特征性文化人，从而获得生活的方式方法和价值观念。人文环境造人，人则通过学习而成其为人。在科学知识与艺术方面，更具有通过学习而掌握的显著特征。"牙牙学语"一词典型地反映了人的学习文化状态。人在学习中提高了自身的智力而成为聪明的人，文化的学习对人的成长和社会发展至关重要。

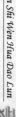

美国人类学家 C·恩伯与 M·恩伯指出："文化是后天习得的。"例如吃本身并不属文化范畴,因为人与其他动物一样,不吃就不能生存,"但吃什么,什么时候吃和怎样吃都是后天习得的,不同的文化就有不同的表现"。

学习文化通过符号系统的传播给人以象征意义的认识,尤其是语言和文字及一切实物实例赋予特定习得的、共享的信念、价值观和行为的特征,形成为一个社会的特型文化。亦即占有共同领土,使用共同语言与文字和具有共同生活习俗的区域性社会集体文化模式,而每个社会成员的大多数行为则是在文化模式中长期潜移默化的结果。

（四）文化的强制性

文化的强制性是指人在特定文化生态环境中的学习生活是自觉的,婴儿模仿其母亲就是一种学习。每个人无法脱离文化环境而成长,文化规范并制约着社会与个人的文化行为而铸就"族性"特质。文化在强大的历史惯性下被传承,在个人成其为"习惯",在时序中成其为"传统",在社会面构成为"风俗"。一个成年人迁移到异国他乡,其民族文化习惯直至终其一生也难以改变,反而会随着暮年的临近而怀旧愈切。而生长在他国的人,虽是不同血统但在民族文化传统上则随之成为"所在地文化人"。

文化的强制性在不以人的意志为转移地塑造着人,最集中地反映在集体意识方面,并外化为社团组织、政府机构以及形成的制度、法律、规章、公约等,强行制约着社会人的行为准则与道德准则。

（五）文化的变异性

中国古人所说的"移风异俗"就是从一个侧面说的文化变异。随着自然与人文环境的变动,其文化行为也会发生变异。在人类历史上,这种变异现象一刻也没有停止。在文化的变异中,有的文化消失了,有的得以延续但得到了改善,有的文化则改变了其中部分,而呈与其他文化混合融汇的状态。有研究认为 2000 年前中国华北地区的自然生态环境的变化使当地人在饮食文化方面发生了许多变异。例如,一些历史上的强大的游牧民族文化因文化生态的变更而演变成农耕文化。再例如,由于北方水系的渐渐减少,从而也改变了某些地区居民食物结构等。在中国中原汉饮食文化的南移下,也改变了南方原生土著民的饮食生活风俗。

（六）文化的整合性

在社会文化的总体中,各个方面都具有密切的关联,是一个时空联系的整体,每一种文化事物都不能被看作是孤立的、偶然的、表象的,而应将其视为具有深层因素与广泛联系的文化有机组织的一部分,是过去曾有的、现在发生的、将会产生的以及与之相关联的多种事物信息汇集的符号化载体。例如,我们对《齐民要术》中所记载的魏晋食品研究,就会主动地去收集当时农业生产、食品加工、生活习俗、经济状况和科技程度等有关证据加以分析,然后才能被正确地导入对其食品文化性征的研究。

文化的整合性实质上就是历史文化基数的累聚,在具体事物中统一反映的社会化现象,通过对时空间各种相关事物的比较研究,会得到对文化整合特质的总体认识。

（七）文化的选择性

自然世界的适者生存与生物间的强者生存是自然选择法则,在文化的有机体中、在文化的体系中,也同样具有选择性规律,人类文明通过数千年对生活方式的选择形成为多样性的文化模式,这种选择包涵了同种文化的类型选择与不同种类文化之间的选择,从而形成差别性文化体系。

文化是人类对自然界的抗衡产物,因此,可以被理解为是一种"适应方式",人类的行为可能会产生许多种方式,但是,人类总是希望通过选择寻找最佳的适应方式与自然界平衡,构造一个理想的社会文化模式,在一个社会中形成集体意识形态。相同的选择形成共同的信仰与生活方式是结成一个民族的纽带,不同的选择产生不同的民族。例如,日本人、英国人、伊拉克人同样都是人类大家庭的一员,但由于其对文化选择侧重点的不同而成为不同的民族。世界的多元民族文化是由于文化的选择不同形成的,同样,世界文明的演进也是通过选择的结果。人类具有选择最佳适应于自己的生活方式的能力,这个选择的进步性与人类自身的创新思维的进步成正比。

（八）文化的共享性

当文化外化为社会形态时,便具有了被社会大多数人群共享的性质,也就是说,文化的这一性质是由个体性扩展为公众性的。当一个文化创造成为"约定俗成"式的形态时,便被相对固化而稳定,成为一种"文化的模式"。然而,事实证明这种共享是有"差别"的。每一种文化模式及其产品并不能被社会群体中所有的人平等共享,例如"文字",对文盲者就不能共享;对有罪者来说,对刑法享用与无罪人具有差别。再例如,汽车或美食,在贫富阶层中间具有显著的差别性共享等。

在社会阶层中,不同阶层的群体对相同文化模式事物的态度同样具有差别。例如一个官僚群体、一个农民群体、一个宗教群体,三者之间,在文化修养、吃、穿、住、行等方面就有很大差别,他们在同一文化主题上深受着本群体全体成员的影响。因此说:"当任何社会的文化通过那个社会所有成员明确地共享时,文化也在这个社会的子群体中有差别的共享。"（〔美〕F·普洛洛、P·G·贝茨著:《文化演进与人类行为》,辽宁人民出版社1988年版,第27页）

（九）文化的多元性

通过当代对全世界各区域文化的比较研究,发现各地区人们的社会制度、风俗习惯、文字语言等大相径庭,人类文化呈共时性多样化的斑斓缤纷的状貌,在不同自然与文化生态作用下决定了这种具有差异性多元的存在。文化源流的许多基本

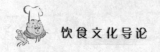

型,是各相对隔绝区域人类在"一致的人性原则"下独立创造的结果,构成为"生物圈"中的"文化圈"形态。

（十）文化的扩散性

当一种文化一经创出便会由一点向四面扩散,由这一点位移至其他点,由一个区域传播至其他区域,这一文化特质被文化传播学流派阐述得十分透彻。这种传播并不尽是人刻意的行为,而是文化产物符号化素质所给予人的敏感和认识。强势的主流文化的扩散性形成"文化圈"的基质。因此,各文化圈是相互扩散而互为因果的。马克思主义的扩散产生了社会主义运动,工业革命的扩散使许多地区进入了工业经济时代。世界文化的多元扩散织成文化网络,覆盖着人类世界的方方面面。文化传播学派认为文化是人类创造的不断传播着的信息系统,而文化传播正是人类联合发展的创造力。现代文化学研究认为,人类文化的总体是由不同区域人类共创的多元互渗扩散的结果。

第二节　饮食文化的性质与学科地位

我们可以将饮食文化基本定义为:饮食文化是人类为了生存,在饮食生活中创造产生的饮食观念、行为、技术及其饮食产品的总和,是人类通过自然选择、约定俗成的与环境最相适应的饮食生活方式。要深刻了解饮食文化的内涵,就应了解饮食文化的起源。

（一）饮食行为——孕育文化之母

维持生命体的四大要素,阳光、空气（包括氧气）、水和养分（包括食物）,其中摄食是任何动物都具有的生理本能行为,唯独人类的摄食行为具有文化性质。

1859年达尔文在《物种起源》中提出生物进化论观点,揭示了生物进化规律是由简单到复杂,由低级到高级的。1871年则进一步在《人类起源与性的选择》中明确指出:人类是由某种灭绝的古猿进化而来的。恩格斯说:"劳动是从制造工具开始的。"文化学泰斗泰勒也发表了同样的观点:"人不是使用工具的生物,而是制作工具的生物。"（《人类学》）打磨工具正是制造技术的起源,人则因创造出了技术而成为人。

值得注意的是,在新石器文化期间人类学会了使用打火工具烹调,并且大量地制造石器,饮食已由素食改变为荤食,再由生食改变为以熟食为主。这几点对人类的形成具有决定性作用,增强了人与自然抗争的能力,肉食极大地改善了人体的生理化学结构,使大脑快速地发达,增加了脑髓的总量,智力也迅速地增长;熟食则为人的安全与健康提供了保障,使人类的寿命得以延长。饮食文化——即以改善饮食生存为目的的意识与劳动是人类最终成为"现代人"的文化标志。因此,饮食文化是人类总体文化发微的基础,从而具有本根文化的性质。

早期人类的劳动工具几乎都是用于烹饪的工具,有石斧、石锤、石制切割器和削器等。石斧、石锤是用来砸骨或坚果的;切割器与刮削器是用来割肉刮皮的;尖状器是用来剔肉的。全球各地区早期人类的工具形式几乎是相同的。石器产生的本身又具有造型艺术与机械技术起源的意义。乃至到了新石器早期,考古所发现的箭镞、壁画、雕塑、石刻、数字、符号等最古老的艺术样式以及更后时期的陶器等,都真实地反映了饮食生活的内容和需要,都各自代表了人类饮食生活在各历史时期演进的特征,同时又具有各种文化门类的起源性质。有许多心理分析认为,原始人并不懂得精神生活,而是在直觉下单纯而直白地表达。因狩猎成功而手舞之、足舞之;因抬取沉重的猎物而自然地发出哼唷、哼唷有节奏的叫声,因之诱导了舞蹈、诗歌和音乐的起源,等等。由于原始公社成员间的分食公平合理性需要,而致法律、制度、伦理、道德概念的萌生。又由于氏族成员中对各项劳动的分工,促使了家庭、阶级、国家社会的起源等。早期人类的饮食文化活动,不断地促进着人脑及神经系统、组织的进化,从而不断地孕育着人类意识与心理活动的进步,使之成为物质文明创新运动的内在动力和基础。在新石器时代前后,在世界各地都居住有原始民族,德国哲学家格罗塞说:"所谓原始民族,就是具有原始生活方式的部落,他的生产的最原始方式,就是狩猎和采集食物(饮食生活文化的一部分,主要还是烧烤食物),一切较高等民族都曾有过一个时期采用这种方式。"(《艺术的起源》)他又说:"一切文化艺术都是起源于人类最初的生活文化之中。"由于原始民族的生活方式集中到饮食的文化活动之中,从而使饮食文化蕴含了众多文化样式的起源态因子。因此,饮食文化又具有孕育众多文化的母文化性征,正如龚自珍(1792—1841)云:"圣人之道,本天人之际,胪幽明之序,始于饮食,中乎制作,终于闻性与天道。"(《五经大义终始论》)格罗塞在谈到原始艺术起源的一致性特征时说:"原始艺术的一致性明白地指出了由于有一个一致的原因,而这个一致的原因,我们已经从那在各种各处的狩猎民族间都有完全一致的性质,而且同时在一切民族间都有最强烈的影响及到文化生活的一切其他部分的文明因子(即求食的方法)上找到。然而我们还不能将各种情境和各种方面上原始生产方式和原始艺术形式之间的关系追究得清清楚楚;我们只是大体已经将狩猎生活在艺术起源中的意义弄明白了。这是必须留意的大事。"(《艺术的起源》)通过对南美、澳洲以及美国一些土著部落人群的观察发现,原始人的心智深度是相一致的,难以产生更为宽广的联想,而是直觉的。其对文化的表现具有惊人的一致性,任何文化或艺术在最初的低级起源阶段都是以实用性为第一目的的,这个实用性就是直接地为原始社会饮食生活的各种需要服务。

(二)饮食活动——蕴涵整合文化的基因
在人类不同的需要层次上,饮食生活有不同的表现形态。

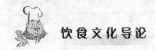
西方的一些实验心理学家从马斯洛的人类动机层级论中看到:"处在毕生环境仅对身体的生存提供最勉强的必需品的人,是不太可能发展对……美的迫切需要的。……他过分地关心满足眼前和紧迫的饥饿需要,只有摆脱低级需要支配的人,才能为以缺乏为基础的内驱力外的其他内驱力所策动。"(克雷奇、克拉奇菲尔德、利维森等合著:《心理学纲要》,J·P·查普休等:《心理学体系和理论》)说得太好了,一个极度贫困而缺乏教育的人与一个富有而具有较高教育素质的人,其饮食生活内容与质量是绝不相同的,当一个人在基本满足吃饱的生活生存需要时,他必然地会对健康安全提出要求。当食物丰富时,会必然地倾注到爱与相属关系方面,热衷于饮食的各种社会活动,并以此得到社会的尊重的满足,在审美与创造中实现自我的价值。这就是人类饮食生活在基本需要的层级中由低级向高级递进的历程。现代的饮食生活已不仅仅局限于人类生理的基本需要而本能地关心眼前的满足,而是在更多的驱动力的策动下注视着长远的满足。不难想象,一种内含卫生、营养、美感统一结构的,科学技术含量高的美食会给人的进餐带来何种认识。俗话说,没有无社会目的的筵席。一个人去参加朋友的婚宴,恐怕并不是为了吃饱肚皮吧,而更多地是增加友谊与尊重的意义,获得精神的满足。一盅"佛跳墙"表达的也不仅仅是一种菜肴,更重要的是一种饮食审美的行为与文化精神。

人们一日三餐,饮食生活何其重要,它最直接地关系到人的生存与健康的基本需要。饮食所给予人的愉快可能比之其他方面具有更为重要的比重,有时这种愉快超越了生理快感而与精神快感相统一。所有的人都追求美食,并有一整套极其复杂的操作系统,为人类实现美食理想服务。这就是中国人所称谓的烹饪工艺,它比之其他艺术或技术毫不逊色。与之相关联的科学知识为数众多而且具有交叉与互渗性特征。文明社会的人们在饮食文化生活中所需要满足的除了生理之外还有更为丰富的内涵,充分表现了人类解放自我超越本能的个性特征。烹饪工艺以极其丰富多彩的食品符号交流社会,沟通心灵,反映人类无限深邃的心理世界,成为文化审美的一种特征性载体或者工具。

由于饮食文化与人类生活水乳交融,沉得太深也贴得太近了,反而造成了许多人跳不出饮食生理的洞穴,导致其对饮食相关知识的无知而仍以动物的目光看待人类的饮食。他们忘记了自己作为文化人的本质属性,看不到饮食相关层次知识教育的重要性,忽视了饮食的安全、健康和社会娱乐的重要性质,降低专业服务技术岗位门槛,从而造成了在现代仍然难以建立与饮食相关的科学文化体系,从而也造成了目前中国餐饮层次教育的萎缩与浮躁。从根本上讲,也造成了其自身作为文化人的文化性无知和安全与环境的潜在伤害。

据研究,人类的审美意识首先是从饮食经验开始的,人类的童年在生理的直觉性驱动下选择了熟食方式,在反馈和思考下认识了健康,从而创造了人类普遍享有的熟食生活模式。在饮食的社会化过程中,感受到了情感,再进而运用饮食的方式抒发情感。这是现今世界人类所共有的行为和观念。这一点很重要！如果没有人类的社会化饮食生活存在，那么人类的文化生活是多么地贫乏和空洞，人们也会不知道祭祀、节庆美食、鸡尾酒会、冷餐宴会、野外游的聚餐为何物，也无从理解人类为什么要将食品加工得缤纷多姿、风味多样、形态各异。

饮食文化的真实存在性，在于它用物质态产品象征，为人类各层次的需要服务。饮食文化所拥有的技艺体系表现为人类生活的一种特色性文化过程模式。它是人类对饮食生活的自由选择，来源于人类心灵对超越自然的渴望。

（三）饮食习俗——支撑民族大厦的土壤

一个人从小所养成的饮食习惯是最为顽固的，即使他远离故园，在异国直至数十年也不能改变。而饮食习惯正是在其生长的社会环境中养成的，这个社会环境就是传统与风俗环境。通过自觉的学习与体会而深刻于心。什么样的环境造就什么样的人，这种传统与风俗的日积月累构成人的精神灵魂，造就人的文化性格。此所谓在文化上的集体造就个人。有事实证明，一个中国成年人到德国去，如果让他完全按照德国人一样饮食或按照德国人的饮食方式生活，除非采取强迫手段，即使改变了，也会导致生理与精神的疾病产生。因此，饮食生活方式的不同是形成不同族群成员鲜明的异质特征之一。在一个相对异象性文化模式群体中，其四个主要成分，即物质、社会、语言、精神相互之间具有密切的联系。有研究表明，传统的、习惯的饮食生活不仅影响着人类的体质和遗传，还长期作用于人类的精神与心理。使人在饮食方面固守传统，坚持习惯。例如美国人对猫、狗之类拒吃，回族人闻到猪肉气味会呕吐，中国的北方人惯于吃面，而南方人惯于吃米；江北人惯于吃粥，江南人更惯于泡饭，等等，不同地域的人群文化差异除了语言外，食性的不同最具有鲜明特征。每个人对习惯的食物倍感亲切，而对未见未吃过的食物十分谨慎。食性的顽固性到了人的中晚年时尤为突出。个人的食性是在身边的群体食性传统氛围中养成的，并将这一传统承继给与之生活在一起的下一代人，具有相同相近食性传统的人们比邻而居，从而形成区域性人群的饮食文化风俗。

如果说语言是联结民族内部情结的纽带，那么可以说，食性是支撑民族文化生活的基础或谓之土壤。客观上也正是这样，人们日常生活中饮食生活占有极其重要的地位。中国有句俗话："一日三餐，柴、米、油、盐、酱、醋、茶"，人生的第一需要就是吃喝，吃喝是人类一切活动的基础。一个饥饿的民族，其前景是堪忧的。一个饥饿的人，首先想到的可能并不是去舞厅或者是画廊。

早在先秦之时，《礼记·王制》将当时华夏民族与其他民族相比较，指其识别特征时说："中国戎夷五方之民，皆有其性也，不可推移。东方曰夷，被发文身，有不火食者矣。南方曰蛮，雕题交趾，有不火食者矣。西方曰戎，被发衣皮，有不粒食者矣。北方曰狄，衣羽毛穴居，有不粒食者矣。"认为不熟食、不食用颗粒状粮食的民族不是华夏民族。而既熟食，又习惯于颗粒状粮食的就是华夏族。直到今天，中华民族虽已经过数千年的融合发展,形成了极为复杂的民族统一体,而这一饮食族性传统依然昭然鲜明。

中国著名的民族学家吕思勉认为:"民族与种族不同,种族论肤色,论骨骼,其同异一望可知。然杂尽稍久,遂不免于混合。民族则论言文,论信仰,论风俗,其同异不能别之以外观。然于其能否拹结,实大有关系。同者虽分而必合,异者虽合而必求分,其异同,非一时可泯也。"(《中国民族史》,中国大百科全书出版社1987年版)种族或氏族虽然不同,但只要在价值观、信仰、语言与文字以及日常生活中吃、穿、住、玩等生活风俗方式相同者即可以理解为民族,亦即民族是一个自然与文化区域里,具有共同意识、价值利益关系和共同生活方式、习惯、风俗的社会共同体。民族是一个不断融合扩展的社会机能组织,一个民族延续的历史愈久,其文化的积淀也愈厚,愈能显示出无比强大的文化选择的生命机能。纵观世界民族之林的历史,有的消亡了,有的分离了,有的融合发展得更为强大,有的则形成的历史较短,有的却具有悠久历史等。只有中华民族在漫长的七千年文明史中,与炎、黄族一脉相承,通过与历史上众多民族的融合而形成华夏族——汉族乃至今天中华民族共同体。在这一悠久历史的长河中,饮食文化正是最为基础的,犹如土壤一样支撑着中华民族的大厦,使中华民族普遍深层的积淀着大河流域精耕农业文化的情结,培育了中华民族东方大陆文明的华彩与包容。

如果将人类文化的本源归纳为饮食与性爱,那么依据调查统计,在人类早期文化遗留物的石器与古岩画中,最主要的正是饮食文化与性爱文化物的遗留。其中有一个鲜为人注意的现象是前者东方多于西方,而后者西方多于东方。经推测,饮食与性爱,前者是生存后者是繁衍,前者是基础后者是发展。中国人更看中基础,西方人更看中繁衍的原因是:长期以来食物与繁衍同时是自然界赋予人类的最大挑战。由于某些自然的原因,东方的繁衍胜于西方造成食物短缺;而西方则食物富于东方,但是人口稀少。在长期的年流中,人们认为这是超自然的力量所控制的,于是产生了对两者的崇拜,在侧重性上,东方更注重于饮食,注重食物功能的综合性而食药同源。在性爱方面则趋于保守,个人服从社会。西方则更注重于性爱,追求性爱自由,以个人为中心,注重食物热能的饱腹单纯性,这是东西方两种文化基质的不同侧重性导向所致。值得注意的是,当性爱生活超越生物本能而产生文化意义的时候,饮食文化早已发生了好多个千年。生存是根本,当中国人口众多愈感到食物艰难时就加强了饮食崇拜,在夏、商、周时引申为一种伦理政治的制度文化。繁衍是发展,当西方人口减少愈感繁衍的艰难时,便加强了对性爱的崇拜,这在希腊与罗马文化时期,尤其特出。将性爱视为自然美的最高法则,是自我的超越和解放。这些都导致后期文化发展趋向的东西方同质异构的特征,实际上这丝毫不影响早期东西方民族对饮食崇拜具有同等重要性,在长期的适应过程中,各自建成了最佳适应的饮食文化模式,养育和支撑起各自民族国家的大厦。

（四）人类饮食文化学——文化人类学的分支

依据饮食文化的概念，我们可以将饮食文化学的定义演绎为：对人类饮食生活的观念、技术、产品、行为规律研究的专门学科。人类饮食文化学是文化学体系中的门类分支学科，由于是从饮食生活的视角研究文化人类的本质，因此，人类饮食文化学又是文化人类学的分支，与其他文化人类学的分支：语言人类学、历史人类学、体质人类学、考古人类学、分子人类学、民族学、社会人类学等一道构成人类学的学科整体。同时，它又是食品科学中的一个边缘学科。

人类饮食文化学的研究对象就是人类饮食生活中的各种文化现象，通过现象到本质，其研究的领域十分宽广，不仅要研究过去有过的，现在存在的，还要研究将来要有的；不仅要研究思想的、物质的，还要研究技术的；不仅要研究形式的、过程的，还要研究方法的。其目的就是研究人类的饮食与人类文化关系和作用，本质与属性等。总结饮食经验，揭示文化规律，给人类饮食文化的未来发展提供有益的参考，同时，为人类自己重塑更为合理的饮食文化形象服务。

由于世界自然、民族、历史的多样性和复杂性，给人类饮食文化学的研究造成了极大的困难，尤其在史料证据方面显得零星而不系统（欧美文献史料更少于中国）。因此，中国正式对饮食文化开展专门学术研究仅有二十余年历史。其中最为著名的研究成果有曾纵野的《中国饮馔史》、邱庞同的《中国菜肴史》、《面点史》，陶文台的《中国烹饪史略》，洪光柱的《中国科技史稿》，赵荣光的《中国饮食文化研究》和原江苏商学院院刊《中国烹饪研究》的相关论文。另外，在 20 世纪 30 年代尚有林语堂的中国饮食文化专门论述，如《中国养生术》、《我们怎样吃》等被收集在《中国文化精神》中，虽属杂文，但对后来的饮食文化专门研究方面起到了较好的启迪性，其他尚有郎擎霄的《中国历代民食政策》（《建国月刊》1932 年 9—10 月第七卷第 4、第 5 期）、《中国民食史》（商务 1934 年版），吴敬恒、蔡元培、王云五的《中国民食史》（1934 年商务版），闻亦博的《中国粮政史》（1936 年上海亚中书局版）等对后期的研究亦有较好的影响。

以上研究都着眼于中国这一特征性社会的饮食文化史方面的研究。由于中国饮食文化在世界文化之林具有极其鲜明的特色性，一些身居国外的或台湾的华人学者和一些外国学者也开展了专门学术性研究。其中具代表性的有：美国哈佛大学华裔人类学博士张光直教授的《中国饮食文化》（耶鲁大学 1977 年版）、台湾学者尹德寿的《中国饮食史》（台北新士林出版社 1977 年版）、日本著名的饮食文化学家筱田统博士的《中国食物史研究》（日本八坂书房 1978 年出版）、日本林已奈夫的《汉代饮食》、台湾学者张启钧的《烹饪原理》等，都有杰出成果，对大陆学者产生了深刻影响。上述著作大都有一个共同的特点，即基本是从史学的角度，运用传统史学的研究方法解释和训诂中国过去以来所存在的种种历史文化现象的。张光直与张起钧教授则更是从中国传统哲学的视角，对中国饮食文化的深层结构与隐形体系作了较为深入的揭示和梳理，堪具哲学饮食文化学的韵味。而在人类世界文化大背景下展开对饮食文化的研究或对世界饮食文化整体之中的比较研究，以及运用文化人类学的方法对人类饮食文化自身发展规律的研究，则显得贫乏和薄弱。

21世纪以降，世界文化都建立在一个整体结构中加以区别，人类的视野由小到大再回归于小，地球各地间的距离空前缩短，四季的交替、气候与地理的差异已不是主导文化多样性的主要力量。人类为自己创造了一个空前随意的科学的第二自然的文化环境。饮食文化进入了以整体融合与重组为特征的第四次大选择高潮。第一次的自然选择是采集经济时期的由生到熟；第二次是农业经济时期对农、牧、渔产品等稳定食物结构的选择；第三次则是饮食由直感性向有理性的选择，在中国表现为养生观，在西方表现为营养观。这是农业经济向工业经济演进期的饮食文化选择特征；第四次选择以20世纪末开始至21世纪进入高潮，表现为社会普同性向科学个性化选择的特征，这是后工业或信息经济时代人类对饮食模式选择的鲜明特征。所以说，21世纪对饮食文化的研究应从更为宽厚的背景上作整体的探索，站在人类历史、现在、将来的时空制高点对饮食文化的各种现象加以比较和推演，运用现代哲学科学方法论为工具，对饮食文化及其相关联的一切事象加以解释和分析，达到揭示饮食文化的普遍规律和特殊规律的目的。

饮食文化学试图建立这样一种场景，即每个人都能科学地了解饮食与自身关系的方方面面，为自己建立一个具有个性特征的最佳适应的饮食模式，同时，由无数个性化特征的饮食生活模式合构成一个社会整体性既统一又多样性的饮食文化的多彩世界，重建能最佳适应于一个民族与每个人自身的饮食文化模式。现代饮食文化已分解为许多子学科，例如，饮食工艺学、饮食材料学、饮食营养学、饮食保健学、饮食史学、饮食审美学、饭店及厨房管理学、饮食设计学等，为饮食文化学的综合研究提供了工具，饮食文化学将过去、现在、未来为对象，研究其利弊，分析因果，总结经验，开拓未来。

目前，在东西方发达地区与国家里，饮食文化教育十分发达，并已形成完善的市场体制，仅美国就有600家烹饪、饭店的高等教育机构。营养、卫生、道德、法规、工艺、管理、设计、审美的标准化、规范化、科学化、艺术化程度日益提高，特别在从事饮食专门技术工作的中、高级专业人员中具有高等教育资质的人员很普遍。

人类经历了三次大的选择和重建饮食文化模式传统历程，现代正面临着第四次大选择的高潮，其主要特征是加强了个性化发展，普同性与个性化构成多样性的统一。由于现代饮食生活与时代同步发展，其大量知识与技术的集聚使得饮食文化的大众层次性教育走到了前台，这一方面发达国家与地区走在了中国及其他发展中国家的前面。中国如要珍视其特色鲜明的悠久传统，就必须要大力加强教育的传播力度。饮食文化学通过对人类饮食文化发展规律的研究和揭示，力求建立三维和谐的饮食文化世界。从人类饮食文化生活的基点上解释人类的本质规律，在这个方面,饮食文化学的学科地位就相当重要。

（五）饮食文化学的研究方法

由于饮食文化学研究对象领域较多、范围较广,其研究方法也较为特别,一般有社会调查、考古、心理分析与仿真比较等方式。

1. 社会调查

（1）对一个地区,城镇或农村人群饮食生活状况调查,了解居民对食物的获取、加工、食用情况的普同性、差别性。对普遍享有的传统、风俗的饮食行为观念加以考察,通过对多个区域,乡村、城镇居民饮食生活状况的调查,进行体质的、营养方面的、物质状况的、风味的、加工方式的、应用状况的比较、分析,获得对其传统、风俗与自然环境关系的总体认识,最后提出规律性的利弊意见,帮助地区完善饮食文化模式的重建工程。

（2）对家庭与个人饮食状况调查是了解一日三餐,365 天的饮食习惯,了解一个人是怎样学会饮食生活的,一个家庭又是建立在什么模式上,具有什么特殊性,对子孙的饮食教育又是怎样的形式。了解家族饮食史,体质遗传与饮食的关系。通过对多个不同家庭的比较,得出饮食文化行为的典型性、必然性与异质性,同样通过对个别人的调查,了解其饮食经验,生理状况,个人的特异性习惯,分析其与社会普同性的差别和原因,把握个人饮食行为与集体关系的文化意义,即文化对个人是否具有了强制性,多个个体是否是构成一种饮食文化模式的基本因素,并以此诱导个人饮食行为的良性改造。

（3）对以经营为目的的酒店市场调查,了解其经营品种、模式与方法;了解其特征性、生产方式和经营状况,通过对多个酒店与市场的综合比较,考察分析社会各阶层人群的饮食消费态度、认知程度。把握市场与家庭个人的关系实质,从而掌握社区饮食文化变异的内在规律,反过来指导市场与社会人群间的经营与消费向良性循环规律运转。

社会调查可采用问卷、访谈、见习、模拟等方法。

2. 文献与考古结合的考证方法

（1）对典籍文献的考证,是对与立论相关信息的收集、统计、归纳和总结,这类信息在世界尤其一些具有悠久历史的国家与地区遗存典籍虽浩如烟海,但是,与饮食有关的史迹文献却零碎分散地掩埋其中,需要耗费巨大精力做收集筛选工作。近半个世纪以来,一些文化史与专门史学家作出了杰出贡献,由于饮食文化在中国的特殊性,这方面的成果尤其丰富,例如扬州大学教授邱庞同的《食品与烹饪文献检索》一书与《中国大百科全书烹饪卷》、《中国食经》、《茶经》、《酒经》等,都具有重要的工具书价值。

（2）人类用文字语言记录事象的历史,较之人类整个历史是较短的,要了解文字前的饮食文化状况,还需通过考古学的发现,并通过考古实证与后期文献相对照

的方法得到最为准确的事实。实证与反证探求历史文化的本来状貌。例如,从中国元谋人到北京山顶洞人用火痕迹的发现,认明了对人类用火从不能控制到能控制,由偶然熟食到必然熟食演进的一百数十万年历史的渐进过程假说。再例如,人类运用炉灶工具对火候控制的历史可能发生在原始人有意识的挖掘火坑之后。但具体时间段不详,在北京猿人遗存中发现了用石、土块垒砌的原始炉灶形式,这将人类运用炉灶的历史,由原来认为是乌克兰的前二万年左右上推至至少二十万年前。至于与文明时代相近似的炉灶的运用,则在仰韶文化遗存中发现了最古老的陶炉形式,然而根据英国的世界著名考古学家纳德·伍利爵士的发现。公元前2500年前后,苏美尔与埃及文明早期一直使用烧砖结块砌成的炉灶。公元前1800年前后,苏美尔城市乌拉尔出土了众多的砖砌多眼烹饪灶。通过考古发现,直接用实物说明问题,弥补和互证了文字籍典记录的不足之处。

(3) 一种文化或文化模式的产生不是偶然的、孤立的,而是具有其内在必然性和普联性的,饮食文化学者应注意对背景文化材料的收集,如环境的地理、气候、政治、社会机构、人工制品以及其他文化艺术门类资料的收集,在整体文化与自然生态的框架下寻求与饮食文化关系的平衡因素,揭示世界范围人类饮食文化模式发生发展的必然性规律,以及在不同的自然与社会环境中,饮食文化模式具有差异性的规律和实质。

3. 仿真实验方法

仿真实验,就是模仿一个"真实"的环境,制造一个"亲身经历",做一回"真实的当事人",也就是对所需研究的对象,依据原始的场景,经受真切的感受。这是目前许多文化学或社会学所普遍采用的研究方法,既有学术价值,也有商业价值和教育价值。例如"红楼宴"、"烧尾宴"、"曲江宴"、"桃园宴"、"宋街小吃"等,在其环境、语言、音乐、食品、服装方面模拟历史的真实,会给人一种"身临其境"的感觉,分析问题会更为贴切,解决问题会更加简捷。

另外心理分析方法也很重要,因其属于普通心理学范畴,这里不再多述。

思考题

1. 文化是什么? 饮食文化包括哪些内容?
2. 文化具有哪些特性?
3. 怎样认识文化的人类性?
4. 论述文化的选择性与学习性。
5. 为什么说饮食文化是人类文化之母?
6. 民族的文化之根是饮食文化吗? 你怎样认识?

第二章 历史饮食文化的基本类型

知识目标

本章从历史唯物主义角度将人类饮食文化划分为几个基本类型，揭示在不同历史时期饮食文化基本类型的生成机理与内在特质，指出其在历史过程中演变的盛衰本质。

能力目标

通过教学，使学生基本理解人类饮食文化的基本类型是从历史的深处怎样生成的，了解各种类型的饮食文化对人类生活所产生的巨大影响，了解各基本型饮食文化的本质特质与演进规律。

人类经过了 200 多万年漫长的旧石器文化时期，大约到了前 4 万—1 万年的旧石器文化晚期，逐渐地从山洞中走向更开阔的高原草地，由狩猎采集的生活向游牧和原始种植的生活转型。由于对取火工具技术的掌握，人类不再受自然界火种所控制，从而获得了更多的自由。据对该期原始文化遗迹的分析，被称之"垃圾遗迹"，其遗迹基本上是石器、火堆和被撕咬过的动物骨头，反映出文化的主要内涵都集中到了人类求食生活方面。动物骨头在后期呈大量出现，表明了狩猎向早期游牧的转变。几乎所有的原始人都是猎人，据王大有先生推算，仅中国大陆上的 170 余万年间，就有近 200 亿猎人。狩猎者为寻取猎物而四处游荡，从未有过稳定的食源和固定的居所，流动性极大。随着人口的增加，迁移日益困难，猎物也日益难寻。人们不得不将捕住的幼兽加以驯服喂养模仿自然生长以期增殖。人类在受到了生死存亡的食源性威胁时便选择了放牧，让野兽驯服，从小长大，从少到增多，同时，也试着将一些常吃的植物栽入土中模仿自然生长。此时正值冰川消退、气候转暖，草原上一片葱绿，放牧也随之扩大。但是在一块土地上的饲草远不够许多牲畜的食用，牧人们不得不赶着牛羊转移到新的草场，也纷纷地迁移到大河流域的平原地

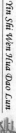

区,或放牧、或种植、或继续狩猎。据美国人类学家推算,旧石器文化初期狩猎的人口数大约为 125 000 人。大约到了前 10000 年时,游牧人口约 532 万,增长约 42 倍,可以比得上后来随历次技术革命而出现的人口爆炸指数(斯塔夫里阿诺斯著:《全球通史》,上海社会科学院出版社 1999 年 5 月版)。

随着冰川时期的结束,接着在其后 0.9 万至 5400 年间连续爆发了 4 次全球性大洪水,逼使人类退却到草原高原地带,游牧大发展,平原成泽国。但是,在每次洪水退走之后,一部分牧人部落再迁移到大河流域的肥沃平原上从事农业生产,同时,人类也经历了第一次技术革命,由旧石器进入到新石器文化时期。农业一开始,人们就享受了稳定、自足的文明社会生活。草原上的人们因缺少灌溉而依然从事游牧生活,开始时因人口较少,草原民族的游牧生产尚能自给自足,而与农业民族相安无事。但是,随着人口的激增草原的资源已不能满足人们的生活需要了,于是游牧与农业两种社会形成了历史上的对峙和融合,到了距今 1 万至 2000 年前人类的总人口达 1.33 亿左右。与旧石器时代 100 万年中人口增长数相比,约增长 25 倍。人类进一步扩散到海洋沿岸和半岛及一些较大岛屿之上从事专业的海洋渔业生产。海洋渔猎生产不像狩猎采集的小捕小捞,海洋渔业生产是与造船航海工业的扩大和发展分不开的,这也是社会的再一次大分工——农业与手工业分离的结果。人类的四种基本求食生产方式:狩猎采集、游牧、大陆农业、海洋渔猎构成了四个基本的饮食文化类型。这四种饮食文化基本类型正反映出人类发展历史中饮食文化流变与积淀的丰富内涵。这四种内涵的不同积淀形式,是当今世界民族多彩饮食文化生活的本质特征。它们的不同的交融侧重性正是构成现代中餐、西餐与伊斯兰饮食的丰富源流。

从饮食差别性方面来看,狩猎采集是由于自然生物的不同造成各地人类饮食的差异。例如热带多鸟虫、寒带多熊鹿。游牧饮食的差别则是选择生产所决定的,有的侧重于牛、羊,有的侧重于驼、马等自然因素为主要地位。而农业和渔业除了生产品种的差异外,其饮食观念与加工技术的差异性也决定了各地民族饮食的差异性,人为因素占到了主导地位。然而归根到本源上,不管其差异性存在多大和以何种方式表现,四种基本的饮食文化因素都显而易见。

第一节　山林狩猎采集型饮食文化类型

直到旧石器末期的游牧文化的产生之前,人类的饮食一直处在"饥则食,饱则弃余"的原始无生产原料的状态。狩猎采集人的食物结构极不稳定,有啥吃啥,从野生植物的果、根、茎、叶,到鸟、兽、虫、鱼,只要能吃的,都被吃掉,然而与现代人相比，由于其对食物的认知尚处在条件反射的习惯性局限阶段，其食物面还是比较狭窄的，所能猎取的野兽和可采集食用的植物食料的量也较少，因此，狩猎采集者的饮食生活极其艰难困苦和危险，饱和饥饿十分不稳定。根据文化人类学者对"现代原始狩猎部落"的考察得知其生活的样式是：社会几乎所有的成年人都要从事获食工作，包括男女老少，很少有专业人员。他们行动与居所隐秘，几与外界隔绝。他们获到即食，生熟并食，常30—50人为集体，种群较小而分散，没有个人占有土地的概念，也没有相对永久的住地，以血缘为纽带，维系无阶级结构，分食以辈分与性别为标准，同类平等。他们都是优秀的猎手和战士，生活在一些边缘地带。

人类出现至今，99%的时间是靠采集和狩猎（包括河中捕鱼）来获取食物的。农业则是相对晚期才出现，最多也只能追溯到大约1万年前，而工业化与农业机械化才出现了不到一个世纪！理查德·李(Richard·Lee)和欧文·德沃尔(Irven de Vore)指出，迄今为止，在地球上生存过的800亿人中，有90%是狩猎-采集者，6%的是农业生产者，作为工业社会成员只有4%。截至1966年，狩猎-采集者只有3万人口左右，而当时世界人口为33亿，这3万狩猎-采集者生活在所谓的地球边缘地区——即沙漠、极地和热带密林，他们艰难地生存着。

对食物的狩猎采集是依靠自然存在的资源以获取食物的生活技术，中国也有一些少数民族依然保存了狩猎采集的浓厚色彩。例如：满族、苗族、黎族、达斡尔族、鄂伦春族等。

对食物的获取是人类生存的最为重要的活动，没有食物，那么繁衍后代、社会控制、抵御外敌的侵略和向后代传承知识和技术都会成为空白，一个社会的获食活动的重要性还会对其他文化方面产生深刻的影响，而狩猎采集型饮食文化类型正是人类最为基础的原始性的饮食文化模式。

[几种狩猎采集型饮食文化] 1. 中国鄂伦春族的饮食习惯

鄂伦春族是中华民族大家庭中唯一具有典型的狩猎特征的民族。2000年统计为8 196人，生活在东北的深山老林之中，以小家庭集群部落（或自然村）分散在内蒙鄂伦春自治旗，扎兰屯市、莫力达瓦大斡尔族自治旗和黑龙江省的呼玛、逊克、爱辉、嘉节等广大地区的额尔古纳河、嫩江的支流、多布库尔河、诸敏河等流域。1950年以前还是有原始生活状态。1950年后在政府的关照下，开始走出森林定居。在历史上鄂伦春有"森林中人"、"林中百姓"、"驯鹿人"、"山顶的人"等称谓，鄂伦春人过去世代以狩猎为生，过着漂泊不定、到处迁徙的生活。

鄂伦春人的传统饮食与他们的生活环境密切相关，夏天是吃獐与狍子肉的季节，还有野猪、熊和鹿肉等，其吃法可烤、煮、薰等，生食和半生食也很常见。例如将兽肉晒干生吃；将煮至半熟的狍肉切碎与其肝脑拌和，加盐、野猪油、野葱末拌和而吃；用桦皮桶煮肉和晒肉干是鄂伦春人特有的食物。野菜、野果、蘑菇、木耳等，是猎人们的日常食物。20世纪50年代以后，走出森林从事农业生产的猎人们正在逐渐地习惯用粮食作为主粮,特别喜欢吃一种称之"烧面圈"的食品,鄂伦春语称之"布拉曼乌恩"。此外,他们也学会了用野生韭菜、野葱做馅的饺子。米食主要的是"苏木逊"(稀粥)、"老老太"(黏粥)和米饭。面食多为高鲁布达(面片)、卡布沙嫩(油饼)和饺子。鄂伦春人的饮料主要是自酿的马奶酒。另外,从外面购得的白酒也很受欢迎。每当出猎前,喝一碗热熊油以增强身体的御寒能力。鄂伦春人信仰萨满教(中国先民传统的自然神信仰),崇拜各种自然物,相信万物有灵,尤其是祖先、山神和火神。中华人民共和国建国前,鄂伦春人口急减而濒临绝灭,建国后人民政府将其拯救出来,建立了村落和自治机构,走向文明,获得新生。

2. 澳大利亚恩嘎塔加拉人的饮食生活

恩嘎塔加拉人(Ngatatjara)是土生土长大澳大利亚人的古老民族,因没有殖民者血统,而被称之"土人"。他们生活在澳大利亚西部的吉布森沙漠中。1966 年,美国学者对他们进行了研究,他们以狩猎与采集为生。该地区每年降雨不到 8 小时,十分干旱,气温最高时可达 47℃,人口十分稀少,平均每平方千米不到 1 人(现在可能更少了),由于气候与地理环境的不同,其野生动植物与中国鄂伦春人的寒冷森林不同,主要为鸵鸟、袋鼠、蜥蜴等和热带沙漠植物。但狩猎采集的饮食性质则与鄂伦春人相似。然而其生活的艰难程度却高于前者。该地区动物性猎物较野生水果、仙人掌植物更为困难,因此,土人日常饮食以采集的植物为主。他们用标枪投掷捕猎,效能远低于枪支,能养活的人口更少。因此,他们以很少的人组合,经常游动变更狩猎采集生活的环境来维持族群的生存。

3. 加拿大铜爱斯基摩人饮食生活

铜爱斯基摩人(copper. Eskimos)在 20 世纪前半叶还没有明显地受到西方人的影响,人数在 800 人左右,以亲缘关系组成 50 人左右小群体的形式生活在加拿大极地加冕湾附近。这里冬天达 9 个月之久,只有短暂的夏天,气温只有夏季几天才能达到冰点以上,极度寒冷,也较少树木,冰面在夏季变成沼泽,在冬季又暗存许多危险而不安全。受其地理、气候环境的恶劣影响,生活的艰难更胜过澳洲土人。

爱斯基摩人以海豹为主食,海豹油用来做燃料和照明,海豹皮则用来做皮鞭、皮船及水桶、服装等各式各样的东西。

在春天来临之后,他们从冰面搬到岸边,分成更小组合,猎捕鱼群和野鹿,他们能生吃海豹和鹿肉,并能直接将鹿胃中还没有完全消化掉的植物生吃掉,以补充维生素和纤维素的不足。到了夏天,他们再次分群迁至山林地带猎取成年野鹿,将多余的鹿肉做成干肉条储藏起来。老人与妇女则捕鲑鱼和鳟鱼制作鱼干。在秋天则猎捕向南奔跑的野鹿,储备更多的肉干与鱼干,并定居下来等待冬季浮冰的形成。

一般来讲,现代人类的狩猎采集型饮食文化在黑非洲表现得最为集中、特出和普遍。直至 20 世纪中叶前,黑非洲的生产技术尚处在"原始状态",其畜牧和农业水平都很低,而狩猎采集的生产水平却很特出。黑非洲居民的饮食状况可以说是全球最糟的,主要反映在食物的营养不足、烹调水平低下,这与非洲的自然条件的萨瓦那(原始草原)、赤道森林和沙漠地带分不开的,非洲的气候条件被认为是最差的一个洲,干旱炎热土地贫瘠,因此,促使许多的民族死守传统,延续数千年乃至数万年来的饮食生活习惯,从而保持更多的"原始生活"状貌。非洲历来是饥饿民族最多的地区,全世界约5 000万饥饿者,绝大多数在非洲。在食物方面,非洲人的粮食来源是农作物与采集野生植物的结合。其农业生产是烧荒垦种与"原始农业"相似,产量极低。产品主要是玉米、高粱、烛黍、饿稻,而香蕉和一些块根茎类作物、采集性植物则有很多品种,例如:波巴拉树叶(西苏丹)、派支木树的果子、蕨菜叶、草松、木沙拉木、合欢、山麻等叶子,木棉树的干花、蘑菇、拉飞棕的油和油棕果等,可供食用的野生植物多种多样,并因地区和季节而不同,仅在中非共和国的布科,可供食用的植物种类就达220种之多,其中还不包括各种野生蘑菇在内。

由于畜牧业的稀少和落后,黑非洲人的蛋白质几乎依靠狩猎的兽、禽和鱼类以及采集的可食性昆虫。大的野兽难以捕捉,因此,鼠类、蛇类、蜥蜴、蝙蝠、鳄鱼、青蛙以及昆虫中的白蚁、毛虫、蜘蛛、蝗虫、树蚕、蜗牛等成为非洲人的重要食物。由于其海洋渔业的欠发达而更侧重于一些淡水鱼类,包括肺鱼和泥鳅。又由于不会对羊、牛的挤奶,黑非洲的土著居民不会运用羊、牛的奶制作食品等现象使之蛋白质缺乏症成为普遍现象。

黑非洲是民族群最多,但族群人口又最少的地区,许多民族更像是母系氏族部落群,存在母系氏族血缘关系,普遍具有原始饮食生活状貌,大多信仰自然与图腾,因此,在饮食上存在因民族而不同的许多禁忌思想与风俗。刚果(金)开赛地区的莱莱人算是一个具有较好文明习惯的民族。他们认为,生吃是兽性行为,人是文明的,需吃经熟制加工的食物,并认为吃家畜、家禽是可耻的,厌恶使用牛奶和鸡蛋。在黑非洲流行着许多同类性质的,具同样精神的禁令。对养猪的看法很不好。妇女们不能吃蛋,禁吃蛇和鲶鱼。此外,赞德人禁吃长颈鹿、下卡萨曼斯的迪奥拉人禁吃鼠海豚等,这些禁忌严重地限制了动物类食品的畜牧生产和消费,从而维持着其狩猎采集的原始传统。

在中国西南边境的一些少数民族也依然地保持着这种狩猎采集型饮食习惯传统。例如,黎族人就重视狩猎与采集传统,他们捕捉小动物(大动物捕不到了),用弓箭射鱼,不论男女,凡出门上山,皆身系腰篮,随时采摘植物的果实、野菜,挖掘野生的块根或茎等补充食用。傣族人则喜爱食用蝉、竹虫、蚕蛹、大蜘蛛、蚂蚁蛋等昆虫原料。另外,在现代中国民族区的四大菜系之中的粤海菜系,由于善于使用猴、猫、狗、兔、蛇、鼠、蚁、狸等野物以及海产与野蔬野果之类的生猛风格而被普遍认为是狩猎采集型饮食文化遗存最为丰富的菜系。

狩猎采集型饮食文化模式是人类早期与自然界相抗衡的、历史最为悠久的一种饮食生活方式,其本身并无可厚非,也谈不上优劣的评价。但随着现代文明的发

Yin Shi Wen Hua Dao Lun

展,其对自然界的过度破坏引起了现代人类的深刻反思,自然界的再生性、自然动植物类群的大多数寂灭的原因,与人类过度的狩猎采集是分不开的。狩猎与采集的食物产量日益减少而人口却日益增加,生存的艰难性促使人类选择了农牧业生产的饮食生活方式。人类要达到与各种野生的动植物平衡相处,维护地球生物的动态平衡就必需首先要禁止或使狩猎采集活动尽可能地减少,在人生存的同时给予自然界动植物以生存的空间。因此,狩猎与采集型饮食生活现象将会消失。然而以现代的视点观之,狩猎与采集型饮食文化并非一无是处。来自自然界的动植物的无现代生化污染的"绿色性"和多样性给予现代人以深刻的启发,怎样在增加食料产量、品种、优化质量的同时,又能保护环境,恢复已被破坏的环境,保障健康,使人类饮食生活真正能够与自然界达到平衡,这成为重要的科学思考和研究的专题。原始狩猎与采集型饮食文化所积淀的无比深厚的文化因子,又在深深地激发着现代哲人与艺术家们的思考:人是什么? 什么是文化? 人类文化的根在哪里? 不同文化是从哪里开始的? 那种原始浑蒙古朴野性的人性精神和文化风格又赋予现代都市人们以极强的审美感受。然而现代的狩猎采集型饮食文化已与原始时期具有质的区别。土著民已或多或少地受到现代文化的侵袭,更可怕的是狩猎饮食被一些"现代文明人"中的投机者们作为商业投机行为而极具破坏力。在大多数地区,狩猎采集型饮食文化已经消失,包括黑非洲的许多土著民族亦已转变为现代文明的饮食文化模式。在少数地区,如果有控制地保留,加强野生动植物的再生繁殖的生产管理,则无疑是具有较好旅游文化价值意义的。对于现代都市人来说,偶尔模仿一下这种生活,无疑是对远古文化的追思,是一种文化美的享受。如果坚持以投机为目的,无控制地破坏生态环境,或本能地依赖这种饮食生活,则是低劣的、愚蠢的陋习。因此,前者会受到法律制裁,后者会被现代文明所淹没。

第二节 草原游牧型饮食文化类型

人类掌握了"燧木取火"的技术后便可以任意地向各处迁移,为游牧提供了条件。一般认为畜牧业来源于狩猎,农业来源于采集,由于更新世末期,气候剧烈的变动,打破了人类狩猎采集时期与自然界由来已久的平衡,饥饿的动力迫使人类开始寻求新的谋食方式,人们选择了畜牧与种植的生产,为人类自身谋求稳定的食物来源。原始人由狩猎采集向农业社会转化的中间环节,就是游牧与原始种植。据对5万—1万年前中国原始文化的一些遗迹考察,牲畜猪、牛、羊、狗遗骨多于粮食种植遗迹。另据地质考古报告,2.3万—1万年前正是全球最后一个冰期,大陆平原仍处在冰天雪地环境而不适宜种植,只有南方非冰原的温暖地区,如两河流域,中国南方与印度平原适宜种植,但其时人口极其稀少,不能形成规模性农业生产,而只能是进行种植的实验阶段。但在广阔的草原高地，游牧已成为主要生活方式，约9000年前冰期结束，接着第一次世界性大洪水的到来，逼使那些到达平原的试种或狩猎者与游牧民族或向高原撤退或被洪水淹没，游牧就显得更为重要。可以说农业民族基本先行经过游牧阶段的，游牧是对猎物不足的一种有效的应战。

王大有先生说，中华文明开始于燧人氏的"火文化"运动。燧人氏有前5万至前7724年历史，如果人类用火从云南元谋人算起约170万年，但在约5万年前为"自然火"而5万年后是"人为火"，这就是"燧火"。在中国辽宁大凌河西岸勺子洞遗址和金牛山东北近百千米的小孤洞穴遗址都有距今4万±3500年的人工生火技术的烧土灰烬堆积，这是人类"人工造火"最早的痕迹。此时燧人氏已在昆仑山和祁连山麓开始了游牧生活。前7200年、前5700年、前5400年全球连续的洪水泛滥、海平面上涨，在《圣经·旧约全书》被称为洪水时代，严重地冲刷着平原地带，使之不能形成农业社会的稳定基础。中国的洪水一直波及宁夏、陕西、山西、湖北、湖南、四川等地，平原人类损失惨重。在西方也有大洪水记载，仅有"诺亚方舟"拯救出少量人与物种。但在高原、游牧文明正不断壮大。

所谓游牧，就是放养牲畜，随水草而迁移，没有固定的居址，按季节变化在相对地域草场中迁移。古人类从森林山洞向外迁移的第一站就是开阔山坡、高原、台地的草原地带，建立了游牧的普遍模式，与狩猎不同的是游牧是在相对规定地域内的有限移动，是有目的的生产活动，而狩猎则是本能驱动下的求食活动，盲目地在山林中游荡。因此，游牧虽为游动但相对稳定，其组织管理更强。此外，游牧民族饮食较狩猎为稳定，风格特色相近似，基本选定以牛、羊、马、驼为畜群主体，以具体食用方式的不同形成文化性差别，而狩猎族则是猎到什么吃什么，十分不稳定，以自然生物的不同而形成自然性的差别。游牧作为狩猎采集文化向农业型过渡的中间状态文化，大约4—1万年左右，并在其后与农业文明并存至今。

放眼世界地理，游牧地带与农业地带似乎具有一条大致的界线。牧地在高原、台地、山坡、山谷的草原地带，都较冷，缺水、气候条件不适宜从事农业生产，但对放牧马、牛、羊、驼具有良好的草原和开阔的环境。在欧亚大陆东起蒙古高原、克什米尔高原、青藏高原、天山坡地、高加索山原、伊朗高原，西到东欧的喀尔巴阡山、南欧的阿尔卑斯山脉等都是世界著名的牧区。其实在中世纪以前，整个西北亚，中、东欧都是广阔的游牧天地，各民族的交融和文化的变异都是强悍的游牧民族以北部高原为基地，向南或向西农业文明地区的侵进所引发的。中国是如此，印度是如此，埃及是如此，希腊、罗马亦是如此。

由于自然恶劣条件的局限性，游牧民族的生活水平低于农耕民族，其产量因畜病与天灾的不稳定性与生产的流动性，致使社会的发展虽快于自然经济的狩猎采集时代，但仍然缓慢而落后。因此，游牧社会不能具备稳固的城郭与国家条件，同样也不具备畜牧与农业、农业与手工、生产与商业等一系列社会分工的条件。中国

著名的史书《史记·匈奴传》曾对当时中国北方游牧民族匈奴游牧生活进行了真实的写照:"匈奴,其先祖夏后氏之苗裔也,……逐水草迁徙,毋城廓常处耕田之业,然亦各有分地。毋文书,以言语为约束。儿能骑羊,引弓射鸟鼠;少长则射狐兔,用为食。士力能弯弓,尽为甲骑。其俗、宽则随畜,因射猎禽兽为生业,急则人习战攻以侵我,其天性也。……利则进,不利则退,不羞遁走。苟利所在,不知礼义。"游牧民族的族体与国家像沙一样地流动,或侵入农业社会被融合而转型,或迁移而分散,或兼并被重组。在辽阔的亚欧大陆的腹地,纵横着 1 000 多万平方千米的草原-沙漠地带,自古生活着若干支"马背上的民族",主要有西部的斯基泰、萨尔马提亚、阿兰、阿维尔、哈塞尔;中部的有乌孙、康居、月氏;东部的有匈奴、鲜卑、乌桓、柔然、回纥、契丹、蒙古等。这些民族有的已经消逝了,有的经过重组成为新的民族。牧民们曾这样描述自己的生活:"我们是草原的居民,我们既没有珍奇的东西,也没有贵重的物品;我们主要的财富是马匹,它的肉和皮可供我们作美好的食物和衣服,而对我们最可口的饮料则是它的乳和马乳做的马奶酒。在我们的土地上,既没有花园,也没有建筑物;观赏在草原上放牧的牲畜——这便是我们游玩的目的。"(《拉施特传》Tarikh-Ras Hidi)由于游牧民社会没有稳固的城市国家体系,因此历史上有许多民族尚不知出处或去向,也未入正史,被视为边缘之民。然而正是这些游牧民族谱写了人类的一半历史。

从客观上看,游牧的生活资源与财富确实比农耕社会要贫乏得许多,并不能满足牧民的生活消费需要。因此,游牧民除了放牧外,还从事狩猎、采集和少量的耕种以补充不足,然而这些仍然远不够增长人口与财富的需要,于是必须通过贸易手段达到平衡。但是,在农业社会的初、中级阶段,其贸易活动一般向内,而向外则处于保守而人为隔绝。游牧民族为了生存的平衡就必然地采取战争的手段,抢掠财富、粮食与人口或大举侵入夺取农业大国政权,建立农牧混合统一的大国。中国就是一个农牧社会通过对峙、融合、统一的典型例子。在食物结构中,游牧民一般以肉食为主,制作奶制品是其特长。以牛、羊肉为主,而不习惯于猪、狗等的牲畜。认为狗是朋友,猪只能在农舍里圈养。现代游牧民族已绝大多数演变为农牧混合型——亦即农牧集约型,其食谱食性也随之变得复杂起来。现代牧民的生活已不完全同于古典方式,都生活在统一的主权国家领土之内。在现代科技文化帮助下,已基本改变了游牧方式,甚至于达到牧而不游的情况。中国现代的牧民们不是为了自己的食用而放牧,而是为了贸易而放牧。许多牧民的食物结构已逐渐变换为以粮食为主的"养、助、益、充"结构,生存质量向商品化方向转变,致使古老的游牧饮食文化样式正逐渐成为一种极具吸引力的现代旅游资源,给人以怀古壮美的享受。体验一下蒙古人的游牧生活,品尝一下哈萨克族的牧包烤羊,围着篝火喝酒、歌舞,是一种何等豪迈愉快的场景。人类就是从这里逐渐走向了农业文明,走向大河流域去开垦文明的处女地。

[几种游牧型饮食文化]1. 中国蒙古族的饮食风俗

蒙古族是中国蒙古草原上的古老游牧民族,属中华人种蒙古利亚种支系。其生活在中国内蒙古自治区及周围黑龙江、新疆等地区,有 581.4 万人口(2000 年统计)。蒙古族素有"马背上的民族"、"草原上的雄鹰"称号,蒙古族原信仰萨满教和图腾,即信仰多种自然神灵和祖先神灵的原始宗教,是来自古燧人氏的分支,与突厥族同祖系。蒙古族骑兵大军曾横扫欧亚大陆,成吉思汗时的蒙古民族达到历史辉煌的顶点。蒙古族的饮食风俗也充满了英雄气概,气魄雄浑的"满蒙大菜"亦曾风靡大江南北。蒙古人在日常饮食中也灌注着民族精神的灵性和气派。

蒙古族的饮食习惯是先白后红。白是指白食,乳及乳制品;红就是红食,肉及肉制品,蒙古人以白为尊,视乳为高贵吉祥之物。白食主要有奶豆腐、奶皮子、奶干、奶酪、奶油、酸奶等。红食主要以牛、羊为主。喜欢将新鲜皮和骨一起煮熟,用手拿着吃,谓之"手抓羊肉"。蒙古人将羊肉做成多种菜品,在一餐中献出谓之"全羊席"。全羊席是蒙古人招待尊贵客人的最高礼节,蒙古族十分重视祭祀,其最重要的节日有"腾格里"、"祭火"和"敖包会"。

腾格里:蒙古语音译,意为"天",是萨满教观念之一。既指上层世界的天上,又指下层世界主宰一切自然现象的"先主",还包涵"命运"之意,祭"腾格里"是蒙古族最重要的祭礼之一。祭天有"白祭"与"红祭"两种形式。白祭即是以传统的奶制品作祭品,红祭则需现宰羊血祭。近代东部盟族旗的民间祭天活动多在七月初七或初八举行。

祭火:蒙古族十分崇拜火,这与燧人氏"火文化"一脉相承。认为火是天与地分离时所产生的,于是对"渥德噶赖汗·额满"(火神母)更加崇敬,祭火分年祭与月祭,年祭在农历腊月二十三举行。届时,将黄油、白酒、牛羊肉等祭品投入火堆里,感谢火神的庇佑,祈祷来年人畜两旺,五谷丰登,吉祥如意。月祭常在每月初一二举行。此外还有许多对于火的禁忌,如不能向火中泼水,用刀、棒等拨弄,不能向火中吐痰等,都表示了对火的无比崇敬。

敖包会:敖包是石堆或鼓包的意义,即在地面开阔、风景优美的山坡高处,用石头堆砌成一座圆馒形塔状,里面请放神像,顶端直立系有布条或牲畜毛、角的长杆。祭时,供奉煮熟的牛、羊肉,主持者致祷告词,男女老幼膜拜祈祷,祈求风调雨顺,人畜平安。祭礼后,举行赛马、射箭、摔跤等传统的竞技活动。现代这一纪念发祥祖地(额尔古山林地带)的萨满教祭礼已发展为一年一度的节日活动。

2. 中国藏族的饮食风俗

藏族主要生活在西藏自治区,包括云南、青海、四川等周边地区,2000 年统计为 541.6 万人口,藏族源于后藏,其前身为厌哒,吕思勉云:"厌哒以游牧为生,多驰马,无城邑,依随水草,以毡为屋,东向开户,夏迁凉土,冬逐暖处,头皆剪发,衣服类加以璎珞。"(《中国民族史》,中国大百科全书出版社 1987 年版)又被称为"西胡"或

"吐蕃"。现代的藏族已形成农牧民族。放牧的同时也种植青稞。大多数人都用糌粑为主食(用青稞面所做),尤其在牧区,食用糌粑时要拌上浓茶或奶茶、酥油、奶渣、糖等辅料与调料,糌粑既便于储藏,食用时又方便,藏族人地区随时可见身上带着羊皮糌粑口袋的人,饿了随时可以食用,牛羊肉是最重要的副食。藏人喜欢用新鲜肉煮或烤熟,大块置于盘中用小刀割食而不用筷子,将牛、羊血和碎肉灌入牛、羊小肠中制成血肠。对肉的储存是采用自然风干的方法,一般在入冬后,将一时吃不完的肉切割成小条,挂在通风之处,使之自然吹干,由于气温较低,一些新鲜血水被冻结附着在肉的表面,能保持干肉仍具有新鲜的色、味。

酥油是最常吃的食品,是从牛、羊奶中提炼而成的,除了用其制作饭菜外,还制作一种独具特色的饮料"酥油茶"。酸奶、奶酪、奶疙瘩和奶渣都是常用的奶制品。藏族普遍地喜用青稞制酒,并且每家皆酿,犹如汉族农村的土制米酒。藏族的炊餐具也独具特色,以干牛粪为燃料,用金属三脚架为灶。每家备有酥油茶筒,奶茶壶。云南藏族茶、酒、餐具用铜制,有些地区用木具并漆上红、黄、橙色生漆,较讲究的还要包上银皮。藏刀每人一把,既当武器又是割肉的助食餐具。

游牧文化较之狩猎采集文化已具有不同性质,求食方式已是对食物原料的生产。人们已不像狩猎采集者那样盲目地游荡,寻找食物,而是具有了较为明确的地理范围和主食对象,在"属于"自己的牧场范围中迁移,有相对固定的路线。由于食源的相对稳定,人口也逐渐增加,形成更大团体间的协作关系,但仍然不具备形成城邦、国家的文明条件。尽管游牧文明已先于农业文明存在了数千年,是狩猎的直接转换形式,但是,由于没有文字、没有社会国家组织,从而没有正式进入文明正史史册。因此,当农业文明城邦国家形成的时候,许多游牧民族实际上早就隐没在高地草原深处不为人知,窥视着早期形成的农业文明。当到了农业文明的城邦,国家形成的中期,由于双向扩张的结果,其边缘地带才偶尔发现游牧民族的行踪,并不时产生摩擦,亦即以抢掠为目的的战争。例如中国商、周之时的与犬戎和夷狄之争。当草原的资源已不能满足逐渐增多的游牧民族生活需要的时候,他们突然地从天而降,席卷已形成的农业国家并夺取政权和领土。这时,他们才正式地走进文明的历史。例如,古印度的雅里安族在公元前2000年代初从帕米尔高原开始向欧亚大陆的农耕世界移动,其中一支南下印度河流域至恒河流域消灭了古印度的哈拉巴文化并转向农业文明成为古典印度的主流文化。再例如公元前2191年,苏美尔的萨尔贡王国被来自伊朗高原东北方向的游牧民族库提人所灭。游牧民族在严重破坏或夺取农业民族政权并转入农业文明社会之时,才正式地成为文明历史的主人。

古老的游牧文化已融汇到现代饮食市场文化之中,成为一种饮食文化意境美感的享受。现代畜牧业生产已成为城市人民生活的基地,是城市化饮食生活的一部分。对于畜牧民族而言,自然灾害、病疫灾害已不是决定因素,农工产品的充分补足,使游牧民族传统的饮食方式正发生着变化,基本上改变了原来以肉食为主的传统食物结构,从而向以粮食为主的饮食结构转型。

第三节　大河流域农业型饮食文化

公元前 10000—7000 年左右,人类进入新石器文化时期,这时人类也发明了冶铜技术,从而进入了所谓的"金石并用时代",由于新石器与金属工具的出现,导致了人类历史上的第一次社会大分工——游牧与农业的分离。由于家庭劳动主次分工导致了以男系氏族为主体的对偶家庭形成和私有制起源,进而阶级与国家的产生。如果说狩猎采集族是朦胧时代,游牧族是野蛮时代,那么,农耕民族则正式进入文明时代。

在游牧的氏族群中,一部分支系走出草原,分布到大河流域,创造了农业文明。这时,正值冰河期结束后的第一次大洪水(0.9 万年)与第二次大洪水之间(7200 年)在世界东方的两河流域、尼罗河流域、长江与黄河流域、恒河与印度河流域几乎在同一时段拉开了世界文明社会历史的帷幕。文明的概念是指先进的文化,A·J·汤因比认为:文明是一个文化的发展过程与成就(《历史研究》)。美国文化学家伯恩斯与拉尔夫在《世界文明史》中认为:"我们完全可以说文明即是一种先进文化。……一个文化一旦达到了文字已在很大程度上得到使用,人文科学和自然科学已有某些进步。政治的、社会的和经济的制度已经发展到至少足以解决一个复杂社会的秩序、安全和效能的某些问题,这样一个阶段,那么这个文化就应当可以称为文明。"如前所述,在中国典籍中将文明解释为:"经天地曰文,照临四方为明。"(孔颖达疏:《尚书·舜典》)将人类的物质文明创造,尤其是对火的利用引申到精神的光明普照大地。将文明赋以包容人类整体劳动成就的深广含义。那么,文明社会又是具有哪些实质性具体标志呢? 那就是国家的产生与文字的普遍运用。这与人类告别原始的狩猎与游牧生活而向农业定居生活转型分不开的。农业定居以经营土地的地域关系为纽带系结了具有共同信仰、习惯、风俗的不同氏族人群在一个相对统一的社会结构中形成具有文化意义的民族集团,并进一步形成社会阶层不同利益集团关系的共同体国家。文明开始之初的国家形式,东方是领土国家,西方是城邦国家,两者都是建立在残酷的奴隶制基础上的国家形式。

农业生产不同于采集与游牧,一年四季,年复一年都在一片土地上谋取再生的粮食收获,这就必然地决定了人类由流动的生活转为永久性定居,形成农村与城镇。采集由种植取代,狩猎和游牧被畜牧取代,抢夺被互市贸易取代,在一个完整区域形成自给自足的稳定的自循环演化生态系统。中国著名的晋朝文学家陶渊明为我们描述了一幅农村和平与和谐的美景:"土地平旷,屋舍俨然。有良田,美池,桑竹之属。阡陌交通,鸡犬相闻。其中往来种作,男女衣着,悉如外人;黄发垂髫,并怡然自乐。"(《桃花源记》)由于农业的定居生活,世界不同地区的饮食内容与文化风俗因其生产方式、加工技术与价值观念的不同而产生较大的差异,这种差异性就是所谓的地方民族文化特色所在。农业民族皆缘水而居。因此,大河流域被誉为人类文明的母亲,为人类的种植提供了丰富的灌溉水源和饮用水源。在世界范围内,将最早的大河流域农业型饮食文化又可以区别为三个基本类型,即:中华型、埃及型和印度型,基本集中在东亚—北非的400毫米降水线以上地区。

一、中华大陆养生型农业饮食文化

中国在古史传说中的伏羲与女娲时代揭开了农业文明的序幕。伏羲与女娲氏族同是狩猎与游牧者燧人氏后裔的分支。伏羲的建表木、作八卦、定勾股、创地支与女娲的炼五色石补天反映的是洪水期初农创造战胜洪水的情景。伏羲又叫伏栖(《淮南子·主术训》)、庖牺氏(《周易·系辞下篇》)与炮牺氏(《汉书·世经》),都与加工肉类食物献祭有关。伏羲氏是由游牧到舍饲畜牧、种植牧草引申为种植大麦从而开始了最初的农业生产。他们从先辈燧人氏祖居的青藏高原到黄土高原,以甘肃的东南与陕西的西南为中心聚集区,创造了半牧半农文化。伏羲氏与女娲氏族融合经历了从前7724到前5008年的2 000余年23个氏系代。到了前4050—前3380年时的少昊颛顼时代,亦即相当于考古学的大汶口文化早期与仰韶文化半坡期(约前4050—前3790年)和浙江河姆渡文化期(约前5005—前3380年),已呈现了向农业生产全面转型的状貌。同时也具有高度发达的制陶及其他手工业生产,中国饮食文化进入"鼎鬲"时代。鼎鬲釜甑是中国饮食文化的独特熟食工具,说明中国对熟食的加工技术由烤、烙为主体转为以煮、蒸为主体,经过几千年的农业生产,到了秦汉时期中华民族已形成了最佳适应自己的"五谷为养、五果为助、五畜为益、五菜为充"的养生型主副食互补的食物结构。《黄帝内经·素问》是世界历史上最早明确阐述一种合理的食物结构的范例。以谷物为主的主副食物互补结构理念诱导了中国特征性菜、点、饭、酒、茶文化与筷箸文化模式的产生和发展。

1. 五谷文化

在中国,五谷的意义是极其重要的,五是五形的概念,亦即是主食和酿酒所用各种谷物的概称。因此其含意是多样的,并不是仅限指五种谷物品种。除五谷之称外,尚有称六,八,九乃至百谷的。如《诗经·颂·周颂》:"噫嘻成王,既昭假尔。率时农夫,播厥百谷。骏发尔私,终三十里。"据《周礼·天官》载:"一曰三农生九谷。"郑玄注:黍、稷、秫、稻、大豆、小豆、大小麦。先秦时期,中华大地所种的谷物大概就是这九个品种。并且是因地而异的"东方多麦稻,西方多麻,北方多菽"(《范子计然》)。在谷物中,稷与黍被尊称为五谷之长。许慎云:"稷,五谷之长。"

（《说文》）在中国古典时期稷与黍的作用远远超过其他谷物，既是中原汉人的主要粮食，又是祭祀活动的主祭品，周以前是农牧混合经济，周秦之际时农业与游牧业具有明显的分划界限，它们是两种社会，而农业成了绝对主体，周以后中国成为世界农业最为发达的地区。在渔业方面，则侧重于内河湖泊的淡水产品，江湖渔业十分发达。

稷就是小米，学名是 *Setaria italica* Beaur，因其黏性不强故多被"蒸谷为饭"。据说周的始祖后稷是栽培谷子的第一人，后稷是尧的农官，管理着稷的生产，关系着社稷人民的生存大事，因此又叫"社稷"。东汉班固在《白虎通》中云："社稷，王者所以有社稷？为天下求福报功。人非土不立，非谷不食。土地广博不可偏散也，五谷众多不可——而祭也，故封土立社，示有土地。稷，五谷之长，故立稷而祭之也。""后稷"由粮官名引申为国家社会的代称，其意义何其深远也。与稷同种粮食作物还有"黍"和"芑"，《尔雅》孙炎注称："稷，粟也。"稷又叫"粢"。郭璞注："今江东，呼粟为粢"，《尔雅·释草》亦云："粢，稷也。"稷原产于我国，其栽培历史可上溯到 7000 年以上。

发现地点	品种	时代	文　献	附　注
山西万泉县荆村	栽培稷	新石器	《师大月刊》1933.3	
河南洛阳涧西	栽培稷	战国	《考古》57.3	有照片
河南洛阳市内	栽培稷	汉	河南省博物馆	实物
江苏苏海州镇	栽培稷	西汉	《考古》74.3	有照片

黍，原产于中国。学名 *Panicun miliaceum*。黍煮熟后黏性较强，所以称黍为黏黍或秫黍。黍粒脱壳后其米浅黄色，其用途可以煮粥、酿酒、制糕点、包粽子等，黍在中国的栽培史可上溯到原始农业之初，《夏小正》有载："黍禅祈麦实，菽糜粟零。"《诗经·颂·周颂》曰："丰年多黍多稻。"《诗经·风·王风》曰："彼黍离离，彼稷之苗。"夏、商、周三代黍一直是最为主要的农作物之一。黍的同种作物是穄，《吕氏春秋·本味》说："饭之美者，有阳山之穄，南海之糜。"穄、糜、秬、秠都是黍的品种。

稻，原产于中国南方，是多类型作物，最主要的类型是籼稻、粳稻、早晚稻、水陆稻和黏稻等。中国许多早期稻作遗址都发生在江南各地的"鱼米之乡"。距今7000 年时，江南水稻生产已有相当规模，而北方的黍、稷种植也具有较高水平。现代世界公认中国是水稻栽培起源的国度，最早的是浙江余姚河姆渡发现了距今7000 多年前的籼稻和江苏吴县草鞋山 6000 年前的籼稻和粳稻。按惯例前推 1000年左右，中国稻、稷生产可能从公元前 8000—9000 年开始。

在中国食品史上，稻米是南方自古以来最主要的粮食。酿酒、制醋、炊饭、熬粥、制作糕点都离不开它。明人宋应星在《天工开物》书中评价道："今天下育民人者，稻居什七，而米（小麦）、牟（大麦）、黍稷居什三。"而在北方中国则以小米、麦和其他杂粮为主,餐桌上最常见的是馒头、蒸饼、窝窝头、烧饼、烙饼或面条等食品。富豪之家明、清时开始用稻米做饭请客了。稻米除了作为粮食,还用于酿酒、酿醋、造红曲、制饴糖、做糕点小吃等,《齐民要术》中有秫米神醋法。秫的食意有三,即米、谷、高粱皆可制醋。《天工开物》记载:"凡造饴饧,稻、麦、黍、粟皆可为之。"

大豆的古名称"菽"。春秋战国以来,"大豆"之名又常被用作豆类的总称。其实"豆"的原意是指一种"高脚碗"的盛器,后将其意转移指"菽"为豆。大豆与稻一样原产于中国,其栽培历史可上溯至 7 000 年以上,古龟甲中的"叔"字即是指大豆。《诗经·小雅》中载:"中原有菽,庶民采之",又如《天工开物》中说:"凡菽,种类之多与稻、黍相等,……果腹之功,在人日用,盖与饮食相始终。"到明朝时,大豆退居为副食品,"麻、菽两者,功用已全入蔬、饵、膏(油)馔中。"(《天工开物》)在中国人的食物结构中,谷物占为主体,而豆类居于副食可能是造成近几个世纪大众碳水化合物成分居多而蛋白质偏少的原因之一。但是,用大豆制作的豆腐、豆酱油、豆浆、豆油、豆豉等为人们提供了重要的蛋白质补充,同时,也形成了中国最具特色的豆制食品系列。豆制品一直被认为是与西方奶制品具有相近功用的食品。

高粱,在中国古代诸家农书与本草典籍中称为蜀黍、蜀秫、芦粟、荻粱等。在国际上对高粱原产地之争有许多观点,一般认为高粱原产自赤道地区,如苏丹为 7 000年,埃及有 5 000 年,印度也有 2 500 年,中国高粱由外传而来。但在中国考古发掘中多次发现了新石器时代至晋以前的栽培高粱,上述观点不攻自灭。高粱是否也属中国原产之一,未有定论。但是,从一些典籍中所载,如《诗经·雅·小雅》云:"黄鸟黄鸟,无集于谷,无啄我粟……黄鸟黄鸟,无集于桑,无啄我粱……黄鸟黄鸟,无集于羽,无啄我黍。"又如《礼记·内则》当时做饭的粮谷品"饭:稷、稻、粱、白黍、黄粱、稰穛"。说明中国也可能是高粱的故乡之一,栽培历史也可追溯至新石器时期。但是,受到普遍重视则晚于稻、黍、稷等谷类,近现代高粱产区主要在北方。《逸周书》云:"神农时……五谷兴,以助果苽之实",直至今天的中国食物结构亦是如此特征。

五谷为养是指谷类粮食是中国人民日常食用的主体,是供给基本热量与补充蛋白质的主要来源,其他都作为辅助食品。如五果为助、五畜为益、五菜为充等。这里的"五"字与五谷一样同样具有泛指性。五果泛指水果,主要为桃、梨、李、杏、枣等,五畜则泛指猪、牛、羊、马、狗等,五禽是鸡、鹅、鸭、鸽、鹌鹑等,五菜有芥菜、白菜、油菜及其他采集的植物原料,以上用于"助、益、补"的重要动、植物的栽培与养畜的历史都可以上溯到 10000—7000 年前的新石器时代。这个"养、助、益、补"的食物结构观念明显具有中国饮食文化医食同源的性质,并在由此的诱导下强化了主副食的分化,亦即主食的粮食化与副食的菜点化发展的独特特色。重农思想也一直是中国历代执政者的基本国策,然而古代"重农轻商"的政策却忽视了与游牧民族的粮、肉贸易,只注重内向贸易可能是引发农牧战争的重要原因之一。

主副食物结构到了秦汉时代才得以基本构建形成,这是经过了对商、周王室阶层肉食躁动的冷静思考后的有理性选择。对食物结构的选择既要防止食物养分过剩而引起"富贵病"；又要防止养分不足而产生"贫化病"，以养生健体为目的的饮食理念早过西方追求食物单纯营养热量的价值观念2000—3000年。据统计资料反映，夏禹时（约公元前2140年）中国人口约1 300万，到周成王时（公元前1042—前1021年）的一千几百年中人口仅增长了约50余万，即1 350万左右。及至汉元始年间（公元1—6年）的一千几百年中人口达到了近6 000万左右。斯时中国无论在国力、疆域、财力与人力方面都是世界上最为强大的。而对"养、助、益、充"的养生型主副食物结构的选择和确定，正说明了其高度的理性化正是对王室宫廷鱼肉酒席之风深刻反思的必然结果，人口的延寿与增殖也与其合理的饮食结构不无关系。

2. 茶文化源流

世界四大饮料文化中，茶文化是中国的原创。

茶作为现代国际性一大饮料，发祥于中国是与中国农耕型饮食分不开的。茶相传发轫于神农时期，最初将其作为一种药物被使用。例如神农尝百草，一日中七十毒，遇茶而解。这反映的是神农氏族为拓宽食源所作的尝试。古代对茶的称谓有许多，唐陆羽在其《茶经》中说："其名一曰茶，二曰槚，三曰蔎，四曰茗，五曰荈"等不下十个称呼，其中对"茶"的称呼最多，陆羽根据茶字之意将茶字减少一划而成为"茶"，并规定了茶字的形、音、义直至今未变。据认为，茶早在6000—7000年前就被利用了，《尔雅》称茶为"槚"。汉代司马相如在《凡将篇》中称茶为"荈诧"并将其与二十多味药材并列，这是中国关于茶作为药物的最早记载。此外东汉扬雄的《方言》、华佗的《食论》、壶居士的《食忌》中都有对茶的药理记述。公元350年左右东晋的常璩撰写的《华阳国志》中多处谈到茶事，谈到在周武王率南方八国于公元前1066年伐纣，将其宗姬于巴地，"上植五谷，牲具六畜、桑、麻、织、鱼、盐、铜、铁、丹、漆、茶、蜜……皆纳贡之"。中国3 000多年前在巴蜀这一地区，茶已作为其优质特产之一进贡朝廷，说明该地区对茶的栽培史则应远远地超过这一年代。而作为茶树的原生种属——山茶属科植物则在中国的土地上生长了大约有六七千万年历史。

中国是茶树的原产地，也是茶事的起源地，据六朝以前的茶史资料表明，巴蜀地区是茶叶文化的摇篮。古史传说："茶之为饮，发乎神农"，但据史学界认为，依据文字记载与茶具实物的历史遗证，都说明秦汉以前是将茶叶作为药物利用的，而真正将茶叶作为饮品的赏心茶事者则在战国以后。清初学者顾炎武在《日知录》中考辩说："自秦人取蜀以后，始有茗饮之事。"秦国军队入蜀向蜀人学会了饮茶，并将之传播出来成为全国茶事之源。那么蜀人又是从什么时期开始以饮茶为乐事的呢？可能来自新石器晚些时期的一种史前习俗，就像鄂伦春人曾用"泡黄芹，亚格达的叶子为饮料"的习惯一样。茶的饮用将人类"渴则饮生水"的动物性陋习上升成一种人的文明饮水行为。西汉时，饮茶已成为上层社会日常生活中颇为讲究的事情，西汉王褒在《僮约》中记云："脍鲍鳖、烹茶尽具。"说明西汉时成都一带人们不但饮茶成风习，还具有成套考究的专用茶具。汉魏六朝以后茶事重心先东移，再南移，及至唐代在全国各地勃勃发展。唐人杨华的《膳夫经手录》记载了这一发展的趋势："茶、古不闻食之，近晋、宋以降，吴人采其叶煮，是为茗粥。至开元，天宝之间，稍稍有茶，至德、大历遂多，建中以后感矣。"在陆羽的《茶经》中第一次列举了中国唐时有八大茶叶产区，分别是：

山南，峡州、襄州、荆州、衡州、金州、梁州；

淮南，光州、义阳郡、舒州、寿州、蕲州、黄州；

浙西，湖州、常州、宣州、杭州、睦州、歙州、润州、苏州；

剑南，彭州、锦州、蜀州、邛洲、雅州、泸州、眉州、汉州；

浙东，越州、明州、婺州、台州；

黔中，思州、播州、费州、夷州；

江南，鄂州、袁州、吉州；

岭南，福州、建州、韶州、象州。

唐代茶叶文化发展最突出的是人对茶叶的价值观空前地提高，社会上的人懂得享用茶叶的越来越多。唐著名诗人元稹的宝塔诗《茶》云：

茶

香叶

嫩芽

慕诗客

碾雕白玉

罗织红纱

煎黄蕊色

碗转麹尘花

夜后邀陪明月

晨前命对朝霞

洗尽古今人不倦

将知醉后岂堪夸。

这首诗对茶的特点、加工、烹煮、饮用、功效作了高度概括。并提出"诗客"与"僧人"两种具有高等文化结构的特殊群体对品茶的精神感受。唐代茶事的繁荣应特别归功于陆羽以及一大批著名的知识分子。如李白、刘禹锡、白君易、孟浩然等。他们无不嗜茶，无不留有许多咏茶诗句。他们"通道复通玄、名留四海传"（吕岩诗句）。一方面将茶叶宣传成无人不知无人不爱的日常生活用品；另一方面也极大地开拓和提高了茶文化的精神内涵。在唐代茶事已由单纯的敬饮奉茶的待客礼仪发展为以茶为集的"茶会"、"茶宴"的联谊会友活动。唐代诗僧皎然诗云:"晦夜不生月,琴轩犹为开;墙东隐者在,淇上逸僧来;茗爱传花饮,诗看卷素裁;风流高此会,晚景屡斐回。"(《晦夜李侍御萼宅集招潘述汤衡海上人饮茶赋》)茶客们一方面"茗爱传花饮",欣赏茶的色、香、味、形;另一方面"诗看卷素裁",相互赋诗言志,作画抒情,从饮茶的享受中得到精神的陶冶,充分地体现了中国茶道的"恬、雅、洁、静、和"精神意义,亦如唐人斐汶在《茶述》中所概括的那样:"其性精清,其味浩洁。其用涤烦,其功至和,参百品而不混,越众饮而独高。"

茶具与茶叶的制作与其饮茶用水烹煮一样,在唐之前虽已有些讲究但还是较为简单的。经过陆羽的《茶经》点染教化之后就要更加地讲究起来。自陆羽始对茶具具有成套的设计,在《茶经》中,陆羽共列了28种烹饮茶叶的器具与设备、组合的一套茶具。其功能齐全,结构合理,共由29件组成:

① 风炉:铜、铁或泥质,三足形似古鼎。② 灰承,即接灰所用的铁盘。③ 炭檛:即六棱铁棒。④ 火夹:别名称"筋",就是火钳。⑤ 竹夹:小青竹制成,长1.2尺,一端的1寸处有节,余皆剖开成夹。用来夹茶烤时,白竹出汗,利用其秀气为茶叶增香。⑥ 纸囊:即用双层剡藤纸做的纸袋,贮放烤茶,有较好的保香性⑦ 碾:由碾轮与碾槽构成。可用橘木,其次梨、桑、梧、桔等木制作。用于碾茶末之用。⑧ 拂末:用鹅毛制成的扫茶末用具。⑨,⑩ 罗及谷罗:即用大竹带制成的罗筛与罗筒。用于筛茶末贮藏茶末之用筒上有盖。⑪ 滤水囊:即滤水工具,用生筒编织的滤水网兜与用绿色丝编织的工具袋叫绿油囊。⑫ 釜:即生铁锅,亦有石、瓷、银锅等,锅边宽,锅脐长,加热在正中,沸腾水味醇正。⑬ 交床:十字行木架,上板中空,支持锅之用。⑭ 瓢:葫芦剖为二制成,也可以木制叫牺杓。⑮ 木夹:用桃、柳、蒲葵、柿心木或竹制成,长1尺,两端包银。⑯ 鹾簋:鹾即是盐,簋为圆形的盛盐器皿。⑰ 揭:竹制取盐用具。⑱ 则:量器,其形有如汤匙、勺之类。⑲ 碗:饮茶用碗,以越州生产的为最好。⑳ 水方:用青杠、槐、楸、梓等木制的盛水方斗,可盛1斗水。㉑ 熟盂:用瓷或陶砂制成的开水盛器,容积2升。㉒ 涤方:用楸木制成的洗涤茶具之器。㉓ 滓方:似水方,收集茶渣之用,容积5升。㉔ 畚:白蒲草编成,放茶10只之用。㉕ 筥:竹子编成的圆形盛物具。㉖ 具列:木、竹制成的床或架,用以贮方陈列所有器具。㉗ 都篮:装盛所有器具的竹篮。㉘ 巾:用粗绸所做的洗涤抹布。㉙ 扎:用茶萸夹棕榈纤维制成的刷子。

上述可见唐代的饮茶已是十分繁复,文人墨客大都以斗茶取乐。斗茶不同于茶宴,而是一种茶赛,互比茶品的高低品第,故又称茗战。茶宴起之于汉,斗茶盛行唐宋。及至宋末,发明了蒸青散茶制法,饮用散茶时不碾成碎末,也不用盐调味,而是直接冲泡清饮,重视茶叶固有的清香之气味。茶叶的品种也在迅速地丰富多样起来。据统计分类,现代中国名茶共约有八大类,二百一十五个品种。即:绿茶类138种;红茶类10种;乌龙茶类16种;白茶类4种;黄茶类10种;黑茶类5种;紧压茶类 16 种；花茶类 7 种。还有其他非茶之茶类 26 种，可谓是泱泱大观。

中国特别讲究制作茶汤之水，对饮茶所用之水的认识从陆羽时代可谓到了精妙极致。鉴水大家历代频出，出神入化，精及毫巅。如陆羽《茶经》云："其水，用山水上，江水中，井水下。其山水，拣乳泉，石池漫流者上；其瀑涌湍濑，勿食之，久食令人有颈疾。又多别流于山谷者，澄浸不泄，自火天至霜郊（降）以前，或潜龙蓄毒于其间，饮者可决之，以流其恶，使新泉涓涓然，酌之。其江水，取去人远者。井水，取汲多者。"唐人张又新的《剪茶小记》载，陆羽曾向其传授泡茶二十种水的品级是："庐山康王谷水帘水第一；无锡惠山寺石泉水第二；蕲州兰溪石下水第三；峡州扇子山下虾蟆口水第四；苏州虎丘寺石泉水第五；庐山招隐寺下方桥潭水第六；扬子江南零水第七；洪州西山西东瀑布水第八；唐州柏岩县淮水源第九；庐州龙池山岭水第十；丹阳县观音寺水第十一；扬州大明寺水第十二；汉江金州上游中零水第十三；归州玉虚洞下香溪水第十四；商州武关西洛水第十五；吴淞江水第十六；天台山西南峰千丈瀑布水第十七；柳州圆泉水第十八；桐庐严陵水第十九；雪水第二十。"宋欧阳修的《大明水记》、宋徽宗的《大观茶论》；明代徐献中的《水品》、田艺衡的《煮泉小品》；清代汤蠹仙的《泉谱》等都对泡（煮）茶用水的品级作了极有品味的评述。认为："茶性必发于水，八分之茶，遇十分之水，茶亦十分矣；八分之水，试十分之茶，茶只八分耳。"（明·张大复：《梅花草堂笔谈》）杭州的"龙井茶虎跑水"与"蒙顶山上茶，扬子江心水"是天下最为著名的名泉伴名茶典范。"（泡茶）水不问江井，要之贵活"（宋·唐庚：《斗茶记》），"山顶泉清而轻，山下泉清而重，石中泉清而甘，砂中泉清而冽，土中泉清而白。流于黄石为佳，泻出青石无用。流动者愈于安静，负阴者胜于向阳，真源无味，真水无香"（明·张源：《茶录》）。

这些在世界上独一无二的茶水雄论，闪耀着中华农业文明人与自然相和谐的思慧与深厚的人文意境。随着现代科学技术的进步，人们对生活饮用水的鉴别则通过理化测试的方法评定等级，但在传统的"辨味识源"方面依然具有一种神秘的崇高境界。

3. 中国的曲蘖造酒

与世界其他地区相比，中国的酒具有独特的发展脉络。一般认为，世界酒分两大系列，即：水果与奶自然发酵压榨造酒与曲蘖发酵的粮食造酒。

$$
\begin{cases}
自然发酵 \begin{cases} 水果 \\ 乳 \end{cases} （自然生成酵母发酵） \\
曲蘖发酵 \begin{cases} 酒曲 \\ 酒蘖 \end{cases} （添加曲蘖发酵）
\end{cases}
$$

酒来自自然物，是猿人采集多余的水果被遗留在树洞之中，自然发酵所产生的。人类通过模仿而产生了造酒。因此，最早的酒被称之"猿酒"，认为是猴子的遗留物。实质上，"酒是自然物，人类并不是发明了酒，而是发现了酒"（《中国酒经》）。酒中的酒精（乙醇，分子式为 C_2H_5OH）是糖类在微生物所分泌的酶的作用下形成，大自然完全具有这种化学能力，晋人江统的《酒诰》云："酒之所兴，肇自上皇，或云仪狄，又云杜康。饭有不尽，委馀空桑，郁积成味，久蓄气芳，本出于此，不由奇方。"据有关研究认为，人类最早的酒应是来自自然发酵产生的果酒和乳酒。例如《黄帝内经》中曾有记载"醴酪"的就是最早奶酒的例证。关于水果自然发酵的事实，唐人苏敬《新修本草》云："作酒醴以曲为之，而蒲机蜜独不同曲。"宋人周蜜《癸辛杂识》记云："所谓山梨者，味极佳，意颇惜。漫用一瓮储数百枚，以缶盖而泥其口，意欲久藏，旋取食之。及半岁后，因至园中，勾闻酒气薰人，疑守舍者熟酿，固索之则无有也。因启观所藏梨，则化为水，清冷可爱，湛然甘美，真佳酿也。"元代元好问在《蒲桃酒赋》的序言中也记载了某山民因避难山中，回家后发现堆积在缸中的蒲桃也变成了芳香醇美的葡萄酒。然而这种自然成酒现象并不是真正意义上的酿造。在中国，真正的人工酿造美酒是开始于对五谷的使用。五谷需要煮熟，罐藏发酵。因为五谷中淀粉不能直接在酵母的作用下发酵成酒，故而需要煮熟。尽管这也来源于"剩饭"成酒的启迪。但是，它已不同于果、乳自然发酵的性质，它需要人为地改变五谷原料物理化学的自然属性，使之达到适应发酵成酒的标准。从而具有"酿造"的工艺性质。五谷经过煮熟，淀粉糊化后被酶转化成糖，进而被发酵成酒。

尽管在自然酒时期，果酒、蜜酒、乳酒与"剩饭酒"都可能同时存在，但为什么中国人却偏偏选中了用谷类为主要酿酒原料呢？有专家认为，中国的长江与黄河流域土地更适合于对五谷的栽培。而葡萄与大麦并不是主要农作物，奶产量也较少。中国的五谷与酿酒具有相生相兴关系，早在西汉时，刘安就明确地认为"清酒央之美，始于耒耜"（《淮南子》）。

中国运用谷物酿酒起源于何时？在学术界尚有争议。一般认为，中国酿酒的历史起源于农耕之后，另一种观点认为谷物酿酒先于农耕时代，例如 1937 年中国考古学家吴其昌先生曾提出："我们的祖先最早种稻种黍的目的，是为酿酒而非做饭……吃饭实在是从饮酒中带出来。"时隔半个世纪，美国宾夕法尼亚大学人类学家索罗门·卡茨博士也发表了类似的观点，认为人们最初种粮食的目的是为了酿制啤酒。他们的理论根据是，远古时代，人类的主食是肉食而不是谷物，既然如此，那么人类种植谷物的目的性就可以如此解释。然而，他们忘记了人类具有杂食性的特性，也忘记了狩猎因人口的增加猎物的减少，人类面临生死存亡时对谷物粮食开拓的历史事实。另外，他们还违背了一个逻辑原理，即采集的野谷并不能直接用于酿酒，人们不通过煮熟食用也就不会知道煮谷酿酒。应该说谷物酿酒的需要在一定程度上促进了农耕的发展，两者具有相生相兴的关系。

中国谷物酿酒历史有可能开始于距今 7700—8000 年前，在考古学上是中原河南郑州、新郑等地的裴李岗文化时期出土有石镰、石铲、石斧、石刀、石磨盘、石磨棒、细泥红陶器以及粟类遗存物。其中有陶器像饮酒器，但并不能肯定是用于饮酒和饮水，也不能肯定是饮的谷物酒还是自然果酒，但有饮谷物酒的可能。距今7235—7355年的磁山文化已有较为发达的农业生产，粮食堆积较多，据专家估计有100立方米，折合5万千克。该遗址中除了发现有深腹罐（可作发酵容器）外，还发现漏斗一类的形器和贮存液体的小口壶，也有类似于酒杯的陶器。值得注意的是，漏斗的流径仅0.2厘米，这样小的口径漏斗分明是用于灌酒目的。在浙江河姆渡的遗物中，有十分强有力的酿酒证物，该遗址中出土了距今6000—7000年的典型陶制饮酒器"斝、盉"和大量水稻遗物。另外，在四川广汉距今2870—4800年的三星堆文化遗址中出土了大量的陶制与青铜制酒器，如斝、杯、壶等。

中国古史传说仪狄与杜康是造酒的两位始祖，前者是夏朝人，《战国策·魏策》记载："昔者，帝女令仪狄作酒而美，进于禹。禹饮而甘之。曰：'后世必有以酒亡其国'，遂疏仪狄而绝旨酒"，《世本》云："仪狄始作酒醪，变五味，少康作秫酒。"认为仪狄是酿酒的始祖，醪，是一种浊酒，亦是用糯米酿制的甜酒，被认为是黄酒的前身。而杜康是何时代人尚有争议。有许多学者倾向于是少康。宋人高承在《事物纪原》中云："不知杜康是何人，而古今多方其始造也。一曰少康作秫酒。"秫酒就是用高粱酿造的酒，被认为是烈性白酒的前身。汉许慎的《说文解字》在"酒"条中亦云："少康作秫酒。"在"帚"条中说："古者少康初作箕帚、秫酒，少康、杜康也。"在中国历史上，少康是赫赫有名的人物，是大禹五世孙，是继启、太康、中康、相之后的中兴之主和发明家。如果说仪狄是中国黄酒之祖，那么少康就是白酒之祖。实际上，杜康确有其人，相传为白水县康家卫人，是周秦之际的酿酒专家，而不是作为始祖意义上的少康或者"杜康"，杜姓自周代始有，宋人窦革在《酒谱》的《酒之源》中云："予谓杜氏系出于刘累，在商为豕韦氏，武王封之于杜，传国至杜伯，为宣王所诛，子孙奔晋，遂以杜为氏者，士会亦其后也。或者，康以善酿酒得名于世乎？是未可知也。谓酒始于康，果非也。"

杜康假托少康之名，是后世之人对杜康善酝的怀念。如果按照古史传说仪狄与少康是造酒始祖，那么中国谷物酿酒的历史就会大大地延后近3 000多年。因此，这种传说并不是指谷物酿酒的历史，而是指曲蘖被应用于造酒的历史。从酿造科学解释，使用曲蘖或曲造酒的技术是糖化与酒化结合的"复式"发酵，这是中国酿酒的一大发现。这一技术直到19世纪末，欧洲人才间接地学会，比中国晚了近3 000年。

"曲"的繁体字是"麴"，形象地表明曲是用麦或米经毛（包）制而成的，亦即是用发霉的谷物所制成。蘖则是发芽的谷物。《书经·说命》曰："若作酒醴，尔惟曲蘖。"曲蘖是中国酿酒最原始的糖化发酵剂。依据现代生化科学分析，曲蘖的本质是其生长的大量微生物所分泌的酶（淀粉酶、糖化酶、蛋白酶和酒化酶）具有生物催化作用,可以加速谷物中淀粉、蛋白质等转化为糖、氨基酸。糖分在酒曲或酵母菌的酒化酶作用下,生成乙醇。中国传统上,用酒曲酿酒的主导地位比蘖更为重要,因此,酒曲酿酒正是中国酿酒传统的精华所在。《天工开物》云:"凡酿酒,必资曲药为信,无曲,即佳珍黍,空造不成。"对中国酒曲中霉菌的利用,日本著名的微生物学家板口谨一郎教授认为,这是可以与中国古代四大发明相媲美的一大发明和创造。

中国造酒的曲蘖应用于何时,夏代的"缪"与"秫"酒是否与曲蘖有关,尚无明确记载,但在商代曲蘖已大量使用于对酒的酿造。可以认为,仪狄与少康可能是因为善于使用曲蘖酿酒而成名的。仪狄"造缪酒以辨五味"正是由于使用了曲蘖,其酒才比以往之酒更为甘美,从而得到禹的赞扬与警惕。至于"秫酒"则非曲蘖而不能为之。殷商的酒是"醴"和"鬯"。"醴"亦称"酒缪",是用蘖,即稻或麦芽酿成的甜酒,这被称为中国最为古老的啤酒。而"醴"则是用黑米酿成的甜酒,亦需要用曲,可见,商代以前的酿酒是曲蘖并用分不开的,到了商代则蘖重于曲而曲蘖有分。蘖酿醴,醴是微甜,酒精含量低的饮料,晋以前使用较多,北魏时已不见记载,可能因其酒精度过淡而被弃之不用,从而用曲酿酒则被进一步得到加强而成为主流。魏晋前制造原始啤酒的事实,有许多历史材料可以佐证。最重要的是谷芽(蘖)与饴糖的生产。《齐民要术》中有制造酒蘖的详细记载:"作蘖法,八月中作,盆中浸与麦,即填去水,日曝之,一日一度著水,即去之,脚生,布麦于席上,厚二寸许,一日一度以水浇之,牙生便止,即散收,令干,勿使饼,饼成,则不复任用。"这例小麦蘖的三阶段制作工艺与啤酒所用麦芽完全相同。《齐民要术》中还有用此法对大麦蘖的制造。中国至迟在东周时就使用饴糖了,《礼记·内则》有"枣粟饴蜜以甘之"的记载。到了北魏,蘖的用途主要是制作饴糖。作饴糖涉及麦芽的糖化,这与麦芽蘖制作醴是相似的。《齐民要术》有制作白饴的记载:"干蘖米五升,杂米一石,米必细白数十遍;净淘,炊为饭,摊去热气。及暖,于盆中以蘖末和之,使均调,卧于绢瓮中……以被覆盆瓮,令暖,冬则穰茹,冬须竟日,夏则半日许,看米消减,离瓮,作鱼眼沸汤以淋之;令糟上水深一尺许,乃上下水,浴讫,向一食饮,便拔绢取汁煮之。"这里详细地叙述了用干蘖的糖酶化作用,使米饭转变为糖的过程。

"鬯"可以说是黄酒的前身,在周时,黄酒叫做"黄流",《诗经》曰:"瑟被玉瓒,黄流其中。"周代有"酒、醴、鬯、黄流、旨酒、春酒、清酒、酎酒"等,其中"酎"酒是经过三重复合陈酿的高级酒,是周天子的专用美酒,黄流、酎酒、清酒等是曲蘖分用的显例。酒曲造酒味浓而香,酒精度数也高于醴醪。以至商以后酒曲使用超过了酒蘖的比重。汉魏的酒曲分散曲、块曲,后又发展为大曲、小曲(酒药)和女曲(用于清酒生产)。散曲是先秦最古老的酒曲,为碎粒松散之状,性能差于块曲。汉时主要使用块曲,块曲就是成块的酒曲。从原理上看,酒曲上的霉菌菌丝很长,会在原料上相互缠结,将松散的制曲原料缠结成自然的块状,而散曲则是将谷物压破压碎制作，实际上是曲蘖并存状态，故而在性能上次于块曲，日本人山崎百怡就认为：曲就是块曲，散曲就是蘖。另外曲酒曲衍生的还有黄衣曲（制作豆豉、酱油）和红曲（制作豆腐乳）等，是在宋代方有。

中国古代对酒的酿造极其重视，早在商周王宫就已有了专门的造酒组织，《周礼·王官》载："酒正掌酒之政令，以式法授酒材。凡为公酒者，亦如之。辨五齐之名：一曰泛齐，二曰醴齐，三曰盎齐，四曰缇齐，五曰沈齐；辨三酒之物，一曰事酒，二曰昔酒，三曰清酒。"酒官对制酒过程严格监视"五齐"阶段和酒的品级。在西、东周的几百年间，每到春秋酿酒季节，在王室的控制下必需按照严格的规程酿造美酒，斯时"乃命大酋，秫稻必齐，曲蘖必时，湛炽必洁，水泉必香，陶器必良，火齐必得。兼用六物，大酋监之，毋有差贷"（《礼记·月令》）。在酿酒之前一般都有祭祀活动，《齐民要术》曾对此作了记载。酿酒需选黄道吉日，制曲人选儿童（取纯净），摊曲地设置"麴人"（即用面粉捏成的小人）。摊完酒曲于地上之后，要上供酒脯，并读三遍《祝曲史》："酒脯之荐，以相祈请。愿垂神力，勤鉴所愿。使出类绝踪，穴虫潜影。衣色锦布，或蔚或炳。杀热火喷，以烈以猛，芳越椒薰，味超和鼎……"酿前祭祀，是人们认为有一种上苍的神秘力量在主宰着制曲酿酒过程，如果不祭祀，酒曲就可能失灵，酒也就可能酸败。

酒的稀珍与美味被氏族最高首领所掌控。因此，在中国的氏族时代首领即称酋长，部落联盟的首领即称大酋长，酋在《说文》中解释为"酒"。引申则为酒官的大酋，酒尊之尊上从酋。《尔雅》释文到《说文》训酒官法度引申为高为贵。齐国的稷下尤称长者为祭酒。后人称天子皇者，天之长子也，是为至尊。上古之时，祭祀宴饮是部落里的头等大事，只有最高首领才有权支配。酋长是部落联盟中的最高长官。因此，酋长正是执掌生民饮食之事者的代称——大酋。这说明酒文化的产生伊始便注定了在中国饮食文化乃至中国政治文化中的特殊意义。

酒文化具有独特的两面性质。一方面将酒事作为严肃的国家大典"酒礼"，为防止饮酒有误国事，历朝都发布有各式各样的禁酒令，将酒事之权收归国有，其中以周公的《酒诰》最著名。周公名旦，是周文王第四子，西周的开国元勋，为建立西周王朝，鞠躬尽瘁，贡献了一生，他吸取商纣王饮酒过度丧权失国的经验教训，防止夏、商末酗酒成风的烂觞，以周成王的名义颁发了《酒诰》告诫人们谨慎行事，节制饮酒，绝不能沉湎于酒，云："杞兹酒，惟天命肇我民，惟元祀天降威，我民用大乱丧德，亦罔非酒惟行；越小大邦用丧，亦罔非酒惟辜"，这是说只有在祭祀时才能饮酒。上天降福于我们，使我们的民众有治，是因为只在祭祀时才能饮酒。上天降下福罚，使我们社会大乱，百姓丧德，也无非是酒的危害。那些大小邦国的丧失，也常常是纵酒的罪过。《酒诰》规定只有在三种情况下才能允许饮酒，即"羞馈祀则可饮酒"、"父母庆则可饮酒"、"耇则可饮酒"。即在祭祀、父母庆寿、为高寿人祝福可以饮酒无限，尽情畅饮。王公大臣不准非礼饮酒，即使是在祭祀时也要随时注意德行,不可喝醉等。这是中国历史上第一部由王室发布的"禁酒令",对后世影响极大。

另一方面,东周以后,在贵族人家喜庆节日可以饮酒作乐。《诗·豳风·七月》:"十月获稻,为此春酒,以介眉寿……十月涤场,朋酒斯享,曰杀羔羊。"《诗·小雅·伐木》:"有酒湑我,无就酤我,坎坎鼓我,蹲蹲舞我;迨我暇矣,饮此湑矣。"由于酒精的作用,在适度饮用下易产生怡情侠意,《楚辞·招魂》:"挫糟冻饮,酎清凉些,美人既醉,朱颜酡些。"《诗·邶风·柏舟》:"微无我酒,以遨以游。"在酒精的推动下,中度饮酒的兴奋会使人文如泉涌、直抒胸臆,宣泄心中块垒,在文人阶层表现为诗、书、画、文,在武人阶层则喜、笑、怒、骂,豪气凌云,快意人生。据唐诗所赞已有九十余款:

桑落酒、新丰酒、菊花酒、茱萸酒、竹叶酒、蓝尾酒、法酒、松醪酒、长安酒、圣酒、屠苏酒、刘郎酒、葡萄酒、七尹酒、南烛酒、元正酒、松花酒、松叶酒、乳酒、尧酒、声闻酒、三昧酒、般若酒、琥珀酒、黄醅酒、柏叶酒、羊酒、芦酒、腊酒、文君酒、曹参酒、仙酒、菖蒲酒、乌程酒、延枚酒、蛮酒、芳春酒、春酒、余杭酒、青田酒、户县酒、浔阳酒、成都酒、临邛酒、鲁酒、蜀酒、崔家酒、扶头酒等。

在宋代,"三京"所在地实行官卖酒曲的榷酒管理方法,酒曲的生产由官府垄断,民间酿酒,只能通过官府所开办的曲坊买到酒曲,所以制曲业成为一门独立的行业,中国传统的酒曲制造技术在宋代已达到极高的水平。主要表现在酒曲品种齐全,工艺技术完善,酒曲尤其是南方的小曲糖化发酵力很高。从酒曲品种来看,按制曲原料分,除了固有的麦曲、米曲(小曲)外,还发展了豆曲(加入豆类原料的酒曲)、药曲(加入多种中草药成分的酒曲)、红曲等,按制曲方式分,有罨曲、风曲、醸曲。既有生麦曲,也有熟麦曲,且以生麦曲为主。既有天然接种的酒曲,也有人工接种的小曲。在北魏时代虽也已有了一些中草药曲,但种类少而且多是天然植物。到宋代则有了很大的进步,在北宋人朱肱的《北山酒经》中记载了十几种酒曲,几乎每种都加入数目不等的中草药,多者达 16 味之多,特别注重其芳香性与药理性。用药的品种一般有:道人头、蛇麻、杏仁、白术、川芎、白付子、木香、官桂、防风、天南星、槟榔、丁香、人参、胡椒、桂花、肉豆蔻、生姜、川乌头、甘草、地黄、苍耳、桑叶、茯苓、辣蓼等。有的药曲甚至还按中药配药形成,将药物分成君、臣、使、信等形式,在各种曲中,红曲被认为是在宋代的又一项重要发明,《天工开物》称:"凡丹曲一种,法出近代,其义臭腐神奇,其法气精变化,世间鱼肉最腐朽物,而此物薄施涂添,能固其质于炎暑之中,经历旬日,蛆蝇不近,色味不离初,盖奇药也。"北宋陶谷的《清异录》中有用"红曲煮肉"的记载。红曲主要在中国南方普遍使用,如江、浙、沪、闽、粤等省。红曲主要用稻米制成,成分含有红曲霉、酵母与少量黑曲霉菌等。

唐宋是中国黄酒酿造技术最辉煌的发展时期,经过数千年的实践,传统经验得到升华,形成成套的理论、工艺与酿造设备,可以说至少在宋代,中国黄酒已基本定型。宋代也是蒸馏酒普及的时代,早在东汉之时便已发明了蒸馏白酒,白酒香气馥郁,酒精度高,刺激性强烈,只被上层专有,而受到珍爱,不被普及。由于发现甚少,原以为在宋代是白酒的发祥时代,后来在天长汉墓却发现了东汉青铜蒸馏器用于蒸馏烧酒,同时,也在马王堆发现有关白酒的记载,从而将蒸馏制白酒的历史推前数百年。这比西方利用蒸馏方法制酒早了一千数百年历史。此外,在果类自然发酵、压榨、勾兑制酒方面唐宋时已相当成熟。

中国饮食文化是独立在远东大陆长江、黄河流域精耕农业中培育出来的农业型饮食文化,其在各时期的重要特征可以认为,三皇五帝时代是五谷文化,夏商周三代是礼食文化,汉魏六朝直至唐、宋在饮食精神化运动中推导出茶、酒文化的高潮,向内是自身养生的修炼,向外扩层为饭、菜、点、茶、酒五位一体的文化饮食模式,并一直向 21 世纪延伸,形成漫延数千年的辉煌历史和传统。

二、中东农牧混合型饮食文化

(一)麦子文化的起源

如果说中国是建立在五谷生产基础上的农业文明,那么中东地区则是建立在麦类生产基础上的农业文明。中国民族进入农业文明时期的同期,在西北亚及北非地区也独立地发展了以麦类生产为中心的农业文明,这就是古埃及文明,亦即中近东的农业文明。在这一带地区最早出现文明之光的是烈日蒸晒下的底格里斯河和幼发拉底河两河流域养育的一片荒原上的苏美尔文明。苏美尔位于西亚现伊拉克的南部,古称"美索不达米亚"。它南临波斯湾,由若干块荒芜的小平原上的开垦种植生产结成了东方最早文明中心之一,在其上劳动的民族叫苏美尔民族。

苏美尔人是什么人?来自何方至今可能仍是古代史上的一个谜,但其本意是来自东方的人,他们的形貌特征不属于印欧人,也不属于闪米特人,同样也不是属于尼格罗人种。他们的语言与汉语相似,其形貌是"圆头,直鼻,不留须发",被认为是类似中华人种(亦即蒙古人种)的一支,原籍可能是远东的某地,或中亚细亚某地。苏美尔人会犁耕,会开渠,建设复杂的灌溉网,创建了中东最早的文明。在公元前 3500—3000 年间,苏美尔地区出现了 12 个独立的城市国家,犹似中国黄帝时代百族各自建立的许多小邦国一样。中国早在 6606—6402 年前的蚩尤时代首先发明了耕田的犁,并善于建设复杂的灌溉网,这说明苏美尔人有可能是远东大陆中原黄帝与蚩尤战争时蚩尤族向南迁徙的分支。他们从遥远的东方而来,控制了两河流域,用犁开垦农田种植庄稼,农作物主要是麦类,包括大麦、小麦和蚕豆、豌豆、大蒜、韭菜、洋葱、小萝卜、莴苣、黄瓜等。水果有甜瓜、椰枣、石榴、无花果和苹果等。这些都是将当地原生植物的驯化成果。

麦子的品种在世界各地有很多,但最著名的是小麦、大麦、燕麦、黑麦等。

小麦:在中国又名麦、宿麦、旋麦等,是世界上与稻、高粱、玉米、大豆并列的最重要的粮食作物之一,在全球南北半球均广泛种植。据考古学家认为,普通小麦是现代小麦中的主要品种,大约起源于1万年以前。在埃及的公元前3359年建筑的金字塔中曾发现了小麦的绘图,但据研究,小麦的发源地并不在埃及,而是在古地中海—亚美尼亚—小亚细亚一带。特别是亚美尼亚到土耳其、伊朗交接之地亚拉拉特山(mt-Ararat)地带,有多种野生小麦的存在。在古代移民中,小麦在公元前3500年的新石器时代已西传至欧洲。12世纪传至挪威。1528年,一名奴隶又将小麦的种子带到了美洲大陆,同年又从西班牙传至印尼群岛,18世纪传至澳洲。公元前30世纪时自发源地传至非洲。据西方学者研究,向东,小麦有两条路传播,一是上古时从阿富汗传入印度,然后经缅甸传入中国云南、四川等地;另一条路是经由土耳其、塔什干,传至中国新疆和华北平原,再传至朝鲜半岛与日本九州地区。其实,早在公元前3000多年前,中国就种植小麦了,在云南剑川县海门口曾发掘到火烧过的小麦麦穗的例证。然而,在中国北方中原一带和江南一带都没有将小麦视为五谷中的主要品种。苏美尔人从远东而来,所带的稷、黍、稻等种子并不如小麦、大麦那样适应当地的自然气候和土地条件,因此,他们自然地选择了小麦、大麦为主要生产对象是合乎逻辑的。美索不达米亚在希腊语中是两河之间的意思,正好位于亚美利亚两河流域下流,属干旱少雨地带,但土地便于引河灌溉,一份资料显示,大麦在美索不达米亚人精心的栽培下,产生了86倍于原始播种大麦的收获效果,使苏美尔人的粮食得到了根本保障。

大麦:在中国又叫禾广麦、稞麦、青稞、元麦、于麦等,大麦也是最为古老的栽培作物之一。美国人弗卡特·温多夫博士认为:1980年在埃及阿旺水坝的北20千米处发现了1.7万年前的大麦种子,而且不可能是野生的遗物,这一发现比在叙利亚发现的9000年前的大麦种还要早8000年。大麦的分类,一是根据麦粒排行数分的,六行的叫六棱大麦,二行的叫二棱大麦;二是根据麦桴的情况分的,有桴的叫皮大麦,无桴的叫裸大麦。大麦的栽培是由野生种进化而来,关于它的原产地有两种观点:

① 认为二棱大麦就是多棱大麦的祖先,其发祥地在阿富汗、伊拉克、土耳其等地领域;② 认为六棱大麦是由六棱野生种演进产生的,它的发祥地在东部亚细亚和中国的西藏至长江流域地带。大麦在新石器时期传入欧洲与埃及,17世纪初从英国传入美国,18世纪末传到澳大利亚。3—4世纪从中国经由朝鲜再传至日本,中国科学院青藏高原综合科考队邵启全所著的《西藏野生大麦》一书认为:"西藏野生大麦在栽培大麦起源与进化过程中占有重要地位。有关栽培大麦起源的各种学说与西藏野生大麦有密切的联系。"所以许多科学家认为,西藏很有可能就是大麦的发祥地。

可是大麦在中国的五谷中,地位并不很重要,但在苏美尔与埃及却是极其重要的粮食与酿酒原料,以至在一些木乃伊的胃中也发现了有六棱大麦。

燕麦:又名雀麦、乌味麦、油麦和莜麦,燕麦为禾本科三年生的植物。燕麦可能是由野生的乌麦进化而来,其小穗的护颖像燕子,故名燕麦。在欧美各国燕麦是重要的面包原料和酿酒原料,然而至今其野生种尚未发现。但据研究,燕麦原产地在里海、高加索或土耳其一带。燕麦的传布认为是由里海北岸传入欧洲,也有认为是由小亚细亚传入欧洲,其传入时间亦比大、小麦晚,约在青铜时代,即公元前22—13 世纪。传入方向如下:

$$原产地\begin{cases}中央亚细亚\\亚美尼亚\end{cases}\begin{cases}小亚细亚→希腊→西西里岛→意大利\\里海北岸→德国→英国→美国\end{cases}$$

大约在 1900 年燕麦由英国传入美国;在商周时期传入中国。但在中国典籍中少有记载,只有在少数文学作品中才得窥其貌。如《尔雅》:"燕麦,蕭,雀麦",李白诗:"燕麦青青游子悲,河堤弱柳郁金枝。长条一拂春风去,尽日飘扬无定时。"清人方以智《通雅》曰:"燕麦,野稷也……似稗稍长。"清人沈涛《瑟榭丛谈》:"油麦形似小麦而弱,味濇微苦,核之本草,当即燕麦。"可见中国视燕麦为野谷而不以重视。

黑麦:原始种野生于小亚细亚、伊朗、阿富汗,是由高寒地区人们长期采用人工培育而成的一种作物。大约在公元前 3000—2500 年,高加索、小亚细亚、阿富汗及土耳其等地开始种植黑麦,据瓦维罗(Vavilow)称,黑麦向欧洲传播经由外高加索与土耳其、阿富汗邻近地区两条线路,在欧洲黑麦是仅次于小麦的主要粮食品种,但在中国与印度皆不见典籍的记载。

由于大麦、小麦、燕麦、黑麦大多原产于苏美尔所在或邻近的亚美利亚—小亚细亚或邻近地区,因此,中东民族对麦类生产尤其重视,其地位与中国的稷、黍、稻等五谷"之首"相同。苏美尔人种植的除了大麦、小麦外,有人认为还有玉米。在中国玉米的别名有番麦、御春、红须麦、包谷、包茅、包粟、玉麦、玉蜀黍、棒子、珍珠米等,迄今尚未发现野生种。据大多数专家认为玉米原产地在美洲是最为可信的,在墨西哥南部的特曼特佩克峡谷曾发现了公元前 5000 年玉米野生型果穗。1492 年哥伦布在古巴首先发现了玉米,并将之带到了西班牙,约 30 年后传入法国和意大利,16 世纪已传入非洲和亚洲,因此,说苏美尔人已开始种植玉米的说法是值得推敲的。玉米也是在明代时方才传入中国。《留春日札》曰:"御麦出西番,旧名番麦,以其曾经进御,故名御麦,干叶类稷,花类稻穗,其苞如拳而长,其须如红绒,其粒如茨实,大而莹白,花开于顶,结实于节,其异谷也。"因此说玉米是南美饮食文化的象征,而在苏美尔时期可能并不见。

苏美尔人养蓄的牲畜主要是山羊与母牛。山羊提供肉,母牛提供奶,在一份古迪亚敬神的泥简菜单上记载其食品有:牛、羊、鸽、鸭、鱼、枣、无花果、南瓜、奶油、油膏和饼等。(Jastrow. 277)食品的原料种类并不丰富,也不见更多的具体食物制品和食物发酵制品的记载。苏美尔人饮食文化的伟大文明成就主要是开拓了麦类的农耕,开创了用葡萄与麦子的酿酒。苏美尔人的美索不达米亚地域仅有 3 万平方千米,分制的城邦在与游牧民族的战争中几起几落极不稳固和安全。终于在经历埃兰、阿卡德、乌尔、巴比伦、亚述时期后,苏美尔人及其文化被湮没了、融变了,美索不达米亚地区形成了印欧民族杂居状貌。许多游牧民族,如闪米特人、阿莫里特人、赫梯人、亚述人、马其顿人、罗马人、阿拉伯人和突厥人等的侵入,杂居并转型,成为该地区的主人,而苏美尔人则永远地消失了。因此,这使我们今天寻找苏美尔人的饮食文化生活的实证资料变得极其困难。只有根据从苏美尔人坟墓里掘出的大批食物与工具推断其饮食状况。在一些遗迹中,发现苏美尔公元前 1800 年前的许多砖砌炉灶和多眼烹饪灶,灶上可放置煮饭或煎炸食物的深底锅与浅底锅。此外苏美尔在工具上亦进入制陶时代与金、银、铜器的时代,说明苏美尔人的烹饪技术已具有了一定高度的发展水平。

（二）泛埃及饮食文化成就

与两河流域苏美尔文明几乎同时(或稍晚),在非洲东北部的尼罗河流域,那块与西亚有陆地相连的地方诞生了古埃及文明。"埃及"一词是古希腊叫出来的,源自古埃及语"孟斐斯",而古埃及人则将自己的国家称为"凯麦特",意为"黑色的土地",可见其对养育自己的家乡深深的爱意。值得注意的是,古埃及文明的创造者并不是现代埃及人的直接祖先。现代的埃及人是 7 世纪迁移至此的阿拉伯人与当地土著的融合。根据考古资料表明,古埃及文化既有古非洲民族文化特征又有西亚文化来源。语言是闪-含语系。埃及虽发掘过古猿的化石,但至今还没有发现古人类的踪迹,创造埃及辉煌的古代文化的古埃及人从何而来,尚是个谜。与苏美尔一样,古埃及人似乎天生就是天才的农民,他们大半都具有较高的文化,他们长期与当地种族(亦是在更早一些时期由外地移居而来的,文化进化程度较低的部落氏族)混居通婚形成埃及新民族姿态于公元前 3000—4000 年前走上历史舞台。

长期以来,苏美尔文化与埃及文化谁更早,一直是个争论的问题,但现代已有许多确凿证据认为:农业文化先发端于苏美尔人,然后再扩展而至埃及,埃及文化在初期发育时无不受到美索不达米亚文化的影响,但随着时代的推移,尼罗河流域的埃及文化很快便超过并包容了美索不达米亚文化而将西亚、北非的中、近东诸种文化融汇发展至极致,形成深厚、壮阔、细腻的世界最为伟大的文化形式之一,从而与中、印伟大古代文化相并论,并且对印、欧国家产生了重大而深远的影响。古埃及文化因公元前 332 年马其顿国王亚历山大的征服而中断,其后又经历了全部由外族人统治的托勒密王朝、罗马帝国、拜占庭帝国等时期,及至公元 642 年阿拉伯帝国征服了埃及,埃及从此成为阿拉伯人的家园。古埃及民族及其文化也隐没于异族王朝的更迭之中,而成为历史的遗迹。然而古埃及的三十一个王朝,3000 余年的极其深厚的文化历史至今仍令人瞩目和惊奇,并且成为现代埃及文化的一部分。乃至今天的文化学者都将西亚、北非文化类型统称之埃及文化类型,无论其是古老的或是现代阿拉伯世界的。

古埃及作为世界最伟大的农业文明之一,究竟在什么地方具有自成一体的特色呢,究竟在哪些方面的创造影响了世界人们的饮食生活呢?

1. 农牧渔的混合与交错影响西方饮食生活

古埃及的农业文明虽继承于苏美尔,实际上却具有与渔猎和畜牧混合发展的特征。埃及的农业得力于尼罗河一年一度的泛滥,使荒漠变成了肥力浑厚的良田。公元前450年的希罗多德曾有一段描写:"埃及人所获土地的收成真可说是不劳而获……他们不必犁,不必锄,就可以收获到一般农夫必须辛劳才能得到的成果,他们只等大河水涨,大河的水灌满沟渠田畴,水退后,他们遂即播种,然后赶猪下田,以便把种子踩到泥土中,当猪猡将种子踩到泥土后,他就等着收获了,……然后送谷入仓"(Herodotus. 11,14)。埃及的农业可以说是尼罗河的恩赐。尼罗河流域土壤尤其适宜于种植大麦、小麦、蔬菜、水果、亚麻和棉花,并向周边的克里特岛、腓尼基、巴勒斯坦、叙利亚出口小麦、麻布和优质的陶器。渔猎也很重要,因为众多的海域为之提供了丰富的鱼类资源,沙漠和草原与三角洲紧密相连,因此其畜牧业仍占重要地位,特别在三角洲地区,畜牧业较为发达。第四王朝的一个叫哈佛拉安的人说:"他拥有835头有角大牲畜,220头无角大牲畜,760头驴,2 235头山羊,974头绵羊等。"古埃及人的主要食物是麦类、鱼类与肉类。一篇残简载有告诉学童应食的食物是鲜肉33种、干肉48种、饮料24种。麦子制成的面包与啤酒则成下等阶层的主食。例如一首诗中有这样的句子"赠面包给无田可耕之人,与名垂千古同为不朽"。(Erman,Life,387)

对谷物的生产,(大、小麦)始终是最为重要的,尼罗河两岸以及地中海沿岸地区都适宜对葡萄、橄榄与椰枣的种植,从而形成麦文化、葡萄文化、橄榄文化等特型文化。泛埃及地区是一个三洲五海的枢纽地带,三洲者,包括亚、非、欧三块大陆在这里交结在一起;五海,则是指该地区周围有地中海、黑海、红海和阿拉伯海以及波斯湾。在这不大的区域内还有尼罗河、幼发拉底河和底格里斯河等大河流域,有扎格罗斯山、黎巴嫩山、外高加索山台地,也有尼罗河三角洲、美索不达米亚平原、亚美利亚高原、伊朗高原、阿拉伯沙漠与小亚细亚半岛等千姿百态的地缘地貌。这种复杂地缘地貌紧凑相连的特点,决定了埃及的农业、渔猎与畜牧的亚欧非种族众多饮食交错混杂存在的特征,农牧渔业没有明显分化界限。这一地区正是风靡当今世界的面包、面饼、葡萄酒、啤酒以及糖类的发祥地。公元前3000年左右,在埃及与伊拉克都市文明建成之初,面包与啤酒就已大规模的制作与消费。而葡萄酒先由亚美利亚高原的格鲁吉尔地区发源,后在美索不达米亚的苏美尔具有了规模性与品牌性的批量生产,糖类在伊拉克对椰枣的加工中制得。

2. 面包的文化

面包在苏美尔已有生产,最早的面包作坊则在埃及开始普及。在公元前 12 世纪初的拉姆西斯三世陵墓中曾发现有一幅埃及面包作坊的壁画,画中对面包作坊的生产状况作了逼真的描绘。面包是将大、小麦粉碎,加酵母发酵,制面团再烘烤而制成的食品。可衍生出众多形状、口味、香型各不相同的品种。据考古资料发现,埃及的面包品种达 16 种之多。面包最大的优点是便于贮存,方便食用,它的产生可能与中东人的航海、商贸活动分不开的。饼食也是如此,所不同的是饼食似乎比面包高级,用发酵或半发酵面团作饼基,制成扁圆形,上填各式馅料,通过煎或烘烤制成。饼食与面包不同的是,似乎是作用为"点心"性质,而更赋予风味性。实际上饼是面包的高级化衍生品种,在苏美尔、埃及最多的是面包店,而饼食仅在祭祀或一些隆重场合上才可以品尝到。有很多迹象表明新石器时期中国面粉的加工主要是针对小米、稻谷类的,而埃及地区则是麦面。实际上古埃及在主副食方面并没有明显的界限,因畜牧业与贸易的重要性,其肉食与面包都是主要食物的一部分,从而也没有如中国"养、益、充、助"之概念,也没有菜肴和点心分划的概念。有资料表明埃及法老每天进餐五次,其食品是两种奶、四种啤酒、一种无花果酒、四种葡萄酒和二三十种肉食与面包,可见上层饮食的酒和肉食是远胜于面包的。面包对于穷人则是基本的主食。

3. 葡萄酒与啤酒文化起源

最新的考古研究认为,世界制酒的技艺可能具有 1 万年的历史,近东地区,连同高加索山区无疑是酒类制作发祥地之一。所不同的是,我们从土耳其、叙利亚、约旦、黎巴嫩境内遗址所发现的公元前 8000 年的种子得知,近东的酿酒首先是侧重于葡萄的。这些种子呈圆形,说明食用的是野生葡萄。从格鲁吉亚(高加索地区)诸遗址上发现的种子都较长,其年代在公元前 5000 年左右,这是人们最初种植所得的葡萄。除了这些种子外,还发现了一些储酒容器具。照目前流行的理论,倾向于将酒类制作的起源向发现酒的年代前推移。多次考古发现,在公元前 8000年,葡萄不仅一直被食用,而且更可能被用来榨汁,因此,没有理由推定酒不会在同样年代被模仿发明出来。葡萄皮中含有足量的酒母和糖分,无需任何添加剂即能开始发酵——在适当的条件下,将裂开的葡萄置于容器中,放上几天,就会变成酒。英国酒史专家休·约翰逊在其《酒的故事》中为我们描绘了一幅人类最初踩葡萄酿酒的图景:

"在整个亚热带夏季里,不时有雾气在寂静炎热的午后侵入到黑海沿岸地区。在流水潺潺、绿树成荫的两岸溪谷中,雾气使空气变得柔和起来,也使那些密布在溪谷周围的葡萄树得以免受骄阳的毒晒。放眼望去,到处都是葡萄树,河床上的葡萄树密密麻麻,就像许多条巨龙蜿蜒于森林之中,它们盘在藤架上,穿插在果树间,缠绕在每一间农舍的木头墙上。

"在屋旁葡萄树之间，月桂树的藤荫之下，每户农民都有自己的玛拉尼，即酒窖。有一件事情似乎有点神秘，这里没有任何有关葡萄酒的痕迹，比如桶、酒缸或是酒罐，唯一的线索就是那些一个一个的小土丘。

"家人们用长长的锥篓把葡萄背到这里，然后倒进篱笆边掏空了的原木里。当这些原木盛到半满时，农夫就脱下鞋袜，用桶里的热水仔细洗过自己的脚，然后他们慢慢地、小心地踩到一串串葡萄上，直到他们感到脚下不再硌脚。

"他们的酒罐"奎弗瑞"都是齐着边埋在月桂树下的，上面堆着小土丘，他们用锄头铲开小土丘，小心翼翼地打开酒罐，直到看到埋在土下的橡木塞子，打开塞子。他们一边把踩好的葡萄浆倒进奎费瑞里，一边用玉米皮做成的拖把不断冲刷葡萄，舀起被碾碎的葡萄，直到葡萄汁几乎满罐边为止。然后，这些葡萄汁会在寒冷的泥土里发酵，开始很慢，然后加快，再变得非常慢，最后在漂浮着的一层硬皮中会有一个个小气泡爆裂开。

"春天，人们用绑在杆子上的空葫芦再次把酒舀出来，倒进另一个奎费瑞里，同时把浮在表面的硬皮撇出，这种酒渣是酿造烈性的查查酒的原料，这也是亚美里亚人同他们的同胞格鲁吉亚人很喜欢的一种格拉巴酒（酒渣酿制的白兰地）。葡萄酒被密封埋在小土丘下，放在背阴的玛拉尼里冷藏。存放时间有长有短，并不十分确定。当到了启封之时，无需发出邀请，浓烈的酒香就会从刚打开的酒罐里喷涌而出，邻居们全都来了，当然会带着酒杯，古希腊时代的浅陶碗。一场漫长的宴会开始了，大家济济一堂，到处都在烧烤食物，人们唱着古老的叙事诗。"

每家每户在秋季酿葡萄酒成为亚美里亚人的习俗，而这一习俗几千年来几乎没有改变，其酿酒的方法由史前到现代也几乎不变。埃及本土并不是世界上最早种植葡萄和酿造葡萄酒的，但他们肯定是我们知道的最早记载和庆祝制造葡萄酒的人。他们把所有细节都清楚地画下来。早在3000—5000年前埃及人掌握了全部葡萄酒酿造技艺，已有可以区分不同品质的葡萄酒的专家。埃及人发展了最早的大规模酿酒业。公元前3000年前后，酒罐开始大批量生产，塞具和密封器具上的象形标记说明，此时已经辟建了王家葡萄园，后来的陵墓绘画极为详细地显示了从棚架整枝到葡萄压榨、勾兑和装瓶的酒类生产过程。希腊历史学家希罗多德也曾记录下了人们通过幼发拉底河把葡萄酒运到巴比伦的情况：

"除了这座城市，还有一件事物令我感到很了不起，顺河而下到巴比伦的船都是圆的，而且是用皮革制成。他们用产于巴比伦以北亚美尼亚的柳树做船的肋材，然后用兽皮包在外面，这样就做成了船底，而且不分首尾。因此，船做得像盾牌，他们把芦苇填在里面，再装上货物运走——通常都是用棕榈木作成的一桶桶葡萄酒，每艘船上都有驴，船越大驴越多。因为巴比伦安排货物后，他们就把做船用的肋材和芦苇也卖掉，然后用驴驮着兽皮，从陆路返回亚美尼亚。"在希罗德的那个年代，地中海东部一带的人们已经酿造了2000余年的葡萄酒。这些地区包括今天的土耳其,向南穿过叙利亚(那里的卡尔卡默斯向阿勒颇供应一种葡萄名酒),黎巴嫩的毕布勒直到巴勒斯坦南部。

我们知道关于古埃及时代葡萄酒的一切,但从来都无法真正了解它。通过对许多古埃及墓穴中绘画探索,我们不难在心中绘制出一幅精妙的画卷,历史的画卷跨越了 33 个王朝法老们的更替。我们可以知道各王朝时期名酒的制造、命名、贮藏和饮用,但永远不知道其口味的感受。

啤酒的产生机制可能也与葡萄酒一样,在人们偶然尝到一种发酵的混合物如一碗大麦粥时,有人认为,面包的发明肯定也刺激了啤酒的生产。两者都用同一种谷物制作,我们从出土的实物中了解到面包在新石器时代很受欢迎,对酿酒起到了极其重要的促进作用。这种面包的制作方法是:在磨面之前先让麦粒发芽,发芽可使酶将一些淀粉转化为麦芽糖等,有利于酿造出糖分。这种发芽的麦粒就是酒糵,方法是将发芽的麦粒磨成面粉,做成面包,再将面包略微烘烤,然后将面包泡在水中,由于埃及的气温较高,因此只需发酵一两天,然后从混合物中滤出面包,啤酒就可以喝了。可以说啤酒是面包的衍生发酵饮料。(参看彼得·詹母斯,尼克·索普:《世界古代发明》)。啤酒的早期饮用者是苏美尔人,他们用椰枣、葡萄制酒,但啤酒始终是人们最为普遍的酒精饮料。可以说葡萄酒是贵族的酒,而啤酒则是大众的酒。有一则希腊传说讲道,希腊酒神狄俄尼索斯之所以气愤地离开美索不达米亚,是因为当地居民沉溺于啤酒之中。实际上,由于太受欢迎,所以美索不达米亚文明的缔造者苏美尔人要把每年收成的 40% 麦子用于啤酒制作。普通神庙的雇工每天可得到 1.75 品脱配给的啤酒,而那些地位较高的人每天可得到 5 倍于此的配给量,其中的大部分大概都卖给了那些雇工。古代美索米亚人和埃及人所饮用的这种啤酒比澄清过的现代啤酒要浓得多。它具有混浊悬液性质而与现代澄清过的啤酒不同,它是当时人们的营养的重要来源,亦即是酒又是一种主食;同时它还是使人酒醉的主要原因。

在最早的美索不达米亚酿酒者中,妇女占了大多数,她们在家中制作啤酒,就地出售。而在公元前的中国酿酒是王室及官府控制的事情,私人无权从事酿酒,从而有效地控制了民间的饮酒量。为了控制民众的饮酒量,公元前 1750 年左右,巴比伦国王汉穆拉比颁行著名法典,曾试图对非正式的"酒坊"进行管制。从而引发了种种怨言。汉穆拉比颁布了世界上第一部啤酒价格管制法规,高价出售啤酒的妇女会被扔进河里,如果允许犯人在酒店中饮酒而不向当局报告者处以死刑。即便在那么久远的年代里麦芽酒店也显然是酒徒们闹事的场所。公元前 1400 年的一部埃及纸莎草书曾警告饮酒者在酒店里随便讲话是危险的。

埃及人制作了种类繁多的啤酒,这些啤酒味道各异,大概是添加了不同草药所致。它们都有一个好听的名称,如:"欢乐酒"、"美女酒"、"天神酒"等。在希腊罗马时期的埃及,医生们都会建议病人饮用以芸香、红花油和曼陀罗子制作的滋神啤酒。与现代啤酒的差异主要是对"酒花"的应用。酒花在《本草纲目》中称为蛇麻花,又名忽布,是由HOP译音而来,为桑科多年蔓性草本植物,花片的基部有许多分泌树脂和酒花油的腺体,叫蛇麻腺。当酒花成熟时,蛇麻腺分泌树脂和酒花油,是近现代啤酒酿造所需要的重要成分。酒花中树脂、酒花油、多酚物质赋予啤酒以特有的香味与苦味。酒花还具有防腐的能力。我们并没有从古埃及时的啤酒中发现有使用酒花的工艺。啤酒花在公元8世纪开始被德国人使用,从而使现代啤酒与原始啤酒相区别。德国人继承并发展了古埃及的蘖化酿酒,中国则在唐以后放弃了蘖化酿酒,只在近现代引进了酒花技术后才得以恢复。

古埃及时期,人们对酒的价值态度是宁静而亲愉的,而中国夏、商、周人对酒的价值态度却截然不同,同样在神的关照下,中国是庄重而神圣的礼典。人文深层表达思想的不同处是夏商周建立在"人道亲亲"的"大德"秩序中,显得庄严肃穆,正襟危坐,在酒礼中表现出对君、臣、父、子尊卑等级关系的崇敬之情。《礼记·大传》曰:"人道亲亲也,亲亲故尊祖,尊祖故敬崇,敬崇故收族,收族故宗庙严,宗庙严故重社稷,重社稷故爱百姓,爱百姓故刑罚中,刑法中故庶民安,庶民安故财用足,财用足故百志成,百志成故礼俗刑,礼俗刑然后乐。"而古埃及人的饮酒态度则出自本真的欢愉之情,是得之神佑的人性之礼。我们可以从那一幅幅充满活力的古代图画中看到他们对饮酒的真实感受。古埃及的盛宴场景时而是宁静的、优雅的,时而又是喧闹的、放肆的。但无论如何,"那些画面多数都表达着一种对于男人和女人之间互相依恋的态度和一种深深的崇敬与热爱。这些图画很生动,有闲聊的女孩牵着宠物,地位尊贵的夫妇,还有音乐和侍女(通常是赤裸的),以至于看到的人会感觉自己像一个永不结束的宴会上的窃听者。"(休·约翰逊:《酒的故事》)古埃及人的宴会总是处于一种明快色彩的气氛之中,到处是诱人的芬芳(他们在头上抹着芳香的油膏,油膏慢慢地融化,顺着编成辫子的头发和假发流淌下来)。美丽的花环,葡萄枝条,莲花和莲蓬。有时候他们用酒杯喝,有时用吸管插在酒罐里喝。不同酒罐里的酒被吸至另一个新酒罐之中,可能有意将两种酒混在一起(最早的鸡尾酒)。将葡萄酒倒入双耳罐里时通常要进行过滤出渣。在那些宴会中,并没有太多人们自我克制的迹象,女人们经常会喝至呕吐,但没有人会滑倒桌子下或被抬回家。

希腊作家阿斯拉欧斯认为:"古埃及人在任何一次酒会中都遵循着适度的原则……他们端坐在那里,边进餐边饮酒,他们吃的是最简朴、最健康的食物。饮酒量也是控制在感到精神愉快的程度。"在宗教仪式上,葡萄酒当作对神的供品和死者的祭品,从中不难看出葡萄酒的显赫地位。啤酒则是人们日常生活中的饮品,与任何宗教仪式都沾不上边。葡萄酒消费在古埃及仅限于富人阶层的饮品与宗教仪式的用品。从最早的埃及古王朝开始,墓穴中的葡萄酒都会注明原产地,这个传统一直到现代各国的生产酒家都很适用。在公元前2470年的第十五王朝时,人们使用了六种不同的"名称",其中包括"亚细亚葡萄酒"。然而这种名称是关于产地的还是不同品种的，尚不得而知。然而到了公元前1550年的"新王国"建立时期，最为著名的历史遗迹之一，"图坦卡蒙"墓穴遗物中，酒罐上的标签已经极为精确，但没有葡萄品种的分类，这些标签上详细地记载了年份，出产的葡萄园，拥有者和首席制造者。在埃及最好的葡萄园都在"河两岸"（尼罗河西岸的西部海湾地带），包括希莱比比特、爱吃格、孟菲斯和绿洲地区。这些地方全部位于下埃及。上埃及则在公元前300年才开始引种种植葡萄和酿造。

埃及的人们将掌管葡萄酒的权利赋予了一个特别的神——"奥西里斯"。他既是人死后的主宰，又是掌握着植物生命的"灌溉时的酒神"和"宴会中的欢乐狂欢之神"。葡萄园和葡萄酒是献给神的贡品。从古埃及遗留下来一份伟大的拉美西斯三世国王时的信函中，我们可以看到在一片很小的三角形葡萄园里所发生的一切的精确图画。

"另报我主得知，我已到达了位于彼垂水边的内拉迈瑟米蒙，使用的是我主赐予的平底船和两艘运牲畜的船，这运牲畜的船属于"阿蒙神宫的——百万年来上埃及、下埃及国王的宅第。看守葡萄园的有7个男人、4个女人、4个老人和6和孩子，总共21人。报我主得知，我发现守园人的总管加特瑞已把所有的葡萄酒封存了起来，具体数目如下：1 500罐葡萄酒、50罐新酿葡萄酒、50罐饮料、50袋石榴、50袋葡萄核和60筐葡萄。我把它们都装在了两艘属于百万年来上埃及、下埃及的国王的宅第的运牲畜的船上，然后从皮拉迈瑟米蒙顺流而下。我把它们移交给了百万年来上埃及、下埃及的国王的宅第的掌管者手中。这件事以前我以写信报过我主明知的。"信中描绘的一些东西今天仍然存在，今天的埃及与古时的埃及虽然在许多方面极为相似，但是葡萄酒文化的重心却转移到了西方。

三、南亚次大陆茹素型饮食文化

机缘巧合，几乎与东亚、西亚、北非的中国、伊拉克、埃及农业文明诞生的同一时间段，在南亚印度次大陆上也诞生了一个伟大的农业文明——古代印度农业文明。与中华的黄河、长江，苏美尔的底格里斯河、幼发拉底河与埃及的尼罗河一样，印度农业文明也因印度河与恒河流域而发育。古代的印度是一个地域概念，包括现代的印度、巴基斯坦、孟加拉、斯里兰卡、尼泊尔、锡金和不丹等国在内的整个印度次大陆。印度之名来自雅利安人的梵文，在3 500多年前雅利安人从西北部迁移到印度河流域时，将这条河称为"信度"（sindhu）河。但是，古代波斯人把字母S（斯）的发音读成了"合"（h）音，因此，波斯人称印度河为"很毒"（hindu）河，并称这一地区为"很毒斯坦"。公元前5世纪波斯国王大流士一世在自己的记功铭文上刻着"从很毒至斯基坦"都属于他的国土。古希腊大历史学家希罗多德在其名著《历史》中用"印度斯"（印度西北部的河流）来称呼印度河流域以东的广大地区。古代

中国人很早就了解了印度。公元前 2 世纪司马迁在《史记》中称其为"身毒",东汉称之"天竺",到了唐朝玄奘取经归来后,在《大唐西域记》中译为"印度",并沿用至今。印度是一个十分独特的地区,具有民族庞杂、人种繁多的特征。印度的历史演变也纷繁多姿,令人眼花缭乱。据现代的人种学者认为,历史上印度有六大种族集团,其中五种在公元前 3000 年代就出现了。他们包括原始澳大利亚人、矮黑人、地中海人、中华人、短头型人与达罗毗荼人。公元前 1500 年代进入后来成为印度民族主体的是雅利安人(白种人)。原来认为雅利安人一直是印度人的主要原住民主体,但在 19 世纪英国的考古学家们却在印度河谷拉维河的冲积平原上一个直径为 2.5 千米范围地区发现了震惊世界的古代印度文明的秘密。他在河谷地带"死亡之丘"的废墟下挖掘所得,拨开了历史的迷雾,再现了湮灭的古印度农业文明。到目前为止,在印度河流域 100 多万平方千米的范围内已经发掘出数百个文明遗址,其中以哈拉巴和摩享佐·达罗最为典型。哈拉巴与达罗的发现推翻了雅利安人是印度河流域最早的居民的假说,将印度古老的农业文明往前推进了 3 000 年。有许多证据说明哈拉巴-达罗文化是古印度内部环境独自发育而成的人类最古老的农业文明之一。20 世纪 80 年代,在巴基斯坦北部的博德瓦高原的利瓦特镇发现了远古人类制作的旧石器,距今有 200 余万年,成为亚洲(乃至世界)最古老的人类遗迹之一。到 10000—20000 年前古印度人能够制造装有木柄的各类石制工具,制作最为古老的岩画。从公元前 6000—前 6500 年俾路支斯坦山区的河谷中开始了印度河流域农业文明的源头。在高地的奎达河谷地发现了公元前 6500 年古印度人最早农业定居的遗址。那里有泥砖房屋的痕迹和食用山羊、绵羊与牛遗下的骨头。最重要的是发现了一把石制镰刀和手制粗糙的、火候很低的蓝纹陶器。石镰是栽培收割谷物之用,家畜的骨头证明了放牧人同时存在,房屋是定居的象征,陶器是农业定居日常生活的需要。从 1974 年到 1997 年挖掘以梅赫尔格尔遗址为中心的方圆 2 000 多平方千米范围内,发现了无数定居点的遗址并发现有大量谷物的遗迹。证明在公元前 4000 年左右,印度河流域已步入文明的初级阶段。在这里有更为典型的泥砖房结构,大麦与小麦已经广泛种植,并能生产精美的彩陶。彩陶器上绘有生动的动物与抽象的图纹图案,有的还刻有某种符号。在遗物中还发现许多与苏美尔人一样的印章与一些宝石、玉坠玛瑙、珍珠和坠饰等,表明与苏美尔地区存在着活跃的贸易关系,公元前 3000—前 2600 年,以哈拉巴-达罗文化代表了印度河城市文明正式形成为一个成熟的农业文明。

印度河流域古代农业文明哈拉巴时代相当于中国颛顼—帝喾时代,亦相当于考古学中的中国大汶口的文化时期,与苏美尔-埃及农业文明处于相同时期。哈拉巴-达罗文明遗址是在 20 世纪初才开始发掘并得以初步认识,其中许多问题还有待进一步的研究才能证实。据称创造哈拉巴文明的可能是印度次大陆最早的农民——达罗毗荼人,这个问题尚有许多种说法而不能最终确定。然而到了公元前

1700 年左右,哈拉巴文化及其民族突然地消失了,为什么消失呢? 据推测可能是在同雅利安族的战争中被消灭的,在一些重要遗址中曾发现了激烈战斗的痕迹。哈拉巴文明没有给我们留下历史记载,是因为它很早就消失了。将古代印度文明史从公元前 1500 年左右向前推移近 30 个世纪,大致可分为前哈拉巴文明(公元前 6500 年—公元前 3500 年)、哈拉巴时期(公元前 3500—前 1700 年)、吠陀时代(公元前 15—前 6 世纪);第一列国时代(公元前 6—前 4 世纪);孔雀帝国时代(前 4—前 2 世纪);第二列国时代(前 2—1 世纪);贵霜帝国时代(1—3 世纪)。哈拉巴-达罗文明虽然早被湮灭了,我们虽然并不能知道其在饮食文化方面具有什么,并对后世产生了什么影响。但是,它毕竟曾辉煌地以极其成熟的特色存在过,并对后世民族留下了深层文化因子无限厚重的积淀。

　　从哈拉巴-达罗遗址发掘的遗物看,哈拉巴处于相当高的农业文化经济发展水平,青铜时代已经开始,这似乎比中国、埃及同时的起点要高,青铜文化早了近 1 000 多年。农业发达,在建城遗址上发现有大型谷仓,种植大、小麦、稻米与棉花等作物,并且也已使用牛耕田。其畜牧业也较发达,饲养了较多的牲畜。尤其应注意的是,它的手工业水平较高,有制陶、纺织、冶炼、金属加工等行业。哈拉巴人注重与印度以外其他地方人之间的商业来往,与伊朗、苏美尔-埃及具有紧密的贸易往来,但在发掘中并未见到像埃及那样有面包坊和酿酒实物发现的记载。因此,就所发掘的农业和食物原料遗物中可以认为,大、小麦的生产同重于稻作,食物结构以谷类为主食。畜肉则是一种补充,渔业则欠发达。

　　哈拉巴文化湮灭后 200—300 年间,被认为是印度古史上的"黑洞时代",直至今天,我们对其一无所知,既没有文献资料,也没有地下遗迹。但是,从公元前 15 世纪,雅利安人进入印度次大陆后便开始有了文字资料,这就是《吠陀》经书。"吠陀"之意是"知识"。《吠陀》经书所反映的公元前 1500—公元前 600 年时代称之"吠陀时代"。经书共有 4 部,以《梨俱吠陀》为最早,反映的是前 1500—前 900 年间事,称为"早期吠陀时代",其余的有《沙摩吠陀》、《耶柔吠陀》和《阿因婆吠陀》,反映的是公元前 900—公元前 600 年间事情,称为"后期吠陀时代"。此外还出现了一批解读《吠陀》经书的文献,称为《梵书》、《森林书》和《奥义书》等。《吠陀》的要义可归纳两点:其一是关于"梵"的学说,即说梵天是唯一真实的存在,它创造一切,包括人的肉体与灵魂;其二是关于轮回的学说,即是说人死后,灵魂向高等或低等躯壳里转世。这取决于人在生时的行为方式。按梵规则则高,反之则低,《吠陀》经书随雅利安人的到来说明从新民族文化进入古印度伊始便使印度进入了以宗教文化为中心的时代。《吠陀》经书一直对印度以后的历朝历代的行为方式都产生了极其重要的影响,并使雅利安民族发展至今成为印度次大陆的主要民族,印度社会成为一个多宗教为特征的社会,在其后历史中,诞生了伟大而神秘的婆罗门教、佛教、耆那教和印度教。

　　"雅利安"是"高贵者"的意思,是来自远古生活在中亚的游牧部落,公元前

2000年代初开始向亚欧大陆的农耕世界移动,其中一支南下印度河、恒河流域,一支迁入波斯境内,还有一支则迁入小亚细亚。因此,印度的雅利安人只是印欧民族群中的一支,并不是语言学界所指的印欧语系的共同祖先的那个"雅利安人"。雅利安人进入印度以后,向次大陆作扇面形扩张,持续了500—600年之久,经过了艰苦而顽强的战斗,使自己由原始游牧部落转型为农业型军事民主制城邦国家形式,逐渐从过去游牧生活转变为农业定居生活,开创了印度农业文明的古典时代。雅利安民族在改变了古代哈拉巴文化传统的同时,也改变了自身旧的传统,而获得了新生。回顾古典雅利安人的印度文明从里到外都受到宗教的激发和贯穿,宗教影响之深之久可以说在世界文化史上是绝无仅有的,形成了神秘而多样的印度特色,使得印度的政治、经济文化乃至社会生活的各个方面都深深地镌刻着宗教的烙印。古印度人重视人类精神的价值取向,崇尚简朴生活方式和对大自然亲近热爱的态度,构成了印度人所理解的今生与来世的独特世界观。为了祈福和实现人生美的境界,古印度在原始宗教的基础上发展成了四大宗教,并因此影响到次大陆人类的生活整体各个方面,其中也包括其饮食文化方面,主要集中表现为"素食主义"。

(一)素食文化的源流

古印度的"素食主义"被认为是5000多年前起源于哈拉巴文化对牛的爱护和崇拜。在印度河流域文化兴起之时,牛成了农业生产的支柱,我们从哈拉巴等城市遗址中出土的数百枚印章以及大量的艺术作品中可以看到,牛是最常见的刻画对象。特别是母牛,由于母牛还可以提供奶食,其地位尤其崇高,成为感恩图腾最为丰富的制画对象,最终被印度人奉为不可屠宰的牲畜。

古典时期印度著名的史诗《摩诃婆罗多》在公元前1世纪时,就向那些无视牛的神圣地位的人们发出了可怕的预言性警告:"被害母牛身体上的牛毛有多少根,那么,所有杀死、吃掉或允许屠宰母牛的人就会在地狱腐烂多少年!"

同时,《摩诃婆罗多》提出了素食倡言:"希望拥有良好的记忆力、美貌,能够健康长寿,具有精神力量与道德力量的人,应当禁止食用动物食品。"

后来的耆那教和佛教又从哲学上对素食进行了诠释。耆那教徒始终坚持严格的教义素食主义。除了严格禁止肉食,它甚至要求信徒佩戴面具,防止吸入看不见的微生物。佛教虽然没有过于严格的禁忌,但同样规定不杀生、不吃肉。因此,营养主要从植物性原料中获取,古印度人的食物以大米为主,吃牛奶是重要的辅助。在今天哈拉巴周围的农民,用当地专门的野草喂养水牛,目的是提高水牛的产奶量。水牛的奶具有比普通牛奶和黄油更多更佳的脂肪成分,在遥远的印度河文明中,奶和黄油一直是其重要的饮食和贸易物品。一般认为枣糖始出于伊拉克而蔗糖则始产于南亚印度地区,甘蔗种植也于公元6—7世纪传播到了近东和远东地区以及中世纪的欧洲,对世界烹调调味产生了重大影响。与其说"素食"是一种饮食样式,倒不如说是一种哲学的、信仰的精神化体验,"素食主义"给世界饮食文化带来了巨大的人生启示,犹如中国的"养身主义"一样给人类饮食行为赋予了文化的理性规范。对东方以及西方的饮食产生了持久而重要的影响。

由于宗教众多与地域广阔,印度饮食文化具有鲜明的多样性。在吠陀时代,粮食、乳制品、蔬菜与水果均成为人们的主要食品,只有在举行宴会或家庭聚会时才会食肉。在佛教,印度教诞生之前,牛的宗教地位虽已被强化,但古印度人还是食用禽肉的,例如孔雀王朝时期的阿育王在放下屠刀皈依佛门前就喜欢食用孔雀,但在他归依佛门以后就坚持素食,并下诏禁杀动物,为印度全民素食之风启开帷幕。我国晋代高僧法显在5世纪赴印时发现,属于高等种姓的印度人不杀生、不饮酒、不食葱蒜,但是,属于低等种姓的印度人则食肉,这一传统一直保留到现代。同古典时代一样,现代的婆罗门种姓人依然不食任何肉类,甚至不吃鸡蛋这一可能孕育生命的食品。一部分属于低等种姓的人们并没有过多的禁忌,并且可以饮少量的酒(一种草药酿制的酒),然而当穆斯林的进入后又使许多人改变了这一习惯。14世纪时,哈尔吉王朝的阿拉-乌德-J·哈尔吉和莫卧尔王朝时期的皇帝阿克巴都曾颁诏禁酒,使得"酒文化"一直在印度未能兴起。印度的饮食文化简朴的古风犹在并且随处可见,宗教思想也一直重要地影响着印度中、上层人的饮食习惯,印度人重视对精神的修行,而忽视感观的享受。在印度古老国度中的众多节日里,印度人不像其他国家人民那样在美食好酒中欢度,而是比平时更为简单,有时反而会减少本来并不丰美的菜食而与美食无缘。例如,每年4月份庆祝罗摩转世时,人们不仅要吃素食,菜肴中还不得加入葱蒜等刺激性调料。印度节日的主要目的是让神灵高兴,自己再从中得到精神的满足。将创造力献给神庙和神像,而在美食上不下过多功夫,因此,在印度的素食者比例很大,全国到处都是素食餐厅。素食纯粹以农耕植物为粮食,从而有别于一般农业型主副食物结构,成为人类饮食文化的一个重要的基本类型。突出地体现了人对自然回归的古朴情结。

近现代,印度饮食文化的特征与中国一样亦分东南部与北部地区。其东南印度普遍以大米为主粮,北印度则以面粉为主粮。印度佐餐菜肴丰富,尤其是调料中香辛料类多样,风味浓郁。经过纯化的奶油(ghee)曾被大量用于烹调,现因其脂含量较高和价格过于昂贵使用受到影响,芥子油、芝麻油与椰子油则被广泛使用。与严格的婆罗门食素对比的是北印度人受伊斯兰文化影响较深,而喜欢肉食。食肉的印度教徒忌讳牛肉而喜食羊肉,但穆斯林则善食牛肉也食羊肉。东印度濒临孟加拉湾,又有丰富的淡水资源,因此,人们喜食鱼、虾。除了一些少数的山林狩猎部落外,印度人拒食野生动物,例如,印度的蛇类众多,但无人食用。印度人大量食用蔬菜、水果和豆类,饮酒的人是少数,并且也很克制,只有在一些盛大节日里,如"洒红节"、"灯节"、"难近母亲节"中,人们才多饮一些美酒。

(二)香料文化

在中、西饮食文化历史中,许多香辛料都来源于南亚,而又以印度地区最为著

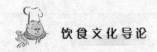

名。因此,印度又被称为"香料之国"。印度尼西亚则被称为"香料群岛"。将香辛料运用至饮食中,最早当属于古印度。尽管许多香辛料何时开始和如何种植等情况鲜为人知,但至迟到公元前 12 世纪埃及人利用香辛料遮蔽食物异味而用以冷藏食物,而这些香辛料大都来源于古老的印度。在中国先秦的典籍中,也鲜见许多汉以后常用的香辛料的记载。中国西南巴蜀等地浓香口味习惯也都得益于印度及南亚地区香辛料的东传。1972 年,中国考古学家发现了一位汉代贵妇的陵墓,该陵墓建于公元前 165 年左右,在其中发现了中国历史上最早的生姜、桂皮和其他香料。唐代法显在《佛国记》中则记载了人们行船时在盆中栽种生姜的情节。英国学者詹姆斯与索普认为:"产于印度的胡椒在埃及问世极早,时间为公元前 12 世纪之初,当时,黑胡椒粒曾与其他植物一起被填入拉美西斯二世的木乃伊之中。希腊发现胡椒要晚得多,据提到胡椒的最早古籍即是著名的医生希波克拉底于公元前 400 年撰写的著作记载。最初希腊人把胡椒作为药物来看待。"(《世界古代文明》)

待罗马帝国(公元 1—2 世纪)进入鼎盛时期之际,地中海沿岸地区对东方香料的欲求已成为一种狂热,罗马城内由国家开办的胡椒店均从亚历山大转口输入各种香料,因为以阿拉伯人为主的中间商都在那里经营从印度购进的香料。黑、白胡椒系由印度南部的马拉巴尔和喀拉之沿海输入。而桂皮以及与之有亲缘关系的肉桂则从东南亚越南输出。丁香和肉蔻的产地则在印度尼西亚群岛(《世界古代发明》,世界知识出版社 1999 年出版)。

在古典印度的食谱中,使用香辛料是不可缺少的,主要有紫苏、胡椒、芝麻、丁香、肉桂、豆蔻、大茴、罗汉果、姜黄、郁金等。与南亚印度次大陆相连的伊朗与印度被古代中国同称为"西域",是构成印度与埃及、中国乃至欧美交通的枢纽之地,通过香料之路将出产于南亚的香料向世界东西方输出,为世界各地方饮食风味的美化作出了极大的贡献,其特产的胡荽、姜黄(咖喱)、小茴、丁香、山胡椒(花椒)、茉莉、甘露蜜、阿魏、无花果、葡萄、胡桃、石榴、黄瓜、蚕豆、菠菜、西瓜、胡萝卜等香料与果蔬都成了现代东、西餐中最为熟悉的食物原料品种。伊朗古代称为波斯,其民族自称伊朗可能是印欧民族的一支,在公元前 1000 年左右自里海方面迁移而来的米底亚人游牧部落。他们迁来波斯发现了铜、铁、铅、金、银和大理石与宝石,便定居下来从事农耕。伊朗虽地处西亚之边但其文明发展期受到印度古典文化的巨大影响,并又同时对犹太文明和巴勒斯坦文明以西之地产生了重要影响。从南亚—印度—西亚—北非形成了一道极具特征的香料文化地域带,不仅在饮食中使用香料,在食物的贮藏、加工乃至沐浴、化妆都各有专项,南亚的香料深远地影响了东、西方饮食文明的发展。

第四节　伊斯兰宗教型饮食文化

与雅利安人入侵取代了印度南亚哈拉巴-达罗古代文化一样,阿拉伯人的入侵是继希腊人、罗马人的入侵之后，再一次改变了两河流域-埃及的文化面貌，使中东地区逐渐形成了蕴含伊斯兰教义的阿拉伯饮食文化新类型。

公元前 2000 世纪，欧亚大陆处于一个骚动时期，游牧民族的入侵消灭了旧的农业文明建立起新的农牧文明秩序，首先改变中东泛埃及文明的主要是印欧族群中的闪米特民族。印欧人与其说是一个种族群体，不如说是一个文化群体，民族成分相当复杂和丰富。他们最先可能发源于里海地区，曾在那里放牛并从事少量的耕作，他们以放牧为主，习惯于向更理想的地域迁移。到公元前 2000 年时，他们已分布在从多瑙河平原到奥克苏斯河和贾哈特斯河流域的广大地区，他们以此为据点日益威胁在地理上可以进入的农业文明中心——中东、巴尔干半岛和印度河流域。闪米特人作为阿拉伯地区主要族群，最早出现在阿拉伯半岛的沙漠地区，他们的历史是由接连不断的迁移浪潮构成的。他们的外迁祖先都参与了埃及-美索不达米亚地区古代农业文明建设，他们在 2 000 年后便大量的外迁，逐渐占领了从地中海到两河流域，从托罗斯山脉到亚丁之间的广大地区。印欧人及其闪米特人在摧毁中东埃及以及巴比伦古代文明之时也被之同化，由游牧民族转型为农牧混合民，阿拉伯文化成了新型的中东主流文化，在衣、食、住、行方面都发生了极大的变化。在公元前 1200 年左右，第二次主要以闪族的一些新支系的"蛮族"入侵浪潮掀起，中东进一步阿拉伯化，此时在世界历史上具有重要意义的希伯来人安家在叙利亚和巴勒斯坦，阿拉米人也定居在叙利亚、巴勒斯坦和美索不达米亚北部，腓尼基人则在地中海沿岸落户。他们在中东地区建立了发达的工商城市和海上贸易通道。随着公元 7—8 世纪伊斯兰教的兴起，驱除了自公元前 4 世纪至公元 7 世纪近 2 000 年的西方殖民势力，从比利牛斯山脉到信德，从摩洛哥到中亚的阿拉伯许多民族或一些非阿拉伯民族族群也被融进伊斯兰文化共同体，至现代中、近东的数十个国家和地区有 5 亿多信徒被统称为穆斯林，其社会的每一个成员的饮食生活都能充分地反映出伊斯兰教义文化。在现代中国境内信奉伊斯兰教的主要有回族约866.3 万人（1990 年）、哈萨克族约 111.1 万人（1990 年）、维吾尔族约 721.4 万人（1990 年）。他们大多数分布在西北诸省市，其伊斯兰教大致在公元 7—10 世纪由阿拉伯人传入，并与中国本土文化相融合形成了具有中国特征的穆斯林伊斯兰教饮食文化。从本质上来看，阿拉伯文化植根于半农半牧的生活传统之中，在饮食传承上反映的是农牧饮食结构的结合，在行为的空间严格受到伊斯兰教义的导引和规范，在生活习性上仍具有较强的部落文化特征。在阿拉伯大帝国时代，整个中、近东地区皆泛阿拉伯化，古代埃及的较为纯粹的农牧混合型饮食文化传统也随之改良和加强，形成为以现代土耳其为杰出代表的大伊斯兰饮食文化模式，给人以圣教饮食辉煌业绩的深刻感受。

要了解阿拉伯饮食，我们首先需要对伊斯兰教和《古兰经》的相关知识有所了解。伊斯兰教诞生之前，中东由两大帝国统治：即拜占庭帝国和波斯萨珊王朝，前

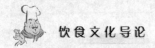

者以君士坦丁堡为都,控制着地中海东部地区,后者定都为泰西封,统治着两河流域和伊朗高原。前者是基督教国家,后者为波斯-美索不达米亚传统的琐罗亚斯德教国家。两国在603至629年间爆发了一系列战争,埃及的混乱与拜占庭-波斯的战争使得彼此衰败,从而给予阿拉伯半岛民族像沙漠风暴般向外聚集的机会,阿拉伯半岛也因商路的改变而成为经济要地。麦加因地处高路中段,阿拉伯半岛沿岸,是北往叙利亚,南通也门,东到波斯湾,西至红海吉达港和水路与非洲相连的交通枢纽。阿拉伯半岛在南方从事农业和实行君主制,其他地方都处于游牧的部落状态。大多数阿拉伯人信奉多神教,崇拜树、泉水和石头,这些被认为是无形的诸神的居住地,他们还信仰更多属于个人的神,并认为它们从属于一个称为"安拉"的更高级的神。与同时存在的基督教与犹太教相比,有思想的阿拉伯人认为多神崇拜似乎过于原始,是一种耻辱,于是需要"先知拯救世界",公元569年穆罕默德诞生于麦加,他创立的伊斯兰教表达了大众的愿望,满足了民族的要求。伊斯兰教义主要集中在《古兰经》中,"伊斯兰"意为"顺服上帝"的旨意,要求信徒履行"五功"仪式,即:念功、拜功、课功、斋功和朝功。穆罕默德认为自己是亚伯拉罕、摩西和耶稣的继承,是上帝选出的先知。《古兰经》则是在他死后不久,后人对他的教诲记录的总集。无论是富人与穷人、黄种人、白种人、棕种人和黑种人都在一起祈祷、斋戒、朝拜和共同承担责任,这些仪式极大地加强了信徒的社会结合性。《古兰经》对信徒的生活各个方面都给予了指导,包括饮食、卫生、婚姻、政治、军事、经济等。622年穆罕默德移居麦地那后(距麦加300英里),赶走了其他一些教派,使伊斯兰教具有彻底的阿拉伯民族色彩。在一个世纪中,以麦地那为中心,阿拉伯人建立了一个横跨欧亚大陆的强大的神权帝国,即阿拉伯-伊斯兰教帝国。伊斯兰教是一种强有力的纽带,它不仅是一种信仰,而且是社会的和政治体系以及生活的总方法。美国历史学家斯塔夫里阿诺斯认为:"伊斯兰教文明在征服后几个世纪中,逐渐发展成为一种带有基督教、犹太教、琐罗亚斯德教和阿拉伯多神教的成分,带有希腊-罗马、波斯-美索不达米亚的行政、文化和科学各成分的综合体。因此,它不仅仅是古代各种文化的拼凑,而是原有的文明新的综合。它虽然来源不一,但却明显带有阿拉伯伊斯兰教的特征。"(《全球通史》,上海社会科学院出版社1999年新1版)阿拉伯的伊斯兰文化兴盛之期,正是欧洲步入黑暗的中世纪之时,它与中国唐宋文化一道,是世界中古时代最为辉煌的两个文化篇章,形成了继希腊、罗马古典文化高潮之后世界文化发展史上的又一次高峰,使基督教文化全面地向欧洲退却,成就了阿拉伯帝国与奥斯曼帝国的辉煌。

一般来看,所有信奉伊斯兰教国家的民族,不管是不是阿拉伯民族,其饮食文化都属于一个类型。尽管其间有一些小的差异,但在行动的空间都必须严格按照伊斯兰教义行事。无论在平时的饮食和节日之食概莫能外,其严格的模式化反映的是神化的民族意志精神。这一点正是极大地区别于各国非穆斯林民族,而成为一个特别的、不可忽视的饮食文化的基本类型。

阿拉伯人比较喜吃甜食,每至过年,家家户户都吃手抓饭,这是一种用羊肉、鸡肉、豆、茄、葡萄干、柠檬、橘皮和香菜与大米一道焖煮而成的大米饭,色泽金黄(有的还加咖喱和洋葱),香味扑鼻。这是最为著名的亦菜亦饭的食品,因用右手抓食故叫"抓饭"。阿拉伯-伊斯兰民族的手抓进食与中国及远东地区的筷子进食、欧洲及其移民国家的刀叉进食构成为世界饮食文化的三大形式,具有鲜明的文化典型性特征。伊斯兰教饮食的禁忌较多,如禁饮酒,禁吃猪、狗及食肉性野生动物,禁吃内脏与血液,无鳞鱼类和两栖爬行动物等被认为是丑陋的或亵渎神灵的东西,《古兰经》教导信众说:"人们啊!你们应食地面上的合义的、清洁的食物。""惟禁尔等,食死物、血、猪肉与未经高呼安拉之名而宰割之动物。"《古兰经》认为:"一切异形之物不食","暴目者、锯牙者、环喙者、钩爪者、吃生肉者、杀生鸟者、同类相食者、贪者、吝者、性贼者、污浊者、秽食者、乱群者、异形者、妖者、似人者、善变者"等动物均不可食用。这些动物凡在外形、性格、环境、进食之物有一不美者皆不可被用作食物食用。

在阿拉伯人的饮食中,我们既可以发现古代埃及-中东食品的传承,又可以看到古典希腊-罗马饮食文化的渗透。既有农业民族的食物结构,又有游牧饮食习惯的风格。如果说古代中国是一种宫廷化美性主义的饮食,古代埃及-中东是一种市俗化现实主义的饮食,那么古典印度的素食与中世纪伊斯兰饮食则是被神学化了的饮食,两者虽然都在宗教精神的光照下,只不过雅利安人的素食更多的是贵族化的具有更为彻底的农耕文明的转型特征,而信奉伊斯兰教的阿拉伯、突厥等民族则更多的保留了平民化游牧民族的部落传统风格。

[几种阿拉伯民族的饮食风俗]1. 阿拉伯联合酋长国饮食风俗

阿拉伯联合酋长国(UNITED ARAB EMIRATES)简称阿联酋(U. A. E),位于亚洲西南部阿拉伯半岛东部海湾,即波斯湾南岸,人口约310万(2000年),其中阿拉伯人占1/3,其他为巴基斯坦人与印度人等,多信奉伊斯兰教,与阿曼、波斯及两河流域南部苏美尔有着数千年的渊源关系。距今4 000年前,在地中海沿岸定居的腓尼基人善于经商和航海,被马克思称为"商业民族",现代阿联酋外来人口约占3/4,而本土人口约占1/4强。外来人口大多来自亚洲东南部其他穆斯林国家,其饮食文化具有典型性和普遍代表性。阿联酋民族结构较为单纯,主体是阿拉伯半岛的闪族后代阿拉伯民族。他们来自半岛西南部的历史古国也门,其次也有从半岛中部沙特阿拉伯迁移的游牧部族与当地贝都因人融合共存。从公元630年前后信奉伊斯兰教为国教,与外来的多民族基本信仰同一宗教,并且大多为逊尼派,少数为什叶派。因此,在阿联酋所形成的饮食文化风俗具有更多的内向融合性质,亦即在穆斯林框架内的民族性多向结合,这一点与非阿拉伯民族土耳其餐饮融合有所不同,土耳其是外向融合,即西餐的技术,阿拉伯餐的调味,按伊斯兰教义规范食用,在族性文化纯度上不如阿拉伯联合酋长国餐饮的本土化强,但在形式上则更为丰富而绚丽。因此,阿联酋人的饮食具有阿拉伯及伊斯兰世界土著型餐饮生活的典型性。

阿联酋的穆斯林日常的传统食物是:烤、煮的牛、羊、鸡、鱼、虾等肉类,以及生菜、色拉、牛奶、红茶、咖啡、果汁、坚果等,在富贵人家的重大喜庆日子里,还备有烤幼驼、烤全羊、鲜榨果汁等高级食品。主流食品是阿拉伯传统品种。根据伊斯兰教规禁食自死物血液、猪肉以及未诵安拉之名而宰杀的牲畜与禽类。海参、甲鱼、鳝鱼、鳗鱼、蟹类等外形丑陋的活物与含酒精饮料均在禁忌之列。阿联酋人一般喝红茶加白砂糖。此外,当地人还爱喝叫"赞吉布"的浅黄色茶,放少量薄荷,这来源于印度,喝起来清凉爽口,是炎夏解暑的佳品。另一种叫"里高哈"的椰枣精滋补茶,无色、甘甜,喝后身体暖热,可驱寒。椰枣精取自雄性树,当雄树开花时,人们用小刀在树干上划开一道刀口,里面会渗出明胶质的汁液,叫椰枣精,这是海湾地区特有的待客上品。阿联酋人还喝一种类似土耳其式的苦味咖啡,并用以待客。阿拉伯人虽也有主副食制,但不像中餐那样明显,与中餐相比,其主副食结构往往是倒置的,即以肉食为主,以糕、饼、饭为辅。

2. 哈萨克民族的饮食风俗

哈萨克族是中亚重要的民族之一,主要在哈萨克斯坦国,在中国主要生活在新疆哈萨克自治州,阿勒泰、塔城以及木垒哈萨克自治县和巴里坤哈萨克自治县等地,人口 111.1 万(1990 年)。哈萨克族与中世纪突厥民族具有渊源关系,是信奉伊斯兰教的非阿拉伯民族之一。哈萨克族的饮食结构已基本完成农耕民族化,但在中国境内的哈萨克族依然保持了浓郁的游牧民族的习惯,这与哈萨克族善于游牧业生产的生活有关。中国的哈萨克族的主要饮食是茶、肉类、奶类和面类。

(1)茶:茶是哈萨克族的必需品,有"宁可无食,不可无茶"之说,吃饭被称为"长依之茶",就是饮茶的意思,哈萨克族习惯一日三餐,白天两餐主要是饮茶,伴之以馕或炒面、炒小麦,只有晚餐用一顿带有肉、面、馕的食品,这是因为茶中芳香具有解油腻、消食、提神、醒脑的作用。哈萨克人大多饮的是坚硬心黑砖茶,其次是茯茶。

(2)肉类:肉食的上品是马肉,在招待贵宾时要特意地宰杀马驹。平时以羊肉最多,其次是牛肉,肉品有鲜肉与熏肉,每年 11—12 月份,牛壮马肥,哈萨克人都要宰杀一批肥壮的羊、牛、马贮备起来以待冬季食用,过冬的肉哈萨克人叫"索古姆"。

(3)奶类:奶是哈萨克人的粮食,其品种有牛、羊、骆驼和马奶制成的奶油、奶酪、奶豆腐、奶皮子、酸奶等,哈萨克人有一种叫"吉尼提"的食品,是用奶豆腐、米粉、白砂糖、炒面、酥油(或马油或羊尾油)、葡萄干等食物混合做成。

(4)饭与面类:过去哈萨克人饭比面珍贵,一般在节日或迎客时使用,例如在

56

"纳吾鲁孜节"中所吃的"抓饭"是用小米、大米、小麦、奶疙瘩和肉混合做成的,主要要用亲手制作的节日器皿招待客人,大家在冬不拉的伴奏下食用,同时还可唱歌跳舞。哈萨克人的面食品种较之饭食则较更丰富,"那仁"面是将羊肉切醉,加洋葱、面片和香料搅拌煮熟的,这是招待上客的美食。常吃用的其他食品还有"别斯巴尔巴克"、炒小麦、小麦饭和馕。馕即大面饼,近似意大利比萨,是用两只小锅合在一起烤熟的饼,另外包子沙克(油果子)、油饼、面条、蒸饼、面炸小饼、油馓子等最为普遍。

哈萨克人的饮食是游牧民族传统保留最为丰富的伊斯兰饮食文化的一个分支,反映的是由草原牧民饮食直接转化的本土特征,而沙特和阿联酋所反映的则是沙漠民族的融合特征。

3. 中国回族人的饮食习俗

回族,即唐时的回纥人,元时的色目人,原是漠北的一支游牧部族,公元 9 世纪前后信奉伊斯兰教后而逐渐形成的非阿拉伯、伊斯兰教的特色民族,在近千年与汉族的交融发展中,已成为农业型的现代民族。现有 981.68 万余人(2000 年),回族是中国分布最广的少数民族,几乎全国各地都有回族的存在,一部分主要聚居在宁夏、甘肃、青海、河南、河北、山东、云南、新疆等地区,回族是中国本土化最深的民族之一,对中国民族文化事业具有巨大的贡献。回族的饮食俗称"清真"饮食,在中国饮食文化中占有重要的一席,是中国烹饪"西北风味"的主要成分,是伊斯兰教饮食文化中国化的典型,具有丰富而独特的文化魅力。

回族是一个非常勤劳的民族,多数从事农业,兼营畜牧业,善于经营商业、手工业和饮食业,其兰州拉面、刀削面遍布全国城乡各地,无论在种族和祖源方面,回族与中华包括汉民族在内和许多主要民族具有同根同源性,因此,回族所信奉的伊斯兰教在中国被称为"清真教"、"天方教"、"回回教"等,已融合进中华民族综合信仰宗教体系之中,成为重要的一个宗教门类。回教的汉化程度极高,饮食服用的方法与汉民皆无大别,只是在饮食禁忌方面严格地尊奉着伊斯兰教义而独显芳华。在中国"清真"或谓之"天方",饮食主要尊奉的是由清初回族著名经济学者刘智译著的《天方典礼》中《饮食篇》所作出的种种规定。《饮食篇》云:"天方人家,有驼、牛、羊、马、骡、驴六畜。驼视为高贵牲畜,非隆重节日不宰食,驴有与马交配行为视为乱性之畜,驴骡不食,专设劳役趋使","豕犬食浊物,甚至食粪便,属秽食者,故在不食之列",《饮食篇》对野兽、鱼、虫之类也加以区别,规定有不食者云:"穴居如獾、貉、狐、鼠、狸之类,未得土性不良,潜属为蟹、虾、龟、蛤、鼋、鼍之类,非秉性之正;虫属为蚱蜢、螳螂、蝴蝶、蜩、蟾、蜂之类,非赖掇草之精华而生,如此之类诸物均勿食。""鱼类若形状怪异,或鱼首而异尾,或鱼尾而异首,或首尾似鱼而无脊刺腹翅者皆不可食。"

《饮食篇》认为:"兽与禽类,凡食谷,食刍而性善纯德者可食","若鹿、麋、獐、麝食草者也,可食,他如野生的山牛、山羊、山驼之类与家畜同状者可食",可食的还有"穴居之兔,兔得土性之良;潜属之鱼,惟鱼秉性之正;虫属有蠡(蝗),蠡食草木之精华,惯食禾稼"。回族人食肉必须取自对牲口的活杀,宰杀时要高声唱诵"太司米耶"经言,诵真主"安拉"之名,原意是"以安拉之名,安拉至"唱必下刀割断牲口气管放血,务必放血净尽,用清水冲洗使刀口清晰可见。总之,穆斯林的取食是遵循取用美、善、洁,摒弃丑、恶、污的食物原料的原则。

中国回民分布很广,具有在全国形成"大分散,小集中"的特点,在饮食习俗方面也具有南北方的差异。北方的清真饮食渊源于唐代丝绸之路与阿拉伯、西亚游牧民族的交往影响,以羊肉、奶酪、面食为主体,而南方清真饮食则源于海上香料之路南亚穆斯林的影响,受农耕文化作用最大,长于牛肉、家禽的加工,主食以稻米为主,水产类食用多于北方。在烹饪工艺上,中国回民主要吸收了汉饮食文化中的各种烹调方法。在中国少数民族烹饪中,清真菜点最为精彩多样,也比之阿拉伯世界与南亚穆斯林的饮食加工方法更为丰富,风味上更侧重于香、甜、咸、辣,尤其在香料使用上更是独具一格,秉承了阿拉伯-中东-南亚的古老风尚。例如,孜然、蔻仁、咖喱、茴香、草果、月桂、芫荽、千里香、沉香、罗汉果、葱头、凉姜、胡椒等。中国回民的著名点心品种有:油香、馓子、麻花、卷煎饼、酥合、卷果、油糕、油圈、烫面炸糕、春卷、蜜饯蒸糕、麻团、馄馍、干面锅块、擦酥烧饼、芝麻烧饼、火烧、烧卖、糖酥馍、拉面、面片、刀削面、揪面、炒糊饽、米蒿子长面(过桥面)等。回民特爱甜点,甜点在点心中占有重要位置。

回民的牛、羊、家禽类菜肴十分丰富,仅羊肉制品就有1 000余种菜品。另外,回民有饮糖茶、八宝茶的习惯,糖茶即是糖加茶的饮料,有红糖砖茶、白糖清茶、冰糖锅锅茶等。除了糖与茶外,回族人十分注重添加具有滋补作用的辅料,有八宝(红枣、核桃仁、桂圆肉、芝麻、葡萄干、枸杞等)、红四品(砖茶、红糖、红枣、果干)、白四品(青茶、白糖、柿饼、红枣)和三香茶等,除了一般的盖碗茶外,各地回民也有一些不尽相同的饮茶方式,例如,北方部分回民喜饮罐之茶,云南回民尚饮烤茶,湖南回民则用芝麻、黄豆、茶叶、绿豆混合制成。青海回民饮奶茶、西北部分地区回民具有饮麦茶的习惯。

与中国回民、哈萨克族同样信奉伊斯兰教的还有塔塔尔族、维吾尔族、东乡族、柯尔克孜族、撒拉族、塔吉克族、乌孜别克族和保安族等10个少数民族。

第五节 欧洲鱼牧混合型饮食文化

如果说世界古代东方的中国、埃及与印度都是建立在农耕文明基础之上所发展的饮食文化类型,分别受到了养生的、伊斯兰的以及吠陀的理想主义约束,形成彼此有区别的饮食文化模式。与之相比，西方欧洲的饮食文明则以海洋渔猎与草原游牧为基础，与东方农业型饮食文化结合而形成了西餐模式。古代埃及城邦的世俗饮食文化，与古印度次大陆的饮食文化生活都因非本土民族的入侵而变异，进入到神学的宗教化境界，但是世俗的中东饮食文化却在西欧被古典希腊-罗马得到了更为充分的传承和发展，为现代西餐文化奠定了基础。可以说，希腊-罗马饮食文化是古代多种饮食文化的新结合点。如果说，西欧文化的基点来自爱琴海文化，而爱琴海文化的本质上正是海上贸易与渔猎的文化。海上贸易将东方与西方，特别是地中海沿岸国家和地区的饮食习俗风尚在本土形成融合。仔细分析现代西餐，可以认为其生、冷摄食习惯是采集文化的遗存；煎、烤的肉食是游牧狩猎的习俗积淀；用刀叉进餐得之于渔猎深层文化因素，而啤酒、葡萄酒和面包、蛋糕以及咖啡皆承之于中东；香料、奶油传统来之于西南亚；饮茶与瓷器得之于远东中国，而巧克力、玉米则来自南美，西欧文明通过海洋的纽带形成新文化的结点。但是，又因其文明的步伐来得远比东方为晚，一些本土原始的饮食习俗深层因子仍然保持着较强的生命力。换句话说，西餐既没有东方那样农业化程度深，又不如黑非洲饮食的原始性质强，也没有草原部落的游牧风情的浓郁，这就是西餐，一种在混合中发育形成的年轻的饮食文化类型。

一、欧洲饮食文化的源流

当古代东方大河流域的农业文明在中国、南亚、中东诸地域放射着璀璨光芒的时候，欧洲大陆还处在野蛮荒漠之中。中、东欧还是狩猎与游牧的世界，西欧邻近地中海地区则开始沐浴了来自中近东文明之光。首先是希腊-爱琴海区域的克里特岛和迈锡尼举起了文明的火炬。公元前 3 世纪初叶，当来自小亚细亚或叙利亚的移民带着新技术到达克里特岛时，当地新石器时代的村社亦已建立了。岛上土壤肥沃，生产小麦、水果、四周海域捕鱼发达。小岛尤以盛产橄榄油而享盛名。克里特岛是爱琴海地区的门户和前沿，海路四通八达，南对埃及，西至地中海中、西部岛屿和沿海地区，北靠希腊半岛，东邻地中海东部诸国，这是极为理想的海航商贸的集散中心。爱琴海上岛屿达 380 多个，直接受到来自美索不达米亚和埃及的各种影响，但又完美地保持着自己的特点，被称之前希腊古代文明的米诺斯文明，是古代希腊文明的最为重要的中心之一。另一个中心就是希腊迈锡尼文明，迈锡尼在伯罗奔尼撒半岛东岸的亚哥利斯，集中了古希腊的大多数重要城邦国家，有斯巴达、亚尔果斯和奥林匹克等。爱琴海地区被称为古代人类航海的摇篮。其航海直接沟通了与埃及和地中海沿岸东方文明的联系。

所谓爱琴文化，即是指爱琴海青铜文化，大至与中国的夏文化前后。从公元前 2000 年到公元前 12 世纪，爱琴海文明存在的 800 年间，由于长期受到直接来自古代埃及与美达不索米亚的影响,其文化的各个方面都有中东地区文化的深深烙印,在饮食生活方面,除了种植小麦为主的粮食外,大量种植葡萄、橄榄等,面包、葡萄酒、啤酒与橄榄油是最为主要的内容。同时,爱琴海的工匠们已能建造大型帆船从事远航与深海捕捞,主要的鱼种有章、鱿、鲨、鲷、鳐、箭、鲈、鲻、金枪、鲲、沙丁等和淡水的鲤、鲱、鳟、鲟鱼等以及北方水域的鳕鱼、龙虾、蟹贝等资源极其丰富,其捕捞能力是东方诸文明区所不能比拟的。爱琴海人还善于建造战舰从事战争与掠夺,对外殖民、贸易是其生命线。因此,美国历史文化学家认为,虽然爱琴海地区也从事农业生产,但更确切地说:"他们的文明,具有水陆双重性,他们掌握了制海权,他们的文明是海上文明。"(斯塔夫里阿诺斯:《全球通史》,上海社会科学院出版社2004年版)

在其后的公元前800—336年间,古典的希腊与罗马文明则是对爱琴文明的伟大发展,直至公元前336—前331年亚历山大大帝征服后的希腊化时代与公元284—467年罗马帝国征服希腊与中东的共和年代,南欧与埃及常常统一又分裂,不断地产生着一种民族文化取代另一种民族文化的运动,亦即外来文化不断地取代着原有文化,创造了西方古典时期文化的辉煌篇章。尽管文化的替代不断,但作为民生饮食文化的最深层部分却在不断地累积和发展,表现出西欧饮食文化由古代埃及—中东—爱琴海—希腊化—罗马共和化的一脉相承的承继性演进。当中国商周帝国正在举行着庄严隆重的礼乐宴会时,希腊与罗马也唱着城邦世俗美食的赞歌。

古代埃及以及中东地区所有的面包作坊同样在希腊与罗马地区普遍存在,并且更具规模性和完善性。在罗马庞贝古城的遗址中发掘出一家相对完整的面包作坊,在这家面包作坊里有带烟筒的罗马式炉灶。在炉灶底部有一个添加燃料的炉口,灶前的宽炉台可放置添料和掏灰用扁铲,院内的圆锥形石块是磨盘,这家面包作坊以保存完好著称,反映了希腊、罗马面包作坊的普遍形式。其炉灶结构部分几乎与埃及和苏美尔的炉灶相同。庞贝古城是公元79年维苏威火山喷发后一直被火山灰掩埋在地下,故保存完好。在城内各条街道上,小吃店鳞次栉比。从文字信息中了解到,这些小店曾在柜台上全天出售热食、饮料、面包、奶酪、海枣、坚果、无花果和糕饼。饮料的重要一项是葡萄酒或加入香料和蜂蜜的酒水热饮。

希腊与罗马人对美食的创造具有惊人的想象力与自由性,据詹姆斯与索普的研究说:"古代的雅典人发明了最初的冷盘桌",即后来的冷餐宴会。希腊喜爱品尝孔雀蛋和猪肉,而罗马大菜的非凡创造,则反映的是上层社会的极度奢侈。这通过古罗马仅存的几部小说之一《萨蒂利孔》中可以略见一斑。这部小说为佩特罗尼乌斯所撰,他曾为后期罗马的皇帝尼禄(公元54—68年)组织过多次娱乐活动,小说描述了在富商特里马尔奇家中举行的一次盛宴。他让客人们享用的是肚里塞满活歌鸫的野母猪，带有双翼，很像珀伽索斯(希腊神话中的飞马)的野兔,插着荆棘,很像海胆的楄梓和雕成鱼、燕雀和鹅形状的烤猪肉。从真正的罗马菜单上可以看出，詹姆斯与索普认为:"对特里马尔奇有悖常情的宴会的描述并非不切合实际:罗马人用牛奶催肥蜗牛,直到它大得无法缩回壳中,榛鼠被养在土坛里以坚果为食,直到膘肥肉美;鸽子则被剪短翅或折断双脚,并用嚼碎的面包催肥,最古怪的菜肴是为皇帝维特利乌斯(公元69年)调制的,据说这位皇帝每天举行三次宴会,宴会的菜肴包括狗鱼肝、野鸡和孔雀脑髓、火烈鸟口条和七鳃鳗卵烹制的杂烩。"所有这些用料都专程从罗马帝国的各个角落运来。这种集中天下美食之材与怪异的吃法,不由得使我们也想起了中国古代关于龙肝凤髓象鼻猩唇豹胎的传说,特别是吕不韦在《吕氏春秋》中所列举的天下之至美之食的内容,更令人动容。对美食的美性化想象与创造力,古代的东、西方是多么的相似。所不同的是罗马是富商请皇帝的浪漫,而商周则是君王的特权。商业贸易所形成的希腊罗马自由传统与中国血缘政治所形成的君臣父子尊卑有序的礼教传统在饮食文化里有着不同内容的表现。如果说爱琴文化是古典希腊的前驱,那么在公元前5世纪希腊属地西西里岛上所出现的高超烹饪则奠定了罗马饮食文化的基础。

众所周知,希腊与罗马都是城邦国家,以商业贸易为生命线,与外部的频繁交流,促使了其对事物创造自由空间的构造,像中国商周宫廷那样大一统思想的行政中心法规在希腊与罗马是没有的,有的只是人们之间的多元的自由交往,形成亚欧不同众多民族间既联系又独立的多样性。从小亚细亚、希腊半岛到罗马亚平宁半岛的地理特征来看,除意大利的波河平原外,该地区几乎没有像两河流域、恒河、印度河流域、尼罗河流域和黄河、长江流域等大河流域的肥沃广大的农耕平原支撑复杂帝国的条件,其山区占80%以上,并且岩石众多,并不适应于种植小麦,原来所依靠的自然农业、放牧和捕鱼不能满足日益增加过剩的人口需要,希腊与罗马选择了将自然农业转型为商业农业。通过贸易与殖民化获取所需要的粮食,同时,将本地特产的橄榄油、葡萄酒、陶器和纺织品输出。直到中世纪前,包括黑海在内的整个中东地中海地区都是希腊时期或罗马时期的殖民地,漫长的海岸线与众多的岛屿为此提供了优越条件。诚如一些史学家所说,爱琴海地区的许多农民,同时又是渔人、商人和海盗。希腊与罗马文明正是一种建立在海洋殖民基础上的伟大文明。在生活的很多方面,可以说,当公元6—7世纪伊斯兰文化淹没中东的时候,中东的许多古代传统在西南欧文明中被得到完美的继承和发展。

"当他们学会种植橄榄和葡萄的时候,居住在地中海地区的人们才开始脱离蒙昧",古希腊历史学家修西得底斯在公元前5世纪末写了这句话。也就是在这个时候,雅典成为世界上最为文明开化、最具创造力的中心城市之一。有专家认为,最有可能的时间是在公元前3000年埃及建立之时,希腊人的祖先在环爱琴海的四个

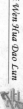

主要地区开始定居，即希腊的南部与中东部地区，克里特岛，爱琴海南部基克拉迪群岛和小亚细亚的西北海岸。那时开始种植橄榄与葡萄，直接受到了来自中东的影响，这两种植物在不适宜农作物生长的贫瘠和多岩石的土地中得到很好的生长，改变了以谷物与肉食组成的简单食物结构。将其大幅度的增产，主要是用于榨油和制酒，除自己使用外，更多的是用于贸易。修西得底斯认识到了橄榄油与葡萄酒对贸易的巨大刺激作用，葡萄酒使人们狂欢，给人们以更多的交流机会和财富。希腊人饮酒的程度绝不亚于中国商代宫廷贵族，所不同的是饮酒是绝大多数平民的喜爱和自由。巨大的葡萄园遍布在整个地中海沿岸岛屿与半岛的山坡，古希腊大诗人荷马曾将爱琴海的利诺斯岛叫作是围攻特洛伊的希腊军队的葡萄酒供应商。另外，从色雷斯到北部地区的更好的葡萄酒也被用船运到利姆诺斯岛。特洛伊人喝的葡萄酒则来自佛里吉亚。在荷马史诗《伊利亚特》中，始终贯穿着希腊是"紫红色的海洋"这一画面的意韵，他对英雄阿基里斯之盾有一段关于采摘葡萄欢快生活的精彩描写："……一个挂满葡萄的葡萄园……是用金子做成的，但是枝条是黑色的，而那些显露出来的撑架都是银色的。在它周围有一条蓝色的珐琅做的沟渠，再外面是锡制的篱笆。这个葡萄园只有一个通道，是供葡萄丰收时采摘者使用的；这种果实被兴高采烈的小伙子和姑娘们用篮子提走，这时会有一个男孩在七弦琴悦耳动听的音乐声中用高亢的嗓音唱起好听的歌曲，他们迈着整齐的步伐，随着音乐和歌声起舞"，这是一幅多么美丽的平民愉乐的画面，有的是对葡萄丰收时节，对金秋的薄雾，对劳动和欢笑的一种永不褪色的梦幻和憧憬。而与此同时，在远东中国商朝的王庭里，正笼罩着王权、神鬼庄严而神秘的酒礼氛围。

希腊人崇拜酒，是因为酒为这个半陆地半海洋的特殊国家的经济发展提供了动力，也给希腊人带来无与伦比的喜悦。但除了生意和喜悦，通过对酒神狄俄尼索斯的尊敬，还表达出了神秘的因素——祈求酒神的保护。英国人休·约翰逊在《酒的故事》中为我们描述了古希腊人的葡萄酒的文化生活场景，充满了神秘、浪漫而快乐的气氛。他描述道："公元前404年3月的一个早晨，14 000名雅典人聚集在雅典卫城东侧的大剧场里，因为这是一年一度的酒神节，戏剧演出的第一天。在前一天，他们已经杀了许多头公牛用来祭祀；被杀的公牛太多，以至于牛血的恶臭一直充斥着整个城市，并同烈酒的味道掺杂在一起，观看演出的人多数都带着盛酒的皮囊，边摇晃边痛饮他们的'赘摩'酒（用特殊方法掺杂芳草调过的酒），他们还开着玩笑说，坐在颤悠悠的山羊皮酒囊上，要比坐在剧院里的硬长凳软和得多。

"在这个圆形大剧场中最后入座的是城市的长官和部队的首领，然后就是从伊洛西斯出发往北到达底比斯的酒神祭司。在巨大的半圆形大理石台阶的边缘放着石制的宝座，他们就在那儿入座。舞蹈演员们开始结成复杂队形跳起舞来，并不断拍击他们的铃鼓。舞女们只穿着淡黄褐色的贴身衣服，戴着常青藤花冠，手里拿着长长的中空茴香杆。秸秆的尖部都被削成圆锥状,并缠绕上好多的常青藤。男演员们在前面怪异地摇晃着兽皮制作的阳具(生殖崇拜),屁股后面则粘着长长的马尾。每当一个'萨梯'试图抓住'酒神的侍女'时,侍女'就会跑开,并用棍子刺他'。这棍子就是酒杖,是酒神权力的象征。

"对雅典来说这些都是非常熟悉的,从 12 月在农村举行的全国性酒神节开始,各式各样的关于酒神节的庆祝活动一直延续到整个冬季的结束。但是,在一定程度上,人们更重视性而不是酒神,毕竟,酒神是象征死了了的人。他的身体(以葡萄串的形式存在)早在丰收季节已经被肢解,压榨成葡萄汁了。冬天的葡萄枝已经光秃秃的毫无生气,只有常青藤顽强地在冬天里的寒风中生长着,在闪闪发光的葡萄串形状的叶子里孕育着新生。另一方面,舞场上非常热闹,希腊人把这种围着巨大的阳具跳舞的情景形容为'komos',它是喜剧'comedy'这个词的词根。"

从上述可以看到古希腊酒文化的基质与中国商周的酒文化又具有多么的不同,在希腊来看,酒是酒神赋予人类快乐的泉源,是性繁殖的催化剂,也是海洋国家赖以生活的对外贸易的重要支柱之一。因此,对酒的崇拜胜过对一切饮食之品的崇拜,而在中国先秦,然对酒的看法则是一种王权的利器,是人神共享的礼泉,在酒礼的行为中,人的动物本能则被披上了一层羞涩的外衣。罗马人是希腊文明的继承者,对酒文化的发展更胜一筹,罗马人的历史也许比埃及与希腊人更令人着迷,因为它本身就是一个谜。罗马人的人物、事件、情节通过文字、遗迹和陶器碎片,我们可以看到一部精确的历史。罗马人对于葡萄酒的记述较多,如贺拉斯、奥维德、维吉尔等伟大的诗人都写过酒,百科书式的博物学家普林尼全身心地研究过酒,农学家如加图、瓦罗、格里西奈斯、梅拉等对酒有过极其精确的记载,伟大的林学家伽林观察敏锐而治学严谨,总之罗马高等文化人对酒的疯狂迷恋程度,不亚于中国的陶渊明与李太白。起先罗马人青睐希腊的葡萄酒,尤其是罗得岛等岛屿所产的酒,后来酿酒业一股风似的从希腊传到意大利南部和北部,从公元前 1500 至前 800 年间,罗马的人口和葡萄酒产量都超过了希腊本土。罗马全国遍布特级葡萄酒,葡萄酒的贸易使罗马迅速地崛起而进入"黄金时代"。然而真正使酿酒技艺达到登峰造极地步的还是希腊人。罗马则是在希腊消亡以后对其进行了更为广泛的扩展。整个希腊与罗马的历史,从社会文化学方面来看,也是不断被来自东方或南方游牧民族入侵摧毁和重建的历史,然而饮食文化包括葡萄酒文化正是在这种社会民族激荡更迭中得到了不断的发育、演进和扩展的,尤其是葡萄酒文化是希腊、罗马饮食文化的精华和象征。实际上古代希腊文化的先锋克里特岛的米诺斯文明在公元前 1150 年时就已灭绝。希腊文明在经过了回复到农业与畜牧经济的部落黑暗状态,被称为荷马时代,至公元前 800 年左右,诸城邦重新崛起。这段历史被著名的四大史诗,即荷马的《伊里亚特》和《奥德赛》,赫希奥德的

《工作与时日》和《神谱》所记述。这些史诗对贵族与国王以及农夫、日常生活都有一些真实的描写。自公元前800年后到公元467年1 200多年间是伟大的希腊与罗马的古典文化时期,从中东到西欧广大地区都属于希腊与希腊化、罗马的共和与帝国化的范畴,其殖民主义使东西方文化相融发展,特别是中东古代文化传统被得到完美传承。同时,又将古典西方文明的伟大精神复传成为东方后续文明发展因素之一,从而拉近了两大文明之间的距离。公元前171年,由中东发明的重要粮食食品之一的面包,在罗马已有了世界上第一家以商业为目的的面包生产厂,使原来以麦片粥为食粮的罗马人吃上了面包,并且直至今天整个西方都以面包为最重要的辅助性食粮制品。

古典时期,希腊与罗马的另一个重要方面就是传承于古埃及的橄榄油文化。橄榄油作用很多,它不仅是重要的食用油,还是美容、化妆、避孕、制作肥皂的重要原料,同时也是重要的经贸支柱之一。值得注意的是在饮食结构上,海洋生物成为西南欧洲人们的主要成分,这一点不同于中东、印度乃至于中国大陆国家人类,尤其是罗马人喜食一切海味,罗马人不仅是海上捕鱼的高手,其对鱼类与牡蛎养殖的技能也达到了可与现代人相媲美的程度。希腊与罗马人的养鱼来自古代埃及贵族将河水引入自家花园水池,养鱼垂钓休闲的习俗。公元前95年左右,真正的养鱼被李锡尼·穆雷纳发明,他将海水引入庄园水池里养殖海鱼,供休闲捕捞食用,极其方便。一时间,建造淡水和海水鱼池成为社会风习,城乡庄园与别墅的主人也以有鱼池为荣耀。考古学家曾发现了罗马世界最大的养鱼场在塞浦路斯北部的拉皮索斯和以色弄古代宏伟的港口凯撒里亚。前者由6只88英尺×45英尺(1英尺=30.48厘米)的鱼池组成,后者为长115、宽58英尺的巨大鱼池,除了鱼外,公元前50年左右,一位名叫福尔维乌斯·利皮努斯的人开始了水蜗牛的养殖。古罗马人对牡蛎和贻贝的需求量很大,它们不仅是食品而且还内含珍珠。最早发展牡蛎养殖业的人是商人塞尔吉乌斯·奥拉塔,其年代也在公元前95年左右,他所发明的加热池塘是恒温养殖的先河,他从所养的牡蛎中精心挑选出味道最鲜美的品种,通过经营赚取了大量的利润。

最著名的古典西方烹饪文献作家是公元200年前后居住在埃及的希腊人阿特纳奥斯。他是最重要的古典西方世界食品情况的最佳向导。他以餐桌谈话为题材撰写的一系列大部头著作,即《欢宴的智者》。这部著作可能多达30卷,但仅有15卷存世至今。该书包容了罗马帝国各个时期的生活方式和内容,罗马世界欢乐生活,尤其是为良好的饮食生活提供了有益的指导。古典希腊时期尚有《烹饪艺术》、《美食学》、《西西里菜谱》、《盐渍食品》和《蔬菜》等重要烹饪著作,可惜至今竟无一例存世。无疑,罗马人是喜欢并继承了希腊美食的,我们可以从公元1世纪的罗马人伟大的阿皮西乌斯的烹饪专著《论烹饪》中发现了这一点。阿皮西乌斯以其富有、颓废和烹饪艺术理论而著名,其对美食所表现出的狂热情绪古今罕有。阿特纳奥斯曾生动地刻画了这位疯狂美食家的性格特征:"提比略当朝之时,曾有个名叫阿皮西乌斯的人,一个家财万贯的酒色之徒,许多糕饼都以他的名字命名。在坎帕尼亚的明图尔奈城。阿皮西乌斯曾为遍尝美味而一掷万金。在那里,他把大部分时光消磨在品尝价格十分昂贵的本地对虾上,因为这种对虾个头比士麦那最大的对虾或亚历山大大龙虾还大,在听说利比亚近海的对虾个头甚巨之后,他不曾耽误一天,便从意大利渡海而去。

"在汪洋大海上航行期间,他遇到了风暴,风暴过后,陆地越来越近,他准备下船时,利比亚渔民已经驾船朝他驶来,因为他将到来的消息已经传开,渔民们给他带来了最好的对虾,见到这些对虾,他忙问是否还有更大的?但是,当他们说再没有比这更大的对虾时,阿皮西乌斯突然想起了家乡明图尔奈的对虾,遂命令舵手即刻返航意大利。"

阿皮西乌斯就是这种对美食入痴而狂的美食家,他以对虾大为美的观点普遍代表了古典主义东、西方的饮食审美取向。就是中国的"大羊为美"普遍代表中国古典饮食审美趣向一样。阿皮西乌斯的《论烹饪》曾有许多改版,并在成书后的数百年间广为流传并被奉为经典,其中记述了许多当时大胆创新的菜、点,直到今天仍有为现代西餐厨师提供参考的重要价值。《论烹饪》内容共分10章,第一章为"精心烹制",本章收入了香料、葡萄酒、沙司和腌制食品的制作方法,以及如何使食物保持鲜嫩的提示。接后两章收入碎肉类菜式(包括香肠与肉团)和青菜的烹制方法。第四章的标题为"各式菜肴",内容包括坚果炒蛋、小牛脑泥、生菜泥和蛋奶蒸鱼羹等特色菜肴的制作方法。然后是有关豆类菜和禽类菜的篇章,以及题为"美食家"的一章。后一章的菜式极其丰富,其中包括肚子、猪肉、块菌、蜗牛、禽蛋、蘑菇、肺、蛋糕和甜食。第八章题为"四足动物菜式",记述另外一些猪肉、鹿肉、羊肉、牛肉、牛犊肉、绵羊羔肉、山羊羔肉、家兔肉和野兔肉的制作方法。第九章为"海味",是写牡蛎、螃蟹、龙虾、贻贝、沙丁鱼、金枪鱼、鳐鱼、乌贼和章鱼的制菜方法。第十章题为"渔人"(鱼汁),罗马家人的食谱菜式多样,异国香料、草药、美酒广泛使用,甜食用蜂蜜代替食糖等。

《论烹饪》向我们展现了古典时期罗马饮食面广阔,开放而极富创新性的画卷,也反映出其风味的复杂丰富性,比之现代西餐有过之而无不及。在基本菜式方面则奠定了现代西餐基本的加工模式和风味取向,这种饮食习俗比任何文化形式更为深层地积淀在每一个西欧人和南欧人的日常生活之中,遗存并承继直到现代。这种最为基础的文化因子并不会因为上层文化的变化而变化,只会在新的积累下变得更为丰厚和珍贵。

在此介绍三款《烹饪手册》中的菜式。《烹饪手册》是古典时期结束后,中世纪的第一部意大利的重要烹饪著作。著作者是托斯卡纳。

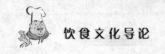

罗马《烹饪手册》中的菜式

萝卜沙司鱼排

主　　料	沙　　司
萝卜,六个,大小适中 鱼肉,两磅,去骨 鱼汤,一杯 烹炸用油 白葡萄酒或苹果醋	橄榄油或黄油,一大餐匙 面粉,一大餐匙 鱼汤,3/4 杯 白葡萄酒,1/4 杯 蜂蜜,一茶匙 土茴香粉,1/2 茶匙 桂樱数枚,压碎,或胡椒粉 1/4 茶匙 藏红花末,少许

　　萝卜去皮煮或蒸软,控干。将鱼肉下至鱼汤中,炖至半熟,控干后待用。做沙司时,先将油倒入锅内,文火加热,加入面粉,搅拌均匀,陆续添加鱼汤,再加葡萄酒、蜂蜜、土茴香、桂樱和藏红花,不停地搅拌。将火力加大至油沸,再用文火,炖25 分钟,随时搅拌,同时将萝卜捣成泥,与面糊一起裹在鱼肉上,置油锅中炸透。然后倒入盘中,倒上沙司,淋醋即可食用。

　　[注]　这道菜中唯一成问题的用料是鱼汤,因为这种用料在阿皮西乌斯的手册中随处可见。罗马人一般从专门制作鱼汤的商家那里购买制成品。从阿皮西乌斯的烹制方法中可以看到,这种汤料同现在的汤料一样也加入了调味番茄酱或咖喱粉。因此,要做出原汁原味是很难的。如今,与之最相接近的汤料是东方发过酵的鱼沙司(像中国的鱼露)。尽管这些汤料咸味重于鱼味,但在专营店中,还是能够买到可以当作鱼汤的代用品。也可使用清淡的酱油、蒸鱼中的汤,或者两者合一。或者,如果你觉得冒险,也可以尝试一下古希腊作家阿特纳奥斯介绍的家常鱼汤的快速烹制法:将足量食盐溶于水中,直到鸡蛋能够在水上飘浮,加入鱼草和牛至叶粉,沸煮,随后晾凉,过滤数次,至清为止。

酒香芦笋

　　芦笋,一磅;白葡萄酒,1.5 杯;蔬菜汤,一杯;橄榄油,两茶匙;洋葱细末,两茶匙;胡椒粉,1/4 茶匙;拉维纪草(或芹菜籽),一茶匙;芫荽末,一茶匙;香薄荷,1/4茶匙;生蛋黄搅匀,胡椒和盐用来提味。

　　将芦笋剁碎,放在臼内,捣成糜状,倒入葡萄酒,浸泡约半小时,用滤器过滤,滤出酒备用,将 1/4 杯酒、蔬菜汤、橄榄油、香草和香料倒入锅中搅拌,加入芦笋糜烧开,文火烧 15 分钟,稍凉后加入蛋黄,撒椒盐。

　　[注]　阿皮西乌斯接着写道:"也可用这种方法烹制水田芥,野生葡萄(叶),绿

芥菜(叶),黄瓜或洋白菜。"

罗马芥菜花

牛奶,两杯;蜂蜜(或食糖),1/4 杯。

蛋黄三个,搅匀;肉豆蔻粉或桂皮粉,1/4 茶匙。

将炉灶预热到 325 华氏度$\left[摄氏度=\dfrac{5}{9}(华氏度-32)\right]$,将牛奶和蜂蜜倒入炖锅加热,烧开之前倒出,在蛋黄中搅拌,加肉豆蔻拌匀。倒入烘盘,烘 1 小时,或烘至凝固。再撒些肉豆蔻粉,即可食用。

[注] 以上菜式,可见一个共同之处就是用香料粉和葡萄酒,另外喜将菜式制成沙司(酱状)状或炸,或烧烤,或喜用蛋黄或用牛奶、黄油、橄榄油等,直至今天的西餐普遍也大至具有这种工艺特征。

二、现代西餐的形成

从现代视角来看,现代西餐是以西南欧风味取向为核心的,注重饮食热量,使用刀叉器具取食进餐的饮食文化类型。其影响范围包括除穆斯林与远东、南亚以及美洲、非洲原住民地区以外的所有老欧洲移殖民开发地区,是由法式、意式、英美式与德俄式饮食文化的整合体,有着相对一致的价值观和审美性。实际上,在近代文艺复兴之前,西餐并未形成如现代模式,从伟大艺术家达·芬奇的油画杰作《最后的晚餐》描绘的餐桌上所陈设的面包、牛肉、冷盘、葡萄酒、餐刀和玻璃杯等物来看,我们已能分辨其与古代埃及的餐饮有什么区别,又与现代西餐陈设更有多大距离。在公元 3—6 世纪,西方古典文明遭到了日耳曼、匈奴、穆斯林、马札尔和维金人等游牧民族长期的入侵和破坏,其惨烈程度比欧亚大陆其他地区远为严重。当中国进入鼎盛繁荣的唐、宋时代,中东进入伊斯兰阿拉伯化时代,印度正是笈多王朝时期,而欧洲却已是黑暗的中世纪,古典文明宣告终结,游牧人半生吃肉的习俗重新回到了西、南欧洲,饮食文化极大地退化到野蛮。在以后历史中随着一浪一浪不同游牧民族的进入和交替,这一习俗并没有得到改变,并一直传承至今成为西餐肉食的一大特征。古典西欧文明终结的主要原因是入侵的游牧部落民族人口远远地超过了原住居民。最主要的游牧民族有日耳曼人、匈奴人、穆斯林和蒙古人,使政治与意识形态的变幻频快。另一个原因是中世纪的欧洲大陆笼罩在教会神权的阴影之下,原产生于中东的两大宗教,伊斯兰教与基督教的势力分化,西方成为基督教势力的中心。基督教的传统普救说,使众多的生活在苦难中的欧洲民族成为其信徒。耶稣教义的主要精神之一"禁欲主义"又在很大的程度上抑制了希腊-罗马古典主义所赋予烹饪的创造性和自由性。实际上,在中世纪欧洲诸民族的饮食生活中,更多地是沉淀了来自游牧民族的饮食习惯和风俗,以至于直至现代,肉食与酒实际上占据其饮食结构的主体。因此,欧洲人一般被誉为食肉的民族,中国与印度农业文明有着数千年的文化积淀,西方与中东游牧与渔猎文化亦有数千年积淀,其各自食性之深非一两百年可以改变的。然而,正是由于游牧民族在欧洲大陆上的极度破坏,斯塔夫里阿诺斯认为"(这是)成为西方在近代走在世界前列的基本原因。因为在旧文明的废墟中,能产生出一种崭新的文明"(《全球通史》)。这是一种更能适应变化中的西方世界需求的文明。另外,中世纪基督教的向外传教,认识了非基督教的更为广阔世界,激发了欧洲新民族主义的扩张运动。经过了 1 000 多年的混乱、贫穷、痛苦和压抑,西欧终于在公元 14—17 世纪掀起了伟大的文艺复兴运动。

所谓"文艺复兴运动",就是复兴西欧自由个人主义与现世主义的古典传统,这一运动使西方无论在思想、经济、文化、军事等方面充满了新的创造而极其活跃。海外的冒险与扩张,与欧洲大陆经济冲破 14 世纪大萧条的商业贸易的复兴和技术与科学的进步,使欧洲跃上了近代新文明的高峰,成为先进文化的火炬。现代西餐也正是在这一时期得到新的发展而形成。新的西餐将游牧民族饮食文化的传统与古典希腊与罗马传统纵向整合熔为一炉,就像现代中餐融进了满蒙游牧化传统横向整合一样,只是前者更多地具有游牧传统倾向,而后者更多地是保持了农耕民族的古老传统。

15 世纪,与其他文艺部类一样,新西餐以意大利为中心发展起来,意大利虽然原民族成分不多,但其辉煌的地域古典历史同化了迁来的游牧民族形成新的意大利民族,秉承古罗马正宗的传承,首先在贵族举行的宴会上涌现出各种名菜、细点。17 世纪时,将古埃及的汤匙、罗马人的餐刀与 4 世纪拜占庭时期东罗马帝国的餐叉集中使用于一餐之上,是意大利的时尚做法。到 18 世纪在整个欧洲大陆得到推广和普及,彻底地改变了欧洲人用于抓食的狩猎采集与游牧习俗状态。刀、叉的进餐使用,可以看到欧洲民族文化深处与牧人的长刀、渔人的猎叉乃至厨房用的刀叉之间的文化渊源关系。因此,西餐文化又被称之"刀叉文化",其实质正是渔猎文化与游牧文化的复合。法国安利二世王后卡特利努·美黛希斯从意大利引进大批技艺高超的烹调大师,为复兴法国烹饪奠定了基础。同时,她又首倡文明的进餐方式,纠正了法国人用手抓食、舔手和用上衣擦手的渔猎与游牧民进食的古老陋习,初步规定了用餐时需用桌布或餐巾擦手的文明标准化规则,法国蒙得弗德的人还首创了宴会用餐时的人份筵席菜单。

随着 18 世纪到 19 世纪的工业化和自然科学的发展,西餐发展迈向了现代化新阶段。首先是近代营养学的产生使西餐受到了许多营养科学观念影响,认识到食物营养功能与人体对营养素的需要性质;其二是化学、微生物学以及病疫防治有关医药学科的发展,使西餐建立了在卫生学基础上的个人用餐新规范,亦即进餐时每人一份的方式(中国唐以前亦是各客形式);其三,由于对海外的扩大贸易与新殖民地的开拓,新型餐具例如中国瓷器与各式配套化餐具成为主流,并且具有严格的使用规范。进入 20 世纪,西餐迈向全球化进程,向个性化、品牌化、多样化与规模化发展,融进了更多的东方文化,并使自己由传统的作坊厨房生产解放出来,面向整个世界,形成现代产业化机制。尤其是美国的酒店业、快餐业后来居上,遍布全球各地,引领着超级酒店与快捷餐饮的时代潮流。如果说法国和意大利是引领美国餐饮的技术核心,那么美国的大酒店文化正是引领全世界饮食产业化经营的榜样。现代餐饮商业市场化由美国开始,成为国家的一种支柱性经济,这也是以美国为代表的发达国家市场餐饮管理理念的倡导分不开的。由上观之,西餐是世界兴起的最为年轻的大餐种饮食文化类型,在数千年东西方文化反复融合中由海洋型、狩猎采集型、游牧型与农业型多重复合在四五百年间时最终定型,它随着经济全球化的步伐生机勃勃地面向全世界。在管理科学、生产技术与风味特色方面又给东方世界带来许多新的借鉴。

实际上不深入到西餐环境进行较长时间的亲口体验是很难区别法、意、英、德、美、俄的餐别差异性特征的,正如西方人对远东饮食文化内在区别的体察一样。

现代西餐的源头就是意大利与法国。然后英、美、澳、加和中东欧国家,基本上都是基督教信仰国家。基督教与伊斯兰教同时产生于以色列地区,但并没有像伊斯兰教那样对信徒饮食生活有严格教义方面的限制,因此,西餐能得到与中餐一样较为自由的宽松发展。尽管在中世纪伊斯兰侵入西欧的短暂阶段夺走了许多信徒,但在天主教十字军的反击下,伊斯兰教势力退出了欧洲,西欧重复回到自由。也尽管天主教会的禁欲主义曾对欧洲大众饮食生活有所限制,但文艺复兴又使这种神权的力量消退,让古典希腊与罗马的精神重新放出了光彩。西方哲人的启蒙运动使欧洲人民从宗教的迷雾中普遍觉醒,追求美好新生活成为一时风潮,而意大利正好位于古罗马的文化主位中心,所秉承的古罗马民主和自由精神的文化内沉因素最为充分,反映在文艺方面尤为特出。烹饪在西方是作为文艺的一个重要部分,显得十分突出,烹调大师辈出,普遍受到大众的尊崇。达·科莫就是一位"烹饪大师",他所撰写的《烹饪艺术》是文艺复兴时期的烹调经典著作。书中充满了人文主义精神,折射出古希腊罗马时代的光荣传统,极大地丰富了意大利的美食食谱。另外,克里斯托福罗·蒂麦西布格被许多学者认为是意大利和文艺复兴时代的第一位烹调大师,他的《宴会:肉类与一般调料的组合》一书中列举了 315 种菜谱,并详细地论述了宴会的组织方法。在 16 世纪出版的伟大厨师葛培的专著《杰作》中竟然记述了 1 000 种菜式,并且还描述了当时的厨房设置与刀、勺、平底锅、砂锅等工具。因此,意大利的烹饪被尊称为"欧洲烹饪之始祖"。

现代西餐的第二个源头是法兰西,法兰西大菜堪称为西餐最为完美的、最丰富多样的也是最美味的美食。在现代西餐中,法式烹饪最负创造性,最活跃也最具代表性,影响也最大。因此,在许多西餐馆中,菜名用法文标注才算正宗。法国的葡萄酒文化与奶酪、面包文化都是在西方最负盛名的,其中最重要的是香槟、白兰地酒,堪称是古代埃及文化和希腊、罗马的古典酒文化最佳的继承者之一(另一个最佳者是德国对啤酒文化的继承,以至现代德国的啤酒名响天下)。法国葡萄酒不但酿造好,品种多,而且产量大。据法国业内人士称,法国著名的国际品牌葡萄酒有150多种,可谓全球之最。

法国是继埃及、古希腊和古罗马后的葡萄酒的故乡。早在公元前本土人就生产葡萄酒了,不过还是得益于古希腊与罗马人的传授,西罗马灭亡后日耳曼人的一支高卢人在西罗马的废墟上建立了法兰西国家,高卢人是来自中欧地区的游牧民族。与意大利人一样,法兰西人脱离游牧状态较早,况且又受后期突厥人、伊斯兰人与蒙古人等游牧民族冲击较少,因此,其文化生活习俗等都较早地形成老欧洲的纯正风格,对现代西餐的形成起到了主导性作用。如果说文艺复兴时期,法兰西新饮食文化的兴起得益于意大利的帮助,那么其后,是法兰西烹饪直接影响了英格兰的英国。英国由于自身资源性因素,而在粮食与许多生活资料方面依赖于法兰西,加之1066年法国的诺曼公爵威廉继承了英国王位,带来了大量的法、意新饮食文化运动的信息,从而奠定了现代英国烹饪的基础。英国人包括英格兰、苏格兰、威尔士和爱尔兰大都信奉基督新教。早期时候,罗马帝国曾占领并影响过英国文化,但是,大多数来自希腊罗马时代的烹饪知识都已失传了。同时,英国人也不像法、意人那样崇尚美食。传统的英国菜一般用单一的原料制作,牛肉要求要有牛肉的味道,鸡要有鸡味,讲求本色本味,以家庭土生土长的原料为最美,各式布丁、馅饼、清汤以及英国化了的烩菜都说明英国人一般生活坚守传统。连英国人自己也认识自己不精于烹调,但其早餐则较为丰富,并有下午吃茶点的习惯,在英格兰也盛产好葡萄酒,叫"波尔多红葡萄酒",是中世纪的驰名世界名酒。

正是英国殖民者的大量移民,两三百年间将西餐文化传播到美洲与大洋洲,形成了现代美国、加拿大和澳大利亚饮食文化的基础,接着是葡萄牙、西班牙、比利时等国的向外扩展全面拉开了全球殖民时代,同时将西餐文化传播到南美与南部非洲的广泛地区。西餐与当地民族饮食文化的相融奠定了这些地区新民族饮食文化的基础,是狩猎、农业与工业文明的结合。他们上层人士吃西餐,下层大众吃地方餐,或者吃西餐食品但不用刀叉,或者用刀叉与手结合吃本地食品等,是一个复杂而又新奇的异域风情,上层是西餐文化的刀叉餐制,下层则是本土手抓型餐制,反映出开化历史的长短和深浅。在整个西餐区,粮食中米饭是次要的,面食和土豆是主要的。面制食品主要突出在面包、汉堡、三明治和比萨饼上,实际上大多是面包的衍生品种,法国的面包品种达到千个以上。西餐的甜点才是正宗意义上的点心,主要是休闲小吃。品种主要有蛋糕、蛋塔、饼干、巧克力甜点、油果、奶酪点之类,工厂化生产程度较高,适应了大众的消费。但在较高品味层次上,依然以大师的手工加工为最高档次。繁忙的美国市场开创了现代"速食"的快餐文化,快餐是在严格标准化、模式化下的经营生产,适应于都市工商业市场繁忙的生活节奏,因此,是现代工业文明的产物。在南美和非洲高原上,玉米与高粱仍然是主要粮食食品。

可以这样认为,在欧洲大陆上,从多瑙河流域向东延伸,其文化离游牧民族就愈近,无论是时间和空间距离都是如此。如果说地中海沿岸国家的西餐文化中,海洋性生活习性文化因素占主流(如生吃海鲜和蔬菜),那么以信奉东正教的国家民族为主,则是以草原性生活习性文化因素为主流(如大块吃肉、大碗喝烈性酒)。因为东欧的非伊斯兰民族由游牧向工农业转型只是近代发生的事件。以前苏联为例:

古典与中世纪时期,沿多瑙河流域与喀尔巴阡山脉与高加索一带以及近亚洲地区都是历史上最为强大的游牧民族群的发祥地,古老的游牧民族正以此为基地不断地侵入中国、南亚、中东以及西欧的文明地带。俄罗斯人本身就是这些游牧民族的一部分,其他强大的游牧部落还有突厥人、蒙古人、高加索人等。在中欧地区的日耳曼人也非常的强大,随着日耳曼人西移至地中海沿岸地区并且成功地完成了转型之后,伏尔加河流域的乌克兰平原也逐渐地成为农业区。在前苏联位于欧洲的地区,由于自然条件的局限,使之并不可能成为深化的农业区,加之波罗的海沿岸国家,虽然面临海洋,但过于近北极范围,因此,在海洋性方面也不能达到地中海国家那样高度的商贸化,也不利于捕渔业的发展。因此,长期以来保持着松散的、半农半牧的社会结构形态。到了公元 9 世纪才初步形成了基辅、车尔尼雪哥夫等早期城邦国家。其民间饮食文化必然都是属于草原游牧类型。据史料记载:公元 964 年,基辅国大公斯维亚托斯拉夫出征时,将马肉、牛肉或兽肉切成薄片在炭火上烤食,正说明了这一点。到了 15 世纪以后,当莫斯科成为中央集权的领土国家的首都时,沙皇与王公大臣们有了举办大型筵席的技术能力,饮食文化质量得到了较大发展。然而此时俄罗斯仍是欧洲的一个贫穷落后地区,所实行的是农奴制(即一种奴隶制与封建制的中间形态)。到了公元 16—17 世纪以后,在彼得大帝时期从西方传来了伟大的文艺复兴与资本主义革命的巨大影响,俄罗斯从没有完全发育好的封建社会中一下子跨上了工业革命的快车道,俄罗斯的饮食文化也随之西餐化了。18 世纪末,由谢尔盖·特鲁柯编著的《烹饪杞礼》在 1779 年于莫斯科出版时,引起了民间的很大反响。自此,大量有关烹饪的书籍相继问世,使西餐文化得以深入大众生活中普及开来。俄罗斯饮食文化开始了新的时代,俄罗斯人崇尚法国的大菜,在许多方面都受到了法式西餐的影响。但实际上本地历史文化的积淀才是俄式菜点的主流,他们不喜欢吃生的鱼和半生肉,喜欢大块吃肉大碗喝酒。俄罗斯的酒是著名的烈酒,"伏特加"其酿造方法与香型的设置,色泽方面都与中国华北烈性酒具有渊源关系。在热制熟方面,热衷于烤、炸、煮、煎、烩、焖等方法。一般的俄罗斯人以黑面包、土豆为粮食,但更多的是牛、羊和猪肉。使用鸡的菜较多。蔬菜以大白菜、红菜、西红柿、黄瓜、胡萝卜等为主。其他蔬菜都很珍贵。由于天气寒冷俄菜一般重油、重味、酸味、辣味、甜味的点心和菜式很多,尤其特长于酸味的菜肴。俄式小吃品种较多而且口味奇特,这是其他西方国家所难以比拟的,总之俄罗斯烹饪是西餐较边缘的一支,其独特的品位、鲜明的民族风味使之在西餐中独树一帜。

纵观欧洲各国西餐,有如下认识,其实欧洲人并没有主副食或谓之菜肴、点心的概念,在长期的食物结构中,肉食的比重最大。因此,欧洲人将肉食、甜食、面食皆视之为统一的食品,只不过是原料与风味区别不同而已。对其作主副食或菜肴、点心分类的称谓,只不过是中国人对食品食用的文化性质所作的客观诠释。西餐各国,虽然在用具和成品形式上相类似,但许多方面还存在着差异的。其一,在生熟食方面是西生东熟;其二,在口味方面是西淡东浓;其三,在熟制方法上西欧侧重于干爽,东欧侧重于汤食;其四,在品种方面,西欧有渔人的风尚,东欧有牧人的传统;其五,在原料方面,西欧重视海鲜,东欧重视陆产,西欧长于牛肉,中、东欧长于猪、羊等。尤其在奶制品与禽类制品的方面,法、意、葡、西皆丰富于俄、保、波等地。另外,德国与匈国的重视啤酒与猪肉在西餐堪称一绝。据统计德国就猪肉香肠一款也有一千多品种,用啤酒做汤做菜也是别有一番滋味在心头。在伊比利亚半岛上的葡萄牙与西班牙尤其特长海鲜和各式米饭。一套海鲜菜全球闻名,仅鳕鱼的吃法不下 400 种,这是葡萄牙人的传统和骄傲。将米饭与各式海鲜搭配做成"海鲜饭",作为美肴使用也是西班牙与其他欧洲国家所不同的。

综上所述:人类饮食文化经过漫长历史的演进,实际上到目前为止,有六种基本类型并存,如下所示:

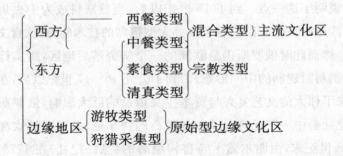

[现举例] 1. 部分主要西餐食品名目(传统品种)

(1)意大利式

[1] 餐前开胃小菜

餐前开胃小菜无固定菜式,任何腌制的海鲜、肉类及瓜果蔬菜均可,这与中餐中所用凉菜意义相似,下面为最流行菜式:

油浸小银鱼,油浸沙旬鱼,鲜蚝或烟蚝,油浸金枪鱼、虾、蟹,腌甜椒,酸辣椒,酸椰菜花,酿洋葱,酿酸蛋,鱼芥酱酿蛋,巴麻熏腿及蜜瓜,各种香肠、酿肠、烧肉、腌肉,青榄、酿榄,肉丸,烟鱼,肉酱及各种干酪芝士制品等。

[2] 牛油拌面

[3] 芝士焗苋菜面皮(又称宽面条)

［4］　尼波式焗通心粉

［5］　焗肉酱意大利粉

［6］　米兰式什菜汤

［7］　青豆蓉汤

［8］　焗纸包鲥鱼

［9］　冻酸龙利鱼

［10］　玛莎拉酒焗火腿

［11］　红酒焗牛肉

［12］　猎人式焗羊排

［13］　佛罗棱焗肉丸

［14］　焗鸡饭

［15］　烧釀火鸡

［16］　焗苹果

［17］　白兰地火焰栗

（2）法兰西式

［1］　青汤

［2］　青瓜忌廉汤

［3］　龙虾汤

［4］　圣日耳曼青豆蓉汤

［5］　纽钵龙虾

［6］　牛油煎石斑

［7］　沙文鱼、荷兰汁

［8］　白酒龙王利鱼柳

［9］　白忌廉汁

［10］　卑多亚呢汁

［11］　大管事牛柳扒

［12］　巴黎小牛柳扒

［13］　鲜烩牛仔脑

［14］　柏林猪排

［15］　芦笋烩鸡柳

［16］　俄罗斯炸鸡饼

［17］　红酒焗麦鸡

［18］　炸羊吉列·鲜橙汁

［19］　吕宗东饭布甸

［20］　亚历山大菠萝

[21]　杏仁梳乎厘

（3）英国菜式

[1]　鸡蒜汤

[2]　苏格兰羊肉煮米粥

[3]　烟鳕鱼

[4]　扒左口鱼（鲽鱼）

[5]　炸鱼及炸薯条

[6]　兰开夏焗羊肉盅

[7]　烧火鸡

[8]　烧酿羊腿及肩肉

[9]　马铃薯烩羊肉

[10]　白汁烩牛肚

[11]　伦敦鸡扒

[12]　前牛仔肝烟肉

[13]　些厘他拉手布丁

[14]　牛油多士布丁

（4）奥地利与匈牙利菜式

[1]　维也纳椰菜汤

[2]　牛仔鸡精汤

[3]　奥地利焗鲈鱼

[4]　奥地利烩牛肉

[5]　匈牙利烩牛肉

[6]　奥地利红椒粉焗牛仔肉

[7]　匈牙利酿青椒

[8]　匈牙利酥饼

[9]　匈牙利鱼汤

[10]　奥地利烩羊肉

[11]　锡加式烧鸡

[12]　维也纳柠檬鸡蛋啫喱

（5）葡萄牙及西班牙菜式

[1]　蜜瓜烟肉

[2]　酿番茄

[3]　黄金球

[4]　炸虾球

[5]　皇室清汤

［6］ 芝士汤

［7］ 马铃薯西洋菜汤

［8］ 白豆汤

［9］ 加泰伦汤

［10］ 炸鲜沙甸鱼

［11］ 葡萄牙焗咸鳘鱼

［12］ 焗鳝

［13］ 葡萄咸鱼（马介休）

［14］ 洋葱炆牛仔肉

［15］ 焗火腿、些厘酒汁

［16］ 焗鹧鸪

［17］ 炸芝士酿猪排

［18］ 西班牙烧羊腿

［19］ 苹果吉士

［20］ 玛拉加忌廉

［21］ 咖啡冰

（6）德国菜式

［1］ 粉团清汤

［2］ 啤酒汤

［3］ 猎户汤

［4］ 啤酒烩鳝

［5］ 焗鱼

［6］ 红椰菜沙绊

［7］ 红酒焗火腿

［8］ 子焗羊肩

［9］ 酸椰菜炆猪腩

［10］ 烧酿鹅

［11］ 烩牛仔核（肝脏）

［12］ 香草焗牛肉

［13］ 酸汁鸡

（7）俄罗斯菜式

［1］ 鱼子酱

［2］ 罗宋汤

［3］ 莫斯科咸黄瓜汤

［4］ 鱼片汤

[5]　煎鲑鱼饼即煎沙文利梳

[6]　炸沙鳟鱼

[7]　俄国煎肉饼

[8]　串烧羊肉

[9]　俄罗斯酿椰菜卷

[10]　冻酿春鸡

[11]　焗羊排

[12]　炸雪鸡或称基辅式炸鸡

[13]　高加索焗鸡盅

2. 英国20世纪中产阶级的一周食品

表2-1列出了20世纪英国中产阶级所吃的食品。

表2-1　20世纪英国中产阶级食品

时间	早　餐	正　餐	下午茶	晚　餐
星期一	麦片粥、炒咸肉片和面包、粥、吐司、黄油面包、橘子酱、糖浆茶、咖啡、牛奶、黄油	烧羊肉、胡萝卜、萝卜、土豆、刺山柑酱、卷布丁、米布丁、橘子、茶	黄油面包、茶点、糕点、牛奶、茶	鱼、黄油面包、饼干、糕点、橘子、可可茶
星期二	粥、咸肉炒鸡蛋、黄油面包、吐司、橘子酱、咖啡、茶、牛奶、奶油	羊肉、胡萝卜、萝卜、刺山柑酱、土豆、牛颈肉、柠檬或甘薯	黄油面包、橘子酱、茶、牛奶、奶油	炸肉排、煨洋李、面包、饼干、奶酪、可可茶
星期三	糕点、炒鸡蛋、咸肉面包、吐司、黑白面包、黄油、橘子酱、咖啡、茶、牛奶、奶油	淀粉布丁、茶肉丸、水煮蛋、土豆、面包布丁、黄油面包、茶	黄油面包、茶点、牛奶、茶	烤黑线鳕、煨洋李、饼干、热牛奶
星期四	咸肉、鸡蛋、吐司、黑白面包、黄油、橘子酱、茶、咖啡、牛奶、奶油	烤羊肉、蔬菜、土豆巧克力块、大黄、橘子果馅饼、香蕉、咖啡牛奶	黄油面包、茶点、香籽饼、橘子酱、牛奶、茶	鱼饼、煨大黄、饼干、热牛奶、黄油面包
星期五	粥、咸肉炒鸡蛋、黑白黄油面包、橘子酱、茶、咖啡、牛奶、奶油	扁豆烧羊肉、胡萝卜、土豆、木薯淀粉布丁	黑白黄油面包、糕点、茶、牛奶	煮鸡、调味白汁、咸肉、油煎土豆片
星期六	同星期五	扁豆烧羊肉、冷鸡、香肠、煮米饭、煨大黄	黄油面包、茶点、牛奶、奶油	鸡、土豆、黄油面包、奶酪、牛奶
星期日	粥、鸡蛋、牛奶、黄油面包、咖啡、茶、奶油	羊肉、花椰菜面包、酱、土豆、大黄、牛奶蛋糊、牛奶冻、橘子、饼干	罐装肉、茶、三明治、牛奶、黄油面包、糕点、橘子酱	罐装肉、米粉糕、黄油面包、糕点、大黄、牛奶蛋糊、奶酪、热牛奶

（〔英〕莉齐·博里德著：《英国烹饪》）

3. 中国人眼中的欧洲乳酪风光——来自巴黎的报道

巴黎附近，有家名叫安德瑞的餐厅，兼营乳酪的零售。因汇聚欧洲代表性乳酪两万余种于一堂，故声名大噪。任何人行经店铺前，不论男女老少，都会情不自禁地驻足浏览橱窗内各式乳酪。

推开玻璃门，一阵臭气扑鼻而来——那是乳酪之臭。一长列各式牛、羊的乳酪，散发出无比的臭味，就像无意踩进了畜栏一般。然而，这却是花都巴黎装饰得最美丽的商店之一。男客、女客、店员彼此的招呼声，收银机的声音交错成一片。

我们搭电梯来到二楼的餐厅，此处亦臭味弥漫。这种气味对法国人而言，简直是再香不过了；但对我们来说是臭得令人难堪。……一般而言，法国人习惯于餐毕吃乳酪，饮葡萄酒。一顿饭，一两个钟头吃下来，餐前菜、汤、鱼、肉，逐一收缴库里。这时再吃乳酪真是快乐似神仙。如再来一点甜食那就更妙了。这是法国人一般用餐的顺序。

大约有 10 种吧！服务生捧着盛装乳酪的大盘送到客人面前，任由客人择其所好。服务生用利刀切下一点送至客人盘中，这处所谓的"一点"，要予以特别解释，法国说"这种乳酪给我一点！""这一点"的大小，正如我们日常所用的肥皂一般。吃完正餐后，立即再来这么一大块乳酪，这种吃法，实非我们外人所能消受。

饭后吃乳酪，乃因为他们相信乳酪具有帮助消化的功能。据云，乳酪这玩意，因含有乳酸菌及酵素，故易消化食物。但是，至今尚无科学依据。

另有一说，谓乳酪这大众化的主食，于法国大革命后进入宫廷，成为餐后的甜点，以致日久成习。

从餐前菜到餐后甜点，即所谓全餐，乃法国人一般用餐习惯，200 余年来一直视为理所当然，而食毕吃乳酪就更加顺理成章了。

法国人的乳酪消耗量高居世界第一位，每人每年必须消耗 14.5 千克，第二位是荷兰，但与之相去甚远。法国的牧草地占全国总面积的四分之一，乳酪产量也居全欧第一位。

法国的乳酪约有 300—400 种，众说纷纭，然而有人肯定地说 365 种，这个数字只是商场上的统计而已，尚不包括民间自制自售者。法国遭德国纳粹占领期间，当时的英国首相温斯顿·丘吉尔曾向新闻记者说："能够供应全世界 300 余种乳酪的国家，应该不至于灭亡吧！"

安德瑞平铺的地下室，乃乳酪贮藏室。分成三个房间，各房间内的四边墙壁。上有天花板，下至地面，均为乳酪架，大概总有 200 余种，3 000 多个乳酪吧！其间不仅拥有法国乳酪，还包括瑞士、荷兰、布鲁塞尔、英国的产品。全欧各地的代表性乳酪悉皆齐聚一堂。

这些乳酪有的像豆腐，有的像番茄，有的呈褐色，有些则褐色上点缀白粉。丸子状、六边形、状似骰子的四角形、菱形、偏菱形、锥形等不一而足。同样是锥形，尚

分为白色、灰蓝色、土黄色上长着绿霉等。以及长锥形、瘦锥形、圆锥形、大中小号炮弹形、桶形。饼干状亦有厚有薄，有些大型饼干状的乳酪甚至在其一面长满了状似羽毛的霉。月饼状的乳酪也不在少数。以霉而言，可分为白霉、绿霉、状似敷粉的霉，以形状而言，有馒头形、小黄瓜形、梨形、鸵鸟卵形、马粪形、瓜形、星形、心形、石臼形、车轮形等各种奇形怪状一应俱全。

仅作上述说明，已令人不堪疲惫。总之，仅几何形状就有 30 余种，而各形又有大小尺寸之分，颜色殊异，霉种也不相同。因此，口味与名称可千变万化。颜色方面呢？白色有似豆腐的白、似粉的白、以及似羽毛的白，统称为白色。灰色则可分为黑灰、蓝灰两大类。店主安德瑞氏说："乳酪的颜色，大概只有毕加索的调色盘上才能调配出那么多吧！"

奇形怪状姑且不论，即便颜色也是诸色纷陈。此外，包附在乳酪上尚有树叶、稻草、炭或果核。树叶要有栗叶、山毛榉叶、核桃叶、葡萄叶、梧桐叶包法多种。将乳酪裹上树叶，绑以稻草，并非全为带给都市人若干乡村气息，稻草本身可繁殖各种细菌，引导乳酪发酵，从而给予乳酪独特的风味。

除了包裹树叶外，有些乳酪更是涂上了葡萄渣或黑胡椒粒，甚至涂上盐和木炭灰，其灰乃选用葡萄幼枝烧成……总之，一言难尽。

乳酪的成熟期，短则一个星期，长则半年，食用期也须拿捏得准，放置日久，发酵过度，恐有腐坏之虞。这种乳酪叫做天然干酪（naturacheese），安德瑞店内地下室的贮货全属此类，而我们日常食用的乳酪，则经过加热杀菌的手续，称为加工干酪（process cheese）。

摘自《国际食品》1997 年第 2 期

 思考题

1. 人类饮食文化有几种基本类型？
2. 大河农业型饮食文化的特质是什么？
3. 大河农业型饮食文化有哪些分支？各具有哪些突出贡献？
4. 伊斯兰饮食文化具有哪些特质？
5. 西餐是怎样产生的？
6. 简述印度型饮食文化的基本特质。

第三章 中国饮食文化的演进

知识目标

本章揭示中国饮食文化有别于世界其他地区饮食文化的特质,展开中国饮食文化连绵 7 000 年演进的宏大而细腻的画轴,指出在各历史时期中国饮食文化演进的不同特征,强调中国饮食文化的演进在世界饮食文化中的重要意义。

能力目标

通过教学,使学生能够充分了解中国饮食文化的本质,了解中国饮食文化光辉灿烂的成就与特色,产生中华民族的自豪感,树立继承发扬中国饮食文化优秀的文化遗产的专业大志。

如前所云,人类饮食文化六型并存,构成了多彩的饮食文化世界。但是,现代六型已与古代乃至于中古世纪的各型具有很大的差异,人类饮食文化六型的演化为我们展现了无数民族文化交融的壮美画面。其中,狩猎采集的饮食文化类型已基本上退出历史,随着人类童年的脚步远去,消逝在世界文明的边缘地带,一些显如活化石般的准原始部落已多少感染了现代文明的色彩。游牧与渔猎的这种开启人类少年智慧的饮食文化类型,也已茫然地屈服在现代农、工、商业文明的门前,仅在偏远的高原草地中仍顽强地保持着一部分古老的传统和特色。

现代主流区的四大餐饮文化,都具有在一种精神文化信仰中获得无限力量的特点。南亚的素食与中东的伊斯兰饮食都是对宗教精神的生活体验,而中餐与西餐则是在世界东西文明最广泛区域深刻交融又分化的结果。如果说现代中餐崇尚的是理想的养生主义,那么,现代西餐就是现实的营养主义,两者目标一致,只是表达方法不同。现代西餐是以海洋文化为基点对狩猎、游牧和农业文化交融,在数千年的激烈动荡中,直至近代才最终定型的最年轻的餐型文化。其渔猎与游牧文化特征多于农业文化特征。实际上对古代中东和古典希腊、罗马饮食文化与中古游

牧饮食文化结合的集大成者,正是步入西方文明的后来者——中东欧的游牧民族。西方文化历史的更迭特点是,占人口绝对优势的野蛮民族对人口处于劣势的先进文明区域毁灭性的侵入,其惨烈程度远不是东方历史所能比拟的。其结果是文明区的原住民族在战争中消亡或者被融入移民的海洋而无形。侵入者对被入侵地域的先进文化并不能在短时期中理解和发展,只有当入侵者民族转型到一定深度时,他们会恍然发现原先被毁灭的文化是多么的伟大。于是,他们接受并努力发展这一文化,重建新的文化传统。西方文艺复兴运动正说明了这一道理。正是伟大的文艺复兴运动的作用,才展开了现代西餐文化的煌煌巨篇。同样的道理,印度的素食与穆斯林饮食文化的形成,都是重建迁入地域古老文化传统的结晶。

与上述不同的是,现代中餐文化是始终以大陆农业文明为基础,对游牧和海洋渔猎文化融合,中餐文化一直随着中华民族主流文化的演进而演进。自形成之时,几千年来在与游牧民族的多次交融中不断自我更新,重建传统。中国文化历史激荡的特点是占人口劣势的野蛮民族对人口占极大优势的先进文明地域的侵入,其结果是在短时间内虽然可以颠覆政权,但随之而来的结果是入侵者很快便会被占多数人口的先进文化所同化。中国历史上的一些少数民族如南北朝与五代十国时期在中原建立的政权和以后的元政权、清政权都是如此。因此,中国文化的历史被认为是在一个地域内、一个族群之中不同集团之间不断发生融合统一关系的连续演化发展的历史。中华文明也就具有了连绵 7 000—9 000 年的漫长历史。中华饮食文化正是在大中华文化框架下的,世界饮食文化中独一无二的,一条始终奔腾澎湃向前涌进的历史长河。因此,也被认为是一种最具人文活力的开放宽容的饮食文化模式。

研究中国饮食文化的演进,无疑对人类饮食文化学具有十分重要的、独特的意义。下面,就让我们展开中国饮食文化演进的古老而神秘的历史巨轴吧!

将中国饮食文化演进分期,大致可以分为四个大的历史时期:即原始安全型饮食文化时期、古代初级美感型饮食文化时期、中古养生型饮食文化时期与现代科学美感型饮食文化时期。

第一节　史前的直觉——
原始安全型饮食

我们从以往考古知识中知道,世界上迄今只有中华大地在人类文化起源的各个环节中没有缺环。中国从元谋人、蓝田人到马坝人、大荔人,都颧骨高突、铲形门齿、印加骨额中缝等一系列现代中国人种所具有的典型体征在明显的进化趋势中一脉相承,因此,我们只能关心发生在中国大陆上关于人类饮食的文化演化现象问题。就用火烹饪的问题而言，则应认识为发生在中国大陆从元谋人直到现代人连续演进的文化事件。中国古人类由生食向熟食生活的转化经历了漫长的三个历史阶段。

一、偶然熟食阶段——火种的保存与烤法的运用

在人类文化史上，发明用火制作熟食无疑是比人类以后任何发明创造更具有重要性和决定性的文化事件，人类由于对火的使用，使"直立人种"脱变而为"文化的人"。中国人将用火烧食加工过程和熟食生活概称之"烹饪"。然而，早期猿人的烹饪行为只是一种偶然现象。所谓偶然，即是对"熟食"由偶然发现到有意识试验，猿人对自然火种的采集从不能保存到能够保存。在这个时期，猿人只能偶尔品尝到熟食的美味。这一阶段被认为从元谋人（距今170万年）到北京猿人（距今20万—70万年）一百余万年。

一般认为，是森林中火烧死了一些动物，其香气诱使了一些猿人来品尝（也有说是猿人没别的吃了，才吃用被野火烧死之物），于是香美的熟肉之食开始被发现。当有火种的条件下，猿人便模仿野火烧物的情景，将猎获的动物直接放到火堆中烧烤，便产生了最早的由人工而为的"熟食"制品，烹饪由此而起源。据考古发现，元谋人遗址中有迄今为止所发现的人类最早用火烧食的痕迹。但仅有少量的烧骨现象。据专家认为，元谋人正处于冰川活动时期，猿人采集的自然火种可能是首先为了取暖，然后才偶尔用于烧烤。洞内除少量烧骨外，并无石器的发现。没有石器则表示了元谋人是将猎物连皮带毛整体投入火中直接烧烤的。这种最原始的烤决定了烤食者能力的有限和幼稚。其实，元谋人还不能称得上是"烤食者"，他们正是"茹毛饮血"者或许基本上还是"素食者"。

二、自然熟食阶段——切割器的使用，对火的控制以及人工取火技术的发明

将"北京猿人"的遗址与"元谋猿人"相比，有如下的不同：① 使用火烤食已是普遍现象。该期遗址中，在洞穴的周围发现了无数种动物——鹿、羚羊、马、猪、野牛、水牛、大象、犀牛和猴子等被烧焦的骨头，标志着北京猿人已善于对火长期的保存，熟食已是一种生活的自然习惯。② 可以对被烤肉食原料形体进行控制，和对火势的控制。明显地表现出具备了一定程度的烹调的能力。在"北京人"遗址中，人们发现有用石英石与砾石打制的切割器、刮削器和砍伐器，还有用大动物腿骨制成的刀状器，这些石制刀具是用来分割兽肉、剥兽皮、敲兽骨的专门工具。同时，人们发现北京猿人遗址中有用土块、石块围砌、管理和控制火势的痕迹。从而被认为，

81

烹调从这里起源。所谓"烹调"在中国传统理念上就是对烧食过程的有目的控制。随着熟食烹饪逐渐成为猿人的日常生活习惯和普遍行为时,便自然地成为一种集体生活的文化风俗。使用石器与对火势控制,是为了食物原料的肉块方便烧烤、受热均匀、缩短时间和分食便利的需要所进行的控制方法。从而提高了熟食生活的质量,在更大范围里进一步满足了原始人追求生存质量的更高要求。1922年,在"河套人"遗址中,考古学家发现了10万年前用作"烙"熟食物的石片。证明古称"石上燔"法已被运用。另外据推测,将肉块串在树棍上烤的"串烧"法与肉块悬吊在火堆之上烤的"吊烧"之法和将泥巴涂在肉块外部埋入火堆灰烬中的"泥烤"之法也可能被得到了运用。泥烤的古名叫"炮",炮法可以免使食料因直露火堆而焦枯和污染。其通过烧结的外壳也可能是后世烧制陶器的一种重要诱因。总之,这时对食料加工所产生的初具复杂程序的工艺方法正是中国烹调方法的原始开端。

加速中国原始人饮食迈向文明进程的重大事件正是对人工取火技术的发明。据对北京山顶洞人龙骨山文化遗迹的考古研究,认为距今18000年时,山顶洞人已经掌握了人工取火的技术。这也是人类迄今发现的最早的人工制造火的例证之一。山顶洞人除了大量食用陆生动物外,还以大量的淡水生动物为食,如鱼与河蚌等。恩格斯说:"没有火,水生动物是不能食用的。"(《自然辩证法》)阿列克谢在其著作《人类与社会的产生》中也认为人类取火的另一种技术"砾石打火"也大致与钻木取火产生的时代相同。另据考古学家对辽宁大凌河西岸勺子洞遗址与金牛山东北百公里处的小孤山洞穴遗址调查,依据其烧土灰烬堆积的情况判断,距今4万±3500年左右,中国人类已经掌握了人工生火的技术。这比山顶洞人似乎又提前了两万余年。

中华民族是火的民族,他们占往今来都是"火文化"的崇拜者。遂木取火技术的发明开创了中华民族火文化的数万年历史。正如恩格斯所说,"就世界性解放作用而言,摩擦生火还是超过了蒸汽机,因为摩擦生火第一次使人支配了一种自然力,从而最终把人同动物分开"(《马克思恩格末期选集》第三卷,第154页),他接着又说:"甚至可以把这种发现看作是人类历史的开端"(《自然辩证法》,第91页),从北京猿人到山顶洞人时期是中国原始人熟食运动的实验性重要阶段。熟食生活已是一种饮食生活的自然和习惯的文化现象,但是,作为完备的熟食加工技术方面,其结构性还不够完善。

三、必然熟食阶段——五谷、陶器和蒸、煮方法的运用,中华民族饮食文化特征模式的初定

在7000—10000年前,中国进入以新石器为特征的文化时期,所谓新石器,就是经过精心打磨的石器。该阶段,中国大陆人类饮食文化的演进也具有如下背景:

① 在黄河流域的仰韶地区与长江下游流域南岸的河姆渡地区出现了两个农业文化中心。前者以粟、稷、大麦、豆为种植主体；后者以稻米为种植主体。② 陶器的广泛产生，标志着手工业与农业生产的社会分工亦已产生。③ 村社部落的社会组织形成，标志着农村领土国家形式已现雏形。④ 以农业生产为主导的经济，标志着以狩猎采集与游牧经济为基础的母系氏族社会的权力重心，开始向父系氏族转移。

　　在饮食文化方面，由于五谷的产生，使谷类粮食成为食源主体，首先导致了采用传统的"石上燔"的方法对谷物加热，叫"石上燔谷"。据有关资料反映，"石上燔"的石板材料是一种乌石，具有较好的耐高温性，在加热中石板并不会破裂，《古史考》云："神农时，民食谷释米加烧石之上而食之"，说的就是"石上燔谷"法。裴李岗文化、磁山文化与仰韶早期文化（前 6535—前 4500）大致与传说中伏羲初农和神农时代对应，属于初农游耕型的半农半牧式的农业文化类型，亦即西方学者普遍称谓的所谓斯威顿经济类型。一方面对作物试种；另一方面再开发新的食源。从河套人的前 10 万年遗址中所发现"石燔"石板时，至此已有 9 万余年的"石燔"法历史，所不同的是，以前的石燔是对肉食加工，而现在则要对五谷加工。那时谷粒尚无脱粒工艺，而需连壳"石燔"，就必须快速翻炒，这可能也是后世炒法运用的由头。石燔连壳谷物，是难以下咽的，为了改善其口感，将谷物置于泥盆或皮袋中，加水再加烧红的石块，让石块放热煮熟谷物，这就是所谓"石烹"之法。继而将泥盆、泥罐盛谷子与水直接架在火上烧煮成粥，这就产生了"煮"法，煮法的产生被普遍认为是直接诱导了陶器的产生。毋庸置疑，正是陶器的产生，才产生了第一个文明的加热方法"煮"。煮法无疑比以前的烤、燔之法先进得多了。依现代观点看，煮法是一个无污染的食物加热制熟方法，因此，也是第一个文明的熟食加工方法。水在食物中既是介质也是溶剂，从而使食品更具有营养的合理性和风味的调和性。而"石烹"之法，则是农业民族的一种由烤法为主的熟食加工向以液体介质为主的熟食加工过渡的形式。

　　在中国，依据陶、谷并行关系来看，陶器的产生，主要是为了适应对谷物烹饪的需要，《周书》云："神农耕而作陶。"中国早期陶器的地下遗存发现在裴李岗（前6130）与磁山（前 6535）文化遗址。前者以红陶为主，器形简单而粗糙，有碗钵、罐和鼎几种；后者则以夹沙红褐陶为主，器形也较简单，有盘、豆、盂、四足鼎等。浙江河姆渡（前 5005）的陶器也是早期作品之一，主要是夹沙里陶，器形有釜、罐、盆、盘、钵几种。仰韶中期（前 4500）半坡类型的陶器，形制都十分精美，半坡的陶器以彩陶为主，因此又称为"彩陶文化"。其形器有鼎、鬲、甑、釜、罐、碗、盘、盆、杯、小钵以及尖底瓶和瓮等，也有烧制精美的陶灶。这些陶器与其后 2000 余年的爱琴文化的克里特岛上的彩陶具有不同的形制与文化风格，特别是鼎、鬲、釜、甑具有独特的中国风格，因此，中国的陶文化也叫"鼎鬲文化"。中国的陶器炊具在各地也有一些区别,如南方以釜为主,黄河流域以鼎、罐为主,大汶口文化以陶鼎为主,龙山文化则以陶鬲为主等,各种炊具都有其分工特点。

至此,原始时期中国民族经过了三次加热食物的技术革命,第一次由烤到石烹,第二次由石烹到煮和炒,第三次由煮再到蒸。对食物加热增至第四层介质——蒸汽,使之完全形成了与现代毫无区别的熟制工艺结构,从而也构造了东方农业民族熟食加工以煮、炒、蒸为主要特征的工艺模式,这正好与西方渔猎、游牧民族对肉食加工以烘、烤、煎、炸为主要特征的工艺模式形成鲜明的对照。由于对五谷的大量生产,并适量种植蔬菜与饲养牲畜,也形成了一种东方农业型的自给自足、自然农业循环经济,为主副食的分化创造了条件。在半坡村遗址中,不仅发现了有大量炭化了的粟粒,同时也发掘了一罐炭化的白菜与芥菜籽,以及一些家畜家禽的遗骨,正说明了这一点。《国语·鲁语》说黄帝之子叫"柱","能殖百谷百蔬"。谷蔬之别正是主副食分化的标志之一。

在人类历史上,陶器与新石器都极大地促进了人类农业定居生活的稳定发展,揭示了蒙昧与野蛮时代的行将结束与文明时代的即将到来。在饮食文化方面则是熟食实验阶段的结束,熟食已成为中国大陆人类饮食生活的必要条件。

四、原始烹饪发展的内在动因及其分期定名

即使依据原始饮食文化水平最高的仰韶文化时期的情况来看,大陆人类虽然已具备了餐饭饮食生活的技术能力,但是,其生活依然十分艰苦,所生产的粮食仍不能满足部落生活的需要。在半坡遗址中各个墓群里的死者平均年龄只有三四十岁,有的由于负重过度而出现了压缩性骨折现象,有的则因食物过于粗糙使牙齿受到严重的磨损。人们普遍贫困,疾病和饥饿的威胁和折磨,使不少儿童过早地夭折。正因如此,人们将对自然迷惘寄托在对万物有灵的崇拜之中。我们透过彩陶的各种纹饰以及许多原始崖刻、石雕、壁画可以看到当时原始巫术礼仪的活动状态和原始歌舞、动物图腾崇拜的种种样式。这是人类早期母系氏族社会饮食生活心理演化的表征。在那里食物是神圣的神灵的恩赐。

因此,考察一下原始饮食文化发展的内在动力,仍是人们为饥饿所驱使,致力于寻找新的食物,扩大食物来源,并随之开发着新的制熟加工的工艺方法,不断完构完善着烹饪工艺的技术结构,可以说原始所有产生的制熟方法都是为了适应新食源品种,使之达到一定的食品安全性保障而开发的。当然,中国古代一些杰出的学问家也持这一观点。例如,韩非子在《五蠹》中所说:燧人氏的"钻木取火,以化腥臊",(免得)"伤害腹胃而多疾病",就论述得相当透彻。《白虎通》也说,用火烹食的主要目的是使食物"避臭去毒",神农氏为了开拓食源,使人民了解食源性安全而"尝百草之滋味,水泉甘苦,令民知所避就"(《淮南子修务训》)等,原始时期人们不

病不死就是人生最重要的愿望,所有的饮食活动也都是以此为基本目的的。

　　人类对熟食生活的选择,是应对恶劣自然环境的挑战所作的适应方式,熟食为更佳生存提供了保障,其行为与习俗也是随着食物条件的变化而变化的。人类的祖先并不是天生的肉食者,他们没有猫科动物胃中的分解酶,但生存的需要迫使他们必需肉食。他们开始时像野兽一样本能的生食,但随之而来的是普遍性产生的消化道疾病。一次偶然的熟食,使人类发现熟的肉既香美又无任何吃生肉的日常消化的不良反应,继而模仿自然界"烤肉",多次食后竟意外发现消化性疾病奇迹般地减少或减轻了。对小型兽、禽按照老方法整只烧烤,还属可以,但大型兽就十分的困难,于是发明了石制切割器与对火势控制的方法等,从而困难迎刃而解。"烤肉"一直陪伴着人类狩猎与游牧生活。但随着人口的爆发式增长,肉食源日愈难觅,人类又面临了生死存亡之秋的考验。为了生存,人类再一次选择了新的生活方式,在一部分人口密集型地区的人类选择了农业生产,于是就创造了煮谷为粥与蒸谷为饭的烹饪新工艺,这是制作五谷为熟食的最佳适应方式,从而也初定了东方农业民族饮食生活及其工艺的特征性传统。

　　再分析一下,假如熟肉不能有效地减少消化性疾病的症状(这是原始人最严重、最受威胁的疾病),或者在健康保障功能方面反而低于生肉,虽然它依然具有香和美味的优势,那么原始人会不会选择熟食作为生存性依赖的生活方式呢?回答是:肯定不会。因此说,在原始时期,每开拓一项新食源品种都是直接为生存服务的,进而对每一项烹饪新工艺的创造也都是直接为提高食品最为基础的安全性方面服务的。正是在长期对不同食物的无数次熟食试验中积累了技术和经验,人类才最终建立起安全型饮食文化的熟食生活的样式,这也是将其分期定名的依据。

第二节　先秦的迷狂——宫廷王礼的美感型饮食

　　原始社会是一个缓慢而悠长的发展过程,它经历了或交叉着不同的阶段,有差别地演进着。新石器时期的母系氏族社会是"男耕而食,妇织而衣,刑政不用而治,甲兵不起而王"的风俗和传统统治的相对和平时期,然而到了新石器时期的中晚期,相当于龙山文化时期的父系氏族社会,进入了以残酷的大规模战争、掠夺、杀戮为基本特征的前奴隶制社会。由于阶级分化、奴隶主国家的建立、统治阶层占有了大量剩余财富,饮食文化逐渐呈现出被王室宫廷贵族阶层垄断的形态。在"巫史勃兴"的社会意识形态作用下,产生了积淀着政治、伦理以及一切文化艺术的高级饮食形式——礼食形式。确定了凝聚于饮食活动之中的横向文化结构,从而奠定了中国民族所特有的礼乐文化的基础。

Yin Shi Wen Hua Dao Lun

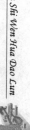

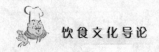

此时期大约以大汶口文化二期（前 3500）与龙山文化（前 2405）为代表的新石器文化晚期直到中国的整个青铜时代，约 3 000 多年，有三个发展阶段。

一、烹调程序的完善——盐的使用与饭菜食的分化

仰韶文化至龙山文化时期前后，部落间的长期战争，使远东大陆众多氏族部落融合成早期的中华民族群构，在北方有古羌、戎、狄，东南有苗、夷、蛮、越与中部诸夏族群等，互相争伐、替代、融合，形成分布于黄河流域中国中部与北部部分地区的华夏民族文化集团，亦即仰韶与龙山文化分布区，包括炎、黄所属族裔共工、夸父、颛顼等族，也包括戎、狄等游牧氏族部落；分布在山东、河南、安徽中部地区的是东夷民族文化集团，亦即在大汶口、青莲岗江北文化类型，史称之"九夷"，包括太皞、少皞与蚩尤裔族；分布在湖南、湖北、江西一代的苗、蛮民族文化集团，亦即大溪文化、屈家岭文化、河姆渡文化、良渚文化分布区，伏羲、三苗、祝融等裔族都属这一集团。三大民族群文化时期亦即古史所述的"五帝"时代，他们大多都与燧人氏具有遥远的分系血缘基础，大都是其远古族系的分裔。在长期的民族战争中，华夏集团的炎黄族群在涿鹿联盟不断取得战争胜利，其后黄帝族在阪泉一战又打败了炎帝族使之向东南败落，遂使华夏族中黄帝族系成为中国先秦民族主流地位的主流族系。从而也奠定了黄帝作为中华民族历史的第一代表地位。华夏族的前身核心就是炎黄两族的融合体，华夏族在春秋战国以后与更多民族融合成为现代汉民族。

该阶段的社会组织结构，已从自然村社氏族部落发展成为强大的部落联盟酋邦政体，与其他古代文明城邦国家不同的是，华夏酋邦政体是一种系结着广大领土疆域的农村集团的政治与军事联盟，对城市中心建设开始时并不很重视，更重要的是对广大疆域的巡狩以传达中央集团统一的国家意志。例如尧、舜、禹就多次地进行万里领土东、西、南、北疆域的巡狩。这也是中国数千年来皇帝中央集权领土国家体制的历史基础之一。而其他古代文明地区的城邦国家则以一个小的区域为基础，注重对城邦中心的建设，甚至一个城堡便是一个国家。这种国家形式在抗侵略打击与集中财富的能力方面远逊于古代的中国，这也是中东与西欧在数千年里无数次城头变幻异族大王旗的一个重要的深层原因，而在中国则大多数是在一个大民族系统中变幻大王旗，尽管姓氏不同，但根系在一个基础，因此，统一领土意志在中国上古社会的传统中由来已久。

华夏族来源于炎黄联盟的核心。"黄帝者，少典之子，姓公孙，名曰轩辕。"（《史记·五帝本纪》）黄帝族发祥于甘肃天水轩辕谷，与炎帝族同在秦安大地湾生活过，大约在公元前 5400—前 5000 年间的一次大洪水时期南北分流，直到公元前 4513 年在中原逐鹿会战诸侯，消灭了蚩尤、夸父、太昊、少昊后，合符会盟釜山，取代了炎帝地位，始成为天下共尊的王族，其君长被四方诸侯共尊为"大天元"而称王。开辟

了中国古史称谓的玉兵时代(即玉器时代),第一次以联盟王国的分封制中央政权,行使对四方诸侯的武功统治,以武功文治的人治取代了神农的风俗统治时代,创造了辉煌的红山文化、大河村仰韶文化和大汶口文化等,黄帝时创造了象形文字、刑法,统一了历法,建立了政权、城市、国家,国号叫轩辕,可以说,黄帝时代是中国初步地进入文明的时代,与苏美尔文明时代的前驱埃兰文化一样悠久。至今已有6 500多年的历史。黄帝族掌权约460年,经历了"姬姓逐鹿轩辕黄帝时代、姬姜姓灵宝有熊氏黄帝时代、鬼酉姓新郑缙云帝鸿黄帝时代、姬祁姓轩岗汾晋帝轩黄帝时代等,25代帝序"。这段时期正是仰韶盛期半坡型文化时代。

由于联盟酋邦中央集权的分封制国家形成,进一步加强了社会阶级的分化,饮食生活资料与其他生活资料一样,大部分被少数人占有,说明私有制产生。这种现象在齐家文化(前2040±155)与大汶口文化(中期前3500—2800)的墓葬中十分突出。在大汶口文化墓葬中,少数墓葬有大量的食物与精美的陶器,而大多数墓葬却十分的简单,可以肯定,在人们的饮食文化生活中,对饮食生活资料的大量占有已成为部落酋邦首领的特权。

在生产经济方面,农牧结合是当时农村经济的特征,在农业生产方面出现了长足的进步,这时期,蚩尤之民发明了在水田中用水牛拉犁耕田,种植水稻。畎夷人在沉积型平原的"息沙息壤"上耕作,沟恤排灌系统完备而发达。河湖港汊交织,舟船便利。蚩尤民是八十一个九黎兄弟氏族结成的联盟。黎者,黍稻犁耕,遍布九夷,故名九黎,这是当时经济实力最为雄厚的一个东夷地方集团。另外,冶铜术也已发明,在蚩尤九黎之苗联盟中用于制作戈矛武器。这时,农产品产量大增,尤其是畜牧业生产也比前期有了大幅增长,据考古发现,庙底沟二十六个龙山文化窖穴出土的家畜遗迹竟比同一地区一百六十八个仰韶文化窖穴中所出土的总和还要多,六畜的齐备与家禽的饲养,为人们提供了充足的补充食源。该阶段发明了轮制陶器,其形制十分精细,主要有鼎、鬲、斝、鬶等,中国陶器的"鼎鬲文化"此时已显得十分成熟。在烹饪工艺方面,最为突出的成就是对调味添加剂——盐的发现与运用。盐的使用标志着人工调味程序的成立,从而使烹调的程序完善。其次,铜的发明也很重要,在世界历史上对冶铜历史的记述是公元前4500年在塞尔维亚的鲁德纳拉瓦出现了最早的开采铜矿的历史。实际上这个历史与中国黄帝时代蚩尤冶铜的历史相比要稍后一些。公元前4513年,黄帝的军队与蚩尤的军队在逐鹿会战的时候,蚩尤军就武装了铜盔、铜矛,这说明他们冶铜的历史还可以前推3000—400年,而那时,埃及人和欧洲人还不知道铜是什么。红铜的冶炼为新式饮食工具的革命也创造了条件。

至于食盐的历史,世界发明史认为是中国战国时期的四川井盐,然而早在黄帝时代,盐就作为稀有的珍贵之物被上贡宫廷了。《淮南子·修务训》说:"神农有臣,曰宿沙氏,始煮海为盐",《梦溪笔谈》则说"黄帝与蚩尤战于解州(今山东沿海地区)

看到'解州盐泽,卤色正赤'"。《尚书·禹贡》也载:"海岱帷青洲……厥土白墳,海滨广斥……厥贡盐绹,海物惟错",青州即今山东半岛一带,郑玄注曰:墳是肥美,斥是"谓地咸卤"。广斥就是地域广大而斥卤也。盐作为青州的贡品,其生产规模已经很大,可以认为,中国的食用盐首先在山东沿海地区被使用,仰韶文化时期可能已有小量的"煮海为盐"。龙山文化时期,盐是上层社会的王室阶层稀有的珍贵调味品,依据盐陶之间的关系,煮盐的历史不迟于距今 7000 年,而"晒海为盐"之法可能上达 10000 年左右。

盐对于人的生理功能作用,是很多世纪以后才认识到的,人类对它的使用,应首先感受到的是咸味。盐是通过加工而产生的二级调味品,它不同于来自天然的蜂蜜和酸梅。它的加入使食品真正具有了人工美食——"菜肴"的意义。在中国食品的概念中,盐是普通食品成为"菜肴"的标志性物质和特征性味感,如果没有盐则无所谓"菜肴"的意义。因此,盐的咸味被称为"菜之魂"和"味之骨",认为五味从咸开始而得调和,上古人对调味的理念还是朦胧的,对蜂蜜和酸梅等自然的味别只有直觉的感受,而对盐的使用则是一种理性的有目的再加工。盐的使用无疑使肉类的美味产生了令人惊奇的变化。盐是呈鲜物质的天然溶解剂,盐分将肉羹鲜味极大地释放出来,给予味觉以强烈而鲜明的刺激,使原始的美味意识"鲜醇"的本味意识产生了,在早期"食"与"肉"的概念中产生了"菜肴"概念。"菜肴"是在盐的美味作用下所形成,是对食和肉相对应分别的美食审美认识的结果。因此,菜肴是食品中第一类突显饮食审美的产品,是日常饮食生活的奢侈品而被备受珍爱。因为盐的珍贵性,使之长期以来直接受到王室阶层的专控。

菜肴有了咸味才成其为菜肴,才能在进餐中起到佐餐佐酒的作用,实际上,在龙山文化前后,饮食与菜肉的餐饭意念已经基本形成,及至到商周之时,饭、菜、酒已具有了整套食用的严谨规范了。

二、礼食的产生——饮食形式艺术化的升华

随着华夏早期奴隶主大国废除酋邦联盟体制初建时期的到来,中华民族就将饮食之事作为王治的利器,赋予以社会学、美学以及伦理学的深刻含义。将当时"美食"运用于国家礼典,献祭于天地神鬼人,宣示统治者阶级的王权意志,从而产生了凝聚丰富人文理念的艺术与游戏的饮食形式——礼食形式。礼食使人类饮食的自然简单的个人行为升华为社会性的饮食行为,通过饮食的特定形式向自我和外界、天地、先祖神灵以及第两者人群诠释真、善、美的意愿。在人类普遍生活还是"尧之王天下也,茅茨不翦,采椽不断,枥粢之食,藜藿之羹……"(《韩非子·五蠹》)时,饮食正是头等大事,诚如古语所云:"民以食为天。"肉菜的珍贵被称为是人的"大欲",一切欲念因之而生。因此,首先配享于鬼神而后人神合享。人们对美食的

渴望、追求、崇拜达到神秘的程度。用美食"祭天地,享鬼神"是祭祀的最高规格,也是人食的最高形式。上古在祭祀中的献歌舞已不足以表达人们慌恐诚敬的心情,在巫术的支配下,将食品按不同意义组成礼食的形式——筵席。在筵席里,饭、菜、酒、蔬、果、水等,主副有别,饭菜有分,各有特定的含义。礼食与餐饭的区别是:前者"陈尊俎,列笾豆"以酒菜为主;后者是"饭蔬食饮水"以饭、蔬、水为主。古代的中国大陆,由于食源性生产跟不上人口的增长,饥饿时常威胁着民族和国家的发展,因此,历代统治者都极其重视人民的吃饭问题,以民能饱食为基本执政目标。据史载,尧帝巡狩至康衢的地方,听到"耕食凿饮之歌",就认为这里的人民是安居乐业的。史载,有赫胥氏之民"鼓腹而游,含哺而喜"无怀氏之民"甘食而乐居,懐土而重生"等,都是使民有食的生民典范,在现代看来,如此极度贫困的生活状态下,献食以为礼无疑具有动人心魄的巨大的精神力量与价值的。从先秦经典"三礼"中,记述重大国家事务时,我们可以看到对食礼的叙述内容十分丰富,这种在其他国家古代典籍所没有的现象,也从一个侧面说明礼食在早期中国国家中的重要作用和意义。

礼食起源于祭礼活动是自然崇拜与祖先崇拜的一种祭礼仪典。礼的繁体字"禮"来源于象形字,是人跪着手捧着盛酒与盛肉的餐具,献食(曲盛酒,豆盛肉)。因此,将礼的本意可以解释为"献食以为礼"。对礼食较早的记载见之于《尚书·虞书·舜典》:

"正月上日,受终于文祖。在璇玑玉衡,以齐七政。肆类于上帝,禋于六宗,望于山川,遍于群神。"这里是说,尧帝在祖庙受职,继承帝位进行祭祀的情况,其中,"类"、"禋"、"望"都是祭祀的不同内容和名称。《五经异义》释:"非时祭天谓之类。"《书经集注》中蔡沈解释说:"禋和望皆为祭名。郊祀者,祭昊天之常祭。非常祀而祭告于天,其礼依郊祀为之,故曰类。"对六宗的解释,马融释曰:"天地四时也。"贾逵云:"六宗谓日宗、月宗、星宗、岱宗、河宗、海宗也。"偏于群神,即偏祭于群神也。郑玄曰:"偏以尊卑次秩祭之。"蔡沈曰:"偏,周遍也。群神,谓丘陵坟衍,古昔圣贤之类。言受终现象之后,即祭祀上下神祇,以摄位告也。"这是典型的多神自然崇拜现象,与燧人裔族的"萨满教"一脉承继。尧也不是一人,而是一个帝王世系的朝代,从前2357年在帝挚手中接过帝位后经过六世,直到前2128年舜继位,舜王朝开始为止,凡积年229年。在尧之世前,并不知礼的概念,也没有所谓的祭祀。真正的礼还是用食献祭开始的,有了祭祀,尊卑的秩序才得以确立,但是尧时期的几种祭,只知其名但不知其物,尧在"类、禋、望"等祭祀中究竟用了些什么食品呢?目前尚无查考。到舜王朝时,我们就可以知道祭祀的规格和所用食品了。《尚书·虞书·舜典》记曰:

"岁二月,东巡守,至于岱宗,柴。望秩于山川,肆觐东后,……修五礼,五玉、三帛、二生、一死贽。如五器,卒乃复。五月,南巡守,至于南岳,如岱礼。八月,西巡守，至于西岳，如初。十有一月，朔巡守，至于北岳，如西礼。归，格于艺祖，用特。"马融曰："祭时积柴，加牲其上而燔之。"郑玄曰："五礼，公、侯、伯、子、男朝聘之礼也。"马融曰："艺祖、父祖。艺称也，特，一牛祭之。"可见舜帝巡守四方的祭礼，至少为一牛，并且在祭时在柴火上现烤。这是用肉食进行祭祀礼典的最初记载，在这种礼典里，充斥着对万物有灵，对祖先魂灵神秘敬畏的崇拜精神。同时，也看到统治阶级对臣民尊卑有序的统治意识。这种礼食，实质上是一场庄严神圣的社会活动。《礼记·礼运》曾明确地指出了礼的起源本质是："夫礼之初，始诸饮食。其燔黍捭豚，污尊而抔饮，蒉桴而土鼓，犹若可以致其敬于鬼神。"礼的功能作用在《礼记·礼运》云："故玄酒在室，醴盏在户，粢醍在堂，澄酒在下。陈其牺牲，备其鼎俎，列其琴瑟管磬钟鼓，修其祝嘏，以降上神与其先祖。以正君臣，以笃父子，以睦兄弟，以齐上下，夫妇有所。是谓承天之祜。"其方法是："礼必本于天，效于地，列于鬼神，达于丧祭。"在形式上就是"铺筵席，陈尊俎，列笾豆，以升降为礼"（《礼记·乐记》）。用珍贵的美食美酒，虔诚地奉献在天地神鬼的面前，充满了庄严肃穆的精神氛围，祭礼已不同于炎黄时期的崇拜的仪式了。据考古资料反映，炎黄时期人们崇拜祖先塑像，如陶祖和石祖、流行用牛、羊、猪的肩胛骨占卜，巫术气氛更浓。在五帝时代后期的尧、舜时代，礼的发生历程是"作其祝号，玄酒以祭，荐其血毛，腥其俎，孰其殽，与其越席，疏布以幂，衣其澣帛，醴醆以献……以嘉魂魄，是谓合莫。然后退而合亨，体其犬豕牛羊，实其簠簋笾豆铏羹，祝以孝告，嘏以慈告，是谓大祥。此礼之大成也"（《礼记·礼运》）。这是礼产生至尧舜时期的演进过程。玄酒就是水，以水为酒，上古本无酒。（曲蘖）酒在舜以后有。孔颖达解释说："玄酒以祭，荐其血毛，腥其俎是上古之礼（即炎黄时之礼），熟其肴以下为中古之礼。"（《礼记正义·礼运》）陈澔则更为明确地认为："熟其肴以下为舜以后之礼，越席即蒲席。"（《礼记集说》）当礼食形成以后，便成为人们有等级、有规则、有社会目的的集体聚餐活动，这种活动是政治的、伦理的也是审美的。人们席地而坐进餐，体现了"天地鬼神享于德，而人享于肴"的人文目标，直至今天，饮食的筵席形式仍然是人类社会活动中多种文化的载体。

《礼记·王制》记载云："凡养老，有虞氏以燕礼。"有虞氏就是舜，燕即是宴。陈澔向我们叙述了这个宴礼的规则与政治功能，云："燕礼者，一献之礼。既毕，皆坐而饮酒，以至于醉，其牲用狗。其礼有二：一是燕同姓，二是燕异姓也。"（《礼记集说》）从内容上来看，"燕礼"应是联盟中央政府所举行的国务活动的酒宴，依据考古分期，舜文化相当于龙山文化的晚期，属于先夏文化范畴，舜王朝经历了两世，从前2128年到前2085年到禹承王位止，凡43年，是一个短暂的王朝。其礼食形式十分简陋，还处于起源阶段，但根据其内含的种种文化因素来看，礼的本质正是植根在"人道亲亲"的"大德"之中，启仁义以治国的宗法与道德之先河。

传说中的夏铸九鼎以镇九州，"大概是打开青铜时代的第一页"（顾颉刚：《史林杂识初编》），同样，也可能是明确赋予礼食活动以政治权力的象征。

从人猿叩别、人文发端，到传说中的禹"即天子位，南面朝天下"（《史纪·夏本纪》），中国文化在自身的生命运动中迈上了新的台阶。然而，其社会组织结构方式、婚姻演进方式、经济生活方式以及包括图腾崇拜、灵魂崇拜、生殖崇拜、祖先崇拜以及巫术在内的精神生活方式和其他民族的原始文化大体一致，这是因为"这个时代的人们，不管我们看来多么值得赞叹，他们彼此并没有什么差别，用马克思的话来说，他们还没有脱掉自然发生的共同体脐带"（《家庭·私有制和国家的起源》、《马克思恩格斯选集》第4卷，第94页）。

夏代历史，由于没有同时文献记载，也如前世一样长期留于传说阶段，但通过大量的考古研究与古史传说对照，已确定了夏朝是中国历史上第一个以父系血统传承的奴隶制国家，从而结束了原始时代，正式进入到国家城市文明社会。夏文化与仰韶文化和龙山文化传统一脉相承，是黄帝颛顼的直系后裔，这时黄帝系、炎帝系与东夷系各族已融为一体，形成了华夏民族的前期形式。在禹之前，少昊、颛顼以及喾、挚、尧、舜各世的禅让时代都分别有出自各族系首领轮换担当中央政府的"大酋长"职务的情况，到了禹之世，则改变为父系亲子血统王位传继。这说明在新石器时期的龙山文化时期开始萌生的私有制，到这里已成为强化的私有制极权政治时代。《竹书纪年》记载："禹至桀十七世。"《大戴礼·少间篇》亦记载："禹崩十有七世，乃有末孙桀即位。"《史纪·夏本纪》曰："禹者，黄帝之玄孙而帝颛顼之孙也。"从记载上看，夏的历史当在500年左右，存在于公元前2100—公元前1600年之间。夏王朝"都于平阳、安邑、晋阳"（《孟子·万章上》），这与考古发现的河南二里头文化所反映的情况相符。都城的建立，标志着大奴隶主独裁统治中心的形成。与之相比，原先黄帝在农村国家中的"都城"只不过是一个稍大的村庄而已。都城必须具备宫殿、街道、后勤保障部门、兵营、手工作坊和较大型墓区等设施条件，在二里头夏墟中都有发现，其都城范围较大，范围在2.5千米×1.5千米。有高大雄伟的"四阿重屋"式宫殿建筑，较多的具有等级分化的墓葬群和一些制陶、制铜、制骨和制玉器的手工作坊。出土了大量的陶器、玉器和铜器和骨器，其青铜礼器现象亦已有许多品种出现。由于夏都城具有一定的规模性，才被认定为中国正式步入文明社会的标志。而夏时开始实行的"税赋"制度，正为宫廷的生活消费，将财富集中支配提供了支撑。

鼎原本是一种炊具，在夏的宫廷中已被作为礼器之首，形成在中国饮食文化史上炊器、食器、礼器三位一体的奇特现象，这说明在夏的社会里，对美食——肉食的占有程度是社会成员权位高低的象征。在这里，鼎代表了权力的极限——王权，是国家的最高象征。据考查，夏的政权结构依然具有很大的部落联盟的特点，其发源与活动的中心区域在河南西部与山西南部。夏族中有许多民族融合成分，据杨国荣认为是以黄帝族为基础，融合了九夷、三苗特别是炎帝族而形成的一种新的民

族，由于在当时"人数多，力量强，文化又比较先进，所以被周围各族视为'夏族'——即大族。因为在古代，'夏'也训'大'（扬雄：《方言》）。"在夏的礼食里已有一定程式，功能也得到了扩展。

《礼记·王制》记载："夏后氏以享礼。"陈澔曰："享礼者，体荐而不食，爵盈而不饮，立而不坐，依尊卑为献，数毕而止。然有四焉——诸侯来朝，一也；王亲戚及诸侯之臣来聘，二也；戎狄之君使来，三也；享宿卫及耆老孤子，四也；唯宿卫及耆老孤子则以酒醉为度。"（《礼记集说》）从这里我们可以看到夏礼的规模较舜时的"燕礼"为大，而且在使用功能上包含了国务、外交、内务等方面。而不仅仅是祭祀的仪典了，在人际礼仪上具有更多的人性化，礼节也趋于复杂。既反映了王权的怀柔慈性的一面，又反映出君主以高视下的威权。根据对河南二里头文化、龙山文化与洛达庙类型文化有关夏文化的遗存发掘，虽然出土了许多餐食器具，但始终未见有配套形制的餐食具。这也说明，夏的筵席尚无完整的规则程序与配系，其筵席宴会的规模也较简单。

奴隶制大国——殷商最终在夏的旧地建立，商的祖先与夏具有亲戚关系，他们平行并重叠在仰韶文化与龙山文化区域里发源，据《世本》与《帝纪》记述：商族的先祖是帝喾，是黄帝族的另外一支族裔。当夏帝国建立时，商是其一个部落体诸侯小国，在山东半岛从事游耕生产，过着半农半牧的生活。商汤于公元前16世纪灭桀代夏时，暂定都于亳地，都城随后也一再迁移，史称"不常厥邑"，发展缓慢，大约在公元前14世纪时，商的第10代君王盘庚率倾国之民由山东的奄城迁至河南殷地（今河南安阳小屯），自其后称之殷商，史称"盘庚中兴"，首都迁后，殷商名声大振，国力强盛，成为当时世界上与希腊同负盛名的东、西两个文化中心，而殷商的人口、地理范围则更为广阔和强大。自汤到纣，经历了473年，由于商族脱离斯威顿文化状态不久，在神秘性与笼统性的原始思维支配下，商人尊神重巫，表现出了强烈的神本文化的特色，商王廷在更大的范围内，用更严酷的方法，将财富以空前规模的集中到王宫贵族手里，供他们挥霍滥用，物质生活极大地丰富于夏王廷。

宗天、尚鬼、嗜酒是商人的一大特征，掀开殷典巫祭的烟雾，迷沉的酒香扑面而来，在意识领域中宣扬"天帝"。《礼记·表记》称："殷人尊神，率民以事神。"其神鬼的气氛笼罩着整个社会，无事不占凶，巫术盛行。殷人又爱好写史、记典，记录天地人象，崇尚神人的尊卑。这些现象都在商的礼食生活被集中而高度的表现了出来。由于对财富的集中，酒这一特殊饮品在礼食中被大量使用。酒以治病、酒以成礼、合欢，是特殊的助兴饮品，也是珍贵的奢侈品。早在仰韶文化遗址与河姆渡遗址中就发现有用尊、盉、斝等酒器饮酒的现象，中国自古以来，都是酒文化大国，其酒的发展脉络与中东西欧不同，这在前面相关章节中已有详备的讨论，这里就不再多言了。商的宫廷使社会财富的高度集中，为生产更多的酒提供了条件。在王室中诞生了专门酿酒的人员与官方组织。

在商统治者的意识形态里,除了宣扬"天帝","德、礼、孝"的思想也更加彰显。他们不惜大量的财物,杀牲宰畜举行祭礼"我其祀宾(祭名),作(则)帝降若(幸福之意);我勿祀宾,作帝降不若。"(《殷墟书契·前编》)其规格如"其宁风、三羊、三犬、三豕"(《殷墟书契·续编》)。这里可以看到,商王的一次祭祀动用九只牲畜,这是前期所没有条件达到的。我们还可以从商王对祖先的祭礼中看到更大规模的礼食情况。商帝国的继承王位制,与夏的亲长子制不同,是兄终弟接,这在殷墟甲骨卜辞中也反映得很清楚,如武丁"甲午贞乙未酒高祖亥,大乙羌五牛三;祖乙羌牛,小乙羌三牛二,父丁牛二。"(《南明》478,《卜后》P2459)。又"父甲一羟,父庚一羟,父辛一羟"(《殷墟书契·后编》上259),在礼食活动中,奴隶们被榨取了包括生命在内的一切财产,奴隶主则过着"靡明靡晦,式号式呼,俾昼作夜"的迷狂的挥霍无度的生活。他们颠倒昼夜,狂欢饮酒,据殷商甲骨文献记述,商王的祭祀一次就消耗了上百卤酒。尤其是商纣以狂饮吃肉而闻名千古,他"以酒为池,悬肉为林"(《史记·殷本纪》),有时聚众饮酒达三千余人。在礼食活动中,筵席的规模较为豪华,并有完整成套的配系,礼食的程式化已从简单趋向复杂,这从商的殷墟中发现的成套青铜饮食器具中可见一斑。例如"一套饮器共八件:爵二、觚二、角一、斝二、彝一。另一套炊食具二十件:中柱旋龙盂形铜器二、盂一、壶三、铲三、箸三双、漏勺一、圆片形器、中柱盂形陶器、盂形陶器各一、骨椎一。一套炊食器十三件:爵一、觚一、斝、罍各一、鼎一、大方鼎二、盘一。"(采自中央研究院殷墟出土展品)这些成套成组青铜食器的出现,向我们展示了商代礼食的规模与食品铺陈的样式。这时,财富被大量集中到王宫阶层的情况,还可通过对商墟墓葬情况了解,绝大多数殷墟墓中,仅伴葬有几件粗劣的陶器和石器,而在贵族墓穴中,却有大量的珍宝与贵重的青铜礼器。在小屯发现的商代妇好墓中,有一份随葬物品的清单:

木椁和漆绘木椁

10个殉人

6只殉狗

大约7 000个子安贝壳(当时的钱贝)

200多件青铜礼器(餐饮用具)

5件大型铜铎和18件小型铜铃

44件青铜工具(其中有27把铜刀)

4件铜镜

1件铜勺(食器)

130多件青铜武器

4只青铜虎或虎头

20余件其他种类的青铜制品

590多件玉器和似玉器

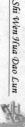

100 多件玉珠、玉环和其他玉饰

20 多件玛瑙珠

2 件水晶制品

70 多件石雕制品和其他石制品

5 件骨器

20 件骨筋头

490 余件骨笄

3 件象牙雕刻品

4 件陶容器和 3 件陶埙

在一座墓中集中了如此之多的珍贵物品并不多见，这些遗物不仅来自商王国的四方土地，而且还有异域之宝。它们是当时国内外无数手工作坊和无数工人辛勤劳动创造的艺术结晶。由此看来，妇好可能是商王廷最高核心成员的法定配偶，这与绝大多数社会底层成员的墓葬情况形成鲜明的对照。美国哈佛大学人类学系主任华裔张光直教授对当时商王廷宫廷生活的经济来源，论述得颇为入木三分。他说："商王国的资产，谷物、肉食和产品和各种服役，流动极不平衡，一致的流向商代社会的上流阶层和聚落网中的大型城邑，尤其是它们的国都和最大的城邑。商王国的财富收集主要是一靠各邑的税赋，二靠各地的进贡，三靠对各地的强取征剿，而不是像苏美尔与希腊那样对外经济活动所得占有国家资金的很大比重。商的各种经济资源的输入量相当庞大，如谷物、野兽、家畜和手工业品以及各种服役与战俘和奴隶，而从商王廷输出向外的却很少，仅有少量的赏赐品赏赐给诸侯国家。"（参看《商文明》）"内刑外伐，横征暴敛"给商王廷聚集了大量财富，特别在商的中、后期，迷狂之境更是登峰造极，暴饮暴食正是晚期商王的真实写照。

商代在中国文化史上代表了一个崭新时代局面的肇始。商文化达到了真正"文明"的境界，有前所未有的文字，相对完整的城市和一定规模的王室宫殿建筑，有较为复杂的政治与行政机构，有赋税、法律制度和国家军队，有分化的经济和高度发达的青铜业。商代作为一个真正有典有史的国家朝代的开始，以少数的行政中心对多数城邑领土地区的统治，传袭于一族之内行使一切权力。如果说夏时期还有较多地存在着野蛮状态，保持着酋邦政体村社部落的特征，那么，商文化则完全具备了王国宫廷的一切特征。文明战胜了野蛮，族性更为明显集中，物质被高度地垄断，筵席无不为王权统治服务，连王室的一般起居餐饭都充分地显示出统治阶级"礼的王制精神"，而被称之'食礼'"。《礼记·王制》记载："殷人以食礼。"陈澔的疏解认为：殷人的食礼是有菜有饭的，虽设酒而不饮，以饭为主，所以叫食礼。这实际上就是王室成员每天的平常餐饭。周代的"公食大夫礼"也与之相似，又叫"礼食"。是臣子、宾客伴国君在早、晚间共餐的，有如现代的"便筵"。有虞氏的燕礼是上对下的慈惠，所以在临睡前举行。夏的享礼是正统的礼，所以在祖庙举行。在政治性质上,食礼是下对上的孝忠;燕礼是上对下的慈惠。所以"孝忠在朝(晨),慈惠在寝(晚)"。前者是对王权威性的屈从,后者是王权君统的宣扬。人际之间尊卑有序的礼的等级观念在礼食中得到具像的淋漓尽致的表演。

当人们赋予饮食以某种社会、伦理、美学的深刻含意时,饮食行为便超脱了单纯生理实用功利作用层次,而实现了饮食文化的艺术性升华。礼食与餐饭相区别,正是这种饮食文化升华的必然结果。

三、礼乐合———礼食、国家等级制度偶像化阶段

周承商礼"修(虞、夏、商三代)而兼用之"(《礼记·王制》)。周代礼食规模宏巨,等级森严,内容广泛,且又具备完善的组织秩序,饮食内涵由社会伦理纲常扩及到一切行为领域。

早在商汤之时,史载的中国历史上第一位贤相伊尹,曾以烹调说汤,用鼎中之变比喻对国家万事,强调以"调和"的道理,后来老子的"治大国,若烹小鲜"的著名论断源出于此。伊尹作为首相,辅佐商汤除桀建国有千古不朽功勋,然而他又是有史以来第一个善烹调者,是调理"汤液"的专家,才得以有机会"负鼎说汤","以至味说汤"。伊尹以鼎中调理至味的道理引申比喻治国齐家平天下的天子之道理,使汤很受启发。伊尹被后世许多地方尊为厨师始祖(另一始祖是彭铿,但人物属传说),他的"调和五味"理念则对后世各方面产生了不可估量的巨大影响。及至周代,这一烹饪的调和理念延伸至社会一切文化部门,无美不为礼,无礼莫为政,礼的社会目的就是调和社会间各类矛盾,实际上周代的一次礼食活动"不啻是一次社会等级制度的大演习"和"社会思想文化形态的总体现"(张光直:《中国青铜时代》)。一部《仪礼》所记先秦诸礼典,无一不是礼食的道德规范和模式。据《周礼》记载,周朝的最高行政长官是"天官冢宰",他不仅管理着当时世界上最为庞大的食官(厨师)组织为周王宫廷的口腹之欲服务,还管理着主要的国家事务,因为当时饮食就是非常严肃而重要的国家事务。据从《周礼》所记载的政府人员名录中分析来看,负责王宫居住区域有大约4 000人,其中2 271人占总人数60%以上的是管饮食的。他们包括:162名膳夫饭菜设计师、70名庖人(肉食分解厨师)、128名内饔(内务宴会厨师)、335名甸师(谷物蔬果加工厨师)、62名兽人(野兽加工厨师)、344名渔人(鱼类水产加工厨师)、24名鳖人(甲壳虾贝类加工厨师)、28名腊人(腌腊厨师)、110名酒正(调酒师)、340名酒人(酒侍)、170个浆人(果汁加工师)、94名凌人(保冰工)、31名笾人(餐具保洁工)、61名醢人(制酱厨师)、62名醯人(调味品加工厨师)、62名盐人(制盐工)等(《周礼》卷一《天官冢宰》)。这种食府规模可谓是举世无双,可登吉尼斯世界大全了。

《论语·卫灵公》第十五说,卫灵公曾向孔子请教军旅作战之事,孔子的回答

是："俎豆之事,则尝闻之矣,军旅之事,未之学也。"反映了到周朝的士大夫阶层,在饮食上的知识和技术能力是一件重要的人生和社会资历,这一传统一直流传至近代。礼食被理想化了、制度化了、偶像化了,折射出高度的形式和文化的整合美感。

《礼记·礼器》中对礼食的规则、规模、作用和目的都作了具体的说明:"(礼食)一献质,三献文,五献察,七献神,大飨其王事与? 三牲鱼腊,四海九洲之美味也。笾豆之荐,四时之和气也……"陈澔曰:"祀帝于郊,敬之至也;宗庙之祭,仁之至也;丧礼,忠之至也。服器,仁之至也;宾客之用,义之至也。故君子欲观仁义之道,礼其本也。君子曰:'甘受和,白受采,忠信之人可以学礼,苟无忠信之人,则礼不虚道,是以其人之贵也。'"(《礼记·集说》)中国文化的圣人孔夫子曾主持过鲁国的一些国务大典礼仪,从而有深刻的感悟,他崇尚礼并一生宣扬礼的精神,以至在长期的游教生涯中,在礼崩乐坏的年代无时不想着"克己复礼"的大事。他说:"诵诗三首,不足以一献。一献之礼,不足以大享;大享之礼,不足以大旅。大旅具矣,不足以享帝。"这是孔子"忠君"思想的表白。而他说:"割不正不食",则是以食品说事,表达其正统礼学的夫子规范。

如果说,商王朝的礼食侧重于神人之间的主从尊卑关系而侧重于"祭",那么在周宫廷的礼食中则转而更重视整个人与人之间的尊卑关系领域,注意现实的社会效果而侧重于"祀"了。这是由商的神本位向周的人本位移动的典型例证。饮食一方面是人赖以生存的最为基本的物质条件;另一方面,美味的"至美之食"能够给人以极大快感,它的难求性又构成人的种种对其追求欲念。因此,用之为献礼,就成为正君臣、笃父子、睦兄弟、齐上下、傧鬼神、考制度、别仁义的政治上最为重要的利器——"礼器"。它内涵的忠、义、仁、智、信的伦理纲常行为观念,是统治者家长式柔性治国的理论根据。由于中国古代国家的产生是农村公社大家庭宗法家长制制度中延伸形成的,因此,中国传统上长期以"家国并称"。无小家便无大国,家者国也。国是大,家为小,其管理的哲学思考是一致的,将国君也视着为"家长",每个人都"四海之内皆兄弟",因此,每个人也是具有"家国天下"责任的人。礼食所内蕴的种种思想正是维系中华古老民族不断融合壮大的精神内核。因此,周的礼食不仅具有庄严壮美的形式美,更有着深邃宏大的和谐精神,具有东方"王者天下"的博大情怀和人文风范。

周王朝于公元前 1046 年取代了商朝。在取代性质上,并不是由一个族群取代另一个族群之间具有完全不同的文化传统。他们是在一个族群之间代表不同的政治与地缘势力之间的代替。张光直教授说:"武王之伐纣代表一个氏族(姬姓)对另一个氏族(子姓)之征服。……主要是鉴于从考古学的资料上看,商周之际,只有一个文明系统的继续发展,而找不到任何重要的中断与不整合的现象?"(《中国青铜时代》)在礼食方面也是如此,但也还是具有一些具体的差别的。史云:商人好饮,周人好食。"酒池、肉林"是商人对酒和肉迷狂粗犷的美食特征,而"列鼎而食"则是表现了周人崇食在有序之中。周人礼食的有序性是用"列鼎"来表示其崇高与和谐有序的等级饮食制特征的。天地神鬼人无一不在礼食仪典中达到最高均衡——和。君臣、父子、叔伯、兄弟,主客无一疏漏于有序性这一最高自然法则。这种在人类历史上最具辉煌的食典现象,可以通过如下事例证实:

周王的饮食是人食的极致:"凡王之馈,食用六谷,饮用六清。羞用百有二十品(用肉所制的菜)。珍用八物,酱百有二十瓮。王日一举,鼎十有二。物皆有俎,以乐侑食。"(《周礼·天官冢宰》)

乡饮酒的规则是:"六十者坐,五十者侍以听政役。听以明尊长也。六十者三豆,七十者四豆,八十者五豆,九十者六豆,所以明养老也。"(《乡饮酒义》)《吕氏春秋》曰:"乡饮酒者,乡人以时会聚饮酒之礼,因饮酒而射,则谓之乡射。"陈澔曰:"三年大比,兴贤者能者,乡老及乡大夫率其吏与其众,以礼宾之,则是礼也。三年乃一行,诸侯之卿大夫贡士与其君,盖亦如此。先儒谓乡饮酒意有四:一则三年宾贤能;二则乡大夫饮国中贤者;三则州长习射;四则竞正蜡祭。然乡人凡有会聚,当行此礼。"(《礼记·集说》)

周王在祖庙会同诸侯的大享之礼的规格是:"有以多为贵者,天子七庙,诸侯五,大夫三,士一。天子之豆二十有六,诸公十有六,诸侯十有二,上大夫八,下大夫六。诸侯七介七牢,大夫五介五牢。天子之席五重,诸侯之席三重,大夫再重。"(《礼记·礼器》)周人的礼食是分食制的,每人一个席面,以重数多为贵。进餐时席地而坐(臀部坐在小腿上,双膝屈前如跪),食品分别装盛在鼎、豆、俎盘等礼器中,按尊卑在每人面前辅列,亦以器多为贵。进食时干食皆用手抓,偶用汤匙喝汤羹,用筷子夹取汤中之物置盘中,再用手抓而食之,用筷子直接助食入口直到东汉时才是如此。因而,筷子又叫箸,更早则叫"筴"。所铺陈的蒲席因上载食品诸器,故叫"筵席",沿用至今,为酒桌席面的代称。至周代末,方有在蒲席上架设长方案桌,每人一桌席的现象出现。

公食大夫礼是传承前朝"食礼"的宫廷餐饭之食礼,具有严格的摆设方位和程序规定:"宰夫自东房授醯酱。公设之。宾辞,北面坐。迁而东迁所。公立于序西向,宾立于阶西,疑立。宰夫自东房荐豆六,设于酱东西上。韭菹以东,醓醢昌本。昌本南,麋臡以西,菁菹鹿臡。士设俎于豆南西上,牛羊豕鱼在牛西。腊肠胃亚之。旅人取匕,甸人举鼎顺,出奠于其所。"(《礼记·注疏》)

少牢馈食礼是周宫廷一种在祖庙祭祀里规格比较高的主祭礼典。具体的食品品种与餐食礼器的配食具有严格的、不同于一般意义的规定:"羹定,雍人陈鼎五。三鼎在羊镬之西,二鼎在豕镬之西。司马升羊右胖。髀不升,肩、臂、臑、胳、骼,正脊一、横脊短肋一、正肋一、代肋一,皆二骨以并,肠三、胃三、举肺一、祭肺三,实于一鼎。司士升豕右胖。髀不升,肩、臂、臑、肫骼,正脊一、横脊一、短肋一、正肋一、代肋一,皆二骨以并,举肺一、祭肺三,实于一鼎。雍人伦肤九,实于一鼎。司士又

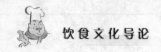

升鱼、腊,鱼十有五而鼎,腊一纯而鼎,腊用麋。"(《仪礼》)

《礼记·内则》曾对一套分别用于上大夫与下大夫之礼的筵席菜品的放置位序作了如下规定:

"腳、臐、膮、醢、牛炙",即牛肉酱、羊肉酱、肉酱、烤牛肉四豆盛四菜在第一行。

"醢、牛胾、醢、牛脍"即肉酱、大块牛肉、肉酱、切细的牛肉此四菜为四豆在第二行。

"羊炙、羊胾、醢、豕炙"即烤羊肉、羊肉酱、肉酱、烤猪肉此四菜为四豆在第三行。

"醢、豕胾、芥酱、鱼脍"以四豆为第四行。

总上为十六豆,下大夫礼也。"雉、兔、鹑、鷃"此四豆为第五行,总上二十豆,上大夫之礼也。(《礼记·集说》)

由上观之,周宫廷对饭、膳、食、饮都有严格的区分和程序。在这里,饭是指谷物制品;膳是以肉为主的菜肴;食则以羹为主,荤素兼具;饮就是酒水果浆之类。周宫廷具有一整套饮食生活原则,以天、地、人三才为之道;以阴阳五形为之律;四时月令为之节;上下尊卑为之序;忠孝仁信为之义;和政安邦为之本。表现出对社会文化多元概括的高瞻性。"列鼎而食"是王室超强的控制,神圣而不能侵犯,崇高而莫能仰视,礼食正是国家等级制度的样法,而"刑不上大夫,礼不下庶人"则充分反映了大奴隶主专政社会残酷的真实。"列鼎而食"的最高成就正是"礼乐合一"的空前盛会。

我们在"钟鸣鼎食"的周宫大宴中看到礼乐合一的完美形式。它们是"礼乐共存现象"。乐在先秦,尤其在西周时,是一件重大而神圣的活动。与礼一样是为颂神和政的大事,因此,乐依附礼而表现,故谓之"乐礼"。乐必然要与礼食合而为一,成为仪典,在礼典中进行。否则就有对帝王叛道、背德、不敬之罪行。如果说,商乐是侧重于神乐,那么周乐则更侧重于人乐,"以乐侑食"和"以食享乐"。这一特点,我们从《诗经》的雅颂中可以看到。《诗经·小雅·鹿鸣》在周王宴请群臣的燕礼乐歌中唱道:

"呦呦鹿鸣,食野之苹。我有嘉宾,鼓瑟吹笙。吹笙鼓簧,承筐是将。人之好我,示我周行。呦呦鹿鸣,食野之蒿。我有嘉宾,德音孔昭。视民不恌,君子是则是效。我有旨酒,嘉宾式燕以敖。呦呦鹿鸣,食野之芩。我有嘉宾,鼓瑟鼓琴。鼓瑟鼓琴,和乐且湛。我有旨酒,以燕乐嘉宾之心。"

周宫廷通过礼乐教化人民"好德而厚道,忠君而效法"。同样,我们从青铜纹饰、砖刻等图案中,也可以看到当时集声、色、味于一体的宴乐形式,一方面这个现象反映了奴隶主阶层的荒淫无度;另一方面,也体现了中国饮食文化高度的综合性以及与各文化艺术部类之间的联系性。

当然,周礼已不像夏、商之礼专指食礼,而是包涵了服饰、用器以及言、问之礼的整个内容。礼乐之行,必当在礼典之中。周的礼典其实就是礼乐的盛会。礼食形式作为国家等级制度偶像化的形式,几乎凝聚了当时的全部文化艺术于其中,为当时的政治服务。《礼记·乐记》曾明确地指出:"乐者,非谓黄钟、大吕、弦歌、干扬也,乐之末节也。故童者舞之。铺筵席,陈尊俎,列笾豆,以升降为礼者,礼之末节也。故有司掌之。"唐人孔颖达认为:"乐之黄钟等,非乐之本也,故谓是末节。"礼亦如此。乐的根本,在于显人君之德,礼之根本,在于人君著诚,去伪、恭敬而给人合欢。这两者达到思辨的统一,从而成为周礼的仁义有制于天下的最高精神境界。在礼乐合一的周宫宴会大典中:"乐师辨乎声诗,故北而弦。宗祝辨乎宗庙之礼,故后尸。商、祝辨乎丧礼,故后主人。"(《礼记·乐记》)周宫的一切大事"燕、飨、婚、射、丧、祭、聘、食"皆有礼典来完成。所以"先王有大事,必有礼以哀之;有大福,必有礼以乐之。哀乐之分,皆以礼终"。礼乐的合一,充分展示了先秦饮食文化雄浑壮阔的文化审美景观。礼乐文化也铸造了中华民族绵延数千年的文化精魂——和谐与有序,奠定了中国民族饮食文化的架构基础和文化风格。

四、中国饮食文化风格初奠的内在规律与本质特征

如果说,原始时期是人的生存安全的基本需要促成了对食物由生到熟试验的完成,形成了东方农业型饮食文化的基本食物结构以及与之相适应的烹饪工艺结构,那么,本时期由于食物资料的大多数被少数人所占有,由占有者阶层对食物的形式美感的追求促使食品系统的社会性分化和文化性质的分化,产生了饭与菜的相对立范畴,菜肴是副食,同时,也是至味之食,至味之食是通过五味调和的美食,五味与五色、五音发生着横向联系,是在阴阳变化、五行相生相克中的和。在国家复杂的社会进化中,运用调和的美食馈食以为礼,满足了家庭宗法等级尊卑有序控制的王治精神"和"的需要,礼食成为在社会政治、道德、伦理作用下并以此为目的的礼典聚餐活动。在礼乐合一中达到了王治精神的最高境界。礼乐合一不仅具有令人惊叹的规模,更有着恢宏博大的气势,是先秦王国追求世界和谐秩序的最高形式。

饮食是人的饮食,以人生为对象,更以人性为根本。饮食以生人,人又是社会的人,社会则是系结于人情关系之上的共同体。"乘人之车,载人之患,衣人之衣,怀人之忧,食人之食,死人之事。"馈食以为礼,正是中国早期社会中最为重要和最为基础的人际交往。馈者馈之以诚敬,受者享之以德馨,两者心灵互通,共筑信、义的桥梁,在这里真、善、美得到了统一。这种人类早期心灵通融的关系,正揭示了血缘家庭老幼尊卑的伦理道德关系,这是中国奴隶主宗法家长制社会的道德本源,也是促使礼食产生的心理基础。馈食以为礼,导致了以菜、酒为主要内容的礼食形式从普通饮食中升华出来,充分表达了人类纯朴天真的崇高品格,当礼食展开为一种

Yin Shi Wen Hua Dao Lun

社会现象时，便自然地成为一种多元文化联系的纽带和人文思想的载体，从而超越了单纯的动物性生存本能。在礼食活动中，人们表达了美食未有之前的难以表达的虔诚感情，进而加强了天、地、神、鬼、人之间的等级秩序"礼"的观念，以"诚、信、忠、敬"为本意，正是原始发端的礼食所内含的社会观与伦理观。当家庭的等级观念引导中国民族进入奴隶主宗法家长制时代，饮食的资料与饮食的自由权利皆被剥夺集中到王室阶层。商、周王室掌握了来自广大地区集中贡献的财物，他们一方面加强了国家化的等级控制；另一方面则陷入到对美食、美酒的疯狂迷恋之中，"贮酒为池，悬肉为林"列鼎而食"，直到"钟鸣鼎食"。当周礼被偶像化为国家行政等级制度模板的时候，恰恰又因其集礼乐文化之大成，奠定了中国民族饮食文化的创造与美学的基本风格，毋庸置疑，现代中国烹饪仍在这一传统的重大影响下从事创作与审美活动。

在这里，我们不禁要问，先秦三代饮食文化的本质与动因是什么？回答是：直觉的初级美感型饮食文化。由于王室阶层在体现特权的饮食享乐的迷狂活动中，促使了礼乐的合一，将形式美推倒了极致。口腹之欲的冲动是本质，运用于意识形态的是形式，实际上三代的礼食具有服务于统治集团的工具化性质。归根到底三代礼食的根本政治目的在于治人，《礼记·祭统》云："凡治人之道，莫急于礼，礼有五经，莫重于祭。夫祭者，非物自外至者也，自中出生于心也，心怵而奉之以礼，是故唯贤者能尽祭之义……上则顺于鬼神，外则顺于君长，内则以孝于亲，如此之谓备。"这不同于后世如苏东坡、李渔、袁枚之流的理性审美，也不同于唐宋花式菜点创造的个性化性质。先秦三代还不懂得美食内涵的创作之美与精神之美，而这一切都被涵盖在汉以后养生美食的创造活动之中。因此说，三代饮食文化的发展动因主要部分来自奴隶主生活享乐的需要与国家治人的需要。

恩格斯早就说过："由于文明时代的基础是在经常矛盾中进行的，生产的每一进步，同时是被压迫阶级即大多数人生活状况的退步"（《家庭·私有制和国家的起源》）。从普遍情况看，至西周时，由于铁器农具的使用与牛耕在黄河流域的普及，加之高度发达的青铜业、玉器业与制陶业，至使社会的财富虽然已较前朝有了极大的丰富。但由于商业欠发达，而与农业、手工业迟迟不能分化，一切这些都是为了一个主要的目的——为王室生活服务。在现实的社会却存在着巨大的等级差别，多数人仍过着陶、石并存时期的饮食生活。奴隶们更是过着没有人身自由的生活，吃着极其粗糙的食物。从一些商周奴隶墓穴中的遗骨可以看到他们的牙齿上下磨平，像反刍动物的牙齿一样。专家认为，这是吃生谷、糠、草根、沙土混合食物所致，连一般士大夫阶层的日常餐饭也只是"一箪食一瓢饮"而已，奴隶们连基本生存保障都难以实现，他们哪有能力去追求美食。"肉食者"只是国家高层显贵的代名词和象征，士大夫也只能无故不杀牛。在普遍的贫困中，生活资料的高度集中化，使王室局部变得超级富有，肉食等至美之食成为君王的专利。他们"食前方丈，罗致珍馐，陈馈八簋，味列九鼎"，以声、色、味一体而礼乐合一，实现了由神本位向人本位的回归。这个人就是以君王为首的统治阶层的人。

夏、商、周原本是三个子部落并存的关系，他们逐一强盛而替代。因此说，三代的文化关系正是政治复合重叠关系，其饮食文化传统也是一个由低级向高级发展的承继关系。夏的诚敬、商的迷狂与周的王治，表证了三代是宫廷的美感型饮食文化特征。这是中华民族文化在早期辉煌、激越的创奠活动，奏响着中国伟大的青铜时代礼乐文化的交响史诗。

有人说，中国的饮食文化之所以如此发达，是因为历史上的贫困所造成的，普遍对饮食文化的重视分不开，其实他们并不了解中国的先秦三代历史与文化精神，从而带着某些"民族中心主义"的有色眼镜看待问题。事实上，中国先秦三代与同时期的埃及、希腊、罗马、印度等古代文明地区相比，无论在地域面积、生产力、经济规模和物质丰富性方面，上述文明地区都是难以望其项背的，直到清中叶的 17 世纪，中国产值仍占世界总量 40% 以上，并且保持了 2 000 余年的领先地位。当商周宫廷在每日举行盛宴的时候，古希腊的雅典人还在大嚼腌咸鱼或鱼干，还在认为"一只由于暴食而死去的猪是最好的美味"。谷类、牛奶、奶酪、橄榄和无花果是组成希腊人的简单食物结构（〔美〕卡罗尔·A·金著：《餐厅与酒吧服务》，浙江摄影出版社 1991 年版）。中国民族之所以重视饮食，是因为在中国的宇宙观中，注重生民的整体性、社会性与整合性，而不是生人的个体性、独立性和单一性。正因为是"生民"（使民得生，养育人民），所以连最为基本的生存方式也要有别于禽兽，达到人情、人性、人的社会性与审美性，都要符合等级秩序中社会文化人类的行为道德规范。反映了中国民族与饮食之间"能生民者而王之"的根深蒂固的传统思想，将"生民"誉为"天命伦常"的"大德"。"宜民，宜人为之德。"《诗经·小雅·南有嘉鱼·廖萧》唱道："既见君子，孔燕岂弟。宜兄宜弟，令德寿岂。"与餐饭相对立的礼食是集体主义的，是对生民思想的集中体现，是天地人生民关系的纽带，在礼食过程中获得了天地人生民关系的最高和谐。因此，礼食正是天子之道的一种工具，一种沟通天地、朝野的手段。生民思想也因此催生了以后著名的"养生主义"。

五、先秦的美食，初建的中国饮食产品体系

对青铜炊具的运用，产生了以油脂作为第三层传热介质的烹饪工艺新方法，煎法、炸法与炒法。从而引发了第四次烹饪产品创新运动，亦即"旺火速成"的食品加工革命。有许多例证可以说明，"旺火速成"的烹饪工艺方法在东周已成为与煮、蒸之法同等重要的熟食加工方法。据对青铜礼器的形制分析，用于烹饪的炊器、食器、饮器与陶器具有很强的承继关系。商代集中在王室，制作特别精细，到了周代，已向诸侯士大夫普及，制作也较粗糙和通俗化，从中我们可以看到青铜器由沉重到

轻俏、从厚大到薄小的演化状况。春秋战国时期的筷子助食方式已开始在宫廷饮食中普及，一批刀功更为精细的"脍"、"糜"类菜肴应运而生，对此，"旺火速成"的方法正是其最佳选择和创新，从而也导引了锅、釜炊具向薄型化的演变。在这里，助食方式、刀功、旺火速成、食品形态的发展都是互为因果的。著名的周宫"八珍"就是在这种因果关系中产生的，此外，到了东周之末，在活跃的政治时代背景下，南方诸侯国的菜肴新品创造尤显丰富，这在脍炙人口的《楚辞·招魂》中有最为感人的诉述：

> 魂兮归来！何远为些？
> 室家遂宗，食多方些。
> 稻粢穱麦，挐黄粱些。
> 大苦咸酸，辛甘行些。
> 肥牛之腱，臑若芳些。
> 和酸若苦，陈吴羹些。
> 胹鳖炮羔，有柘浆些。
> 鹄酸臇凫，煎鸿鸧些。
> 露鸡臛蠵，厉而不爽些。
> 粔籹蜜饵，有餦餭些。
> 瑶浆蜜勺，实羽觞些。
> 挫糟冻饮，酎清凉些。
> 华酌既陈，有琼浆些。

这是用美食美饮祭祀，招回死去之人的灵魂，在另一首诗《大招》里又有不同的品种：

> 五谷六仞，设菰粱只。
> 鼎臑盈望，和致芳只。
> 内鸧鸽鹄，味豺羹只。
> 魂乎归来，恣所尝只。
> 鲜蠵甘鸡，和楚酪只。
> 醢豚苦狗，脍苴蒪只。
> 吴酸蒿蒌，不沾薄只。
> 魂兮归来，恣所择只。
> 炙鸹烝凫，煔鹑陈只。
> 煎鱼䭔雀，遽爽存只。
> 魂乎归来，丽以先只。
> 四酎并孰，不涩嗌只。
> 清馨冻饮，不歠役只。

　　吴醴白蘖，和楚沥只。

　　魂乎归来，不遽惕只。

　　这是以楚为代表的南方饮食与北方中原"八珍"具有许多不同的内容，无论在品种上，还是在加工方法上，都向我们提供了许多演进的信息。

　　在《大招》、《招魂》中我们可以看到，南方春秋时诸侯楚国王室的美食在品种与风味上以及加工的方法上都大大地超过了西周宫廷"八珍"时期，但在主要的加工方法、成品风格方面仍是与北方食品，如《内则》所举品种一样是相似的。亦如现代的川菜与扬菜虽在口味上存在某些区别，但在其他方面却都是相似的。这正说明，一种稳固的、超越千古的中国大陆农业型生态饮食文化系统已经形成。《内则》中所记载的饭、膳、羞、食等不同餐别类型配系，就是中国文化生态形成中最早的饮食产品体系。直到今天，与现代中国饭、菜、餐饭、筵席的产品体系仍具有主流方向的一致性。进而也说明，当一个饮食文化生态系统萌发出自然生态环境时，便会成为以后文化继续发展的主流力量，而孕育它的自然环境因素，则成为次要的因素。这如同现代中、西餐一样，虽然现代农业与全球贸易为其中、西餐拥有的原料资源相似性创造了条件，但是两者之间在观念、技术、风味、食用方式和成品形式等诸方面，都依然的完全不同，这正是各自文化传统主导性作用的结果。

　　在餐制方面，商代的贵族阶层已形成定时定量的二餐制进餐习惯，《睡虎地秦墓竹简·日书》乙种计时法云："食时辰（即 7—9 点）"、"下市申"（即 15—17 点），仅在贵族阶层具有这一餐制，而在商代社会的下层成员中，则因食物的短缺，而未能得到广泛的社会化普及，及至春秋战国，三餐制开始在士的阶层中普及，在原有餐制基础上增加了夜餐。《韩非子·外诸说左上》云："夫婴儿相与戏也，以尘为饭，以涂为羹，以木为载，然至日晚必归饷者，尘饭涂可以戏而不可食也。"这是说孔子在外玩耍时，早、中两餐可以马虎，但到晚必须回家吃饭。《庄子》云："三餐而返，腹犹果然。"《战国策·齐策》云："士三食而不厌"，可见一日三餐在周代末期已在中等家庭普及，而三餐所用之食正如《礼记·内则》所载，在食物结构上反映的实际上就是"五谷为养，五果为助，五畜为益，五菜为充"（《黄帝内经·素问·脏气法时论》）。

第三节　人道的觉醒——
市俗养生型饮食

　　当中国社会进入风云变幻，群雄割据的东周春秋战国时代，由于封建生产关系逐渐地取代奴隶制生产关系。在政治领域，"政归大夫，政出家门"，人生的依附关系被逐渐地打破，从而强烈地摧毁着以血缘亲属为基础的世袭等级分封的奴隶制大厦。社会生产力从严酷的奴隶主王室等级控制下解放出来，促使中国饮食文化

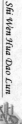

的重心日益向社会深层转移,"礼崩而乐坏"。在社会阶层,突出的表现为"士"的阶层的崛起。士拥有独立的政治地位,掌握着专门的知识,不耕而食,不富而贵,是知识分子的统称。先秦诸子如孔、老、庄、墨、荀、公孙、韩非等就是士阶层杰出的代表,有大成就者,就称为"子"。在意识形态领域就是诸子蜂起,百家争鸣,可谓是群星璀璨,光照千古。表现出亘古未有的如火烈烈的开拓和创造。其中所贯注的是理性总思潮,在这思潮中,最为突出的是人的个性的觉悟和解放,亦即人本思潮的涌荡。这是中国人类进入文明时代的第一个大革新、大动荡的时代,是一个需要巨人和产生巨人的时代,是中国学术文化诞生与奠基的时代。同时,在更为广阔的地域展开了三大文化集团间的混合交融发展的时代。

如果说在人的意识中,夏是迷蒙的崇拜万物而疏人生,商是敬"天帝"而贱人生的神本位;西周是重君王而轻自我的君本位。那么在春秋战国时期则是真正重自我而贵人生的人本位,亦即民贵君轻的思想。诸子百家就宇宙论、人生论问题展开了广泛的探索,尤其是对人生、生命的本质与意义的探求成为一时滚滚思潮。在文化思潮的强烈影响下,中国饮食文化进入了理性的再造过程。一方面,诸子开始对宫廷美食生活重新审视,表现出对礼食中迷狂纵欲和人格品德缺陷的批判;另一方面,医家也开始对人食过程中的生命质量意义表现出重视和探索,表现出对饮食生活规范的深邃思考与觉悟,在这个情况下,"养生论"逐渐显露智慧的光芒,引导着中国饮食文化由初级美感时期向养生型饮食文化时期过渡。所谓养生型饮食文化,就是以滋养生命,修养正道为主要目的的对饮食生活的控制,这是对王公贵族的触觉快感为倾向性目的的宫廷"钟鸣鼎食"生活的否定。一方面,要求向古先王学习为人的品德;另一方面要求正确理解饮食之于人体的功利作用,走向理性控制的道路。墨子曾有过两段极为经典的论段:"古者尧治天下,南抚交趾,北降幽都,东西至日所出入,莫不宾服。逮至其厚爱,黍稷不二,羹胾不重,饭于土塯,啜于土形,斗以酌。俯仰周旋威仪之礼,圣王弗为。"他接着说:"古者圣王制为饮食之法,曰:足以充虚继气,强股肱,耳目聪明,则止。不极五味之调、芬香之和,不致远国珍怪异物。"(《墨子·节用》)这种用古人说事,劝诫当朝之人,是士大夫阶层"君轻民贵"思想的普遍反映,同时,也通过深邃的观察,对社会饮食生活引入理性的思考,预示着中国饮食文化开始进入了第一次以新兴思想为主导的巨大变革的时代,这是文化反思运动的饮食变革的思潮,它承上启下,一方面摆脱着王室宗法等级制度的控制和繁规陋节;另一方面开始用现世人生的种种经验指导生活,饮食观念的价值体系日益回归到生命本质的主题,向现实的人生理想升华,构建了统一于饮食生活之上的文化-心理结构,开始了第三次饮食文化创造运动,在诸子百家的雄辩声中迎来了新纪元。

养生型饮食文化时期上迄春秋,下至明、清,贯穿着整个封建时代,兹分五个阶段:

一、人生顿悟——饮食养生论的发微

周末至汉魏六朝,是中国饮食养生主义的文化-心理结构形成阶段。关于"养"的概念,最早发生在《易经·颐卦》:"颐,贞吉,观颐,自求口实。"《象》曰:"颐,贞吉,养正则吉也。观颐,观其所养也,自求口实,观其自养也。天地养万物,圣人养贤,以及万民;颐之时义大矣哉!"孔颖达曰:"颐,贞吉之义,颐养也。贞、正也,其养正之言,乃兼二义。一者,养此贤人是其养正。两者,谓养身得正,故《象》云:填语言,节饮食,以此言之则养正之义,兼养贤良及自养之义也。"可见《周易·颐卦》中颐养是天地生养万物与人生修养正道的双重意义。养和生意义相近,都含有繁殖生育的意思。庄子《养生主》将养和生并用,通过庖丁解牛讲述自己的观点:"臣之所好者,道也,进乎技矣。"即所谓庄氏"养生之道"就是像庖丁那样目无全牛"依乎天理,因其固然……以无厚入有间,恢恢乎其于游刃必有余地。"这样人才能在天地间"缘督以为经,可以保身,可以全生,可以养亲,可以尽年"。庄子的养生论实质上是一种宽泛的宇宙养生论,其中自我养生的理性思维亦已显现。春秋时期,人的地位空前提高。讨论人生意义与价值问题成为一种时代的主题。认为道是宇宙的根本,万物又由道而生,依道而存,道生成万物的形质以为体,体又以妙用而为器(工具),人以饮食为器而得肉体的养生。然而认为物质的人在宇宙中是渺小的,则人生无意义,而作为精神的人在宇宙中是伟大的,则人生有意义。那么,人的养生的重要意义重在精神,其次在形质,这是当时在意识形态中宏观哲学养生论主要论点,诸子百家对此具有多元倾向的解释。道家认为神清意平,百节皆宁是养生之本;肥肌肤,充腹肠,供嗜欲是养生之末。儒家则认为养生就是通过礼,养人之欲,给人所求。包括口、鼻、耳、目、体全方面养生,实现养安、养财、养情等经济、政治与情感方面的各种目的。

如果说老庄的养生观是"与时迁移,应物变化"的精神哲学范畴,那么孔子则更注重现实世界饮食行为的道德修养,追求庄严崇高之礼食的君子规范。孔子云:"食不厌精,脍不厌细。食饐而餲,鱼馁而肉败不食;色恶不食;恶臭不食;失饪不食;割不正不食;不得其酱不食;肉虽多,不使胜食气;唯酒无量,不及乱;沽酒市脯不食,不撤姜食,不多食;祭于公,不宿肉;祭肉,不出三日,出三日,不食之矣。食不言,宿不言,虽蔬食菜羹瓜祭,心齐如也。"(《论语·乡党》)这是孔子"道之以德,齐之以礼"思想的养生观。荀子的养生观就是以安乐为最高境界,他说:"人莫贵乎生莫乐于安,所以养生安乐者莫大乎礼义。"(《强国》)墨子出于逻辑家的特点,更注重理性的实践,认为:"其为食也,足以增气补虚,强体适腹而已。"(《辞过》)这已不是简单的人生以食活命现象的浅层次认识,也不是对食物美味的直觉感知,而是在理性的深层次认识到食物和人生命质量的关系。由上观之,春秋战国之时,养生论还是一种宏观的理念,由老、庄以养心,孔、荀以养德,墨子以养体合构的广义养生。

人类的发展规律告诉我们:当物质贫乏时,人离精神远而离物质近,当物质丰富时,人离精神近,而离物质远,超越了物质,此所谓"君子谋道不谋食"(《论语·卫灵公》)。诸子认为,商周王室追求美味的糜烂生活,正是人欲的表现,因此,要"存天理灭人欲"。孔子对人欲的批判是力主饮食规范入礼,重返人伦的秩序精神;而老庄则遵循自然道德,追寻超然物外的人生意境。人们超越了饮食眼前的功利,开始对长远的利益追求,在精神的支配下追寻饮食的文化生活。在战国末期,养生理念具有浓厚的阴阳五行学术色彩,《吕氏春秋·尽数》云:"天生阴阳寒暑燥湿,四时之化,万物之变,莫不为利,莫不为害。圣人察阴阳之宜,辩万物之利以便生,故精神安乎形,而寿长得长矣。长也者,非短而续之也,毕其数也。毕数之务,在乎去害。何谓去害?大甘、大酸、大苦、大辛、大成五者充形,则生害焉……故养生莫若知本,知本则疾无由至矣。"这是以宇宙整体论的角度对人食关系的利害辩证分析。指出要真正的养生就要知道人食的根本道理,饮食过或是不及都是有害于人体的,尽数与适时,是充分发挥食物的作用,适时进食、合理搭配,注意形质与精神两方面的调节,有节制的饮食才是养生的根本保证。指出人的形神受害全在欲望过强,告诫人们:"凡食无强厚味,无以烈味重酒,是以谓之疾首,食能以味,身必无灾。凡食之道,无饥无饱,是谓五脏之葆。口必甘味,和精端容,将之以神气,百节虞欢,咸进受气。饮必小咽,端直无戾。"(《尽数》)继而认为,饮食一事全在自节,否则食物虽有再好的养分也如毒药一般。云:"肥肉厚酒,务以自强,命之曰烂肠之食。"(《本生》),《吕氏春秋》提出了饮食要与自身生理状况相适应,不要因欲害生的重要论点。提出人在饮食时口必甘味,但要知本节欲的主张,指出食物味与性相合才能达到养生的目的。可以说,《吕氏春秋》比诸子更进一步地认识到饮食的本质,具有主客观辩证养生控制机理,深刻地强调了人的生命价值意义与在饮食生活中的主体精神。具体提出养生的广义五养之道,云:"养有五道:修宫室、安床第、节饮食、养体之道也。树五色,施五彩,列文章,养目之道也。正六律,和五声,杂八音,养耳之道也。熟五谷,烹六畜,和煎调,养口之道也。和颜色,说言语,敬进退,养志之道也。此五者,代进而厚用之,可谓善养矣。"(《吕氏春秋·孝行览第二》)

《吕氏春秋》是秦丞相吕不韦组织的一批知识分子集体编撰的杂家著作,明显地糅合了儒、道、法、医、阴阳、五行等种种战国时期流行的思想文化与科学知识,初步展示了养生论所内聚的多元文化积淀因子,反映出当时人们从"井田"、"王室"中获得自由的喜悦,表现出对自己生命倍加珍惜的真实感情,以及对人食理想境界的强烈追求。这在当时富贵阶层还沉迷在宴乐酒肉的糜烂生活中时,犹如一缕清新的春风,撩开了中国饮食文化在心理层次变革的序幕。

新的饮食思维方式日益取代旧的饮食思维方式,具有很强的针对性、批判性与合理性,这是当时社会理性总思潮在饮食文化领域的必然反映。《吕氏春秋》除了对养生论有了较为具体的论述外，还引用伊尹以至味说汤之事陈述了著名的以养生为目的"本味思想"。

"夫三群之虫，水居者腥，肉攫者臊，草食者膻。恶臭犹美，皆有所以。凡味之本，水为最始。五味三材，九沸九变，火为之纪。时疾时徐，灭腥去臊除膻，必以其胜，调和之事，必以甘酸苦辛咸，先后多少，其齐甚微，皆有自起。鼎中之变，精妙微纤，口弗能言，志弗能喻。若射御之微，阴阳之化，四时之数。故久而不弊，熟而不烂，甘而不浓，酸而不酷，咸而不减，辛而不烈，澹而不薄，肥而不腻"。

《本味篇》将五味适中调和，效法自然之道喻为天子治国之道："非先为天子，不可得而具。天子不可强为，必先知道。道者止彼在己，己成而天子成，天子成则至味具。"这是从老庄广义养生之道出发用调和说国事的精神理念。《本生篇》云："始生之者，天也，养成之者，人也。能养天之所生而勿撄之谓天子。"无疑，"本味思想"是以先秦"天人合一"哲学观为基础的养生哲学饮食观。本味论在2 000多年中，对中国民族饮食文化的创造与审美产生了极大的深远影响。因此，它一直被奉为中国烹饪传统艺术理论的经典。

二、药食同源——饮食生理心理结构的文化统一

秦汉的大统一，是以华夏族为轴心的大融合，汉民族也因汉帝国的建立而最终形成。汉族是一个混血的"龙"，是华夏诸族——夷、苗、蛮、狄、羌、戎——的结合体。汉武帝时，董子独尊儒术，然而，董仲舒的儒术已不单以孔子的儒术为蓝本，而是结合了孔、老、阴阳、五行"杂学"合理内容为一体的"合学"，由于汉初文景之时所奉行的是黄老之说，是以天道推行人事的"无为之治"。阴阳五行学说由哲学领域步入政治舞台，成为无所不包的万事之律。无论是政治、军事、伦理、艺术、饮食、医学等一切现象，无不以此为理论基础加以解释，表现出"天人感应"被神学化的特征。"天人相通"、"天人相类"进而"天人合一"。"三统"、"四季"、"五德"、"六纪"皆以"视食为养"、人与饮食的关系在阴阳五行说的笼罩下，进一步与天、地相应而制度化。这种情况在《周礼》中反映得最典型。

《周礼·天官》云："凡和，春多酸，夏多苦，秋多辛，冬多咸，调以滑甘。"按照春生、夏长、秋收、冬藏四时节令的自然规律，"凡用禽兽，春行羔豚。膳膏香；夏行腒鱐，膳膏臊；秋行犊麛，膳膏腥；冬行鲜羽，膳膏膻。"在饮食中，将四时、五味与人的五脏以及筋、脉、气、肉、窍与之相应，达到健康的饮食养生目的，在日常饮食生活中注意各种食物的功能主治作用——养的作用。在这个意义上，食即是药，表现出药食的同源性。早在神农尝百草时，中国的药食同源即已表现，伊尹以味说汤所举"汤液"本身就是兼有药食的两重性的，都是以养为目的，使人的生理、心理达到健康安乐而去病。《周礼·疾医》云："以五味五谷，五药养其病。"这是疾医的方针。

其方法是:"以五气养之,五药疗之,五味节之。"又云:"凡药,以酸养骨,以辛养筋,以咸养脉,以苦养气,以甘养肉,以滑养窍。"从这里,我们已看到了中药学"性味归经"的雏意,初步揭示了"狭义养生论"即饮食疗养保健的原理。

秦汉的大统一,迅速地扫荡了因诸侯割据而造成的"田畴异亩,东涂异轨,律令异法,衣冠异制,言语声异,文字异形"的导质弊端,而基本建立起统一的文字、语言、度量衡、律法,衣冠制度、伦理道德风俗、车轨、地域的文化共同体。这是以华夏民族为主体的中华民族在思想文化心理素质方面真正统一的开始。其中最大的特点之一就是多样化的统一——"合"的特征。尤其在文化思想领域最为出色,在汉成帝的旨意下,刘向父子对先秦遗册做了大量收集工作,编成六类三十八种古典学术目录大全,称为《七略》,对先秦文化做了创造性的归纳和总结。正是在这种文化形势下,养生论所揭示的养身与养德互补,适中与顺道的调和,才具有着多种思想文化深厚积淀性。这是时代潮流在饮食文化领域中的深刻反映,从而表现出"医食同流"的新趋势。

秦汉初,黄老养生之术盛行。在宫廷及富贵阶层,一时学术弥漫,炼丹,食弭成风。始皇,汉武皆因追求长生不老术而走至极端。另一方面,民间医家则执著地走着理性实践的道路,他们与广大百姓息息相生,寒热共处,在实践中总结出精、气、神、形的医食共通理论,建立了医食同流的"狭义养生论"的纲领性框架,这就是《黄帝内经·素问》。《内经》之书究竟出自于何时、何地、何人之手,学术界尚有争议,但此书发现于前汉是基本肯定的,书中的阴阳五行之说,严密而周备的医理论述,流畅的文采之辩,华丽的文采风格,说明它可能是假托黄帝之名的民间医家著作,是秦汉医食同流的结晶,是中国医食之书的共祖。

《内经·素问》通篇以"天人相应"的思想为基本纲领,养生避病的基本宗旨,食、药、针、石为器物工具,遵循调和的规律与气味相合的原则。《生气通天论》云:"夫,自古通天者生之本,本于阴阳。天地之间,六合之内,其气九州九窍、五脏、十二节,皆通乎天气。其生五,其气三,数犯此者,则邪气伤人,此寿命之本也。"指出:"阴阳者,天地之道也,万物之纲纪,变化之父母,生杀之本始,神明之府也……清阳发腠理,浊阴走五脏;清阳实四肢,浊阴归六腑。水为阴,火为阳,阳为气,阴为味。味归形,形归气,气归精,精归化。精食气,形食味。化生精,气生形。味伤形,气伤精。精化为气,气伤于味。"(《阴阳应象大论》)这里反复举出味、精、气、形四者之间相生相克的复杂转化关系,说明人体内环境阴阳变化的机理,强调人体形体滋养全靠性味相合的食物(或药物),经过五脏六腑的转化关系而得相生,但是,性味不合则相反会得到相害。总结归、食、伤、生、化的基本规律,提出"五味所入,五味所合,五味所损,五味所禁"的饮食原则。(《宣明五气篇》、《生气通天论》、《五脏生成篇》)。

中国医药学传统认为,每一种食物乃至每一种可食性动植物都对人体的某些部分具有有益的补养作用，具有特定的性味归经性质，无论是其后的《神农本草》，还是《本草纲目》都持有这一观点，千百年来形成人们在饮食观中"视食为养"的潜意识，从而铸成了中国民族对饮食原料取材广泛多样的特点。例如，中国人热衷于食用畜禽内脏、蛇虫和野草等，首先是从其特定的养生性性味归经出发，其次才形成特定的习惯和美感，在《黄帝内经·素问·藏气法时论》就具有对食物性味配伍的典型案例：

"肝色青，宜食甘：粳米、牛肉、枣、葵皆甘。

心色赤，宜食酸：小豆、犬肉、李、韭皆酸。

肺色白，宜食苦：麦、羊肉、杏、薤皆苦。

脾色黄，宜食咸：大豆、豕肉、栗、藿皆咸。

肾色黑，宜食辛：黄黍、鸡肉、桃、葱皆辛。

辛散、酸收、甘缓、苦坚、咸软。毒药攻邪，五谷为养，五果为助，五畜为益，五菜为充，气味合而服之，以补精益气。此五者，有辛、酸、甘、苦、咸，各有所利，或散、或收、或缓、或急、或坚、或委，四时五脏，病随五味所宜也。"

这就是中国大陆农业型食物结构之所以形成的理论根据，是中国大陆人们的"补精益气"的养生为根本目的对食物气味相合选择的结果，是对饮食之于人体生命质量的更高要求——健康长寿。除了药食养生方面，《内经·素问》还提出了一系列"形与神俱，而尽终其天年"（《上古天真论》）的养生行为规范，从而构成了中国养生论较为完整的理论体系。

现代营养与医药科学正不断地用新的视角和方法验证《素问》中所陈述的养生原理，其科学性部分已被逐渐认识、发现，其实践的许多方面已具有现代科学所能达到的高度，然而尚有部分，以现代科学水分还不能作出较为合理的解释，而被称之"前科学"。它的深厚广博的知识和高度的实践性，以一泻千里的气垫激荡千古。它踞高于诸子之上，以长期的实践为基础集秦汉之前养生经验之大成。在现实的世界里，相对独立于理学形而上学的思想体系，遵循实证，上合乎君国酒肉丧生之训；下达平民蔬食自养之情，医食如一，建立了统一于四海五湖，贯彻于上下两千多年之久的中国民族饮食生理-心理的文化结构体系，从理论上认证确定了中国大陆型农业主副互补的饮食养生结构，对中国传统食品生产类型产生了巨大的影响。

三、秦汉民间饮食市场的发展

与饮食思想文化变革的同时，民间饮食市场的兴起逐渐地取代了商周那种饮食文化以宫廷为中心的格局，中国进入到以整体社会饮食生活为背景的主体文化发展时期。这首先表现在商人阶层的崛起。春秋战国时期，当自耕农与自由工商业者出现时，社会饮食活动的自由就已不是等级制度的礼法所能控制得了的，而是经济实力与文化素质占有主导地位。当人的依附关系一经解除而获得个体解放时，便表现出对财富、文化追求的巨大激情。呈现出"待农而食之，虞而出之，工而成之，商而通之"的活跃的社会经济局面。在这个局面里，民间饮食市场初步以原料为销售主体。在当时一些封国都城的店肆中已有羊肆（伯有死于羊肆《左传·襄公三十年》）、兔肆（积兔满市，行者不顾。《吕览·慎势》），还有盐、豚、鱼肆等专门市场。开始有了"卖浆"、"杂狗"、"酤酒"之类的简单店铺。纵观春秋战国，国有经济仍占主要比重。加之裂土封疆，周流不畅，禁令常行（例"饮食服用不粥于市"《礼记·王制》）这就注定了饮食市场在秦汉前虽有兴起，但仍处于起步阶段。

及至秦汉的统一，"重装富贾周流天下，道无不通，故交易之道行"（《史记·淮南衡山王列传》）。社会上"民得买卖，富者田连阡陌，贫者无立锥之地"（《汉书·食货志》）。商人成为社会的一个显赫的重要阶层，有许多还集官僚、地主、商人于一身。他们非有爵邑俸禄而以商致富；他们"高下相顷，交通王侯。衣必文采，食必粱肉，侈靡相竞"，不受礼法的约束。汉文帝时，因国库贫乏尚还"自衣皂绨，不能具醇驷，而将相或乘牛车"（《汉书·食货志》）。而富商大贾依然是"嘉会召客"（宜谊《治安策》）他们千金之家比一都之君，巨万者，乃与王者同乐（《史记·货殖列传》）此谓之"素封之家"。"素封之家"拥有大量的利润财富，至使"淫侈之风日日以长"（《贾谊新书·瑰玮篇》）就连一般的中等商人，发了财也大肆享受。如"翁伯以贩脂而倾县邑；张氏以卖酱而逾侈；质氏以洒削而鼎食；浊氏以胃脯而连骑；张里以马医而击钟"（《汉书·食货志》）

秦汉前，商人的数量极少，地位是低贱的，以他们的身份并不能吃肉，连骑、击钟，稍有所为便有背礼法。在汉代，他们却是推动市场自由化进程的一股主要力量，使原来属于王室阶层的婚丧礼仪下移至民间，因此，汉代又是汉民族民间礼俗、礼仪成长的时代。《盐铁论·散不足》云："民间酒食，肴旅重叠，燔炙满案，臑鳖脍鲤，麑卵、鹌鹑、橙枸、鲐鳢、醢醯，众物杂味，宾昏酒食，接连相因，析酲什半，弃事相随。"这是西汉官商人家操办节庆饮食的情况，在大都会市面里则是"熟食遍列，肴旅成市，作业堕怠，食必趣时。枸豚、韭卵、狗臑、马朘、煎鱼、切肝、羊腌、鸡寒、桐马、酪酒、蹇脾、庸脯、胹羔、豆饧、毂膹、雁羹、白鲍、甘瓠、熟粱和炙"，这是京城长安饮食市场的热闹景观。但是从普遍情况上看，实际上西汉时的大众生活还是很清苦的，据《汉书·地理志》记载西汉初长安"户八万八百，口二十四万六千二百"，其饮食消费是"通邑大都，酤一岁千酿，醯酱千瓬，浆千甔，屠牛羊彘千皮，贩谷粜千钟……糵曲盐豉千答，鲐鲦千斤，枣栗千石者三之……佗果菜千钟。"这种消费水平是极低的。东汉王充在《论衡·讥日篇》将之与东汉相比说："（西汉）海内屠肆，六畜死者，日数千头，则仅当今日一大市而已。"汉初一般人乃至中、下层官僚的日常生活都是蔬食菜羹。一般饮食一饭一羹。若加肉则为非常之馔。据《史记·

陈丞相世家》记载：陈平曾是里中社宰，分肉食甚均，此所谓非祭祀无酒肉，王吉、杨震、费祎、韩崇等名臣，一旦去位皆布衣素食，连皇后也不过是"一天一肉饭"（《后汉书·皇后纪》），在这种情况下，《散不足》所反映的仍是"礼崩乐坏"的现象，那些婚丧祭谢等酒食虽已成为民间的一种自由，但只有少数的官商富贾人家才能具备这种物质与经济的条件，面对中、下阶层"一豕之肉，得中年之收"（《散不足》）"人情，一日不再食则饥"（晁错《论贵粟疏》）一日三餐和吃肉都是奢侈的，只有富贵阶层才能办到。实际上，周、秦与汉代，农耕社会已与游牧社会绝然分开，形成两种相对独立的经济形态，在农耕社会注重对牲畜的家圈式养殖，其规模性必然比游牧型要小，这是造成汉以后肉食处于副食的主要原因，所谓"肉食者谋之"其实是反映了这种牲畜养殖规模较小所造成肉食普遍紧张的历史事实。汉代这种情况更为突出，更重视大规模农业的生产，从而有效地推动了养生论的全社会化。

文景之治有鉴于前朝酒肉丧身误国之训，奉行的是重农轻商，禁奢节欲的政策，社会贤达名流知识阶层崇尚名节清淡而以蔬食布衣的淡养生活为一时风尚。"清心寡欲，道法自然"的黄老思想与"安贫乐道"的儒家道德伦理成为清贵者的品格追求。因此，养生论所表现的独特人生观在社会中被广为传播，迎合了上、中、下阶层的饮食心理，特别是淳于意、华佗、吴普、张仲景、刘安之流或从哲学的、或从医学的，或从品德的诸方面将养生论全面的阐述、宣扬，养生学说深入地沉淀到社会人们心理，铸成了中国民族饮食观中的养生性格。养生论无处不潜在地控制着中国人民的饮食行为以及包括心理、道德、环境、起居、疗病、房事等日常生活行为，及至东汉已潜意识地形成自觉的饮食风俗与传统。华陀、张仲景从医家角度尽谈养体、养形。而刘安、嵇康则从人文品格方面详论养神、养德，士大夫阶层更注意的是在日常饮食生活中修养自身的品行。例如后汉名臣崔骃十分好客，每客至："盛修肴膳，单极滋味，不问馀产。"而自己则："居常蔬食菜羹而已"（《后汉书·崔骃传》），另据《后汉书·孔奋传》记载："（孔）事母孝谨，虽为俭约，奉养极求珍膳。躬率妻子，同甘菜茹。"士大夫阶层追求完美品格，以为民榜样。他们一方面注意自己品德的修养；另一方面注意淡食素养的修炼，前面所举崔骃与孔奋就是这种身心形德双修的养生典范。东汉崔寔则在《四民月令》中向我们展示了一个东汉中原庄园应时养生的俭约饮食结构的情况：

正月：正旦、祭先祖、宗族团聚、子妇曾孙各上椒酒于家长，称觞筋举寿。

二月：典馈酿春酒，作诸酱、肉酱、清酱、可菹乎。

三月：榆荚成及青，收干以为与旨蓄，榆荚色变白，将落，可作美味之食。

四月：立夏作鲷鱼酱，可作酢。可作枣糕。

五月：亦可作酢。食炬籹。可作酱，上旬炒豆，中庚煮之，以碎豆作米。都至六七月之交分以藏瓜。可作鱼酱，可多作糕，以供家出入粮，以待宾位。

六月：可作麴，与春酒麴同。但不中为春酒喜功，以春酒麴作颐酒，弥佳也。

七月：置麴室，具箔槌，取净艾，馔治五谷磨具，作麴。作乾粮。

八月：作捣虀。

九月：作葵菹干葵。

十月：典馈清麴，酿之酒。作脯腊，以供腊祀，作凉饧，煮暴饴。

十一月：可酿醢。

十二月：腊明日更新，谓之小餐，进酒尊长，修贺君师。

四、筷箸进餐的普及

中国民族饮食生-心理文化结构的统一，首先外化在取食方式的形式统一，亦即用筷具取食的大众化普及。据考古发现，新石器时期距今约 6 000 年就有骨箸了，更多的是商代已有铜箸、象牙箸，这是在中国安阳地区的一座商代古墓中发现的。此时，该铜箸是否就是现今直接取食入口的筷子？尚存在争议。有人认为铜箸最早是用来夹镊木炭的。其实，在商代遗物中还有三齿食叉、餐刀与餐匙的发现，但在多数商代墓葬中并未发现竹木制箸存在的现象，因此有专家认为，商、周直至西汉的取食方式是手、箸、刀、叉、匙的结合方式，即手抓饭、箸夹菜、刀割肉、叉送肉入口，匙喝汤的复杂结合。至少，在西汉之前，并不用箸夹食直接入口，也未有普及的现象。箸只是由夹火炭延伸为在沸烫的汤羹锅之中夹取菜料所用，取食入口除了用手外或用叉匙。《礼记·曲礼上》："羹之有菜者用梜，其无菜者不用梜"。可见竹木筷子的前身"梜"或"筴"在周代已被用作为助餐工具，但并不是主要工具，而是属于一种次级的辅助工具。《礼记·内则》云："子能食，食教以右手"，儿童从小学习吃饭的方法是使用右手的。在礼法的规则中有"共食不饱，共饭不泽手"（《曲礼》）与"饭黍毋以箸"（《曲礼》）的规矩。直至西汉，在迄今发现的反映汉代宴饮活动的画象砖上也未见执箸进食的形象反映。汉代有一种名菜，叫"貊炙全体"。刘熙释之为"貊炙全体炙之，各自以刀割食是也。"这种边吃边割的风尚与游牧食风无异，用刀割取食的方式，无论在东方或者是西方的各民族，都具有这一经历。但是，用釜甑蒸煮食物却促进了人们对箸使用的频率，魏晋以降，用筷子直接夹食入口，才成为大众风俗，箸成了主要的摄食工具。晋代何曾因官居高位而穷奢极欲，《晋书·何曾传》云："何曾日食万钱而无下箸之处。"我们要问：为什么汉魏之时，中国人摒弃了刀、叉和手指，而直接选择了筷子呢？这与养生论的盛行所分不开的，中国养生型大陆农业的食物结构的需要，有汤的烧煮之食成为主体，促成了中国人在进餐方式上对筷子的选择。从此筷子代替了手指、刀、叉与食物——入口的直接接触，提高了进食的安全系数，保持了手的洁净。筷子代替了手指和刀叉，达到一工多能、删繁就简的作用，提高了进餐便捷的效率；筷子能在高温的汤羹中夹起菜料，亦能将细小的食物颗粒摄入口中，操作灵活轻松，又方便清洗。筷子的使用又增加了进餐形象的美观,显得文雅高贵,意趣盎然,并能在进餐时持续保持餐具内食物的整洁。有专家认为,筷箸是人手指的延长,使用时能牵动30多处关节,50多处肌肉与多达万余条神经(都大明:《中华饮食文化史》),甚至对大脑丘叶组织的健康发育具有一定的积极意义。竹木筷子又制作方便,也适应了大众的需要。

筷箸进餐的普及,在形式上使中国民族完全脱离了野蛮的饮食状态,而进入真正的文明饮食境界。在本质上中国烹饪由此而发生了新的技术革命和重建风俗的文化运动。该时期也是烹饪工具普遍使用铁器的"铁烹时期"。与秦汉相比,在刀具、锅具、灶具、笼具以及盛器方面都产生了很大的变化,向轻、灵、便、捷、美的方向发展,如漆器与瓷器的使用等。对饮食品的追求更注重其深度熟化的多样性,强调精细的熟化前"分解工艺",崇尚食物具有各不相同的或同具多种倾向性的熟化风味效果。例如,在同一种原料中也会具有酥、烂、脆、嫩、软、松等熟化品质,减少食时的切割之力,方便筷夹食用,提高食品的消化指数。技术的革新使食品品种达到了快速的增加,从而大大地丰富于秦汉之初,加工由粗糙走向了精细。在酿造加工、面粉加工、豆腐及豆制品加工方面,反映了魏晋农业产品精细加工与深加工的发达性与成熟性。著名的贾思勰在《齐民要术》中就记录了当时的食品300种,烹饪方法20多种和许多食物原料精加工的内容,堪称是魏晋时期农业与饮食百科全书,其学术价值极高。

五、胡食西来交汇

两汉魏晋在整个社会饮食文化方面经历着春秋战国以后的第二次巨大的多民族融合、交汇、变化、重建的过程。与汉帝国同时并存在边远草原与沙漠地域的许多少数民族与中原地区的经济文化发展不相平衡,具有很大的差异性。在北方主要有匈奴、羌、鲜卑、乌恒以及西域各游牧民族,被统称为胡人。而居住在南方的各族统称为南蛮、西南夷等。他们尚处在"食肉衣皮,不见盐谷"或"饭稻羹鱼,火耕水耨"的原始部落状态。汉初加强了对各民族的通商贸易与政治交往,特别是汉武帝派张骞出使西域"通丝绸之路"。西汉长安于是成为中外文化的荟萃之地。"殊方异物,四面而来","盛眉峭鼻,乱发卷须"的异国客商纷至沓来,带来了巨象,狮子、鸵鸟、猛犬等奇兽异禽,以及箜篌、琵琶、筚篥、胡琴、杂技、幻术、乐舞、绘画、佛教等文化艺术和宗教,使京城充满了异国情调。饮食方面仅在前汉100多年间,西域传入的食物原料与食品品种就有几十种。据洛沸尔《中国与伊朗》所记就有:芝麻、花椒、无花果、石榴、绿豆、黄瓜、胡萝卜、球葱、胡葱、菠菜、芫荽、番红花、西瓜、蕃瓜、胡桃、豌豆、蚕豆、姜黄、茉莉、糖、胡椒以及许多药香料等。在整个西域,还有更多的食物品种传入,例如核桃、葡萄和葡萄酒、哈密瓜、西红柿、土豆、扁豆和著名的胡饼等,极大地丰富了中国的饮食内容。西域之风竟成热天之潮,一直激荡到盛唐之中。以至李延年"因胡曲造声二十八解"。"灵帝好胡报、胡帐、胡床、胡座、胡饭、胡箜篌、胡笛、胡舞。京都贵戚皆竞为之"(《续汉书·五行志》)。

东汉以后,由于北方转寒,各游牧民族如滚滚洪水从高原泻下,相继进入中原建立政权,与农耕的汉民族争夺生存空间,而汉民族则从中原潮水般向南方迁移,从而开始了中国历史上比春秋战国更为巨大的第二次民族大碰撞。魏晋南北朝时期是空前的多民族文化大解放、大自由、大激荡、大交融的热情创造的时代。旧史称之文化的"浮靡与浊乱"的悲剧时代。社会混乱的局面从东汉末开始,先有黄巾起义,再有魏、蜀、吴三国鼎立,继而是西晋的短暂统一与和平。在汉族政权内部,东汉末的集权制地主经济崩溃,使大庄园经济得以蓬勃的势头发展,门阀士族能"操人主之威福,夺天朝之权势"(《晋书·刘毅传》),他们圈田地、夺豪产,庄园之内自成一国,闭门而为生之具以足,集生产、宗法、军事为一体。魏文帝的"九品中正制"更加强了门阀士族的权力地位,形成政治贵族化大势,一直延续至永嘉东迁之后的东晋社稷。这种政治、经济与中央的分化极大地削弱了作为一个国家的整体实力,因此,难以抗拒强大的北方游牧部落势力的南侵。东晋以后,中原遭到极大的破坏和毁灭,在中原地区的汉民族似乎成了被游牧民族征服和统治的弱者。东晋时的北方先有十六国少数民族政权的割据,后有北魏、东魏、西魏、北齐、北周政权的变幻。而在南方,则又有东晋、宋、齐、梁、陈王朝的更迭。一时胡风横扫,铁马金戈,一元破碎,佛道勃兴,旧儒沉寂,万象更新。汉经济与文化重心第一次南移至江南。在汉族社会,优越的政治与经济实力,大量的自由闲暇时间,战乱的悲凉时世,新生的多元震荡,大厦将倾的危机重重等时事因素,使门阀士族的生活观念和文化创造指向超脱现实功利与时政,转而追求一种较为纯粹精神上的享受。"重神理,遗形骸",个体存在的价值和意义再一次受到了空前的重视,而养生之道正好能满足他们的心理需要,稽康、颜子推之流所推崇的养生之道正是具有广义养生的意义。

马克思说:"野蛮的征服者,总是被那些所征服民族的较高文明所征服。这是一条永恒的历史规律。"经过长达数百年的多民族融合,最终汉民族文化似乎占到了上风。海纳百川,以汉民族文化为主体,再次展开了对胡文化和蛮、夷文化大规模的吸收与消化过程。对南方经济的全面开发,至隋的再次统一前夕,许多入主中原的少数民族,或中断了历史,或向更远的方向迁移,而更多的是留在大陆的各少数民族摆脱了游牧生活习惯,以及与残存部落的联系。他们穿汉服,用汉语,籍汉地,通汉婚,改汉姓,饮食服用,风习礼俗皆仿汉人,几与汉人无异,被汉化为统一封建国家的编户之民(《魏书》)。汉民族大家庭里增加了许多新成员,汉饮食文化注进了许多新鲜血液,中国饮食文化经过自我更新和重建,形成了南达粤海、东到吴越、北至幽燕、西起巴蜀广大空间的以汉饮食文化为主流的文化圈,重建了汉饮食文化风俗的平面主体结构,为唐宋时期汉饮食不同区域风味化的形成奠定了基础。

由于农村自足型大庄园经济具有主导地位,东汉魏晋时期的城市饮食市场文化尚欠繁荣,社会成员之间都较为严格地受到门第家法的制约。门阀的极致,表现在以宗亲姓氏集聚形式存在的封建宗法世家大族。世族大家庭以父系血统为纽带系结着与叔伯兄弟血缘相联系的一切支系部族。加上部曲、雇工、家奴等,多者数千,少者数百人口,自成村寨、市镇,循环自足。在世族大家庄园之间一日三餐,送往迎来,婚丧节庆的饮食生活中演绎着民族饮食养生的风俗化进程,表现出极强的世家风范特征。特别从东汉开始,民俗复古,朝纲不振,名门辈出,豪强并列,一方面,有德者注意平时生活养生修德,成为"世家贤流",他们尚礼义、养孝廉、谈佛老、重养生;另一方面,各族以军功显赫而暴贵的"豪强"之士,好奢侈、豪饮酒、追奇食、贪财富。

在意识形态领域,汉魏六朝又是宗教勃兴的时代,由于战乱繁至,人们对朝政失去了信心,国家礼法被轻蔑,儒学正统遭歧义。因此,稽康以居丧食肉坐贬议,石崇与贵戚王恺、羊绣斗奇宴;何曾对晋帝之筵无下箸。在贫苦大众方面则高举"苍天已死,黄天当立"的大旗,不信天命,不信业果,力抗自然,也反抗现实,反映出强烈的人本个性精神。士大夫文人阶层则或入道或修佛而超然世外,追寻人生的欲望,珍视现世的修行。道教作为一个正式的宗教形式,在东汉时真正形成,以黄老理论为基本教旨,提倡服丹辟谷,不食烟火食,不食荤腥气。常以医道为一体,主张内养精气,外炼神丹,追求长寿成仙的人生理想。而佛教自西汉哀帝元寿 2 年(公元前 1 年)从西域传入,经魏晋以后完全与道教融合,而为佛、道相融的特征,佛老思想盛行。佛教在传入之初并不茹素,但在以梁武帝为代表的深受黄老道教文化熏陶的当权和学术阶层的干预下,中国的佛教徒开始了素食生活,并由此产生了极富中国养生特色的素食文化观念、技术与产品的体系,形成独特的寺院饮食文化及其风味。中国寺院饮食风格像生而不是生,像形又不具形,像味而无味,这就是所谓"假"菜之法,例如"假江桃柱"、"假煮鱼"、"假鹿尾"之类菜肴。佛教的"修身成佛",道教的"养生成仙"两者之间在人本方面具有相通之处,因此,佛道饮食行为具有相同的形式特质,实际上中国的素食是在养生论的作用下盛开在佛、道宗教文化融合之中的奇异之花。

茹素迎合了贫苦大众与道德君子"淡食素养"的情怀,很快被传播开来。而在北方,由于游牧民族蜂拥地进入中原,中原一时胡风鼎盛,汉民族文化大有被灭绝之势。但是经过了从公元 222 年到公元 6 世纪前的近 400 年的融合发展,汉民族文化反而战胜了对手重归统一,这是因为汉民族无论在人口数量还是在文化素质方面都具有强大优势,是先进的文明战胜了野蛮落后的文化。正是由于西域与北方游牧文化的融入,使汉民族文化无论是内容、形式和产品、规模和范围都远远地超过了秦汉,达到空前繁盛的境界,完成了自我更新和重建民俗传统的历程。北魏农学家贾思勰的农业百科全书《齐民要术》有着充分的研究总结的资料说明了这一

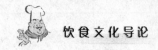

点。贾氏对前代饮食文化传统通过"采捃经传,爰及歌谣,询之老成,验之行事"加以总结,并对北魏现实饮食加以记录和分类,著成旷世巨著,其中将传统制菜点方法归纳成 30 余种,具有重要价值,另将食品分为荤、半荤、素菜、面点、饭粥、茶食、节日食品等类别,说明了汉民族食俗此时重建已至完备。具有承上启下的重要价值。

其魏晋时期正是养生饮食在混乱时节中的社会化过程,其突出点就在门阀士族的庄园世家餐饭风俗的重建和养成。

六、唐宋饮食文化的市俗化与繁荣

荀子云:"居楚而楚,居越而越,居夏而夏,是非天性也,积靡使然也。"(《荀子·儒教》)正是在中原地域文化生态诸元的相互摩切、交流的累积过程中,胡人逐渐改变其固有素质而饮食服用尽采农耕之资,走向汉化。汉饮食文化则敞开胸怀,广泛容纳胡食文化的有益成分而胡风悠扬,建构着中华文化共同体的崭新大厦。在双向选择中,中华民族以汉、胡为轴心进行着整体的移风易俗的历程。

公元 6 世纪隋王朝再次统一了中华大地,在 589—618 年短暂的 19 年间,隋在中国历史上的作用与 800 年前秦帝国一样,两者都在经历了长期混战之后,拨乱反正,重新统一了中国,使华夏——汉民族重归权力与文化的中心,继而是其重臣李渊消灭了隋,继承了对帝国统治,改国号为唐。唐帝国是中国历史上最为强大辉煌的朝代。从唐朝开始直至 16 世纪的"整整 1 000 年间,中国文明以其顽强的生命力和对人类遗产的巨大贡献,始终居世界领先地位"(〔美〕斯塔夫里阿诺斯著:《全球通史》)。唐帝国的规模达到空前的广阔和壮大,在东亚大陆、东临日本海、西至中亚细亚,极盛时,势力东至朝鲜半岛,西至葱岭以西的中亚,北至蒙古,南到印度支那。将前王不辟之土悉清衣冠;前史不载之乡并为州县,以无比开明的胸怀和"社会化学"的神奇力量,使诸多民族归附,化解多元文化于宽广的中华社会文明之中。隋、唐皇室具有胡汉混合的血统,直接标示了混乱纷争的结束。"胡"民的化解以一个胡气氤氲的新型汉族的面貌——"唐族"出现在东方大地,释放着融合文化的惊天动地的能量效应,就像久经炉火锻炼的真金发射着熠熠光辉,光华万里,四照环宇。美国学者爱德华·麦克诺尔、伯恩斯在其《世界文明史》中比喻隋唐中国是"泰山压顶的巨龙"。英国作家韦尔斯在《世界史纲》中抒情地叙述"唐代的中国温文有礼,文化腾远和威力远被"。这同当时腐败分裂混乱的西方社会形成鲜明的对比。

在文化生态环境方面,具有活泼、开朗、宽容和宽松的氛围,盛唐是中国封建王朝最为辉煌隆盛的时期。胡汉结合的唐文化以博大的胸襟如长鲸吸百川似的从外域文化中采撷英华,毫无顾忌地加以综合利用,这种文化风貌被外国汉学家誉之为"世界大同主义"(cosmopolilanism)。南亚的佛学、医学、历法、语言学、音乐、美术;

116

中亚的音乐、舞蹈；西亚的祆教、景教、摩尼教、伊斯兰教、医术、建筑艺术乃至马球等，都汇入中华文化大流之中，双向演化。日本学者井上清敏锐地说：唐文化是"印度、阿拉伯和以此为媒介，甚至和西欧文化都有交流的世界性文化"（《日本历史》）。世界性文化如八面来风，汇聚在帝国首都以及一些主要的经济城市，如扬州、广州、益州等。

唐朝实行的一项重要政策是"均田制"，即将田地重新分配。所分配的是战争中荒废土地，按自由农人的分配为 19 英亩/人，这给予门阀士族大庄园经济以极大的冲击。世俗地主阶级的产生致使庄园主经济的衰落，人身依附关系得到更大程度的解放。唐朝的另一重大政策是"科举制"，执行"崇重今朝冠冕"政策，使原来生存在社会底层的大批文化精英的寒士因科举而腾达，使门阀世家制度同时衰败，代之而起的是新崛起的世俗地主经济与士的阶层政治。刘禹锡"旧时王谢堂前燕，飞入寻常百姓家"典型地反映了社会文化的重心向社会基层市俗化的转移现象。在艺术创造领域随之而来的是更多的个性觉醒与自由，更多的是向世俗社会的倾斜和深入，表现的是更为广阔的世俗世界和世俗生活。李白纵情诗酒直面人生唱道："人生得意须尽欢，莫使金樽空对月"，杜甫亦沉醉在市肆风情，唱道："蜀酒浓无敌，江鱼美可求"。饮食文化活动在更大范围内突破了门阀贵族化礼食表现形式，而更加具有了市民社会个人品味文化艺术的世俗风情。

"贞观之治"时，"流散者咸归乡里，米斗不过三四钱"（《资治通鉴》卷一九三），"于斯之时。天下以一缣易一马"（《唐会要》卷七二）。"东至于海，南极五岭，皆外户不闭，行旅不赍粮，取给于道路"（《贞观政要》卷一）。中国南北经济发展趋于平衡。在大一统的环境中，"远夷率服，百谷丰稔，盗贼不作，内外宁静"（《贞观政要》卷一）社会进入一个以和平繁荣稳定和谐为基本特征的发展时期。兴盛的工商业经济使唐城市文化灿烂辉煌，尤以帝都长安可谓是气象万千光耀海内。

唐都长安，兴建于隋文帝时，因太极殿建在大兴村址，故又叫大兴城，唐时改名为长安。它以百万人口与 8 000 平方千米的城区面积，（现上海为 6 341 平方千米）雄踞当时世界名城之首。分外廓城、皇城和宫城三重，层递相依，南北十一条大街，东西十四条大街纵横交错。城区分为 109 个坊和两个贸易商市。正是"百万家似围棋局，十二街如种菜畦"。在这个国际性大都市里"各国侨民和外籍居民约占百分之二，加上突厥后裔，其数当在百分之五左右"（沈福伟：《中西文化交流史》）。在唐的长安，坊是住家区，市是贸易场所，长安的东、西二市规模巨大，由各种商店组成。李肇《国史补》记载："（德宗时）两市日有礼席，举铛釜而取之，故三五百人之馔可立办也。"又据杜佑《通典》载云：唐代兴起大批民营驿道食店，在以长安为中心的通向四方发达的驿道网上，沿路皆有店肆，以供商旅，民营驿馆："东至宋汴，西至岐州，夹路列店肆待客，酒馔丰溢。"长安市场经济繁荣商贾云集，尤以东、西两市为商业集中大区，市内店铺、货栈、邸店林林总总不下万数。国内外商品琳琅满目，连市民居住小区的坊里也遍布小店铺,串巷叫卖的小贩络绎不绝。真是"一街辐辏,遂倾两市,昼夜喧呼"(《长安志》)。除了长安以外,在长江流域与东南沿海也兴起一批商业与港埠经济文化中心城市,尤以长江流域的商业城市扬州与成都为东西两个中心,广州此时也成为南方最大的港口和贸易中心。唐代扬州首府广陵是当时全国盐运与漕运中心,同时又是著名的国际贸易大港,与日本、高丽、新罗、百济以及林邑、昆仑、狮子园、波斯、大食等许多国家和地区直接通商。据史料记载,广陵城当时人口为467 857,有外商不下万家。番舶云集,商贾如织有"万商日落船交尾,一市春风酒并垆","夜市千灯照碧云,高楼红袖客纷纷"的真实写照。在这些城市里,"舟车辐辏,人庶浩繁"(《旧唐书·齐浣传》)、"商贩贸易,车马填塞"(《元河南志》卷一),成为贵族官僚和富商大贾麇集繁华的场所。唐初开明的政治,自由的市场,加速着中国饮食文化世俗化演进过程。

由于隋唐的统一是在多民族融合基础之上的统一,因此,其文化的结构和文化的态度正是开放性的,顺之相融,逆之相和。来自西亚、中亚的许多民族,在这些城市里广设酒店菜馆,使胡食、胡饮、胡姬歌舞成为一道时尚风景线。《旧唐书·舆服志》记载当时"贵人御馔,尽供胡食"。当时胡食多为面食品种,主要是胡饼、毕罗、五福饼、搭纳等。《酉阳杂俎》记载:"天宝中,进士有东,西棚各有声势,稍仓者多会于酒楼食毕罗。"胡食是当时中上层人士的时尚食品,士子以到胡姬酒楼为风流韵事。唐朝是美酒、美食、美女、美诗的时代。胡姬貌美动人,胡酒、胡食的异域风味燃烧着一代唐朝诗人的缠绵和无限的情思,在唐朝的大家庭中完成着对胡文化的消化和接受。在饮食品方面,表现为饮食产品品种暴发式增长,菜点花式翻新迅速,对汉民族来说,这不啻是一次巨大的创新运动和移风易俗运动。胡食的新鲜血液汇入到汉食澎湃生命的机体之中,使之更为缤纷万状。在隋唐的菜单及其食品加工记录中,我们看到了强烈而鲜明的艺术化创作特征,饮食文化的重心从使用者、品尝者转移到制作者、创造者方面。食品艺术化核心问题已不是将食品用作什么社会目的,而是通过创作或某种制作表达什么思想意境的问题。在这里食品已不是以工具性质为主了,而是具有了人的情感外化的一种符号性特质。我们仅以《齐民要术》与谢枫的《食经》和韦巨源的《烧尾宴食单》中所记菜点品种作一比较如下:

北魏贾思勰撰《齐民要术》是一部综录性著作,其饮食部分记载了魏晋之时以北方中原庄园世家规范为主体的酒曲、酒、调味品、酱法、粮食加工、菜品、面食和烹调方法等,其实质起到了诱导北方入侵中原的胡民们加快其"汉化"的步伐,也加速了汉民族经过长期动乱后对本土文化的回归。所记菜品148种,面食33种,从名称、加工方法、风味和品种变化脉络,都有强烈的由商周、秦汉一脉延续的特征和纯粹度。其品种也非一时所具的,而是具有较大的时空跨度。而隋人谢枫《食经》所记载食品中,多是前著中未见之品,名称也十分华丽和具有灵动气质,从中可看到当时胡汉饮食交汇变化的特征。谢枫曾任隋炀帝的尚食直长,精通食事,是著名的"知味者"。《大业拾遗》中说他著有《淮南玉食经》,但此书早已亡佚,保存下来的谢枫《食经》被载在陶谷《清异录·馔羞门》中,从谢枫的身份来看,记录的是当时当代之物,并且应是新创奇异之品,由于亡佚,仅存五十三品,兹录如下:

北齐武成王生羊脍、细供没忽羊羹、急成小馠、飞鸾脍、咄嗟脍、易缕鸡、爽酒十样卷生、龙须炙、千金碎香饼、花折鹅糕、修羊宝卷、交加鹅脂、君子打、越国公碎金饭、云头对炉饼、剪云折鱼羹、虞公断醒酢、鱼羊鲜料、紫龙糕、十二点香馠、春香泛汤、滑饼、象牙鎚、汤装浮萍面、金装韭黄艾炙、白消熊、恬乳花面英、加料盐花鱼屑、专门脍、拖刀羊皮雅脍、折筋羹、香翠鹑羹、朱衣馠、千日酱、露浆山子羊蒸、加乳腐、天孙脍、添酥冷白寒具、金九玉菜脍鲞、暗装笼味、高细乳动羊、乾坤夹饼、乾炙满天星、含浆饼、提高巧装坛样饼、扬花泛汤糁饼、天真羊脍、鱼脍、永加王烙羊、成美公藏蟹、含春侯二加、新治月华饭、连珠起肉。

仅隔百年,至唐中宗景龙年间,右朴射韦巨源的"烧尾宴"竟于一"席"之中遍列美食。"烧尾宴"是科举制度下的一种下献上的盛大食礼。"士子初登荣进及迁陟,朋僚慰贺,必盛置酒馔音乐,以展欢宴,谓之烧尾"(《封氏见闻录》),又据《辨物小志》云:"唐自中宗朝,大臣初拜官,例献食于天下,名曰'烧尾'"。可见其食礼具有重大的意义,韦巨源在唐中宗神龙二年,即公元 780 年"尚迁书左仆射"举办了"烧尾宴"。其"烧尾宴食单"载于《清异录·馔羞门》云:"巨源拜尚书令,上烧尾食其家,故书中尚有食帐,择奇异者略记。"韦氏烧尾宴一席汇集食品可能有很多,仅被"择奇异者"记载 58 品。但这 58 品也令人叹为观止。南北交融,水陆并陈,尽是创新应景之品,具有较强的象征性的符号化性质,这里的宴席食品已不同于前期的质朴性,而是通过食品特定的形、名、味表达无尚崇高的意境、思想和情感:

"单笼金乳酥、曼陀样夹饼、巨胜奴、婆罗门轻高麦、贵妃红、七返膏、金铃炙、御黄王母饭、通花牛软肠、光明虾炙、先进二十四气馄饨、同心生结脯、生进鸭花汤饼、见风消、金银夹花平截、火焰盏口鎚、冷蟾儿羹、唐安馠、水晶龙凤糕、双拌方破饼、玉露团、汉宫琪长生粥、天花毕锣、赐绯含香粽子、甜雪八方寒食饼、素蒸音声部(蒸熟艺术面人七十件用于装饰宴席活跃气氛)、白龙臛、金粟平迨、凤凰胎、羊皮花丝、逡巡酱、乳酿鱼、丁子香淋脍、葱醋鸡、腊熊、卵羹、青凉霍碎、箸头春、暖寒花酿、驴蒸、水炼犊、五生盘、格食、过门香、缠花云梦肉、红罗钉、遍地锦装鳖、蕃体间缕宝相肝、汤浴绣丸。"

唐中宗以后,胡食之称日见减弱,胡食已融化入汉民生活之中。胡汉饮食文化融合使得中国古典食系更新再造,重建而成为中华饮食文化新型大系,以敞开天地的情怀拥四方美食极尽养生之能事,活跃的市场经济强烈地刺激着大众创新的灵思与激情,推动着盛唐一代上演的社会花式菜点激流创造的华丽乐章,胡汉饮食一体的广阔市场中使众多新式菜点喷涌而出,并且在艺术化方面达到了极高的品位。

清人张亮采曾对唐人食品有如下总结：

"唐人食品，有汤、料、炙、脍、蒸、丸、脯、羹、臛、飣、餤、饼、馄饨、糕、酥、包子、面、粽子等名目。其所食之肉，除了六畜之外，兼用鹿、熊、驴、狸、兔、鹅、鸭、鹌子、鳜、鳖、蠏、虾、蛤蜊、蛙等类，其制造之精妙：鸡有葱腊、乳瀹、剔缕三种；鹅有八仙盘、花折鹅糕两种；鸭有交加鸭脂、生进鸭花汤饼两种；鱼有乳酿凤凰胎、金粟平䤵、剪云析鱼羹、加料盐花鱼屑、吴兴连带鲊六种；鳖有遍地锦装、金丸玉叶脍两种；蟹有金银夹花平截、藏蟹含春侯两种；炙品有升平炙、箸头春、光明虾炙、火炼犊龙须炙、金装韭黄艾炙、乾炙、满天星七种；面有甜雪、青蒸声音部、汤装浮萍面、婆罗门轻高面四种；其参和数种为一种者，如鹿鸡参拌谓之小天酥，治羊兔牛熊鹿谓之五生，盘治鱼、羊体，谓之逡巡酱。薄治群物入沸油烹，谓之过门香。而桃花醋、葫芦酱，照水油尤为俗间所贵重。"（《中国风俗通史》）

在繁荣的长安市肆中，许多以精湛手艺闻名朝野的世俗厨师走进了饮食文化历史的殿堂，他们不同于商周宫人，也非士子文人，而是植根于世俗社会中的手艺人，是真正的工艺大师。著名的有唐代的张手美、花糕员外、膳祖等。张手美与花糕员外掌故被北宋人陶谷的《清异录》所载："唐长安间阛门外通衢有食肆，人呼张手美家，随需而供，每节则专卖一物，编京辐辏，名曰浇店"，清人张采亮（《中国风俗史》）说："每节卖一物，如元日卖元阳脔，八月之六一菜，上元之油画明珠，二月十五之涅盘兜，上巳之手裹行厨，寒食之冬凌粥，四月八日之指天馂馅等。真可谓脍炙人口者也"，"长安皇建僧舍旁有糕坊，主人由此入赀为员外官。盖高宗显德中也，都人呼为花糕员外。"

张亮采考证："（花糕员外）研究最精之品，则有满天星、操拌金糕、糜员外糁花截肚、大小虹桥、木蜜、金毛面六种焉。"他们因经营而富贵，又因艺高而享名，名噪一时，备受社会推崇。膳祖则是唐相段文昌家厨娘，据说她身手不凡，对原料的修治、滋味的调配，火候的运用无不得心应手，她制作的名食大多被载入段文昌之子段成式编撰的《酉阳杂俎》之中。繁荣的城市经济与开明的帝王政治，盛唐的生活是佳节连旬，名宴流觞，舞乐欢腾，君民同庆，其乐融融的。在享受太平盛世中，唐人格外崇尚完美艺术的生活氛围。

敦煌学家任半塘教授在《唐戏弄》一书中总结唐代有专供饮食娱乐用的有"宴乐歌舞六型"，如"秦王破陈乐"（七德）、"大唐雅乐十二和"、"上元乐"、"霓裳羽衣乐"、"圣寿乐"、"公孙大娘舞剑器乐"等，都在盛大宴会上举行，气派宏大，情绪激扬，场面壮观，烈烈腾腾，表现出飞扬向上的时代精神。可以说，迄今中国汉民俗节日在盛唐时具有最完美最华丽的形式，演奏出最人性最动情的乐章。一些传统节日虽自前朝已有，但由于种种原因并不能成为世俗社会的全民共节，其规模、等级、内容具有较大的局限性，然而到了盛唐，长安的节日盛况空前，每至节日上至皇室、贵臣，下至士民百姓倾城欢庆，歌声阵阵，享受人生，表现了帝国普天同庆、四海归一的磅礴气派。例如著名的"曲江游宴"就是唐君臣百姓与各国使臣、商人、倦属在春天时到郊外同游共乐的事例，表现了唐人天下一家的大和精神。

中国农历民俗节日本源自先秦"岁时月令"祭养之俗，后因人事沉淀而产生庆典。祭为祝，庆为贺，祝自我，贺众人，岁月关节，因日而祭是为节日。因此，中国的民俗节日除了有许多其他的活动外，其中"以食祭养"是最重要的内容。唐朝是传统民族风俗节日继往开来的关键时代，许多节日在唐而得完善，其形式与内容的确定，一直传承至今。主要有如下节日：

上元节：每年正月十五为上元节，取第一个月圆之意。与七月十五的中元、十月十五的下元合称三元，取道教天、地、水之意，是中国农历年的三个祭神节日之一。在隋唐时将之定为节庆日，规定要"点灯炬，度良宵"，《燕京岁时记》云："自十三至十七均谓之灯节，唯十五谓之正灯耳。"在唐时叫做"灯节"。在灯节之夜要吃"汤圆"以庆团圆，故又叫"元宵节"。每至节日，皇帝特许开禁三天"放夜"，一改平时"禁夜"的冷落而大放花灯，全城人竞相奔走，赏奇斗艳热闹非凡。唐中宗神龙年间诗人郭利贞《上元》诗云：

九陌连灯影，千门度月华。倾城出宝骑，匝路转香车。烂漫惟愁晓，周游不问家。更逢清管发，处处落梅花。

元宵节主祭之神为东皇太一，唐人徐坚《初学记》云："汉家祀太一，以昏时祠到明；今人正月望日夜游观灯，是其遗事"，正式将正月十五确定为灯节，一般认为是唐玄宗先天元年（公元712年）。

寒食、清明、上巳节：农历二十四节气之一。《淮南子·天文训》："春分后十五日，到指乙为清明。"阳历每年四月五日前后，太阳到达黄径15度时的第一日是清明，相当于农历三月初，古人又称为"三月节"。清明上承先秦春郊祭古之风，汉魏成俗，至唐时则成为春日盛大郊游的开始。

清明之前一两日，是寒食节，《荆楚岁时记》："去冬节一百五十日，即有疾风甚雨，谓之寒食，禁火三日，造饧，大麦粥。"人们禁火烟，吃冷食是承原始时期的禁火习俗，至汉魏与春秋晋文公贤臣介子推之事相联系，吃杏酪粥、与寒具（冷食）以为纪念。原先禁火一月，唐时改为三日。韩翃诗云："春城无处不飞花，寒食东风御柳斜，日暮汉宫传蜡烛，轻烟散入五侯家。"（《寒食》）

由于寒食节紧接清明节，其作用已被清明取代。上巳节紧随清明之后，一般在三月上旬，是长安人的游春时节，人们头插鲜花踏青于曲江池，以至"长堤十里转香车，两岸烟花景不如"（赵璜《曲红上巳》）人们赏春于山光水色之中，顾非熊作诗云："明时帝里遇清明，还逐游人出禁城。九陌芳菲莺自啭，万家车马两初晴"（《曲江清明首怀》），在曲江春游之时有倾动皇州的曲江游宴名噪古今，上巳节又称三巳、元巳、重三、三月三，是农历三月上旬的第一个巳日，每逢此日，古代女巫要在河边举行"被、禊"的仪式。人们到水边用浸泡了香草的水沐浴，被除疾病与不祥。据说上已始于周代,例如《诗经·郑风·溱洧》有对水边秉执兰草,招魂续魂,祓除不祥的描述。到了汉魏六朝有了临水宴宾内容,如王羲之兰亭文会是祓禊登高,曲水流觞为雅意。到了盛唐则上至皇族下至平民携酒出游,踏青聚饮而成曲江游宴。有祓禊、流杯、流枣、乞子、祭神、戴柳圈、探春、会文等风俗。唐、宋之时,游宴雅会品目繁多,有赏花宴、水滨宴、山泉宴、宫游宴、船游宴、太守宴等风流雅聚,趣在山林,直至今日,游春聚宴犹是风俗。在曲江游宴中特别是"曲江大会"的"杏园宴",这是各科"新进士关试"后设在曲江池西杏园之内的聚宴。聚宴后各奔前程为官,故又称为"关宴"和"离宴"。在这些宴会中,花式菜肴、糕点争奇斗妍,"紫驼之峰出翠釜,水晶之盘行素鳞"、"御厨络绎送入珍"、"鸾刀缕切空纷纷"唐人的诗对花式菜点具有绝美的感受与描述。

现代将寒食、清明、上巳并称为清明,是因为清明节具有正祭的意义。清明因农事而祭祖,谚语曰"清明前,好莳田;清明后,好种豆"。《月令七十二候集解》:"三月节⋯⋯物至此时,皆以洁齐而清明矣。"故谓之"清明"。到郊外祭祖踏青旅游野餐是清明的习俗。《帝京岁时纪胜》:"清明扫墓,倾城男女,纷出四郊,提酌挈盒,轮毂相望。各携纸鸢线轴,祭扫毕,即于坟前施放较胜",唐时达官贵人多有别墅,建在郊外,每年郊祭必举郊宴于别墅中以文会友,祭祖为形式,郊游会友为目的,唐诗人祖咏诗曰:

田家复近臣,行乐不违亲。霁日园林好,清明烟火新。以文长会友,唯德自成邻。池照窗阴晚,杯香药味春。檐前花覆地,竹外鸟窥人。何必桃源里,深居作隐沦。(《清明宴司勋刘郎中别业》)

中、下层士民,则在郊祭后踏青之时,"往往就芳树下或园圃之间,罗列杯盘,互相对酬"进行野餐之宴,举行打球、拔河、荡秋千等文体活动,歌男舞女,遍满田亭,抵暮而归。唐代的清明既重视对先人的祭奠,更注重塑造现世优美的人生。

端午节:端者始也,谓之五月五日是端午,又叫重五。在南北朝前,由来有五说:一说是纪念介子推;二是纪念伍子胥;三是纪念曹娥(汉孝女);四说是祭地腊(即主宰人的盛衰、寿禄的五帝神位);五是说纪念屈原。其实由来于同代大戴《社记》所载:"五月五日,蓄兰为休"的古俗。唐时认定为纪念屈原的节日。其实,端午是夏季的开端,为重要的祭祀节日。又叫夏节。谚语说:"吃了端午粽,才把棉衣送。"在唐以前端午节带有不同的地域特征,唐时习俗具有趋同性,有吃粽子、采艾叶、插茱蒲、饮雄黄酒、拴五彩线、挂纸葫芦、赛龙舟、射柳、击球、踏跳板、荡秋千等活动。民间端午宴有十二红食:雄黄酒、粽子、咸鸭蛋、苋菜、黄鱼、蚕豆、龟、白鹅、猪肚、肺、蒜苗、桃、石榴等,实际上端午节是预防疾病、祛邪除祟、讲卫生、求幸福的传统节日,因此端午节又具有特殊的食俗,宴席多用药物或避邪之意命名。端午节是一个文采缤纷的仲夏佳节,具有爱国、种植、驱害、祝福、养生的多重文化内容。

乞巧节:又叫七夕、女儿、双七节,来源于上古天象农祀节令的遗风。《夏小征》："七月初昏，织为正东南"，六朝时，民间有牛郎与织女的美丽传说，唐前后演变成极富特色的风俗节日，通过节日活动歌颂男女间纯真凄美的爱情，批判以天廷为象征的上层社会不平等婚姻制度，祈盼上天赐福于己巧遇真正美满的爱情。这是中国的"情人节"。晋人周处《风土记》："七月七日，其夜洒扫庭除，露施几筵，设酒脯时果，散香粉于筵上，祈请河鼓（牵牛星）织女"，梁人刘懔《荆梦岁时记》载："七月七日为牵牛星聚会之夜，是夕，人家妇女结彩缕，穿七孔针或以金银钻石为针。陈瓜果于庭中以乞巧，有喜子网于瓜上，则以为符应。"唐人王仁裕《开元天宝遗事》载："宫中以锦结成楼殿，高百尺，上可胜数十人，陈以瓜果、酒炙、设坐具，以祀牛、织二星。"宋人吴自牧《梦粱录》："期日晚脯时，倾城儿童女子，不论贫富，皆着新衣，富贵之有，于高楼危谢，安排宴会，以赏节序，又于广庭中设香案及酒案，遂令女郎望月瞻斗列拜，次乞巧于女、牛，或取小蜘蛛以金银小盆盛之。次早观其网丝圆心，多为得巧。"唐时用于七巧筵中的食品，主要是"巧果"与"花果"之类。巧果就是各类花糕、花点，又称七巧果，用米、麦、豆、薯面做成各种飞禽走兽，奇花异果、珍宝、玩物的形状，五光十色，玲珑剔透，神形象生。花果则是用各种鲜瓜果切成或者雕成，如西瓜、桃子、香蕉、苹果、梨子、藕、菱、金瓜等，镂刻各种图案花纹和文字。一般巧果做成，陈设在庭院祭祀织女星，乞求心灵巧慧，然后合家共享，唐宋的乞巧节充满了人间的真情爱意，因为那时没有所谓的自由恋爱，少女们只有通过对牛、织的祭祀尽表盼春之思，因此，又凝聚了多少闺中隐密幻美的心絮和灵慧的巧思。无疑，乞巧节中巧果宴的盛行为中国传统花点的发展起到了重要作用。这是女性与优美统一的节日，一直流传到20世纪70年代，但是，现今中国社会丢弃了这一传统节日，而采用西方"情人节"，这是中国教育的悲哀，因为"情人节"无论从历史厚度、文化的深韵和美丽的程序方面都不能与"乞巧节"相并列，让这种中国的"祭爱神"的节日重新回到我们的生活中来吧。因为它是对美的追求和象征。

中元节：即七月十五，俗称七月半是鬼节、祭祖节、盂兰盆节，是佛、道教祭奠亡灵的传统节日。起源于梁武帝时，但在唐时则完全成为盛行的民俗节日。中元节是道教的称谓。与清明、上元不同，清明是踏青郊祭，中元节则是岁中的家庙祭。中元与上元正好相隔半年，正值麦收季节，故而又具有"收获祭"的意义。"盂兰盆"节是佛教的称谓，梵文凌晨译意为"救倒悬"。中元与盂兰盆合并在一天，是因为这一天对佛道两教都具重要的节令时序的意义，同时，佛教的中国化也确定了与道教的中元在同一天。《乾淳岁时纪》："七月十五日，道教谓之中元，各有斋醮等会；僧寺则以此日作盂兰盆斋，而人家亦以此日祀先。"中元节食俗十分特别，一般人家祭祖不忌荤食，而佛道两教则以素食享先，祭宴菜品皆为单数，如七大碗、十三样等，现代七月十五家祭之会仍在大众普通人家盛行，每逢节日，烧大钱、焚香祭祖，然后全家聚餐，以叙伦理之情，在五台山一代，家家有"捏面人"宴客的风俗，而且互赠以辈分、身份、性别的不同各尊规则。

中秋节：又叫八月节，玩月节等，来源于上古天象"中秋衣迎寒"的农祀节会遗风，到唐、宋时称团圆节，江南俗称"八月半"。中国农历八月居秋季之中，故称"仲秋"，八月十五又居仲秋之中，故称"中秋"。中国古有赏月、祭月、拜月的习俗，中秋月圆，象征团圆，风俗是合家团圆，吃团圆饭、赏月酒，八月又是水稻收割的秋收季节，因此，中秋节实质是合家庆祝丰收的节日。月属阴，故又是妇人拜月的节日，实际上是母系社会的遗风，《帝京景物略》："八月十五日如归宁，是日返其夫家，曰团圆节。"因此，将仲秋之月称为嫦娥称为婵娟，又含有"嫦娥奔月"的美丽传说，《唐书·太宗记》："八月十五为中秋节"，《梦粱录》："此日三秋恰半，故谓之中秋，此认信明于常时，又谓之'月夕'"。李白诗句："举首望明月，低头思故乡"，东坡词句："但愿人长久，千里共婵娟"抒发的是旅人在团圆之夜的幽幽情怀。

中秋节有先秦的"秋分夕月（拜月）"的活动（《周礼·春官》）；汉代的中秋敬老、养老赐以糍粑；晋代的赏月活动等，但是都不普遍，局限在王室、贵戚阶层。到了唐代，将中秋与嫦娥奔月、吴刚伐桂、玉兔捣药、杨贵妃变月神、唐明皇游月宫的神话联系，充满了奇幻浪漫的色彩，玩月之风得以大兴。中秋节的赏月吃团圆饼（月饼），享团圆宴风习一直流传至今。月饼这一极具文化象征意义的食品在唐时被创造出来，宋代更为完善。唐人是多情人，愁思是唐人的重要情结。唐人又是浪漫的，才赋予中秋以无限缠绵奇幻的遐想，然而中秋的月亮是圆的，在唐、宋之时的许多家庭都因交通不便而难以团圆，游子、慈母、父兄、梦儿将期盼都寄托在圆月上，因此，人们对中秋的团圆就更为珍惜，中秋又是美丽的，明月皎皎，星汉灿烂，稻谷满仓，丹桂飘香，米酒如浆，众家和合，这是何等的圆满和美的良宵美景啊。唐人对中秋节是重在寄情，宋人则更注重于团圆的现实性，热闹相庆。《东京梦华录》："中秋夜，贵家结饰台谢，民间争酒楼玩月。"吴自牧《梦粱录》载："此际金风荐爽，玉露生凉，丹桂飘香，银蟾光满，王子公子，富家巨室，莫不登危楼，临轩玩月，或开广谢，玳筵罗列，琴瑟铿锵，酌酒高歌，以卜竞夕之欢。至如铺席之家，亦登小小月台，安排家宴，团圆子女，以酬佳节。虽陋巷贫窭之人，解衣布酒，勉强迎欢，不肯虚度。此夜，天街买卖，直至五鼓，玩月游人，婆娑于市，至晓不绝。"

重阳节：又称重九节（双九）、登高节、菊花节、花糕节等，重阳出自《易经》一、三、五、七、九为阳数，九为阳数之极，九月初九故为重阳，又叫重九。此是暮秋，高秋晚秋之数，与三月三上巳节对应，为秋游节，上巳为游水，重阳是登高（山）。九九谐音"久久"，寓长寿敬老之意。重阳之俗源自战国，《屈原集·远游》："集重阳于帝宫兮"，其思想取自老庄之道的"趋吉避邪"吃重阳糕，饮菊花酒均出自"养生"教义。《西京杂记》："九月九日，佩茱萸，食蓬饵，饮菊花酒，令人长寿。"曹丕《九日与钟繇书》："九为阳数，而日月并应，俗嘉其名，以为宜于长久，故以享宴高会。"《齐人月令》："重阳之日，必以糕酒登高远眺，为时宴之游赏，以畅秋志。酒必采茱萸甘菊以泛之，既醉而还。"登高之习在汉以前就已有了，曹魏时每逢此日有酒宴以庆会，到中唐时正式确名为重阳。以登高养天年之寿,避邪赊万年之福为要旨,吃糕寓以步步登高之意。茱萸与菊花皆为驱邪避毒之用。《帝京景物略》云:"面饼种枣栗其面,星星然,曰花糕。糕肆标纸彩旗,曰花糕旗。""此乃重阳之物"。备此表示后代百事俱高的祈福。重阳节实际传承的是周代秋养老的精神,在唐以后常用"湖山宴会"蒸花糕,饮茱萸酒、品菊花茶、做九黄饼、尝蟹螯、啖栗粽以祈养生长寿之道。白居易诗《重阳席上赋白菊》道出了重阳节的本质含义:

满园花菊郁金黄,中有孤丛色白霜。还似今朝歌舞席,白头翁入少年场。

鲍溶则与友人在重阳登高时发出了乐天知命的人生慨叹:

云木疏黄秋满川,茱萸风里一尊前。几回为客逢佳节,曾见何人再少年。霜报征衣冷针指,雁惊幽梦泪婵娟。古来醉乐皆难得,留取穷通付上天。(《九日与友人登高》)

冬至节:又称大冬,交冬,一阳,贺冬等。冬至即冬之极致,在农历十一月中下旬,这天阳光直射南回归线(北纬 23.5°),北半球夜最长,昼最短,其后白昼便一天天见增长。有谚:"吃了冬至面,一天长一线。"冬至是阴之极,阳始生的吉日。在这一天祭祖先,赶庙会,喝米酒,吃汤圆,谚曰:"大冬大似年,家家吃汤圆。"大冬节源自《周礼·春官》:"以冬日至,致天神人鬼",是节,真正进入农闲准备过年,汉代立为令节,至唐时,与岁首并重。隆重庆贺,其特殊的祭祀食俗有:供冬至团、献冬至肋、吃冬至肉、馄饨拜冬。《荆楚岁时记》载:"京师最重此节,虽至贫者一年之间,积累假借,至此日更换新衣,备办饮食,享祀先祖。官放、关朴、庆贺往来,一如年节。"至今大冬节仍在流行,每年到冬至,家家都烧纸钱祭祖,三牲腊肉汤圆敬先人而后合享。

腊月祭:即腊月初八,又叫"腊八祭"。先秦称"大腊"。《说文》:"冬至后三戌,腊祭百神。"南北朝时定为腊月初八。是日为感谢祖先和天地神灵赐予的丰收而置备盛大祭祀筵席,唐朝时,腊月初八被认为是佛祖释迦牟尼的成道日。故寺庙与民间多作"浴释会",腊八节被镀了佛光。主要食俗是熬煮,赠送、品尝各种"腊八粥"。举行庆丰家宴,为春节做准备进行杀猪、打豆腐,腌制禽、肉、鱼制品,采购年货等,其标志性食品就是"腊八粥",最具传奇色彩,腊八粥采用多种粮食,干果、笋、菌原料,有象征五谷丰登、养生宜年的意义。腊八粥,有好多配方,因地区传承不同而不同。在历史上,腊八粥又叫五味粥、七宝粥、乳糜粥、香粥、佛粥和长生粥等,原料可选择各种米,如糯米、玉米、大米、黄米、高粱米、黑米等;各种豆如黄豆、赤豆、绿豆、大豆、豇豆、扁豆等;各种干果如枣、栗、杏仁、花生、核桃、百合、桂圆、莲子、芝麻、青红丝等,再加以豆腐、番薯、肉品、蔬菜熬制而成。《燕京岁时记》记载配方是:"北京腊八粥者,用黄米、白米、江米、小米、菱角米、栗子、去皮枣泥等,和水煮熟,外用染红桃仁、杏仁、瓜子、花生、榛瓤、松子及白糖、红糖、琐琐葡萄,以作点染,切不可用莲子、薏米、桂圆,用则伤味。每至腊七日,则剥果涤器,终夜经营,至天明时则粥熟矣。除祀先供佛外，分馈亲友，不得过午。并用红枣、桃仁等制成狮子、小儿形状，以见巧思。"腊八粥具有健脾、开胃、补气、安神、清心、养血的养生功能。是冬令滋补佳品，故能流传至今，经百代而不衰。

除夕与春节：除夕又称岁除、岁尽、除夜、年三十等，是阴历年的最后一天，除夕之夜，吃团圆饭、守岁、燃放炮竹迎新年。守岁源自南北朝，梁人徐君倩《共内大夜共守岁》诗："欢多情未极，赏至莫停杯。酒中喜桃子，粽里觅杨梅。帘开风日帐，烛尽炭成灰。勿疑鬓钗重，为待晓光催。"团年饮宴辞旧迎新自唐始，在团圆宴里饮屠苏酒，叙天伦之乐，回忆过去，展望新年，守岁之意是旧岁在今夜而除，新日亦在今夜而始，从晚至晨为除旧布新之吉兆。王安石诗："爆竹声中一岁除，春风送暖入屠苏。千门万户瞳瞳日，总把新桃换旧符。"（《元日》）

除夕与春节时相接，俗相同，实为一个佳节。农历正月初一，又叫"元旦"（现改在公历1月1日）。元者一元之始，旦者早晨也，元月是正式的过年，直至上元，共十五天，是一年中最长的节日。（辛亥革命时改正月初一至初五为春节）春节称谓过年，象征农作物一年一熟的周期，在原始末期，每当腊尽春归，先民杀猪宰羊、祭祀神鬼与祖先，祈求在新的一年里风调雨顺，免遭灾祸再获丰收。这叫"腊月祭"。新年开始的第一天因各代历法而有所差异，殷变为正月初一，商为十二月初一、周为十一月初一、秦为十月初一、汉武帝时又恢复至正月初一，一直到今。春节是中华民族共同的节日，其历史最悠久、活动最丰富、礼仪最隆重、场景最壮观、饮宴食品最丰盛也最精美。因此，也叫大年。唐之前春节内容限于礼尚往来，唐以后由于团拜家宴的盛行，气氛与内容空前的热烈而隆盛。

上述中国重要的农祀民俗节日，在唐以前，大都集中在上层社会，由宫廷而至世家，至唐后则不分贵贱与贫富矣，尤其是饮食市场的活跃，带动了全民风俗化演进。至于民间喜、寿、丧、祭的礼俗更是寻常自由，连一般随意赴会酒宴也显得七彩纷呈，文华灿烂。《通考》记载：唐代有履端会宴风俗，是农历正月上旬，邀请亲友到家共饮春酒。履是步行，端是开始，就是现代在春节间邀请亲朋到自家聚宴。这在前朝是不可以的。另据唐人唐临《冥服记》云："长安市里风俗，每岁元日以后，递饮食相邀，号为传坐"，这是在酒店里请客。唐人冯贽《云仙杂记》云："长安风俗，元日以后递饮食相邀。"取子孙世代相继，良风四方流传之意。以美食相贺相邀则取意"给养"，达到农祀节日的养生的目的。

如果说，魏晋南北朝是百味锅是万花筒，东西南北各不同；隋唐五代就是搅拌机和混合锅，南北东西烩一炉。及至宋代，虽经历了五代十国的短暂弥乱，但是，对隋唐融合重建的汉饮食文化成果所进行的强化和巩固取得了巨大成果。在更高的层次上达到了统一，具体从四个方面得到体现：其一，统一了对饮食产品类型应用模式；其二，椅桌合餐取代了跪坐分餐；其三，汉饮食文化圈内形成不同地区风味化；其四，饮食品生产具有谱系化发展。

英国学者威尔斯认为："在整个第七、八、九世纪中，中国是世界上最安定最文明的国家……在这些世纪里，当欧洲和西亚敝弱的居民，不是住在陋室或有城垣的小城市里，就是住在凶残的盗贼堡垒中，而许许多多中国人，都在治理有序的、优美的、和蔼的环境中生活。当西方人的心灵为神学所缠迷而处于蒙昧黑暗之中，中国人的思想却是开放的，兼收并蓄而好探求的。"唐朝强大的文化力度，其本质使汉唐文化在东方大陆构成了巨大的中华文化圈，与西方基督教文化圈、东正教文化圈、回教文化圈、印度文化圈并称为世界五大文化圈。而中华文华圈的势能更为强大。所谓文化圈，指的是由文化特质相同或相近，在功能上相互关联的多个文化丛相连接所构成的有机文化体系。其中，饮食文化所反映出来的文化要素最为基础。大唐饮食文化对东南亚诸国的影响是直接的，在国内则为两宋的上述四大发展提供了前提条件。安史之乱，在政治经济上造成了唐的衰弱与宋的兴起，并使中国文化由唐型向宋型转化，所谓唐型文化即是一种开放的、外倾的、热烈的文化类型，而宋型文化则是相对封闭的、内向的、柔美的文化类型。在饮食文化方面具有确定固守的深层精致的发展特征，这种发展是内向对唐饮食文化的消化、分解和系统化再创造。这与宋代市井文化的勃兴与酒店文化的繁荣是分不开的。

宋代是以广泛世俗地主与自耕农经济为基础的后期皇权政治，扫荡了分裂割据的诸种因素后趋向极端的专制集权。宋代教育打破了严格的门阀贵族限制比唐代更为开放，显示出一种平民化、普及化特征。因此，宋代人数更多的为"白衣卿相"，文人士大夫在重文轻武的国策下，地位前所未有的优越，宋代也就成为真正的"文人天下"。在意识形态领域，岑寂的儒学再度复兴，然而董子"天人感应"的学说已不适应业已发展的社会政治经济，随之是以周敦熙、邵雍、张载、程颢、程熙和朱熹为代表的新理学的兴起。这是一种新的哲学政治理论，作为社会纲常秩序以及王朝官僚体系的维系力量，因此，它比孔子、董子儒学更为直接具体地成为统治阶级的政治思想工具。启蒙从儿童开始，造就了远比唐以前更为庞大，也更有文化教养的文化阶层，形成"郁郁乎文哉"的文化感受。宋明理学强调的是对礼治秩序的重建，强调道学正统，推崇内在身心修养的最高实在本体，重义而轻利。"礼"再次成为中国文化中强劲的意识形态。东汉末年以来，由于社会政治长久动荡不宁，南亚佛教和"胡文化"的大规模渗入，礼的观念趋向淡薄，加之魏晋南北朝时期的反礼思潮活跃一时，隋唐时期人们的礼法观念也颇为薄弱。"新理学"的推出，使社会思潮为之一变，亦为之一新。在饮食文化方面亦如书画一样由俗到雅，追求饮食生活的文人气韵，讲求"逸神妙能"的饮食风范。如果说唐代是世俗饮食的社会化，那么宋代则是社会饮食的文人化，广大文士阶层推动了市井雅食化的运动，雅食与诗、书、画、玩同登大雅之堂，许多文人雅食之事耳熟能详。雅食不同于精食，精食是加工精细之食，例如唐人段硕切鱼丝如丝缕，晋人石崇所办奇宴的庖膳水陆之珍。精食注重于形式的精研和珍贵，而雅食则更注重于精神，重视人食之间的对话，透过饮食的形式,品味人生的善恶,追寻天、地、人事的精神互动,即使是一块豆腐,一根竹笋,只要与饮食者的美性境界沟通便是至美之食,即使是俗食也是大雅之食,此所谓文人食相。于是苏东坡创造的烧猪肉要诀是"慢着火,少著水,火候足时他自美"。杨万里吃鱼是"淮水还将淮鱼煮"。欧阳修则是"醉翁之意不在酒,在乎山水之间也"。王禹偁对"甘菊冷淘"之食倍感享受,是因为"淮南地甚暖,甘菊生篱根。芽触土膏,小叶弄晴暾。采采忽盈把,洗去朝露痕。俸面新加细,溲牢如玉墩。随刀落银缕,煮投寒泉盆。杂此青青色,芳香敌兰荪"。(《甘菊冷淘》)

这实际上就是饮食者自我人格品相的剖白,是纯洁、高尚、文雅芳香的君子之德,陆游更是以食为雅事以至创作了烹饪诗百篇,尽尝自然界所赋予的丰盛美味。宋光宗时,陆游告老返乡,得以重尝乡味,作诗云:"茗菜落石畏北苑,药苗入馔逾天台。明珠百舸载芡实,火齐千担装杨梅。湘湖莼长涎正滑,秦望蕨生拳未开。箭萌蛰藏待时雨,桑覃菌蕈惊春雷。棕花蒸煮蘸醯酱,姜芽披剥腌糟醅。细研酃粟具汤液,湿裹山芋供炮煨。老馋自觉笔力短,得一忘十真堪咍。"(《戏咏乡里食物和邻曲》)

这些看似乡里最俗食物,在诗人眼里都是最亲最雅之食,食不在多,而在精,精不在侈而在雅,雅俗尽在个人的品味,其实雅食之风在汉唐的文士即有,但在宋时更盛。这是两宋已不见"胡食满市"之怪,饮食趋向文人化内省,即对"内养其神,外养其形"养生主义的秉承与发扬。在雅食中,食物的"味、情、境"高度的统一为"养人之生"服务,点石成金,化腐朽为神奇,于平常中见伟大,这就是雅食不同于精食之处。

宋陶谷《清异录·馔羞门》记载:宋代女尼梵正,以王维所画辋川别墅二十景图为蓝图,运用"鲊、臛、脍、脯、醢、酱瓜、蔬、黄亦杂色拼摆成景物,若坐及二十人,则人装一景,合成辋川小样。"辋川小样可以说是开创了拼摆雕刻象形冷盘的先河。《清异录·馔羞门》还记载了"健康七妙":"金陵是士大夫渊薮,家家研究烹饪,故有所谓健康七妙者",七妙是"虀可照面,馄饨汤可注砚,饼可映字,饭可打擦擦台,湿面可结带,醋可作劝盏,寒具嚼者惊动十里人"。

两宋崇文,在军事上是软弱的,长期受到北方游牧政权夏、辽、金、元的打压,及至南宋中国又进入第三轮多民族大融合阶段,中国经济文化的重心再次南移至长江以南,直到大元朝的建立。汉民族再次成为被统治民族,然而与前一次不同的是,夏、辽、金、元的入主中原,首先采用的是与汉政权一致的施政方法,用汉语、通汉婚、食汉食、手工、农业皆从于汉。因此,实际上仍是以汉文化为强势文化的大融合,汉民族也并未将夏、辽、金、元看如汉、魏六朝时的胡人那样新奇。事实正是如此,当那些少数民族政权在中原建立伊始,其自身就已经被汉化了。两宋时期,虽然在政权上对外处于漂弱地位,但是两宋却是中国文化的又一个高峰,是中国传统文化创造的又一个黄金时代。两宋理学、禅悦之风、宋诗宋词、高雅的宋画、珍奇的清玩、发达的科技、文人书院、热闹的市井社会。这一切构成了宋代经济文化的绚烂景观。文人社会，上至帝王将相，下至士大夫庶民，食必尽雅，饮也有道，皆悠游享乐好腹欲，爱珍玩，走马斗鸡，尽管消费，无限淫逸，表现出两宋宴安奢靡的景象。

在帝王中，宋帝可谓最为靡华一族，宋仁宗"一下箸二十八千"，神宗"一宴游之费十余万"；"常膳百品"至于"半夜传餐，即须数千"，宋徽宗赵佶，这位北宋末代君王是顶级玩家，在日常生活中他"常膳百品"不以为意，甚至金兵进逼都城时，还"微服乘花纲小舟东下……徒步至市中买鱼……归犹赋诗，用就船鱼美故事，初不以为戚"（《鸡肋编》卷下）。上传下校，皇帝如此，大臣则更为张狂。宋代又是贪佞大臣辈出的朝代，秦桧、韩侂胄、史弥远、贾似道、蔡京、高俅、王黼、童贯、朱勔等无不宴饮无度，奢纵无极，淫逸驰纵，累代相因。"宗戚贵臣之家，宅第园圃，服食器用，往往穷天下之珍怪，极一时之鲜明。惟意所致，无复分限。以豪华相尚，以简陋相訾。愈厌而好新，月异而岁殊。"他们不仅酣饮终日为习常，甚至"会饮于广厦之中，外设重幕，内列宝炬，歌舞相继，坐客忘疲，但觉漏长，启幕视之，已是二昼，名曰'不晓天'"（《宋〈轶事汇编〉》）。士大夫之有"酒非内法，果肴非远方珍异，食非多品，器皿非满案，不敢会宾友，常数月营聚，然后敢发书。苟或不然，人争非之，以为鄙吝。故不随俗靡者盖鲜矣。"（《温国文正司马公文集》卷六九《训俭示廉》）即使是一些以贤名古今的宋臣也概莫除外，例如丁谓（962—1033）位居宰辅，封晋国公，府中"凿池养鱼，覆以板。每客至，去板钓鲜鱼作脍，其肴馔巧异不可胜数。"（《邵氏闻见后录》卷第七）。再有吕蒙正（946—1011）"嗜食鸡舌汤，每朝必用，至鸡毛堆积如山"等（《宋人轶事汇编》、《吕蒙正》）宋代贵胄达官，累世望族家多有私酿名酒、知名社会，悠悠享乐，已成整个宋朝社会风气。及至庶民濡被浸染，史载："两浙妇人，皆事服饰口腹而耻营生。故小民之家，不能供其费者，皆纵其私通，谓之'贴夫'公然出入，不以为怪。"（宋庄季裕《鸡肋编》卷中，元抄本），两宋社会上下皆乐于宴嬉、群心靡废，一败再败而至国破家亡，南宋陈亮面对时事无可奈何地说道"当时论者，故已疑其不足以张形势而事恢复矣。秦桧又从而备百司庶府，以讲礼乐于其中，其风俗固已华靡，士大夫又从而治国圃台榭，以乐其生于干戈之余，上下宴乐，而钱唐为乐国矣。"（《宋史·陈亮传》卷四百六十六）。

两宋在经济成就方面，是西方人称之的"商业的革命"，亦即商业市场的贸易自由化比唐代更为发达，沿街皆可设店贸易，商业的街市取代了"坊市"。对外贸易突飞猛进，这一点比国内贸易更为显著，从汉到唐，尤其是宋，对外贸易远远地超过了以往任何时候，宋朝是亚洲航海的伟大创业者。11 至 12 世纪水稻一年两熟，产量增加了一倍，传统工业产量因技术的进步而大幅度提高。瓷器、丝绸、茶叶、书画、手工业制品、造船工业的对外贸易给欧洲社会产生了爆炸性的影响。尤其是印刷术、指南针、火药对世界文明的进步产生了无可估量的巨大作用。工商业资本的巨大增加，使两宋的大城市更像是以商业为中心的大都市。开封——北宋的东京是继南朝建康、唐朝长安以后的第三个超百万人口大城市,当时约有人口 136 万,每平方千米 38 000 人左右,可谓人头攒动,更具商业的性质。宋太祖赵匡胤下令开放夜市,一改以往京师夜禁的惯例,"大抵诸酒肆瓦市,不以风雨寒暑,白昼通夜,骈阗如此"。嘈杂人声、照天灯光,使汴京成为一座不夜城。即使以后南宋的统治只即半座江山,但却格外地安宁和繁荣,南宋的临安(今杭州)则有了比汴京更为长足的进步,北方大批士子,工商业者的涌进,使临安人口很快超过了百万,至南宋末年,临安户籍已有 39 万,人口 124 万,苏州在北宋末年也已有户籍 40 万,人口超百万,被视为万事繁庶的地上天宫。南宋范成大在《吴郡志》中由衷赞叹曰:"天上天堂,地下苏杭。"从事工商业居民在这些城中约占三分之一,数量相当庞大,由于坊市被商业街取代,御街两旁店肆遍设,呈现前朝所未出现的市井经济文化生活的景观。

在唐代,社会餐馆酒楼已经十分繁荣。然而到两宋时,则更显成熟。"宋朝有一些世界最早的正规饮食设施,这方面的资料不仅有详细的大量文字描述,甚至还有绘画。在京城开封,这类设施比比皆是,可提供各种档次的食品。宋朝的许多餐馆都炫耀自家店铺能够提供'官式'食品,大量厨房工作人员为最富有的人家烹制食品,有些餐馆名声甚佳,以致内宫都从它们那里订购'外卖食品'"(彼得·詹姆斯等著《世界古代发明》)。在餐馆中,已有正式点菜单供人选择,有一份菜单反映有多达 234 种菜肴。《东京楚华录》记载:"集四海之珍奇,皆归市易,会寰区之异味,悉在庖厨。"寥寥数语概括了南宋酒店业非凡繁华发达的特点。胡桌胡椅自汉唐引进以来,至宋代菜馆已呈普及之势,中国人一改席地而坐就餐的习俗,转变而为桌椅团坐就餐共食的习俗。在南宋餐馆,食品分类现象十分显著,许多餐馆都专营一类特色食品,有面店、饭店、点心店、菜馆、酒楼、茶店之类,也有的餐馆专营一类菜肴,如鱼类菜馆、贝类菜馆、地方菜馆、冰冻小吃店等,食品分类更为细密,几与现代相同,由汉化而后形成的地方风味化在市场上亦已突现。据林正秋先生归纳,临安最多的店铺是茶坊、酒肆、面店、果子、彩帛、绒衣、香烛、油酱、食米、下饭鱼肉鲞腊肉等十类,而饮食及有关饮食原料服务行业竟占了三分之二(《中国烹饪》1982 年第 1 期)。《东京梦华录》云:"大凡食店,大者谓之'分茶',则有头羹、石髓羹、白肉、胡饼、软羊、大小骨角、犒腰子、石肚羹、入炉羊罨、生软羊面、桐皮面、姜泼刀、回刀、冷淘、棋子、寄炉面饭之类"。"更有小饭店,则有插肉面、大爊面、大小抹肉淘、煎爊肉、杂煎事件、生熟烧饭。""更有南食店:鱼兜子、桐皮熟脍面、煎鱼饭"。陆游诗云:"南烹北馔妄相高,常笑纷纷儿女曹。未必鲈鱼笔菰菜,便胜羊酪荐樱桃。"(《剑南诗稿·食酪》)

这里,陆游将鲈鱼、茭白与羊酪、樱桃分别视为南北食的代表。《梦粱录》云:"向者汴京开南食面店,川茶分饭以备江南往来士夫,谓其不便北食故耳。南渡以来,几二百余年则水土既惯,饮食混淆,无南北之分矣。"这里所指南食、北食、川食,实际上都是汉饮食文化一体化运动下内向区域风味分划的表现,而与隋唐以前迥然有别的异族风味的情调不同。

如果先秦是饭与菜的分化,进而在两汉由于胡食的引进而产生了"小食"的概念。小食在当时实际上是非正统之食的意思。况又集中在上层,如汉代糗糒、粔妆、饦培之类,到唐代,小食已普及到中、下层且得到迅速发展,成为一个相对独立于面的食品门类,并明确赋予小食以"点心"的食用意义。时至宋代"点心"则直接成为此类食品的代称,点、面分化明朗化。《梦粱录》在《荤食从食店》中记有市肆诸色点心,主要有馒头类、包卷类、糕团类、饼类、夹角类、果子类、糖食类及一些杂色点心类,共 100 余品,里面并无面品。而在《面食店》中则记有猎羊盒生面,丝鸡面、三鲜面等 10 余品种,并无点心,表明了南宋时的点、面分化走势。《分茶酒店》篇中共记有 400 菜品,其冷菜热菜的区分也十分明显。

中国食品分类体系构成形式的完善,由宋至今几无改变。这是对隋唐五代融合成果深化发展的伟大成就。烹饪工艺的艺术加工方法的精进创造了唐宋极其丰富的花式菜点,使中国食品成为门类齐全、规模巨大的自足型食品系统。这一系统笼括中华各风味区域,在汉饮食文化圈内形成主要风味差异存在的南烹、北馔、川食的平面格局,实际上现代所谓的淮扬、粤海、川湘风味都是南烹范畴,分别指东南、华南与西南地区风味,而北馔的代表则是指京鲁和秦晋的黄河流域中原风味。在繁荣的唐宋饮食文化中,食品品种之丰富,种类之完善,即使至今也令人瞠目,是东西方的同时代各国所不能比之十分之一的。尤其是南宋花式菜点达到了美、雅、养、丰的时代顶峰。根据今人赵荣光教授的不完全统计,南宋临安在社会流行的一般食品计有:羹汤类 88 种、煮菜类 34 种、蒸菜类 25 种、炒菜类 30 种、煎炸炙类菜 101 种、烧烤菜类 7 种、熬炖靠菜类 60 种、鲊脯腊类菜 76 种、脍生类菜 32 种、醉糟腌渍类菜 71 种、其他类菜 184 种、素菜类 24 种、饼类 53 种、馒头类 33 种、包子类 19 种、馄饨饺子类 5 种、汤煮面类 64 种、糕团类 60 种、其他蒸面食类 65 种、油瀹焙烤面食类 30 种、饭粥类 28 种、另类点心类 22 种、饯脯类 123 种、饴糖类 50 种、果制品类 36 种、酒品类 82 种、茶品 15 种、诸般汤煎饮料 45 种。共计茶品与面食果品饮料 1 462 种,比之现代杭州是有过之而无不及。

我们从绍兴二十一年(1151)十月宋高宗赵构临幸清河郡王府张俊所供奉的筵席食谱中可见南宋的烹饪的最高水平:

(1) 绣花高饤一行八果垒:香园、真柑、石榴、枨子、鹅梨、乳梨、榠楂、花木瓜。

(2) 乐仙干果子叉袋儿一行:荔枝、圆眼、香莲、榧子、榛子、松子、银杏、梨肉、枣圈、莲子肉、林檎旋、大蒸枣。

(3) 缕金香药一行:脑子花儿、甘草花儿、朱砂圆子、木香丁香、水龙脑、史君子、缩砂花儿、官桂花儿、白术人身、橄榄花儿。

(4) 雕花蜜煎一行:雕花梅球儿、红消花、雕花笋、蜜冬瓜鱼儿、雕花红团花、木

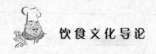

瓜大段儿、雕花金橘、青梅荷叶儿、雕花姜、蜜笋花儿、雕花柑子、木瓜方花儿。

（5）砌香咸酸一行：香药木瓜、椒梅、香药藤花、砌香樱桃、紫苏奈香、砌香萱花柳儿、砌香葡萄、甘草花儿、姜丝梅、梅肉饼儿、水红姜、杂丝梅饼儿。

（6）脯腊一行：肉线条子、皂角铤子、云梦儿、虾腊、肉腊、女儿房、旋胙、金山咸豉、酒醋肉、肉瓜齑。

（7）垂手八盘子：拣蜂儿、番葡萄、香莲事件念珠、巴榄子、大金橘、新椰子象牙板、小橄榄、榆柑子。

（8）再坐。切时果一行：春藕、鹅梨饼子、甘蔗、乳梨月儿、红柿子、切柑子、切绿橘、生藕铤子。

（9）时新果子一行：金橘、咸杨梅、新罗葛、切蜜蕈、切脆柑、榆柑子、新椰子、切宜母子、藕铤儿、甘蔗奈香、新柑子、梨五花子。

（10）雕花蜜煎一行：同前。

（11）砌香咸酸一行：同前。

（12）珑缠果子一行：荔枝甘露饼、荔枝蓼花、荔枝好郎君、珑缠桃条、酥胡桃、缠枣圈、缠梨肉、香莲事件、香药葡萄、缠松子、糖霜玉蝴儿、白缠桃条。

（13）脯腊一行：同前。

（14）下酒十五盏：第一盏，花炊鹌子、荔枝白腰子。第二盏，奶房签、三脆羹。第三盏，羊舌签、萌芽肚胘。第四盏，肫掌签、鹌子羹。第五盏，肚胘脍、鸳鸯炸肚。第六盏，沙鱼脍、炸沙鱼衬汤。第七盏，鳝鱼炒鲎、鹅肫掌汤齑。第八盏，螃蟹酿枨、奶房玉蕊羹。第九盏，鲜虾蹄子脍、南炒鳝。第十盏，洗手蟹、鲫鱼假蛤蜊。第十一盏，五珍脍、螃蟹清羹。第十二盏，鹌子水晶脍、猪肚假江珧。第十三盏，虾枨脍、虾鱼汤齑。第十四盏，水母脍、二色茧儿羹。第十五盏，蛤蜊生、血粉羹。

（15）插食：炒白腰子、炙肚胘、炙鹌子脯、润鸡、润兔、炙炊饼、炙炊饼臁骨。

（16）劝酒果子库十番：砌香果子、雕花蜜煎、时新果子、独装巴榄子、咸酸蜜煎、装大金橘、小橄榄、独装新椰子、四时果四色、对装拣松番葡萄、对装春藕陈公梨。

（17）厨劝酒十味：江珧炸肚、江珧生、蝤蛑签、姜醋生螺、香螺炸肚、姜醋假公权、煨牡蛎、牡蛎炸肚、假公权炸肚、蟑虫巨炸肚。

（18）准备上细垒四卓。

（19）又次上细垒二卓。内有蜜煎咸酸时新脯腊等件。

这套宴请皇帝筵席，品种以多为美，尽现帝王气派和排场。食品包括筵席前、后休闲品与正餐佐酒品，有：餐前小吃、水果、蜜饯、干果之类；有看品，有嗅品，有雕品陈设，有下酒菜，有备份品种。可谓体系庞大，规格齐全的超豪华型筵席。真正的吃用仅为14—16项目品种，其他都是装饰烘托之品，极尽华丽多姿。

唐宋不仅在食品创造上达到巅峰，对饮食专门研究也达到一个高峰，专业著作在唐宋时大批出现，并且专业性、系统性和学识性更强，其时最具成就的是唐陆羽的《茶经》，是书为中国第一部茶学专著，陆羽因正茶名、辨茶品、分茶水、论茶道、创茶艺、备茶具而得茶圣之称号，其后的宋代蔡襄的《茶录》与宋徽宗赵佶的《大观茶论》再将饮茶上升到"品茶"的雅境，饮茶始被称为"品茗"。在茶事、茶学的种植、采摘、制作、鉴辨、品赏的造诣均达精妙毫巅之境，被誉为中国品茶最早的巨擘双星，茶事至宋时已达鼎盛。

在食疗养身方面：唐孙思邈的《千金要方·食治》可以说是承上启下的巨著，是书明确提出了食治观点，云："夫为医者当须洞晓病原，知其所犯以食治之，食之愈，然后命药。"对100多种食物原料的性味归经、对症食疗作了详细的论述，多有创见。强调了预防为主，食疗为先的重要性；开创了药补不如食补传统观念的先河。另一部巨著是孙思邈的学生孟诜著、张鼎补的《食疗本草》。是书将食疗与烹饪工艺结合起来，内外养生兼顾统一，达到食物疗补功能的最高标准，这是前朝狭义养生——食疗著述所未达到的境界，是对《黄帝内经·素问》养生总纲的深入实证，极具实践的指导意义。在《食疗本草》新辑本中，共辑得食药260味，有许多收载原料和内容是唐初以前所没有的。如汉唐时引进的一些鱼类、蔬果类、豆类原料。本书还特别收载了较多的动物脏器和藻、菌类食品疗治作用，对后世产生了深远的影响。

在酒文化方面，宋人朱肱的《北山酒经》与窦平的《酒谱》则向我们展开了唐宋以降中国独特酒文化的绚丽画图。《北山酒经》共分三卷，首卷为总论，中卷谈制曲，三卷记酿酒。总论部分是总概酿酒概况；中卷论述的制曲有香泉曲、香桂曲、金波曲、豆花曲、玉友曲、白曲、小酒曲、真一曲、莲子曲等；下卷主要记述了酿酒过程，有白羊酒、地黄酒、菊花酒、醍醐、葡萄酒、煨酒、思春堂酒、琼液酒、羊羔酒、蜜酒、雪花肉酒等。此书是中国最早的专业酿酒专著，反映了宋代酿酒的成熟。《酒谱》是全方位论述酒文化现象的第一部专著，具有很高的文化学价值，真实地反映了宋人对酒的文化性认识和态度。该书分二卷，有酒之源泉一、酒之名二、酒之事三、酒之动四、温克五、乱德六、诚失七、神异八、异域酒九、性味十、饮器十一、酒令十二、酒之文十三、酒之诗十四等部分。此书的学术价值远远大于史科价值，对后世饮酒的流变具有深远的影响。

唐宋时期也是烹饪专业著作丰收的时代，可惜唐代的一些重要著作，如杨晔的《膳夫经手录》和段文昌《邹平公食宪章》和《食典》等大都已亡佚不存。但宋代的一些重要著作被得到较多的留存，最具代表性的有吴氏《中馈录》、南宋林洪的《山家清供》等，前者记录了70多种菜肴与面点的加工工艺；后者记载了100多种菜点的加工方法，尤其值得注意的是南宋雅食的精神特点在《山家清供》中有十分突出的反映，书中所收菜点构思精巧，名称雅丽。如蟹酿橙、莲房鱼包、山家三脆、山海兜、玉灌肺、拨霞供、东坡豆腐、梅粥、蓬糕、金饭、梅花汤饼、雪霞羹等。

唐、宋的士大夫文人皆好笔记,以记"世俗百事之胜,时尚新异之象",尤以南宋为大观。较著名的有唐段成式的《酉阳杂俎》、刘恂的《岭南录异》、冯贽的《云仙杂记》、北宋陶谷的《清异录》、南宋孟元老的《东京梦华录》,无名氏的《都城纪胜》、吴自牧的《梦粱录》、周密人的《武林旧事》等,将唐与宋笔记中所记食品比较,也可见由俗至雅的嬗变。许多菜点的新异制法,取名之雅,令人陶然。著名的菜点有"无心炙"、"玲珑牡丹鲊"、"辋川小样"、"十远羹"、"健康七妙"、"盘游饭"、"兜子"、"水晶脍"等。

第四节　大化与道德——传统饮食文化大集成

南宋之时,中国开始进入第三次,也是更为巨大的民族融合时期。西北、东北、华北草原荒漠的游牧民族:契丹、党项羌、女真与蒙古等对中原再次发动了规模空前的巨大撞击。1279 年元军占领了崖山后南宋最后覆灭,元王朝统一了中国。在中国历史上这是第一次统一于一个纯粹的草原游牧民族之手。在 200 年的血火狱炼中,汉民族虽身陷忧患悲风之中,但在文化的大厦中更增添了无限生机和内容,更锻铸了汉民族包容天下的文化情怀。整个社会虽再次铁马金戈,胡风激荡,但却是加速着整体游牧文化向农业文化的融入步伐,汉文化不但没有受损,反而大受补益。这是因为,无论是辽、夏还是金的统治阶层,在未大举入侵之前便已受到汉文化的深刻影响而基本被汉化了。在文化路线上更是采用了"以汉制夷"的政策,他们热爱"经、史、子、集"。尊奉孔子儒学;珍爱诗、书、字、画;喜好杂剧、杂戏、百工、百乐;他们"正礼乐、修刑法、定官制"。特别是元朝皇帝忽必烈为了改变蒙古民族自己的突厥与西域的文化心态与生活习惯,在统一中国时猛烈地推行汉法"以夏变夷"。游牧民族的汉化亦如滚滚洪流,不以意志为转移,挡也挡不住。金世宗在一次宴会中曾对大臣发出感叹:"自海陵迁都永安,女真人浸忘旧风。朕时尝见女真风俗,迄今不忘。今之燕饮音乐,皆习汉风,盖以备礼也,非朕心所好"(《续资治通鉴长编》卷 150)。与此相辅相成的是汉家士子知识分子大批进入统治阶层,文化阶层推动非汉族的汉化,重建儒家社会秩序,非汉族融入汉家社会转向农耕、工商、科考,与汉民杂居、通婚、易姓,造成了一个磁力强大的汉文化磁场。在民族文化整合运动中,再次显现出文化生态环境对文化单元特质改变的巨大作用。

元帝国是一个空前辽阔的世界性大国,其疆域"北逾阴山,西极流沙,东尽辽左,南越海表"(《元史·地理志》)面积已达清乾隆全盛时期。不仅于此,实际上处于西北亚至东欧的钦察汗国、处于中亚的察合台汗国和处于西亚的伊尔汗国在名义上亦服从蒙古大汗忽必烈的指挥,这使得元朝势力贯通亚欧大陆,东西交通畅通无阻,陆路北穿东欧,西越伊朗;水路从波斯湾直达泉州诸港,可谓是"适千里者如在户庭,之万里者如在邻家"(《麟原文集》)。元人的空间观念空前广阔而开放,中国成为东西倾慕相向的文化中心和梦想之都。大批的各国使节、商旅、工匠、军卒交互频繁流动。游牧文化、农耕文化、海洋文化、伊斯兰文化、拜占庭文化、佛教文化和基督教文化等各种文化纷纷在中国儒道广阔深厚的文化场中交响汇演,一派异俗纷呈、靡繁万方的纷杂的景象,在食象上更是如此。

饮食文化作为民族文化的最为基础的部分,在纷繁错乱的文化交流中,其优劣程度立判,这也引起了元朝上层知识阶层精英的广泛注意。将元初社会上层从靡乱食风中重新导向"养生大道"的,其一是上层社会对儒学的重振和理学的张大;其二是医学的进步与广大知名士大夫知识分子的生活表率。理学虽然是构建于北宋,成熟于南宋,但是在广大士大夫中产生广泛影响的还是在元代。元代广大士子以"朝闻道夕死可矣"的迫切欣喜的心情接受着南来的伊洛之学,重建汉家儒道正统之学,通过"持政"、"存养"、"省察"、"正心诚意"等主观意志的活动,在"尽性"的过程中秉承天道,达到"天人合一"的完美境界。在饮食方面则采取了谨慎端正的态度,对南宋末至元初上层社会饮食靡费、紊乱、无节之风气的纠正产生了极大的影响。在这方面,忽思慧的《饮膳正要》起到了不可估量的作用。

忽思慧,又叫和思辉。蒙古人或回人抑或说是汉人,迄今未有定论,在元仁宗时曾任宫廷御膳太医。在任职期间,于元至顺元年(1330),以汉学养生正统的观念著成不朽的饮食著作《饮膳正要》。此书共分三卷。第一卷有"三皇圣纪"、"养生避忌"、"妊娠食忌"、"乳母食忌"、"饮酒避忌"、"聚珍异馔"等六部分。

第二卷有"诸般汤煎"、"诸水"、"神仙服食"、"四时所宜"、"五味偏走"、"食疗诸病"、"服药食忌"、"食物利害"、"食物相反"、"食物中毒"、"禽兽变异"等十一部分。

第三卷有"米谷品"、"兽品"、"禽品"、"鱼品"、"果品"、"菜品"、"料物性味"等七个部分。

忽思慧身处士大夫阶层,既是医官,又是食官,肩负着宫廷饮食健康的重任,他以食视药,以医制食,用医食同源观念将三皇圣纪以来的养生大论作了集中的总结性阐发,一切四方食料、八方珍味统一在养生规范之中,因此,书中既有食方又有药方;既有食忌又有药忌;既有食料又有药料,一切归纳在四气五味的性味归经,可谓通书皆是医食互动互构的典范。忽思慧作为元宫廷饮食生活的设计者,并没有将眼光局限在汉医汉食上面,而是放眼当时各民族饮食和医药配方,将之归纳在养生大论之中,为食疗保健服务,丰富了中国大养生理论的宝库。是书首先颂扬了三皇为代表的先圣人因修养好的品质德行,而得长寿的道理,再直面宫廷上层社会饮食糜烂无方的现状,用医家和儒道正统的思想阐述了自己对修身养性的观点,云:"夫上古之人,其知道者,法于阴阳,和于术数,食饮有节,起居有常,不妄劳作,故而能寿,今时之人不然也,起居无常,饮食不知忌避,亦不慎节,多嗜欲、厚滋味,不能守

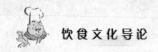

中,不知持满,故半百衰者多矣。"指出人要善于"摄生"、"养生"才是"保养之道"、"摄生"要做到"薄滋味,省思虑,节嗜欲,戒喜怒,惜元气,简言语,轻得失,破忧阻,除妄想。"而"养性"则是"先饥而食,食勿令饱;先渴而饮,饮勿太过;食欲数而少,不欲顿而多。盖饱中饥,饥中饱、饱则伤肺,饥则伤气。"为了指导宫廷饮食走向养生理性,忽思慧"将累朝亲侍进用奇珍异馔,汤膏煎造及诸家本草、名医方术并日所必用谷肉果菜,取其性味补益者,集成一书。"包括了汉、蒙、回以及西域少数民族的共有 250 种食药方剂。为丰富传统的食疗剂方作出了积极的贡献,忽思慧作为宫廷医食主管,其《饮膳正要》一书的社会影响力量是十分重大的,因此,可以认为此书在中国民族饮食文化的融合统一的文化学意义更大于食药方剂本身。以至此书也被翻译流传到日本,成为饮食食疗的重要范本。

另外,元末时无名氏的《居家必用事类全集〈饮食类〉》、贾铭的《饮食须知》、韩奕的《易牙遗意》、倪瓒的《云林类饮食制度》等,对元末向明代过渡之时,中国饮食文化传统的再次重建和正本清源的梳理都具有一定的积极意义。

尽管,明皇朝使汉族统治的再次复兴,社会的饮食文化大势复归到文化正统的主流,但是,由于北方的长期战争造成了北方城市经济一片凋敝,从南宋开始,一直是以南烹为重心的时代。及至明成祖迁都北京"徙直泰、苏州等十郡,浙江等九省富民实北京"(《明史》),南北饮食文化的区别进一步减小,北京开始了作为后期封建时代宫廷烹饪代表的历史。明成祖实行的仍是稍有盛唐之风的开放政策,因此,才能造就了郑和七下西洋的壮举,引进了许多新的食物原料品种,但是,在其后的诸皇朝则采取了保守封闭的锁国政策,汉族封建王朝的黄金时代不再。在宋朝理学的意识形态作用下,饮食文化随之也进入了内化的道统时代,传统在深度的沉降中被固化。中国饮食文化进入超级稳定的时代,传统得到全面的细化、礼制化、系统化的加工而集大成。

明文化是宋文化的延续,饮食文化在宋元之时已然成熟。而明的饮食文化则是"烂熟",以至膨胀发酵得酒香四溢,盆满肥圆。明的中前期,在文化氛围表现出多忌讳、灭异端、复古礼的沉暮气象,士民生活重又受到礼制的严格约束,具有拘谨、守成、俭约的生活风貌,"正德以前风俗醇厚"(《漫录评正》卷3),市井富民的衣食取用亦"不敢从新艳",饮食文化与其他传统文化一样在"使家不异权,国不殊俗"的治国统一大纲思想下得到充分细化、梳理和建设。该时期产生了多部具有深厚国学文化基础的重要的总结性养生著作,内容都具有古今纵横、拾遗发微,占面兼顾的特点。汉学正统一以贯之,气势雄陈,博大精深。重要的有:

(1) 宋诩的《宋氏养生部》(1504 年),以北京与江南为中心兼及江南诸省,记载了一千多则菜点和利于养生的加工方法。

(2) 高濂的《饮馔服食笺》(1591 年)以道学观点,广泛搜罗了服食方和面点、菜肴 400 多种,具有很高的史料与技术研究价值,另外还有许多几乎失传的品种,例如一些具有较高养生价值的汤水制法和 38 种粥的制作及其食疗认述。

（3）朱橚的《救荒本草》，假托周定王撰，是为在灾荒年济"民之饥"，总共收录草木野菜 414 种，其中采自古有者 138 种，新增者 276 种，可谓集野菜之大成。

（4）顾元庆的《茶谱》，该书述论茶略、茶品、艺茶、采茶、藏茶、花茶诸法，与唐陆羽《茶经》一脉相承，加叙茶事实践以说教。

（5）袁宏道的《觞政》，总结古今贤人、俗人饮酒之事，分吏、徒、容、宜、遇、候、战、祭、典刑、刑书、品第、杯杓、饮储、饮饰、词具等 16 则内容，将饮酒之人分出圣、贤、愚、君子、中人、小人等级；将饮储（下酒用菜）分为清、异、腻、果、蔬各品，崇尚对饮酒"清"、"雅"情趣的追求。袁宏道以公安派文学领袖的身份传达的是汉学正统士大夫的饮酒之道，对当时社会酒道影响颇大。

（6）李时珍的《本草纲目》，这是一部药物学不朽的巨著，也是古今药食同源、医食同流的集大成者，作者是明万历年间的一代名医，在继承历代本草学成就的基础上，结合当时农民、渔民、樵民、药民、铃医的实践经验，参照历代医药书籍凡 800 余种，历数十年艰辛，于 1578 年写成，1590 年刊世。全书卷一、卷二集录古今本草学名著序列。卷三、卷四以疾病证候分述所用药物，卷五以后，将药物分为天水类、地水类、火类、土类等 62 类，收藏药物 1 892 种，其中 374 种为新增品。收录食药方剂 1 万多则，插图 1 000 多幅，每种药物（包括大量食物）分别释名、集解、正误、气味、主治、发明、附方，可谓工程浩大，以一人之力成就令人叹为观止。是书不仅在中药学上、食疗养生方面代表了最高成就，并且还对其他许多方面具有重大的学术价值。因此，此书一经刊出，便对整个社会饮食生活产生了深刻而久远的影响，以至在后来的清代成为稍有富余家庭几乎家藏一部以备日常生活检索的要籍。

明代已不见先秦，汉唐之时风云涌动，如火烈烈的热情创造之景，而更多的是理性思索和分辨，在汉学正统的前提下总说、分说、细说和解说。以南宋以降的宋、辽、金、夏、元的数百年纷争、离散、混乱、迷濛为鉴，向社会每一个成员说明，我们的传统是什么，在中国华夏的土地上有什么，我们应该做什么，怎样去做才有利于养生。袁宏道、李时珍们则向人们提供了生活学习的榜样，在更为深广度上获得了社会群体的文化认同性，既有品德文化的范畴，又有科学文化的范畴，加固了中华民族饮食文化共同体。在这里，外来的异域食品统统化入了汉食正统的养生大道之中。这些著作对后世继承和完善中国几千年延续发展的医食文化传统起到了举足轻重的作用，是中国民族饮食行为的大纲和规范。

如果说，先秦是形式美创奠的礼食"轴心"时代；秦汉是思想变革的养生发展时代；唐宋是技术、产品大创造的"黄金"时代；那么明清则是集古今大成于一体的大统时代，每一时代之间，都经历了融合，更新和重建的艰苦卓绝的过渡历程。这些过渡时代分别是春秋战国时代、魏晋南北朝时代和辽、夏、金、元时代。明中叶以后，中国的封建社会经济发展到一个重要关口，商品经济出现了前所未有的活跃势头,地域性的商帮如徽商、晋商、江右商、闽商、粤商、吴越商、关陕商足迹遍及大江南北。他们拥有巨资,"藏镪有至百万者","非数十万不能称富"(谢肇淛《五杂俎》卷4)在中国历史上富商历代有之,但是两者因时代不同,所起的历史作用也不同。明后期的商人植根在封建经济结构开始松动的土壤中,全力发展商品经济,为自然经济的松懈,资本主义萌芽的出现创造了前提条件。首先由缙绅士大夫阶层"风尚奢靡",住必雕梁绣户,花石园林;宴饮一席之间,水陆珍馐数十品;服饰一掷千金,视若寻常;日用甚至不惜以金银作溺器。缙绅士大夫放纵声色,奢侈豪华的生活影响深广,刺激了社会风俗由俭朴转向奢靡。先是"婢妾效之",继而"浸假而及于亲戚以逮邻里",流风所及,一般市民也莫不以奢侈为荣"群相蹈之"(《客座赘语》卷一)。士大夫阶层,"厌常喜新"、"慕奇好异",表现出文化向近代异动迁变的暗流涛声,这种世风迁变的深厚动力植根于社会经济格局的变动之中,商人阶层为主体的市民消费生活的兴起,有力地突破传统礼教制度对于衣食住行的森严而井然的规范,诚如《松窗梦语》所云:"人皆志于尊崇富侈,不复知有明禁,群相蹈之"而"拜金之风日盛一日"。万历年间,苏州、杭州、南京、扬州,是"奢靡为天下最"的消费城市,其实在江浙一带消费城市遍是,就连一般乡镇之人也"以俭为耻"、"以贫为羞"。明朝中后期"靡然向奢"的消费生活大潮,造成城市风貌大改观。内需极度膨胀的一个重要特征就是游食消费的大振。唐宋虽也有游宴,但仅限于节、庆之需,而在明始则日常为之。《吴县志》"苏州山水园亭多于他郡,天下所无。两岸河旁,雕栏画栋,绮窗丝障,十里珠帘……薄暮须臾,灯船毕集,火龙蜿蜒,光耀天地,扬槌击鼓,蹋顿波心"游船之宴自明始盛。万历年间以饮酒游山最为时尚,《云间据目抄》云:"设席用攒盒,始于隆庆,滥于万历,初止于士宦用之,近年即作夫,龟子皆用攒盒饮酒游山,郡城内外始有装攒盒店。"

明中、后期以商人为主体的市民阶层开始强盛,饮食生活"由俭而奢"风尚兴起,促使许多消费城市特色形成。在经济学上看,所谓消费城市就是城市经济以消费为主体特征的城市,是商业城市的最高形式。在消费城市里,大批消费的有产人士高度集中,他们不从事生产和商业活动,而在休闲娱乐中度日,他们拥有充足的财富,过着锦衣玉食,斗鸡、走马、琴棋书画、游戏博奕的生活。在一个城市里这种社会阶层占有很重比例,致使整个城市经济都不以生产经济为专业,生活资料全赖输入,而服务业却畸形繁荣。在明代表现为富商之家、官宦遗族、市俗地主与士大夫阶层的高度集中,例如苏、扬、杭诸州就是如此。明的市场经济虽没有盛唐两宋活跃,但在人口基数与经济总量方面,远大于唐宋,因此物质财富更利于向繁荣的经济中心城市流动和集中,从而促成城市消费程度的加强,亦即商业化程度的加强。毋庸置疑,奢侈的饮食是离经叛道有悖于宋明理学礼制规范和约束的,但是,在食性、食俗方面,却是对汉食人格化的充分张扬,到清代这种饮食人格化张扬之势达到了极致。

在意识形态方面,明中晚期的一种反叛程朱理学的思潮正激流涌动,反映的是人的主体意识的再次觉醒,在生活上,唐寅、祝枝山之流以效晋人放诞自负的"狂放"风格,追求独立的人格,反理学而动,追求奢美、享受人生,唐寅有《桃花庵歌》云:"桃花坞里桃花庵,桃花庵里桃花仙…… 酒醒只在花前坐,酒醉还来花下眠……但愿老死花酒间,不愿鞠躬车马前。"民间传说他曾伪作玄妙观募缘道者,以修葺姑苏城的玄妙观为名,募得金五百,"悉君诸妓,及所与游者畅饮,数日辄尽"(杨静《明唐伯虎先生寅年谱》第 62 页),对市民奢侈饮食生活心理产生大影响的还是王阳明学派的"心"本体论,即以"心"为天地万物的主宰,进而从主体的角度去观望万物,提出了"心即理"、"心外无理"的著名命题。以"心"去裁判万物的价值,一切是非,都要重新评估。王阳明学派推崇"知行合一"的自然人性观,其弟子王艮提出"百姓日用即道"的著名观点,反对理学中那种灭人欲、窒息人的自然之性的禁欲主义。徐渭也认为,应该顺应自然天性,不应该以外在种种规制来束缚、伤害自然的人性。李贽则对"人欲"以热烈的首肯。认为人们的道德观念,世间万物之理,其实质是人们对"衣"、"饭"类物质生活资料的要求,人们的"私欲"、"物欲"乃至"好色"、"好货",也就是"自然之理,必至之符"了(《藏书》卷 24《德业儒臣论后》)。科学家朱应星则高呼"气至于芳,色至于艳,味至于甘,人之大欲存焉"(《天工开物》卷上)。阳明学派强调人的自然人格主体性,否认禁欲的必要性,在礼制森严的时代具有"震霆启寐,烈耀破迷"的思想启蒙意义而泛滥于天下,成为晚明人文思潮的突出现象,并对市民奢侈消费生活欲望以哲学的关照。这一思潮与西方启蒙主义思想异曲同工,同样都是对禁欲制度的反叛,只不过西方是反对中世纪神学的禁欲,中国是反对程朱理学的禁欲。都提倡张扬个性的灿烂华彩生活。在冲破理学思想禁锢的晚明时期,自然科学研究也从沉寂中超然飞动,卷起千层浪花,迎来学术界群星璀璨的时代。李时珍、潘家驯、徐光启、宋应星、李之藻、徐霞客、李天经、朱载堉、王徵等,众多的科学巨匠纷至沓来。这是一个硕果累累,成就浩繁的丰收季节。在数学、物理学、天文学、地理学、医学、农学、植物学、声律学等诸多学科不约而同地展开了大规模的全面的科学总结和开拓,该时期除了上述的《本草纲目》外,与饮食文化有关的另两部巨著也同时刊世,这两部巨著是宋应星的《天工开物》与徐光启的《农政全书》。

《天工开物》总结性地记述了工农业各个重要方面的生产技术,其中食物原料生产占有相当重要的地位,该书是中国科技史中具有里程碑意义的专著,因而宋应星也被英国科学史家李约瑟称为"中国的阿格瑞柯拉"、"技术的百科全书家"。徐光启的《农政全书》集古今农学之大成,是中国历代食物原料生产与食品加工技术的总结性巨著,众多科学家在广泛的科学领域作出的贡献,标志了中国古代科学文化技术进入了全面总结的时期。

明初采取了轻赋休民的方针,舍弃元代的虐政,废止元代的杂税在 200 年间社会生产和商品经济得到长足的发展。城市经济的发展，一些行业，如制酒、纺织等出现了资本主义萌芽，社会重商思想抬头，产生了以工商业者为主流的市民阶层。因此，在明的社会生活中，形成政治文化是沉闷的，商业文化是活跃的反差。市肆饮食行业在东南地区为最鼎盛，繁荣的消费城市总量远超过了唐、宋。如广州、福州、泉州、汉口、景德镇等都具有经济中心城市的重要地位。在这些城市里，饮食行业蓬勃发展，将宋、元融合的多元饮食内化到"酥烂脱骨而不失其形"的化境，孔尚任在《桃花扇》中描写明末的扬州时说："东南繁荣扬州起，水陆物力胜罗绮。朱橘黄橙香者橼，蔗仙糖狮如茨比。一客已开十丈筵，客客对列成肆市。"明初一个特殊现象，即"公食酒楼"，极大地刺激饮食业的发展。《大政记》载：明洪武年间，朱元璋在南京"命工部作十楼于江东诸门之外，令民设酒肆其间，以接四方宾旅。其楼有鹤鸣、醉仙、讴歌、鼓腹、来宾、重译等。继而又增五楼，至是皆成。诏赐文武百官，命宴于醉仙楼"。公食酒楼现象有力地助长了明中心城市"饭庄林立，酒楼丛生"饮食市场的繁盛，这在明代的一些"笔记体"著作中有着许多真实的记录，其酒楼的规模之大，功能之全，品种之丰富皆胜于前面诸时代，乃至一些名品直到现代也是热卖之品。

　　明末的政治腐败，导致了明王朝的灭亡。随着清兵的入关，17世纪的中国再一次进入多民族的大融合时期，清朝将新鲜的活力注入到明末腐朽、没落的封建社会躯体之中。社会产生了一种振奋气象，同时也推动了中国饮食文化登上"古典经验型烹饪"的顶峰。在社会思想领域，由于少数民族的再次入主中原，而造成了"天崩地解不汝洫"的时代震荡。但是在饮食文化方面，并没有产生如魏晋、宋元之际的巨大影响。这是因为，满族与蒙、回、藏等饮食文化产品通过多次历史上的长期交融已汇入到汉饮食文化大系之中了。到了清代，则是在数量上、形式上有了更多的积累和完善，达到登峰造极的饱和状态。实际上清初满族的生活习俗与汉族的生活习俗在互渗过程中已十分相近。满人即满洲之人，是古称肃慎，汉称挹娄、靺鞨，宋时又叫女真、金人。原是文明程度较低的游牧民族，千百年来与农业文明持对立态度，曾建立金国与两宋长期战争，掳掠钦徽二帝，同时受汉化颇深。吕思勉云："金人以同化于汉族而败，无人颇预防之。"（《中国民族史》）元灭其金，遂迁东北式微，《清实录》谓宁古塔贝勒。清初满洲部落分为四部，即一满州，二长白山，三东海，四扈伦，扈伦据海西之地，亦分四部，曰：一叶赫，二哈达，三辉发，四乌拉。后扈伦四部统一满洲四部，统称满洲。汉人称其为鞑子，即鞑靼人，与汉、蒙、朝鲜诸民族具有血统与文化的渊源关系。清承金、元之后，文化稍高而又复大盛，始又生抢夺中原之心。满洲在入关前已处半农半牧状态，处于农奴制阶段，带有大量军事民主制与家长奴隶制残余。入关后，满族加速了封建化，其在入关之初，联合蒙、满以制汉，对汉文化严酷打击，但文化的转型是不以其意志为转移的，满族的部落酋长和军功阶层一跃而成为封建地主，复演"以汉制汉"而被汉化，在"崇首满洲"的原则上广泛联合汉、回、蒙、藏，实行了新的民族政策，建立了多民族共同体的广泛统一大帝国，其极盛时疆域西抵中亚巴尔喀代湖北岸、西北包括康努乌梁海地区，北达漠北、东含库页岛、南拥西沙与南沙群岛。国土面积几乎与大元朝相似。清统治者厉行政治、经济改革，去除明末政治痛疽之害，以一种锐意进取的精神吸收汉民族先进文明，更以一种大帝国创建者的气魄进行文化建设，于是古老的中华文化在清代康、雍、乾时期又进入了一个辉煌的鼎盛时代。

清代统治者，对各民族既高压又怀柔，长城已失去文化屏障的历史作用。各族杰出人物都可以在政府担任各级行政长官，以至清中叶以后，官府地方首官大半来自汉族。因此，清朝时，中国已不只是汉族之中国而是多民族的中国，中国文化亦不只是汉文化，而是多民族文化在二律背反规律中融合的中华文化共同体，但是由于汉文化的悠久历史与先进程度，以及人口众多缘故，中华文化实质是以汉文化为中轴的多元文化群构的统一体。在清末，满、汉文化实已难别，到20世纪二三十年代的"老北京"文化就是汉、满、蒙文化融合的典型体裁，是充满市民活力的文化类型。它将中国各类传统文化演绎到炉火纯青又登峰造极同时又闪烁着新文化的火花。中国饮食文化也是如此。从康熙到嘉庆的100多年都处于盛世阶段，在经济发达地区，消费城市文化呈现鼎盛繁荣状貌，以北京、广州、成都以及江、浙等地的消费文化最为繁盛。北京以宫廷、官司府的盛大豪华宴会与南方都市的精雅市食构成北馔南烹的文化分野。

清宫之宴是宴享历史的又一顶峰，据《乾隆八旬万寿庆典档》记载：有满、汉席，乾隆寿御宴桌为满席，上面陈放有八排肴馔：

一排，松棚果罩4座（鲜果），高足盘5只（糕点）；

二排，素高头9碗（素食品）；

三排，荤高头9碗（荤食品）；

四排，红漆飞龙宴盒2副，内盛金胎掐丝珐琅果钟10个，宴盒两边各摆高足碗2个（鱼仓螺、酥糕）；

五排，冷荤菜10碗；

六排，热荤菜10碗；

七排，冷素菜10碗；

八排，热素菜10碗，菜肴两边各摆果碗8个，蒸食6盘。

宝座前御宴桌正中，摆紫檀嵌金丝把的金匙，象牙镶金箸（套在纸花筷套中），金折盂、金楂斗各放两边，左右再摆腌小菜、酱小菜、南小菜、水笋丝各一盘（4小金碟），寿宴从巳时（上午11时）摆起，到末时（中午1点）乾隆入座，寿宴正式开始，接着又上热菜、汤膳。进膳后，献奶茶，献果茶，毕撤宴桌。接着摆酒膳桌，皇席酒膳40品、荤菜20、果子20。

乾隆的寿宴上按程序先后共摆热菜冷菜各20只，汤4品，小菜4品，鲜果4

品,干鲜瓜果 28 品,糕点等面食 29 品,共计 109 个品种,是一次极其丰盛的大宴,餐具是特制的镀金掐丝珐琅盘、碗、碟、钟、瓶及带金盖的大汤碗膳碗等 200 多件。

乾隆万寿筵的满席共分四等,汉席分为三等,合称满汉席。满席以面食为主,4 等宴席用面额定 30 千克,席上有"方酥翻馅饼备 4 盆,每盘 48 个,每个重八市两;白密印子一盘,每盘 48 个,每个重 1.4 市两;黄白点子一盘,每盘 30 个,每个重 1.8 市两;松饼 2 盘,每盘 50 个,每个重 1 市两;合图状大饽饽 6 盘,每盘 25 个,每个重 2 市两。小饽饽 2 盘,每盘 20 个,每个重 9 钱;红、白徼三盘,每盘 8.8 斤;干果 12 盘:龙眼、荔枝、干葡萄、桃仁、榛仁、松仁、冰糖、八宝糖、大缠、细酸、青梅、橙钱,每样各 10 两。鲜果 6 盘:凤橘、柑子、苹果、红梨各 10 个,鲜葡萄 1 斤,砖盐 1 盘,重 6 两。

汉席则有菜肴、面食与果品。菜肴以鸡、鸭、鹅、猪、羊、野猪、野鸡、海参、鲍鱼、海带、鸡蛋为主,辅以燕窝、香菇、蘑菇、木耳、水笋以及鲜菜,制成白煮、白煮鸡、烧肉、白肉、海参肉、猪肚、鸭羹、猪蹄、鲍鱼肉、笋肉、海带肉、东坡肉、鹿筋肉、肉圆、猪腰子、山药肉、鸡蛋糕、薰鸡、香潭肉、盐煎肉、方子肉、鱼、酱瓜、酱茄、酱苤蓝、十香菜。面食是:包子、花卷、馒头。果品有:黄梨、红梨、棠梨、鲜葡萄、柿饼、红枣、晒枣、栗子(赵荣光《满族文化变迁与满汉全席问题研究》1996 年黑龙江人民出版社)。

从这些满、汉食品的构成看,满洲面食和北方汉族的饮食风味成为清宫廷筵宴的主体。这种盛大筵席的规模超出食用意义,是一种盛世皇帝万寿的概念性饮食,此外乾隆曾在宫中办过规模巨大的千叟宴,共有 800 桌。这些登峰造极的宴会景观正是乾隆盛世强大的经济与文化在饮食活动中的极盛体现。

有清一代是官府饮食宴享风格表演最成熟时期,所谓"官府菜",即是汉魏六朝孕育的"世家菜",士大夫以美食为荣,以奢食为耻,以养生为风范,以雅趣为追求,讲究个人品德与文化素养的修炼和典范家风的铸造。虽简而精,虽平而奇,虽俗而雅,渗透着家庖主人的美性与文思,上可以献食于宫室,下可以流风于社区。因此,"官府菜"作为社会饮食与人道楷模其妙食独特的方法和自成体例的产品以及对饮食品种独特创作的精神活动,被后人传颂。而那种官场奢侈排场和丑恶的非善性目的则被今人批判。在中国封建时代,是府与家一体的"官府菜"从表象上看是"宫食"的缩影,实际上是宗亲士大夫官宦"世家"累世聚集的,渗透着思想风格的食品体系,北魏有崔浩的《食经》、唐代有段文昌的《邹平公食宪章》、宋代有吴氏的《中馈录》、元代有倪瓒的《云林堂饮食制度》、明代有宋诩的《宋氏养生部》等,都具有"官府菜"的实录意义,都具有独特意义的"一家之言"特质,在清代,"官府菜"则更为具体化,具有着多元个性的倾向性。著名的有"孔府菜"、"谭家菜"、"宫保菜"、"李公菜"和"祖庵菜"等,特色各异。

清代除了京城,东南地区仍是最为重要的经济文化的中心,消费城市大多靡集于此,康、乾二帝十二次南巡巨大地推动着江、浙饮食市场的繁荣。清代吴敬梓在《儒林外史》曾描写杭州是"三十六家花酒店,七十二座管弦楼……肴馔之盛、品种之丰,更是可观。"南京的"大街小巷,合共起来,大小酒楼有六七百座,茶社有一千多处"。酒店的规模有的可与现代都市中所谓"航母"级大酒店相比,清人孙枝蔚在《溉堂前集》中记载:"润州(镇江)郊外有卖酒者,设女剧待客。时值五月,看场颇宽。列座千人。庖厨器用,亦复一恶,计一日可收钱十万。盖酒家前此未有也。"清代的饮食行业的繁盛主要表现在:其一,产品市场化细分,饮食店以特买品种著名。据傅崇矩《成都通览》记载:成都饮食市场就有茶食店、饺子店、包子店、汤圆店、油提面店、蛋糕店、米酥店、酿汤、腌肉店、肥肠店、锅魁店、烧鸭店、水粉店、麻婆豆腐店等等。李斗《扬州画航录》记有:烧饼店、馒头店、灌汤包子店、春饼店、淮饺店、甑儿糕点等。清人惺奄居士为扬州茶社经营品种特色填了一首词,叫《望江南》:

> 扬州好,茶社客相邀。
> 加料干丝堆细缕,
> 熟铜烟袋卧长苗,
> 烧酒水晶肴。

清咸丰年间,北京有专卖桶子鸡与焖烤鸭的店肆,清人严辰的词《忆京都》云:

> 忆京都,
> 填鸭冠寰中,
> 烂煮登盘肥且美,
> 加之炮烙制尤工。

清人徐珂在《清稗类钞·饮食类》中记载了上海的食品专卖店是:糕团铺、酱肉熟食店、腌腊店等。其二,饮食市场的多级化,酒店饭庄分上、中、下等级,高档的是京津的大饭店与南方的包席馆,据高碧红《津菜餐馆谈古》云:清代天津著名的八大饭庄,都有宽阔的庭院,院内有停车场、花园。店堂内富丽豪华陈设红木家具及名人字画,只承办成桌筵席,主要经营"满汉全席,南北大菜",接待的多是大官显贵、富商巨贾、名门世家之人,成都的包席馆较多,有正兴园、复议园、西铭园、双发园等,南方多称为大酒楼。清人陈清石有《北市酒楼》诗云:

> 危楼高百尺,极目乱红妆。
> 乐饮过三爵,遐欢纳八荒。
> 市声春浩浩,树色晓苍苍。
> 饮伴更相送,归轩锦绣香。

在这些大酒楼里有歌舞表演伴宴,酒店建筑也高大巍峨,十分壮观。中档店有较强的适合各阶层人士需要的竞争力,产品、价格和店面环境皆居中等,既能包席,

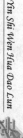

又有零点,还可外办酒席,经营灵活。低档店则为适应中下层顾客的大众饮食店。另外,除了档次外,根据都市不同风俗人群,有多种风味店等。其三,游船宴自唐宋时已成风俗,至清代则商业市场化气氛更浓,《清稗类钞·各省特色之肴馔》中曾对秦淮河船宴有真实的描述:"每日暮霭将沉,夕餐伊尔,画舫屯集于阑干外,某船某人需肴若干,酒若干,万声齐沸,应接不暇。但一呼酒保李司务者,嗷然而应,俄顷肴致,不爽分毫也。而秦淮画舫舟子亦善烹调,舫之小者,火舱之地仅容一人。踞蹲而焐鸭,烧鱼调羹炊饭,不闻声息,以次而陈……"纵观酒会,"画舫"是文会的重要场所,苏、杭、扬、宁为最盛,其中扬州与苏州的沙飞船颇为有趣。清人李斗《扬州画舫录·虹桥录》载:"郡城画舫无灶,惟沙飞有之,故多以沙飞代酒船。……游人凭以野食,乃上沙飞船。……拙工司炬,窥视厨子颜色,以为炎火温蒸之候。于是画舫在前,酒船在后,橹篙相应,放乎中流。传餐有声,炊烟渐上,幂罩柳下,飘摇花间。"

　　饮食产品细分的市场化、饮食市场的多极化、饮食经营的多元化都说明了明清饮食市场消费文化的成熟。著名的"满汉全席"就是于乾隆六下江南期间,在扬州繁荣的饮食市场中培育出来的"中国饮食文化"的"大化之果",是席将满、汉、蒙、回的菜点品种融汇于一席之中,真正做到了多元的广泛统一于养生之中。"满汉全席"一经在扬州发端,便在川、粤、鲁各地效仿成一时之潮。"全席"亦成为中华全民族团圆统一意念的一种象征。由"淮扬式满汉全席"衍化为"川式"、"鲁式"、"粤式"以及"山珍海味全席"、"南北大菜全席"、"羊全席"、"鳝鱼全席"等。这是中华民族"和"与"全"传统思想在饮食文化方面的直率反映。"满汉全席"如果说是极豪华的筵席,如果说是极赋象征意义的概念化筵席,以此形式表明满汉相融,血脉同体的大一统思想和大同理念,因此,此席被誉为中国饮食文化中的"千古第一筵席"。依据《扬州画舫录》记载,将菜单摘录如下以享读者。

　　第一份:头号五簋碗十件——燕窝鸡丝汤,海参烩猪筋,鲜蛏萝卜丝姜,海带猪肚丝姜,鲍鱼汇珍珠菜,淡菜虾子汤,鱼翅螃蟹羹,蘑菇煨鸡,辘轳椎,鱼脚煨火腿等。

　　第二份:二号五盒碗十件——鲫鱼舌烩熊掌,糟猩唇猪脑,假豹胎,蒸驼峰,梨片伴蒸果子狸,蒸鹿尾,野鸡片汤,风猪片汤,风羊片汤,兔脯奶房签、一品级汤饭碗。

　　第三份:细白羹碗十件——猪肚,假江鳐,鸭舌羹,鸡笋粥,芙蓉鸡蛋掌鹅,糟蒸鲫鱼,假斑鱼肝,西施乳文思豆腐囊,甲鱼肉片子汤、茧儿羹、一品级汤饭碗。

　　第四份:元白盘二十件——镬炙,哈尔巴,小猪子,油炸羊肉(2件),挂炉走油鸡鹅鸭(3件),鸽臛,猪杂什,羊杂什(2件),燎毛猪羊肉(2件),白煮猪羊肉(2件),白蒸小猪子、小羊子、鸡、鸭、鹅(5件),白面饽饽,什锦火烧,梅花包子。

　　第五份:洋碟二十件——热吃劝酒二十味,小菜碟二十件,枯果十撤桌,鲜果十撤桌。

此席为大席套小席,有 108 菜点,开席时间较长,分数次连环食用,故又称"流水席",是扬州市面买卖大厨房为六司百官备办的,结合了淮扬地方风味与满族食品于一席。各地风靡仿效,其具体品种又因地区而不同,但是,基本上都以汉食的山珍海味八珍品与满蒙烧烤和面食组合,用具陈设必备椅披、桌裙、插屏和香案等,据统计用在各地"满汉全席"中的八珍原料有:

（1）山八珍：驼峰、熊掌、猴脑、猩唇、象拔（鼻）、豹胎、犀尾、鹿筋。

（2）海八珍：燕窝、鱼翅、大乌参、鱼肚、鱼骨、鲍鱼、海豹、狗鱼。

（3）禽八珍：红燕、飞龙、鹌鹑、天鹅、鹧鸪、彩雀、斑鸠、红头鹰。

（4）草八珍：猴头、银耳、竹荪、驴窝菌、羊肚菌、花菇、黄花菜、云香信。

其实八珍是上传周八珍概念,但并无固定品种,只要认为是珍贵的上品原料,都可列入八珍之类。在清代八珍概念因地而论,并不是盲目的,而是在长期生活实践中筛选出的养生功能优秀者,也不是猎奇炫异,而是有目的地在中国医食同源规律中的妙用。因此,凡八珍之品都具有某些特异的食药功利功能。在这种情况下,一些八珍品原本并无"美味",经过复杂加工使之产生美味,这类加工才具有真正"珍贵"的价值,这也往往是高级烹厨者引以为骄傲的秘技。清代的八珍概念应用达到了极致,以至袁枚在《随园食单·海鲜单》中将海八珍指认为:燕窝、海参、鱼翅、鳆（鲍鱼）、淡菜、海蝘（海蜒）、乌鱼蛋、江珧柱、蛎黄等九种。无知山人鹤云氏《食品佳味各览·八珍单》认为是:熊掌、鹿尾、东鳌、鱼翅、珧柱、兰花菇（草菇）、斑鱼。另外还有"参翅八珍"、"山八珍"、"水八珍"等概念。在高档筵席中弥漫着"八珍文化"现象,仅燕窝一品,所制菜点竟达 30—40 个品种。

大清的中国,是多民族的中国,经济和文化事业都达到历史上的顶峰,自觉和不自觉地进行着封建文化历史性总结,在总结中达到集大成。宏大而繁盛的图书出版也达到历史上的高潮,与饮食文化相关的著作也呈现出汇总编撰的继明之后的又一大势。著名的有沈自南撰《艺林汇考》、陈元龙撰《格致镜原》、张英撰《渊鉴类函》、张廷玉撰《子史精华》、徐珂撰《清稗类钞》和陈梦雷纂集的《古今图书集成》。在这些类书里的饮食部分汇集了大量古今文献资料和诗文逸事、掌故等。对烹调方法与食品名词具有详实的考证解释,其中《古今图书集成》是我国现存类书中规模最大的一部,共有一万卷,目录四十卷。内容分历象、方舆、明伦、博物、经济六编,编中分典,典中分部,合有六千一百零九部。每部体例是先例汇考,次列总论,有图表、列传、艺文、选句、纪事、杂录、外编等项目。其中有大量的内容与饮食文化有关,尤以草木、禽虫、食货诸典与饮食原料和饮食产品有关,其又以食货典为最重。食货典中有饮食部,米部,糠,饭部,粥部,糕部,饼部,粽部,糁部,粉面部,糗,饵部,酒部,茶部,酪部,油部,盐部,糟部,酱部,醋部,糖部,蜜部,曲蘖部,肉部,羹部,脯部,脍部,炙部,鲊部,醢部,菹部,齑部,豉部等三十二部,直接地反映了中国数千年饮食烹饪的发生发展,继承和演进的情况。每部中"汇考"考典籍,艺文"述"诗文;"纪事"记人事;"杂录"录拾遗;"外编"收神话传说等。叙述周备、考典完全,具有极高的学术性。

除了大批类书外,关于烹调技术的专门著作与笔记杂论也令人耳目一新,其思想性达到了一个新的高度,最重要的是袁枚的《随园食单》,李渔的《闲情偶记》和无名氏编《调鼎集》。

《随园食单》为袁枚(1716—1797)所撰。袁枚字子才,号简斋,钱塘人。乾隆四年,以进士授翰林院庶吉士,后在溧水、江宁等地为县官。四十岁时即退居江宁(今南京),在小仓山购置花园,名称"随园",以此渡过了四十年游乐生活。所著诗文颇多,对当时文坛影响较大,著有《小仓山房诗文集》、《随园诗话》等传世,他热心问厨,以庖事治学,经四十年累记述成此书,其在序中云:"每食于某氏而饱,必使家厨往彼灶觚,执弟子之礼。四十年来,颇集众美。有学就者,有十分中得六七者,有仅得二三者,亦有竟失传者。余都问其方略,集而存之,虽不甚省记,亦载某家某味,以志景行。自觉好学之心,理宜如是。"袁枚以极认真、极虔诚、极谨慎之心对待烹饪之事,将其视为与诗文之事同等重要和艰难奇奥,云:"学问之道,先知而后行,饮食亦然。"饮食之事为养生之本,不可轻率行之,而强调须知。亦即强调对原理的探究以指导饮食的实践。须知是经长期实践的积累(四十年)的理论总结,因此《随园食单》中的理论尤为重要,甚至超过了食单记录的本身。在此以往历代烹饪著作没有如此系统和丰富的理论内容,都是记重于议的。此书理论共有二十须知与十四戒,是:先天须知、洗刷须知、调剂须知、尽速须知、变换须知、器具须知、上菜须知、时节须知、多寡须知、洁净须知、用纤须知、选用须知、疑似须知、补救须知、本分须知等和戒外加油、戒用锅煮、戒耳餐、戒目食、戒穿凿、戒停顿、戒暴殄、戒纵酒、戒火锅、戒强让、戒走油、戒落套、戒混浊、戒苟且等,内容涉及烹饪工艺、饮食审美、饮食道德、饮食保健的各个方面,是一个纲领性的烹饪理论体系。可以说,中国传统上对烹饪理论的系统性总结从袁枚始,是中国传统烹饪理论的经典和高峰。在《随园食单》中经典的理论很多,其中最具代表的有:① 物依天性,择良而烹;② 辨味调料,宜选上品;③ 应时用物,宜物调味;④ 依据物性,独合相宜;⑤ 烹调之事,除弊兴利;⑥ 有味使之出,无味使之入;⑦ 食物辅佐,清浓分配,刚柔各适;⑧ 优选物料,因菜而异;⑨ 综合用物,各得其所;⑩ 调剂之法,相物而施;⑪ 熟物之法,最重火候,文武强弱各按所需;⑫ 适时加热,质、味存真;⑬ 物各有味,不可混同;⑭ 各菜各味,味不雷同;⑮ 美食不如美器;⑯ 治食之道,洁为首务,等等。对于饮食中弊端,在十四戒中也有十分精到中肯的见解。如目食耳餐、穿凿附会、粉饰造作、流俗落套、苟且随便等有害的烹饪行为。

《随园食单》于乾隆五十七年(1792)出版,并流传至日本,日本饮食文化专家筱由统教授云:"有人称此书为中华烹饪的圣书。""无论从广度还是深度,都作出了十分精辟的论述"。"须知单和戒单举出了 34 项有关烹饪方面的注意事项,的确是现代的书。"日本另一位饮食文化专家田中静一也说:"烹饪师必须了解的'须知单'二十四项和禁忌单的'戒单'十四项,这两项不论是作为中国饮食,还是日本饮食、西洋饮食的基础教养,都是通用的。"袁枚作为中国封建时代末期文人士大夫的代表,又长期生活在以消费为主要内容的环境之中,其思想观念具有清晰的承继脉络,既有本身阶层饮食审美的共性,又有自己实践力行的个性。从本质上看,随园的须知单与戒单是对传统本味思想的发展和完善以及对正统士大夫修养正道、人格端行传统的传承和发扬。

如果说,从学术源流上袁枚接近儒、墨,重视实践的意义,崇尚烹饪的客观,讲究调和的法度,关键在美食的加工过程。那么,李渔及其《闲情偶寄》的饮馔部则是纯心理的精神化食道,在思想上更接近老庄、崇尚淡泊归真、清新自然的自我饮食审美的实现,在李渔的饮食过程即是"心食"过程。养生首在养心,追求人食平衡的心理效应,从主体的角度关照食物的美丑,关键在雅食的食用过程。从而将饮食物人格化张扬到极致。这正是明清之际文人阶层的"心"本体论思潮的一种侧面反映。李渔论为,接近自然生物,品尝真味,以最少的加工才能使食物达到最完美的品质。追求食物的纯、真、清、鲜,以至实现主观上的"天人合一"的饮食观。

李渔字笠鸿,谪凡,号笠翁,浙江兰溪人。生于明后期(1611 年),卒于清康熙十九年(1680)。少年时曾中秀才,后两次乡试不利。入清后绝意仕途,从事传奇小说创作、导演及经营书店等活动。是著名的艺术评论家,对后世影响很大。著有《笠翁一家言》,诗文集《闲情偶寄》后被收入其中。一家言即一家之言、一人之言,《闲情偶寄》实为寄情之作,对词曲、演习、声容、居室、器玩、饮馔、种植、熙养等八部的研究,以精妙绝伦的审美与艺术评论见长。在此之前,将饮食一道纳入文化艺术的审美评论之列绝无仅有。因此,李渔的《闲情偶寄》在中国饮食文化上具有很高的审美学价值,对后世也具有很大的影响。李渔在《闲情偶寄》中提出了如下著名观点:① 食之养人,全在五谷;② 用丝竹之音比喻,饮食之道,脍不如肉,肉不如蔬,亦以其渐近自然也;③ 蔬食之类者,曰清,曰洁,曰芳馥,曰松脆而已矣;④ 至美之物不宜多加调料,而应保持真趣,利于孤行;⑤ 能居肉食之上者,添在一字之鲜;⑥ 天生美物,不宜复杂加工,而以最简之法保持自然造物所赋予的色香味三者之至极;⑦ 食鱼者重在鲜,次则及肥,二美具有侧重一个方面的,应因质施烹;⑧ 烹者之法,火候得宜,不及则生,过则肉死;⑨ 野味逊于家味者是不能尽肥,家味逊于野味者是不能有香,等。李渔的雅食思想超然物外,得之于心,从主观心理方面继承了平和清淡,自然天成,修生养性的本味传统,从艺术审美的视觉出发,强化并升华了饮食审美的主观能动性。

对食品记录的谱系著作数量也很多,主要在朱彝尊的《食宪鸿秘》、顾仲的《养小录》、李化楠的《醒园录》、黄云鹄的《粥谱》、曾懿的《中馈录》、无名氏的《调鼎集》。

当中数《调鼎集》最具盛名。关于此书的作者是谁尚属未定，但此书以其系统与规模皆称当时之最，诚如其序中所言："上则水陆珍错，羔雁禽鱼，下及酒浆盐醢之属。凡《周礼·天官》庖人、亨人之所掌，内饔外饔之所司，无不灿燃大奋于其中。其取物之多，用物之宏，视《齐民要术》所载之物品，饮食之法，尤为祥备。"全书共有十卷，第一卷记调味之品；第二卷主要记录各式宴席款式；第三卷记录牛、羊、猪等菜品；第四卷记录禽鸟类菜品；第五卷记录水产类菜品；第六卷记录的主要是山珍海味菜品；第七卷记录蔬菜类菜品；第八卷记录为茶、酒、饭、粥品种；第九卷记各式点心；第十卷记干鲜果品、蜜饯。总共品种多达二千余种，其中菜品为一千六百余种，饭、粥、点心、小吃品种四百余种，主要集中反映了清中叶（约在 18 世纪）长江中下游流域地区的饮食风貌，并且兼收了一些广东和北方菜式，范围较广。据中国当代著名的烹饪文献学家邱庞同教授的研究认为，《调鼎集》属于出自多人之手下的汇编秘笈著作，尚有许多问题有待进一步考证。但此书的重大价值毋庸置疑，认为特点主要是：① 品种数是历史的新高，内容专一；② 多种宴席食谱完整而详实；③ 既集中以东南风味为主流，又兼及南、北而面广；④ 各类食品记录已达到二级分类水平，系统性增强；⑤ 工艺精细的花式品种较多，精神化水平较高；⑥ 具有直接的现代菜点传承脉络。由此观之，《调鼎集》实质就是以东南地区为基础的饮食文化产品系统集大成，标志了以汉族文化为主体的中华饮食地区文化化的完全成熟，这种成熟性形成以五大菜系格局为平面结构的典型特征，它们是：① 淮河与扬子江流域的东南地区淮扬菜系；② 长江中上游流域的西南地区川湘菜系；③ 珠江流域的华南沿海地区粤闽菜系；④ 黄河中下游流域华北中原地区的京鲁菜系；⑤ 黄河上游流域的西北高原地区的陕甘菜系（实质为中国西部伊斯兰菜系），这里需要说明的是：菜系一词作为现代产生的，用于对具有相对独特特征性的大区域风味系统的象征性代称，正是对清代多民族融合中多元与差别现象研究高度概括的成果，同时，也是对中国饮食现状的高度概括。

第五节　科学重建——迎接高级美感型饮食文化时期的到来

一、建设中国烹饪的教育与理论体系——中国烹饪之科学化升华阶段

民国时期与中华人民共和国初级阶段之前 30 年，仍是上一阶段的余续。一方面在巨大的历史惯力下面进行着先验型传统烹饪的模仿；另一方面又在不断地产生着科学型烹饪的萌芽，明显地呈现出高级美感型烹饪时期的过渡。明清以来的

陈陈相因,形式主义的腐朽;现代中西文化的交融;现代的科学技术与现代的社会文明等因素,都确定了中国饮食文化现代变革的必然到来。此时期,有如下过渡现象:

① 国家政治经济形势的变化,进一步解放了生产力,广大劳动人民逐渐从饥饿生活中摆脱出来。② 现代科学文化对传统文化的撞击,使传统饮食观与饮食方式开始接受科学的检验。③ 传统之自然封闭性被冲破,国外先进技术与新的食物原料被引进,中国烹饪走向更为广泛的现代国际性流通。④ 工厂化生产,使新兴食品工业成为一个门类,而与手工工艺相分化,突破了商业烹饪小商品经济生产的天地。⑤ 初级与中级烹饪技术学校的建立,打破了经验技术师徒相承的传统方式,技术与文化相结合,专业实践与科学理论相结合,已经成为烹饪教育的主流。⑥ 生物、化学、营养卫生等自然学科的兴起,为微观烹饪研究提供了强有力的工具和手段。⑦ 新型烹饪工具,如红外炉、微波炉、电热锅等的运用,突破了传统手法,丰富了工艺内容。⑧ 对食物资源的进一步开发,如菌类、昆虫、矿物类、人工合成类食物等资源,扩大和补充了传统的食物结构。⑨ 种植与养殖科学的兴起,使"夏蔬冬长、南鱼北养"逐渐缩短着因自然生长所决定的地区差与季节差等。这九个特征展示着中国烹饪面临现代化变革的过渡形势。

随着中国新经济时期的到来,人民普遍实现了温饱型生活的理想,并开始建设小康社会。在这个情况下,中国烹饪将再次发生深刻的变化——复归美感型烹调。这种美感型烹调已不局限于礼食筵席形式之中,而是在本质方面运用最优化系统工程理论指导实践,为餐饭生活服务。在目前世界性的科学技术变革的巨潮中,中国烹饪已面临着严峻的考验,是与现代科学相结合而得到发展,还有先验地盲目地扼守传统或无视传统、全盘西化而停滞或者是走向异化衰退,这是一个极为重要的时代问题。现代的人们,普遍地不仅要吃饱,还要吃得美,吃得确保健康的需要,这是时代对烹饪的要求。要正确地解答这一问题,使烹饪实践与之相适应就必须建立中国烹饪的科学体系,使宏观烹饪和微观烹饪在美的规律中高度统一,用科学的方法永远保持我们民族的优秀传统特色,这是我们对人类的贡献,也是对祖国人民和先辈的忠诚。要使我们的饮食文化更为丰富博大精深,必须学习和吸收西方有益的东西滋养自己,而又不使自己的传统异变以致消失,而这又必须要自己的烹饪高等教育与研究机构才能得以实现。因此,我认为中国烹饪第四历史时期,即科学的社会高级美感型烹调时期的开始,应以中国第一所烹饪高等教育机构——江苏省商业专科学校中国烹饪系的诞生为标志。目前正处于初级阶段,科学体系尚未建成,一切还不完善;社会也还没有具备高级美感型烹调的物质与文化条件,但在本阶段中国烹饪将发生一系列变革以完成从先验型向科学型烹饪的升华。兹概述如下:

(1) 在本阶段中,将对传统进行全面的科学评估。将传统经验净化上升为科

学理论,去其糟粕,存其精华。宏观和微观烹调紧密结合,合理重建全方位的第四代中国烹饪。中国烹饪将与其他学科一样,成为具有高、中、初多种专业层次结构的完备的科学系统。

(2)中国烹饪将进入更为广泛的国际性融合发展过程。从封闭型走向开放型。国内将出现新的总体平衡形势,纯自然因素逐渐减少,科学因素将占主导。地方风味及菜系作为概率化的普遍模仿现象将转换为科学的继承,个人创作风格。在这个过程中,地方风味与个人风格融为一体,各呈其强。内容将更为丰富,特色将更为明显。

(3)在烹调过程中,将产生方法性的根本变革,即以最优化系统工程的理论和方法从事实践,使烹饪从经验型过渡到设计型,在真、善、美的高度统一中,卫生、营养、美感食物三要素被得到完美的结合,新的烹饪工艺、工具、食品以至于饮食形式的产生,将再次出现高潮。

(4)社会烹饪将进一步加强两极分化。即家庭烹饪愈来愈趋向简单经济型,以应三餐之需,以工业化食品作为主体。商业烹饪愈来愈向超大型豪华型发展,以应娱乐之需,以手工工艺化食品为主体。在这个形势下,服务性烹饪将逐渐成为社会烹饪的主流,而家庭自给型将居次要地位。

上述种种,仅是预测,以供参考。然而,没有历史便没有现在,没有现代科学文化的发展,便没有未来美好的世界。总结历史便可预测将来。我们需要继承古老而优良的传统,但更需要科学的革新。没有革新,便停止了进步,整个中国饮食文化发展史,就是一个继承与革新的过程。吸收外来和变革过去,同样都是在不断地加厚着历史的积淀因子。自秦汉到明清,中国烹饪在第一次经验与技术的双重演化过程中,实践占主导地位。那么从现在开始,中国烹饪的第二次理论与技术的双重演化过程中,教育与理论必将上升到主导地位。随着中国四个现代化的实现,就必将会迎来中国高级美感型烹调时期。

本阶段是谓中国烹饪科学理论与教育体系的建设阶段,或谓之中国烹饪科学化升华阶段。

二、中国饮食文化史分期概念及文化性征

综上所述,人们不禁要问,中国饮食文化之性征及分期机理是什么?这里,我不仅想起南京艺术学院工艺美术系教授张道一先生在一次接待日本学者时说:中国文化是"筷子文化"。董欣宾与郑奇先生则将中西文化分为"杆箸形"与"刀叉型",并强调指出"杆箸形"是手的延长,一工一能,多能合作。相较而言,筷子文化更有高密度的内涵。既有相对的独立性,又内涵一切而博大精深。它的性征具有三个方面:① 本体文化性。作为本体文化,它是直接与人之生命相联系的文化现

象,从最为基本的方面——摄食过程集中反映了人之生存的价值和意义,具有独立的价值。② 母体文化性。作为母体文化,人类一切文化皆发端于人类对饮食文化的创造,因为人类的一切文化皆发端于对衣、食、住、行的需要,而最先是食的需要。③ 文化的整合性。中国饮食文化是以汉民族饮食文化为主体的,而汉民族又是具有几千年连续历史的古老民族,同时,又是多次融合其他民族壮大自己的融合型民族。因此,这就确定它具有深沉丰厚的文化积淀性,它几乎内含了中国物质文化、精神文化、制度文化三个层面一切文化的积淀因子,具有整合的价值。长期的延续性与多重的融合性构成了这种文化的整合价值,是采集种植型东方文化的象征。

　　中国饮食文化发展至今的原因是什么?一般认为具有四大要素。即:历史的长期延续性;以汉文化为中轴运行之统一性;自然环境的相对封闭性和地域广阔的民族众多性。第一要素保证了汉文化的中轴运行,构成一种文化模式,反之第二要素又确保了长期连续性,使之完成巩固、发展、完善的过程。第三要素决定了中国饮食文化的独立发展,形成有别于其他地区和民族的饮食文化系统。第四要素使中国饮食文化具有多样化而又统一的博大精深的丰厚内容。在主体方面,中国民族的饮食心理是创造中国饮食文化的内在动因;在客体方面,中国的动植物类群是构成中国饮食风格的物质基础。它与中国整体文化血肉相连,即中国的自然环境决定了人的饮食,人的饮食需要决定了生产方式,生产方式又决定了文化的性征。愈落后就愈依附于客观世界,愈先进就愈凌驾在客体之上实现人-食平衡。新的平衡总在不断地取代着旧的平衡,在这种平衡与不平衡的交替中;在漫长的岁月中,中国的饮食文化史经历了三次大的变革,又在经历着第四次根本性变革,如图3-1所示:

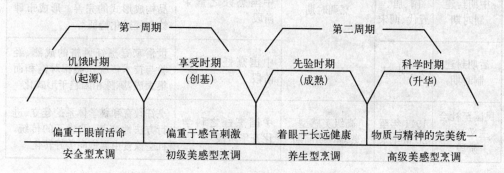

图3-1　中国饮食文化史的变革

　　在图3-1中我们可以看到四次变革的根本特征分别是:原始安全型烹调时期是人类从生食向熟食的转化过程;初级美感型烹调时期是熟食民族文化化的过程;养生型烹调时期是将烹饪实践的过程由感观的层次上升到经验的层次,调整并完善民族烹饪的合理结构的过程;高级美感型烹调时期则应是运用最优化系统工程理论指导烹饪实践,使食物三要素高度完美的统一,为广大劳动人民的饮食生活服务的过程。其本质上应是方法的变革过程,由先验的层次上升到科学理论的领域。现将中国饮食文化史分期总结于表3-1。

表3-1　中国饮食文化史分期简表

社会史分期	历史年代	饮食文化史分期	分期阶段	分期依据及特征
原始群居时期	元谋猿人	安全型烹调时期	初级阶段 烹饪的起源	肉食及对火的使用,"烤"的产生
	北京猿人 山顶洞人		中级阶段 烹调的发生	对火的控制及对石制烹饪工具的使用
母系氏族公社时期	仰韶文化		高级阶段 餐饭饮食的起源	谷物的栽培及对陶器的使用,大陆的农业型饮食结构的形成
父系氏族公社时期	龙山文化	初级美感型烹调时期	烹调程序的完善阶段	盐的使用及饭菜之主副结构的分化
前期奴隶制时期	(尧、舜、禹、夏、商)		烹饪形式民族化之升华阶段	宗法的伦理的祭祀及宫廷礼食的产生
中、后期奴隶制时期	周、秦		礼食作为国家等级制度偶像化阶段	列鼎而食,并形成完备的组织程式
前期封建制时期	汉、魏六朝	养生型烹调时期	中国烹饪之变革与统一阶段	"养生论"的产生,同化为广泛统一的饮食文化-心理结构。烹饪重心向民间转移,表现为庄园型饮食特征
中期封建制时期	隋、唐、五代、两宋		中国烹饪之繁荣阶段	民间饮食市场的繁荣,中国食品构成形式的完善。形成市肆饮食程式化特征
后期封建制时期	元、明、清		中国烹饪之成熟阶段	世俗家庭烹饪风格的成熟,经验与技术传统积累相对饱和而集大成,陈陈相因趋于形式化
民国至社会主义初级阶段	1911年至20世纪末	高级美感型烹调时期前期	中国烹饪之科学化升华阶段	烹饪教育和科学体系的建立、进行方法性变革,重建新的传统,社会饮食由温饱向美好转化

 思考题

1. 中国饮食文化的特异性表现在哪些方面?

2. 为什么将原始时期定为安全型饮食文化时期?

3. 先秦的饮食文化特征表现在什么方面?

4. 中国养生型饮食文化是怎样产生的？

5. 唐宋的饮食文化具有哪些重要成就？

6. 明清时期是传统中国饮食文化的什么阶段？你从哪几个方面认识的？

7. 改革开放以来，中国的饮食文化主要具有哪些令人注目的进步？

第四章 人类的食物崇拜

知识目标

本章主要讲述人类对食物崇拜的情结及其历史根由,揭示人类的食物崇拜的精神实质,揭示人类的食物崇拜——动植物崇拜的文化价值和意义,阐述神话、宗教、礼仪等意识活动在食物崇拜中的生长过程。

能力目标

通过教学,使学生基本了解人类对食物崇拜的动因及其文化学意义,使学生生发出尊重食物、尊重动植物,正视祭祀、宗教、礼仪的存在的人道精神。

就饮食行为本身而言,人类与其他动物无异,饥饿时进食,干渴时饮水,全是自然的本能。但是,促成人类饮食的过程却与动物存在本质区别。人类并不能像猫头鹰似的将田鼠连毛生吞,也不能如驯鹿那样在沟溪中直接饮水。这是因为人类在生理上具有先天的弱点,人类的机体具有脆弱的致病性。因此,人类需要采取某些加工改变食物原料物理与化学方面的原来属性,以适应人体的需要。人类的成长历史就是与生理疾病抗争的历史,同时也是与饥饿抗争的历史。自然界的生物种群,在很长的历史时期中一直不能满足人类增长的需要,人类在艰难摄食中生存,在狩猎与采集时代,饥饿伴随着人类的生活,食物是人类脆弱的生命线。因此,人类若依赖自然食物则必然地会受到极大的生存限制,甚至使生命受到威胁,人类只有开展对食物原料的生产活动,才能有效地应对大自然所赋予的这种挑战。对食物原料与饮食品的生产与加工,因人类不同族群对食物心理认知程度而进化,构成了人类历史、民族、地域间的多元模式。然而所形成的人类对饮食文化功能的价值取向却具有一致性特征。首先表现在对食物的崇拜。

第一节　史前造型艺术
中的食物崇拜

　　食物是人类生存与活动的根本要素。基督教徒在进餐时有一句著名的祈祷："主呵,感谢您赐给我们美好的食物"。这是来源于人类童年时代古老的对食物神秘崇拜感恩精神。诚言,食物是人类生命活动的根本保证,中国的"民以食为天"正是对此最为形象的表达。在弓箭时代之前,自然界食物尚能与稀少的人口保持微弱的平衡,但在弓箭时代以后,则失去这种平衡,野生动物在减少,人口却在骤增。猎取动物虽比徒手时代容易,但却造成了动物数量的快速减少,饥饿严重地威胁着人类的生存。斯时几乎全球的原始人类都认为有一种神秘的超自然力量在左右着自己的生命,而食物则是神秘力量主宰人类生存的最为主要的物质。人类为食物而争斗,为食物而聚居,取食共生之道正是构筑原始氏族文化的纽带,将取食关系中的各个个体系结成具有社会结构的团队形态。人类在饥饿的逼迫下因对自然界现象的崇拜,通过对自然现象的模仿,学会了生火、烤食、造酒,也开始了游牧和农业生产,从而产生了人类的文化现象。原始时代,对食物的恐惧、敬畏和崇拜笼罩人类的生活,直到现代社会当人们高唱着文明赞歌的时候,对食物崇拜与敬畏之情仍然深深积淀在每一个人的心底。不能否认,原始狩猎采集、游牧与初农时期的社会主流意识之一就是对食物的崇拜。

　　马林诺夫斯基在《科学的文化理论》中认为文化的四个重要成分,即物质、社会、语言、精神相互之间具有密切的联系。文化赋予人类以一种生理器官之外的补充和伸展,以人类世代积累起来的精神成果演绎着文化创造物质的功能定律。诚言,人类是一种动物族类,他们必然要服从一些基本的条件,只有当这些基本条件满足时,个体方能生存与种族的延续,所有机制都必须在正常的工作秩序中才能得到保证。"更重要的是人通过整个人工制品的装备,他具有了制品并鉴赏人工制品的能力,他创造了第二性的环境(a secondare environment)它也就是文化"。这也就是马克思所说的"人化的自然"。显然,人类的饮食物质就是人类创造的具有第二自然属性的食物,唯只有通过人类的文化创造,一些原本属于第一自然的动植物才能成为人类的食物,人类才能真正地懂得对其食用和欣赏。

　　原始民族的信仰与意识是"万物有灵的",认为山、天空、大地、河流、山脉中一切存在物都有特定神灵的主宰,他们对此敬畏进而崇拜,实质上都是一些"似人化"崇拜,弗洛伊德认为都是归结到对人类的祖先神灵的崇拜。人们最为关切的是对主宰人类生命神灵的崇拜,而那些动、植物正是那些神灵以食物的形式主宰着人类的生命与活动。因此,原始的对那些神灵的崇拜便直接地表现为对食物的崇拜,这种情景在史前的原始造型艺术创造中具有大量的表现。列维·斯特劳斯云："艺术存在于科学知识和神话思想或巫术思想的半途之中"(《野蛮人思想》)。史前艺术既是艺术，又是宗教或巫术，又有一定的科学成分。斯特劳斯认为，在某种意义上可以说宗教是由"自然规律的人化"所组成，而巫术则是由"人的活动自然化"组成，因此，自然的拟人化(the anthropomporphism of nature)和由巫术构成的人的拟物化(the physiomorphism of man)是必不可少的两种组成成分。史前原始文化艺术通常主要是指石器时代的艺术，其主要形式除了石器工具外是岩画雕塑和图腾。

大多数文化学者都将造型艺术的开端诂定在距今大约 4 万至 3 万年前的旧石器时代晚期。据同位素碳-14 的测定大致如下：

莫斯特期(约公元前 46000—前 27000 年)

帕里果特期(约公元前 43000—前 30000 年)

格拉维特期(约公元前 25000—前 20000)

奥瑞纳期(约公元前 35000—前 17000 年)

马格德林期(约公元前 18000—前 11000 年)

梭鲁特期(约公元前 20000—前 15000 年)

实际上史前艺术上限远不止于此。格罗塞云："艺术的起源就在文化起源的地方。"(《艺术的起源》)艺术的起源与人类起源同步这一观点在现代文化学家中取得了广泛的默契。当人类第一次用火烧烤食物，当人类第一次打磨石制烹饪工具时，便第一次改变了这些自然物质的属性，赋予其以美的艺术的生命——烹调与雕塑，它们的起源促使人类进化而成其为真正的文化的人，而史前绘画则有 15 万年前甚至 35 万年前的遗物发现，烹调则有 100 万年上限。

在史前艺术形式中，雕刻与岩画算是最为重要和特出范畴，所表现的形象又是以动物形象为主要内容。那些形象极其逼真，向我们透视着那些绘画形象下面不灭的神秘力量，透视着人类那种渴望、幻想、敬畏和崇拜的宗教情感，因为那些所被刻画的动物正是人类生命之源——食物。美国人类学家惠特尼·戴维斯认为艺术形象是"再现"的。一种是肉体的再现，亦即人的视知觉再现；另一种是超肉体的，亦即精神的形象化再现。中国的文化学家朱狄先生认为："所谓形象创造也就是把客观对象肖像化，它是非任意的。"(《原始文化研究》)。E·H·冈布里奇则认为：一切艺术起源于心，即源出于我们对世界的反应，而并非源出于视觉世界本身，形象正是主体记录自己经验的手段(《艺术与幻觉》)。史前岩画、雕塑中的各种动物形象正是对自己狩猎生活与摄食情感的艺术再现。然而，由于史前原始人类对客观世界认知的局限性，则使之充斥了浓浓的原始巫术与宗教色彩。因此，有一些文化学家就误认为原始艺术是起源于巫术模仿和宗教活动的结果。其实，原始艺术和宗教都一头联结着人类的饮食活动，一头联结着人类的情感意念，在诞生了艺术的同时也诞生了宗教。

最早发现的旧石器时代的艺术是小型雕刻作品。早在 1834 年,法国的 A·布鲁斯(A. Brouillet)在勒·查菲特(Le chaffaud)洞穴发现有两只刻有母鹿形象的骨片,1840 年在法国布鲁尼柯地区发现了雕刻在鹿角上的跃马形象引起了学术界的轰动。最早约距公元前 2.8 万年欧洲旧石器时代艺术创造者克罗马农人创造了欧洲人类最早的雕塑和绘画。克罗马农人是欧洲最早的人类,虽然目前对其来历并不完全清楚,他们随着冰川向北方消退而消逝在历史中。但是,他们的遗存物却留存了下来,最早被发现在法国。克罗马农人的艺术遗迹具有广泛的覆盖性,是史前艺术主要代表之一。据专家统计,史前旧石器时代雕刻作品,除了对食物崇拜外,还有性崇拜,而前者无论在数量上还是规模上都大大地超过了后者,如雕刻的种种生物无疑都是对被狩猎对象的形象描绘,即这些被狩猎的生物正是人们心里的食物,他们正受到大自然神秘力量的支配。

第一个发现旧石器时代洞穴岩画的人是西班牙考古学家马塞利诺·特·索特乌拉(Marcelino de Sautuola)。他在 1878 年与他女儿发现了属于西班牙北部桑坦德洞穴文化的阿尔塔米拉(Altamira)洞穴,那里有丰富的马格德林中期所遗留下来的工具、炉灶、动物骨骼、贝壳等物。在黑暗的洞穴中,他的女儿玛利亚突然发现了一头公牛,她惊叫:"爸爸,看! 公牛!"原来这是一幅栩栩如生的精美的岩画,但见这只公牛硕大健壮、威猛、两眼如炬、双角向上如弯弯的钢刀。这头公牛不仅象征着丰满肥美的肉食,又象征着强盛的繁殖力量,两眼怒视向前,头颅耸直仿佛受到一种隐形力量的支配,在这头公牛画中,我们看到了食物与性崇拜的统一,看到了人与自然力的沟通,看到了人的一种梦幻的情感和美与力的统一。阿尔塔米拉洞穴很大,其长度约 1 000 英尺。著名的"大壁画"绘于洞穴顶部,是一幅长约 46英尺的巨型作品,其动物形象有十五头野牛、三只野猪、五只母鹿、两匹马和一只狼。这幅图就是生命活动的力场,那些健壮肥硕众多的兽群正是作者的梦想饮食世界,而狼作为作者的化身正是一种自然选择的力量象征,同时,也是狩猎者和享受者,而作者真实的本人则是一个敬畏者。

除了欧洲,世界其他地区的情况大体也差不多,无论是维达人、澳大利亚人、波须曼人、爱斯基摩人、巴塔哥尼亚人、托亚拉人等的原始岩画的内容大都以动物为对象。因此,有人认为旧石器时代的艺术是"动物艺术"(animalare)。尤其是那些生活在冰河期晚期的大型食草类动物,如野牛、马、山羊、鹿、驯鹿、长毛象和犀牛等,都是当时主要狩猎对象,它们的骨骼都可以在史前人类遗址中找到。美国学者 G·雷切尔·利维在《石器时代的宗教观念以及它对欧洲思想的影响》一文中认为史前洞穴艺术的声誉是因为它以各种野兽作为主题,它依靠的是强烈的记忆形象与动物生命力在心灵上的直接关系。在许多画面中,将各种动物非自然的重新排列组合在现代战争画幅中正是欧洲史前人类在心灵深处的渴望和行使巫术的方法,希望幻想成为真实,让神灵附着在这些动物身上赋予自己的生命的力量,其唯一的功和行为就是食用它们,变成它们,就如人吃了熊肉就会像熊一样有力量。欧洲为代表的史前岩画艺术在这里也向我们揭示了延至今天欧洲肉食主义的狩猎或游牧民族的历史渊源与文化基础。

与欧洲史前岩画艺术所反映的形象内容不同的是中国的古代岩画,除了具有动物外,还出现了植物形象,如人狩猎,农作欢舞的形象,最典型的有嘉裕关黑山湖附近的黑山岩画,黑山岩画有 140 幅之多,被认为是中国秦汉之际大月氏、羌族或匈奴族早期文化遗迹。其发现与作品历史虽较欧洲岩画为晚,但都是有相同的重要意义,黑山岩画所表现的形象大多是虎、鹿、牛、鸟、蛇等与人的形象,许多东方动物混杂与人的巫术舞蹈表现了人与动物间亲密无间的关系,这个关系说白了就是吃与被吃的生命的接力关系,这个关系的纽带就是巫术。1978 年在中国连云港将军岩发现了一批古岩画遗迹,内容有人面、农作物、鸟兽、星云及各种符号,最典型的是将军岩 A 组岩画,表现的是庄稼生人的符号,是原始农耕时代人们对人-庄稼生长联想的思索,这是一幅春天土地的祭祀图画,表达了人与土地的关系,春天与庄稼的关系,其人面庄稼的形象集中表现了春天土地的生长力量,人与庄稼的关系如同人与动物的关系一样,随着庄稼与动物进入人体以后,人便获得了生长的力量。在这里人面庄稼是象征人食一体的春天土地生命力的精灵,这样的精灵就像澳洲的"玛那",非洲的"卡根"一样,都是原始的生命力的象征,所不同的是"玛那"与"卡根"与欧洲岩画一样所表现的是人与动物一体,而中国则是植物与人的合一,反映的是中国谷物崇拜的农业文化基础。

云南沧源岩画是中国西南地区最重要的岩画发现,岩画所描绘的是一幅幅半农半牧的神化世界,用红色的赤铁矿颜料描绘,据说是以此象征鲜血之色,用作唤醒祖先死去的生命。画面以密集的人形与牛形为主,还有一些其他羊、狗等动物,人形皆作"跳神""手舞足蹈"之状,列队或环舞或聚集做出种种求食、乞食、取食的种种行为之图像。另外发现在秘鲁的喀喀湖史前岩画,其风格与云南沧源几乎一致。具有原始村社聚落的生活的象征和巫术、祭祀、庆典活动的象征,其目的就是求得丰饶的食物,那些人像既代表了神又代表人,是人化的神,又是神化的人,既是食物的主宰者又是食物的被主宰者,喧腾着人类向食物求生的强烈愿望。在中国内蒙古阴山岩画中则表现了一种更为抽象混濛、神秘的图景,似乎神灵附着动物的身上,神灵是人的意志也是动物的精灵,人、神与动物是完全混为一体的。人的生命在动物身上而得重生,而动物的神灵又主宰着人生。动物作为食物的来源,主宰着人生,动物又作为人外生物被人的意志驯服,人与动物之间实际上是双向控制关系,在控制与被控制之间存在着人化的动物的神灵,她来自人的想象中的天地自然之神,她就是限制或帮助人类获食的狩猎之神。朱狄教授对内蒙阴山岩画图形有这样的评述:"这里,狩猎动物和一些神灵形象难解难分地混杂在一起,这些神灵的符号就成为是狩猎神的符号,它们既是狩猎动物的主宰,又是狩猎动物的保护者。"

（《原始文化研究》）。在这里神向人提供帮助，同时又保护着动物，这实际上是原始时代在狩猎极其困难的条件下人们所产生的一种意识，动物界与人在热兵器产生之前仍能保持一定的生态平衡正缘于此。狩猎的困难性构成了几乎在所有的狩猎文化中都有这种意义的双关联系，狩猎的双关联系引申了食物的禁忌和更高级的图腾崇拜。

在遍及世界各个角落的原始岩画中，非洲岩画具有极其重要的地位，与欧洲史前岩画不同的是非洲岩画基本上都是露天的，布质曼人被认为是这些岩画的重要作者。在旧石器与新石器时代他们遍布在非洲的广大地区，他们的猎取大型水栖动物为生，同时也放牧羊群。据考古学上的证据，非洲从公元前 800 年到前 2000 年是寒武纪的潮湿期，当时撒哈拉地区是一片布满热带植物适合于狩猎而不是现代的一片沙漠，正是这一地区是生发非洲史前狩猎艺术最为重要的土壤之一。野牛、角马、条纹羚羊和南非斑驴和非洲"肿臀"的土著民是岩画中的主要形象，这种岩画用红砂土作颜料，分布极广，仅在撒哈拉中 800 千米长 50—60 千米宽的思阿哲尔山脉周围地区就被发现有 1 万多幅作品。非洲岩画虽然在历史年代上虽然稍晚于欧洲，其表现形象和手法上与中国不同，但在发生的意义上则是相同的，因为任何艺术在产生之时都是从实用出发的，然后才具有审美的意义。原始人的心智具有相对一致的特点，都对自然世界的认识混淆不清，他们都直面最迫切需要解决的事物。而获取食物则是最为重要生活之事，他们崇拜食物就是崇拜动物和植物，同时，也是崇拜人兽一体的神灵，其本质就是对自然力量的畏惧，其目的就是企盼获得更多的食物。朱狄教授在认述非洲史前岩画的发生的引用了"卡根"（kaggen）这个名字，这是非洲原始部族的一个基本信仰，那么卡根又是什么呢？"卡根是狩猎神的一种化身，是狩猎的主宰神。卡根是无所不在的。显示于自然中神圣实体不是别的东西，就是自然本身"。（《原始文化研究》）非洲岩画中的那些动物不过是"自然"的代表而已，自然本身就是要以不可见的卡根呈现于可见的形式中，于是就必须要借助一种有形体的东西，对卡根的信仰就是通过对岩画中动物和特异形象崇拜来达到目的，正如弗朗西斯·克林根特所说："岩画最主要目的是在于通过崇拜活动使神向人间提供食物。"（《艺术和思想中的动物》）岩画与动物融为一体的人神形象的主要功能就是驱使动物向人类走来，走近人类，从而被人类作为食物，人类从中获得生命的力量，进而再化为动物神灵，如此往复，周而复始，这可能就是产生于史前岩画的简单逻辑思维。人类的求食活动在本质上为原始巫术和宗教提供了契机，这个契机就是对食物的崇拜。实质上，食物崇拜在某些意义上比性崇拜更为重要，也更为广泛。与性崇拜构成原始崇拜的两大支柱，支撑着人类在饥饿中顽强生活和种族繁衍。因此，我们并不能以现代人类的思维为原始人想象，而是应在原始人的思维去想象原始人创作的事物，就如同在幼儿的视线下对外界事物的感受与成年人之间具有本质的差异一样，成年人所想的并不是婴幼儿所想的。随着

人类从童年到青少年的进化，一些深邃的思维必然会透过现实存在物的表象而深入的发展。例如，运用巫术的宗教、经验的累积乃致现代科学思想和哲学等，都是由表及里，由具象到抽象，由实用到审美。人类的行为都从自然的模仿走向理论的总结，再走向思想体系的建立。无论怎么解释，人类对食物的直接崇拜都是人类思想成长的第一步。

恩格斯早就指出："马克思发现了人类历史的发展规律，即历来为繁荣芜杂的意识形态所掩盖着的一个简单事实：人们首先必须吃、喝、住、穿，然后才能从事政治、科学、艺术、宗教等。"（《马克思恩格斯选集》第3卷575页）在这里吃、喝、住、穿代表了人类的基本物质生活的全部，而吃、喝是最重要的首务。马林诺夫也曾多次指出，原始民族即使在顺利的条件下也避免不了食物缺乏的威胁，所以，他们的所有重要的原始宗教信仰几乎都是围绕着保证食物来旋转的。也就是说，以吃为首要代表的对生活基本物质的崇拜正是原始宗教的开始，所崇拜的形式和方式就是所谓的造型艺术和巫术，正是由于这些人类生命赖以依靠的生活物质的稀缺和难求才产生对其敬畏、渴望的基本感情色彩的信仰、崇拜心理，进而产生了最初的宗教仪式与技术和艺术的创造，这些都具有着工具的意义。伟大的德国哲学家黑格尔也曾说过："没有人会愚蠢到像康德哲学那样，当他感到饥饿时，他不会去想象食物，而是去使自己吃饱。"（《哲学史演讲录》）在这个意义上，原始巫术的一个最重要的实质就是"想象食物"的方式。印度的《蒙达迦奥义书》中说："只有通过苦行梵天方能出现，从梵天那里才会出现食物，有了食物才能呼吸、精神、真理，星球以及它永不停歇的旋转。"

按照印度早期《吠陀》的观念，世界是生主所创造，他既是生命也是死亡，或者也可以说他本身也就是饥饿，他之所以被创造出来就是为了把自己当作牺牲来把自己吃掉，这在一定程度上客观地反映了史前人类的那种混沌的世界观现象。实际上人与各种动植物都处于一个食物链上，他们之间生死相依，大自然的法则赋予了生态的平衡。在人的意识上，由于人处食物链的顶端，一切动植物都可以被认为是食物对象，是食与被食的关系，然而一切可食的动植物都代表了一种自然力，直接制约着人类的生存，因此，在意识中企盼丰富的食物为人类提供更好的生存条件和更好的繁衍条件。人类对食物崇拜通过巫术用意识呼唤自然，用心理沟通自然，用精神与自然互动，而产生于狩猎时代的烹调与原始农业和畜牧生产都是对这些精神活动实践的伟大成果。古罗马创作于公元2世纪的雕塑狄安娜神像则是集中表现人类多生丰产意识的一个典范。狄安娜（Diana of Ephesus）神像有许多个乳房，这象征着她能产奶乳，同时也能生育众多儿女。乳水象征食物的丰盛，这是养活众多儿女的根本保证，那众多的乳房是为包括人类在内的众多自然界生物所准备的，因此，狄安娜象征着自然之母、大地之母、生命之母和丰产之母，在广义丰产的前提下，人类的食与性得到了最为崇高的融同和统一，埃里奇·纽曼则用一句最为直率的话总结了这一点:"在原始水平上,意识实际上被等同于吃"(《意识的起源与历史》),二千几百年前中国古代儒家曾说:"饮食男女,人之大欲存焉。"(《礼记·礼运》)中国人历来认为人是饱食然后思淫欲的,可以认为在世界文化史上,史前人类对于食物的崇拜性质具有一致性,尽管方式方法具有差异,但食物崇拜在原始社会诸种崇拜中的第一性或谓之前提则是毋庸置疑的。

第二节　史前巫术中的食物崇拜

以上我们阐述了史前造型艺术中古岩画中为什么以动、植物与人形为主要表现形象的原因,这就是对食物的崇拜,而食物就是那些被绘制的动、植物形象。人的形象则是拟人化的,与动植物神灵的混合体,这就反映出了人类最初的宗教信仰情况,绘画是形式,所表现的宗教思想才是本质。首先我们应当知道什么是宗教。宗教是一种对客观世界通过主观虚幻的判断所形成的社会意识形态,宗教相信因果,信仰超自然与人间世界的主宰力量,崇尚神鬼与天道。对未知世界的忘我崇拜通常被称之"迷信"。马克思说:"相当长的时期以来,人们一直用迷信来说明历史,而我们现在是在用历史来说明迷信。"(《马克思恩格斯全集》)恩格斯认为:"宗教是在最原始的时代从人们关于自己本身的自然和周围的外部自然的错误的最原始的观念中产生的。"(《马克思恩格斯选集》)如上所述,原始宗教主要是产生于食物崇拜中,而原始宗教思想又催生了史前造型艺术这是毋庸置疑的。我们又知道,原始宗教的实质是"自然崇拜"的万物有灵。而自然的力量又集中在人食关系中的动植物之上,人的精神在创作造型艺术的过程中得到发泄,得到满足。恩格斯曾指出:"在远古时代,人们还未完全知道自己身体的构造,并且受梦中景象的影响,于是产生了一种观念:他们的思维和感觉不是他们身体的活动,而是一种独特的寓于这个身体之中而在人死亡时离开身体的灵魂活动。从这个时候起,人们不得不思考这种灵魂对外部世界的关系,既然灵魂在人死时离开肉体而继续活着,那末就没任何理由去设想它本身还会死亡,这样就产生了灵魂不死的观念。"(《马克思恩格斯选集》)可见原始思维的基本观念就是灵魂观念以及由它所演化的万物有灵的观念。到目前为止,几乎所有的人类学家都认为万物有灵是原始宗教思维最重要的特征。在中国关于灵魂的著名典型是《楚辞·招魂》中关于"魂兮归来"的呼唤,在西方文化学先贤中柏拉图是灵魂不死论的主要代表,英国人类学家进化论的代表爱德华·B·泰勒在划时代巨著《原始文化》以大量事证明宗教起源于原始社会的万物有灵信仰。"万物有灵论"(animism)一词源泉于拉丁文"anima"一词,原意是指一切存在物和自然现象中存在一种神秘属性,即神灵,这种属性就其本性而言是人的感觉所无法感知的。从持有这一观点的人来看,无法感知的对象比能直接

161

感知的对象更为重要。泰勒完全在一种原始宗教的意义上用万物有灵论一词来说明原始部落中盛行的对灵魂和神灵的普遍信仰。他认为在人类的尺度上,万物有灵论仅指那些低级部族的宗教信仰,在这种观念的传播过程中,它本身有着深刻的变化,但又始终保持着一种不可打破的连续性,直到进入现代社会文化之中。泰勒说:"事实上,万物有灵论是宗教哲学的基础,从野蛮人到文明人来说都是如此。虽然最初看来它提供的仅是一个最低限度的赤裸裸的,贫乏的宗教的定义,但随即我们就能发现它那种非凡的充实性。因为后来发展起来的枝叶无不植根于它。"(《原始文化》)

一般将万物有灵的理论分为两大教义,它们各自又都形成了一个连贯的学说。首先它涉及一些个体生灵的灵魂,这些灵魂能在个体的躯体死亡后继续存在;其二它涉及其他一些上升到神性系列的神灵。神灵能影响控制物质的各种事象,掌握着人的现世与来世的生活,而这种信仰的存在自然地导致敬畏和赎罪活动的进行,因此,在万物有灵的充分发展了的形式中,无不以某种方式去控制各种神灵,在实践上的结果就表现为各种崇拜活动。如此说来,原始人的食物崇拜实际上就是崇拜隐藏在食物原料——动植物形象之后的种种神灵。而这种崇拜是通过巫术来进行的,巫术实际上就是关于沟通人与种种灵魂、神灵之间关系的一种仪式和技术,或谓工具和方法。巫术所要解答的问题:第一,是人活的躯体与死的躯体究竟有何区别;第二,是醒时、梦境、昏迷、疾病、死亡的原因究竟是什么?第三,是梦中和幻觉中人与其他生物的形象与活着的身体是什么关系?第四,是如何进行人与种种灵魂、神灵之间的联系并达到人神之间相互传达彼此意识的目的。英国著名的人类学家詹姆斯·G·弗雷泽认为,在人类智力发展之阶段即:巫术—宗教—科学中,巫术是最基础的,被称为宗教前的宗教或谓之艺术前的艺术,弗雷泽以大量事实说明,原始人企图通过巫术来控制现实是遍及各大洲各种角落的文化现象。弗雷泽云:"被采用于艺术实践中的巫术原则的同一性包含在这样的一种信念中,原始人相信通过巫术能对无生命的自然起调整作用。换言之,原始人暗中猜测,相似和接触的规律是普遍适用的,而不仅限于人类的行为。简言之,巫术是一种假造自然规律的体系,一种不合格的行为指导,一种伪科学,一种早产的艺术。"(《金枝》)在史前岩画中那些动植物与神灵混杂的现象就向我们传达了某种施行巫术的信息,这是原始人利用巫术企图控制客观世界中人类求食所进行的狩猎、畜牧和农业活动的反映。

在现代的"原始民族"中有许多例子可以看到原始宗教巫术中对食物崇拜,灵魂分离论是怎样控制着饮食生活的。例如范库弗群岛上的阿特人(Ahts)认为一个人的灵魂可以自由地进入他人或动物的身体。他们认为自己的祖先是以鸟兽、鱼类的形象存在的。这是由于自己族人的精灵进入到这些动物的身体所致。人类文化学先驱泰勒认为,原始人的意识不可能在精神意义上将人与动物绝对区别。

在他们看来,鸟兽的吼叫正如人的语言一样,而且动物的行为是可以通过人的思想给予指导,灵魂在鸟兽身上存在正如在人身上存在一样(《原始文化》)。英国哲学家休谟在《宗教的自然史》中提出:"人类有一种普遍的倾向就是认为所有存在物都像他们自己一样,于是他们就把自己内心意识到的亲密而不熟悉的特质转嫁到所有的对象上,这种持续不断地支配着人们的思想,并且把以同样方式呈现于他们的不可知的原因被他们理解为是同一种或同一类的东西……人总是把自己的思想、理性和热情有时甚至是把人的肢体和形状赋予这些存在物,以便把它们带到和自己的外貌相接近的状态。"这句话实际上表达的正是万物有灵论的心理根源。我们也可以将之看作是史前岩画施行巫术的心理基础。原始巫术的最重要目的就是使人与自然界万物的精灵联系,以期控制它们为自己的饮食生活服务。我们追溯原始人类思维特质的时候,就愈能发现这种宗教心理对原始人类饮食生活所具有的巨大的支配力量。这种心理的外化便必然地在很长的历史时代中使饮食活动在一片茫茫的神话氛围之中,一切动、植物的主宰神实际上就是人类自己。

在原始人的思维中,人可以是动物,动物也可以是人,但在现实生活中,饥饿迫使人类要做动物的主宰者。但是,人又对动物灵魂感到恐惧,造成了人类求食行为的障碍,人们寻找消除恐惧,实现心理平衡的方法便是巫术,这实际上就是人类负罪心理萌发的道德意识。既然人就是动物,都是平等的,但又为什么要杀戮和食用它们呢? 但为了生存又不得不如此,只有通过巫术才具有赎罪的感觉,也只有通过巫术,动植物才能理所当然地成为人类的食物。实际上,这也是人类的一种控制自然的意识表现。除了在史前造型艺术中有许多这样的表现外,通过观察现代的一些狩猎民族的求食行为,也可以充分地发现这一情景。据库特·拉斯马森在《内特西克爱斯基摩人的社会生活和精神文化》中说:"爱斯基摩人认为'动物常常就是人',所有活的东西彼此都很相似。"爱斯基摩人有一种奇特的习俗,他们对驯鹿采取十只中抽取一只宰杀食用的方法,当这只驯鹿被宰杀时,爱斯基摩人就通过承认与其鹿群有亲戚关系,从而获得了隐藏在驯鹿后面神秘力量的谅解。而加拿大的狩猎部族在追击猎物之前,就要吃素禁食和举行祈祷。他们与非洲的一些原始狩猎部族一样,当一只野兽被杀,就要举行周期性的村议会以保证野兽的繁衍。狩猎者这样做的目的是让野兽的报复无效并使死去动物的灵魂重新回到与狩猎者融洽的状态。在雷蒙德这个地方曾发现了一块表现食物祭祀图腾的史前骨雕,在画面上是一只被肢解了的野牛,牛肉已被割尽只剩牛头与骨,周围站立着七人,其中有一人手执祭器,像是在举行着祭拜仪式。我国内蒙古、新疆地区的鄂温克人也具有相同情况。鄂温克人杀熊和吃熊都有一套异常复杂的仪式。他们打死和食用熊肉之前,任何人都不能说熊是被打死的,而只能说是熊"睡觉"了。对于杀熊的刀子要说成是割不断东西的钝物,枪支要说成是一种吹气的东西。总之,要忌讳说出刀和枪是凶器。在吃熊肉的时候,大家围坐在"仙人柱"中齐声"嘎嘎"地发出与乌鸦一

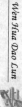

样的鸣叫，并说"是乌鸦吃你的肉，不是鄂温克人吃你的肉"，然后大家才开始吃熊肉。熊的大脑、眼珠、心、肺、肝、食道都不吃，认为这是熊的灵魂所在的地方。对熊的风葬仪式也有特点。鄂温克人将剥下的熊皮与其头、食道、心脏、肺、肝和脚趾、右上肋骨 2 根、下肋骨 3 根、左上肋骨 3 根、下肋骨 2 根同桦树条捆实，并再用柳条捆六道。头向东安葬在事先架好的两棵树中间的横梁上。葬熊的松树必须是枝叶茂盛的高大松叶，将两棵树里面削成平面，横几道沟，并用木炭、鲜血和各种鲜花将其涂成彩色，在靠头树的第 6 道沟两侧，砍出刀口将熊眼安上，然后人们用假哭致哀，在上风处点燃火堆，用烟熏除污。（秋浦等：《鄂温克人的原始社会形态》）鄂温克人的这些复杂仪式就具有巫术性质，反映了人们又要做动物的主宰者，又希望被动物神灵所佑护的两重心态，他们将狩猎神与保护神的双重神性赋予狩猎动物。"假哭"并不是虚伪的情感，而是一种赎罪的表演，对于动物来说，被人类吃掉的只是其"替身"，而不是其"原型"，动物的"原型"则可以借助不死的灵魂而重新投胎，为了动物投胎后仍能保持替身的外观，鄂温克人创造了"风葬"这一深思熟虑的巫术仪式。

在《礼记·王制》中，对人类狩猎赎罪行为也有记载："獭祭鱼，然后虞人入泽梁。豺祭兽，然后田猎。鸠化为鹰，然后设网罗。"原始人认为先去捕杀某种动物的天敌，取得其谅解后，再捕杀该种动物才不会遭其灵魂的报复。这里獭是鱼的天敌，豺是兽的天敌，先捕杀獭与豺作为献祭。这实际上是一种对被主要捕杀动物的怜悯心理的情感外露，是一种与现代情感逻辑相背离的原始人赎罪心理的情感逻辑。这里对动物的不平等性的心理基础是复杂的，人们对一部分动物具有移仇心理，对另一部分动物具有感恩心理。例如，前面对獭和豺就是移仇，移仇的目的就是讨好请求宽恕。"鸠化为鹰"的"化"字，实际上指的就是一种巫术，通过这种巫术祭礼获得自己心理平衡，这些被狩猎的动物已满意于自己的命运，这是因为人类已杀死了他们的仇敌。巫术所表现的安抚与赎罪情感正是一种道德情感的成长，从而产生了宗教的力量，从本质上已成为萨满信仰，当对某种被狩猎动物由怜惜之情上升为一种报恩思想和敬畏之情，该动物便成为图腾化的精神动物。并随之而产生了对这种食物的禁食，因图腾而对食物的禁忌与否，实是史前人类对食物的崇拜达到的最高境界。

第三节　萨满、图腾与食物禁忌

人的生命得以维续是由于吃了动植物的结果，这些动植物在万物有灵观的时代所被人类吃用的只是其"替身"，而其灵魂却是永存的。由于"替身"给予人类的养育之恩，人们对这些动植物的怜惜与哀悼之情油然而生是自然的。将动植物的不死神灵化便成为萨满信仰和崇拜。萨满崇拜充斥着人类对自然生物的敬畏和感恩情结,在感恩意识形态中将某些动植物形象上升为偶像时,便出现了图腾,图腾是人类对感恩物情感的形象凝聚,既代表了具象的物种,又反映了抽象的精神,尽管萨满的图腾内容扩展延伸至一切神灵化事物,例如性图腾、器物图腾等,但萨满宗教的图腾的主要对象和发生根源仍是食物来源的主体动植物。图腾的功能是使人对给人以生活的自然界一切事象产生顺从和爱戴心理;用浓缩的形象物向自然界表示本人与群体的爱、恶、畏、敬的精神取向。在食物上则表现出了对某些食物禁忌与食物喜好。法国人类学家和史前考古学家易德烈·勒鲁伊-古朗在《史前艺术的宝藏》一书中通过对 2 188 个动物形象,66 个史前岩洞和 110 个史前遗址的调查之后得出结论性看法:"旧石器时代的画家并不去描绘所有的动物,而只是去描绘某些种类动物,而这些动物也并非都是在他们的日常生活中起重要作用。"也就是说被绘画的动物往往不是最为主要的食物,而是被神灵化的对象,这正是图腾动物的偶像来源,是敬畏情感心理的外化产物。例如,在马尔索勒斯洞穴里并没有驯鹿形象的岩画,但有着众多被食用驯鹿的遗骨,又如在阿尔塔米拉洞穴早期的岩画中,山羊的形象较多,但是随着愈到后期,山羊的形象就愈少,然而当时山羊与驯鹿的数量依然很多。随着岁月的推移到近现代的许多绘画、雕塑中又有了许多这些动物为主题的造像。可以认为对动物的造型艺术实际经历了如下历程:

巫术,生活实用型的依赖关系对象物(原始早期);

图腾,感恩神灵化的禁忌符号物(原始中晚期);

纯艺术,艺术创造型的审美关系象征物(原始时期后)。

如果说巫术的本质是一种"想象食物"的方式,那么,图腾则将某些想象的食物提高到"神圣"地位,这些构成了萨满崇拜的全部意义。"萨满"往往在食物极其缺乏的地区盛行。实际上世界人类都经历过萨满图腾的漫长岁月,直至今天无论是何种宗教和造型艺术都深刻着这一文化的传统痕迹,例如,中国民族所崇仰的龙凤图腾,实际上是多种动物形象的综合,是人对这些动物敬畏感恩思想高度凝聚所生产的神圣物象。佛教的茹素,伊斯兰教的洁食以及基督徒的祈祷之食都显现着无限深远的萨满精神。人类对食物的崇拜由实用的巫术到图腾的神灵化,其内在发展的动因正是人类道德意识的苏醒和道德情感力量的产生。

在这里,让我们进一步讨论一下萨满与图腾食物崇拜的表象与本质。"萨满"(shaman)一词的语源是不确定的,具有多元发生的性质,也并不是一个独立宗教,实际上"萨满"是人类从自然状态升发出来的自然崇拜形式,被认为是万物有灵或多神崇拜。因此,许多文化学者都从自己的角度出发去解释它,而具有难以确定性。一种对动物生命得以不死的信仰被认为是广义上的萨满崇拜,无论是亚洲、美洲、非洲或者是澳洲和欧洲的原始人类都普遍具有这种信仰,而作为萨满宗教组织和教义的形式只是以后若干年代的事件,遗存在近现代的狩猎部族之间,又因不同区域民族而信仰对象不同,给出的定义也具有差异,"萨满"一词最早来自帝俄时代的通古斯(Tungus),它的主要现象特征是在人与神或精灵与人之间充当调停者,一些人类学家习惯将主体萨满仪式的人称为"萨满",萨满是具有神权者,其职能就是治病和运用巫术解决人与动植物间的矛盾冲突。萨满信仰和图腾信仰相类似,主要表现在它与动植物的关系中,它相信人的灵魂是作为一种"外部灵魂"存在于动植物身上,也存在于一些无生命的事物之中,它们通过一种有形的交感(physicai sympatby)联结成一个整体,其中一个的命运依赖于另一个。安德烈斯·洛海尔曾对北极狩猎部落社会的萨满崇拜进行考察,一个北极地区的狩猎者曾说:"生活中巨大危险也就在于人的食物是由一些活的灵魂来做成它,这就意味着他对每一只被杀死的食其肉寝其皮的动物有种特殊的疑虑,因为所有的动物都有一个灵魂。"洛海尔说:"萨满是他最早企图去把肉体和灵魂加以区分以完成一种精神能力的信仰。因此,旧石器时代的人所画的动物是种精神动物而并非在重现现实中的动物。""狩猎者在一幅动物岩画中看到的是动物灵魂的力量,它的精神的存在,并相信通过对动物形象的绘制,他就有能力去控制并影响它的灵魂。"(《萨满·艺术的开端》)。他的结论是:动物的形象,它是不朽的,它的存在是为了维护子孙在尘世的生命,而这些子孙也就是他的精神化身。它的形象是种抽象,但总能和种族的个体保持一定的联系,并对这些个体发生影响(《石器时代的宗教观念及它对欧洲思想的影响》)。正如中国人是龙的民族一样,龙是一种抽象的精神图腾,龙的精神影响着世世代代的中国人。

实际上图腾(totem)的概念是从现代原始部落那里产生出来的,最早的是英国商人J·朗格在《印第安旅行记》一书中为了记述印第安人相信人鸟,最典型的是澳洲土著民族中所盛行的"祖先图腾"(totemistic ancestorg),所表现的是一种人与动物同形一体的神像符号——"德马-神"(Dema-deities)。原始部族常常将某种动物或者植物作为徽记,是因为他们认为部族的生命或精神或繁衍来源于它们或者本身就是它们生命的延续和不朽,因此,他们将这些符号化的神像动植物认作为祖先的力量。例如,西非的博罗之人将一种鹦鹉尊之为他们的图腾,认为自己是鹦鹉精神的化身和后代对鹦鹉的崇敬和畏惧产生了不吃鹦鹉的禁忌。而在中国古老的神农族的图腾中就有一个象征庄稼的"禾"形,这是表明了神农氏族对庄稼崇拜的文化传承,因为神农民族正是由于"禾"的滋养而得以长存。这种与某些动植物的认同"整个古代岩画的一系列主题都纯粹是萨满主题,因此我们必须把艺术的起源和萨满的信仰联系起来"。也就是说最早的艺术家就是萨满,萨满作为调停者,其调停的目的就使人类理所当然地顺利地获得丰盛的食物。但在萨满运用巫术调停的时候,我们正看到了萨满内蕴的道德情感力量,人们从感恩的赎罪进而产生崇敬和畏惧,在动物的表象上人们看到了神性,就像美洲的纳瓦霍人所说的那样:"狩猎动物就像人类一样,只是更加圣洁;它们就像圣人一样。"(希尔:《纳瓦霍印第安人的耕作和狩猎方式》》正如前述将某些动物神圣化便成为图腾动物,同时也产生了图腾食物的禁忌,即不准将象征图腾的动物猎杀。在许多研究史前文化的著作中实际上对萨满巫术和图腾都没有明确区别界定,而是混为一物。如果说,萨满是万物有灵的信仰形态,巫术是行使的仪式和方法,那么,我们就可以理解图腾具有这种信仰的符号性意义,不同的图腾是代表不同信仰事物的各种符号。直至现代人的各种徽记、徽章实际上正是古老图腾形象的演变,只不过原始图腾基本集中在动植物的象征意义上。G·雷切尔·利维认为:图腾信仰是多种形式的实体,它是一种体现在不朽祖先精灵中生命力的核心,它们一般被想象为人的形象,但也认为是一种作用,就是图腾信仰的标志。动物图腾得力于人类道德情感的觉醒而产生了对此动物为食物的禁忌,而庄稼图腾正是人类对食物禁忌的升华和转化,揭示了原始人类由狩猎的自然状态向农业的生产状态转化情景。人类开始依靠自己生产的庄稼为粮食而走向文明。因此说,庄稼(农作物)图腾是将原始人类从食物禁忌中解放出来走向生产文明的标志,是图腾食物崇拜的最高阶段。虽然图腾的概念产生很晚。但是,文化学家广泛地用图腾一词去描述遍布于世界的这类相似的信仰和习俗,泰勒在《原始文化》中称为"氏族动物"(clan-animai)的名称或象征符号是"dodaim",这词就是图腾一词最常见的形式。图腾作为对某种崇拜事象的符号和神话,其起源于许多方面,除了动植物崇拜外,还有性、社会形态和一些无生命的自然现象,然而动物形象仍是其主流,所崇拜的动物也不仅是表现一种食物的禁忌,也表现了对生命传递的感恩和形象、行为的模仿内容,这些都是将动物或植物神圣化图腾的必要理由。即使在食物禁忌方面,除了敬畏的内容,也有厌恶摒弃的部分,它们都与人的某些方面具有一种神秘的精神关系,使人亲近或远离。后者如非洲某些民族对刺猬卷缩外形的厌恶而禁食刺猬,又如伊斯兰民族因认为猪是不洁的而禁食猪,它们都不能成为图腾动物但也是禁忌的食物。同理,作为图腾的动物有些是禁忌的食物有的却是想往的食物,前者如南非马陶人的狮子、巴奎勒人的鳄鱼图腾等,后者如常见的鱼、驯鹿、野牛图腾等。如果说因图腾而产生的食物禁忌是人的道德意识所致,那么,因厌恶而产生的食物禁忌则是人类审美意识的觉醒。

泰勒认为:"宗教的一种最巨大的因素,即道德因素在高级民族中形成宗教最生动的部分,在低级种族中虽很少有所表现,但决不意味着这些种族就没有道德感觉或没有道德的标准,而是在他们中间这两方面都留下了强烈的迹象。它即使没有正式地表现在他们的戒律上,至少也表现在那种我们称之舆论的社会传统的一致性上,按照这种传统,某些行为才被看作是善的或恶的,正确或错误的。"(《原始文化》)这里,泰勒认为人的道德价值标准产生在审美价值之前,是因为人类首先树立了善恶标准,然后才树立了与之相应的美丑标准的。人类从自然状态转入到道德状态,在人类历史上经历了漫长的数十万年,这是人类向脱离动物界迈出的最为艰难的一步，而从道德状态进入审美状态则是原始人向文明时代迈进的精神通道。可以认为，史前早期的造型艺术中的动植物群象都具有图腾的意韵，都是一种宗教道德情感的反映，而后期图腾动植物的人神一体化形象与食物的禁忌则既具有道德又具有审美的价值力量。赫尔曼·鲍曼曾将原始图腾分为两种基本类型，一种是"群体图腾"，这是最为古老的；另一种是所谓"低级图腾"，这是具有综合性征的个体形象，具有更为复杂的宗教因素，而实际上我们所认识的最为生动的图腾正是"低级图腾"，它有别于文明期具有无限扩展延伸意义的抽象的高级图腾，"低级图腾"仍是原始图腾，一般指新石器时代前后或"现代原始民族"中的图腾。因道德情感而产生了对图腾中动植物的食物禁忌，而那些不属于图腾动植物的食物禁忌则解释为审美意识所致。前者以善恶价值为标准，后者以美丑价值为标准，这些标准都是由人类自然状态动物本能标准上升的精神化标准而并非是食物对于人体生理功能的健康经验与生物科学标准。

对图腾与禁忌的研究，最著名的是奥地利精神病医生弗洛伊德，他在 1913 年出版的《图腾与禁忌》一书中比较系统地介绍了各种图腾起源的理论，从而使图腾概念被绝大多数人所接受。他认为，禁忌产生于人对自己动物性本能的原罪忏悔和对事物的恐惧情结，他以精神分析学为基础认为：原始人类之所以将某些动植物神圣化作为氏族的图腾，是因为这种图腾被视为他们父亲的替代物，出于对父亲的敬畏而禁止食用图腾动物并且禁止与自己图腾氏族的妇女发生性关系，而那些被禁忌食用的非图腾性动植物则因为其有毒或形象丑陋或过于懦弱和阴险的性格等不良因素会因人的食用接触发生交感作用传递给人，因此也被禁忌。

在中国大陆地区，实际上所发现的史前岩画和图腾食物禁忌现象既少于欧洲也少于非洲和美洲，这是因为当这些地区还处在狩猎时代时，中国大陆人类早已走向游牧和农业生产的时代。因此，更多发现的是一些具有更高一级的图腾现象，例如，龙和凤以及《山海经》中所描绘的一些人兽一体的神异之物象。大陆人类已跨出了图腾食物禁忌的道德范畴，而进入了食物禁忌的审美与经验医学的范畴。龙凤历来被认为是大陆人类的父系与母系祖先的化身，对其崇拜更多的不是食物禁忌而是对这两种由多种动物综合概括而成的神灵物以报恩和热爱，因为它们既是一切动物的主宰神也是人类的主宰神，它们以丰产神的祥瑞气派带给人类丰足的生养哺育生命的物质资源。中国、印度、埃及等史前主要农业区在图腾食物禁忌方面的发现少于欧、美、非洲的狩猎民族，然而这些地区人类进入游牧和农业生产文明较早，丝毫不影响其食物图腾禁忌的史前存在。在 1 万年前后的游牧与农业区的食物禁忌实际已不与图腾禁忌具有过于紧密的联系，也就是说其已经进入以审美经验与医药经验为标准的食物取舍时代，其图腾物已是有了高度的广泛性与概括性而神性化更强。然而不可否认，在此之前对某些图腾禁食的确定性是必然的。弗洛伊德认为：禁忌实质上是矛盾心理的表现。原始人一直生活在矛盾心理之中,对于动植物的看法,既需要食用,但是又害怕报复。巫术能使动植物向人类献出"替身",而原形则通过图腾的巫术传递给人类而得到继续生存。食物来源充足时,对某种强势动植物的禁忌在图腾意义上的实质就是一种妥协,在这个妥协中人类心灵能得到安宁和解放。中国西双版纳的布朗族历史上曾崇拜竹鼠图腾。布朗人将竹鼠看作是其父母的灵魂而禁忌食用,甚至连看到都视为不祥。因此,人们要远远地避开它,然而当灾荒年来到时,食物来源极度缺乏,人们便不会遵奉其图腾的禁忌而将其捕食,但在捕食之前,必须举行仪式,以求得神灵的谅解。其仪式是每年的四月、九月的"冈永"(村寨忌日),全寨举行盛大集会,集体去找只竹鼠祭祀,以雌鼠为最吉祥,预示来年大丰收。人们将竹鼠拴在棍子上游街,然后将其切成碎块分散给族人每一家祭祀家神。祭祀时将竹鼠块放在火上烤成青烟以示神享。布朗人认为,通过这样的仪式,竹鼠会给大家带来"谷魂"、"盐魂"而丰衣足食。

在原始宗教图腾崇拜的研究领域里,前苏联的海通可谓是极重要的专家之一,他在其《图腾崇拜》一书中认为:一个氏族同时具有一个或多个不同意义的图腾,有属于群体的,也有属于个人的,有的针对性,有的针对家庭等。他研究了澳大利亚的许多土著民部落后得出结论说:"所有图腾都以动物、植物、自然物或自然现象命名。""在任何情况下,图腾物都是群体成员所熟知的,某一地区的某一种图腾物越是普遍存在的,那么,该地区的这种物象作为图腾的也就越多。"在澳洲干旱的埃尔湖地区,统计的 9 个部落共有 195 个图腾,鸟图腾为 56 个约占 34%,各种小动物图腾 32 个约占 17%,昆虫图腾 22 个,植物图腾 17 个,蜥蜴图腾 14 个,蛇图腾 11 个,蛙图腾 10 个,澳洲犬图腾 9 个,鱼图腾 4 个和自然物和现象图腾,雨 7 个,红赫石 6 个,云 2 个。其他地区的土著民族部落的图腾也大致如此,可以从中看到动植物是图腾最为主要的形象,绝大多数并不具有禁忌食用的特殊意义,相反,这些图腾动植物正是人们生活主要的食用对象,图腾的目的正是求得它们的原谅,能作为禁忌食物对象的只是极少的部分,有的甚至连一个禁食对象也没有,统统是作为食粮的对象。Ｃ·Ａ·托卡列夫曾对昆士兰州的图腾作了统计,共有 102 个图腾物象,其中并没有禁忌食用的动物。没有图腾的食物禁忌实际上是处于一种低级图腾状态,虽然澳洲土著人称图腾为"我的父亲"、"我的兄弟"、"我的肉"和"朋友"(豪伊特:《澳大利亚东南部的土著部落》,第 147—148 页),一些澳大利亚土著人与图腾混同为一,并没有将图腾真正的神圣化,人对图腾的食物禁忌是道德升华所表现的尊敬态度,在世界绝大多数地区都存在禁忌,包括澳洲大多数地区,在许多地方这种禁忌是严格的,被禁忌的只是一至两个极少数被高度神性化的动植物。被认为这是一个部落中最为重要的主图腾,因为这些图腾物曾经无论是在食物或精神方面给予部落的贡献都太大了,所以需要人的贡奉。在这个意义上,部落人(包括祖先)就是图腾物本身,对其禁忌便会得到更多的其他食物,因为人本身就是它的后代并且拥有它的精神。在古印度最古老的文献之一《马哈布哈拉塔》中就认为人与神是由动物所生的。人们禁食牛、象等神性动物是因为印度人称之"父亲"和"母亲"。这些实质上就是图腾的仪式反映。无疑这些动物在主体信仰的部族之中是被禁食的,动植物禁食的神圣化正是创造古代神话的最为重要的摇篮。换句话说,人类神话来源于图腾崇拜及其禁忌中,而对于图腾食物禁忌则是极为重要的一个方面,因此,人类最早对生命活动的认识只能是本能地意识到:生命活动来源于对食物的摄取,而食物的本身正是一切可食性的动植物。换言之,是这些动植物赋予了人的生命、繁衍和精神,因此,它们是一体的,具有血缘关系的。人也是共同被某些神灵所控制的,人的最早的一切精神生活是与原始的物质生活条件相适应的。人与动物血缘混同的意识,因之于食物,他们的所有联想都离不开食物的直接或间接的功能作用。然而,这种意识正是人类从动物中走出的第一步。崇拜食物是万物有灵的一个重要内容,也是人类真正生活的开始,马克思和恩格斯指出:"这个开始和这个阶段上的社会生活本身一样,带有同样的动物性质,这是纯粹畜群的意识,这是人和绵羊不同的地方只是在于:意识代替了他的本能,或者说他的本能是被意识到了的本能。"(《马克思恩格斯全集》人民出版社,1960年第3卷,第29页)当人们意识到自己生命是直接地从动植物中获取的时候,便开始对其重视起来,并将一些不能理解的事象归结到对其某些动植物的神灵化方面,从而产生了动植物图腾(崇拜)及其食物禁忌,进而产生了人兽一体的神话和祖先崇拜。这实际上是人兽的分离和对立,是新石器后期,甚至青铜时代祖先神像的完全人格化的前序。从旧石器的人即是兽到新石器时期的人兽图腾证明了这一人化的漫长进程,说明人并不是借助于超人的实体才摆脱了动物界的,反之正是依赖于动物才摆脱了动物界。人的生存因以动物为食,将动物神化高据人类之上是人类意识的必然。正如恩格斯所说:"人在自己的发展中得到了其他实体的支撑,但这些实体不是高级的实体,不是天使,而是低级的实体,是动物。由此就产生了动物崇拜。"(《马克思恩格斯全集》,第27页、63页)。这就是真正的人类文化的历史,食物的重要性具有真正的第一性,一切丢开饮食文化的历史则是无根之谈。正如古印度的《泰帝利耶奥义书》所说的:

> 所有生物都从食物中生长
>
> 栖息大地上芸芸众生
>
> 谁不靠食物就能活命无恙
>
> 天天进餐人才能闯关飞奔
>
> 食物也就成了万物的首长
>
> 人人都把它当作万灵药吞
>
> 有朝一日能得到全部食粮
>
> 梵天也会被当作食物来尊
>
> 因为它是所有生物的首长

铁饭钢万灵药人人颂扬

食物中能诞生出子子孙孙

靠了食物他们才能继续成长

所有生物由它来喂饱抚养

为此之故它才被称为食粮

（《泰帝利耶奥义书》2.2。据休姆和保罗·德伍森英译本）

人类之所以将食物看作神圣的最高实体崇拜，是因为食物是生命的直接创造者和维持者，史前的狩猎者把狩猎动物视为神圣的，就是因为狩猎者认为

$$生命＝力量＝食物＝动物$$

在史前造型艺术中，无论是岩洞绘画和雕塑以及在原始宗教萨满——巫术——图腾所反映的无一不是这一生活的本质，也无一不是为这一生活主题服务的。

第四节　神祇，从动物走向人世

如果我们将原始时代万物有灵的食物崇拜从精神层次上分为三个等级：第一是交感巫术层次，意在借助于控制动植物的图形来达到控制动植物的原型；第二是萨满信仰层次，人是由于害怕死去猎物的灵魂报复，或是对被猎杀动物有留恋惋惜之情，产生了对原罪忏悔的举动，请求动物灵魂的息怒与和解；第三为图腾层次，其基本内涵就是由于感恩和敬畏把养育了自己的某些最具功绩的动植物奉为祖先从而导致了人兽形象一体的神灵化。这三个层次既可以是顺时先后的关系，也可以是同时并行关系。总之，图腾作为第三层次，其实质就是神灵从动物中走向人世，形成人的神话，成为人类的诸神。

当人类崇拜动物，将动物尊为祖先时，是因为人类认为人就是由动物化成的，动物的精神、外貌、形体、力量对人都有遗传性。中国古老的观念认为：吃肝补肝、吃心补心、吃肺补肺，除了后世理解的某些经验医药的意义外，更多的本质则是人与动物的同体性具有直接的传递作用。当人类举行杀食图腾仪式时，就是认为图腾动物不仅是亲戚而且还是祖先，杀食图腾是为了使图腾群体成员都能获得一些超自然的力量。这时人类还没有与动物具有明显的分界。

随着图腾的发展，人的统治意识逐渐认识到主宰神的意志实际上是与自己意志一样的，那些动物之神灵实质上正是自己赋予的，动物之神就是人的神，因此，这些神像应该具备人的一切特点，神灵从图腾中走向人世，表现为具体的半人半兽的神像，人类进入到神话的时代。神话被誉为人类文明的思想曙光，因为神所表现的正是人类朦胧控制宇宙万物的统治思想，是人类企图改造自己，超越自己的精神寄

托。它不是自然的,而是人们在某些历史状态下想象的,因此,也是超自然的。神话使人类具有了更为丰富的思维空间,因为更为丰富起来的物质生活使得人类的联想复杂化。

神话一词,英语是"mythos",意为一个想象的故事,新石器时期是神话发生、发展的重要时期,德国伟大的人类学家恩斯特·卡西尔认为:"神话的产生是人的主体与客体对立的开始,是人兽同一感向生命感的自我意识的发展。"(《神话思维》)换句话说,象征神话的人神图腾都从动物脱变而来,又凌驾在其他一般动物图腾之上,代表着更大社区群落的人文精神,象征着一个民族早期形成的文化传统和宗教情感,以至人的生活的各个方面都有一个主宰。弗洛伊德说:"我们可以假说,神本身即是图腾动物,它是在较后期融入宗教情感后才转变而产生的。"(《图腾与禁忌》)他又说:"我没有必要再重新讨论图腾是否为父亲影像的第一个替代物,而神则是以后才产生,在这个时期父亲影像又代替了人类的形象,对父亲的仰慕可说是构成各种宗教信仰的一个中心。自然,在以后的漫长演变过程中,人们与父亲或人们与动物之间基本关系的转变,均可影响到对人对神的态度。"(同上)这里弗洛伊德反复强调了人与动物和父亲的关系即是人与神的关系,其本质就是人与食物的关系,因为食物进入人体赐予人以生命,人类传承食物原形动植物的生命,那些原形动植物就是理所当然的父亲,当人类生命自我意识苏醒的时候,发现人与动植物具有天然区别,图腾动植物只是父亲的一个"替代物"。而父亲影像本身正如同自己一样具有完全的人格化,于是,产生了"图腾餐"的巫术仪式,图腾餐就是杀死象征父亲的动物,(有时是杀人)将其肉与血分给群体食用,这被弗氏称之"杀父情结"。将图腾神性动物杀而分食是为了增加群体对父亲的认同感,同时,也使每个人都能得其父亲的神力。弗氏认为这是以后"所谓的'社会组织'、'道德禁制'和'宗教'等诸多事件的起源",这种对父亲真相认识,将父亲之神人格化为部落全体人之神,是模仿学习传承的一种规范的偶像。这也是人类由母系氏族社会走向父系氏族社会的深层透因。当人们认为某种动物为父亲,再将父亲人格化为自我,然后将人演变成神的过程,弗洛伊德认为这是人类道德发展的过程,"其中所具有的赎罪心理永远大于图腾崇拜中对图腾的看法了"(《图腾与禁忌》)。在神话中,神与神圣动物之间存在着错综复杂的关系:"① 每一位神都有一特定动物(也有数种动物),来作为祭物。② 某些特殊神圣的祭物常都是曾经做过献神的祭物。③ 在图腾崇拜时期以后,神常被当作动物来崇拜(或者,从另一角度来看,动物被用神的方式来崇拜)。④ 在有关神的传说中,神常会变成动物,尤其是转变成向其献祭的动物。"(《图腾与禁忌》

用象征图腾神的动物献祭于图腾神的本身说明了神话已超越了图腾形象,卡西尔认为这是人的自由个体与自然开始对峙,从而逐渐地抛弃了那些实在动植物形象,而建立起超越一切生灵包括人本身的现象图腾形象——人形的神像,并且增添来自不同思想和情感领域的其他神灵，开拓了神话的广阔领域，甚至连自然本身的天文、地理、明星辰以及一切人事和自然相似的生老病死都由人造神祇主宰（参看《神话思维》）。这是一种诸神序列，是从狩猎向游牧向农业迈进的民族序列，这是与动物形神→半人半兽→同形神人的食物崇拜形式演进相一致的。无论东方还是西方以及非洲和美洲，其神话的基点无非是以保持人的生存与生殖为主要目的的，时刻与动植物的原形脱离不了关系，人创造神的目的，就是为人效力，为人祝福，各司其职。例如"古罗马在农事祭典上，除了大地女神和谷神，祭司还要祈求十二个神对应于耕者的许多活动：休耕神掌管闲地的破土新翻；修整神掌管复耕；犁沟神掌管三耕和未耕，包括挖沟和作垄；接种神掌管播种；巡游神掌管播种后的耕作；耙田神掌管耙地；耘田神掌管用锄头除草；刈草神掌管拔草；收获神掌握收割；运输神掌管把谷物从田里运走；贮备神掌管谷物入仓；供应神掌管从粮库中分发粮食。"（《神话思维》）人类活动的许多特殊动机创造了神灵世界，这是人类想法的客观外化过程，而人类活动的特殊动机在很大一部分内容中仍是以"食物"为中心，东西方主要神祇的客体起源于人类饮食生活实物环境中，也就是说饮食生活创造了诸神主体，因为诸神巨大的能力基础就是用食物养育人民，丢掉这一点其他起源说都是一种空想。

海通在《图腾崇拜》中列举了世界各民族的主要神祇的起源原形。例如巴比伦人的神像多以半人半兽为原形：弥都克神是狮身鹰头或半蛇半猛禽的形象；温尔加勒神的狮身，人首长着鸟翅和牡牛角的形象；埃亚神则是半人半鱼形象；阿达德神长着两只角而蒂阿马特女神则是龙的形象；阿舒尔神有鸟翅和鸟尾；伊什塔尔神为狗形或鸽子形等，甚至连巴比伦传说中的始祖神——金古也具有半人半兽形象。古腓尼基人以及埃及人的巴尔神，头上有一对角，旁边侍坐着两只牡绵羊，世界闻名的埃及金字塔旁屹立的斯芬克思神则具有威严的狮身人面的形象。在古埃及众多神祇中，半人半兽的原形比比皆是，例如女神哈托尔头上长角；阿慕思神有时是人有时又长着羊骨；古叙利亚的阿达德神是头戴王冠长着一对角的形象；牡牛是阿达德神的象征。大马士革城的第一执政官英雄却具有扁角鹿的形象。据《圣经》说：古犹太人的祖先神莫伊谢亚——阿龙兄弟是由金色的牛犊生下的，因此，犹太人崇拜牛犊。在古代阿拉伯人的图腾崇拜中，多神教徒关于超自然实体具有肉体形式的认识多半是动物形体，但又是具有人体特征的实体。人和神都是由动物所生，或动物、植物和其他自然物由人和神所生，这是古印度文献《马哈布哈拉塔》里所描述的。这里的神、女神和妖魔大多是动物的形象。洛莎拉玛女神就是一条"具有神性的母狗"；圣贤什鲁塔什拉瓦沙的儿子沙马尔什拉沃斯的母亲是蛇。古印度神话中的动物、人和妖魔由同一个始祖女神所生，卡皮拉生下阿姆里塔女神和丰神——德哈尔瓦及阿普沙尔、牲畜和婆罗门；所有动物都是姆里吉女神的后代；姆奇里恰兰德生下熊，菲马雷（一种羚羊或瞪羚）和恰莫雷（一种水牛），各种猿猴都是哈里神的后代；莎尔杜利神则生下了狮子、老虎和其他野兽等。

饮食文化导论

　　在著名的古希腊神话中,诸神祇都有其替身动物表象与民族起源于动物的传说,例如:宙斯神是鹰;雅典娜是蛇和猫头鹰;阿耳忒弥斯是扁角鹿;阿佛洛忒是鸽子;阿波罗为狼和海豚;波塞冬是马;赫拉神是母牛;菲加利亚的阿耳忒弥斯是马首或半人半马形象。一些民族如米尔多尼物人起源于蚂蚁;色雷斯人起源于熊;吕西亚人则起源于以狗为形象的太阳神阿波罗等。

　　在中国始祖神话中,伏羲和女娲都是半人半兽的人首蛇身,其原形是龙的前身——蛇,他们结为夫妻创造了众多儿女也拟人是由动物所生的意蕴,其他重要神祇如西王母"状如人,豹尾虎齿而善啸"(《山海经·西山经》);炎帝的女儿"精卫"则是一只衔石填海不止的小鸟,仅从《山海经》中看到这些神祇达数十位之多,有河神"冰夷"、水神"天吴"、海神"禺京"与"禺虢"、沼泽神"相柳"、园林神"英招"、沙漠神"长乘"、时令神"陆吾"、昼夜神"烛龙"、昆虫神"骄虫"、海鸟神"驩头"、玉神"泰逢"等都是人面兽身、人面鸟尾和人面蛇身的。在汉代的纬书中曾描述与黄帝作战的蚩尤八十一兄弟皆是兽身人语等。

　　在原始神话系列中,人类以直观的方式按自己的模样塑造神祇之象,创造了众神灿烂的直观色彩。色诺劳在一首诗里写出了这种情景:

荷马与赫西俄德一起描写了
关于诸神的一切……
埃塞俄比亚说他的神
皮肤是黑的,鼻子是扁的
色雷斯人说他们的神
眼睛是蓝的,头发是红的
但是,如果牡牛、狮子
或马有双手
而且,像人一样能用手描画
和创造出一切的话
那时,它们也会用类似的相貌
来描绘诸神——
马描绘出来像马一样的神
牡牛描画出像牡牛一样的神
它们所创造的形象
恰恰是它们自己的形象
(转引自苏联科学院《世界通史》第一卷)

　　我们可以想象,当原始人类的动物人由动植物所出时,神就是动植物形象;当对人与动植物之间界限若明若暗时,神就是和人兽一体;当人类自我意识清醒之时,神就如人形而神人同形。我们可以看到原始神的象征动物大多曾经是人类的

174

主要食物对象,相反,人类也可以是某些凶猛动物的食物对象。人和动物之间在食物的结点上是互为因果的。他们彼此相互转化,在这个因果循环的原始神话思维里,人类则创造了一个直觉感性的三维神话结构,即

恩斯特·卡西尔在《神话思维》一书中有着精彩的论段:"神话意识从纯自然神话向文化神话的发展,最清楚不过地显示出这个进程的内涵。这里,对源头的探究愈来愈从物的领域转向特定的人的领域,神话式因果关系的形式与其说有助于解释世界或其中客体的起源,不如说有助于说明人类文化成就的起源。的确,按照神话思维的模式,这种解释限于这样的见解:这些便利之处不是靠人的力量和意志创造出来的,而是赐给他的。它们不被当成人的创造而被看成人现成接受的东西。火的使用,制造特定工具的能力,耕作、狩猎、医药知识、文字的发明,所有这些似乎都是神话力量的赠品。此外,人只有使能动性走出他自身,投射于外,才能理解他的能动性。这种投射产生出神的形象,这样的神不再是纯粹的自然力量,而是一种文化英雄,一位光明使者和救世者,这些救星正是正在觉醒的文化自我意识最初的具体的神话表现。在这个意义上,迷信崇拜成了一切文化发展的工具,因为它把一切文化因素固定下来,文化就是由这个因素而有别于一切支配自然界的纯技术因素,并靠此因素显示出文化的具体特殊的精神特征。宗教崇拜并不简单地追随实践;相反,正是这种崇拜常常给予人实用的知识——例如火的使用。动物驯化很有可能是依据非常确定的神话——宗教原则发展起来的,就是说,主要依据图腾观念。"(《神话思维》中国社会科学院 1992 年版,黄尤保等选择本 224—225 页)依此观之,中国神话传说中的神农与黄帝对植物的驯化也具有这一属性,他们作为神或文化英雄的形象介于炎黄时代人与自然界之间,是人类通过神性对自我发现从而成为那个特定时代、特定民族群象的代表,从而成为中国民族共同的祖先神祇,完成了神灵从动物走向人世的历程。只有当神祇完全脱离了动物界时才得以真正地进入人间,成为各有特色的个性神。神人同形使人类拉开了与动植物之间的精神距离,走出了直觉因果困境,找到了对自然万物困惑现象解答的一种哲学方法,成为人类扣开通向文明之门的内在动力,也是人类饮食活动在文化起源阶段的功能结晶。

第五节　祭祀,人神交感的仪礼

早期图腾中的动植物因被人类视为祖先而具有神性,从而对动植物与祖先的

饮食文化导论

崇拜是相混的,对超自然力的信仰也是不定的,实际上这并不能算是真正意义上的宗教崇拜,也没有个人与集体之间宗教性质上的规范和约定。只有当相信始祖能化身为具有凌驾在主客体世界之上超自然力特性的神时,才具有真正的宗教性质,而"祭祀"仪式正是自然崇拜走向宗教化的标志。《说文》对"祭"字分解是手执肉于"示"上,而"示"则象征为崇拜所用的桌石。西方学者称为"Dolmen",音译为"多尔门"(顾颉刚《文字源流浅释》)《说文》:"祀祭也。"祭祀作为宗教仪式在原始时期是属于集体意识和行为。神话崇拜的一切,包括思想、感情都属于一个整体的,由于原始民族将人类特有的社会组织转嫁到自然界中,因此,不同的民族集体之间拥有不同的祖先,甚至每个事象都与一个祖先神祇有关,因而是多元的神话。海通认为:"祭祀是每一种宗教形式必不可少的组成部分,它通过举行宗教仪式表现对超自然力的崇拜和对超能力的祈求。"(《图腾崇拜》)诚然宗教仪式的祭祀有很多形式,但是,无论在东方还是西方世界,用食物作为祭品都是最为主要的祭祀方式。那么有人会问:为什么用食物是最重要的祭祀方式呢? 用食物向神献祭,不仅仅是为了禁食,恰恰相反,人们的目的是祈求神能给予人类更多的食物,包括所被献祭的食物品种。在新旧石器时代的神话中食物的重要性往往更高于生殖,它们出现在许多创业神话的基础部位,埃里奇·纽曼曾以公式表明这些神话的内涵:

"吃=纳入;诞生=输出;生命=力量=粮食"(《意识的起源与历史》),在中国河姆渡、大汶口出土的用于祭祀的动物形陶器与山东三里河出土的这类动物形器皿都充分地解释了这一公式。这些陶器形代表了被祭祀神的图腾原形形象,它们正是向人类提供食物的供给者。中国古人将用于祭祀的动物统称为"牺牲",因为这些动物是献给神所食用的,是为了神也是为了团体的利益所献身的。中国神话传说中的人皇伏羲氏就是因为创造了用动物性食物祭祀仪式而成为部落首领(或国王)的,主持操办祭祀礼仪是酋长国王的专权,因为他本身就是神,是神的化身和代言人,也是一个民族群体的化身和代表,他是现实世界人间之神。《汉书·律历志》云:"作网罟以田渔取牺牲,故天下号曰庖牺氏。"伏羲不仅开创植物驯化和捕鱼,还专门从事对祭祀食物的烹饪加工,像一个最早的专业庖厨,同时伏羲也是最早的图腾符号化的造神者。《周易·系辞传》载:"古者包牺氏之王天下也,仰则观象于天,俯则观法于地,观鸟兽之文,与地之宜,近取诸身,远取诸物,于是始作八卦,以通神明之德,以类万物之情。作结绳而为网罟,以佃以渔。"在中国新石器时代的彩陶中以及其后的青铜时代都是一种造神运动的时代,其器具的发明和制造首先是用于祭祀的,然后才成其为日常的用品。祭祀之礼作为造神的仪式,它将神话固定为一种模式,并将之符号化而成为神人同形的图腾,并将人本身融入到自然万物之中而成其为神,此即所谓"天人合一"意识的源流。神走入人间,人也走入神间,这个神已不具有食物对象动植物的实物意义,而是人本身真正的祖先神祇。他们才是自然万象真正的主宰者。

据弗洛伊德研究,祭祀首先出现的是图腾餐,这可能有助于我们理解祭祀中为什么总要用食物祭祀的本质意义,首先祭祀有两种形式,即杀祭与食品祭。

杀祭:将活的动物或生的谷物直接献祭,在祭祀进行时现杀活物,荐其血食其肉,即所谓茹毛饮血,这是较野蛮层次,发生在旧石器与新石器过渡之间的祭祀仪式。在中国又称之"活祭"。在现代残存的一些"原始部落"中存在着这种仪式。有时也用活人祭祀,献于神灵,杀祭中的人与兽是混沌不清的,对神的看法也只是介于两者之间,充当调解者或主宰者。

食品祭:将动植物通过烹调制成特定食品的献祭,这是新石器晚期与青铜时代开始的祭法,有三牲五腊熟肴果点酒之类,一直到我们现代社会中,普遍使用这类祭法。在食品祭中,神已完全被人格化,与人一样第一需要就是食物,而食品已由动植物被转化为一种表述人类情感思想的符号,一种联系神人之间的导具,从而失去了原先所赋有的动物神性,人们通过献食求得神的祝福实现自己的愿望,在这里,人类对食物的崇拜已升华到对神的崇拜,而使用食品祭祀的本身则具有了贿赂诸神的实际意义。而这种贿赂是具有宗教性质的,是虔诚忠信的,其目的就是请求诸神为人类造福。

在原始部落中,用以献祭的动物一般和图腾动物同是一类。例如用牛献祭来自牛的神祇,用马献祭来自马的神祇,因为献祭民族本身就是由牛或马转化而来,在人类最早图腾餐的杀祭时,所有献祭动物都被视为神性的,它们的肉被禁止食用,只有在全部落大会上这种禁止才会被打破,杀祭在一个极其盛重庄严的仪式中进行。罗勃逊·史密斯认为:"虽然,图腾动物的生命必须受到全体族民的保护,但是,在为了崇高友谊的前提下,每隔一段时间必须屠杀其中一只,然后,由全族的人共享其血和肉……他们相信当共同食用的食物到达体内后,会使他们之间产生一种神秘的联系……神祭物的死亡被认为是维护神与人之间纽带的唯一方法。"(转引自弗洛伊德著《图腾与禁忌》,因此,杀祭的动物是为本族利益的牺牲者,它的死将人与神之间建立了密不可分的联系。

这种联系主要是通过共享祭物,使存于肉和血中的祭物生命融合于参与者身上。晚期历史中所谓"歃血为盟"即属于这种观念。弗洛伊德进一步认为:"因为在早期献祭的动作本身是神圣不可侵犯的,只有在神之前,所有族人共享祭物和共同担负屠杀动物的责任下,才能通过祭物使人与神之间相互认同,祭物是神圣的,同时,也是属于相同的血族,他们相信借着杀死图腾动物(即指原始的神本身)才能加强他们与神的相似性。"(同上)

罗勃逊·史密斯通过研究发现,杀祭是拜祭神的仪式中最重要的一环,他通过事例证明杀祭是图腾筵在世界各地的雏形,是人类祭祀礼仪的开始,例如"圣尼禄(St. Nius)曾经记录过在公元 4 世纪末期有关塞奈沙漠中阿拉伯人的献祭仪式:献祭的骆驼(祭物)被放置在石头堆成的祭坛上,当首领再度领导族人围着祭物高唱赞美歌时,他划出了第一刀……然后,急促地将所流出的血喝光。接着,族里的人也拔出刀剑割祭肉。献祭仪式在晨星升起之前开始,一直持续到太阳落山为止。在这短短的时间之内,整头骆驼的身体、骨头、皮、血和内脏都被分食殆尽"(弗洛伊德《图腾与禁忌》)。另外,例如:"阿兹特克族(西班牙入侵前墨西哥中部的印第安人)的人祭和使人想起图腾祭典事件;又如美洲瓦塔部落中的熊族以熊为祭品和日本阿伊努族的熊节"(同上)。杰出的人类学家弗雷泽在其著作的第五部分中曾详细记载了美国加利福尼亚洲的某一个印第安部落信仰大鸟(秃鹰),在每年举行一次的祭典中都要屠杀一只作为献祭,然后在哀悼中将它的皮和毛好好的保存。新墨西哥州的苏民族也曾用相同的方法来对待他们信仰的圣龟。在澳洲的中部的某些部落,为了使图腾繁殖兴旺,总是在祭祀仪式上先让其他氏族的人分食自己的图腾献牲。在西非的毕尼族则将食用图腾与葬礼牵连在一起。因此,可以认为杀祭的图腾餐不仅是图腾崇拜的重要部分,还是图腾崇拜走向宗教化的标志。

在人类进入文明社会以后,献祭的动物才分成了两个类型:一种是习惯于被食用的家畜家禽和鱼虾类;另一种则是被认为是特殊的被禁食的动物。在文明社会的东西方祭台上,被禁食的动物只是一些象征性品种,例如中国的神性动物和西方社会的星座动物。一些日常食品却成了祭祀物的主体,也成为祭祀之后欢宴的主体。其精神含义正是表达了与神共享同是一家的亲密情谊。其实质则是演化为人与人之间关系的人间盛宴,这种对祭祀食品的处理方式具有道德情感的性质,弗洛伊德认为:"类似这种献祭仪式是属于全氏族共同庆典,因此,宗教仪式变成全社会的重要部分,宗教上所要求担负的责任也就成为社会上道德和价值的准绳。任何有献祭仪式的地方必然有盛大的庆典,而任何有庆典的地方也必须有献祭的仪式。献祭庆典常常是人们狂欢的最高潮,也是人与人之间、人与神之间最自然的沟通途径。"(《图腾与禁忌》)我们还可以通过中国古老典籍《三礼》看到其记述的各种"食礼",其实都是祭祀的庆典形式,在前一章中我们已详细论述了中国青铜时代筵席发生发展过程,他们都是由祭祀转而为人间欢宴的。而其中君臣各等级所配享的"牢"的称号正是祭祀的仪式等级,商代具有浓重的"天帝"意识,到了周代则是将筵席进一步人间化了。因为国王本身就是神的代言人,从而被称为"天子",也只有国家最高领导才有主持祭祀的权力,平常的庶人阶层是没资格和权力的,而商周"食礼"筵席的道德规范正为以后筵席的民间化普及树立了楷模和奠定了基础。

自从文明新世纪的开始,世界三大宗教中佛教诞生了佛祖释迦牟尼,伊斯兰教诞生了真主穆罕默得,基督教诞生了教世主耶稣。这些主体神祇都来自人类历史中的真实的个人,他们的神位主体性表现了宗教一神(或谓之一元)化趋势。在祭祀的节日里,人们或者茹素,或者戒斋,或在盛餐中狂欢,所使用的食品已远离图腾的实物而注重精神的表现,为人类生活的娱乐服务。这里,食品所组成的筵席成为凝结人与人之间感情的符号,成为人际关系的纽带,也成为人性互通的信息载体。

原本充饥的食物成为人类的一种"精神食粮"、"文化盛筵"。食物既是献神的又是献人的。神享其德，人享其物从而达到人神互通的目的。这种互通是互惠互利的，用食物祭祀既贿赂了诸神又贿赂了众人。这种情景在中国春节、中秋节是如此，西方的狂欢节、圣诞节也是如此，甚至伊斯兰社会的肉孜节、库尔班节亦复如此。

在世界各国，现代存在萨满崇拜的是一些边缘性民族和发展中国家。例如美洲、澳洲、非洲的土著民族和一些东南亚的少数民族。大多数国家民族主要信仰基督、伊斯兰教、佛教等，有许多国家以一种宗教为国教，而中国民族对于宗教信仰的认识则具有独特性与复杂性。日本学者渡边欣雄认为"中国属于混合宗教的国家"（《汉族的民俗宗教》）。对于广大的汉民族地区，被认为普遍具有"儒道佛"综合的信仰，在现代汉族社会里儒、佛、道、基督与回教并存在一个地区，甚至一个家庭。在一些庙里，既有佛神又有道仙，"堪称为一个诸神的联合国"（《同上》），如果说佛教传之于印度，基督教来自西方，回教得自阿拉伯、儒教则为中国的土生土长，但并不属真正的宗教而是礼学的道德规范和人生教化哲学。而道教则是由中国史前神话中来，在民间具有更为广泛的影响。道教创造了一个玉皇大帝，实质上是祖先崇拜的偶像。在东汉道教创立之前，中国曾普遍经历了自然崇拜的萨满图腾时代。后演化为黄老思想，直至近现代的许多少数民族，如满族、蒙古族、苗族、壮族等依然存在萨满崇拜的浓浓情景。因此，对于中国民族大多数成员来说依然具有多神崇拜或谓之自然崇拜情结，许多民间的祭祀活动既是佛教的又是道教的甚至也是萨满的，表现出宗教信仰的多样性和自由性。在这些祭祀中，食物的角色已悄悄地发生了变化，由神鬼的替身转换为人性的食品，不过对这些食品的合欢享用并不是以饱腹之欲为主要目的，是作为人神融同的互动信物。为现世利益服务。日本渡边欣雄教授认为中国汉民族的宗教基于"敬天尊祖"的传统，他曾对中国的宗教作了宽泛的分类：

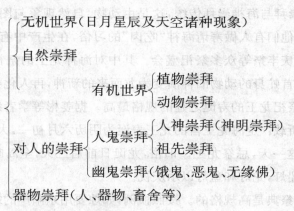

在台湾地区被寺庙祭祀的诸神达247种之多：

福德正神、王爷、观音、天上圣母、玄天上帝、关帝、三山国王、保生大帝、释迦、有应公、清水祖师、三官大帝、太子爷、神农大帝、节妇孝子、广惠尊王、伽蓝尊王、东

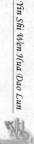

岳大帝、齐天大圣、七星娘娘、张天师、吴凤、灵安尊王、五公菩萨、盘古公子龙翁、子士尉、良冈尊王、守靖王、仓将军、刘公显济灵王、三侯公、真人公、通天王、阴阳公、六将爷、五妃娘、冈神爷、顺正大王、紫衣爷、开漳圣王、郑成功、大众爷、义民爷、文昌帝君、城隍爷、广泽尊王、玉皇大帝、阿弥陀佛、法主公、孔子、三室佛、孚佑帝君、地藏王、大树公、五显大帝、水仙王、保仪大夫、辅顺将军、将军爷、三奶夫人、九天玄女、石头公、大使公、扬府大师、境主公、水流公、李仙姐、西奉王爷、王天尊、定光佛、太阳公、药师佛、大王公传世祖师、太阳公、伏羲仙君、慈济仙君、五雷天帅、辅信将军、雷大将、三王公、太阴娘娘、青龙爷、注生娘娘、陈夫人妈、朱熹、巧圣先师、玉皇公主、大皇公、南头天神、三忠公、施将军、七爷公、程伊川、包公、曹谨、文武帝、弥勒佛、翟真人、卫府先师、大虚祖师、先锋、阎王爷、山神爷、薰公真仙、开山侯、开圣大帝、去官公、武安尊王、军士王、韩文公、敌天大帝、水德星君、蔡阿公、钟水伯、金夫娘娘、福娇娘娘、洪夫人、林妈、陈仙妈、黄状元、三一教主、芙济夫人、武德英侯、黄结先生、挖子公、林先生、文殊佛、地藏王、四大金刚、十八罗汉、济公、财神、寿星翁、黄帝、义民爷、土地公公、文昌君、门神、灶神、家舍神、巷神以及各种行业神和祖师等。

诸神都是人们诚敬贿赂的对象，而食品是最具有说服力的，因为诸神与人一样具有饮食的需要，饮食又象征着生的力量和生的品德，于是相应的被祭祀的神明与祖师便会降福于人类，大到国家安平，生产兴旺，人民富足，小到除病祛恶，婚姻美满，事业成功，学业顺利，生意兴隆，人生寿乐等。实质上，祭祀食品仪式的文化功能就是具有某种"灵媒"性质，谋求人神之间的交流，在交流的仪式中神就成了非常贴近人类生活的主宰之神。

既然祭祀所用的食物具有某种"灵媒"的性质，那么，祭祀盛筵中所用的食物就绝不是随意的，而是有目的性的，有程序的刻意安排。在东南亚海域的海岛居民都有鱼崇拜，海魂崇拜与海神崇拜传统，这是由动物、自然现象与图腾崇拜和灵魂崇拜的混合信仰。他们有人做寿请海神"吃肉"的习俗，在生产中有开捕祭、新船祭、采贝祭、谢洋祭、庆丰祭等众多祭祀盛会。其中对海神龙王的祭祀尤为隆重，海神龙王是由图腾鸟首蛇身的动物旧神演变为龙而来的新神，再人化身，实为渔民对自己祖先的祭祀，祭祀龙王的寿诞之筵的规格最高。据姜彬等学者编著的《东海岛屿文化与民俗》中所载："定海龙王宫的龙王寿诞为阴历六月初一，大多数海岛在六七月间，除了火日这一天，忌祭龙王。旧俗，龙诞日前后三天，全岛吃素，岛上要挂龙王旗，还要挂出船灯，龙灯和鱼灯以示庆祝。"

龙王寿诞的祭典是高规格的。按照惯例，如烛要用东阳产的蟠龙巨烛，可燃半年以上。香，要用"海天佛国"的檀香，并在观音像前开过光的。祭品要全猪、全羊、全鸡，上面要插香、挂葱，放红丝绿丝。其他的供品的个数是"六、六、六"。旧时的惯例，只供猪、羊、鸡的称为'三牲福礼'，若再加上猪肝和猪肚，称为'五牲福礼'。

若再请高巧的工匠，用面粉彩塑出鹅、鸭、海鸥、兔子和鳄鱼等，一起供奉在龙诞宴前的，称之'十牲福礼'。'十牲福礼'是最高档次，只有东海龙王敖广才能享用，对一般龙王不能供祭，否则，将会折寿和损寿。

渔民在渔汛出海开捕，丰收谢洋时的供祭龙王仪式有四层意义：即供、请、祭、谢。所谓供，在渔汛开始前，先用鱼、肉等祭品在龙王庙里供奉起来以示敬意。所谓请，当渔船出海时，要敲锣打鼓把龙王神像或是供奉在庙里的船旗，又称龙王旗请到船上来。所谓祭，当龙王庙里的龙王神像或龙王旗请到船上时，渔民在船头要用猪头等丰盛礼品供祭龙王，船老大或船主还要举行燃烛、敬酒、跪拜祈祷祭拜仪式，祈求龙王保佑渔船出海丰收、平安。祭典毕，船老大还要在供品中摘取少量鱼、肉、糖、米连同一杯酒一齐撒向大海以敬龙王，俗曰"行文书"。所谓谢，渔汛丰收或谢洋时要谢龙王，海上遇灾因求龙王得以解脱时要谢龙王，但以一个渔汛结束时，供谢龙王的供品和礼仪最为隆重。

在上述对海龙王的祭祀礼仪中，始终以食物供祭为中心，其中以所供的猪头最为重要，必不可少。认为海龙王正是吃了猪头，才得以长角飞上天去的，因此，祭祀猪头是有图腾的原形象征意义，龙王会因此而格外施恩于祭祀者。

在中国传统诸神祭祀中，尤以对玉皇大帝的祭祀最为隆重，玉皇大帝是中国道教最高的神祇，是文明时代人类摆脱了动物情结和古老动物神祇的新创之神，亦即弗洛伊德所云的由自然之神演变为文化之神的新神。因此，玉皇大帝本无神像，而是隐藏在天地之间，主宰着天地万物的生灭，玉皇大帝如皇帝之像只是后人而为的，在闽台地区称玉皇大帝为天公，简称玉帝，正式称号为元始天尊或金阙玉尊。《道经》云："正月九日为玉皇诞。"道家认为，玉皇大帝是在天地混沌初开的时候，在玉京山与自生之灭无玉女通气结精，始生人类的。因此，玉帝是人类的始祖也是宇宙的主宰。一般道教的在道俗众是禁食人间烟火的，但在一般人家的俗家弟子则是不禁的，在闽南的许多俗道教家庭中，天公的祭祀是一年中最重要的祭典，祭坛设在正厅，以两条长凳顶起一张八仙大桌，叫顶桌，厨房另放一张桌称下桌，两张桌子都要围上缎面桌围。顶桌上排列三盏神灯，食品有五果、六斋、面线塔，神位要用红绸黑墨书写。下桌是供奉天公巨属所用，同样也要供五牲和糕点。

"祭祀天公的祭品，都极讲究。所谓五果，系指柑、橘、苹果、香蕉（需削去两端）、甘蔗（去皮，切长两、三寸长，以两张红纸条扎起来）。六斋是：金针、木耳、香菇、菜心、豆腐、豌豆。还有五牲指鸡、鸭、鱼、猪肉、猪肝（或猪肚）。鸡、鸭的尾巴上都要留一撮长毛；鸡指定要用阉鸡。凤头鸡、白毛鸡、腊脚鸡、母鸡都不能用。五牲要放在木制的盘子里。另外，还有甜米果等祭品。富裕的家庭，更有排列全素、全荤两桌的，极尽奢侈之能事，台湾民瑶中有：初九天公生，初十有吃食，十一请子婿，十二查某子返来拜，十三食暗糜（稀粥）配芥菜，就是指祭天公时的祭品，吃三四天都吃不完的……"（渡边欣雄《汉族的民俗宗教》）

美国著名的当代人类学家亚历山大·马沙克在 1964 年开始对史前雕塑与岩画进行微观规律的研究,他发现原始人最早的刻划符号是记录季节变换的,并依此来确定祭祀的日期。人类农祀节日来自对日月星辰自然气象季节变化的观察,传承了自然宗教狩猎采集祭祀节日的传统,是农业季节中的宗教活动。世界东方的中国、埃及、印度是世界上最早进入农业社会的国家,其狩猎采集的祭祀节日早已湮灭,而定期祭祀的传统还是转移到农节之中,然而,埃及与印度的农业文化传统都有被游牧文化征服的历史,其农祀特征已大都被游牧文化和新宗教所遮蔽。只有中国延续着 5 000 年前"播时百谷"(《尚书·尧典》,以时为节的农祀传统,并至唐宋已发育到极其成熟。因此,被有些文化学者认为是"早熟的神话传统"。由于东南亚广泛地区在古代受着大陆农业文化的深刻影响,大陆成为包括日本、朝鲜半岛、越南及东南亚地区诸国的文化的重要源头,因此,在农祀节日方面是基本相似的。农祀节日基本以月亮历,亦即阴历日期为准,因为月亮的季节性对于农业而言,其作用更为明显和重要,阴历是中国最为古老的历法,与"夏历"(即夏朝所定的月历)具有渊源关系。现时,中国台湾地区仍全面地保留着中国农祀节日的传统,其节庆一览如下:

　　(1) 过年节:又叫正月节,春节,每年正月初一,为迎新年的家庭节庆,各家举行祖先祭祀与神明祭祀,直到初五。

　　(2) 天公节:玉皇大帝的生日,五月初九,在家里或庙里举行诞辰祭典。

　　(3) 元宵节:上元节、灯节,每年正月十五,是三元月的大祭之一,在寺院与家庭都有庆典,合家团圆。

　　(4) 土地公公生日:二月初二,亦即被称之福德正神的土地神、财神的诞辰祭典。出嫁的女儿回娘家,在寺庙、家庭、商店、公司举行的节庆。

　　(5) 观音菩萨生日:二月十九,观音菩萨的诞辰祭典,此外,也有在六月十九为其诞辰的节日,寺庙里有祭典。

　　(6) 清明节:从冬至数起第一个五月的节时,时在三月,是二十四节气之一,各家要祭祖、扫墓、踏青、郊祭。

　　(7) 妈祖生日:三月二十三,天上圣母的诞辰祭典,除在妈祖庙举行盛大的祭典活动外,有的地方还迎请神像,举行村落的庆典活动。

　　(8) 浴佛节:四月初八日,寺院和斋堂举行节庆,在佛教会则按新历举行祭典。

　　(9) 端午节:五月初五,又叫五月节,与屈原的故事有关的节庆,但内容主要是驱鬼避邪。举行龙舟祭与祖先祭祀的活动。

　　(10) 半年节:原为六月一日的节庆,祝贺半年来的无病息灾,祖先祭祀。

　　(11) 七夕节:中国的情人节,七月初七日,七娘妈生。原本为祭星之节,即牛郎星与织女女星,是男女青年祈福婚姻的日子,七娘妈又是儿童的守护神,对她祈祷乃是家庭的节庆。

（12）中元节：七月十五，鬼节，普渡节，盂兰盆会。整个七月因为鬼魂徘徊而需要驱鬼，寺庙与家庭的节庆。

（13）中秋节：八月十五，又叫月节。月神的诞辰祭典。各家供月饼祭月，有的地方又有拜土地和祖先的节日，中秋又是丰秋祭月，家人团圆的日子。

（14）重阳节：九月初九，登高拜山，祈福长寿的节日，举行敬老与祖先祭祀。

（15）冬至节：冬节，十一月，阳历12月22—23日的节时，给祖先供奉汤圆的节日，家庭祭祖的节庆。

（16）尾牙：十二月十六元日，经商之家祭祀土地公公，此外，各家也要祭祀鬼神。

（17）送神：十二月二十四，被称作司命灶君的灶神的升天纪念日，祭祀灶神的家庭节庆。

（18）除夕：十二月三十日，是旧年的最后一天，也可算作年节的一部分，是迎接新年的家庭节庆，全家吃团圆饭。

世界各国的农祀节日、人生祭礼、纪念鬼魂之灵的节日和神的诞辰节日普遍存在，其祭祀的最为重要的仪式就是运用食品的献祭。食物在这里起到了人与神中间的中介作用，神祇从动物中走向人间，表现了神的人化，人类通过祭祀表达了人的情感和意志，原本具有神性的图腾动植物在这里逐渐成为一种工具，人类超脱了实物客体的控制，对超自然力量的崇拜显得比动物神灵偶像更明显，为自己营造了主宰一切未知世界的众神，并在祭祀中与神建立了主动关系。在祭祀中不是间接地表现和描绘神性，相反，是对神性施加直接的影响。卡西尔说："可以清楚地指出，绝大多数神话的主题起源于一种祭祀的直觉，而不是起源于自然过程"（《神话思维》）。将许多食品带进祭品范围也是象征着图腾献祭的衰退，它反映了由杀祭的图腾餐向献祭——正式宗教化祭祀演化的人的精神倾向和内在进化的趋势。在献祭形式中，反映了人对神的一种新型和较自由的关系，因为人们可以较随意地敬奉祭品，从而成为宗教的一种表现手段，食物客体本身获得了一种新的意义——人神交感的联系工具，并以满足直接感官的方式为表现形式，其意义正如《吠陀经》所述："给我，我也给你；为我献身，我也为你献身。向我献祭，我也向你献祭。"这是献祭者与神的对话，在价值取向活动中，这是一种平等的方式将人与神联系在一起，是一种共同的需要。因为，在这里人神是互为依存的，神存在于人的力量中，而神真正的存在则依赖于祭品。

卡西尔在其《神话的思维》中说："闪米特人中，巩固部族群体观念、人和作为部族之交的神'共享'的观念是动物献祭的根本因素之一。首先，这种圣餐可以仅仅表现为纯粹物质性的；只有通过共同的吃喝，通过完全相同的物质性享受才能对部族产生影响，然而，这种活动的目的在于直接进入一个新的观念范围。献祭不仅在于使读神和神性保持接触，而且在于使两者不可分解地相互渗透，在一种纯粹的物

质性意义上,在圣餐中出现的任何东西和达到的各种作用,因而进入神性和献祭的范围。但是,另一方面,这意味着献祭最初不是明显地区别于人们平常和渎神活动的特殊活动;一旦一种活动进入特定的宗教透视中并为它所决定,尽管这一活动的内容纯粹是感觉实在的,这种活动就全然成为一种献祭。"

与献舞、献乐、献性、献器、献词等献祭一样,食品已超脱了本身实物价值,而成为一种宗教纯粹观念中"偿还"或"再生"神秘精神情感象征的符号。

第六节　献食以为礼,人群联结的纽带

图腾餐是图腾崇拜的主要形式之一,它演变成了献祭,献祭是人的主观意志的觉醒,神由动物中走向人间。献祭也成为宗教的客观标志之一,在图腾餐时,所表达的只是献祭的原始意义。"一种神与其信仰者之间表示友谊的行为。"(弗洛伊德:《图腾与禁忌》)

献祭的物品通常是一些可以食用和饮用的食物。人们将日常食用的肉类、谷类、蔬菜、酒和油脂以及水果等供奉给神明,一般对于动物肉类食物有一定的限制,以动物肉类献祭一般为古老的形式,而文明时代以后在新宗教的献祭食品中,粮食与蔬菜类、水果类则占主要的份额。新石器时期以后一般以熟食献祭,因为,烟火本身就是神的"赐予",在烟火蒸腾中更加重了祭祀的神秘氛围。在饮料方面,最初是用动物的鲜血和清水,到了文明时代则用酒和茶水。在西方酒被视为"葡萄的血液",在中国则将酒视为"酉长的神水"。向神献祭的食物一般都是献祭人的偏爱,每次献祭也就成为以饮食活动为中心的人间娱乐的欢宴。因此,献祭的最后终点就是献食于人的礼典,形成人神共乐,群体分享的场景,构成人际和谐的关系。为什么人人要分享祭品而共食呢?又为什么将献祭神明的食品用来献食于人呢?一般认为,这是人们按照人性本质的道德规范对祭品进行处理的一种古老方式,人类具有文化族群的本质特性,孤立的人不是完整的人,只有当一个人融入到一个群体之中时,才成为一个完整的人,这是由人的文化性质和社会性质所决定的。

弗洛伊德说:"和一个人共同吃喝,代表对他的一种友谊,也是一种善意的社会行为,共享祭品的目的最主要的是为了表示神和人们间的'休戚与共',他们之间的所有自然关系都包含在这种目的之中。"(《图腾与禁忌》)在沙漠中的阿拉伯人之中,在雪域高原的藏族人之中以及在几乎所有的世界民族之中大都有这样一种习俗,即当你吃了他的一片面包,饮了一杯酒,喝了一杯奶以后就不会被视作为敌人,而会视其为朋友了。因为你之所以能与之分享所献的食物是对他最大的信任,这种馈赠与信任构成了神与人们之间善良的和谐关系,共同的饮食会产生结合的力量。在母系社会时期,共同的饮食仅限于血缘关系的"血族"集体之中,被视为毕生融于一体的血族生命集合体的一部分。每个人都是母亲身体的一部分,兄弟姐妹则是同一骨肉的不同部分,所以,骨肉之亲即代表了"血族"的整体。这种骨肉关系还必须通过共同的饮食来获得进一步加强。因此,献祭后的欢宴最初是属于一种血族的庆典。如果一个人和他信仰的神共同享用餐食,那么,应表示他们同属于一个类型,献祭的动物被当成同族人对待,参加祭典的人、神和被献祭动物都被认为具有相同的血缘和同属于相同的部落。中国神话传说中的黄帝与炎帝族就是通过祭祀盛典"歃血为盟"得到了对共同血缘关系祖先神灵的认同而形成为强大的民族联盟集团的。中国杰出的美学家朱狄教授也指出:"一切图腾都是群体的,也都是原始的。无论是《五帝本纪》或《列子》中的记载都是以说明最初的图腾不是一种宗教体系而是一种社会体系。"(《原始文化研究》)原始文化中祭礼与神话密不可分,祭礼从真正的意义上使图腾走向神话。研究神话与祭礼关系的开创性著作是W·F·奥托(W. F. Otto)在 1933 年出版的《狄俄尼索斯——神话与祭礼》,该书将一些神秘莫测的概念精化了。他认为,就原始思维而言,神话与祭礼构成的是一个整体,祭礼活动就是以一种戏剧的形式带有祭礼性质的演说,当神话用食品来加以供奉时,就成其为祭礼性质的献食。值得注意的是 W·R·史密斯认为:献祭实际上是具有两种性质:图腾餐的献祭是内心完全净化的人所奉献的自己,这个自己既是人本身也是动物和神灵,而被献的动物则是三位一体的替身。而神话宗教的献祭则是一种物质性献祭,也即是人与神以外的食物物质,其目的不是前者所表达的三位融合,而是与神"共餐"的共通,通过"共餐"达到"祭神如神在"的(孔子《论语·八佾》)式的一种人神间净化灵魂的默契。第二种类型祭礼已突破了血缘关系的"血族"范畴,而是表明在意识形态方面的认同关系。从父系社会开始,原始祭礼中的献食实际上已演变为部落成员之间实行的最大规模的交际手段,一种敬神如人,人间互惠的游戏活动。这种活动在原始宗教范围内占着最为显著的地位,因为食物是当时最为珍贵的物质。因此,它也就成为原始社会中作用最大的一种"宗教语言"。

　　祭祀中"馈食以为礼",表达的是真诚、善良和美性精神,体现由神化通向人化的历程,给人的是快乐和满足,是彼此人间交际的共通。从而具有更现实、更深层、更基本的人间联系;并且更具有那种尊重、赞美、庄严的心理状态和氛围。在献食礼中,共同的信仰认同感把人们亲密地和神联系在一起,黑格尔早就认识到文明时代崇拜神灵的仪节已愈来愈成为这种神人合一的狂欢与享乐的活动。毫无疑问,当我们去参加朋友的生日祭礼的筵会时,我们并不是为了吃饱肚皮的,而是为之祝贺而去。当然在筵席中我们得到的不仅是一种生理和感官上的满足,更重要的是得到了彼此尊重、认同、赞美上的人生价值的精神满足。当我们为某种主题活动制备筵席食品的时候,我们的主要目的并不是将进餐者象牲口一样喂饱,而更重要的是通过制作食品传达主题精神,表达人际情感与进餐者产生价值取向的共鸣。在现代文明社会,神话已与我们渐行渐远,祭祀对于我们渐行渐远,祭祀对于文明时代的新宗教而言已不是以食品的实物为最重要的,而是精神的祭奠更为重要,例如,佛、道教的茹素和伊斯兰教的禁食庆典。基督教则更多地以歌、舞、诗祈祷取代着食品实物,而将大餐直接移植到人们的狂欢之中而忘却了人神共享的实在程序环节。然而尽管如此,史前神话祭祀合餐的形式和精神内存已深深地沉淀着凝聚到人们日常生活中的家庭、社区、亲朋饮食聚会之中,一个人向一个人献食或者一个人接受另一个人的献食同样具有非比寻常的意义。人们不会无故地献食,同理,也不会无故地接受献食,两者之间存在着无形的机缘情感联系或某些社会功利关系。愈是随意地与他人共餐,愈是表明人们之间的情感和友谊。共餐的善意还表现在彼此对共生关系的共识,不难想象,一个人如果没有共餐的伙伴关系,那么他是多么的孤独而又无助,共餐是一种团体主义的、彼此开放式的、谦让的。因此,共餐是人的文化行为,而动物只会彼此争食,互不谦让,因此,只是低级的个体生物的本能。祭礼的"礼"本身就是用酒食献祭,以示养生化育的天地大德,献祭到献食充分体现出人际关系的人的真挚和善意。每个人都愿用最美好的食物献给利益的伙伴,每个人也以同样的心情渴望友人的馈食,两者之间都是极端的互信。献食由献祭演生,以多人共餐为形式,以互利为目的,因此,也是一种和他性的文化活动,尤其在食物匮乏时期,献食以纯真的善意感召众人(神),从而达到互利的实在。无论婚丧嫁娶,生日节庆皆以筵席共餐为高潮,其目的就是达到利益趋同性的公示,献食与人共享天地孕育生长之美、技艺之美、情感之美。人如果没了吃,就会死,没有了共餐就会缺情,没有了献食就失去了活力。献食是人间庆典的主唱,已成为人类生活的自觉和风俗的重要组成部分。如果没有盛餐的内容,那么庆典便会失去公众影响力和隆重的气氛。因为人们具有共同的价值观往往外化为献食共餐的行为。不仅如此,献食共餐除了具有人际关系纽带的文化功能外,还具有社会集团与集团之间调节矛盾冲突关系的作用,当美国总统尼克松访问中国的时候,周恩来总理用盛大的国宴招待客人,通过献食共餐向美国政府表明,在全球关系上,中美两国具有共生共荣的实在性和依存性,美国总统与周总理共同品尝了佳肴,达到了共识。在耶稣最后的晚餐上,犹大理应出席但并没有到位,这是因为犹大与耶稣的价值趋同性上产生了分歧,于是犹大就出卖了耶稣。这里,实际上献食共餐的意义并不在吃食物的本身,而是通过献食共餐的仪式所透视出来的人的意志和态度,是神性的也是人性的,是本能的也是神示的,是人的文化本性的自我张扬。上述事例,古今中外不胜枚举,在献食共餐中,人与神是统一的,个人与集体是统一的,人与人之间亦是统一的。然而有人可能会低估或者曲解献食共餐的文化功能,毫不奇怪,正如许多文化超人一样,他们一方面蔑视了献祭——献食——共生的本质含义一方面又频繁地从事这项文化活动,这是因为他们被一些非理性亵渎真善美本质含义的献食行为假象蒙住了锐智的双眼。献食共餐是人情的祭礼,人生的节日,人事的庆典,也是自我人性的再创造。"节日"与"庆典"在人类生活的历史中重复着,既是祖先的需要又是现世人的需要,这是人类心灵的宗教、生活的宗教,秉承着来自原始时代的创造力精神。在无数重复中创造力得以保持,卡尔·卡里宁曾指出:"然而正是在每一次宗教活动的重复中,创造性因素才被保存了下来,只要这种重复一旦停止,那么创造性因素也就会立即停止。"(《庆典的本质》)可以说,一部世界美食的发展历史就是献食共餐的发展历史,同时也是人性善良的再造的发展历史,中国美食、法兰西美食、意大利美食和土耳其美食都是如此。

祭祀从向神献食延伸到向人献食是人类道德的一大进步,献祭形式演变为后代各种共享的筵席形式,共享的目的也就由人兽互通演变为人神一体集体的饮食审美行为与人际认同关系。从本质上筵席食品也就超越了献食行为的一般道德功能作用和单纯食品生理功能作用,而成其为艺术化的食品。其本身而言,也是人类饮食文化功能作用的重大成就。

正如17世纪意大利近代社会科学创始人杨巴蒂斯塔·维柯在其伟大的著作《新科学》中所说:"原始人类都像野兽一样,听从肉体方面的情欲对心灵的支配,只有在肉欲强力支配下才开动脑筋思想,对某种神造的畏惧才迫使他们控制情欲,使情欲得到应有的形式和方寸,因而进化到人道的情欲产生人类意志而成为文明人。"献食于人正佐证了这一人化内在发展的规律。

 思考题

1. 人类为什么要对食物崇拜?
2. 人类的食物崇拜之本质是什么?
3. 原始宗教、神话与食物崇拜具有何种关系?
4. 与人共餐的人性含义是什么?
5. 你参加过献祭活动吗? 有何感受?
6. 在食物崇拜中人是怎样与神灵沟通的?

第五章 人类饮食的游戏（一、酒）

知识目标

本章主要揭示人类的饮食游戏规律，指出饮食游戏的两种形式，即在游戏中饮食与在饮食中游戏，指出人类饮食游戏的本质。同章也着重阐述人类的酒戏以及酒戏本质规律。

能力目标

通过教学，使学生了解什么是在游戏中饮食与在饮食中游戏，知道人类饮食游戏的本质。了解什么是酒戏，以及东西方酒戏的异同，了解酒戏的内容与深层因素。

第一节　游戏的饮食与饮食的游戏

诚然，人类在其一生之中都要经受种种的苦难，但是，他们都在顽强地拼搏，谋求幸福寻觅快乐。人们都为幸福的希望而生存，为设定的目标而奋斗，为一些成绩而狂欢，为达到目的而快乐，这就是康德所说的"人的善良意志"。然而人类的大多数活动并不快乐，只有在游戏与艺术活动中才能感到快乐。当人们在某一方面取得成功的时候，当人们为某一值得庆贺的事或物举行庆典的时候，当人们排遣空余时间寻找娱乐的时候，一般都将以游戏和艺术的方式自娱或共乐，在游戏和艺术活动中，人们的情感得到发泄，个性得到张扬，心灵得到慰藉，欲望得到满足。这就是车尔尼雪夫斯基所认为的"生活中的美"。无疑，将饮食活动当作游戏或艺术的行为是人类生活中最为主要的内容之一，因为在饮食游戏和饮食艺术活动中，人类得到了无比的快乐。人类所从事的高等饮食活动本身就是一种游戏和艺术活动。如果就人类吃食的表象而言，则纯属动物生命本能，人类因生命的需要而摄取养分。

然而,当人类将饮食活动作为娱乐的对象化、客观化或者为了饮食不同的附加值而从事有目的的制作时,饮食活动便具有了游戏和艺术的本质属性。动物是不会从事饮食游戏的,更没有任何对食物附加值的意识和追求,甚至连食物自然形态的任何改变都不可能。当人们学会用火和切割食物将其熟制成合口胃的食品时,饮食游戏的艺术活动便开始萌芽。然而,人类此时的意识还是离动物性不远的,因为人类具有与动物等同的观念,图腾餐加速着人类的人化发展,饮食的游戏活动正式拉开序幕。当献祭由神转及人的时候饮食游戏的正剧便真正的开始。人类的道德情感得到升华,其唤起了人类对道德的敬重心,表现出人的严肃责任和人格的崇高。18世纪德国大哲学家康德曾指出游戏与艺术相类似,大诗人席勒也在《美感教育书简》中认为:艺术和游戏同是不带实用目的的自由活动。都在意识的目的性支配下从事活动,在活动中得到快感而欢乐,然而两者不同的是艺术需要有作品,以供他人欣赏(这在后面饮食的艺术创造中有详细讨论),而游戏则主要为自我欣赏而不必有"作品"的形式。德国生物学家谷鲁斯认为:欣赏是以游戏的态度暗地模仿所欣赏的事物,游戏是伴着快感的,本能的满足,激烈的活动以及自觉能驾驭环境所生的自尊心都是快感的来源。游戏是一种生活的预习,如果说人类在童年时期对神的献祭是成年时代饮食聚会生活的预习,那么,人类成年在文明时代中的餐饮聚会从本质上就是对神人共餐祭祀形式的模仿。人们在饮食聚会中碗盏交错、猜拳行令所得到的是感官的满足,情感的满足和由此而升华的其他精神方面的满足,从而构成了饮食审美的快感和欢乐。实际上,人们参加任何宴会都具有鲜明的社会性目的的,而不是以实用性的饱腹为主要满足目的的。如果为了饱腹完全没有必要去参加筵席和鸡尾酒会,随便吃一些食物就会达到这一目的。而筵席则代表了一种共乐的氛围、一种集体的精神、一种个人的品位以及在人群中的尊严。中国有句俗语:"君子淡尝之味,小人涨死不休"就是道出了筵席饮食游戏中的一种君子品位。在饮食中聚会或在饮食中品味都是一种情感性游戏,前者是彼此间的情感,后者是人与自然客观世界间的情感。游戏的过程就是与之产生沟通和相互的联系,而这种联系都是在自由活动中没有显像目的的。

美国人类学家J·于齐格(J. Huizinga)认为祭礼是一种游戏,而游戏是一种使人快活,由"日常生活"中走出的,进入有其特殊性质的临时性的活动状态之中的活动。于齐格由于对游戏作了分析,使他成功地获得了对祭礼仪式的基础作科学分析的洞察力。于齐格指出柏拉图早就无保留地认识到了祭礼和游戏的同一性。人类在献祭的分享活动时,就像小孩子一样快乐而天真,他们对游戏的态度是认真的、神圣的、真挚的,因此,于齐格认为:祭礼、巫术、膜拜、洗礼、圣餐等都将不可避免地归纳到游戏的概念之中,在这个游戏中,把美和崇高推向顶点,而又把严肃远远地抛在后面。古埃及和古希腊人往往在祭神之时喝得酩酊大醉,中国的商、周宫廷贵族在祭祀时"列鼎而食",都表现了游戏人间的特有情怀。中国伟大的文学典籍《楚辞·招魂》中,在祭祀之灵的仪式里描写了众多的美食美饮,在表达了极大的悲哀之情的同时,也反映了在祭礼仪式之下人对饮食游戏活动的美好享受。与于齐格观点相同的是卡尔·卡里宁,他认为所有的祭礼都是庆典,而所有的庆典都是游戏。祭礼有一种"附加的心理因素",它能将人的一种努力转化到一种愉快的状态之中去,在祭祀中,人的情感会得到极大的释放和宣泄,将一切不良的事情视为过去,在轻松和解放中与亲友共餐狂欢享受,认为是新生的开始。中国民间的葬礼风俗常以筵席合欢为终点,俗话说,高龄人的葬礼是"丧事当喜事办"正表现了这一现象。在合欢中,亡灵得到新生,并赐福于家人和朋友。这一切都是通过亲朋对筵席食品的品味来感受其先人恩德的。而这些食品也正是先人给予生养化育的实物代表和精神象征。在这个祭礼仪式中,人们的精神从悲伤约束中得到了自由也走向了愉快,在人性中塑造了真、善、美的统一。柏拉图曾以狄俄尼索斯的酒神祭礼为例谈到祭礼的游戏性特征。他在《法律篇》中说:"庆祝狄俄尼索斯诞生的颂歌叫做'酒神颂歌',……不过随着时代的推移,诗人们自己却引进来庸俗的漫无法纪的革新。他们诚然是一些天才,却没有鉴别力,认不出在音乐中什么才是正当合法的,于是像酒神信徒一样如醉如癫,听从毫无节制的狂欢支配"。于齐格又说:"如果我们把游戏作为一种文化的作用,而不是把它看作是像动物或儿童身上所显示出来的那种东西,那么可以说,我们所要开始的地方也正是生物学和心理学所要结束的地方。我们可以发现游戏能在区别于日常生活的所有场合出现,并且有着它自己非常明显的特质。……无论什么事情,只要真正具有了这种特质,那么它本身就会把我们称之'游戏'的那种生活形式特征化了"(朱狄《原始文化研究》,三联书店1988年版,538页)。于齐格在多种多样的文化现象中寻找游戏因素,特别在祭礼活动中,将祭礼活动作为追溯游戏起源的出发点。于齐格为游戏建立了概念性的主要特征,认为游戏是凌驾于所有随意活动之上的。"秩序井然的游戏不是游戏",儿童与动物之所以有游戏,是因为游戏能使他们快活,显示他们的自由状态,而成人的游戏则需在某种目的中感到快乐,游戏是人们物质有余、精力过剩的发泄情感的行为方式。中国文化圣人孔子曾云:"行有余力,则以学文。"也是指对游戏的一种解释。于齐格认为"'自由'是指游戏不是'日常生活'或真实生活,而是走出'真实'的生活进入一种有其特殊性质的临时性活动状态之中"。游戏由于能全神贯注地进入所具有的喜悦状态之中,因此,游戏可以"把美和崇高推向顶点,而又把严肃性远远地抛在后面"。游戏处于欲望的直接满足之外,把自己变成一种"临时性活动"。游戏的无利害关系的性质是于齐格的核心概念,它构成游戏通向其他活动的桥梁,而祭礼和神话又正好处于"各种欲望和欲求的直接满足"之外的领域,它们像游戏一样,以同样的理由,有自己的领域,在神话祭礼所具有的文化生活中以及它们那种传播知识的巨大力量中孕育着其他领域的起源:无论是法律和秩序、商业和利润、技术和艺术、诗、智慧和科学,所有这些无不植根于原始的游戏的土壤之中。在祭礼中具有某种极端严肃的集体气氛,而在个体的人中,这种情绪都存在模仿或"假装"的性质,就像在"做戏",并且是临时性的,于齐格发现祭礼中许多重复出现的游戏因素。一些早期人类学家也曾隐约地指出过在神圣化的宗教活动中绝大多数也采取了游戏的形式,就如同一个儿童在全神贯注于他的游戏时,我们说它是神圣的,也就是说他是真挚的,但它是一种游戏而且他也知道这是一种游戏。在筵席共餐中,人们对游戏的感觉十分明显,然而真正的祭礼与文明社会一般酒筵游戏还是具有区别的,祭祀中那些虚幻现实感觉要比单纯游戏更多,其心理因素也更多,被称之神秘游戏,而通俗筵席共餐游戏则已成为一种纯粹的游戏样式,离那些庄严和秩序更远,纯然在一种快乐的情绪支配之下,因此,可以认为祭祀献食的共餐形式由神及人的移情过程也就是献食共餐游戏化的过程,其实质就是在游戏中共餐,以资得到共同的快乐。从另外一个角度来看,在游戏中饮食也是在饮食中游戏,亦即在每个人进食时,将进食本身也视作游戏,在进食中品尝获得通感的作用,为自己创造一个主观意识环境,在主客观的统一中实现饮食活动的最高境界,如果说在游戏中饮食所得到的是人际间的情感,而在饮食中游戏则是获得与物质世界的情感。

美国文化学者威尔·杜兰在《凯撒与基督》一书中写道:"罗马人的家庭有两种性质,一是人与物的结合;一是人物与神的结合,家庭是宗教的中心与来源,也是道德、经济及国家的中心与来源,其财产的每一部分,其存在的每一方面,皆在庄严亲密中与灵的世界牢结着。他们以感人的无言榜样来教育孩子们,炉中的火是不熄的,是女灶神维斯太的圣火存在,其圣火象征着家庭的生命与连绵不绝,因此,那炉火是永远不许熄的,必须以虔诚的心来照顾它,以每餐饭的一部分来滋养它。在火炉上面,孩子们可以看到神像,头戴花冠,是家庭诸神或鬼的代表。土地神拉尔是田地、房屋、财富与命运的守护神。而珀那忒斯或内部诸神则分别在储藏室里,碗橱中及谷仓中保护家庭的积蓄……小孩们说,他的父亲是监护人,是一个内部监护神或生殖神的化身,其神的权力不随身体死亡,而在父亲的坟里必须永远地滋养,他们的母亲也是一个女神的媒介人,也必须同样的当作神看待,她身上有一个朱诺女神,作为她生育能力的精灵一样。小孩本身也有一个监护神或朱诺神作为他们的监护人及他的灵魂——人身外壳内的核心。"古希腊与古罗马的神无处不在,这些神包括睡眠、行走、荣誉、希望、恐惧、美德、贞操、和好、胜利等都有专司的神祇或精灵。据统计有达3万多个神祇,他们都是人类家庭中活着的、过去的、未来会的成员构成,都在方方面面保护着我们,这种人神合一的社会观在全世界古代社会普遍存在。代表神与人之间沟通的是这些家庭中的父系最高权威和母系最高权威,亦即父亲和母亲,产生神祇代言人的是罗马两类家庭中的人物与神的结合家庭,代表统治的阶层,这些代表者就是"祭司"。

"为了请求或招募诸神的帮助,就必须举行祭祀的聚会活动,在家庭里由父亲担当祭司,而公共崇拜的举行则由几个祭司协会领导崇拜的礼仪,其唯一目的只是向神献上礼物和牺牲,并由僧侣专门来执行。整个仪式进行得虔诚、规范而简洁,如有马虎就要重做。""宗教"这个词的本意即是意谓以虔诚的心来履行仪式。仪式的本质是一种牺牲——照字面解释是使一件东西属于神所有。在家庭中,奉献通常只是一块糕饼或一点酒,置放在火炉上面,或倾倒于炉火中。在村社中,则用初熟的水果,或一只牡羊,一条狗,一头小猪。在大的场合中是用一匹马、一头大猪、一只绵羊或一头公牛。在最高仪式中,则须将后面三种牺牲在里面一齐宰掉,然后对着被宰杀的牺牲物宣读神圣仪式书,使牺牲转变为接受牺牲的神,意为神的本身变成了牺牲,因为烧化在神坛上的只有牺牲物的内脏,而其余的肉皆被祭司与人民所食,于是,神的力量与光荣就传递于享受牺牲的崇拜者了(人们这样希望着)。

这是一个十分典型的在游戏中饮食的描写,整个游戏的焦点都集中在牺牲物(食物),在人的食用过程中的人-神-牺牲物之间相互意象转变之中,以食为媒达到了对神圣的崇拜目的。在公元前3世纪中,这种饮食游戏使整个罗马人陷入到狂欢节日之中,这种现象与中国商周祭祀大宴现象具有着某种相似之处,所不同的是商周是一种国家官方严格控制的等级礼仪现象,而罗马则是一种全民的节日(除了奴隶阶层),被风俗文化史上誉之为"罗马假日"现象。

威尔·杜兰说:"如果说官方的崇拜失之幽晦与严格,则其节日是可以弥补的,节日表现出人与神之间有一种较轻松的情调。1年中100多个圣日,包含每月的第1日,有些月份的第9日和第15日也是。"这些节日的目的都是具有避邪、纪念和感恩,是对大自然中隐藏力量表达亲情和融洽的愿望,在这些节日的大部分时间里都是狂欢饮酒吃肉的场合,在平民中往往又是性自由。戏剧家普劳塔斯在他的喜剧中的一个角色说道:"你可以吃所有你喜欢的东西,到你喜欢的任何地方……且爱你所喜欢的任何人。只要你能不犯他们太太们、寡妇们、处女们及自由的男孩们的话",罗马假日中有一系列令人神往的狂欢节日。

2月15日就是古罗马著名的"狼节",罗马人自认为是狼的传人,狼节就是为驱狼而对法乌努斯的奉献节日。以山羊和绵羊作牺牲,由祭司们扮演的狼兄弟们绕着巴拉丁山跑,向法乌努斯神祈祷请求驱逐邪恶的精灵,他们用藏在牺牲动物下的皮带抽打所有碰到的妇人,使她们洁净并祝愿她们增强生子的繁殖能力,接着他们将稻草做的傀儡投入台伯河内,用以讨好或欺骗河神,愿求河神不要再夺人性命。在这些仪式完成后,人们便高兴地聚会狂欢饮酒并将牺牲烹调吃掉。

3月15日那天是罗马假日中又一个以庆祝新年的节日。穷人们都从茅屋中出来聚会,就像犹太人的"移动神殿节"一样,在战神之野架起帐篷,以庆祝新年的到来,并向安娜·佩雷娜女神祈祷新年丰产。每年的这一时候罗马人都要聚餐痛饮。

仅在4月的1个月中就有6个节日,最高潮是花神节,弗洛拉是百花及春季的女神,节期有6天之久,男女混杂,饮酒狂欢。5月的第1天是善良女神博纳·德亚的节日，5月9日、11日、13日是葡萄神节，广大神男性利贝尔和女性利贝拉在节日里男女成群，放荡不羁地，坦然礼敬于作为多子象征的阴茎图像。5月的最后一天，是由"犁兄弟"领导人民庆祝庄严而快活的 Ambarvalia 节。在秋季的三个月中是收获农产品的繁忙季节，祭神的节日稍少，然而到了12月里，节日又多了起来，农神节自17日到23日，人们预祝来年播种顺利，庆祝萨吞农神的愉快而不分阶级的统治，在这些节日里，人们互赠礼物，自由行动；奴隶与自由人之间区别暂时取消，甚至颠倒过来（游戏法则）；奴隶可与主人并坐，命令主人为他做事，并且吐责主人。在节日里，主人伺候奴隶，须待所有奴隶都吃尽兴时，自己才吃。

古罗马的这些众多的人人平等饮酒狂欢的假日喜剧，成其为人类步入文明初期的情丽风采，与当时中国商周宫廷严格礼法下的聚餐饮宴风格形成了鲜明的对照，表现为人类饮宴游戏不同内容的两个侧面，罗马假日的这种风俗由盛而衰，保存到公元四五世纪便随着中世纪的到来而消亡。然而这时，却在中国的汉唐社会里宴饮重心由宫廷转移到民间，在市肆掀起了又一个游戏饮食的高潮。

然而罗马假日的自由派对精神与中国商周礼法饮宴的精神对于现代人类饮食活动的潜在作用都是不容低估的，它们都是一种人生礼仪，这种仪式给予人生的是一幕幕戏剧。随着现代社会愈演愈多而成为人生宗教的自然形式，所表达的是部分对全体的一种虔敬意识，是一种为宗教道德而设的人生游戏。饮食中游戏的种种样式的初期实质上都是为了道德、为了个人、家庭和国家的秩序与力量而设的，潜移默化地影响着人类由少年向成熟的成长，在人类欢愉之余将人们的性格熔铸于纪律、责任及庄严之中。信仰给予人类以神性的约束力与支持，在饮食的游戏中获得彼此尊重和信任，忠诚与孝道。在现代社会里，即使没有宗教意识的人们，只要他们为了友情，为了任何一件值得庆贺之事而虔诚地举办或参加饮食为媒的聚会时，便就具有了这种宗教性的实质意义了。

当人类在饮食中游戏性格作内向关注时，认识到饮食物的内涵风味正是诱发欢愉心情的根源，这种认识随着人类对风味追求的一步步深化而增强。也就是说，在饮食过程中，我们每个人对饮食品中所蕴含的不同风味品尝的过程本身就是一种游戏，将具体食用的酒、茶、菜、点等饮食品风味中色、香、味、形、质的某些感觉加以客观对象化，产生更多的联想为自己营造一个现实之外的意象"品味"境界。英国小说家斯蒂文生在自己的回忆录中写了一则童年时期的一次饮食感受。他写道："我的堂兄和我每晨都吃麦粥，他吃时用糖，说他的国里常被雪盖着；我吃时用牛奶，说我的国里常遭水灾。我们互传消息，说这里还有一个小岛浮在水面，那里还有一片山谷没有被雪盖起，这里的居民都住在木柴的棚里，那里的居民四季以船为家。"（转引朱光潜《美学文集》第1卷183页）这是儿童对所食的麦粥形态风味感受的游戏性幻想心理，儿童更注重于移情作用，"佯信"具有与"玩具"相同的现实。然而，在成年人的饮食中又何尝没有这种现象呢？中国有一个名菜"八宝葫芦鸭"

就是运用游戏中"魔术"的手法,将鸭骨从鸭体中抽出,在外表丝毫也看不出出骨的现象,并且还内藏珍贵的馅心,将鸭子做成葫芦形状。另一种名菜"镜箱豆腐"则是运用模仿的手法,将豆腐装馅做成假似古代妇女梳妆用的镜箱形状,在形态上给品尝者以"佯信"的效果。最为典型的菜例还可以从中国佛教菜中品尝到"鸡鸭"、"牛羊"假肉菜肴的色、香、味、形、质等风味,而这些都是由高明的人用素菜原料"模仿"性制作的,然而你问到进餐者时,他们会告诉你说,他们吃到了"鱼"和"肉"。他们明明知道这些并不是动物性原料制作的,但是,他们相信自己获得了"荤菜"的某些风味感受。中国古代的曹操的"把酒临风"、季鹰的"莼鲈之思"、李渔的"竹肉之辨"更是将品味的游戏引发到对人生事象的感怀和人格精神的自悟。中国古代文人对于酒、茶和美食的游戏态度表现了他们对现实世界的执着或者幽避,他们在食物风味之上架构了通向自由精神世界的桥梁,为自己营造了第二客观世界,使自己得到能力幻觉上的满意与快乐,从而弥补上自己现实人生的某些不足。中国宋代大文学家苏东坡在其《老饕赋》中充分表达了他在饮食品味游戏中崇高的神仙意趣:"庖丁鼓刀,易牙烹熬。水欲新而釜欲洁,火恶习陈而薪恶劳。九蒸曝而日燥,百上下而汤鏖。尝项上之一脔,嚼霜前之两螯。烂樱珠之煎蜜,嗡杏酪之蒸羔。蛤半熟而含酒,蟹微生而带糟。盖聚物之夭美,以奉吾之老饕。婉彼姬姜,颜如李桃。弹湘妃之玉瑟,鼓帝子之云璈。命仙人之萼绿华,舞古曲之郁轮袍。引南海之玻璃,酌凉州之葡萄。愿先生之耆寿,分馀沥于两髦。候红潮于玉颊,惊暖响于檀槽。忽累珠之妙唱,抽独茧之长缲。闵手倦而少休,疑吻燥而当膏。倒一缸之雪乳,列百柂之琼艘。各眼滟于秋水,咸骨酿于春醪。美人告退,已而云散,先生方兀然而禅逃。响松风于蟹眼,浮雪花于兔毫。先生一笑而起,渺海阔而天高。"

苏东坡在赋里尽得饮食色、香、味、形、质、意境之妙趣,归结到作者傲物自高,藐视天地的高远情调。法国著名的美食大家布里亚·萨瓦兰认为人类饮食的真正快乐之源泉就是感觉,而感觉是人与周围环境沟通的知觉过程,人有视觉、听觉、嗅觉、味觉和触觉等五大感觉系统,能直接地以最快方式给人以饮食品风味的美丑认识,人是在对饮食品感觉认识的不断提高中打开了对其他作用于感觉器官的文化艺术的认识之门的,英国作家阿瑟·麦肯在为布里亚·萨瓦兰的《厨房里的哲学家》一书所写的导读中有段十分精彩的认述,他说:"食物是一种不一般的复合体:一方面,它是按照烹饪艺术规则加工而成的产品,另一方面,它又凝聚着个性化的幻想、灵感、品位、想像力和风格。"

我们估且不论在饮食中游戏的种种形式,就品味饮食所给予我们的种种感觉而言,正是那种与动物饮食完全不同的人类的游戏特质,人食过程的实质除了生物性营养摄取意义而外,本身就是一种游戏的方式,如果说人的吃喝过程不是游戏的话,就不能称之人的饮食了。

在这里必须进一步说明的是,在饮食中游戏并不代表铺张,在游戏中饮食也不说明奢侈，而是人生态度在饮食过程有一种反映，亦即吃得有没有文化品位的问题，前者是一种处事的方式，后者是人的一种审美形式。当人类第一种"食品"问世的时候，当人类第一次为了审美和其他社会目的从事食品制作和食用的时候，人类的情感与道德观便熔铸造到食品之中了，从而将人食的性质与动物之食分离了开来。人类的饮食品本身已成为文化的产品和符号，人类的进餐本身也蜕变为文化的行为，人类的饮食活动凝结着人类真、善、美的一切文化品格，而与人类的一切文化艺术部类具有同等高尚的地位，这也是我们人类集体中每一个人应以科学的态度认真认识的问题。

第二节 饮酒，感受神灵的游戏

与其他饮品相比，酒无疑是最赋传奇色彩，也是最具神圣性的饮料。从一开始，酒就与人类历史交织在一起，并且愈酿愈醇，透发出无数帝国兴亡，文人与英雄的故事。酒是神圣的，因为一开始酒就象征着神的甘泉，从神祇社会流淌到人间。酒是天然之物，被人发现并模仿产生了各种各样的酒，最早它被用作献神祭祀，后来被巫医用来治疗病痛，与巫术具有天然关系，因此，自身也获得了神圣的生命。酒中的乙醇，奇妙的香气与刺激性口感都给人传达了快乐与兴奋。在"酒醉朦胧"中，人与神的距离接近了，人与理想接近了，人与自己的心灵接近了，中国有句俗语"酒后吐真言"，酒使人的自我更真实，撕掉了人世间的虚伪与伪装，让心灵表达真挚，让现实变得虚幻，酒可以给人以慰藉，消除内心的伤感，酒可以使弱者具有勇气，摆脱精神的疲惫，可以说酒是人的精神醴泉、灵魂的慰剂。

由于酒有上述特征，因此，酒既是祭祀筵席聚会的助剂又是人的情感燃剂。东西方各民族无一例外，都以游戏的态度对待饮酒，饮酒是人类重要的一种文化生态现象。英国著名的酒文化学家休·约翰认为：酒最先吸引我们祖先注意力的，并不是散发的芬芳，也不是紫罗兰和覆盆子久久不散的馨香，而是它的作用。这个作用就是酒精刺激的作用。他说："在污秽、残酷的短暂的人生中，那些最早感受到酒精作用的人，认为他们提前到天堂走了一遭，饮了这种神奇的饮料后，他们的焦虑消失了，恐惧大为减少，灵感随之而来，而当他们痛饮这种有魔力的东西后，发觉自己的情人更加漂亮可爱，在一段时间内，他们感到浑身有用不完的劲，甚至感到自己成了无所不能的上帝，随后，他们开始感到有些不舒服，甚至昏睡过去，醒来后感觉头痛得很厉害，但是他们发现，饮酒时的感觉实在太好了，人们无法拒绝再次饮酒，而且酒后出现的头痛等身体不适，都只是暂时的病痛。如果能够慢慢品尝美酒，那么你可能只有享受饮酒的乐趣，而不会有任何不舒服的感觉。"（《酒的故事》）实际上在中国唐、宋王朝以前和西方中世纪时代，酒大多数都不是高度的，可以在一次中饮入多量的酒。传说中的中国帝尧、帝舜都是酒量很好的君主。在新石器时代,只有少数特权阶层才有对酒的支配权。米酒、葡萄酒和麦芽酒(原始啤酒)是世界上最早生产的酒,在中国,酒是祭神的,由国王专控,在古埃及及古希腊,葡萄酒也是祭神的专用品,由祭司专控,中下阶层人只能喝麦芽酒或不能饮酒。由于人文传统的差异,中西方在品酒的方式与态度必然地存在差异,中国人在酒的刺激下重在对酒外精神生活的体验,感悟人生,修行品德和张扬文采的个性,谓之"酒中三昧"。古埃及、希腊、罗马以及现代社会的西方人则侧重在饮酒本身,感受来自酒神赋予的直觉快感而玩赏。相比之下中国人更重视共饮同乐的方式,有"一人不饮酒"的古训。而西方人则更重视个人世界的享受,有"餐前、餐中、餐后"饮酒的区别。中国人是集体空间的,是集体的游戏,每个人都在集体中占有一定的位置,因此,有酒道人品的评述,也有"酒席桌上人人平等"的道白。而西方人是自我空间的,从事的是个人的游戏,每个人对饮酒的集体具有独立的自由,因此,对酒本身而言更像是对待玩具,从而产生了"鸡尾酒"的饮酒方式。中国人常将饮酒与其他文艺结合起来以助酒兴,达到集体精神的尽兴;而西方人则专注在酒中,制造个人精神的迷幻世界。在这里,西方人是人,通过饮酒与神界接近,似乎自己成了人神之间的代言人与联系者,而中国人则是神,是人变成了神。实际上两个方面在东、西方饮酒游戏中都同时存在,只是表达的方式不同和各有倾向性而已。

一、中国的酒戏与酒道

中国人对"似醉非醉"是赞赏的,对真醉是鄙视的,所谓"斗酒诗百篇"、"醉打蒋门神"、"难得糊涂"、"醉翁之意"皆"佯醉"的精彩篇章,所谓"倚酒三分醉"正是对"佯醉"的真实写照。中国人的酒意在于似醉非醉之间,正如白居易的"醉时胜醒时",在似醉中获得精神快乐,发现精神的灵感闪光。在"醉"中写真,于是有了怀素与张旭的狂草,于是也有了李白的"人生得意须尽欢,莫使金樽空对月"。(《将进酒》)这时的酒意荡漾,正是思维最为敏捷的时候,达到了人的身心通畅而愉快,意识透明而真挚。不管一个人的酒量有多大,几乎无一没有这个过程,只是有人敏感而得到精神的升华,有的人不敏感而停留在浅层次的精神状态。佯醉犹如佯信,以为自己醉了,在游戏的法则上这是酒境达到最高的层次。然而,如果饮酒使自己精神迷蒙甚至失去知觉如泥委地一般,这就是真醉。真醉是痛苦的,一个人如果饮酒由快乐而转向生理的痛苦,那是不被称赞的,中国人称之"酒中乱性失德",即失去为人君子的操行。如果回顾醉前的快乐,而每饮酒必追求真醉,而且每天都一醉方休,这正是典型"酒鬼"的状态,在科学上称为酒精依赖综合征。酒鬼也是酗酒者的别称。酗酒与吸毒具有同样性质,只不过酗酒者是醉时痛苦,而吸毒者是醒时痛苦。酗酒者常独自饮酒,在日常行为上都属于情感偏执类型。正常人独饮会感到苦闷和孤独,李白"花间一壶酒,独酌无相亲。举杯邀明月,对影成三人"就是真实的反映了他一人饮酒时的孤独心情。中国的英雄墨客大都被传说为海量而善于豪饮,但是,又都不会醉或者善于"佯醉"。这种佯醉的精神亦即中国人所推崇的"酒道"。酒道就是饮酒所循的自然之道,亦即顺应自然的规律:"能者多劳,不可强求。"饮酒不在勉强获醉,而在尽情尽兴;也不在饮酒行为本身,而在酒道的深浅,这里的得道,就是:谈吐宇宙之机,运筹千里之智,戏说春秋之事,纵横山海之经的最高智慧,就是酒道所谓"酒中三昧"体悟与表现的智、勇、忠、义、礼和文,所谓"豪饮酣畅"并不是指饮酒的多少,而是指借助酒力的情绪抒发程度。在中国酒戏表演中对酒道精神具有形象的反映。

作为真正的集体饮酒游戏则可以认为是从"酒令"开始的,春秋战国时期,由于周王朝的"礼崩乐坏",诸侯国中饮酒的"觞政者"取代了"监"、"史"。所谓"觞政",就是在宴会上执行罚酒的使命。这是中国原本由神与人、国王共享的饮酒向世俗人间转移的最早例证之一,人间酒戏也伴随着这种转移而真正的开场。西汉人刘向在《说苑》中有这样的记载:魏文侯与大夫饮酒,使公乘不仁为觞政曰:"饮不釂者浮以大白。"文侯饮而不尽釂,公乘不仁举白浮君。君视而不应,侍者曰:"不仁退,君已醉矣。"公乘不仁曰:"周书曰:'前车覆,后车戒。'盖言其危,为人臣者不易,为君亦不易。今君已设令,令不行,可乎?"君曰:"善。"举白而饮。

这则故事反映出酒宴的主人已不再是礼仪问题,而是与人尽兴。执行使命的觞政态度认真,连国君也不得违令,表示了在饮酒游戏中人人平等的自由。酒令原本是节制饮食的政令在这里已转变为劝酒罚酒的酒令。这种意义的转移,也说明了由祭祀礼仪的饮酒的假游戏演变为真正的集体游戏的本质属性。在此以后历朝历代,凡在饮酒时,对输赢赏罚饮酒的游戏通称酒令之戏。近现代中国酒令的游戏有许多形式,晚清俞敦塘的《酒令从钞》将酒令分为古令、雅令、通令与筹令四类。

1. 雅令

指在饮酒时具有胜负罚酒性质的口头文学创作活动形式。实际上是一种文学竞技活动,通过胜负刺激以助酒兴。其形式可谓五花八门,随意创制,文采机巧,全凭智力与文学功力。主要有字令、诗令和混合令等等,宋元以后有许多介绍各种酒令的书籍问世,如《酒令丛钞》、《酒杜刍言》、《醉乡律令》、《嘉宾心令》、《小酒令》、《安雅堂酒令》、《西厢酒令》、《饮中八仙令》等等,明、清小说《红楼梦》、《聊斋志异》、《镜花缘》中也有大量酒令资料,这些大多数属于雅令类型。

(1)字令:将一个汉字拆开分成几个字或者把两三个汉字组合成一个汉字,或者把一个汉字拆开,予以增、减皆成一个新字。一般以执令者首出字令,以答对者为胜,胜者再出。

拆字令例一:

(首令)绍经纪一半丝(私)意。

Yin Shi Wen Hua Dao Lun

（答令）朱先生半截牛形。

（答令）王老者一身土气。

——王老者拆出土字，朱先生拆出牛字，绍经纪拆出系字。然后再作组字令：

（首令）采系可作统，又加点缀即成文。

（答令）言义可成议，傥无党便是完人。

（答令）舛木便为桀，全无人道也称王。

拆字令例二：

（首令）鑫字三个金，土申字成坤

　　　　金金金，只留清气满乾坤

（答令）犇字三个牛，矛木字成柔

　　　　牛牛牛，树阴照水爱晴柔

（答令）轰字三个车，余斗便成斜

　　　　车车车，远上寒山石径斜

——拆鑫、犇、轰三字重组坤、柔、斜三个字，落在一首古诗上。

（2）诗令：用诗作令，又分作诗令与说诗令。

作诗令：作诗时是席间的人在一规定时间内各作诗一首，绝、律、诗或联句不限，作诗是以时长为负，联句是以少联为负。

例一：红楼梦中持螯赏菊筵中的菊花对诗令的第一回合

（首令）忆菊　蘅芜君

帐望西风抱闷思，蓼红苇白断肠时。

空篱旧圃秋无迹，冷月清霜梦有知。

念念心随归燕远，寥寥坐听晚砧迟。

谁怜我为黄花瘦，慰语重阳会有期。

（答令）访菊　怡红公子

闲趁霜晴试一游，酒杯药盏莫淹留。

霜前月下谁家种，槛外篱边何处愁。

蜡屐远来情得得，冷吟不尽兴悠悠。

黄花若解怜诗客，休负今朝挂杖头。

例二　联句

（首令）炭黑火红灰如雪

（答令）麦黄麸赤面似霜

　　—— 一物三样色相与变化

（首令）尼洗泥泥净尼去

（答令）兵敲冰冰破兵行

　　——同音异物的动态关系

（首令）两岸夹桥二渔翁双钩对钓

（答令）孤山独庙一尊佛匹马单枪

——数字一对二，动对静，对格律对丈，平仄声韵要求严格。

说诗令：说诗令和作诗令的区别在于用现成古诗句而不是自己的创作，只是在作令时，更具有专一性的令名规定，如器物名，药名，人名，花名等，基本以二三人对饮联对形式为主。

例一：数字令

（首令）花面甲头十三四

（答令）南朝四百八十寺

例二：乐器名对

（首令）锦瑟无端五十弦

（答令）欲饮琵琶马上催

例三：花名令

（首令）红珠斗帐樱桃熟

（答令）秦如金炉兰麝香

（答令）芙蓉如面柳如眉

例四：药名令

（首令）卧看牵牛织女星

（答令）卢家少妇郁金香

（3）辞令：辞令鼎盛在宋代，与宋词有很大的关系，要求运用顶真或连绵的修辞的方法，答句开头用首令末字，传统称之粘头续尾令和回文令，可说诗句、词句、成语曲名、戏剧电影名等不予局限。

例一：粘头续尾令

甲（首令）一马当先（成语）

乙（答令）先睹为快（成语）

丙（答令）快人快语（俗语）

丁（答令）语无伦次（成语）

例二：

甲（首令）酒不醉人人自醉（俗语）

乙（答令）醉里挑灯看剑（辛弃疾词）

丙（答令）剑外忽传收蓟北（杜甫词）

丁（答令）北雁南飞（《西厢记》词）

例三：回文反复令

（首令）消愁把酒饮，饮酒把愁消

（答令）窗前荫绿树，绿树荫前窗

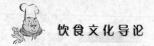

——四文反复令的句子,正反皆可读,并且要保留完整的意思。

(4) 混合令:综合上述各令的特点为混合令,又有杂缀令与拗口令两种。

例一:杂缀令:酒令中的诗、词、名、物随便人令,下句意义不在有关而在形式上的联缀,语意贯通即可。

(首令)夜郎村,美酒醉倒鲁智深。

(答令)庆阳春,功成退隐刘伯温。

(答令)晋阳秋,醉翁名号欧阳修。

(答令)紫金山,京城首富沈万三。

例二:拗口令:酒令以音韵相近的字构成,与相声艺术中的拗口令相同,说起来比较拗口、难说,故也叫绕口令和急口令。

(首令)毛家一只猫,邵家一把勺

毛家的猫碰坏了邵家的勺

邵家的勺碰坏了毛家的猫

毛家要邵家赔猫,邵家要毛家赔勺

(答令)牛家一头牛,娄家一架楼

牛家的牛拉坏了娄家的楼

娄家的楼碰坏了牛家的牛

牛家要娄家赔牛

娄家要牛家赔楼

在雅令中,我们可以看到,中国汉字与语言的运用技巧和艺术都达到了极高的水平,因此,对一般人而言则是难以为之的,这是上层知识阶层所惯用的戏法,在这个活动中,雅令成为有理由逃避过量饮酒或多量饮酒的方法,少饮和多饮都不损坏朋友之间的友情和义气,也不会因为尊卑的关系受罚和约束,竞赛在平等自由的原则下进行,中国的这种外向型共饮实质上是以饮酒为介质抒发主观的精神情感而得到精神的放松和自由,达到饮酒文化功能的极致发挥。在这个发挥中,酒气得以蒸发,人性得以共知,人品得以共赏,从而具有神醉而人不醉的"佯醉",有效地避免了人神皆醉的不可为状态,在这一过程中真正体验了人情酣畅的酒神精神。中国的知识分子除了在一般节庆、生辰、婚丧和送往迎来中举行这种雅令饮酒活动外,还有一种最具文人特征的"文酒会",又称之"文会",例如书圣王羲之的"曲水流觞",其实质即以美酒美食为媒介的文人聚会,在会上众人皆借酒意挥毫泼墨作诗书画,写尽人间情感。中国历史上有许多的诗、词、书、画的绝世精品皆得之于酒力,皆是风雅酒会中的精神外化产品,中国人的酒道真可谓"玄之又玄,众妙之门"。(《老子·一章》)

2. 通令

对于一般士夫俗众而言,雅令是可望而不可即的风雅游戏,他们大多采用博弈

的形式,凭运气受罚或者逃避,这类博弈助酒的游戏被称之通令或筹令,此类酒令形式五花八门,择其主要阐述如下:

(1)划拳令:又叫猜拳和猜枚,古今都有,是最为普遍采用的酒令形式之一,游戏规则十分简单,适合于大众,游戏时以对饮为形式,两人同时喊出0—10的任何一个数字,同时各人以单手伸出指,任意表示一个数字,这个数字可以与喊叫的数字不同,如双方相加之和与其中一人所出数字相等,则此人胜出,负者饮酒,两人在出数时要大声喊叫数字,在喊叫时情绪激动,酒气易于挥发。有时在正式出拳时,由挑战者高唱令头,唱时表情与手势加以助势,很具表演性质,令头说完再正式出数时,先喊"拳呵"或"好"再出指,出数时用一只手出指,不同姿态表示0—10个数字,10个数字代表着中国古老文化中的许多典故,据现代《中国酒经》所述:

零——古今通称"宝",即"元宝"。元宝初为钱名,因唐时"开元通宝"被人误读为"开通元宝"而得名,我们通常所说的元宝是马蹄形的金银锭。中国人主张财不外露,故划拳时,握成拳头(不伸出),将财宝死死攥住,口呼"宝不出,宝不露"或呼"元宝一对"。

一——有呼"一心"和"一定恭喜"(也有"一顶高升",象征祝福升官)。杜甫《高都护骢马行》有"与人一心成大功"句,表同心;《古诗十九首》有"一心抱区区,情君不识察",表专心。猜拳时,用来表示同心者饮。诚意者敬,故出指用大拇指。大拇指在习俗上表示好和赞扬。

二——中国北方人呼词"二"皆以"二郎担山"为多,意是二郎神杨戬担山压日,来自劈山救母的传说,出指时,食指、中指伸直,其他指屈起,食指象征二郎神,而南方则呼"两家好"或"哥俩好"抑或"双喜临门"等等表示和气之类喜庆连年。

三——划拳时高呼"三星高照"、"三元及第"、"三状元"等。所谓"三星高照":一为福星,即天官赐福;二为禄星,即财神管人间俸禄财钱;三为南极老寿星,赐人以长寿。被三星高照,福禄寿全是人们最大希望。"三元"即古人读书会考、乡试头名为解元,会试头名为会元,殿试头名为状元,合称"三元"。殿试的前三名是状元、榜眼、探花亦称"三元",故而又称"三洋开泰"。出指为拇、食、中指齐出,其他指屈起,一般忌讳后三指齐出,认为不雅观。

四——有"四喜"、"四季发财"和"四美"等呼词,"四喜"即"久旱逢雨露,他乡遇故知,洞房花烛夜,金榜挂名时"。这四件事历来被看成人生得意的喜事。"四美"即是"良辰、美景、赏心、乐事"被称作"四美俱"(南朝谢灵运语)。"四季发财"更是明白地祝酒友好运。此出指为食屈起,其他指指出。亦可拇指屈起,但善划拳者不为,常为初学者使用。

五——五的呼词最多,有"五魁首"、"五魁"、"五子登科"和"五福"等。"五魁首"是指古时学子苦读《诗》《书》《礼》《易》《春秋》五种儒家经典,祝人在科举场中夺得第一名以求取功名。"五子登科"是指五代窦禹钧教子有方,五个儿子仪、伩、侃、俤、僖相继名列高第。"五福"在《尚书·洪范》中说"人有五福,要格外珍惜":一曰寿,二曰富,三曰康宁,四曰修行德(发扬美德百福至)、五曰考终命(行善而命善终)。五指全伸即为五。

六——"六六大顺"、"六顺"。《左传》云:"君义、臣行、父慈、子孝、兄爱、弟敬,所谓六顺也"。"六六大顺"还有寓意事事皆顺利的意思,出指为拇、小指伸出,中间三指屈起,象征汉字的六。

七——猜拳中惯呼"七巧",这是指夏历七月初七月夜,天上银河灿烂,牛郎与织女的相会。人间妇女或对月穿针,或呈会品,献女红,以争奇斗巧,各自心中祝祷取胜,并希望天上织女暗中相助,自己婚姻美满,在这里祝愿彼此婚姻巧合美好。出指时将五根手指撮合在一起伸出,这是中国情人节的手势符号。

八——多呼"八马双杯"、"八仙庆寿"或"八匹马","八马"是指周穆王有八匹骏马。穆王常乘驾八骏马巡游玩乐,相传他驾此八马至昆仑山与西天王母相会,两人在瑶池上诗酒唱合。呼"八马双杯"时,负者要连饮两杯酒。"八仙庆寿"是说中国神话中的八仙,即吕洞宾、何仙姑、韩湘子、张果老、铁拐李、曹国舅、汉钟离、篮采和。八仙以醉闻名,常有"醉中八仙"称号,还有杜甫诗《饮中八仙歌》中所云:贺知章、李进、李适之、崔宗之、苏晋、李白、张旭和焦遂,这八仙皆是唐时嗜酒豪放"佯醉"的诗坛名人,有些地方也有呼"八仙过海"的。八的出指是拇、食指捺开并出。

九——又称"长久"、"九九归一"等。"长久"即酒常之意,《史记》:"建久安之势,成长治之业",比喻人常聚酒不尽。"九九归一"是九为中国的最大数,也是最吉祥的数字,比喻万物归宗,久久如意。出指为食指半屈如钩伸出,象征如意玉钩。

十——清乾隆自诩文治武功,福禄寿俱备,于是自称"十全老人"。十又有"十全十美"之意,表示圆满"全来到"之意。十是用拳头伸出象征全部拿到之意。

例一:牛令(带令头)

(挑战者)高高的山上一头牛(做手势)

　　　　两只犄角这么大个头(做手势)

　　　　四只蹄子分八瓣(做手势)

　　　　尾巴长在腚后头(做手势)

　　　　拳呵——拳呵(高喊)

同时 ┌ 一定高升……(高喊同时出指)

　　 └ 哥俩好呵……(应战者高喊并同时出指)

——祝对方高升,应战者回答,祝兄弟友谊好

例二:螃蟹令(带令头)

(挑战者)一只螃蟹八只脚呵(做手势)

　　　　两只螯呵斗大的壳(做手势)

　　　　摘上壳呵掰下壳(做手势)

沾香醋呵洒姜末（做手势）

　　酒呵酒呵该谁喝（喊同时做好出指准备）

同时 { 八匹马呵该你喝（带令尾，高喊并同时出指）

　　　 巧巧巧呵该你喝

——如果两人出指之和与其中一人喊数相等或两人喊数之和与其中一人的指数相等都为胜者，继续挑战。如皆不相等则需继续在一个令中喊下去，直到胜负。善划拳者要高度的耳聪、目明，计算快速和口齿迅速，难度也相当大，划拳时以速度快为上者。

　　在一个看似简单的划拳令中深含着如此丰富且深厚的人文意义和高度的机巧性，这在全世界饮酒游戏中也是绝无仅有的。在酒的王国里彼此热烈而真挚的祝福天地可感，表现出东方中国文化人类的那种对生活的热爱，那种对人生理想的强烈追求，人性的善良，人民彼此间的豁达和宽容都深深地植根在八千年历史的饮酒文化之中。这种从饮酒游戏中透视出来的传统文化精神正是中华民族在过去两千年来强盛并领先于世界国家之林的内在动力——和谐共济、和睦相生、和平同庆，这也是中国人民面对当今世界各国的一贯人生态度。

　　除了划拳令以外，通令中较著名的还有"打虎令"、"猜拳令"、"旋机令"、"骰子令"与"击鼓传花令"，唐宋时有"投壶"、"射覆"、"藏钩"等等，因为较为低级，操作简单而简述如下：

　　○老虎令：即按相克原理所置酒令。行令时，两人对决，各执一筷相互打击在筷子上，同时念动令词：

（啃）

棒子 → 老虎 → 公鸡 → 小虫

（打）　（捉）　（吃）

谁说到上家即胜出，负者罚酒。同理也有"石头剪子布"的酒令使用。

　　○旋机令：即如转盘指针，指向谁即谁被罚酒，转盘者为令官，此为群饮时的游戏。受罚者可以是1个人，若饮者在偶数时，也可以与相对座位的同受罚。

　　○击鼓传花：在一定时间内，击鼓同时向旁人传递一物，鼓停时，何人得到此物即成为受罚酒者，击鼓者为令官，这也是群饮的游戏，与儿童幼儿园的玩法一样，真是童心不老，热闹非凡。

　　○骰子令：与赌钱博弈一般，投骰子，以上大或小取胜，可两人对决亦可两队对决，全凭运气，另外尚有"拔筹令"，即以一桌人或对决人为数，用纸片、纸牌、木片等制罚酒筹，然后大家抽签，以抽到酒筹为负，受罚酒。

　　从以上酒戏中我们可以看到，中国人饮酒为戏，追求的是一个意境，一个热烈蒸腾的气氛，一个同乐同喜的情调。之所以制作出雅令、划拳令等华丽而精巧的酒令来，除了汉文字语言本身的特点外，更重要的是理性战胜了幼稚和冲动。饮酒者

既要追求达到酒神的境界,又知道多饮伤身,既要拥有真情的互通,又要使少饮不伤感情和多饮不伤身体,因此,制作酒令的游戏既能有理逃避也能消散排解过多的酒意,这是极聪明极理性而又极赋文采的饮酒游戏活动。每个写令者,都极力地争做胜者,既是个性的自信也是逃避现实的需要——做一个聪明的玩家和成熟的饮酒者,他们在饮酒中经受住了朋友、同事、亲戚的义气、忠诚和信心的检验,并获得了彼此的共识与认同。

从一开始,人类的饮酒就含有游戏性质,在游戏的公众面前具有礼仪形式的表演,从敬神到敬人,饮酒都具有尊卑礼节的节目:天为尊地为卑、神为尊人为卑、君为尊臣为卑、长为尊幼为卑。在中国民间的敬酒礼节依然遵照古制,但各有乡风不同,一般来说,敬酒所表示的是酬谢,欢迎祝福和尊敬的多层意思,但具体做法又有差异:

敬酒:右手持杯,左手托杯底,离位到被敬者面前,名曰"端酒",表示诚敬谦恭。自己先尽饮酒,被敬者若长者、女士或不胜酒力者则随意饮酒以示酬答;若平辈则同饮一杯酒,见底为干杯,以示真心实意。同辈者还需离坐起立表示尊重,如果平辈者回敬主人则叫"酢",即以酒酬答,客人之间互敬又叫"旅酬",互敬时皆需起立以为谦让,故又叫"避席"。长者一般不向小辈敬酒或移步端酒。只可以"望敬"的形式,举杯示意,如果依次向客人敬酒则称为"行酒",一行为一巡,一般酒过三巡也就是每人受或敬酒三杯,敬答酒时互致祝词而后同饮。

斟酒:一般来说,中国人斟酒于人视情而定,老者、女士、礼节性尊贵的客人与不胜酒饮者为酒杯容积的八成,以表示谦恭尊重。即:您少饮点我多饮点。若至爱亲朋则斟满为度,表示十全十美以及豪情与义气,怕酒杯中不满会使客人少饮,而觉得主人不够热情或者吝啬。在酒筵上一般用一式的酒具与酒,集体之间人人平等,现代受西餐影响也有用不同的酒和酒具的。但在正统场合的用酒,依然传统。

对饮:指两人或多人相对同时饮酒,一般为一个提议者出主题,例如"祝成功"、"祝长寿"等等,酒量要一样多,酒品要相同。饮量相一致,大杯依刻度,小杯一口干,干时碰杯互祝,表示情谊之笃,干不尽者为虚伪,既能干者皆要干,不能干者不参与或下次单独小饮,有"滴酒罚三杯"的酒令性质,此为碰杯同干酒,在特别场景还有"交杯酒"、"同心酒"和"连杯酒"的花样。"交杯酒"指新婚夫妇在结婚喜筵上男女将手臂互串作弯钩状的饮酒方式,可喝对方杯中酒也可喝自己杯中酒,前者表示互换忠诚,后者表示永结同心。"同心酒"是二人同喝一杯酒,"连杯酒"是用木料特制的两杯连缀一根木(竹)条上的双杯,对饮者同时将两杯酒喝光,这两种都是中国西南地区少数民族的酒戏风俗,表示同心一德,共干大业。

实际上对饮最具豪情的形式,古代"歃血为盟"的首领多采用这一饮酒形式。对盟者各自割指将血滴入酒中混合,或用雄鸡的血代替人血,将混合的血酒分斟入双方主盟者的杯中，对饮时可干杯，也可将杯中一部分酒在地上，表示我在你中，你在我中，土地是你我的依托或见证。要注意的是，在对饮碰杯时，一般主动者碰到被敬者酒杯下方，小辈要在长辈下方，互碰时亦要有类似动作，以表示谦让和尊敬。

如果说"酒令"是全凭着智慧"逃"或"罚"酒的游戏，毋宁说是一种"让酒"的游戏。因为中国孔老思想的礼仪道德是以"谦让"和"不争"为传统美德的。酒是美的必然会在饮酒过程中表现出谦让，即让对方客人先饮酒或多饮酒，但是，对饮的对方也持有这一观念，一是彼此"谦让"而没有终结，于是通过酒令的游戏活动凭智慧取胜达到谦让的目的，在酒令上的负者都得到饮酒的先机，反其意说作"罚酒"。其实谦让的双方皆不为负，而又都是胜者，中国的"酒令"实质就是一种极其崇高而文采四溢的让酒和赛酒方式。这种饮酒形式可以说是一场喜剧，尽管在酒筵后的现实生活中有多么的不同，然而在酒筵桌上就像真的一样，在游戏中达到"佯信"效果，而游戏本身正是一种"佯信"的娱乐活动，在想象中得到真实，是不带有很多的社会责任和实用目的的，这是一种在美好理想中的大人们的饮酒游戏。

二、中外品酒的异同

1. 聚餐对饮的不同形式

如果说中国人的饮酒注重公众性和外向性，那么，西餐饮酒就更注重自我的隐私性和内省性。欧美人直接将酒作为"玩具"，把玩个中"真味"。即使是聚宴饮酒，也是自斟自饮的"自助"形式。各取自便正是"鸡尾酒会"和"冷餐酒会"的饮酒特色。在西餐筵席上，人们饮酒也是近在咫尺，相祝还远，同时西餐席台是长方形制，方便于人们的自斟和分餐。如果说，中餐筵席的方形或圆形台制是为了方便中国人的互斟对饮而设置的，那么，西餐台桌的长方形制酌设置正是其自助餐饮形式的必然。在西餐上为人斟酒属于交际场所中服务人的性质，一般群饮人之间是互不斟酒的，如果互相斟酒就有强迫性质，有"侵犯人权"的嫌疑，因为过多的酒会使人痛苦的。中国的对饮，在人与人之间就必须互斟，互斟是互敬的意思，如果一个人在群体间自斟自饮，则被认为是互不敬或自私自利的行为，因为美酒是令人愉快的，在这两种斟酒区别中，西餐筵席酒会虽为群饮群戏，但将集体的饮酒化解到具体个别人之间，而中餐酒筵则是将单个的人融合到集体行为之中。

不仅如此，中西筵席对酒具、食具的设置都是为了方便各自饮酒的需要而为原则的，中餐酒席为了方便同饮者之间互斟对饮而将酒具、食具设计得精而又简，使对饮者之间距离相近，利于饮酒时交流心理活动和情感。而西餐正规筵席里，在每人位上设置酒杯三只，餐叉三把，餐刀三把，汤匙三把，它们是为了饮用不同的酒，食用不同的菜食，喝不同的汤所准备的，这相对需要比中餐饮酒更为宽大的空间，从而也不方便席间饮酒时的彼此情感交流，而适宜于各人自斟自饮自食。如果反之,将西餐放置在中餐台上或将中餐设置在西餐台上,前者会显得特别拥塞而难以施展,后者则会因为斟酒对饮不便而发愁。

2. 酒戏形式的区别

由于西方人饮酒的自助性质,因此,在泛西方各国很难找见如中国酒令游戏的酒戏形式,或者如竞技一般,直接对比赛酒看谁喝的多,以多取胜。古希腊曾有一种近似于投壶的竞技游戏,与中国不同的是游戏者是自己与自己赌,因此,总是喝得大醉如泥,据《世界古代发明》书中介绍,这种游戏叫"科塔博斯"。这种游戏虽然低级,但很受欢迎。相传是由希腊在西西里岛的一位殖民者发明,在饭后豪饮期间,与朋友打赌说,他能把残酒甩到灯座顶部的油灯上。一位机灵的商人靠这种无聊的游戏大发其财,他为此专门发明了专用的"科塔博斯"台座,在每个台座的顶部浮放一个铜盘,游戏的目的是用残酒将铜盘打掉,落在下一层金属盘上发出钟鸣一样的声音。打中者饮酒一大杯。这个游戏可多人玩,比谁打得多,谁喝得多,谁就是英雄。

西方,更多的是注重个人的饮酒游戏,或淡饮清香微品刺激或酗酒如狂,追求真醉,以自己的方式获得真正意义上的精神愉快。然而独自饮酒缺乏整体相互的调节机制,而人的嗜好性往往受理智的过于限制或直觉性超过理智。这两个方面,人对后者具有更强的趋从性。因此,西方各国为酗酒而发布的禁令频出。因为酗酒者的饮酒行为是随机的,不受精神和特定环境的约束,直接受生理刺激快感的直觉冲动所支配,因此,也是缺乏崇高精神意识目的的,就像儿童对玩具痴迷过头一样,不在玩的过程乐趣,而在玩的结果,这种结果就是生理上的迷晕——沉醉。实际上,古希腊人早就对这种"烂醉"持否定态度,他们为了少饮酒精在酒中掺水稀释,养成了原始"鸡尾酒"的饮用习惯。西方所谓"鸡尾酒"游戏形式就是饮酒者自我控制酒精摄入量的一种有效方法,它代表了西方人饮酒的最高理性,与中国酒令性质相同,目标一致,但是所用方法不同。

3. 酒的药性共识

将酒作为药物,对酒的药性功能的认识则在中外各国具有共识性,犹太教《塔木德经》说:"哪里缺少酒,哪里就少不了药"。公元前6世纪的古印度的医书对酒的药理描述是:"能够使人精神焕发,是失眠、悲伤和疲乏的解毒剂……是欲望、欢乐和顿悟的制造者。"英国酒学专家休·约翰说:"有关酒的临床功效,今天开明的医学观点也用了非常相近的措辞,尤其是对于心脏病,甚至连穆斯林医生宁愿冒着触怒真主安拉的风险,也不愿在治疗过程中少了酒的帮助。"(《酒的故事》)

中国自古就将酒作为一种药(作为药引,即中介的意思),在古代所称的汤液醪醴即是用五谷酿制的酒,清淡稀薄的叫汤液,稠浊的叫醪醴,均可入药,《黄帝内经》中有一段对话:

"黄帝问道:怎样用五谷来制作汤液和醪醴呢?(原句:为五谷汤液及醪醴

奈何?)

岐伯答道：必须用稻米作原料，用稻杆作燃料，因为稻米之气完备，而稻秆则是坚韧的。（原句：必以稻米，炊之稻薪，稻米者完，稻薪者坚。）

黄帝问道：何以见得？（原句：何以然?)

岐伯答道：稻谷秉承天地的和气，生在高大适宜的地方，所以得气最完备，又在秋季成熟之时收割，所以稻杆最坚实。（原句：此得天地之和，高下之宜，故能至完，伐取得时，故能至坚也。）

黄帝问道：上古圣人制汤液醪醴，但是虽然制好却备在那里不用，是什么道理？（原句：上古圣人制汤液醪醴，不用，何也?)

岐伯答道：自古以来的领袖制成汤液醪醴，是以备万一的，因为上古太和之世，人们身心康泰，很少染上疾病，所以虽然制成，还是放在那里不用的。到了中古时代，社会上讲究养生的人少了，人们身体有点儿衰弱，而外邪又常来乘虚侵害人体，服用些汤液醪醴以作为万全之策。（原句：自古圣人之作汤液醪醴者以为备耳。夫，上古作汤液，故为而弗服也，中古之世，道德稍衰，邪气时至，服之万策。)"

通过这则对话可以认为，黄帝所指上古之世是有神而无人之神世，酒已是大自然的产物，中古始被人知，饮酒由无为（神为）而至人事，正是人纪的开始，这里所谓"道德稍衰，邪气时至"所指的正是精神的疾病，即忧烦之病，这是由于人世的人事邪气所袭的结果。所以，这里的服酒"治病"的本身就是以精神的快乐为最大的目的，当其成为一种集体或个人"无意识"行为时，便演变成为一种以娱乐为主的游戏活动。酒是解除人类内心忧患疾病的妙药，这是东西方各国民族的共识，只不过中国在五谷，特别在稻米方面所赋予的精神感受更多也更深，这是中国大陆人民对平原肥沃土地的情感，是中国以五谷酿酒为主体的古老精神基础。而西方各国则更多的是对山地的眷顾，因为葡萄本身就是在山地丛岩间结出的红红的圣果，是采集生活中神灵所赐予人类的珍爱。

4. 酒感神性的距离

东西方除了拒酒性宗教与生理性不适人群外，几乎绝大多数人都是酒的崇拜者，但在精神感受的神性方面存在差异。如前所述，中国的崇拜是感受天地化育的酒道情觞，为自己营造一个扮演酒中神仙的平台。酒道是无形的，是一种隐藏在饮酒者精神里的智慧。因此，一些酒量巨大而又不会真醉的人通常被称或自认为是"酒神"或"酒仙"。他们不受客观外部现实的限制，将主观意志呈现得淋漓尽致而"嬉笑怒骂"皆成文章，例如唐代的李白既是诗仙又是酒仙，杜甫既是诗圣又是酒圣，白居易既是诗神又是酒神，他们可以装疯卖傻、发泄不满而能得他人的原谅、同情和共识，因为他们已成为酒中神仙的化身，在酒道中反映人间大智慧。唐初著名的隐逸诗人王绩很佩服阮籍与陶潜的酒道精神，在《醉后》一诗中写道：

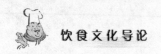

> 阮籍醒时少，陶潜醉日多。
>
> 百年何足度，乘兴且长歌。

阮、陶二人的醉正是一种逃避现实、愤世嫉俗的方法，"长歌当醉"也是酒道的"醉"而非"真醉"，王绩还为自己营造了一个醉乡的理想大同世界。

"醉之乡，其去中国，不知其几千里也。其土旷然无涯，无丘陵阪险；其气和平一揆，无晦明寒暑；其俗大同，无邑居聚落；其人甚精，无憎爱喜怒，吸风饮露，不食五谷，其寝于于，其行徐徐，与鸟兽鱼鳖杂处，不知有舟车器械之用。昔者黄帝氏尝获游其都，归而杳然丧其天下，以为结绳之政已薄矣。降及尧舜，作为千钟百壶之献，因姑射神人以假道，盖至其边鄙，终身太平。禹、汤立法，礼烦乐杂，数十代与醉乡隔。其臣羲和，弃甲子而逃，冀臻其乡，失路而道夭，故天下遂不宁。至乎末孙桀纣，怒而升其糟丘，阶级千仞，南向而望，卒不见醉乡。武王得志于世，乃命公旦立酒人氏之职，典司五齐，拓土七千里，仅与醉乡达焉，三十年刑措不用。下逮幽厉，迄于秦汉，中国丧乱，遂与醉乡绝。而臣下之爱道者，往往窃至。阮嗣宗、陶渊明等数十人，并游于醉乡，没身不返，死葬其壤，中国以为酒仙云。嗟乎，醉乡氏之俗，岂古华胥氏之国乎，何其淳寂也如是。余将游焉，故为之记。"

这里，王绩虚拟了一个醉乡的人与自然和谐共处的大同世界，正是藐视黑暗现实，歌颂真善美的理想的酒道之歌，而歌唱者本身就是酒的神仙，是借道酒兴作思想畅游的活的神仙，真实的人的神仙。宋代苏轼在《和陶渊明〈饮酒〉》诗中写道："俯仰各有志，得酒诗自成"，就是对饮酒而醉的真正含义的诠释。这种借酒寄情咏物抒情而明志的精粹就是酒道精神。得道者就是神仙，酒仙陶渊明对酒中乐趣在《饮酒二十首》中表白得十分真切：

> "不觉知有我，安知物为贵。
>
> 悠悠迷所留，酒中有深味。"

> "泛此忘忧物，远我遗世情。
>
> 一觞虽独进，杯尽壶自倾。
>
> 日入群动息，归鸟趋林鸣。
>
> 啸傲东轩下，聊复得此生。"

酒道在饮酒中除了文采还表现为德、勇、智、谋等大智慧，例如"管仲节饮弃半觞"表现的是德，"汉高祖醉酒斩白蛇"表现的是勇，"阮籍酣醉保全身"是智，"曹操煮酒论英雄"表现的是谋，"苏舜饮酒有汉书"是雅，"贺知章金龟换美酒"是痴，"辛弃疾香醪结挚友"是义，"鲁宗道饮酒不欺君"是忠信等等，都是酒道神仙对自我神性认识大智若愚式的超然感受。酒中乾坤大道无形，而有序得者神仙，失者为"鬼"。中国历史上对"夏桀糟丘纵酒"与"商纣酒池夜饮"的行为视之为典型的酒鬼行为，而酒鬼行为常与亡国败家失德丧行相联系。想象中的醉是美、是雅，真正的醉是丑、是俗。

王仁湘教授认为：大约从唐代开始，中国见诸记载的单纯狂饮的酒徒已经很少了，尤其是文人阶层越来越注重领略酒中趣，不再是一味作乐，饮酒被看作是一种崇高的精神享受，经过唐宋以后文人的总结积累与"茶道"并行的"酒道"也趋于成熟，这从吴彬《酒政六则》中可以充分地感受到。其中提出了"六饮"的准则，即：

饮人：高雅、豪侠、直率、忘机、知己、故交、玉人、可儿。

饮地：花下、竹林、高阁、画舫、幽馆、平畴、荷亭。

饮候：春效、花时、清秋、新绿、雨霁、积雪、新月、晚凉。

饮趣：清淡、妙令、联吟、焚香、传花、度曲、返棹、围炉。

饮禁：华诞、连霄、苦劝、争执、避酒、恶谑、佯醉。

饮阑：散步、垂钓、煮泉、投壶。

与饮茶一样，饮酒讲究在意境中饮酒，并且要饮出意境来，并且还有"春饮宜庭，夏饮宜郊，秋饮宜舟、冬饮家室，夜饮宜月"（转引自王仁湘：《珍馐玉馔》，江苏古籍出版社 2002 年版）意境追求。"六"饮之说成为士大夫阶级的共识。

西方人的酒神是有形的，希腊神话传说的酒神是狄俄尼索斯，他是火神宙斯的儿子，母亲是凡人塞墨勒，即底比斯国王卡德摩斯的女儿。怀了酒神以后，塞默勒竟要求宙斯现身给她看，宙斯不情愿地"接通了他的全部电压"将塞默勒活活烧死。但是她腹中那神圣的婴儿被宙斯救了，宙斯割开大腿把胎儿放了进去直到出生。古印度神话中酒神是苏摩，苏摩的故事与希腊神话相似，苏摩是从因陀罗的腿里出生的，而因陀罗就是古印度的火神"宙斯"。16 世纪法国著名画家卡拉瓦乔所绘制的酒神即狄俄尼索斯，画中酒神是一副古典的装扮，却有着一张女性漂亮的脸，头发卷曲，嘴唇微闭，眼神慵懒。但却具有强健的体格，肌肉健美的胸部，举着象征快乐的酒杯，但腐化堕落永远近在眼前——苹果上虫蛀的洞，熟透了的石榴和葡萄都是万物变化无常的象征。这幅神态表现出酒神沉迷在现实人间，追求自我的快乐感受。在西方，酒一出现就被披上了层层神奇迷幻的序幕，在希腊神话《信女》中，讲述几年后酒神返回了底比斯城，他为底比斯城带去了神圣礼物——葡萄酒，并特意说明酒是从东方带来的，的确，葡萄酒并不是酒神创造的，而是 8000 年前由中亚细亚人发现并酿制的，酒神只不过是酒的化身和控制者，西方人的品酒就是品味酒神，因为酒神就是酒本身。

人们最早扮演成酒神的侍女——酒神的女祭司，比赛喝酒，喝多者表明酒神在自己体内保护着自己，并由此获得酒神的力量，在酒醉的"胡言乱语"中充当神的代言人，并以此表明与神的距离已经很近，英国酒史专家休·约翰在《酒的故事》里说道："希腊人尽一切努力，通过神论去了解奥林匹斯山诸神的计划，这样那些接听神论的祭司，比如特尔斐的太阳神阿波罗的祭司，就形成了一个非常富有影响力的阶层。但是，这个人类和奥林匹斯诸神之间唯一的个人关系只是神话王国里的，对富有理性的希腊人来说,他们必定会知道神话人物是被创造出来的。这就是酒神与他们的不同之处,酒神不是一个神话人物,而是确确实实地存在着的,你确实能喝到酒神,酒神就在体内保护着你"。由此可见,西方人对酒神的崇拜就是喝酒本身,具有更多的现实,更多的沉醉和满足,而中国人对酒的崇拜则是顺应酒道,具有更多的虚幻,更多的寄托和祝愿。中国人在饮酒时的倾谈中求得精粹的解放,西方人在饮酒时则在沉醉中获得身心的解脱。正因为此,东、西方在饮酒中都有赛事,前者赛智不赛酒,后者赛力赛饮酒。两者都以饮酒量多为豪雄,前者以不醉为标准,而后者以一次能喝的量决胜负,进而也说明了东、西方对酒崇拜的宇宙观的基本出发点是不同的,东方是天人合一,天大地大人也大,顺道而自然。而西方则是天人主从,神大人小的交感关系。直到 18 世纪,在英国伦敦的上流社会就有人因为一次(或一天)能饮下三瓶或六瓶波尔图葡萄酒而成为一个阶层或一群人的领袖,被受到普遍的尊敬。不管这么多酒被饮下后是否会导致烂醉,都证明了饮者的胆识与体能力量。这种一次性不计后果的狂饮烂醉被西方医界学者认为是:"女祭司风俗"的群体歇斯底里的传统。在现代西方社会里,比赛狂饮的活动只在酒神节"开花节"与"复活节"等节日里,其赛酒狂欢的意义就在于"鼓励神的复活"。实际上,酒神狄俄尼索斯是从植物丰产之神逐渐变为酒神的,这是西方民族为自己生活所创造的大众之神。人的酒量愈大则获得的酒神力量就愈大,从而被人崇拜。

5. 品酒风味的异同

东西方人士都适应于自己酿造的美酒,千百年来形成了各自的传统和习惯,对酒风味的评价各自具有特定的标准,因此在口味、香气、色泽存在异同性。

口味与香味:中国人习惯于不同酒中的辣中微甜、微辣微甜、甜中微辣、微辣微甜微苦等味觉。西人则习惯于甜中涩苦、微辣微苦、苦中微涩微酸、辣中酸、涩、苦等味觉。东西方对酒口味的评价习惯相左,例如,黄酒中若有明显酸味为变质,微苦则正常;在大曲酒中若有苦涩之味则是劣酒,回味甜绵则是优酒;如果酒中具有特别的香精之气味,则会被认为是伪造酒或临时勾兑酒,在气味上习惯于天然纯净发酵之气味,如五谷的曲蘖之香,不同老窖的陶罐之香,以及清沁的相配药料之香。中国对酒的品味香气之辨析所厌恶的恰恰是西酒风味的正常现象,例如,西酒中葡萄酒是涩中苦的,苦艾酒是辣中苦的就连白兰地也具有令中国人不适的奇怪香精气味和辣涩苦的混合口味,就连啤酒在初饮者看来如同发酵的面汤。然而这一切都是西酒优质的品相。在香气上,西酒特出为水果型浓浓的香精酒,有的酒在酿造或勾兑过程甚至使用了多达 70 种的香草香精的气味。在酿造方面,西酒特长于水果酵母的自然发酵,容器是橡木桶,从而没有中国传统上所认为的陶器与酒窖之间土地相通的理念而缺乏幽幽老窖的香气。实际上,水果来自草、木,用橡木桶陈化酿造也是一种木气相和的原理。事实证明,橡木桶对葡萄、苹果类陈化比陶罐更为优越,而罐器对粮食五谷陈化酿酒又比橡木桶优越。两者因原材料配比不同而决定了酒体风味的不同,都是经过长期的优化选择的结果。陶器与橡木桶都利于陈化酿酒的蕴香,都有一定的透气性,而对于水果发酵而言,橡木桶组分参与了葡萄酒香气的形成,其单宁物质能使酒香味复杂而微妙;对于中国黄酒而言,陶罐具有独特性,其火炼制成的陶罐中红外线能量有利于黄酒的陈化,能产生醇厚的窖香,并以陈酿长短的年份为质量优劣的标准。一些西酒如威士忌、朗姆酒、金酒类等用粮食原料类酿制的中高度酒也具有相似特征。

对于酒的色泽习惯,一般也都有各自的传统和标准,中国更侧重本来之色,即发酵陈酿过程所产生的自然之色,而西酒则更多的采用添色工艺,使酒类的色泽变得鲜艳多彩。中国传统习惯于饮用纯酒,不习惯于在酒中加以它料,酒的色、香、味以原酿为佳,而西方人却常常乐意对原酿酒加以改变,依据个人的爱好在酒中加以水、果汁或其他品种的酒,形成各色各样的混合酒,称之鸡尾酒。中国原产酒有曲酒、黄酒、果酒和露酒四大种类,都以原酿为美,不能有像鸡尾酒式的掺"假"。欧美特产啤酒、葡萄酒其实都与中国的酒具有渊源,因为在西方古希腊酒类生产之时,这两种酒在古代中国与古埃及是普遍存在的。欧洲中世纪以后,啤酒与葡萄酒都有了特征性改革,在酿造工具与香型配料方面都具有了明显的地区特性风味趋向。尤其在葡萄酒方面的变化突出,产生了红、白和干、半干与甜等类型,加香的香料多达数十种,一般有陈皮、肉桂、苦艾、迷迭香、大茴香、小茴香、白菊、干姜、肉豆蔻、小豆蔻、金鸡纳皮、当归、桂花、槐花、白术、白芷、白菖、红花、大黄、龙胆草、覆盆子、威灵仙、芦荟、紫蔻、紫苏叶、鸢尾、公丁香、香草、香豆和酒花等等。啤酒中增加了酒花,即便是谷类蒸馏酒的香型也深刻地受到了葡萄酒香型的影响。西方用于酿出不同酒风味的葡萄品种众多,优良品种的葡萄使葡萄酒的地位在欧洲与美洲的地位尤其重要。当中国元、明以后,蒸馏酒技术传达到西方世界,欧洲人对果类和粮食类原料蒸馏酿酒同样也具有葡萄酒式的复合增香的传统。例如朗姆酒即是用粮食为主料,加上杜松子、当归、芫荽子、豆蔻子、果皮等蒸馏而成,与中国白酒的口味与香型均不同。

中国的宋代以后,由于人们对白酒醇厚的老窖曲香的偏爱,使后来者的高度白酒占领了原本是低度粮食酒与果酒的主流市场。现代社会人们又加深了酒精与糖分浓度对身体损伤性质的科学认识,减低酒中的乙醇与糖分浓度已成为东西方饮酒者的共识,中国人开始重新以审视的目光对待饮酒的传统、风味习惯,寻求理智的饮酒方式。在不减少饮酒量的同时减低了白酒的乙醇浓度,由传统的60°—52°减少到48°—35°,并且又将重视的目光投向低度酒,如黄酒、啤酒和葡萄酒类,在不损害风味前提下减少了酒中糖分,产生所谓干型、半干型和低聚糖型等。

6. 酒价贵贱的评价

长期以来,葡萄酒是高贵的象征,属于贵族阶层,而粮食酒是低劣的,因此,是属于大众的。在历史上古埃及古希腊人都持有这一观念,从文化源流来看,西方文化的历史就是由游牧狩猎民族不断侵入转化和取代的历史，在对自然世界崇拜道德情感上自然与野生于坡岩之间的葡萄、苹果亲近，而对五谷则相对陌生，实质上也由于自然条件局限，欧陆粮食品种单调并且产量低。据资料表明，汉唐时期中国大陆粮食每亩产量高于欧陆数倍（包括麦与稻）。而粮食又在现实的世界担负着养育民众的重要责任，这就构成了西方各国贵果酒而轻谷酒的主观因素与客观条件。特别是欧陆国家政府历来重视并提倡以葡萄酿酒为主体，反对用粮食制作蒸馏酒，粮食只能用来制作啤酒，因为啤酒的每斤麦产酒量高于蒸馏6—10倍。用粮食蒸馏酿酒对粮食歉收的西方各国无疑是极为可惜的浪费。

在中国，无论用何种原料酿造的酒，都是神圣而尊贵的。每天都为之劳作，精耕程度最深，产量也最多，特性也最了解。因此由崇拜而至热爱，侧重于粮食酿酒是因为对其栽培的历史长，用之为酿酒的原料主体是一种自然的选择。中国人对酒价的贵贱观是建立在对酒的精酿程度上的，例如周王所饮的"三酏酒"就是贵族的酒，它经过了反复发酵达到了精酿最佳程度。一般浊酒则是下层人士喝的酒，因为它没有精酿。当中国在公元6—7世纪发明了蒸馏酒的时候，中国人对精酿的认识便以蒸馏陈酿为标准，认为蒸馏酒是普通酒净化浓缩形成的，除去了酒中的异味杂质使酒香覆郁，酒质纯净，酒力更强，因此，它是酒的"精液"凝结也是酒的"精魂"，蒸馏酒受到更多的追从，产量与地位也超过了非蒸馏酒。西方持这一观念是公元17世纪以后。例如英国人的"威士忌"酒就被那时人们称为"生命之水"。法国诺曼底南部地区生产的"苹果白兰地"酒就是当时极尊贵的贵族酒之一。18世纪欧洲英法等国人开始喝高度佐餐酒，并且开始对葡萄酒与白兰地相混合。

休·约翰在《酒的故事》给予我们一个有力的佐证，他说："英国的穷人喝的是烈性酒，也就是不堪一提的杜松子酒，17世纪20年代，英国的谷物产量年年丰收，于是一向顾及农民利益的英国政府开始允许农民用蒸馏法制酒。"杜松子酒亦即朗姆酒，是原由荷兰制造的欧洲最早谷物高度蒸馏酒之一，在英国城乡流行了数十年。直到1759年由于谷物的再次严重欠收，英国政府在30多年开禁之后再次禁用谷类蒸馏制酒，将蒸馏术转用到果酒方面，从而产生了威士忌和白兰地。将果类烈性酒用在上层社会聚宴的场合则在18世纪中叶，这时中国的饮茶早已传入欧洲，初期他们常将茶水与高度酒结合，休·约翰曾有这样的描述：

"穷人们喝烈酒时，通常都采用喝潘趣酒或棕榈酒的形式。饮用之前，他们会将酒加热，用水、果汁和茶水等对酒进行稀释，通常情况下都是用茶水稀释。朗姆酒、阿拉克烧酒和土耳其烈酒等，通常充当如此调配之前的底酒，在宴会上供应冒着热气的潘趣酒在当时是一种基本的社会习俗，盛放潘趣酒的大碗也会成为宴会上宾客的关注焦点。"（《酒的故事》）

这种喝潘趣酒的形式可能是后来鸡尾酒的前期形态，然而潘趣酒调和的实质是纯粹为了降低酒精度，提高饮酒量的有趣行为，因此，也不尽同于后来的鸡尾酒。

将蒸馏的谷物烈酒用在上流社会这一事件,说明了 18 世纪开始,西方人士对酒价贵贱的道德情感取向发生了变化,在认为蒸馏精酿意识方面也逐渐与中国的酒价贵贱标准趋同。

7. 酒食配餐的习俗

将酒与餐食配合,这是世界各国民族所共有的习俗,然而对于两者之间关系,东西方具有一定的差别。一般来说,酒宴上面中国人是以酒为主题的,菜肴是用来佐酒的,有酒必须要有菜肴,而有菜肴则不一定要有酒,因为酒是主,菜是辅,酒不佐菜,菜可佐酒,吃菜是利于饮酒的。也就是说,中国人不主张也不善于在无菜的条件下空口净喝老酒,如果是这样则必是"酒痴"或谓之"酒鬼"。然而对于西餐来说,酒是佐助食使用的,这里的食包括菜肴、甜点和水果。在通常情况下西方人可以净饮酒而不需食物,也可净用食物而不用酒。在正规筵席上酒是辅,食是主,食不佐酒,酒则可佐食,并且还有餐前、餐中和餐后饮酒的区别,饮酒是利于进食的。中国的酒与菜肴是一个主从的整体,西餐的酒与食也是一个主从的整体,其主从关系正好与中国相反。

正餐、中西餐、酒餐食的关系是餐前酒一般较为浓烈,如美味思酒,是为了打开食欲而饮,餐中酒酸涩些,如红葡萄酒,便于消化肉食,是为了更好的品味食物,而餐后酒一般爽利一些,如雪利酒和水果利酒,就是为了清口爽口而饮。同样是在正餐中,中国吃菜肴的目的是调节饮酒口味,减缓酒精的刺激,从而也没有餐前、餐中、餐后的分别,而是一种酒到底,始终如一,认为混合酒易使人头昏,而西方人饮酒除了在餐食中进行,晌午和晚间不同的酒分别具有长精神、助消化和利睡眠的作用。可见中国人是真敬酒者,西方人是真饮酒者。

无论从什么角度出发,大多数中国人还是难以对餐后的晌午酒与临睡的晚间饮酒表示认同,也对早晨饮酒表示异议,因为"饥饿时不饮酒"是其原则,否则会损心和伤胃,如若要饮酒则必须具备点小菜的条件,以作概念性饮酒,而不是真正的饮酒,少量即可。其实中国人不习惯净饮酒是因为中国酒不宜净饮而宜在餐中饮,习惯饮纯酒是因为中国酒适宜纯饮。而西方人习惯于净饮酒是因为西酒适宜净饮,习惯于饮杂酒、混合酒是西酒适宜于混合,人的习惯都由不同酒的特性使然,酒又以人的习惯需要而被造。西酒度数大都较低,并有醇美的果香和香料之香,在中国人看来,它不是酒,而更像其他饮料。因此,有些中国人认为西酒是"饮料酒"、"休闲酒"和"娱乐酒",即使西酒有烈性酒,除了嗜酒者喜欢纯饮外,大都在饮时都要渗入其他饮料,以降低酒精度和减弱口感的刺激度,这也是西方人饮酒热衷于个人对酒"玩味"的本质,在随意饮酒中,酒神也随时随地能被感受到。而中国的酒是正餐酒,只有在每天特定的时刻特定的场所才能表达酒道精神,因此,中国人常自之"交情酒"、"感情酒"、"义气酒"等。如果说西方人的餐中饮酒亦如早、晚饮酒是休闲雅意的,那么,中国人的餐中饮酒则是图一个热闹和同乐的氛围。

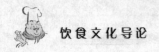

筵席中饮酒的温度是一个重要的内容。中国人习惯于"饮温酒",即饮前将酒加热至 40—50℃,比体温稍高。认为温酒既不伤胃也不损心,也不会与热菜产生口感上的冲突。尤其在大雪纷飞的冬天,在农舍居家中,小火炉上炖黄酒或米酒喝得热气腾腾,周身血脉畅通,惬意之极。而高度白酒则不宜炖而只宜"烫"。烫酒是用特定容器盛酒置于热水盅里加温,因此,中国传统上产生了许多极具艺术品位的温酒器具。中国温酒饮用的传统从新石器时期开始,在古典小说《三国演义》中就有一则"关云长温酒斩华雄"的故事。华雄是一员猛将,关云长受命飞身上马将之斩讫回马营帐时,营帐中原本自饮的温酒还未冷却。可以认为温酒是古代中国最为平常的一项饮酒习俗,因为温酒可以使酒气更为丰满,酒韵更为柔和,酒势也更为圆润。据测试,温酒也可使酒中杂质蒸发。

与上者不同,在西餐饮酒中则特别崇尚"雪饮",即冰镇饮酒,或在酒中直接加入冰块和冰凉的果汁与水,既达到了降温,又具有"鸡尾酒"效果。尤其在炎热的夏天,其爽口的效果特佳,冰啤可降暑解渴,口感更显清冽而甘美,果酒则香味更为清郁,口味更为柔美,酒质更为浸润,据认为这一传统来自古埃及与古希腊时期,历史可谓十分悠久。

其实,中国春秋战国之前的西周帝王,早就开始饮用"冰镇"的醪醴了。每年冬天,都有大批的奴隶将室外天然冰采集收藏到王宫的冰窖中。在武汉博物馆里收藏有一只周代青铜"礼器"——巨大的"冰鉴",冰鉴就是一种古老的冰酒礼器。可以认为,中国古代是有冬天"温酒"、夏日"冰酒"饮用习俗的。据考证,在古罗马时期温酒也曾风行一时,据说埃拉加巴卢斯皇帝(218—222 年)最早使用了一种银制热水器温酒,庞贝古城和其他的一些城市"速食店"都使用了这一温酒方法,他们加以浓缩的葡萄糖浆形成最早的鸡尾酒和配制酒。

三、西餐的鸡尾酒游戏

如果说中餐饮酒是"玩拳令"以助酒兴,是集体的游戏,那么西餐饮酒就是"玩酒"以助食欲,是自己的游戏。所谓玩酒,就是指西餐饮酒时饮酒人在主观意志的支配下,经过对原酒中加入其他饮料和物质,改变其原来部分品质形成完全适合于自己饮用的新风味。将通过这种方式产生的混合酒,西方称之"鸡尾酒",其配制过程谓之"鸡尾酒"游戏。鸡尾酒配制的目的,实质就是控制酒精浓度,改良味嗅风味,为配餐与休闲饮用服务。鸡尾酒通常在饮用前的配制是随机的,依据饮者的需要而配制,但是,将所配的特例鸡尾酒模式固化,转而成为工厂化生产的品牌酒,则被称为"配制酒"。

配制鸡尾酒并没有固定模式,犹如作画,为自己配是为游戏,为他人配则为艺术,因此在公众场合下为客人配制鸡尾酒又称之鸡尾酒艺术。在休闲条件下,人们更乐意通过自配鸡尾酒以达到娱乐怡情的效果。鉴于鸡尾酒的调制具有复杂技巧因素,一般调制过程皆由专业人士完成,而自己则更多的是充当品味游戏的角色。

一般来讲,鸡尾酒以烈性酒、香槟酒、利口酒和葡萄酒等为基本原料,与柠檬汁、橙汁、瓜汁、苹果汁、苏打水、汽水、奎宁水、矿泉水及香料等能增加特色和风味的原料混合而成。鸡尾酒要依据不同原料间的口味、香型、色彩、浓度和比重等关系进行调配,讲究层次感、柔和感、协调感、对比感和新鲜感等效果,因此,鸡尾酒能创造热烈气氛,使人精神焕发,如能亲自动手调配鸡尾酒,则会给饮酒带来无穷游戏之乐。通常鸡尾酒除了特例热鸡尾酒外,都应充分混合,并在 4—6℃ 时饮用。经充分混合后,风味会更为和谐,有的色层也会在静置时自然分出,有多达 3—5 层不同色泽于一杯中的鸡尾酒,通常被认为是一极品之作。将鸡尾酒分类一般依据如下饮用特征的标准:

1. 按配餐类型分类

(1) 餐前鸡尾酒,以增加食欲为目的的鸡尾酒。如马天尼、曼哈顿和鲜红玛丽等。

(2) 俱乐部鸡尾酒,好在正餐中常代替开胃菜或开胃汤的鸡尾酒,色泽美观,酒精度较高,如三直草俱乐部、皇室俱乐部等。

(3) 餐后鸡尾酒,帮助消化或吃甜菜时饮用的鸡尾酒,甜味。如亚历山大、B和 B(B&B)、黑俄罗斯等。

(4) 夜餐鸡尾酒,夜餐饮用的鸡尾酒,酒精含量高。如旁车,睡前鸡尾酒等等。

2. 按饮用速度分类

根据鸡尾酒的容量和酒精含量将鸡尾酒分成短饮和长饮类。但实际上只是一种习惯分法,并没有具体容量和酒精度含量的标准,此外各餐厅、酒吧以及饮者的习惯配方亦有不同,因此同样一个鸡尾酒可能彼此的分类又不同。

(1) 短饮鸡尾酒是一般容量为 2 盎司(57 克),酒精度含量高的鸡尾酒。烈性酒常占总量的 1/3 或 1/2 以上,香料味浓重多以三角形鸡尾酒杯盛装,有时也用酸酒杯和古典杯。这种酒一般饮得要快,近似于干杯形式,否则因时长而使酒中香味散失或减弱。

(2) 长饮鸡尾酒将一般容量在 6 盎司(170 克)以上,酒精度低的鸡尾酒归纳于此,用海波杯或高杯盛装。其中苏打水、奎宁水、汽水、果汁或水等含量较多。这种鸡尾酒可慢饮,不会走味。

3. 按照酒基分类

酒基是鸡尾酒的基本酒,西酒中的各种烈性酒、利口酒和葡萄酒都可做鸡尾酒的基酒。一般有:

(1) 白兰地酒类,如亚历山大、B 和 B(B&B)等。

(2) 威士忌类,如威士忌酸、曼哈顿等。

（3）金酒类，如干马天尼、红粉佳人等。

（4）朗姆酒类，如自由古巴、百加地等。

（5）伏特加酒类，如咸狗、鲜红玛丽等。

（6）特吉拉酒类，如玛格丽特、斗牛士等。

（7）香槟酒类，如香槟鸡尾酒等。

（8）利口酒类，如多色酒和阿美利加诺等。

（9）葡萄酒类，如红葡萄宾治、莎白丽杯等。

4. 依据特有调制模式分类

（1）亚历山大类：以鲜奶油、咖啡、利口酒或阿利口酒加烈性酒配制的短饮鸡尾酒，经摇酒器混合而成。品种如金亚历山大。

（2）霸克类：用烈酒加苏打或姜汁汽水，直接在饮用的海波杯中用调酒棒搅拌而成，再加上冰块，品种如苏格兰霸克。

（3）考布勒类：以烈性酒或葡萄酒为酒基，与糖粉、二氧化碳饮料等调制而成，有时加入柠檬汁盛装在有碎冰块的每玻杯或果汁杯中，考布勒常用水果片装饰，带有香槟酒的考布勒以香槟酒杯盛装，里边也应加满碎冰，品种如金考布勒类、香槟考布勒等。

（4）库勒类：库勒酒又名清凉饮料，用蒸馏酒加柠檬汁或青柠汁，再加上姜汁汽水或苏打水制成，用海波杯或高杯盛装，品种如威士忌库勒等。

（5）哥连士类：哥连士也称为考林斯，由烈酒加柠檬汁、苏打水和糖调配，用高杯饮用，品种如白兰地考林斯等。

（6）考地亚类：利口酒与碎冰调制，具有提神功能，故而其酒精度也较高，一般用葡萄酒杯饮用，品种有薄荷考地亚等。

（7）科拉红泰类：以金酒、威士忌、白兰地酒为基酒，用柑橘利口酒为调配酒，再配以柠檬汁由摇酒器混合而成。用大葡萄杯或鸡尾酒杯饮用，并常将杯边粘上糖粉，制成白色圆环作装饰。

（8）戴可丽类：由朗姆酒加柠檬汁或酸橙汁、糖粉配制而成，用鸡尾酒杯或香槟酒杯饮用，当戴可丽前面加上水果名称时，它常以朗姆酒加上其名称中的鲜水果汁、糖粉和冰块组成，再用电动搅拌机搅拌成稀糊状，用大杯饮用，品种如椰子戴可丽等。

（9）戴兹类：烈酒配以柠檬汁、糖粉摇匀、过滤，装在有碎冰的古典杯或海波杯中，并用水果或薄荷叶点饰，酒中也可加适量苏打水，品种如金戴兹等。

（10）杯类：该类鸡尾酒常是大量配制的，而不是单杯的。以葡萄酒为基，加入少量调味酒和冰块即可，目前杯类鸡尾酒已有多种配方，并且也可以单杯配制。杯类鸡尾酒是夏季受欢迎的品种，常以葡萄酒杯盛装饮用。著名的品种有莎白丽杯和可莱瑞特杯等。

（11）菲丽波类：以鸡蛋或蛋黄或蛋白调以烈酒或葡萄酒加糖粉而成，如白兰地菲丽波。

（12）蛋诺类：蛋诺酒是传统的美国圣诞节饮料，酒精含量少，由烈性酒加鸡蛋、牛奶、糖粉和豆蔻粉调制而成，可用葡萄酒杯或海波杯饮用，名品如朗姆蛋诺。

（13）费克斯类：在烈性酒中加以柠檬汁、糖粉和碎冰调制而成，如白兰地费克斯。

（14）费斯类：用金酒或利口酒加柠檬汁、苏打水混合而成，用海波杯或高杯盛装。有时可在费斯中加入生蛋清或蛋黄与烈酒或利口酒、柠檬汁混合，使酒液发泡，再加入苏打水即成，品种如金色费斯等。

（15）漂之类：漂之类鸡尾酒也称多色鸡尾酒，根据原料相对密度，以相对密度大者在下，小者在上，调成几种不同颜色，最被人注目，如 B 和 B（B&B）、法国多色酒等。

（16）弗莱佩类：将利口酒、开胃酒或葡萄酒中加入碎冰块制成，品种如朗姆弗莱佩。

（17）马天尼类：以金酒为基酒，加入少许味美思或苦酒及冰块，直接在酒杯中调成，用鸡尾酒杯盛装，在酒内放一个橄榄或柠檬皮装饰。品种如干马天尼等。

（18）朱丽波类：俗称薄荷叶类鸡尾酒，用威士忌或白兰地为基酒（传统上只以波旁威士忌为基酒），加入糖粉、薄荷叶（捣烂），在调酒杯中搅拌而成，用放有冰块的古典杯或海波杯饮用，用一片薄荷叶装饰，名品如薄荷朱丽波等。

（19）海波类：也称高球类鸡尾酒，酒精度低。在白兰地或威士忌等烈酒或葡萄酒中加入苏打水或姜汁汽水，在海波杯中调搅而成，例如金汤尼克。

（20）螺丝类：也称为占列。在金酒或伏特加等酒基中加入青柠汁，用鸡尾酒杯或有冰块的古典杯中搅拌而成，例如伏特加占列。

（21）提神类：提神酒有不同的配方，有酒精度高低之分，加入橙味利口酒或茴香酒、苦味酒、薄荷酒等提神和开胃的甜酒，再加入果汁或香槟、苏打水等，一些提神类开胃酒由烈性酒、提神开胃的利口酒加上生鸡蛋或牛奶组成。前者用海波杯和鸡尾酒杯，后者用香槟杯饮用，并需要用摇酒器混合。著名的名种如提神 1 号、法国提神酒和睁眼等。

（22）帕弗类：在海波杯中装入等量的烈酒和牛奶，再加入少量冰块和冰苏打水，调搅而成，例如白兰地帕弗等。

（23）利奇类：又被称为瑞奎。直接将金酒、白兰地或威士忌中加入青柠汁或苏打水混合而成，用海波或古典杯饮用，品种如金利奇。

（24）宾治类：以少量烈性酒或葡萄酒为基酒，加入多量柠檬汁、糖粉和苏打水或汽水混合而成，为酒宴中流行的低酒精含量的饮料，饮时在杯中加入切片的水果装饰和调味，一般用海波杯饮用，但并无固定。

（25）珊格瑞类：也称三加利。传统上是以葡萄酒加入少量糖分和豆蔻粉调制而成，盛在有冰块的古典杯或平底海波杯中饮用。目前也可以用冷藏的啤酒加上少许糖粉和豆蔻粉配制而成，也可以用烈酒加少许蜂蜜、冰块和苏打水混合而成。例如白兰地珊格瑞等。

（26）席拉布类：以白兰地或朗姆酒为基酒，加入糖粉、水果汁混合而成，通常按比例大量配制，放入陶器中冷藏3天后饮用，饮时用加冰块的古典盛装，例如白兰地席拉布等。

（27）习令类：将烈酒与柠檬汁、糖粉摇匀注入海波杯中，再加入冰块、苏打水或矿泉水。品种如新加坡习令。

（28）回维索类：将柠檬汁、糖粉加入烈性酒基中，装入海波杯，在杯中再加上适量苏打水和碎冰块，配上调酒棒。例如金四维索。

（29）攒明类：用烈性酒与奶油、蜂蜜摇匀，盛入鸡尾酒杯饮用，如威士忌攒明。

（30）托第类：在烈性酒中加糖与热水或凉水混合而成，因此有冷热两个种类，有些托第用果汁代替凉水，用古典杯盛饮。热托第以豆蔻粉、丁香或柠檬片装饰，例如冷威士忌托第、热金托第。

（31）酸酒类：用烈性酒与柠檬汁或橙汁摇匀制成的短饮鸡尾酒，用酸酒杯或海波杯盛饮。例如威士忌酸酒等。

如上可见，西餐鸡尾酒的调配品种名目繁多，与其他饮料配制，无所不用其极，到了极精致、极细、极艳、极美的登峰造极之境，实际上调制鸡尾酒全凭心智的耀现，处处有灵感的闪点，无穷的变化。这需要有丰富生活的感知和高尚的情操。将某些特别调制的鸡尾酒予以固化形成批量品牌所生产的就是所谓"配制酒"，配制酒一般具有较鲜明的配餐意向，与不同的进餐构成最佳的组合，构成共食的整体。配制酒只是原先所调鸡尾酒的一部分，不能够也不可能将每一款鸡尾酒固化生产，因为固化生产过多会束缚人们的思路，有损于人们对调酒的主动性创作，从而让饮酒者以更多的调酒自由的空间，获得更多的赏心悦目之事是明智的。尽管配制酒所采用的仅是鸡尾酒中较少品种的样品，然而却是针对于餐饮配方方面最为优秀的，具有科学性质的品种。配制酒经过第二次加工，常常比发酵和蒸馏酒更有特色，表现在气味、味觉、甜度、稠度、酒精度及对人们身体健康的功能等方面都具有最佳选择的特点，配制酒的饮用因此也免去了人们在匆忙进餐中的调酒时间，也避免了因客人调酒不够熟练带来的麻烦，配制酒是鸡尾酒爱好者在进餐时的最佳选择。一般来讲，配制酒具有餐前酒、甜食酒和餐后酒三类。

A. 餐前酒

餐前酒就是人们在进餐的开始所饮用的酒，因对食欲有刺激作用，故又叫开胃酒，这类酒主要是以葡萄酒为基本原料，加入适量的白兰地或食用酒精与各种药草和香料等原料制成。另外一些鸡尾酒与非配制酒的白葡萄酒、香槟酒也可作为开胃酒。著名的餐前配制酒主要有味美思系列、苦味酒系列和茴香酒系列。

● 味美思：是芳香化的葡萄酒，酒中有浓郁的苦艾味，因此常被人们称作苦艾酒。味美思以白葡萄酒为基础原料，加入白兰地或食用酒精及苦艾、奎宁等数十种有苦味和芳香的草药配制而成，不同风味的味美思使用的香料品种和数量也不完全相同，某些品牌投入 70 余种草药或香料，世界上最有名的味美思酒生产国是意大利与法国，著名的品牌有仙山露和马天尼。意大利南部地区和都灵所产的味美思以甜味和独特清香及苦味著称。法国味美思以干味（少糖）和坚果香味较为突出。其产地是以法国南部地区为主。干味味美思含糖量在 4％ 以内，酒精度约为 16 度，颜色为浅金黄色或接近无色。

● 苦味酒：以烈性酒或葡萄酒为基料，加入带苦味的植物根茎和药材制成，这一点近似于中国泡制的药酒，其酒精度在 16—45 度之间，常用的植物或药材有奎宁、龙胆皮、苦橘皮和柠檬皮等多种材料，苦味酒有多种风格，从口味上区分，有清香和浓香型，从颜色上分有淡色苦味酒和浓色苦味酒，苦味酒可纯饮，也可作为再调鸡尾酒的原料，与苏打水调和饮用。其作用是提神和帮助消化。苦味酒也称为比特酒，由英语 bitter 音译而来。意、法、荷、英、德、美、匈等国的产品都很出色，名品有安哥斯特拉、爱玛·必康、金巴丽、杜本那、菲那特伯兰卡等。

● 茴香酒：此类酒以蒸馏酒或食用酒精加入大茴香油等香料制成，酒精度为 25 度，有各种颜色，特点是香气浓、味重，有开胃作用。其传统工艺是将大茴香子、白芷根、苦扁桃、柠檬皮和胡荽等香料放在蒸馏酒中浸泡，然后加水精馏。装瓶前，加糖、丁香。著名品牌有里卡尔、巴斯特斯、潘诺 45 等。

B. 甜食酒

甜食酒即进食甜点所佐的酒。以葡萄酒为原料，配以白兰地或食用酒精。甜食酒口味甜，浓郁芳香，实际上，甜食酒是强化葡萄酒。著名产地是葡萄牙与西班牙，名品有波特酒系列、雪利酒系列、马德拉酒系列、马拉加酒系列和马萨拉酒系列。

● 波特酒：又称钵酒或波尔特酒，是英文 port 音译，它以葡萄酒为基本原料，再发酵加用白兰地或食用酒精，将酒精度提高至 15—20 度，并保留了酒中的糖分而成为世界上最著名的葡萄酒之一。原产于葡萄牙的波尔图地区。通过杜罗河口波尔图将波特酒销往世界各地。该酒以酒味醇浓、清香爽口而享誉世界，成为葡萄牙的国酒，该酒虽产于葡萄牙但是由英国商人所发明，18 世纪初，由于英法战争，法国中断向英国出口葡萄酒，因此，英商向葡萄牙进口葡萄酒，在漫长的海运中，为了防止葡萄酒变质，他们向葡萄酒里添加蒸馏酒，从此，这种高酒精度的葡萄酒受到了欧洲人民的广泛喜爱。从 19 世纪开始，葡萄牙正式生产波特酒，100 余年来，长盛不衰。波特酒一般又有 5 个主要品种：

红宝石波特酒：陈年酒与新酒混合,时间短,有果香和甜味,颜色如红宝石。

白波特酒：白葡萄酒为原料,颜色有金黄色和淡黄色,在糖分发酵完毕时,添加白兰地制成干味波特酒。

茶色波特酒：黄褐色,用红葡萄酒在木桶长期储存熟化成为茶色。有浓郁香气,口味醇厚、鲜美,有甜型和微甜型品种,为波特酒中精品。

年份波特酒：以杜河地区丰收年的优良品种葡果酿制成酒,精心储存 18 个月,由专人品尝选出酒质超群者成为年份波特酒最高级别,这种酒装瓶后需几年才能成熟,有 30—40 年的熟化历史,其风味绝佳,是酒中极品。

陈酿波特酒：经过 10 年储存装瓶,再横置在木架上陈酿数年,因此,在瓶中形成沉淀物为深红色,酒味特别芳香。

● 雪利酒：又叫些厘酒,根据英语 sherry 音译得名。雪利酒以葡萄酒为基本原料,经过特殊工艺发酵,并勾兑了白兰地成葡萄蒸馏酒,其酒精度在 16—20 度之间,有时可达到 25 度。雪利酒有着特殊的风格和芳香,用途广泛。可做甜点酒,开胃酒,还可用于烹调。雪利酒原产于西班牙的雷茨市,以后该字转变成英语拼写为 Sherry,因此该酒以地名命名。

雪利酒生产工艺特殊,甚至与葡萄酒的酿造工艺背道而驰,是英武的氧化型陈酒,采用了"生物老熟法"形成了醛类化合物为主体的特殊芳香。该酒以西班牙的雷茨市的著名白葡萄中白洛米诺为原料制成,先将葡萄暴晒 2—3 天,榨汁,然后将浓葡萄斗倒入长有菌膜的木桶中进行发酵,这种菌膜不是一般的实菌膜,而是天然酵母和帕洛米诺葡萄发酵产生的。葡萄汁容量为木桶容量的 3/4 左右,经过数天发酵,泡沫从桶口溢出,然后平静下来,分离沉淀物后,再发酵 2—3 个月使空气与酒液接触,终止发酵,再经过专家和技师的评定后,将酒液分出档次和类型。

● 马德拉酒

马德拉酒产于马德拉群岛,它是以地名命名的酒。马德拉酒是强化葡萄酒的一种,它以白葡萄为主要原料,加入白兰地和糖蜜,再经过保温,加热及储存等酿制工序,然后进行勾兑,马德拉酒的酿造周期较长,颜色淡黄或棕黄,有独特芳香。

● 马拉加酒

马拉加酒产于西班牙的马拉加地区,以地区命名,马拉加酒酿制工艺与波特酒很相似,颜色有浅白色、金黄色和深褐色,口味有干型和甜型等,一些马拉酒还配有草药,因此有特殊的芳香味。

● 马萨拉酒

该酒产于意大利西西里岛的马萨拉地区,故名。该酒为褐色,气味芳香,口味醇美。

C. 餐后酒

餐后酒,是在餐后饮用的酒,亦被称为和口酒或利久酒,是英语"liquebr"音译名,餐后酒味道香甜,人们又称为香甜酒。在西餐厅与酒吧中英语"cordial"与"liqueur"含义相同。因此,cordial 的含义也是餐后酒或利口酒。

餐后酒用烈性酒为原料,勾兑植物香精,经过添加糖浆等甜味剂制成,该酒颜色诱人,口味香甜,有帮助消化的作用,餐后酒的酒精浓度一般在 20—40 度之间。

餐后酒起源于古埃及和古希腊,古代的餐后酒都采用浸泡方法制造,即将鲜果或草药直接浸渍在酒中,以获得天然的香味。13 世纪,阿拉伯人将中国的蒸馏术传入西班牙后,一位西班牙医生蒸馏出了酒精,发现酒中异味已被去除后酒的质量得到了提高,此时酒在西方开始称为"alcohol",即酒精饮料;到了 15 世纪,意大利人改进了餐后酒的工艺与配方,并将之传入法、荷、英等国,并很快在这些国家得到了发展,使餐后酒成为五彩缤纷,色彩各异,口味甜美,香气芬芳的"液体宝石";18 世纪,餐后酒被人们逐渐认识并受到欢迎,尤其受到了女士们的青睐。现代许多国家都能生产优质的餐后酒,如法、意、荷、德、比、匈、英、美、丹麦、俄、日等国。餐后酒一般依据酒基原料被分为四类:

• 水果利口酒

水果利口酒提取水果味道和香气,采用浸泡方法,将鲜果整只或切碎后浸泡在烈性酒中,经过分离和勾兑制成,有柑橘类、樱桃类等多个品类。

• 香料利口酒

也称植物利口酒,提取植物的花卉、茎、皮、根、种子的香气和味道,与烈性酒勾兑而成。该酒也有许多品种,如香草利口酒、薄荷利口酒、咖啡利口酒、可可利口酒和杏仁利口酒等。

• 鸡蛋利口酒

鸡蛋利口酒是以白兰地酒和鸡蛋配置的甜酒,酒精度一般是 30 度。

• 奶油利口酒

奶油利口酒是将奶油、烈性酒、香料一起勾兑而成的甜酒。

综上所述,配制酒实质上就是一种由鸡尾酒某些特殊品种固化生产所形成的成品酒,因此这类酒的成品历史不超过鸡尾酒的历史。就成品酒的性质而言,属于二级成酒,其意义也属一种"原酿酒"。这与中国的"露酒"性质是一致的,只是所采用的酒基与芳香原料和呈味原料不同而已,而中国露酒的成品历史则更早,至少在汉代已定型生产了,如百味芳酒、菊花酒、兰英酒等,到了唐代则更多。6 世纪以后,蒸馏酒中也采用了浸泡勾兑的成酒之法,但始终没有像西方这样盛行,是因为这种酒虽然有芳香或有其他风味,但毕竟破坏或改变了原酒的曲蘖糟香风味,在醇厚隽永方面,这类酒显得清薄浮动,从而不为尚酒者好,不能达到盛行的程度。

综上所述,不管中国人在餐中饮纯酒进行劝让酒令也好,还是西方人在餐后饮鸡尾酒独饮闲谈也好都是玩酒的不同方式。无事不喝酒是对酒道的崇敬,得闲就喝酒是对酒神的挚爱。中国玩的是酒性，西人玩的是酒韵，都是玩之有道。玩酒证明了会饮酒，而会饮则不代表能饮，能饮也不代表会饮，能喝是指喝许多酒，是"吸酒如长鲸"式。会饮是指喝得有品位，即"饮酒如游戏"。前者反映的是本能，后者表现的是精神，因此，会饮者"饮酒如微笑"，双唇轻贴杯口，唇角扬起似笑，小啜一口，声如鸟鸣，让酒液遍布舌面，使香气漫颚透鼻，从而获得妙曼的感受。在干杯时，要用左手掌伸直挡住杯子（古人用宽袍袖遮挡），仰头向天，一干而净，此所谓"笑不露齿，饮不见杯"的君子古风。这种饮酒的神韵是被迫者和狂喝者所难以得到的。

无论怎么说，酒作为一种发酵的液体物质，是早于人类在自然界中产生的。人类发现了它，并以模仿的方式重造了它，它便伴随了人类全部的文化历史。造酒的目的，就是感受酒精刺激，以此解脱忧烦的病魔缠绕，从而使酒成为"精神的圣水"。酒中的酒精对于人体生理某种兴奋刺激作用是所谓"药用"的物质本质，而作为人类社会的一种社会性饮料则是它的文化意义的延伸。世界各国的造酒及其饮酒方式是世界文化生态多元现象的一部分，反映了各自所属民族历史的文化风貌的一种特征，但在对酒的文化象征主义方面的认识都具有广泛的一致性，因此，也具有对酒的文化价值取向的共同点。正因为如此，饮酒过度给人造成的在道德与生理方面损伤的副作用，也正是促使人类在饮酒活动中的种种游戏的产生，饮酒的游戏因此在本质上就是人类在饮酒中自我控制的最佳方式。

 思考题

1. 人类为什么要饮食游戏？饮食游戏的实质是什么？
2. 两种饮食游戏形式有什么区别？
3. 人类的酒戏有些什么内容与形式？
4. 酒戏有什么文化学意义？
5. 东西方的酒戏有哪些意识性差异？
6. 中国的酒道是指什么？你怎样认识？

第六章 人类饮食的游戏(二、茶)

知识目标

本章讲述茶的精神,揭示中国茶道活动的历程,讲述茶戏的古今传承以及对周边国家的影响,重点阐述日本茶道的形成过程。

能力目标

通过教学,使学生能够清楚中国茶道游戏的精神实质,知道怎样品茗,了解少数民族与其他国家的茶事状况,提高学生在饮茶过程中自我修养的能力。

当人类的饮食物质稍有富余的时候,人们便会在饮食活动中游戏,或者将饮食品作为游戏的道具进行游戏,这是人类游戏的天性使然。人们聚餐、饮酒就是典型的游戏方式,人们总是希望自己得到净化,得到超越于现实的力量,于是将某些精神融注于这种饮食活动之中,或者将理想的、幻想的情感寄托在这些被食用的饮食品之中,并通过某种特有程式、行为、动作来表达或者是证明。筵席与酒会是如此,饮茶也是如此,甚至对于某些经过特别加工制作的菜点也是如此。人类在饮食中游戏或进行游戏的饮食,后者更具有人文精神,动物有时也会在饮食中游戏,例如小狗在玩弄肉骨后再吃,然而它们绝不会进行游戏的饮食。将饮食品做得花样百出,在不同的意境环境中举行不同形式的饮食活动,这都充分体现人类的文化能力——享受生活的艺术,都充分体现了审美的能力,对茶的饮用也典型地反映出这一文化特质,

第一节 中国的茶道精神

秦汉以前,茶原来被当作药用,但在其后则成为人们常饮的珍爱物,究其根源,

就是茶叶具有令人陶醉的自然清香。茶的口味有些苦涩,古人因之加糖加蜜,谓之苦中有甜,更像人生的意境。茶香接近于自然原野的芬芳,饮茶令人有临近山野仙境的感觉。因此,古人常自比茶圣、茶仙。其实茶中亦有使大脑中枢兴奋的元素,能使这种兴奋悠悠而来,悠悠而去,是那样的自然,不似饮酒的热烈。如果说,饮酒给我们的是一种公众性的热情,而饮茶则是给予我们的是一份清新和高远。茶香接近于自然的清新韵气,因之在山石清泉之旁,松竹茅舍之中饮茶有一种遗世而独立、群浊而我独清的感觉。茶叶和泉水是天生的绝配,霁雪和花露更添饮茶的韵味。人如玉树临风,与自然合而为一,吐故纳新而隐强藏胜。饮茶是恬静的,有如水波不兴,春风化雪,于无声处。在心海深处畅游自飞,千秋人事如过眼烟云。因此,唐宋时,饮茶之事已是人性修为之事。他们碾茶、烹茶、分茶、品茶、宴茶抑或是斗茶,都是做得那样文雅高调,亦与诗画同流和唱。可以说,与酒一样,中国的茶水也是一种"精神的饮品",从而也不同于普通的饮料。中国人认为茶情与酒情是相似的,前者是清醒的人道,后者是佯醉的神道,因此,饮茶之事也被习惯称为"茶道"。

　　道是一种精神,一种崇尚自然美的精神。中国人爱茶以至将任何一种可以像茶叶一样被冲泡饮用的植物花、叶以及其他物质都称之"茶"。例如"糖茶"、"莲心茶"、"薄荷茶"、"菊花茶"、"银杏叶茶"、"苦瓜茶"、"枣子茶"、"八宝茶"等。"君子之交淡如水"指的就是人与人之间的交情像茶水那样清香自然,淡泊纯净。当客人来访时,为客人沏上一杯茶表示友谊和尊重。新婚的迎亲"三杯茶"表示的苦尽甘来。茶客们茶不离手,会饮者一个上午可饮三壶茶。他们饮茶不是为了解渴,而是饮的那份清香,那份寻情。故而有俗语云:"茶叶看人饮,各有感觉不同"。中国现代的饮茶形式虽与唐宋元明时代有了许多迁变,但在传统茶道精神方面仍是一以贯之的。

　　根据饮茶的行为特征,将饮茶体现茶道精神的内心方法可以归纳为"怡、雅、洁、静、和"五字。"怡"就是怡情、"雅"就是雅兴、"洁"就是洁身、"静"就是静思、"和"就是中和。

　　1. 怡情

　　中国南北朝时有许多传说,常将饮茶与神仙故事结合起来。《天台记》说:"丹丘出大茗,服之羽化。"陶弘景在《杂录》中也说:饮茶能轻身换骨,神仙丹丘子、黄山君都饮茶,茶有得道成仙的神奇功能,唐代著名诗僧茶客皎然认为丹丘子饮茶生翼而成仙,这种生长在仙府的仙茶,世俗之人不识,只有云山童子才常常调金铛煮饮。此仙茶芳香烂漫,如玉液琼浆,饮之能除病去疾,荡尽胸中忧虑,使人羽化成仙。因此,茶是延年益寿的妙药灵丹。皎然认为,饮茶使人破除烦闷,清心涤性而神爽心愉,其实这就是茶道的怡情功能。他在《饮茶歌诮崔石使君》诗中唱道:

越人遗我剡溪茗，采得金牙爨金鼎。

素瓷雪色缥沫香，何似诸仙琼蕊浆。

一饮涤昏寐，情来朗爽满天地。

再饮清我神，忽如飞雨洒轻尘。

三饮便得道，何须苦心破烦恼。

此物清高世莫知，世人饮酒多自欺。

愁看毕卓瓮间夜，笑向陶潜篱下时。

崔侯啜之意不已，狂歌一曲惊人耳。

孰知茶道全尔真，唯有丹丘得如此。

宋徽宗赵佶在《大观茶论》中也详述了他对茶道怡情功能的认识，他说："至若茶之为物，擅瓯闽之秀气，钟山川之灵禀，祛襟涤滞，致清导和，则非庸人孺子可得而知矣，中澹间洁，韵高致静。则非遑遽之时可得而好尚矣。"宋徽宗极为恰当地概述了茶的怡情性是因为茶是吸收了山川日月之灵性的灵秀之物，饮之可舒展人的胸怀，洗涤人的烦滞，可令人清爽和畅，享受芬芳的韵味。

2. 雅兴

雅兴即以茶为媒，意在风花雪月，世间万物之情。唐代大书法家颜真卿与皎然，在公元 773—774 年唐朝的大历年间，结为密友，以二人为中心举办了中国可以说是最早的茶话会之一，又称茶宴，以茶为谋联谊品茗，吟诗对联，一时盛况空前，性质有如酒会。当时著名的文人墨客有张志和、皇甫曾、耿沛、陆羽、袁高、吕渭、刘全白、张荐、吴锡、杨凭、杨凝、李阳冰、陆士修、李萼、崔万、房益、裴修、韦介、李观、柳淡、康造、汤清河、房蘷等，姓名可考人士有九十多名饮茶雅集。大历八年（733年），陆羽在妙喜寺傍设计建造了中国最早的茶亭之一，颜真卿命名曰"三癸亭"，三癸即是赋三首诗的意思，癸诗就是一首诗，表示在茶会雅集中的每个人都要登高赋诗反复吟诵，以表达高远的雅兴之志趣。颜真卿曾以遒劲的笔法书写下当时茶会雅集上的一副多人联句传之千古。联句曰：

万卷皆成帙，千竿不作行（陆羽）。

练容餐沆瀣，濯足咏沧浪（李萼）。

守道心自乐，下帷名益彰（裴修）。

风来似秋兴，花发胜河阳（康造）。

支策晓云近，援琴春日长（汤清河）。

水田聊学稼，野圃试条桑（皎然）。

巾折定因雨，履穿宁为霜（陆士修）。

解衣垂蕙带，拂席坐藜床（房蘷）。

檐宇驯轻翼，簪据染众芳（颜粲姝）。

草生还近砌，藤长稍依墙（颜颛）。

鱼乐怜清浅,禽闲憙颉行(颜须)。

　　　　　　空园种桃李,远墅下牛羊(韦介)。

　　　　　　读易三时罢,围棋百事忘(李观)。

　　　　　　境幽神自王(旺),道在器犹藏(房益)。

　　　　　　昼饮山僧茗,宵传野客觞(柳淡)。

　　可见联句中都是茶客们心志的表白,在饮茶时论诗作画下棋更助雅兴的清远。在此之后,茶话会的形式便一直存在到现代社会。这里饮茶虽没有饮酒互赠互敬的热烈,但是也具有众和之气,犹如明流汇集的汩汩扬扬,涤荡心肺,舒展美性的思想。

　　3. 洁身

　　洁身即以茶为寓,洁身独好,茶的清香象征人的品行,不与浊流同污,如清扬之气,飘逸九天。以茶代酒或者以酒代茶,品茗百草之芳,在心志上做到羽化登仙。春秋时期的大爱国者屈原就是品茗百花之英,表达一己之志的,然而屈原当时饮用是茶还是酒,则不得而知,但在宋代大诗人杨万里的饮茶诗中我们可以看到中国茶道中以茶为寓,洁身自高的强烈意象。杨万里在《以六一泉煮双井茶》诗中这样写道:

　　　　　　鹰爪新茶蟹眼汤,松风鸣雪兔毫霜。

　　　　　　细参六一泉中味,故有涪翁句子香。

　　　　　　日铸建溪当近舍,落霞秋水梦还乡。

　　　　　　何时归上滕王阁,自看风炉自煮尝。

　　六一泉在今安徽滁州琅琊山麓,诗人在饮茶时用六一泉煮家乡的双井茶,联想到同乡黄庭坚和唐代王勃的诗句,在自煮自饮中深得泉中茶味,犹如六一先生欧阳修的人品的清香自洁的情景。他在另一首《澹庵坐上观显上人分茶》则明确地感叹分茶的精妙,反衬自己因做官在京的尘污,需要茶洗得明。诗云:

　　　　　　分茶何以煮茶好,煎茶不似分茶巧。

　　　　　　蒸水老禅弄泉手,龙兴元春新玉爪。

　　　　　　两者相遭兔瓯面,怪怪奇奇真善幻。

　　　　　　纷如劈絮行太空,影落寒江能万变。

　　　　　　银瓶首下仍尻高,注汤作字势嫖姚。

　　　　　　不须更师屋漏法,只问此瓶当响答。

　　　　　　紫薇仙人乌角巾,唤我起看清风生。

　　　　　　京尘满袖思一洗,病眼生花得再明。

　　　　　　汉鼎难调要公理,策勋茗碗非公事。

　　　　　　不如回施与寒儒,归续《茶经》传衲子。

　　诗中显上人高妙的分茶艺术,可使碗中茶汤变幻出奇奇怪怪的各种物象,形成变化奇妙的图案,有如山川风物气象万千,又像是文字书法而气势磅礴,令人叹为观止。诗人因满眼京尘而得"眼病",在观茶中被洗净复明,于是想到与其与官场同污不如回家像显上人一样继续将《茶经》精神传给后人。杨万里嗜茶是在追求茶外之味，在《习斋论语讲义序》中说道："'读书必知味外之味，不知味外之味而曰我能读书者，否也!'《诗》曰：'谁谓荼苦，其甘如荠。'吾取以为读书之法焉。"这就是中国茶道心法"洁身自好"的本质。14世纪元代大画家倪云林因不满元朝廷强征暴敛的现状，曾散尽家产分给亲故，自己弃家遁迹于江湖之上。倪云林的好茶，据《云林遗事》载，他曾创制了做莲花茶的方法，好茗成一时之秀，他的善茗到了极高境界，每饮都对水、茶要求"真水精茶"。倪云林的好洁，连庭院树干每日都要让人清洗，这是对当时世事混乱所曲折表达的愤慨之情。现代人认为这是一种行为艺术，以行为表达行为以外的内容，云林饮茶也是如此。他极怕世间尘污将清茶与真水污染，寄情于茶，洁身自好，据明代钱椿年撰，顾元庆校改的《茶谱》一书记载，倪云林的莲花茶是这样制作的：

"莲花茶，于日末出时，将半含莲花拨开，放细茶一撮，纳满蕊中，以麻皮略絷，令其经宿。次早摘花，倾出茶叶，用建纸包茶烘干。再如前法，又将茶叶入别蕊中，如此者数次，取其焙干收用，不胜香美。"

在莲花茶的制作中，可以发现这是一个完善而赋予趣味性的游戏，游戏的法则是利用茶叶本身良好的吸附异味性，将自然的莲花香味吸附在茶叶之中，在品茗中尽得天地英华之气，以此实现自在人品寄情实现的满足，莲花有出淤泥而不染的品质，茶叶有清香高远的品质，两者相得益彰，正是倪云林自我人格品质的写照。芳香交蕴，混在自然，这就是饮茶高洁之法的最高境界。自倪云林后，自制自饮薰花茶成了文坛士林的一种雅好，与西方"鸡尾酒"具有异曲同工的特征，意在茶外而韵含茶里，如书画大家徐渭，文学大家张岱等都是明代名满一时的薰花茶制作能手。

4. 静思

如果说，饮酒对于个性来说是张扬的，夸张的，喷发的，激昂的。那么，饮茶则是沉静的，深远的，含蓄的，独处的，这是因为茶叶的清香具有宁静致远的性质，饮茶也有利于人在安静独处的环境下深思远谋。因此，在夜色深沉的时候，苦茶常伴随着思想者度过漫漫长夜。如果说适度饮酒会激发人脑细胞的活跃，那是在饮酒后的事情；那么，饮茶则会使饮酒者冷静下来进入沉思，茶在思考中陪伴思考者，它的压抑与兴奋作用也会驱走睡意。人们边饮边思考而始终在清醒的状态下，表象是寂寞的，但内心却是活跃的。而独自饮酒者，表象是热烈的，但在内心却是寂寞的，这就是茶与酒在表象形式上的两个侧面。即使在茶会中的集体饮茶，其气氛也是文静的，如和风细雨，文雅而自贵。

宋代大理学家朱熹少年时即戒酒饮茶，以茶修德明伦、寓理，不重虚华，崇尚俭朴，他在武夷山的五曲溪隐屏峰下建立了紫阳书院，讲学著书。五曲溪中有茶灶，朱熹曾作《茶灶》一诗以明静意，诗云：

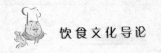

仙翁遗石灶，宛在水中央。

饮罢方舟去，茶烟袅细香。

这里给人以一个宁静清远的意象。他在《茶坂》一诗中则给人以一个饮茶时的静寂幽深的意象,诗云:

携赢北岭西,采撷供名饮。

一啜夜心寒,跏趺谢衾枕。

诗中反映了诗人在茶园采茶后,清饮伴寒夜的幽思情景。诗中跏趺是佛家盘腿静思参禅的意思,指诗人用茶伴己在寒夜沉思,就是参禅。他在与表兄邱子野赋诗论茗时又表达了饮茶时心静尘空的意象。诗云:

茗饮瀹甘寒,抖擞神气增。

顿生尘虑空,豁然悦心目。

朱熹对饮茶的境静,时静与心静表述深刻阐释了茶道精神清心寡欲,平和静寂的精神状貌。

5. 中和

朱熹认为所谓茶道"和"的精神内涵,就是"中庸"之道的一种反映,他在对学生授课时常用茶来寓明这一道理。《朱子语类·茶说》中有如是记载,朱子说:"建茶如中庸之为德,江茶如伯夷叔齐,又《南轩集》曰:草茶如草泽高人,腊茶如台阁胜士。似他之说,则俗了建茶,却不如适间之说两全也。""建茶"是宋代五夷山中建安水苑所产的名茶,盛产蒸青团茶,著名的有大小龙团、凤团、密云龙、瑞云祥龙、三色细芽、银线水芽等,入贡朝廷而名享四方。宋代有北苑茶甲天下之誉,因此,宋代称江南所产茶为草茶。张救在《南轩集》中曾以人品比茶品,将草茶比作草泽高人,腊茶比作台阁胜士。朱熹则认为这种比喻只是指的茶品而没有抓住茶道的基本精神,故而境界不高。作为一代鸿儒的朱熹将建茶的本质升华到"中庸之为德"的哲学高度加以认识,《论语·雍也》云:"中庸之为德也,其至矣乎。"孔老夫子认为中庸是人类最高的道德标准和境界,朱熹注亦云:"中者,无过无不及之名也。庸,平常也,至,拯也。"又引用程颐的话说:"不偏之谓中,不易之谓庸。中者,天下之正道。庸者,天下之至理。"可见中庸是人间最完美的道德境界,朱熹将建茶之理赋予中庸之道,这是对唐代茶圣陆羽在《茶经》中提出的以中致"和"哲学精神,以平行俭德为道德核心的茶道主旨精粹最为深刻的阐述和理解。而要深得中国茶道精神就必然地会依据"怡、雅、洁、静、和"的内心方法达到品茗的最高境界。朱熹还进一步指出了中国茶道精神实现过程的内部义理。他说:"物之甘者,吃过而酸,苦者吃过却甘。茶本苦物,吃过却甘。问:此理如何? 曰:也是一个道理,如始于忧勤,终于逸乐,理而后和。盖理天下至严,行之各得其分,则至和,又如家人嗃嗃,悔厉志;妇子嘻嘻,终吝,都是此理。"

朱熹认为"理"是"和"的前提,是自然界严格的规律,是人际关系方面严格的礼仪,循理是苦修,而只有"行之各得其分"才能真正地体悟到茶道"至和"的甘饴和怡悦。朱熹以茶喻理,将茶事从世俗游戏提升到艺术生活,进一步视为一种体验"理"的途径和方式,从而把茶的韵味与理的至和水乳交融地糅合在了一起。

然而像朱熹这样达到饮茶至理境界的人毕竟是极少的,但在饮茶功能感受方面,古今人等,士夫走卒皆对唐代诗人卢仝的七碗茶论深表共识。诗云:

日高丈五睡正浓,军将打门惊周公。

口云谏议送书信,白绢斜封三道印。

开缄宛见谏议面,手阅月团三百片。

闻道新年入山里,蛰虫惊动春风起。

天子须尝阳羡茶,百草不敢先开花。

仁风暗结珠琲瓃,先春抽出黄金芽。

摘鲜焙芳旋封裹,至精至好且不奢。

至尊之余合王公,何事便到山人家?

柴门反关无俗客,纱帽笼头自煎吃。

碧云引风吹不断,白花浮光凝碗面。

一碗喉吻润,两碗破孤闷。

三碗搜枯肠,唯有文字五千卷。

四碗发轻汗,平生不平事,尽向毛孔散。

五碗肌骨清,六碗通仙灵。

七碗吃不得也,唯觉两腋习习清风生。

蓬莱山,在何处?

玉川子,乘此清风欲归去。

山上群仙司下土,地位清高隔风雨。

安得知百万亿苍生命,堕在巅崖受辛苦!

便为谏议问苍生,到头还得苏息否?

诚然,茶正是作为一种精神饮品,使卢仝在品茗中获得了奇妙感受。优美的诗句,高雅的立意,反映出卢仝文化之思,人生之思与人世之思。赞美新香之美,抒发感慨之志,不平人间之事,都是茶与饮者的韵意交谈,也是茶的生化作用在人脑的思维律动。及至清代,中国茶道已由唐宋元明的重心境向程式化演进,产生了颇多的清规戒律,今人林永匡等学者认为:"清人的饮茶品格,是茶道艺术的完成和实践阶段。因为烹茶、煎茶,最终是为了饮啜和品味。这样它既是茶道艺术活动的延伸,同时又是饮茶艺术活动的起点。"(林永匡、袁立泽著:《中国风俗通史·清代卷》,上海文艺出版社 2001 年版)前明遗老冯正卿在所著的《岕茶笺》中概括茶道艺术活动的"宜禁"规则为"十三宜"与"七禁忌",即:所宜者,一无事、二佳客、三幽座、四吟咏、五挥翰、六徜徉、七嗫起、八宿醒、九清供、十精全、十一会心、十二赏鉴、十三文童。"七禁忌"是一不如法、二恶具、三主客不韵、四冠堂苟礼、五荤肴杂陈、六忙冗、七壁间案头多恶趣。这些宜禁规则实际上已将饮茶之事从形式上确定了茶道清修的模式化特征,高度凝练了中国茶道的本质精神"怡、雅、洁、静、和"的心法取向,并对日、韩茶道的演进起到了重要的影响作用。

据研究,茶叶作用于人脑的物质是咖啡碱,一般含量为 2%—5%,每杯 150 毫升的茶汤中含有 40 毫克左右的咖啡碱。它是一种中枢神经的兴奋剂,具有提神作用,另外茶叶中还含许多有益组分,如多酚类化合物,维生素类,矿物质类,氨基酸类和其他一些次要的活性物质。因此,饮茶除了提神的精神作用外,依据对中国古医书 92 种文献资料的总结,共提出有 24 项功效,即:令人少睡、安神、明目、清头目、止渴生津、清热、消暑、解毒、消食、解表、坚齿、治心痛、疗疮治瘘、疗饥、益气力、延年益寿与其他等。现代医学化学对茶叶的药理组分进行了详细的研究,大多也赞同上述功效,另外还证明了茶具有防止血管硬化、降血脂、消炎抑菌、防辐射、抗癌、抗突变等多种功效。在现代社会茶叶已走遍世界成为全世界人类的大众饮品,饮茶因之已养成习惯成为日常生活中无意识的自觉行为,但是,高品质的茶叶依然具有昂贵的价位,并不是一般人所能消费得起的,因此,也具有了只有在休闲时才能进行品饮的价值。

第二节 中国的茶艺

中国现代饮茶的方法是因茶叶而不同的,对茶叶的泡煮到对茶叶的品饮和献茶都称之茶艺,兹分述如下:

1. 泡茶三要素

泡茶又叫沏茶。泡茶的三要素是用水、用茶和用器。三者要相得益彰才能泡成好的茶汤,供人饮用。

(1) 泡茶水

泡茶的水犹如酿酒用水,中国的传统认为水的质量是 ① 水要甘而洁。宋蔡襄在《茶录》中说:"水泉不甘,能损茶味。"宋赵佶云:"水以清轻等洁为美。"(《大观茶论》); ② 水要活而鲜。主要是指川流不息的江河湖泊之水,如"扬子江心水"。③ 贮水要得法。晚明熊明遇在《罗山介茶记》中指出:"养水须置石子于瓮",许次纾云:"水性忌木,松杉为甚,木桶贮水,其害滋甚,洁瓶为佳耳。"(《茶疏》)明罗禀在《茶解》中更详细地介绍了贮水之法,他说:"大瓮满贮,投龙肝一块,即灶中心干土也,乘热投之。贮水瓮预置于阴庭,覆以纱帛,使昼挹天光,夜承星露,则英华不散,灵气常存。假令压以木石,封以纸箬,暴于日中,则内闭其气。外耗其精,水神敝矣,水味败矣。"

现代科学给予人们饮用水也有了四项标准,即 ① 感官标准:色度 15 度以下,浊度 5 度以下,无异味、无色、透明和无沉淀物。② 化学指标:pH 值为 6.5—8.5,

总硬度不高于 25 度;氧化钙不超过 205 毫克/升,铁不超过 0.3 毫克/升,锰不超过 0.1 毫克/升,铜不超过 1.0 毫克/升,锌不超过 1.0 毫克/升,挥发酚类不超过 0.002 毫克/升,阴离子合成洗涤剂不超过 0.3 毫克/升。③ 毒理学指标:氟化物不超过 0.05 毫克/升,砷不超过 0.04 毫克/升,镉不超过 0.01 毫克/升,铬(六价)不超过 0.5 毫克/升,铅不超过 0.1 毫克/升。④ 细菌指标:细菌总数不超过 100 个/1 毫升水,大肠菌群不超过 3 个/升。尽管如此,有专家认为这种标准与 100 年前的饮茶水质还是具有一定的距离。在水性水感方面难以界定。依据中国饮茶选水的传统经验,唐陆羽在《花经》曾明确指出:"其水,用山水上,江水中,井水下。其山水,拣乳泉,石池漫流者上。"中国古泉有许多已被历史年年所湮没,但这一观点却具有很高的科学性与艺术价值。

泡茶的水温一般依据茶的不同品质而定,一般来讲,水以沸腾为度,即沸即可,过时为"水老"(水中二氧化碳流失),不沸为"水嫩"(达不到卫生要求)。泡茶水温与茶叶中有效物质的溶解度呈正比,一般 60 度(温水的浸出量只相当于 100℃ 沸水的 45%—65%),泡高级绿茶的水温为 80℃,将沸水略降温再泡,泡祈门红茶、乌龙茶、蛇花和普耶茶必用 100℃ 沸水冲泡,如用茶砖,则要求将其敲碎,放在锅中熬煮。中国传统上对水沸有"三沸"之辨,即:一沸,水面泛鱼眼泡;二沸,水边涌连珠泡;三沸:水波翻腾如浪。三沸之水为最妙,再煮则水老不能用。一般在一沸时放适量盐,撇去水面泡沫。二沸时先舀出一瓢水,然后用竹箕将锅中水搅去旋涡,将定量茶末投入旋涡,至大沸,将舀出的水复投入以止沸即可。饮用时,将茶汤酌入茶碗,以第一碗为"隽永"之汤,奉献首宾,茶汤品级依后次第为差。唐宋人一般趁热连饮,茶凉则精神尽散,为之不美。唐人张又新在《煎茶水记》中认为煎茶应用产茶地之水为上佳:苏廙在《仙芽传》中则将茶汤制作归纳为"十六汤法",对茶汤的老嫩与煎法、速度、汤器、炭火的关系有独到的精辟认述,对后世煎茶的重要影响不可低估,兹依据中国现代考古大师王仁湘教授的《珍馐玉馔》一书诠释述录如下:

第一为"得一汤"。火候适中,不过也不欠,此汤最妙,得一而足。

第二为"婴儿汤"。炭火正旺,水釜刚温,便急急放入茶叶,就像婴儿做大人的事,水温不热,很难成功。

第三为"百寿汤"。煎煮时间过长,甚至多至十沸,就像白发老汉拉弓射箭、阔步远行一样,也是办不到的。

第四为"中汤"。彭琴音量适中才得其妙,磨墨适中则浓。过缓过急,琴不可听,墨不可书。注汤过缓过急,茶难得正味,适中与否,全在手臂的功夫。

第五为"断肠汤"。注汤时断时续,如人的血脉起伏不畅,想长寿是不可能的。只有提高注汤技巧,连续不断,才得有好茶汤。

第六为"大壮汤"。力士穿针,农夫提笔,难以成事,因失之粗俗,注汤太快太多,茶便不成其为茶了。

第七为"富贵汤"。汤器不离金银,这是富贵人家的排场,以为非如此不得好汤。

第八为"秀碧汤"。玉石乃是天地灵秀之气凝结而成,琢磨茶器,灵秀之气仍在,可得良汤。

第九为"压一汤"。以用金银太贵重,又不爱用铜铁,那瓷瓶便是最合适不过的了。对隐士们来说,瓷器更是品第茶色茶味的美物,是压倒一切的美器。

第十为"缠口汤"。平常人家不慎重器具的选择,以为能烧沸水的便可,这种汤可能苦而涩,饮过之后,恶气缠口而不得去。

第十一为"减价汤"。用无釉陶器当茶具,会散发土腥气。俗语称"茶瓶用瓦",如乘机脚骏登高,骏断腿马上山,当然是上不去的。

第十二为"法律汤"。茶家的法律是"水忌停,薪忌藏",指不可用停蓄的水和油腥的炭。违反这法律就得不到好茶汤。

第十三为"一面汤"。一般柴草或已烧过的虚炭都不宜用于煎汤,得汤总觉太嫩,只有实炭才是汤之友,非有好炭而不得好汤。

第十四为"宵人汤"。茶性娇嫩,极易变质。如用垃圾废材煎汤,会影响到茶的香味。

第十五为"贼汤"。风干小竹枝煎汤也不适宜,火力虚薄,难得中和之气,也是坏茶的贼。

第十六为"大魔汤"。汤最怕烟,浓烟蔽室,难有好汤,所以说烟是坏茶的大魔。

(2)茶叶的使用

泡茶的水量也因茶因人而定,一般来说,正常饮者的茶与水比为茶 3 克/水 150 克,泡 5 分钟为口味最佳。现代《中国茶经》对茶叶用量方面做了较好的总结:冲泡一般红、绿茶的茶水比为 1∶50 至 1∶60。即每杯放 3 克左右干茶,加入沸水需 150—200 毫升。如用普洱茶,每杯放 5—10 克(干茶)。如用茶壶,则按容量大小适当掌握,用茶最多的是乌龙茶,每次投入量几乎为茶壶容积的 1/2,甚至更多。

用茶量多少与饮者的习惯相关,如西藏、新疆、青海和内蒙古等少数民族以肉食为主,缺少蔬菜,因此茶叶成为人们生理上的必需品。他们普遍善饮浓茶,并还在茶叶中加乳加糖或者加盐,故而每次茶叶的用量较多。华北和东北地区之人喜欢花茶,通常用较大茶壶泡饮,茶叶用量较少。长江中下游地区主要用的是绿茶,如龙井、毛峰等,一般用较小的容器冲泡,每次用量亦少。而在福建、广东、台湾一代,人们擅长于饮用工夫茶,茶具虽小,但茶叶较多。

茶叶的冲泡时间与次数因其品质的不同而具有很大差异,与人们的饮茶习惯也有较大关系,一般使用茶杯泡绿茶清饮,3 克茶叶加 200 毫升沸水冲泡,加盖 3—4 分钟后即可饮用,泡时先用 1/3 沸水浸没茶叶,3 分钟后加水至七八成满,趁热饮用。当饮至茶水剩 1/3 左右再加沸水,如此反复 3 次饮完即可换茶。据有关测定,第一次泡茶浸出物约50％—55％,第二次为30％,第三次为10％左右,因此,清饮泡茶以三次为宜。如果用颗粒细小,揉捻充分的红绿碎茶,沸水泡3—5分钟,有大部分成分浸出,便可一次性快速饮用。品乌龙茶则多用小型紫砂壶,在用茶量较多(约半壶)的情况下,第一泡为1分钟就倒出,第二泡为1分15秒,第三泡为1分40秒,第四泡为2分15秒。泡茶的时间逐渐增加,使茶水浓度达到均衡。

（3）煮泡茶的器皿与工具

冲泡茶叶除了用茶、用水外,选用适合的器皿也十分重要,陆羽在《茶经》里列举了饮茶的29种工具,十分复杂。茶具主要是指壶、杯、碗、盅、盘、托等用具。茶具的材质一般为陶、瓷、玻璃、玉石、竹木、漆器以及金属器皿,以紫砂、瓷器与玻璃制品为最普遍。中国的茶具种类繁多,极具文化艺术的内涵。一般情况下,茶具是可以随意使用的,但又由于区域性风俗习惯而具有不同特征。中国华北、东北一带,大多数人喜饮花茶,一般用较大瓷壶冲泡,然后分茶于茶杯中饮用。茶壶大小视饮茶的人数多少而定。江、浙一带,喜好绿茶,多用盖瓷杯泡饮,或直接用小紫砂壶冲泡饮用,另有一番雅趣。川陕一带喜用"盖瓷碗"冲泡,下垫茶盏托,饮时姿态清贵高雅。华南各省与东南亚华侨偏爱乌龙茶,惯于使用成套的紫砂"工夫茶具",用小砂壶泡茶然后分盅品尝。形式完美专注,极具表演性。据中国茶博士介绍,如果品尝名贵的绿茶、黄茶和白茶时,最好选用无色透明的玻璃杯,因为玻璃的透明无色性有利于观赏到泡茶时茶叶茶汤的微妙变化从而更会令人怡情适意。无论用何种泡茶器皿,均宜小不宜大,因为大杯水多,热量更猛,易使茶叶过度熟化而影响到茶汤的色、香、味。如用保温容器则宜泡红茶,而不宜泡绿茶,在少数民族地区有采用煮茶方法的,多采用铜、铝、陶等煮茶器皿。

除了上述煮泡茶的器具外,尚有一些较具特色的茶器辅助工具与主体茶具配套成趣,一般有茶船、茶盅、茶药、茶中、茶匙、茶盘、茶托与茶罐等。

茶船:又叫"茶池",供放茶壶之间,有盘形与碗形两种,其作用一可保护茶壶,二可盛热水保温和烫杯之用。

茶盅:又叫"茶海",供盛放茶汤之用。将茶叶在壶中泡到一定时候,再将茶汤注入茶盅供分茶之用,作用是使茶汤浓度均衡,利于淀渣,防止茶汤溅出。

茶荷:泡茶时,盛茶叶鉴赏之用,此谓之为"赏茶",给人以茶叶外形与干香的欣赏。

茶巾:泡茶饮茶时用来吸水的干洁毛巾。

茶匙:从茶罐中舀茶叶的匙具,防止罐中茶叶被手污染。

茶盘:放置茶壶与茶杯之用。有单层与双层之分,双层主要是指上层放置茶壶茶杯,下层为贮存残剩茶汤之用。

茶托:即茶盏上放茶杯茶碗之物形如小碟。材质各异,一般与茶碗、茶杯配套成一体。

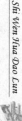

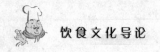

2. 茶汤的制作方法与使用

泡茶的方法因不同茶叶与饮用形式而不同一般有如下形式：

（1）泡茶清饮法

放茶叶在容器中直接冲泡而后饮用的方法，容器一般是加盖的杯、碗、壶等，清饮泡茶的具体方法又因具体茶叶的不同品质而具有细微区别。① 先投式：先将茶叶置于容器里再将沸水直接冲入的方法，适宜中等品级的红、绿诸茶叶，利于茶叶的色香味一次性的多量溶出。② 中投式：先用 1/3 沸水将器中茶叶浸润，再续冲入 2/3 沸水，一般次品级红，绿茶适用此法，能强化茶味的溶出。③ 后投式：即先注沸水于容器中，再投入茶叶，让茶叶在容器中缓慢舒展，避免茶叶因过熟而有损色、香、味，对于顶级绿、黄、白茶适宜用此法。上述三法都必须加盖闷茶 3—5 分钟后启盖吹沫饮用，清饮泡茶时，一般可采用看外形→嗅茶香→评汤色→尝汤味的方式进行饮评。

在泡茶前看茶叶外形，嗅干茶之香，谓之"赏茶"，茶叶有多种的外形和色质，特别是名贵茶叶值得一看，可平添品饮的乐趣，例如茶叶有条、片、螺旋、针状和珠状等，色质有深、浅、黄、绿和白毫等的多种色相。嗅芳香，是干闻茶叶中的多种原香，例如优质茶叶中常有奶油香、板栗香、炒香、花香和其他清香等。赏茶后冲泡，观望茶在泡水的作用下，汤色由浅转深，茶叶由紧缩到舒展的过程，可以评价茶汤成色，亦有一番妙趣。此又称之"湿看观茶"，这一过程尤其在隔着玻璃杯欣赏时更佳。待茶汤温度稍降至适口时，即可饮用，小口啜嚼，细辨风味。清饮一般在茶汤中不加它物，饮品的是茶叶的原质风味，对于特别细嫩的茶叶还可以饮完茶汤后吃下，谓之"嚼茶"（茶）汤亦可泡饭食用，谓之"茶泡饭"。

（2）泡茶调饮法

泡茶调饮法是指在茶汤中添加其他调味原料饮用的方法。这是中国唐、宋以前的古法。将团茶、饼茶碾碎烹煮出汤，一般需加其他调味品，如蜂蜜、糖或梅子等物，现代则用散茶泡制法去渣，加入奶、松仁、芝麻和糖等调佐原料于茶汤中饮用。这种方法先后传至少数民族地区和欧美各国，成为欧美国家最为普遍的饮茶习俗。比较常见的调佐料是加入红茶茶汤中饮用的。主要有咖啡、糖、牛奶、柠檬、蜂蜜、香槟酒等。在饮时可作成多种风味的冰凉饮料。值得注意的是，现代欧美人常将茶与酒结合成为茶酒饮料，即在茶汤中兑入适量各式美酒如同鸡尾酒一样。茶味酒香相得益彰，颇具风情韵味。

（3）煮茶分饮法

中国唐宋遗风，现在伊斯兰社会西北非，西亚地区饮茶还有此风。伊斯兰人民不饮酒只饮茶，并且长期以来酷爱中国绿茶珍眉、珠茶等，熬煮薄荷糖茶，有一套专用茶具，有金属（铜质镀银）或搪瓷茶壶、小玻璃茶杯、高脚茶盘、木炭火炉、开水壶等组成。煮茶的程序是：洗茶→加水→加糖→加 3 枝新鲜薄荷叶→煮茶（煮沸 5—

8分钟)→分茶入玻璃杯→兑茶调匀→饮茶。

洗茶是将水加入壶中再滤出,洗出浮尘,使茶叶洁净。中国福建泡工夫茶时也需洗茶一次,所加的糖可以是白糖也可以是方糖,大约相当于八块的量。兑茶:就是将1只杯中茶汤倒入另1只空杯,反复数次直至兑匀,茶汤为黄褐色,汤上所浮泡沫愈多则表示汤质浓品质也愈好。待茶温适口时传于客人品饮,头道茶最好,二道茶需加糖、加水加薄荷再煮,一般如此煮三杯次即可,与煮茶方分饮法性质相似的还有熬饮法、烤饮法、擂饮法等,都是中国少数民族的饮法。

熬饮法:将汤茶熬成浓汁再兑开水饮用。

烤饮法:青茶入瓦罐干烤起香发泡,然后冲水饮汤,茶香味浓。

擂饮法:青茶入锅加少量油炒燥,放入擂钵,与炒香的芝麻、花生、黄豆等食品一同擂成细末再入锅煮成浓汤饮用,这是中国的古饮之一,现在西南地区仍很流行。

(4)工夫茶泡饮法

中国南方的闽、粤地区,人们喜饮乌龙茶,泡饮乌龙茶的方法由一整套表演性程序组成。工夫茶顾名思义就是费工夫。地道的潮汕工夫茶,水要取自山坑石缝之水,火要取自橄榄核燃的火,罐要用古拙的酥罐,可谓是极讲究。选用上等的乌龙茶,经过精心泡制才能饮到浓郁悠长,醇厚四甘,清澄黄褐透明的优质茶汤,尤其是铁观音茶,其香如兰隐藏着蜂蜜的香甜,其茶十分耐泡,有七泡有余香,既有圣妙香,又有天真味的美誉。工夫茶又因具体的地方而具有一些区别:

1)普通工夫茶泡法:将茶壶置茶船中(又称茶池),用沸水内外烫透。控干壶,置茶于壶中,放茶时用漏斗置壶口处。然后拨茶入壶。注沸水至水满出壶口,加盖,再用沸水浇烫茶壶。待3—5分钟茶汤成熟时,从船池中提出茶壶时热气腾腾,美其名曰"贵妃出浴"。将茶壶贴船沿逆行一圈除去水滴,又曰"关公巡城"。应注意的是迎客时是由外向内巡,送客时则反之。将壶中茶汤通过滤网过滤倒入公道杯或者茶盅壶里调匀,谓之匀茶,另一种匀茶是用茶壶轮流将茶汤分入几只杯中,又叫"韩信点兵"。将公道壶(杯)中的茶分给客人茶杯中以七分满为宜。客人饮茶时可自由从茶盘中取,也可由专人献茶。

工夫茶所用泡茶之壶一般都较小,200—300毫升,饮杯也是一种口杯,以一口茶为度,约25—50毫升容量。以下诸法皆同。

2)潮州式工夫茶泡法:此法特点是一气呵成,在泡茶时凝神静气,使精、气、神三者达到统一的境界。对茶具的选用,泡茶动作、泡饮时间与茶汤的变化都有极高的要求,似乎是一种近似于印度瑜伽的精神修炼活动。冲泡时有如下程序:

备茶具:泡茶者端坐,凝神静气,右边置包壶用巾,左边置擦杯白巾,茶桌上放两面方巾,中间放茶匙。

湿壶、温盅:用滚沸之水倒入壶内再倒入茶盅。

干壶：持壶在包壶用巾布上拍打，水滴尽后轻轻甩壶像摇肩一样，动作柔美，将壶中水甩干。

置茶：用手抓茶，放入壶中；视干燥程度决定是否烘茶。

烘茶：将茶置壶中，感觉到受潮则相应采取烘茶，这里烘茶不是用火烤，而是隔壶用热水"烘"。这样可使"陈味"消失，新鲜感加强，香味上扬，滋味能迅速溢出。

洗杯：洗杯时将茶盅内的热水倒入杯中。

冲水：烘茶后，将壶从茶池中提出，用布包住壶摇动，使壶内外温度平衡。然后再将壶置入池中，冲入适温的水于壶中。

摇壶：水冲入壶中后，迅速提壶置于桌面方巾上按住壶上气孔，并快速左右摇晃，使茶汤浸出量均匀，若第一泡摇四次，则每一泡按次序减一次。

倒茶：摇壶后即将茶汤注入茶海。当第一泡茶汤倒完后，就用布巾包裹用力抖动使壶内温度均匀，其抖动的次数与摇动次数相反。

分杯：潮州泡法以三泡为止，要求一气呵成茶汤一致，泡茶过程中不可分神。三泡完成后，才可与客人分杯同品。

3）宜兴工夫茶泡法：宜兴泡法以结合古今泡法著称。其泡茶可选用绿茶、黄茶、白茶等，与泡乌龙茶不同的是水温要适度。

赏茶：将茶叶倒入茶荷，专予客人观看茶形，闻取茶香。

湿壶：将热水冲入壶中至半满，倾出于茶池中。

置茶：将茶由茶荷中拨入壶中。

湿润液：注 80℃水于壶中至满，加盖即将温茶水倒入公道杯中，提高茶叶的浸出度。

温杯烫盏：将公道杯中湿润茶水倒入茶盅中提高杯温。

第一泡：将适温热水冲入壶中，泡茶 2—3 分钟即可将茶汤注入公道杯，执时需将壶身拭干水滴。

分茶：将茶汤再从公道杯中斟入各客茶杯，以七分满为宜。

如此三泡即可。

4）安溪九泡法：此法以每三泡为一阶段，重香、甘、纯。第一阶段香气高，第二阶段味之醇，第三阶段汤色纯，有口诀说：一二三香气高，四五六甘渐增，七八九茶色纯。此法主要选用极品乌龙茶，泡法与潮州泡法相似，只是多泡三次，全程可分为三个阶段，一气呵成。与潮州不同的是安溪九泡将公道杯换了每人一只闻香杯。倒茶时直接将茶汤倒入闻香杯中，每一阶段泡的茶汤为 1/3，三次倒满。品饮时，将闻香杯与品饮杯同时放置客人面前，品茗杯置右，闻香杯置左。品茗时要一看二闻三品饮，即先看汤色，再闻茶香，最后才能饮用。饮时，需自己将闻香杯中茶汤注入品茗杯中，自斟、自饮，每饮一口为度。

5）诏安泡法：诏安泡法以陈年发酵或半发酵烤茶、碎茶为特色，近于古法。特色手法在于先在纸上分出茶形,谓之"整茶形",给客人鉴赏,是将其整碎粗细茶叶分开。烫壶要用沸水,将壶盖半启,连壶整烫,置茶时细的在底,整的在上,防止壶口不畅。冲泡要使泡沫满溢出壶口为止。倒茶分饮以泡三巡为度,因茶叶有碎渣,因此,分茶时要用滤网。

第三节　中国饮茶的民族习俗与形式

在现代社会,茶与酒、咖啡一样都是世界性饮品,都具有一定的精神性作用,但是,酒依然还不能纯粹地成为食物性饮料,而茶与咖啡实际上已经具有了纯粹食物性的饮料特征,因为在许多地区民族的餐饭中,茶与咖啡一样已成为餐饭饮食不可或缺的一部分。然而,正是茶与饮茶都源于中国,因此,中国人对茶的精神感更为敏感和深沉,在饮茶的精神生活方面依然有别于世界其他民族的那种实用功利主义,从而也使茶事具有了更多精神化、人格化层面的活动性质。在这里,茶就是一种精神,饮茶就是自我人格的某种象征,进一步说,茶风味就是人生、社会、自然界中某些内涵的韵味。中国人在对茶叶的饮评中通过类比、联想和移情的作用感受到了茶道精神。在这里,人、茶、饮茶环境是相通的、统一的,因此在饮茶的环境、时间、礼仪方面都有着独特的习俗。

（一）中国的饮茶环境

前面已经说过体现中国茶道精神的内心之法是"怡、雅、洁、静、和",那么对饮茶环境的要求就必然的选择"最能与之相应的,并能将饮茶情感烘托至最佳状态者",明徐渭在《徐文长秘集》中说:"茶宜精舍,云林,竹炉,幽人雅士,寒霄兀坐,松月下,花鸟间,清白石,绿鲜苍苔,素手汲泉,红妆扫雪,船头吹火,竹里飘烟。"徐渭所描述的饮茶环境似乎是远离人世的喧闹,远避黄沙与戈壁,是极静、极雅、极美的仙境,这正是中国人在饮茶时对环境的一种意境化。其实,中国人称饮茶不说是饮或喝,而是品的,唯独有品,才能将品茶人溶化入这种意境,成为意境中的人。品即是尝,是用内心通过味、嗅感觉细胞去感受外部世界的,从而能更好的得到心、味、茶、境一体的共识。如果说,我们在百货公司的休息椅上饮茶,就难得有品的滋味,与其说是饮茶,倒不如说是在喝"水"解渴。饮茶实际上是在不渴的情况下进行的。在中国的许多地方,人们除了正常工作和饮食外,稍有闲暇便捧起了茶杯,或做起了工夫茶。而他们是否口渴?真实的情况并不是如此。他们甚至可以整整一天都不用喝水,但是他们需要茶香的浸润,在没有茶的情况下他们也不会喝水,是因为水的平淡不可以"品"。然而当他们一旦有茶,如果是上等茶叶,他们便可以不停的品茶,左一壶右一杯,甚至一连在 3—4 个小时里饮下 2 000 毫升茶汤。优雅、美好的环境诱发着人们的品味，使环境成为人们意境化了的环境，人与环境合成为一种"画境"，人通过茶建立了与环境精神沟通的桥梁。如果说中国人饮酒是意在酒外，那么中国人品茶实际上也是意在茶外的，这就是"道"，而道是周而复始，内外相通的，茶作为山原的毓秀，对其品尝正是对自然万物，世态炎凉循环运动变化的互通和体味，也是对自己人生位置的体察和内省。

中国江苏省的常熟，美丽的苏州辖下的一个县级小城，那里的茶事却十分之盛。每天早晨或在节假日期间，人们便三五结伴地走向茶园、茶社品茶休闲。常熟是一座国际花园型城市，有近3000年的历史，许多传奇的人物和故事在这里流向全国、流向世界。在众多的风景名胜中，以虞山、尚湖、方塔园、曾园和芦苇荡的圣地沙家浜享誉国内外。在虞山之麓尚湖之滨，在阳澄湖的芦苇深处星罗棋布地有无数个精舍、茶亭以供人们品茗之便。在虞山自然保护区的宝岩，更是品茶佳绝之处，或在竹林幽处，或在茶树之坡，或在山石泉边，或在湖上的长堤，到处都有小桥翼然，也到处都有木椅藤台，人们泡茶品饮或玩牌，或聊天，或在远望自然景物，或在独酌品味，好一派怡然自乐的风情。人们共同地都做一件事——饮茶，但各人却有着不同的内心世界，在这里湖映山色，山映湖光，群鸟相戏，渔舟唱晚，清风将人们的思绪一次次吹起，清香的茶味又一次次将他们带入宁静。常熟还出产一种上等的绿茶，名之曰"剑门绿茶"。矮矮的茶树，高高的银杏，迎风飘曳的绿柳就像少女的长裙，都是那样好看，那样神逸。剑门茶的汤液是碧绿的，就像初春茶树的翠芽，剑门茶汤的味是隽永的，有丝丝苦又有沁沁的甜，微微的还有一些儿涩，还有沉郁而又幽幽的桂栗的香韵。因此，它太像一个人生了，也太像人间的春泉了，更有虞山小石洞的泛泉和空心潭珍珠泉水，用其泡茶，那甘甜爽脆的风味真将人的心儿洗空了，洗得空如处子。

在这里美的环境使茶获得了"真品"者，人则在环境美中得到了"茶"真味，同样，饮茶活动本身也获得了"佳绝处"。这里人、茶、景全在意境中。可以说，常熟人的饮茶在自然风景环境中的行为只是中国饮茶风习中的一个缩影和侧面，表现的是一种无为自然的清雅。而自然风景的美环境并不都适宜于饮茶，还必须具备恬情适意的意境美。如果，在急流险滩边饮茶，其心情可能不是恬静清闲而是惊恐烦躁了。

饮茶的环境美是指这些环境需具备平和、秀美、精雅、文韵的内在素质，是自然美与人文美的综合之美。前面常熟的湖山之美就是平和、秀美之美，精雅是指饮茶环境的制备要精而不粗而不俗。如精舍、美器之类，文韵则是文化底蕴，亦即人文的历史积淀厚度和状貌。如果在毫无人烟历史的自然地带饮茶，恐怕即便有了这个形式，也难进入佳境而其味不浓了。因此，自然之美在人文之美的作用下才能成为饮茶意境下的环境美。

中国人对饮茶需要精舍的观点，并不是指高厦豪屋，而是指"室雅何需大，花香不在多"，只要"洁、雅、静、适"即可，洁就是清洁，雅就是雅致，静就是安静，适就是舒适。中国的茶馆就是专为饮茶设置的一种公共饮茶场所。家中也可以成为饮茶佳绝处。自然的意境美与精舍的意境美同样是意境的环境美，与饮茶的意境构成不可分割的整体，失去了环境的意境化特征便失去了饮茶动机的厚滋味，如果在脏乱差的毫无意境氛围下饮茶，其滋味也会是十分模糊的。

所谓意境化环境就是人所设计建造的，选择的理想环境，而具体的环境是不限的。茶馆就是为饮茶意境设计建造的理想房舍环境，形式各异，有瓦、竹、木、草结构，光线或明或晦，空间或大或小，只要饮者认为室内达到洁、雅、静、适即可。中国的园林，是十足的人工意境的造物。曲水回廊、荷塘月色、小桥斜柳、假山亭阁，无处不是为品茗而设，为赏春而造。远山近景，精舍虹桥，书画盆景，花鸟虫鱼，无不被品茗者赏。饮茶拉近了人与环境，人与历史，人与人文造物的内心距离，当然也拉近了人与人之间的情感距离。

（二）中国的饮茶形式与习俗

中国饮茶形式除了各人自泡自饮外，也可结伴而饮像饮酒一样，叫做"团饮"，认为从一个茶壶中分茶能加深彼此的亲和感。在一个主题下团饮则叫"茶会"，茶会是大家以茶为媒聚会交谈，因此，又叫"茶话会"。团饮时，如3到4人可合泡壶茶分饮，如果人数较多则大多是各泡一茶饮用。在茶会上如果配以果食杂点，则为"茶宴"。中国有许多种点心都是为饮茶时食用而创制的。其花式多样，小巧玲珑。被称为"茶点"或"茶食"。一般来说，饮茶各泡的形式较为轻松随便，彼此间可以玩牌、弈棋、联句和吃零食之类，但在工夫茶的品饮时则一般表现得神情专注而安静，品茗也很斯文，其对环境寂静的要求也较高，仿佛在做茶汤洗涤尘心的心法仪式。

中国的南方人有吃早茶的习惯，早茶就是早餐，因为必须用点心佐食饮茶，因此，叫吃早茶。广东人就干脆不说吃，而说喝早茶了。江南与北方地区也有喝早茶的习惯，但大多数是在吃早餐的前或后饮茶。如在茶馆中饮茶就必得带上几份小吃点心以便品尝和充饥，一举两得。扬州的富春茶社有100多年的历史，以供应早茶点食而闻名世界，富春还善于秘制印花茶，著名的有"槐龙珠"和"茉莉花茶"，前者是由槐香、龙井、珠兰配制的花茶，后者是用绿茶与茉莉花配制的，品茗起来，清香幽雅，丰富复杂。一般来说，餐后饮茶的现象是最为普遍的，早、中、晚上皆如此，读书人喝夜茶是为了提精神少睡觉。在正餐中一般不饮茶，认为餐中饮茶会冲淡胃液，也品不到茶味，对于高级茶品则一定要在专门的时间内进行专门的品茗，极品茶要沐浴更衣焚香后再专门品饮，以提高对茶道清香精神感受的质量。

中国的茶宴之事最早记载的是《三国志》中关于孙皓宴客的以茶代酒的故事，茶宴一词最早见于《吴兴记》中提到的"每岁吴兴、毗陵二郡太守采茶宴于此"的事情，到了唐代茶宴开始盛行，在茶宴上，人们还可以领略品茗滋味，而且还可欣赏环境和茶具之美。钱起的《与赵莒茶宴》，鲍君徽的《东亭茶宴》诗中都有对茶宴的记述。尤其是户部员外郎吕温的《三月三日茶宴序》中说道："三月三日，上巳祓饮之日也，诸子议茶酌而代焉，乃拨花砌，爱庭荫，清风逐人，日色留兴，卧借青霭，坐攀花枝,闻莺近席羽未飞,红蕊拂衣而不散,乃命酌香沫,浮素杯,殷凝琥珀之色,不令人醉,微觉清思,虽玉露仙浆,无复加也。"对茶宴的幽雅环境,品茗的美妙回味,以及令人陶醉的神态,有着细腻的描绘。

到了宋代,茶区日益扩大,茶宴之风更加盛行,这与宋代皇室嗜茶之风有关。宋代茶宴多见于上层社会与禅林僧道之间。如果说,文人墨客的茶宴重于"情",多在风景之地举行,那么皇室茶宴就重于"法礼",通常在金碧辉煌的皇宫室内举办。作为皇帝对群臣的一种恩惠,茶宴中气氛肃穆、庄重,礼节比较严格,茶是明前特贡,水是清泉玉液,器要名贵之具。茶宴进行时,先由近侍施礼布茶,在皇帝的带领下,群臣举杯闻香品味,赞茶颂恩,直至互贺,都以品茗贯穿始终。整个茶宴仪式大致分为迎送、庆贺、叙谊、观景等程式。蔡京在《太清楼特宴记》、《保和殿曲宴记》、《延福宫曲宴记》等文中都有记述。《延福曲宴记》中曾记有"宋徽宗宣和三年(1120)十二月癸巳、召宰执亲王等曲宴于延福宫……上命近侍取茶具,亲手下注汤击沸,少顷白乳浮盏面,如疏星淡月,顾诸臣曰,此自布茶,饮毕皆顿首"。这是宫廷茶宴的情况。

与文人阶层的风情茶宴与宫廷礼法茶宴不同的又有突出地表现在寺院教仪茶宴方面。茶宴开始时,众僧团团围坐,住持按一定程序冲沏香茗,依次献茶、冲茶、递接、加水、品饮,都按教仪进行,在赞美茶的色、香、味之后,论理说经,修身养德,议事、叙景等。最有名的就是径山茶宴。

径山是浙江余杭会境内天目山的东北高峰,这里古木参天,溪水淙淙,山峦重叠,有"三千楼阁五峰岩"之称,还有大铜钟,鼓楼,龙井泉等胜迹,可谓山明水秀茶佳。山中的径山寺始建于唐代,宋孝宗时(1163—1189)曾御笔赐名为"径山兴圣万寿禅寺",从宋至元都有"江南禅林之冠"的盛誉。茶能清心、陶情、去杂,正是佛家所提倡的道德取向,因此,禅僧的饮茶之风很盛。每年春季,禅僧们都要在寺内举行茶宴座谈佛经,径山茶宴有一套较为严谨的仪式,茶宴进行时,先由住持法制亲自调茶,以表对僧众的敬意,然后命近侍——奉献给赴宴僧众品饮,这就是"献茶",僧众接茶,先闻茶香,后看茶色,再品饮发出"啧啧"的声响,茶过三巡,便开始评论茶品,称赞主人的品德,接着谈经领佛、评事叙谊。

宋理宗开庆元年(1259),日本南浦昭明禅师来径山求学取经,拜虚堂禅师为师,学成回国即将径山茶宴仪式带回了日本,日本则在此基础上发展成现代的日本茶道。

在唐、宋之时,士大夫阶层还流行"斗茶"的游戏,又叫"茗战",这是在茶会时,各人将私家秘制的特殊茶叶拿出彼此品赏,评出优劣。范仲淹的《斗茶歌》一首云:

研膏焙乳有雅制,方中圭兮圆中蟾。

北苑将期献天子,林下雄豪先斗美。

鼎磨云外首山铜,瓶携江上中泠水。

黄金碾畔绿尘飞,碧玉瓯中翠涛起。

斗茶味兮轻醍醐,斗茶香兮薄兰芷。

其间品第胡能欺,十目视而十手指。

斗茶对观色品味的要求极高,对混合茶味识别极难,因此,非圣手莫为之。陆羽在《茶经》中说唐茶贵红,那么到了宋朝就是贵白,茶色白宜黑色茶盏,更有利于体现茶的本色,因此,宋代流行绀黔江瓷盏。斗茶之习延至今天社会已不多见,但在一些好茶事者之间,仍有时而举行之事,但已经属于同道者们之间"阳春白雪"的事了。

近年来,中国在各名茶产区又恢复了斗茶茶会,只不过已成为茶商品质量的评比会,已没有了古代斗茶的那种情趣。在风景名胜区,茶宴成为一种旅游资源,模仿古人茶宴仪式,进行点茶、观茶、闻茶、品茶、论茶的游艺活动,增加了广大游客的趣味。

在中国 56 个民族中,饮茶、茶宴的形式和方法可谓是多种多样,有些仍可依稀看到唐宋茶宴,茶会的遗风流韵。茶作为"情感性的饮料"始终都在丰富着各民族的饮食生活的情趣,虽然在表现上各有各法,但在内心世界对茶的认识都具有相似性特点。

1. 维吾尔族的奶茶与香茶方式

维吾尔族居住在新疆的南北两方,中间有天山之隔,使得北疆与南疆的饮茶形式具有不同的风格,北疆以高级为主,南疆以农耕为主,因此,虽然同样以茯砖茶为主要饮用品种,但在色、香、味、形及其煮制和组分上具有不同的特点。

(1)北疆饮奶茶:北疆牧民通常是早、中、晚餐中饮茶,并且在一天中随时可以饮茶,除了正餐外其他没有具体的时间限定,他们在帐篷中间悬挂着铝或铜制煮茶的茶壶,壶下是长年燃着的火炉,以便随时都可以饮到热气腾腾的奶茶。在这里,奶茶已成为正常饮食的一部分。煮茶时,将茯砖茶敲碎,与适量盐放入壶内,注八成满的水,煮沸至 4—5 分钟,加适量牛奶或奶疙瘩再煮 5 分钟左右,即可饮用了,风味具有奶香、茶香和适度的咸味,一般饮过奶茶,需增补原料继续煮茶,周而复始,进餐时饮奶茶如同汉族喝菜汤一样。

(2)南疆饮香茶:南疆的香茶也是正常饮食的组成部分,被当作"汤"饮使用。煮茶的形式与上同,只是将牛奶与盐换成了胡椒、桂皮等香料,将其碾成碎末,煮茶用的大多是长嘴铜或搪瓷茶壶,斟茶时需滤网,防止香料碎渣遗漏茶中。

2. 藏族的酥油茶

西藏人饮茶的品种有清茶、奶茶和酥油茶,而其中酥油茶最为著名和最普遍。酥油茶是在茶汤中加入酥油等辅料,再经过特殊方法加工而成的。酥油是牛、羊奶煮沸,用勺搅拌,倒入竹桶内,冷却后凝固在表面的一层脂肪。茶叶一般选中紧压茶中的普洱、金尖等,尤以普洱最为著名并以年代久远而名贵。制茶时将酥油盛及有茶汤的打茶筒内,再放入适量的盐巴和糖,这时,盖住茶筒,紧握直立在茶筒之中的,能上下移动的长棒,不断地搅打或敲打,直到筒内由"咣当、咣当"声变成"嚓尹、嚓尹"声时,茶与酥油、盐巴、糖就已充分混合了。打酥油茶的茶具多为银器,甚至

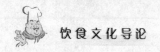

有的是用黄金打造的。茶碗用镶金镶银的木碗即成。在藏族看来,茶筒价值的高低是人的社会身份与财富地位的象征。

酥油茶实际上是一种以茶为主料的多种原料混合而成的液体食物,风味是涩中有甘,咸里有香,尤其在保健方面更胜纯茶一筹。喝酥油茶有很高的礼节程序,如果有客拜访,主妇先会奉上糌粑,然后再递上茶碗,按辈分大小先长后幼,向客人一人倒上一碗酥油茶,再热情邀请大家吃糌粑和饮用茶。饮茶忌一饮而光,而是讲究细品慢饮,这是对主人的一种无言的赞扬,如此三巡,客人就可以不再喝了,把剩下的少许茶汤有礼貌地泼在地上表示已经饱了,一般到此,主人也就不再对饮。酥油茶在西藏是男女老幼都很喜饮的日常饮品,多饮者每天可喝下 20 碗左右,许多家庭还将茶壶长年不断地放在炉上烧着,以便随取随喝。当喇嘛祭忌时,往往备一只大锅,平日里有钱的富庶要捐献茶,这被认为具有"积善行德"的意义。施善锅一般口径 1.5 米以上,可容数担茶汤。在朝拜时要煮水熬茶,在男婚女嫁时,藏民将茶视为珍品,象征着婚姻的美满和幸福。

(3)蒙古族饮咸奶茶

与新疆、西藏的牧民一样,蒙古族喜喝与牛奶、盐巴同煮的咸奶茶。但所使用的是黑青茶砖,并用铁锅煮茶。煮咸奶茶时,先将茶砖打碎,下入沸水锅中,每 25克茶砖约用 2—3 千克水,在沸腾 3—5 分钟后,掺奶子,用量为水的 1/5。待奶沸加入适量盐,盖锅煮沸即可,咸奶茶的质量好坏,就看下料比重与下料时间是否准确无误,具备较好的煮奶技术的女子,是家教好的标志。

蒙古族有饮奶茶之餐,和一日一餐饭的习惯,亦即奶茶至少每天的早、中、晚要饮三次,而正式餐饭却每天只有一顿。在饮茶时,一般用炒米和油炸果类相佐。如果晚餐吃的是牛羊肉类,则在晚上加饮 1 次奶茶以便利肠胃的消化吸收。

(4)白族的三道茶与响雷茶

白族散居在中国西南地区,主要分布在云南省的大埋地区,在逢年过节,生辰喜庆的日子里或者有亲朋好友登门拜访时,都要用三道茶来款待。三道茶在白族语叫"绍道兆",是白族待客的一种风尚。客人登门造访时,主人一边与客人促膝交谈,一边架火烧水。由家中或族中最有威望的长辈亲自司茶。做三道茶时先将粗糙的小罐置于文火上烘烤,待罐子烤热后,取茶叶入罐,同时不停地转动罐子,使茶叶受热均匀,当罐体中茶叶"啪啪"作响后,茶叶色泽便由青绿转黄,并且发出了焦香,这时可以随手向罐中注入沸水。3—5 分钟即可将罐中沸腾的茶汤注入"牛眼杯"中。一般茶汤量并不多,白族认为"酒满敬人,茶满则欺人",所以所敬之茶汤不过半杯而已。白族饮茶喜用"牛眼杯",一口即干。茶汤色如琥珀,汤质浓稠,有焦香气味,口味上有苦涩之味。冲好头道茶,接茶,一饮而尽,头道茶苦而又香,谓之"苦茶"。白族称为"清苦之茶",寓意立意人要立业,就要先吃苦。

第一道茶后,即在锅中的多余茶汤中加料煮第二道茶,谓之甜茶,并将牛眼杯换成一般茶杯茶碗。在杯里放入红糖和核桃肉，注入茶汤八成再敬客，寓意吃过苦，才有甜。第三道茶是在茶杯中加入蜂蜜和3—5颗花椒，加半杯茶汤为度。客人接过茶杯要不停晃动茶杯，使茶汤充分溶和，趁热饮下，可谓苦甜麻辣，口味复杂，回味无穷，故称为"回味茶"。还可将牛奶熬成的乳扇烤黄起泡，再揉碎投放茶中饮用，象征常常回味，牢记先苦后甜的道理。

白族地区还流行响雷茶的饮用形式，白语称"扣兆"。饮茶时大家团团围坐，主人将刚采摘的芽茶或初制的毛茶，放在小砂罐内。然后用钳子夹出茶叶在火上烘烤，待"噼啪"声响起，伴有焦糖香味溢出时，放入罐内立即冲入沸水，这时茶罐内立即传出鸣的声音，响雷茶也就因此得名，实际上是烤茶饮用的形式。响雷茶是一种吉祥的象征。当响雷茶煮好，便将茶汤滤入茶盅，由小辈女子双手捧献给客人饮用，在一片赞美声中，主客互祝吉祥，预示未来的生活幸福美满。

（5）土家族擂茶形式

土家族主要居住在川、黔、湘、鄂四省交界的武陵山区一带，是中国著名的旅游用地之一，一直是中国优质茶叶的重要产区。

擂茶又叫"三生汤"，是由于采用生茶叶、生姜和生米混合煮熬而成。据说三国时蜀中大将张飞带军队经过此地，士兵多有疾病，得一老汉献汤（洗茶汤）而病除。张飞称老汉为"神医不凡"、"三生有幸"，故称擂茶为"三生汤"。

饮"三生汤"时，将生茶叶、生姜、生米按各人口味，用一定比例加入山楂木制成的擂钵中，将其捣碎成糊糊状，再入锅加水煮熬至沸，擂茶有清热解毒、通经理肺的功效，因此，擂茶亦当药用，在吃饭之前，土家人要先饮几碗擂茶，老年人甚至一日三顿，每顿皆饮几碗。饮擂茶与正常餐饭一样重要，在良宵吉日，土家人将其招待亲友当"点心"使用，有人还在擂茶中加入白糖或盐巴，还有的加入花生、芝麻、爆米花之类辅料。所以，擂茶的风味具有甜、苦、辣、涩、咸的多种口味混合特点，可谓五味俱全，舒身提神。具有药疗与饮料解渴的双重功效。在许多场合上，饮擂茶还能配上多种美食小吃，而"以茶代酒"在现代土家寨里讲究的人将炒芝麻、花生拌进茉莉花茶中与白砂糖拌匀一并捣碎，风味似豆浆似乳汁，喝起来清凉可口，滋味甘醇。

（6）苗族和侗族的饮油茶

在桂北与湖南交界处和贵州遵义地区，聚居着众多侗苗、王瑶同胞，他们与汉、壮、回、水民族世代和睦相处、友好相待。这里的人们家家打油茶，饮油茶，特别是客人来、节日时打油茶十分讲究，当地流行的打油茶口令是："香油芝麻加葱花，美酒蜜糖不如它。一天油茶喝三碗，养精蓄力劲头大。"在土家寨里，喝油茶亦如正餐饮食一样重要。"打油茶"的意思就是"做"，打是口语，其制作有多种方法，一般有四道工序：

点茶：选用专门烘炒的米茶或直接从茶树上采下的嫩芽叶。

配料：除了茶叶外，米花、鱼、肉、芝麻、花生、葱、姜等和食配科皆可配。

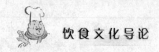

煮茶：将茶叶炒出青烟与香味时，加入芝麻、花生米、生姜之类。再略炒，加水盖锅煮沸3—4分钟，再撒葱、姜即成。如果是将之款待佳客时，再需第四道工序就是配茶。

配茶：将前续工序中打好的油茶上加配各色菜品或其他食料，形成如鱼子油芽、糯米油芽、米花油芽、艾叶粑油茶等。

制油茶一般有专门人员将炒制的美味香脆食物盛在碗中，如炸鸡块、炒虾仁、炒猪肝等，再将油茶加入食物碗中，这种"茶"制成就要奉茶献客。这种油茶其实质就是茶叶食品，兼有食品与茶饮的双重特点。

（7）回族的罐罐茶形式

罐罐茶以炒青绿茶为原料，经用水煮而成。煮时稍长，所以罐罐茶的煮又称"熬"罐罐茶，一般来讲，熬煮罐罐茶的罐是以粗陶罐为主，表面较为粗糙。常用规格是口径5厘米，高10厘米，腹径7厘米。据茶人认为："用大陶罐煮茶，不走茶味，用金属器皿则易使茶变性。"与之相配的饮茶具也是由粗陶制成的，如酒盅大小的茶杯。当地茶人认为："用这种杯子饮茶能保色保香。"这种传统由来已久，宋人审安老人曾称赞道："养浩然之气，发沸腾之声，以执中之能，辅成汤之德。"《茶具图赞》指的就是这种粗陶饮茶具的作用。明代人冯可宾在《岕茶笺》中也说："茶壶以小为贵，每宾壶一把，任其自斟自饮为得趣"，又说："壶小香不涣散，味不耽搁。"在江苏宜兴、常州等地，也多有人一壶一饮、自斟自酌的形式，不过后者是冲泡以自饮而已，曾有人对陶器与金属器煮茶比较研究认为：用金属器煮泡茶会使金属物质与茶叶中滋味的主要构成物质多酚类发生氧化作用，从而产生出另一种新的物质，从而易导致茶味偏移，而土陶器则不易产生这种现象。

熬煮罐罐茶的方法为两次加水法，即先用平罐水加热至沸，放入茶叶5—8克，边煮边拌，使茶汁充分浸出，2—3分钟时再加水至八成满，再煮至沸，即成茶汤。罐罐茶汤既浓香又有苦涩味，很是过瘾。

（8）傣族与拉祜族的饮竹筒香茶形式

竹筒香茶的傣语叫"腊跺"，拉祜语叫"瓦结那"，这两个民族都生活在中国云南一带的少数民族。竹筒香茶是其饮茶的特色。竹筒茶取料特别细嫩又有"姑娘茶"的美称。

竹筒茶的制作方法有两种：其一是将一芽二三叶的嫩芽采下用铁锅杀青、揉捻，然后装入生长一年的嫩甜竹（香竹、金竹）筒内，使茶叶既具有茶香又具有甜竹的清香；其二是将一级品晒青春尖毛茶0.25千克放入饭甑（蒸笼）里，甑底层辅6—7厘米厚的淘洗后糯米，再垫一层纱布，上层铺放毛茶，蒸约15分钟，待茶叶软化吸收了糯米香气后倒出，立即装入竹筒内，这种茶制成后具有茶、竹、米的三种香气。竹筒的直径一般为5—6厘米，长22—25厘米，装茶时需用小棍将其压紧，然后用甜竹叶或草纸封堵住筒口，放在离炭火约40厘米的烘茶架上，用文火慢慢烘烤,每 5 分钟翻转一周。待竹筒由青变黄,筒内茶叶已全部烤干,剖开竹筒即成香茶。

竹筒香茶外形为竹筒状深褐色的圆柱,具有芽嫩而肥,多白毫,汤色黄绿,清澈明亮,香气馥郁,口味鲜爽的特点,饮用时,只需少许茶叶,用开水冲泡 5 分钟即可饮用。竹筒茶耐贮藏,保存得好可常年不变。

(9) 纳西族的盐巴茶与"龙虎斗"

纳西族约有 23.6 万人口,主要聚居在中国云南西北部的丽江地区,其生活区域为高山峡谷地带,海拔在 2 000 米以上,气候干燥,缺少蔬菜,故而茶成其为必不可少的每日饮用品。

除了纳西族,居住在这里的汉、傈、普米、苗、怒等族皆饮用盐巴茶,制盐巴茶的方法是:先将容量约 200—400 毫升的瓦罐烤烫,再将青毛茶或饼茶 5 克放入罐中烤香,然后冲入沸水,去除泡沫或倒掉第一道茶汤。第二次再向罐中冲入沸水,再加一块盐巴,用筷子搅匀,将茶汤倒茶盅至半数,再加沸水冲淡即可饮用。边饮边煮,直到罐中茶味消淡为止。其茶汤之色橙黄,有较强的茶香亦有明显的咸味,一般可饮 3—4 道茶即可。

"龙虎斗"纳西语叫"阿吉勒烤"。饮用形式较为特殊。饮用时,先将茶入罐烤至焦黄,冲入沸水,像熬药一样,熬得浓浓的,同时还将半杯白酒倒入茶盅,再将茶汤冲入混合,这时茶盅里会发出悦耳的响声,有些还要加上一个辣椒再饮用。实际上,"龙虎斗"已不具有饮茶的特性而具有服"药"的特性了,因为这是为了感冒发汗而特制的一种"药用茶汤"。

综上所述:中国的形形色色饮茶形式中,可以看出,绝大多数少数民族的饮茶已与正常饮食餐饭融为一体了。高雅的情调与内在的意蕴方面与古典的饮茶茶道精神已有所差异,有的饮茶实际上并不是在品茗,而是在治病,唯有傣族的竹筒香茶,饮来令人神思,其韵又是一番清香世界。将沸水冲入茶碗茶杯叫做"点茶",一般有三种形式:① 凤凰三点头,即冲水时壶嘴微微上抬三次好像点头;② 旋流冲泡法,即将水流对着杯壁顺一个方向转动,使杯中之茶水产生回旋之态;③ 悬壶高冲法,即将水壶高悬将水流由高泻下,产生冲激之势,将壶嘴逐渐向杯口移动,直至斟茶完成。

第四节 茶道的日本复制与演进

宋代,中国茶道表现出隆盛一时的万千气象。直至明、清,饮茶都是中、上阶层人士专门娱乐的重要活动。在这种"品茗"的活动中,人们专注性情,认真茶事,品茗就是对自身人品的一种清修过程。尤其是宋代,煮烹点茶分饮乃至制茶,都是一

项极有品位的表演和仪式,不仅是娱乐更是作为一种具有特别象征意义的艺术活动。但是,由于散茶的大量出现,人们可以自泡自饮随意为之,加之冲泡的简单化,逐渐地使这种崇高茶事仪式淡化了,甚至使许多古法绝技失传。由于散茶泡饮在后世的盛行,也使品茗原本所具有的精神内涵也淡化了。实际上,现代的饮茶已成了一种普通的饮料形式,甚至于许多人将其与果汁、碳酸饮料等同。对于大多数年轻人来讲,饮茶不如喝汽水,因此,茶味也随之"淡如水"了。现代人对饮茶中的那种品味自然,修行品质的茶德本质一无所知,从而直观地在浅层次上本能地感受各种饮料的口味。现代的茶产量也太多了,各种饮料也太多了,在物质的丰富性上是一种时代的进步,但无疑地会遮蔽茶作为人类特殊的"精神饮品"所具有的文化品质。在人类精神性上的饮茶方面,无疑是现代社会的一个退步。大有"只缘身在此山中,不识庐山真面目"之感慨。然而,茶中那种来自大自然的天然品质,它的形、色、味和清香以及它的保健作用是任何饮品所不能替代的。人类要回归自然,就应平静下心态来,宁静地品茗茶事。在中国虽然有绝大多数人都在饮茶,但是他们只能品到茶的"形",却不能认识茶的"神",然而他们在对饮料的选择上还是牢固地以茶为第一要品,这已经是一种化为无形的日常生活习惯,从而也没有任何的形式化外象,他们已经与茶自然地融合成一体了。一般来说,现代的青年人是不常具有这种"茶人"特征的,当他们步入中年的时候,便会发现茶是最佳的饮品,他们也自然地在习惯下成为"茶人"。此时,实质上中国的茶道已经是"大道无形"的走向无为而自然了。

　　与中国饮茶习惯相似的是日本人与韩国人,他们在历史上得到中国古老传统的影响最深,因此,对中国古代饮茶传统也秉承得最多,当现代中国人对茶道形式普遍淡化的时候,他们却持之以恒地保持着这一传统并且又将其与本国民族文化精神加以结合和改良,使之形成本国文化传统的一个代表和本国民族精神的一个象征。饮茶的泡煮、点茶、分饮形式已成其为修行品德的一种平台或载体和一种专门的行为方式。对此,日本人称之"茶道",韩国人称之"茶礼",仔细分析都各有特点,也各有发展。尤以日本茶道最具典型。

1. 日本茶道的发微

　　日本茶道源于何处,首先从茶谈起,目前有两种认为,一是东来说;二是自生说。但是,绝大多数学者都赞同是东来说的观点,亦即在隋唐时期由中国传来,在奈良(710—784)、平安(784—1192)时期是日本汲取中国文化的高峰时期。中国的栽茶技术与饮茶习惯也被视作先进文化的代表传到日本。有日本学者认为,时间可追溯至绳纹时代的弥生时代(前3世纪—3世纪)初,茶是与稻作文化一起传入日本的。也有人认为,7世纪初,推古朝摄政圣德太子(574—622)在奈良、大阪两地分别建造法隆寺和田天王寺的时候,有大量技工从大陆及朝鲜半岛陆续移住日本,他们传入技术的同时也传入了饮茶的习俗。目前最为一致的观点是,遣唐使将茶籽和饮茶之风带到了日本。在唐代从公元638年到894年的264年间，日本共派遣了20次遣唐使，这时中国茶风正盛，已经形成文人、僧侣、宫廷、平民等几个不同的茶文化层，尤其是唐德宗中元年(780)前后，陆羽的《茶经》问世，标志着中国茶文化已成为一个独立的文化类型，确立了其在文化界的地位，成为一种高雅、风流的文化现象，这样日本遣唐的留学僧与学生和官员们就将茶事引进到日本。

日本饮茶之风首先从宫廷与寺院兴起。有史载，日本天平元年(729)、圣武天皇(701—756)在宫中举办名为"季御读经"的法事活动，邀请了百名僧人入宫诵读《般若经》，以祈祷国家太平，天皇安康。翌日，朝廷赐茶于众僧以示朝廷的慰劳。天平圣宝元年(749)孝廉天皇(718—770)在奈良东太士召集僧侣5 000名，在卢舍那佛前诵经，事后也赐茶慰问，这时所用之茶正是遣唐使带回来的茶，稀有而珍贵。这是日本对于寺僧最早茶事的记录。日本最早的茶园被认为是"日吉茶园"，位于今滋贺县大津市比睿山东麓的日吉神社境内。据说，茶园中生长在碑周围的茶树十分古老，有达1000年历史的，这些茶特别为供奉诸神的，一般的人则难以饮到。每年的4月12—15日，该社要举办壮观的"山王祭"，以祈祷太平和五谷丰收，在山王祭中有庄重的南大茶仪式，是将日吉茶园采摘的新茶敬献给日吉神社的诸神。日本天台宗的始祖最澄(767—822)从唐朝留学回国，带回了浙江天台山茶籽种播种在这里。

除了最澄，还有弘法大师空海(774—835)，在弘仁5年献给嵯峨天皇(786—842)的《空海奉献表》中说道自己日常生活"观练余暇，时学印度之文，茶汤坐来，广阅振旦之书"的情况。更确凿的历史事件是"永忠献茶"之事。弘仁六年(815)四月，嵯峨天皇巡奉京都北邹的崇福寺(今滋贺县琵琶湖西岸的韩崎)，该寺大僧都永忠(743—816)率众僧迎天皇至寺内，升堂礼佛后，随天皇到梵释寺，永忠在天皇诗兴大发之时煎茶奉上，天皇大悦。永忠曾在35岁时随遣唐使来到中国，住在长安西明寺，在长安这一中国的茶文化中心生活，耳濡目染地使永忠学会并以饮茶为习惯，体验到盛唐茶独特的文化魅力，他于永贞元年(805)，63岁的永忠年老归乡，告别了生活近30年的中国而回到故里，受天皇赏识主持崇福寺与梵释寺，他极力地推广饮茶，改斋会饮食的"粗恶"而为"丰浓"。永忠认为，唐朝的茶是进步与高雅的象征，应予以于普及与发扬。嵯峨天皇本身既仰慕中国文化并且有很高的汉学造诣，诗赋赋法无不精通，当他饮过永忠的献茶顿赏神清气爽，更为深刻地领略到唐代茶道的文化意韵，便有了发扬光大之想。两个月后，他命畿内地区(包括今奈良县大阪府及兵库县的部分地区)及近江(旧国名，今滋贺县)、丹波(旧国名，大部分在今京都府，小部分在兵库县)、插磨(旧国名，今兵库县，西南部)等诸侯国种植茶树，以备每年进贡之用，这里茶事已成为当时唐朝先进文化的一种载体，在天皇的思想中深深地植下了根。在嵯峨天皇的影响下，饮茶趣味活动在上流社会开始普及，在9世纪前期迎来了平安时代的鼎盛景象，这被学界称之茶文化的"弘仁茶风"

247

Yin Shi Wen Hua Dao Lun

第六章　人类饮食的游戏(二、茶)

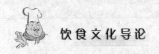

时代,盛唐茶道在东邻日本国得到了完美的复制。

日本平安贵族对盛唐文化景象充满憧憬与渴望之情,对饮茶几近痴情的程度。他们完全接受了中国文人对茶的价值观,模仿中国文人饮茶吟诗的流风溢彩,或是于茶烟的缥缈与煮茶之声的虚幻中洗涤尘世烦恼,体味神仙意境,寄情于茶事,表达离别之情,在这一历史时代里弥漫着茶韵心歌,饮茶已然成为日本上流社会最高的精神陶冶与享受。

弘仁五年(814)的八月十一日,正值秋高气爽,旅雁成行之时,皇太弟(后来的淳和天皇)在自家荷池亭举办的诗宴上,向嵯峨天皇献诗云:

> 玄圃秋云肃,池亭望爽天。
>
> 远声惊旅雁,塞引听林蝉。
>
> 岸柳帷初口,潭荷叶欲穿。
>
> 肃然幽兴处,院里满茶烟。

(《凌云集·秋月皇太弟池参赋天子》)

这里的茶烟、残荷、惊雁、蝉寒具体地体现了茶道意境中的清静之美。《文华秀丽集·题光上人山院一首》诗云:

> 梵宇深峰里,高僧住不还。
>
> 经行金策振,安坐草衣闲。
>
> 寒竹留残雪,春蔬采旧山。
>
> 相谈酌绿茗,烟火暮云间。

这里又是一幅深谷、空山、洁身、寂意、远离尘世的空高远清的无限意境,令人遐思

"习客亲讲席,山精供茶杯"

嵯峨天皇赠给最澄的《答澄公奉献诗》更为充分地表达了对神仙境界的深刻体验,深得茶道"怡、雅内心之法,寄情于茶而意在茶外",在《与海公饮茶送归山》一首中,嵯峨天皇以茶咏情,令人感伤。诗云:

> 道俗相分经数年,今秋晤语东良缘。
>
> 香茶酌罢云日暮,稽首伤离望云烟。

饮茶寄情的内心方式,在平安后期已成为日本文化传统中的一部分,以至在喜、怒、哀、乐之间,饮茶自然地成为日本文人雅士排解情怀的专门活动和内心修炼的一种方式,例如日本学问之神菅厚道真曾在受小人陷害,惨遭流放到九州筑紫之际,为了修养心性而"烦闷结胸肠,起饮茶一盏。"用以平复和忍耐。

日本饮茶不仅对唐的茶道精神、意境及其文化价值观的全盘复制,还做到了对唐制茶之法的完全复制。《经国集》的歌云:

> 山中茗,早春枝,萌芽采撷为茶时。
>
> 山傍老,爱为宝,独对金炉炙令燥。
>
> 空林下,清流水,纱中漉仍银枪子。

兽炭须臾炎气盛,盆浮沸浪花。

物性原来是幽洁,深岩石髓不胜此。

煎罢余香处处熏,饮之无事卧白云。

应知仙气白氤氲。

(《经国集·和出云臣太守茶歌一首》)

诗中采茶、制茶、煮茶、饮茶之气韵与唐人如出一辙,表明当时"弘仁茶风"尚处于模仿阶段,达到了与唐人意境相通的状态。随着以后遣唐使的废止,因为缺乏本土文化的滋润而使"弘仁茶风"走向衰弱。到了 12 世纪中期,日本新兴武士阶级的代表——平氏政权的建立,中日关系开始了新的发展阶段,为中国新的茶文化再次传入日本创造了条件,出现了一位"茶祖"荣西禅师。荣西两度入华,正值饮茶在中国比唐代更为普及,成为寺院中生活不可缺少的一部分,每天执事僧在规定的时间内都要敲鼓聚集众僧在禅堂饮茶修行。使荣西深受其俗,于 1191 年第二次归国时,带回了茶树、茶籽和茶具,并在九州平户岛的千光寺创建了"富春奄",植下了部分茶树,名叫"富春园"。荣西还在九州的背振山建了多座神社与寺院也撒下了许多茶籽,茶籽生长良好,使该地区成为日本茶叶栽培的原产地。由于最早生长的茶树在石缝之间而被称为"石上茶",此山的茶园也被称为"石上苑"。荣西对于日本茶道的最重要的功绩在于其书《吃茶养生记》,这是日本的第一部茶书著作。

该书由序章及上、下两卷构成,上卷是《五脏和合门》,下卷是《遣除鬼魅门》。荣西在序章开头就明确地指出:"茶也,末代养生之仙药,人伦延龄之妙术也。山谷生之,其地神灵。人伦采之,其人长命也。"荣西在上卷中谈到人的健康是因为五脏需要五味的调养,而心脏需要的苦味在日常饮食中不易得到,唯有大量饮茶才能解决日本人心脏病多发的问题。荣西引用了中国宋代《太平御览》的"茗"条文,详细叙述了茶名演变、性状、功能与采集和茶叶的加工、保存方法。下卷则详细讨论了茶叶对末世"怪病"的治疗方法。荣西从医药实用方面入手宣扬饮茶之功,而不是从茶诗茶礼的虚幻意境去宣传茶事,这正迎合了广大群众处于乱世之时的惶恐心理,饮茶迅速地在日本民间蔓延开来。

2. 日本茶道礼法的初步形成

荣西以后可以说是日本茶道的形成期,日本茶道的形成与荣西后辈的明惠与睿尊分不开的。

明惠就是将荣西茶籽栽种在梅尾高山寺的明惠上人。他认为修禅有三大障碍,使修禅难以成功,其一是睡魔,二杂念,三坐相不正,唯有饮茶可以驱除之。饮茶作为帮助僧众修行的重要手段,随着禅寺的兴盛而广为流传。明惠还总结了茶有九德:即① 诸佛加护,茶树四季常绿,其顽强的生命力可保佑芸芸众生;② 五脏调和,饮茶可使身体各器官保持平衡;③ 孝养父母,饮茶使人心地朴实,滋长对父母的感激之情;④ 烦恼消除,茶之香味能使人忘却尘世的烦恼;⑤ 正心修身,饮茶有助修身养性；⑥ 睡眠自除，茶可驱逐睡意；⑦ 无病息灾，茶能使人每天充满活力；⑧ 朋友和合，共饮一碗茶有利于培养家人朋友间友爱之情；⑨ 恶魔降伏，茶能使人心平气和，有助于颐养天年。这里茶已逐渐地超越了荣西的"药物"认识向思维的纵深延伸，达到更高的情境认识。

奈良西大寺的睿尊（1201—1290）是一名律宗僧侣，其主要功绩是将茶从小乘式的行道之资发展为大乘式的救世之路，他定期在西大寺和说法途中为民众授戒，用茶作为解除民间疾苦、普济众的良药普施于众人，创办了一种名为"大茶盛"的饮茶形式。所谓"大茶盛"就是将献神的茶施于众僧，给人带来好运，众僧边食神馔，边饮神茶，在共同的饮食行为中感受一种亲和的气氛。以后"大茶盛"的参加者，不分僧俗，皆可以参与。这是现代日本寺院招待茶的初始形式。今天的日本西大寺在每年四月的第一个星期六、日和十月的第二个星期日都举办盛大的"大茶盛"茶宴，平时也可在客人之请下举行。据当地参加者说，茶会上使用的茶碗直径有36厘米、高21厘米，重达7千克。饮时，几个人轮流共饮一碗茶汤，一人饮时，旁边人帮助支撑巨大的茶碗，以此体现茶会倡导的"和合"精神。这里的"和"是众人齐心协作的"和"，是一种合力的和，而中国宋人茶道的"和"则是意念中的中庸的"和"，两种"和"的意境已经是"极"然的不同。

创建茶道的另外两个有功之人就是：其一道元（1200—1253）。道元是福井县永平寺的创建者，也是禅宗曹洞宗的始祖。宋宁宗嘉定十六年（1223）二月，道元随师兄明全等人入宋求法，先拜宁波天童寺的无际了派禅师为师，又拜径山寺住持佛心浙翁如琰禅师。如琰禅师以专门招待上宾的径山"茶宴"请道元，相待甚礼，给道元留下了深刻的影响，宋理宗宝庆三年（1227）冬道元回国，时为44岁。他在今天的福井县山中创建了永平寺，宣扬曹洞禅法，道元以中国唐代的《百丈清规》和宋代的《禅院清规》为蓝本，制定了《永平清规》。以《百丈清规》中的茶礼为基础，结合宋朝饮茶的体验，对日常行为中饮茶、行茶、大座茶汤等行茶法之法作了较为具体的规定。向众献茶有了一套标准的程式化与礼节规范，这就是茶礼。

其二就是南浦绍明（1235—1308）。绍明被赐号"大应国师"是九州崇福寺的开山之祖，曾随赴日宋僧兰溪道隆习禅，24岁时，又入宋求法，遍访名山古寺，至杭州净慈寺随虚堂智愚禅师修禅，又随智愚入径山法席修学，苦心研禅两年多，得虚堂法嗣归国。绍明不仅得到高深的参禅问道之学，还精通净慈寺与径山的茶礼。回国时，绍明从虚堂禅寺处得到一套特别的受法印证——点茶时用于摆放茶道具的茶台子和一套茶具，还带到茶典7部，其中包括《茶堂清规》一卷。《茶堂清规》中《茶道轨章》、《四谛义章》两部后被抄录为《茶道经》。据研究认为，现代日本茶道所信奉的"和敬清寂"思想就是源于此。茶台子的传入意义十分重大。据茶道史家认为，茶台子的使用正是日本茶道点茶礼仪开始，茶台子是摆放茶道具有专门地方，使点茶与饮茶可以在同一空间进行，从而产生了对点茶动作更为严谨的要求。

绍明的回国,在崇福寺主持达 30 年之久,后住京都万寿寺,在传播禅宗的同时,也将茶道礼法归纳于佛教宗教活动仪式之中,成为规范化的传统。形成极具宗教色彩的一种修行范式,后经京都大德寺开山大师大灯禅师所继承,又经珠光、千利休等人而发扬光大,对日本今天的茶道礼法产生了巨大的影响。可见日本茶道的形成前后经过了四五百年历史。由"弘仁茶风"的中国文人式茶道向"荣西献茶"的中国寺院茶道礼法的演进过程,中国的茶文化之于日本由游离而至植根,走向了寺院修行的礼仪化形式特征,及至镰仓晚些时期,以寺院为中心,日本各地出现了许多茶的名产地,据《异缺庭训往来》记载:当时以母尾茶被列为第一,御宣仁和寺,山科醍醐寺、宇治、南都船若寺、丹波神尾寺的茶名列第二,大和室生寺、伊贺服部等地名茶也扬誉于天下。

3. 茶道植根的日本茶戏

如果说弘仁时期是中国茶文化的引进期,镰仓时期是复兴与寺院茶道礼法的形成时期,那么到了南北朝时期室町中国的茶文化更是深深植根并普及演化为日本本土民俗文化的重要时期。这一时期,茶终于再次超脱了狭隘的药理功能,和宫廷、寺院的高堂走向了日本寻常百姓的精神深处,成为游兴的一种重要资源。随着日本庶民文化的兴起,在武士阶层的带动下,茶文化开始在日本美丽的国土上生根、发芽、开花、结果,在民间产生了许多饮茶游戏和流派。

(1) 庶民饮茶的游戏

1) 斗茶:镰仓末期由僧侣从中国宋朝传入,在部分寺院和武士间悄然兴起的斗茶游戏引起了武士社会的广泛注意,继而广为流传,蔓延到宫廷与寺院,成为室町前期日本茶文化的主流。

中国唐宋的斗茶是比茶之技、斗茶之妙、猜茶之品,前者以茶技高者取胜;中者以茶味妙者取胜;后者以猜对取胜。日本的斗茶则基本属于后者内容,初期的玩法较为简单,一般客人只要通过品饮后猜中所上的 10 种茶属于何品种,产于何地,猜中多者取胜。以后的玩法则日趋复杂化,多样化,出现了四种十服茶,百服茶,源氏茶,四季三种钓茶和合客六色茶等名目繁多的斗茶游戏。据斗茶者说,百服茶就是参赛者在一次茶会上品 100 种茶,例如 4 种 10 服玩法是:① 选定 4 种性味相近的茶作为参赛茶;② 从 4 种茶中取出 3 种,每种分作 4 份,制成 12 袋,余下一种称为"客茶";③ 从 12 袋中取出不同的三袋,分别编上号码,请参赛者一一品尝,参赛者需记住茶与号数相对;④ 参赛一一品尝 12 袋中的 9 袋茶,及其没有尝过的"客茶"共 10 服。参赛者需判断这 10 服茶分别属于前面喝过的哪一号茶;⑤ 公布比赛结果,以猜中次数多的取胜,猜茶时间用纸片记录,不能喧嚷防止泄密。

日本室町时代的斗茶,一般是在茶宴会上举行,这种专门举行茶会的场所即是斗茶会所。斗茶会所是一种专门结构的室居场所,一般分为客殿与吃茶亭两部分。多设在风景秀美的庭园之内,位于两层阁楼之上,是一个四面开窗的明亮房间,凭窗远眺,可见行云流水,小桥荷塘,杂树繁花和日月星辰,室内布置极尽豪华。字画、盆景、陶器、扇面、锦缎、香料、古玩无不进口自中国,使人恍然进入到一个唐物的天地。由于斗茶在日本是源于寺院的,其斗茶会所的室内布置也具有浓浓的佛教色彩。

斗茶会以斗茶活动为中心,比一般正式宴会更为奢侈豪华,一般分三步曲进行:

首先是亭立,延客,入殿,食用点心,点心概念源于中国禅家,专指在正餐之间用以安定心神所吃的"小食"。在斗茶会上,点心品种既高级又多样。据《吃茶往来》所记,先有三次献酒仪式,继而是素面一碗、茶一杯,之后是山珍海味,最后是美果甘脯。在《禅林小歌》中记载有多种点心,首先是驴肠羹、白鱼羹、骨头羹等10余种羹,接着是乳饼、芝麻果、馒头、卷饼等几种饼,继而是乌冬面、柳叶面、打面、素面、韭菜面等10多种面,最后是用高缘果盒装着的龙眼、荔枝、杏子、柿子、温州橘等各种时鲜水果。

点心用过,客人移坐临窗,观四景,听飞泉,稍作休息,然后按座次入亭上席,斗茶正式开始。斗茶的过程是茶会的侍者(或为主人之子)先向佛献茶,端茶献在佛像前。接着为参赛的客人端上茶点与茶碗。茶碗内盛有比赛用的抹茶粉。接着另一美侍者左手提小壶,右手持茶刷,从上座到末座依次为客人点茶。点茶就是将壶中沸水注入茶碗中,然后用茶刷充分打击、搅拌,使茶末与水充分均匀的混合成为乳状悬液,点茶者不仅要有较高的技巧,还需举止优雅,仪态大方,非一般人所能为之。唐、宋茶道点茶绝技在日本室町时代得到较好的传承,点茶后,参赛者要仔细品尝辨味,以决胜负。根据玩法程式的不同,一次斗茶有好几次甚至十个来回方能决出胜负。

斗茶结束后已是日薄西山,华灯初上的傍晚时分,主人撤下茶具,摆上酒宴,歌舞管弦直至深夜。斗茶会耗资巨大,逐渐走向饮茶道学精神的反面。其规模远比唐宋斗茶不知大了几许,成为日本社会一时之流弊。今天的日本一些茶道组织有时仍会举办斗茶活动,只是已成为培养茶道初学者的辨尝能力和学习兴趣的一种手段,其具体的玩法已没有室町时代的靡费与豪华了。在群马县白久保地区,这种古法斗茶已被政府指定为国家重要民族无形文化资产而得到了保留。

2)云脚茶会:云脚茶即质量粗劣的茶,我们知道,点茶时,茶在充分搅拌后,表面会浮起汤花(泡沫),上等茶汤久聚不散,而下等茶则散得快,甚至随点随散,宋人称之"云脚涣散"。日本取云脚称尚等茶为"云脚茶"。用云脚茶举办茶会就是"云脚茶会"。云脚茶会是穷人的游戏,从而属于日本庶民茶类。据有关资料认为,云脚茶会在1429—1440年的承享年间,云脚茶会随处可见,每年的六七月份,百姓们轮流坐庄请客,在厨房、客厅或是小河边设置简陋的会所,举行茶事活动,参加者不论身份,平等相待。他们在茶宴上喝茶聊天,还用歌舞、酒宴和围棋助兴,形式自由活泼,轻松而又愉快。

3)淋汗茶会:室町中期,一种称为"淋汗茶会"的庶民茶会广为流传。所谓淋汗茶会是指众人入浴后,在蒸汽和热水抚慰下使身体出汗,感到神清气爽时所开设的茶会。当时日本社会围绕洗浴进行有许多种娱乐活动。例如在洗浴时,一边洗澡一边赛歌、插花甚至在浴房里摆下丰盛的酒宴,使浴堂成为娱乐社交的舞台。

举办淋汗茶会的人,以奈良东郊的豪族古市家族最为有名,在应仁元年(1467)以后,家族每年都要举办盛大的淋汗酒会,尤其是文明元年(1469),古市家在五月、七月和八月的短短三个月内,共举办了12场淋汗茶会,淋汗茶会与中国林间一词发音相近,故而"淋汗茶会"又有"林间茶会"的雅称。对淋汗酒会具体举办的情景,据日本室町时期的兴福寺大僧正(最高级别僧官)经觉在其日记里有着详细的记述:"早在茶会举办的前几天,主办者古市胤荣就召集手下将浴室和茶屋布置一新,浴室的天花板和整整一面墙上插满了鲜花,浴槽周围设有悬挂着画轴的屏风,立有橱架,橱上摆满了水果、插花和香。浴室的不远处是茶屋,与浴室的豪华对比,茶屋的建筑甚为简朴,柏树皮的屋顶,竹子做的梁柱,带着树皮的厚木做的桌子和橱架,颇有草庵风格。

五月二十三日这一天,古市家早早地准备好了洗澡水。待客人到齐后,先请茶会中最为尊贵的客人——僧正经入浴,然后是古市家及其他客人共150人,最后轮到古市家的佣人。洗浴结束后,众人步入浴池边的茶席,侍者随即端上在茶屋准备好的茶水。茶分高级的宇治茶和普通的椎茶两种,以满足不同身份的客人的需要,众人一边品茶一边享用白瓜、山桃、素面等水果点心,同时有歌舞助兴。

除了古市家,兴福寺大禅院也不时举办淋汗茶会,据说有许多人带着盒饭赶来参加,男女老幼混浴一池,实在令人吃惊。"

这里我们可以看到浴池的豪华与茶屋的简朴形成鲜明对比,其意义就是浴池洗涤人体尘埃,饮茶洗涤内心尘埃,这实际上是一次神圣的宗教布施活动。人们怀着纯净的情感共浴一池,接受圣水的涤荡。在佛茶的润泽下换了新的人生认识。在淋汗茶会中人的心灵是纯洁的,思想是专一的,情感是诚挚的,甚至达到了忘了自我,献身于佛的崇高境界,"我不是我,你即是我,我即是你,我即是我的皮像……"这种浴室茶会模式笼罩着庄严肃穆的佛学氛围。是形成于日本寺院传统的特有茶会形式,实践佛教"众生平等"重要理念正是"淋汗茶会"的文化价值的本质所在,也是与中国文人茶会的区别所在。

中国在茶会中通过对茶境融和中的性情陶冶达到人品个性的修炼,而日本在茶会中通过对佛道茶学精神的领会达到对人品个性的修行,前者是人本位的,后者是佛本位的,茶会的出发点虽然不尽相同,但在饮茶本身来说,对清香人品的修炼则是异途而同归,具有同样的游戏本质特性。

除了上述庶民的饮茶游戏外,在室町时代日本本土还产生形成了书院茶的又

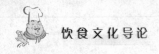

一新风习。

（2）书院饮茶风尚

在庶民阶层的斗茶会游戏蓬勃开展的同时,室町时代的武士阶级在消化吸收了传统贵族文化基础上,创造了独具特色的武家文化,在饮茶形式上就是书院饮茶形式。首先表现在专供饮茶的书院造这一建筑形式的出现。与其他茶会所建筑相比,书院造是和式建筑,主要在两方面起到了变化:① 壁龛的出现,并与框架、几案形式固定化;② 榻榻米铺满了整个房间。这两种变化为日本茶道艺术的形式形成提供了必要的客观条件。其功能作用是:其一,壁龛、搁架与几案的固定模式使室内空间复杂化,为装饰艺术提供了可无限想象的艺术空间,增加了茶道艺术欣赏的无限内容;其二榻榻米的设置决定了日本式茶道礼仪形式的产生,促使站立式的禅院茶礼向跪坐式的和式茶礼转变。

室町前期,书院式房间多为 12—18 张榻榻米,按当时标准每张榻榻米长1.909米,宽 0.954 米,茶室面积也大致为 21.85 和 32.78 平方米,到了室町后期,书院造建筑开始沿两个方向发展,或者向大型化立体化发展,或者向小型化袖珍化发展。16 世纪初,小型书院引起了普遍关注,典型的例证就是室町第八代将军足利义政（1436—1490）在 1473 年退隐东山所建的"同仁斋",东山文化是日本中世纪文化的代表,诞生于东京东山山庄,与其"同仁斋"有重要的关系。同仁斋仅 4 张榻榻米,约 8.19 平方米,可谓之"斗室"。这就是著名的一丈四方间形制,是出家隐居者在山中搭建饮茶草庵的规模标准。它是失意势者返世脱俗的神秘空间。同仁斋取圣人一视同仁之意,表现了足利义政对现实世界秩序的不满和愤怒。在这里饮茶及其饮茶之所都成其为足利义政的修行工具,可谓是"禅茶一心"的表征。

从 14 世纪初的镰仓末期到明德三年（1392）的南北朝统一,日本武将在打仗时,往往需要大批僧人随行,这些僧人在室町时期被统一称之"同朋众"。同朋众的随行作用是做法事与演才艺,有的还担当起为将军处理杂事的管事职务。同朋众的僧人都要以"阿弥"为称号,来源于"南无阿弥陀佛"。他们个个才艺高超,大多在一个或多个领域具有高深的造诣,在以将军为中心的各种文化活动中起着举足轻重的作用,其中有一个能阿弥对日本茶道艺术美学思想的形成起到了极其重要的作用。

能阿弥（1397—1471）深受足利义教与义政两代将军的器重,他精通连歌与水墨画,尤其在唐物鉴赏方面具有极高的造诣。他将历代收集的中国古玩字画、香炉、烛台、茶碗、香盒等物进行统计整理,选出精品定为"东山御物",并写了一本关于室内装饰指南的书《君良观左右账记》,其中重要内容为三个方面:① 介绍宋元画家 170 名及其代表作名录;② 规定和式房间各部门的装饰品运用,对花、香、画、茶具、食具、佛具等物的陈列方式作了详细规定,并且还配上简单的图解,例如在壁龛里规定要悬挂 3 幅美术作品,作品前要设置香炉、花瓶和烛台,并且要焚香、插花和点灯等；③ 对各种茶具详细说明其摆放使用的情况。能阿弥具有对室内对各个艺术品所占空间与位置进行巧妙设计的能力，他在室内制造了一种均衡齐整的艺术视觉，从而实现了将中国艺术作品与日本式建筑风格完美结合效果，这部书不仅对当时，也为今天的日本室内装饰具有重大的指导意义，因此，能阿弥的这本著作，也被称为"日本人生活美学的母胎"之作。

此外，能阿弥参考了武家礼法，发明了在茶台上点茶的技法。茶台原本是禅院茶礼的道具，最早由入宋僧南浦绍明传入，一度存放在九州崇福寺，后流入京都大德寺，其高僧梦穿国师曾奉足利尊氏之命用此台点过茶，能阿弥不仅将茶台从禅院引入武家书院，还对台子上点茶用具的摆放位置，点茶者在台子前的动作都作了严格规定。点茶者身穿平安时代贵族礼服——狩衣，头戴乌帽，严格按照规定的顺序和移动的路线完成一系列复杂严肃的点茶动作。这就在点茶过程中形成了一种有别于禅院礼法的新礼法，直至今天仍是日本茶道礼法的基础蓝本。

随着书院造建筑的出现，一种在书院造房间举办的茶会也随之兴起，这被称为"书院茶会"，主要盛行在以将军之家为中心的上层武士之家，美其名曰"殿中茶会"。与当时盛行的庶民斗茶之会的区别主要在于：① 取消了斗茶比赛，因此减少了喧闹，使内心更为沉寂，多了许多肃穆，使内心更感到庄严；② 增加了对点茶技艺表演的欣赏，跪坐之态更增加了主客品行端正形象，从而使随便的饮茶转为专一；③ 减少了争强斗寡之心，加强了对纯粹审美情趣的追求；④ 营造了一个富有美感的艺术空间，使外环境的整洁与错落有致与饮茶者的心境目的的统一；⑤ 斗茶会一般对礼法没有要求，而书院茶会则对礼法具有很高的要求，并通过严格的点茶技法体现，书院茶会力图通过消除各种茶会中长期具有的低级娱乐趣味和单纯感官刺激，倡导一种在佛学基础之上的华丽高雅的贵族饮茶风范，这实际上除了在某些形式方面的不同外，实质正是对"弘仁茶风"之初饮茶心境的一种复归，但在宗教情感方面显得更为庄严和神圣。

4. 日本茶道的大成与演进

室町时代晚期的战国时期（1477—1573）是日本茶道史上极为辉煌的世纪，在村田珠光、武野绍鸥等人的努力下，日本茶道终于以一个融哲学、宗教、艺术、礼仪于一体的文化体系出现在世界文化体系之林。简略说，这就是日本茶道真正的诞生了。在其后在安士桃的时期（1573—1598），在织田信长、丰臣秀吉为首的武将大名的积极参与下，茶道得到空前异常迅速的发展，形成了完备的思想体系与形式结构特征。可以说，日本茶道的正式形成是与禅学的引入分不开的，而首先将禅学引入茶道的精神世界，开创茶道艺术新天地的就是村田珠光，他被后世尊之为日本茶道的鼻祖。

珠光（1423—1502）是一休大师（1394—1481）禅学的真传弟子，亦是能阿弥的茶学弟子，从一休处，珠光曾得到一份珍贵的礼物，亦即印可证书——中国宋代名禅僧圆悟克勤的墨迹。在修禅中珠光渐悟出"佛法也在茶汤中"的真谛,为日后茶道思想奠定了基础。珠光从事茶事活动到 40 岁左右,对流行于京都、奈良的民间茶会产生了较大兴趣,并曾直接参与指导了由古市家兴办的奈良淋汗茶会,提倡一种简单、质朴、平等、谦和的茶会之风习。珠光受到能阿弥的推荐,为足利义政当茶道老师,能阿弥向退隐将军足利义政说:"听茶炉发出的声音像松涛之声,颇为有趣,且一年四季可赏玩。名寺之僧村田珠光,致力于茶道三十余年,且精通孔子儒学之道……他曾说过茶汤中也有佛法之事,何不请他入府呢?"于是足利义政采纳了能阿弥的推荐,珠光被召还俗,来到了将军的身边。在充分地了解了贵族书院茶与"东山御物"之后,珠光的茶道思想得到进一步的升华,使他终能将古朴民间茶风与高雅贵族茶风文化结合起来,创建了草庵式伦理,草庵式礼仪、草庵式茶艺茶技,形成了一股清新的草庵茶风,从而完成了茶风向茶道形式的飞跃和精神的升华,并且很快以京都为中心向广大地区流传开来,珠光也成为名满古今,引导茶道发展的一代宗师。他 80 岁时病逝,以其丰富人生体验实现了禅院茶礼、奈良庶民茶戏与贵族书院台子点茶的完美结合,并将禅学体悟机理融入茶道,开创了综合哲学、宗教、礼仪、艺术于一炉的日本饮茶大道之学。如果说这是中国茶学遗传的硕果,不如说这是日本茶学本土化的杰出成果。

　　如果将茶道从形式、技法到思想方面进行剖析,那么我们可以看到,技法基本是唐宋的复制,在形式上则创新为跪坐之态,其他也别无多变,则是在心法上与中国唐宋饮茶心法产生了较大变化。唐宋是文人心态之法的"怡、雅、洁、静",而珠光是禅人心态之法,因此在茶道体会精神上也具有差异,中国是"和、清、静、寂"。珠光则是"茶禅一味"的根本精神"谨、敬、清、寂"。实际上,禅学是中国通过对印度佛学引进、改良而产生的一种佛学流派,在中国俗众之中并没有将其紧密地与茶联系起来,而在日本珠光方面,则将禅机与茶学有机的统一,成为茶道活动的一种专门的思想定式,从而完成了茶文化的本土化演进的形式与内容的一致性。

　　"茶禅一味"四字真诀出自宋代著名禅师圆悟克勤(1063—1135)的手书。珠光完全接受了这一体悟思想,并加以深化,提出"佛法也在茶汤中"的著名理念,足利义政曾问珠光:"茶为何物?"珠光答道:"茶非游非艺,茶道的根本在于清心,这也是禅道的中心,所谓一味清静,法喜禅悦,赵州知此,陆羽未曾知此,人入茶室,外却人我之相,内蓄柔和之德,至交接相之间,谨分敬会,清兮寂兮,率以天下太平。"这里,珠光提出了人类如饮茶一样,互相谨、敬、清、寂对待,那么天下世界就会成为一个太平安静的世界。这就是珠光首次提出的茶道根本精神在于"谨敬清寂"的观念,这和中国唐宋陆羽、朱熹的茶道所提倡的"中致和"思想可谓是具有一样的社会学意义,其认知方面也具有趋同性,只是表述方法各异罢了。

　　珠光大师在给弟子古市播磨澄胤的一封信《心之父》里首次提出了茶道观念,信是这样写的:

古市播磨法师：

　　此道最忌自高自大，固执已见，嫉妒能者，蔑视新手，皆为不妥。须请教上者，提携下者，此道一大要事为兼和汉之体，甚是重要。目前，人言道劲枯高，初学者争索备前，信乐之物，可谓荒唐之极。要得道劲枯高，应先赏唐物之美，理解其中之妙，其后道劲从心底里发出，而达枯高之境界。即使没有好道具也不要忧虑，养成欣赏艺术品的眼力才是重要，虽说最忌自高自大，固执已见，却也不能失去主见和创意。

　　成为心之师，莫以心为师，此古人之言。

珠光

　　信中珠光不但首先提出了茶的道学观念是三忌二要，即一忌自满与固执；二忌盲目枯高的虚幻之想；三忌失去主见的茶事体会。二要是，一要懂得唐物与和物的一体性；二要养成艺术家的审美眼力，是平常中见美而不是华美中见美。这实际上就是珠光大师茶事中追求真正至高境界，由华美而至脱俗，再由脱俗而至拙朴之美的心路历程。珠光特出地提出"草屋名马，陋室名器"的不对称冲突之美，在一定程度上反对在《君台观左右账记》所表述的均衡对称之美。珠光认为饮茶物器无所谓外表的高低贵贱之分，而在于随心所欲的配合，体现内在的充实和协调，以及高超的艺术感觉和创造性。在饮茶时对于艺术品的欣赏在于情调美、残缺美和朦胧美，他说"没有一点云彩遮住的月亮没趣味"，淡云之下的月亮犹抱琵琶半遮面，这是意境美而不是形式的完美，这些禅机悟话正体现了"不匀称"、"幽玄"和"自然"的禅学艺术性格，这也是中国历代文人所推崇的艺术意境，同样也成为日本茶道审美思想的至理名言。因此在艺术性格方面，中日茶意境也具有趋同性。

　　随着珠光的逝去，1502 年武野绍鸥降生，武野绍鸥是珠光弟子十四屋宗伍的学生，在多数年代里武野绍鸥都在研习歌学，并作为连歌师在京都生活。因此，他对茶道的贡献就是以歌道理论为基础，发展了茶道思想。

　　武野绍鸥在茶道里借用了歌道所宣扬的"冷峻枯高"的美学思想，并通过茶室、茶具、茶礼等具体事物表现出来，在珠光古朴简素的"草庵茶"的基础上诞生了更加孤寂简淡的"饮佗茶"形式，从而进一步净化并升华了珠光"枯高"的饮茶审美理念。武野绍鸥的佗茶思想就像印度苦行僧的寂寞修行一样。日本的"佗"本义就是"寂寞"、"寒碜"、"苦闷"。平安时代的"佗人"一词就是指失意、落魄、孤独之人。到 13世纪初的镰仓时代，"佗"的含义已演变为"清寂"、"幽闲"。因此"佗"的意很适合当时一些悲观失意人士的审美情趣，频频出现在和歌、连歌等文学作品中。武野绍欧将其意扩展为"谨慎"和"不骄"。由此可见，所谓佗茶，就是邀请朋友在简朴素净的茶室，诚心相待，茶香传情，茶礼互答，忘却现实烦恼，纯粹净化心灵。

　　饮佗茶的意境就是空静寂寞的，《新古今和歌集》有一首表达茶道精神的歌词写道：

> 四顾今何在，春花与秋叶。
>
> 海边小茅屋，独立秋暮里。

这又与朱熹寒窗独饮的意境何其相似乃尔。这是表现的一种遗世独立，空寂幽闲的情境，而隐藏在视觉之后的却是无限深邃的意象，充分说明了中日茶道精神的贯通性。

在茶道实践中，绍鸥大师将侘茶精神发挥到了极致，在珠光首创的草庵茶室中，他将泥土稻秸墙面直示于客，他大胆地使用具庶民风格的粗陋的茶具，重新使日本产的陶瓷茶具具有了新的价值，他还将手抄和歌的"色纸"引进茶室壁龛等等，这一切的创举，使日本茶道走上了国产本土民族化的极其重要的一步。他还为其弟子制定了茶道的十二戒语：① 茶道的十二戒语：茶会便是亲切待人之事；② 礼仪要正确和蔼；③ 对其他聚会的品评要节制；④ 要防止高傲的出现；⑤ 不要贪欲他人所持的道具；⑥ 不宜将茶道具视作茶会的一切；⑦ 席间待客不超过三菜一汤；⑧ 要能利用扔掉的道具废品；⑨ 要有应付突变的素质；⑩ 要有隐遁之心，还要通佛法之意，知和歌之情；⑪ 寂寞也是自然，要成于此道，不清则不强，若不安于寂则要亏，两者若即若离要懂慎从事；⑫ 不合客人意的装模作样，不是诚意的茶道。

武野绍鸥的努力，使日本茶道的神形齐备而趋向成熟，经过织田信长与丰臣秀吉推动而步入黄金茶室年代，可谓百花齐放、流派辈出。然而应该认识的是，以织田信手、丰臣秀吉为代表的安土桃山活动，黄金茶室的绚烂豪华茶风，实质上正与茶道所追求的闲寂、简素、古朴、静谧的茶风背道而驰。当权者视茶道为政治手段，更有违茶道脱俗出世的修行精神。因此，我们可以认为，虽然在茶道的普及和隆兴方面，这些战国大名功不可没，但就茶道自身发展而言，他们并没有起到积极的推动作用，真正将珠光创立、绍鸥发展的茶道推向黄金时代的是丰臣秀吉身边的大茶人千利休。

千利休（1522—1592）生于古界市一家富商家庭，从小深受茶道影响，17 岁拜著名茶道家北向道陈（1504—1562）为师，随其学习能阿弥流的书院台子茶。19 岁时经北向道陈引荐向武野绍鸥研习草庵侘茶。在习茶的同时，还向当地南宗寺的笑岭宗诉禅师学习修禅。24 岁得继笑岭法嗣，受"宗易"道号。到绍鸥仙逝前的 1554 年，33 岁的利休已无可争议地成为京畿市一流茶人之一，49 岁时便成为京畿市茶道的领军人物，50 岁受命于织田信长成为其茶头，从此成为天下第一茶人。利休之于茶道的主要功绩是在将茶会推向极致。据有关史料记载利休所主持举办和参与的盛大茶会达 210 多次，并为茶会制定了七项心得准则，即"利休七则"。利休还在茶室建设方面，茶道具使用方面具有独特的见解和特色，利休的最大功绩就是培养了一大批茶道弟子，特别是"利休七哲"，为 16—17 世纪茶道黄金时代的百花齐放奠定了坚实的基础。在继承千利休侘茶基础上，利休的后辈们创建了风格各异的茶道流派，其最具特色的就是"大名荣"派、"柳营茶"派、"堂上茶"派，"堂上茶派"、"千家茶派"和"町人茶"派等。

（1）大名茶风

大名茶风是由大名武士参与的迎合上层武士需要的"武门茶法"。由于对组织与参与者全是大名武士而不包括豪商，僧人之流，因此称之"大名茶"派。其风格相对于利休冷峻枯淡的侘茶风，大名茶具有明快、豪爽、自由、严肃、华美的风格，这是大名茶人在继承利休侘茶风的基础上，根据武士阶级的特点和审美取向对茶道的改造和发展，主要代表人物就是"利休七哲"。据千家后人江岑宗左作于宽文二年（1662）的《江岑夏书》记载是：蒲生氏乡、细川三斋、濑田扫部、芝山监物、高山右近、牧村兵部、古田织部等等，他们又各自形成具有特色的茶道流派（限于篇幅，此不多述）在日本茶道发展史具有重要影响。特别是第七位古田织部更是茶道史上举足轻重的人物。其弟子小堀远州创立的远州流与再传弟子片桐石州所创立的石川流茶道是大名茶风的主流茶法，直至在今天日本茶道中仍有其重要的地位。

（2）柳营茶

柳营茶亦即在幕府将军家中举办的茶道活动，因为幕府或将军家又称"柳营"，因此又叫"柳营茶"。柳营即军营，源于汉朝大将周亚夫之"细柳营"。在军营的茶道特出表现在与之相关的制度上，主要有：① 数寄屋番制度："数寄屋"本义是"茶室"，所谓数寄屋番，是指德川幕府制定的一种全权掌管江户城内与茶有关的一切事务的职官制度。其设置的职别有数寄屋头、茶道方和茶坊主。"数寄屋头"属若年寄（幕府官、分管旗本、御家人和江户市政）管辖，主要职责是掌管将军府中的茶礼、茶器。"茶坊主"则是其管辖之下的小吏。② 茶壶道中制度：将德川幕府御用茶和茶壶从宇治的产地送往江户的仪式，称作"茶壶道中"。整个过程劳民伤财，但能促进宇治的制茶提高，又足以炫耀幕府的权威。

（3）堂上茶风

堂上茶风即是在江户朝廷堂上开设的茶道活动，由珠光开创的茶道原本来自寺院而与朝堂贵族无关，安土桃的时期，秀吉几次在宫中举办茶会，刺激了茶道向贵族社会的渗透。到了江户中期，一种体现王朝气象的茶风"堂上茶"正式形成，主要起推波助澜作用的人就是一位大名茶人——金森宗和，堂上茶风所表现的与武家茶风粗犷豪放相反，是典雅的气韵。它由侘茶的严肃、简朴转而为明快、优雅，相对于千宗旦的侘茶风，宗利开创的茶风被代称为姬宗和。主要成就表现在其使用的茶道具上。这些茶道具是"御室烧"的产品，一反以往所采用的器物粗拙的传统，具有明快雅雅的王朝风格。"御室烧"的陶器是京都陶工野之村仁清所制，深得宗和喜爱，这种陶器与以往的茶道具不同，色彩明亮丰富，以白釉或黑釉作底，表面绘有梅、樱、水仙、春藤等花卉植物，显得清雅而高贵，而以往是拙朴，色彩暗淡而不施釉彩。宗和还指导仁清不断创制具有新风格的茶道具,体现王朝茶的风格,具有高贵但不华丽的品格。宗和还筑有许多著名茶室,如大德寺的庭玉轩、兴福寺的六窗庵(移筑东京国博物馆)等,至今犹存。

宗和茶风受到水尾天皇、后西天皇(1637—1685)为首的皇室贵族的普遍欢迎,是因为利休侘茶过于素淡,大名茶风又过于华丽,唯有宗和符合他们的审美情调,从而得到宫廷贵族阶层的广泛支持,成其为"堂上茶"。

(4) 千家茶

千家茶即是千利休家传正统茶风,由利休儿孙辈直接承接并发扬光大的茶统,形成为今天我们所熟悉的千家三流:表千家、里千家和武都小路千家。三千家在几百年来作为日本茶道的中坚,保持着日本茶道正宗地位,为日本茶道的发展作出了巨大的贡献。

(5) 町人茶道

以城市商人、手工业者为主体的人群叫町人,与中国一样,这群人的阶层地位较低,处于"士、农、工、商"的下层,但是他们是时代经济发展的主要力量,是新兴的一个庞大的集团阶层。随着历史向近现代推移,町人势力日益强大,在江户时代,文化主宰力量便由武士阶层逐渐过渡到町人阶层。到了三禄年间(1688—1704),町人终于成为领导时代文化的主人。以浮世草子,人形净琉璃,歌舞伎,浮世绘为代表的充满庶民情趣的町人文化走向了繁荣。这种文化的很大特色就是追逐流行,争向华美,安于享乐,在茶道方面也是如此。

元禄以前,寺人的创建,大名、武士及部分豪商的热心参与都积极地推动了茶道的建设与发展。元禄后,町人阶层成为茶道活动的主体,尤其是御用商人,他们频频举办茶会为各种交易活动服务,使得神圣纯洁的茶道污染了功利主义的铜绿。町人最初也希望在茶道中提高自身素质,但其小市民性格与文化素质的原因决定了他们对茶道内蕴思想精神难以理解。他们只能关心到茶道的娱乐性与茶道具的精美程度等表象形式,在他们的影响下,茶道只有流于形式与道具化方面,在游艺化道路上越走越远,显得浅薄而浮躁不已。最终于遭致道内外的批评与否定。著名的儒学家太宰春台认为,在失去精神的茶道活动中,主客之间的对话纯粹是毫无意义的阿谀奉承,而对粗陋的东西故意表现出喜爱则是一种浅薄的表现。为此,日本正统茶道界作出了种种应对措施,以保证茶道传统的纯洁性,其中最为重要的措施就是建立茶道的家元制度,与刊行多种茶道书籍。

家元制度:即由三千家制定的茶道流派正统直系单传的制度,近似于中国武术世家流派交传长子或最优秀之子的形式。一个流派只有一个家元,其弟子称直弟子→又弟子→弟子,除掌门儿孙有权保持家元嫡出外,任何弟子除了不被授权继承外,不能另立山头,重创流派,他们对弟子也只有传授权,而没有证明权,弟子的等级证书也只能由老师向家元处获取,这样做有效地防止了正统流派的分化和瓦解,从而也保证了日本茶道的纯正性,目前日本茶道弟子人数最多的是三千家流派。

茶道书刊:江户时代是茶书盛行的时代,最主要的有以下几种:

《南方录》即利休逸闻全集,是近代茶道最被重视的茶书之一。该书由立花实山发现于大阪市的南宗寺。为集云庵主持南坊宗启在做利休近侍期间,对利休大师的言行、秘传、茶会活动的记录,共分 7 卷。分别为《党书》(利休茶道精神总结)、《会》(利休的 56 次记录)、《棚》(利休四叠半茶席变迁)、《书院》(书院装饰图例)、《台子》(书院茶台装饰图例)、《墨引》(利休茶道秘传)、《灭后》(利休去世后所收集的利休秘传与逸闻)。也有人认为该书是后人假托之造,尽管如此,书中论述了非常精深的茶道理论,保留了茶道大成时期的传闻,揭示了 17 世纪末利休在人们心中的形象和地位。对今天研究日本茶道发展史具有极其重要的作用。

《千利休由绪书》是利休最早的传记之一,是承应二年(1653)纪州德吃家儒臣李一阳和宇佐美彦四郎向当时出任德川家茶头的表千家四世江岑宗左询问有关利休的历史整理成文,与其后十市缝殿助根据丰臣秀赖的侍者古田九郎八的讲述笔录的利休传合并而成其为《千利休由绪书》,该书是利休家谱系,与利休生平的重要史料典籍。

《茶道便蒙抄》,千宗旦高徒山田宗偏(1627—1708)所著的茶道入门书。元禄三年(1690)刊行,全书共分 5 卷,即第一卷"亭主方"23 项,第二卷包括"客方"12项,第三卷包括"风炉"、"盆立"、"唐物立"、"台天目"、"堂库"等 12 项,第四卷有"果子"、"夜咄"、"不时"、"迹见"等 82 项,第五卷由"置合图"组成。由于千宗旦在茶道上始终坚持"直指人心,不立文字"的立场,千家茶道并无著作传世。该书是千家最初的刊物具有重大意义。它反映了千家流茶道走向隆兴的史实。

《古今名物类聚》针对町人茶道肤浅的形式化趋向,由出云国松江番(今岛根县松江市)主,大名茶人松平不昧(1751—1818)所著述的,关于茶器研究的图录总结。以 580 件茶道具为基础,发掘历史文化内涵,并对此作出客观公正的评价,是指导茶人正确认识茶道具的工具书。

《茶道签蹄》即茶道指南,据文化十三年(1816)署名"浪化、略庵严"的人所作序跋指出《茶道签蹄》是当时一本具体指导茶道诸种做法的茶道入门书籍。原书共分5 卷,即第一卷有"和汉茶之滥觞"、"茶会"、"点前茶"、"庭之都"等;第二卷,有"悬物"、"同笔者"等;第三卷有"真壶"、"香炉"、"釜"等内容;第四卷有"水指"、"杓立"、"盖置"等内容;第五卷有"茶碗"、"天眙"等内容。5 卷主要是对诸多茶道具的解说。

《禅茶录》是寂庵宗泽于文政十一年(1828)出版的茶道论名著。该书共有 10个部分:① 茶道以禅道为本;② 茶事修行之事;③ 茶意之事;④ 禅茶器之事;⑤ 佗之事;⑥ 茶事变化之事;⑦ 数奇之事;⑧ 露地之事;⑨ 体用之事;⑩ 无宾

Yin Shi Wen Hua Dao Lun

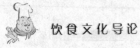

主之茶事。该书采自于千宗里《茶禅同一味》和《南方录》的观点,站在"茶禅同一味"的立场上,论述茶道的本质。

明确指出"茶意即禅意也,舍弃禅意即无茶意,不知禅味,勿论茶味",将饮茶之道彻底的佛学化了,因此,该书针砭流弊在日本茶道学史上具有重要意义。

《又玄夜话》为里千家八代传人一灯宗室所著,指出茶道由茶意、茶道、茶汤会三方面构成,三者缺一不可。所谓"茶意"是指茶的精神,"茶道"即是点前做法,亦即方法和茶道的相关知识体系,"茶汤会"则是融茶意于茶道的活动形式。从立意、过程的形式较全面地论述了茶道这一事象的形式与本质。

《茶汤一会集》这是一部极其重要的茶道经典之作,作者是曾任德川幕府大老的大茶人井伊直弼(1815—1860),该书详述了茶道中主客应该遵守的礼仪之法,明确提出了"一期一会"与"独座观念"两种概念,这也是今天人们解释日本茶道思想经常引用的概念。所谓"一期一会"是指每一次茶事无论对主客双方都是生命中唯一的一次,因此要珍惜每一分每一秒,认真对待一时一事,并从中获得生命的充实与紧迫感,所谓"独座观念"是指主人送走客人后,要四室静思独入茶室,在此日事不再的帐然感慨中获得心灵的净化和充实,在井伊直弼的眼里,茶道就是修禅的一种另样形式,有着更为丰富的精神内涵。

如上述可见,日本饮茶方式是沿着寺院禅道的途径进行演进发展的,禅由中国传入,茶事也由中国传入,但在日本却神奇地被融为一体,从而使日本饮茶之道也同化为修禅之道。道者观念亦由中国传入,至此为之方法之道,道家所云法门也。茶禅的结合使得日本茶事的本土化而有别于中国茶事的传统,产生了诸多区别。

由于中国的信仰与文化性质关系,中国的饮茶之事在形式上并没有与修禅学结合,但在内心世界却蕴含着禅理精神,因为禅学精神本身由中国产生,其实质就是佛、道、儒结合在佛学方面的一种形式。因此,禅学精神已溶化在中国人的内心世界,成为日常观念的一部分而不明显流露于形式之皮象。与日本茶道比较,中国人的饮茶是随兴的,日本人是刻意的;中国人是多时性的,日本人是定时性的;中国人是多情性的,日本人是专情性的,中国人崇尚大自然环境,因此是开放性意象,重在茶与水的体质,观照天地人的变化。而日本人则是崇尚草庵室内饮茶,因此,具有自我封闭的意象,重在礼仪的精神,遵循佛法的程式。因此,中国的茶道是人之道心之法,随时空的运动而演进,历久弥新;而日本的茶道是佛之道心之禅,坚定如山不以时空的转移而动摇,历久弥醇。中国注重天人合一的意境,讲求顿悟有为的修行,日本注重茶禅统一的茶人如一。其最终目的都是一致的——通过饮茶对人品道德的修炼和体悟,这就是饮茶的文化功能价值取向所在。

5. 日本茶道的近现代样式

现代日本茶道分为传统的抹茶道与后期的煎茶道。前者是"茶禅一味"的利休佗茶道,所用的是团茶,后者是江户中晚时期从中国明、清时代引进的新茶道,所用的是叶茶,亦即绿茶,所谓煎茶道,即是中国现代社会人们散饮的泡、煮叶茶之道。主张无为自然,遵循自然之道,随兴而饮,通过对笔墨、纸、砚、山石、盆景的鉴赏与玩味,追求一种高雅风流的文化趣味,与中国人一样,一般除了特殊情况下需要使用传统茶道外,绝大多数日本人在日常生活中都饮用煎茶。与佗茶道相比,煎茶更加迅速、自由、简练、自然。日本煎茶品种较之中国是简单的,一般是玉露(特级绿茶)、煎茶(一级绿茶)和番茶(二三级绿茶)、泡茶之法亦与中国绿茶饮用方法一样。

据史载,新兴的煎茶之道是在中国清代初年随黄檗宗高僧隐元禅师东渡日本时传入,当时传入的叶茶主要是"炒青"之法。今天日本则流行的是"蒸青"之法,蒸青就是先将茶叶蒸青,然后将其揉、捻、烘干、封存。煎茶道完全采用中国唐、宋人品茶的心境,注意饮茶时与自然万物的融通观照。经过卖炭翁——黄檗宗僧人柴山菊泉(1675—1763)与大阪造酒商之子木村兼葭堂(1738—1802),著名画家田能春竹田(1777—1835)与陶艺家青林米(1767—1822)等人的发展至十九世纪中叶,小川可进(1786—1855)时代,煎茶道在日本形成了花月庵流与小川流两种煎茶系统,前者是文人墨客的趣味煎茶,后者是结合了部分传统礼法的派别。尤其是卖炭翁的中国文人化的精神追求,得到了京都文人阶层的共鸣,其自由简练的风格也深受他们的喜爱,从而吸引了众多的文人墨客,其中有诗人、小说家、学者、画家、雕刻家和陶艺家。他们以茶会友,以茶雅志,以其内心之法获得了与中国传统文人完全一致的感悟,煎茶道迈向了文雅风流的大道。

特别值得注意的是,被称为"风流的好事家"的大阪人大枝流芳,在参考了49种中国煎茶文献的基础上,于宝历六年(1756)出版了日本最早的煎茶论著《清湾茶话》为煎茶理论的形成奠定了基础,以《雨月物语》一书闻名的江户后期的国学者,歌人兼小说家上田秋成(1734—1809),在宽政六年(1794)完成了著名的煎茶论著《清风琐言》和续集《茶癖醉言》,一方面展开了对抹茶道的批判,一方面又对煎茶道作出了种种规定,强调煎茶是"文雅养成之技事",明确了煎茶道所应具有的文人趣味特性,秋成还与当时的诗文书画家,儒学学者村濑栲亭(1746—1818)指导京都清水寺附近的陶工制作出日本最早的煎茶茶壶。木村兼葭堂是日本煎茶史上的又一位重要人物。他博学多才,精通诗文书画篆刻,曾为卖炭翁的学生,喜交四方名士,与众多文人组成煎茶社团(就像文人颜真卿的茶会团体)叫"清风社",他们茶会谈艺,体验煎茶的妙趣,有力地推动着煎茶在文化界人士之中的深入普及,他的《煎茶要诀》一书是指导煎茶的具体方法。文化久政时期(1804—1839)煎茶迎来了发展史上的隆盛时期,几乎是没有文人不知煎茶之趣,在此期间陶艺家和画家青木木来制作了许多优良的煎茶器,与中国茶器争有一席之地,开创了煎茶道的和式化发展,煎茶道的兴盛与传统的抹茶道一起在日本形成二分天下的局面。

及至1868年明治维新时期,开始日本茶道进入了衰弱期,由于接受西方强势文化影响,茶道与其他日本传统文化的事项皆受到了由上而下的冷落,然而到了明冶二十年后,茶道又开始了复兴,而这种复兴是茶道改革后的复兴,茶道的变革是在日本的茶道学会的创立并领导下进行的,日本茶道学会创立的本身就是茶道改革走出的第一步,学会的会长是年仅 23 岁的田中仙樵,他创办了茶道的第一种学会杂志《茶道学志》。他提倡改革开放,破除茶道传统的教育体系,注重媒体文化的传播与教育意义,主张教育的现代文明化,成立教学机构,确保组织质量的均一化和茶道的大众化普及,重视对女性茶道的教育。田中仙樵对茶道的改良运动在日本茶道现代化进程中起到了不可忽视的重大而深远的影响,田中仙椎极力主张茶道是日本的国粹,并极力宣传和推行茶道的国粹化。他在《茶道学志》创刊号中开章明义地表明了他的观点。原文如下:

抑我国之茶道者,始于珠光、中兴于绍鸥,大成于利休,遂以至成一种之国粹的道学矣。本来茶道于深味也,起自禅,资理于是,定礼于曲礼。夫,然而大之则涉六合,而不可穷尽,小之则为修身齐家治国平天下之基,岂不复广大哉。然而星移物换,茶道之弊有名无实,化成一种之游艺,为妇女子之所玩弄。熟视会之茶人者,往往搜集古器物,以奈示众人,或表面正襟巧言令色,而里面诽谤嘲笑迁时,其甚者为庭院数寄结构至于荡尽家产。于是乎为识者之所摈斥,仅留其形迹于逸游者及妇女子间焉耳。呜乎,茶道之衰亦一至此乎。茶圣宗旦翁茶禅论曰,爱奇货珍宝,择酒色之精好,或结构茶室,玩树木泉石为游乐设者,违茶道之原意,只偏甘禅味为修行,是吾道之本怀也云云。由之观之转不堪忾叹也。本会之起非敢好事不得止耳。乃以赤心自任明茶道本旨,以保存国粹,外则示宇内万国,内则成修身齐家之基础,以欲报国家,满天下同感之士,请来赐赞成本会,至嘱至嘱

京都东山鹫峰天下于伞亭

主唱者,三德庵,田中仙樵

田中仙樵所要确立的国粹茶道就是"茶禅一味"的珠光由中国传入的寺院禅茶之道,他还将茶道理念规定在儒家道德范围,以修身齐家治国平天下为茶道核心,具有禅儒融合的思想体系。他又于明治 38 年(1905)写了《茶禅一味》,并重新成为一位大茶人,在东京浅草养白寺重新挂起了大日本茶道学会的招牌,翌年创刊了《茶道》杂志。这一切都对日本茶道走向现代,走向世界起到了巨大的推动作用。而此时的中国正在风雨飘摇之中,昔日万国仰慕的大国风范不再,而成为贫弱相交的极端,又由于新文化运动的展开和散叶饮茶的普及,中国的传统茶道随着清王朝的灭亡而走向衰亡。即:既没有将茶与禅学结合,又摒弃了儒家的一切思想传统,文人风流的茶道心法亦似不见。而此时,日本经过对明治维新初期摒弃传统的做法重新评估,并重新拾起维护了其中的国粹精华的部分并将之作为一种文化的定向模式而格式化了,将其形象化的固定下来的目的就是昭示其深远的文化源流与正宗本源的精神向世界开放。然而中国并没有这样做,而是用炒青散叶冲泡清饮之法取代了唐、宋、元、明最为基础也最具美性饮茶之法——抹茶点茶之法。源之于唐、

宋饮茶的本原精神也随之化于自然无形,近世中国饮茶因之趋于简淡。日本的茶道却在历史的进程中愈显醇美,因为茶禅一道不仅仅是宗教的,更是大众人内心修行品德的一种生活样式,它成为日本民族引以自豪的国粹,它虽然传承于中国古代无比绚丽的文化遗产,但是通过日本民族的执著被得到完美的继承和发展。

[相关链接]

1. 日本的近现代的茶事会

昭和三十五年(1960 年)十月六日,田中仙樵以其 86 岁高龄走完了多彩的人生,他对茶道改良是日本近代改良运动的一个典范,他激发了日本民族中兴茶道的执著精神,首先表现在数寄者茶道和茶会方面,数寄者与前代茶人不同,茶人是属于家元的,归属于一定流派,靠传授茶道为业的人,从广义上也包括为了将来能授茶道而正在进行茶道修行人的。数寄者则指不以茶道为业,只以茶道为兴趣的人,日本近代数寄者主要由在财界、政界手握重权的近代资本家组成。茶道对他们来说,是一种兴趣。他们凭借自己的巨大财力,收集茶道具,创造出了独特的茶风。据茶道史资料反映,推进近代茶道发展的数寄者的活跃期大约从明治十年至昭和三十年,长达 80 年,熊仓功夫在《近代茶道史的研究》一书中,列举了三十五位具有代表性的近代数寄者,根据他们的出生年代分为四个世代。

在数寄者中,属于第一世代系的茶会组织是以松浦心月为首的东京"和敬会"。第二世代系的茶会组织是以益田钝翁为代表的"大师会"。与之同时代以高桥庵为代表的关西茶会组织"十八会"与大茶会"光悦会"也隆重成立。第四代数寄者以松永耳庵和小林逸翁,特别是松永耳庵指出了"茶道是生活,不是理念,而是实践"的著名论断,主张茶道的社会普及,这些寄数者及其组织对茶道进入复兴新时代,为茶道的流行做出了巨大贡献。数寄者每年或每季定期举办大茶会,受邀请的人都是社会上层名流,因此参加茶会又是一种身份的象征。

日本战败后,拥有巨大财力的寄数者数量减少,逐渐退出了历史舞台,茶道又明显地向着家元与大众化发展,特别是女性的茶道兴起,对家族子女传统教育起到了巨大效果,据调查现代日本茶道人口有几百万,其中女性占有了大多比例。

在明治时代以前,茶道专属于男性,茶道在女性之间普及应归功于女子学校的茶道教育,这也是田中仙樵茶道改革向大众化普及的重要手段之一,以至茶道被认为是一种女性所必需的教养,到了大正末期,女性的茶道人口超过了男性,以后便一直成为日本茶道人口的主体,可以说日本现代茶道已逐渐演化为女性文化之一,据分析,茶道的某些特征正是成为其在日本女性世界奇异发展普及的内在动力因素:

(1) 茶道中的柔和气氛、韵律、巧妙的技法能在女性被动心理产生共鸣,在严格的规则中,消除不安并得到满足。

(2) 抹茶的泡沫能打动女性母亲之爱,泡沫被看成是生命诞生的神秘象征,点茶的泡沫能在无意识中激发女性内心深处为人妻人母的愿望。

（3）饮茶不会使人增肥，抹茶中含有的维生素 A、维生素 B1、维生素 B 和维生素 C 正是女性所偏爱的。

（4）日本抹茶具有天然的薄绿色，正是日本民族所偏爱之色，这种色彩最能使日本人的心镇静安祥，对绿色泡沫心生好感，适宜于女性天生安静的性格。

（5）茶道的每一步骤都经过精心设计，能将女性形体姿态美表现得淋漓尽致，在很大程度上满足了女性的自然表现欲。

（6）茶道井然有序，清洁文雅的特点与女性心理吻合，在女性心理中具有很强的诱惑力。

现代日本茶道已走向世界。由里千家十四世家无谈淡斋任理事长，十五世空元鹏云斋任常务理事的国际茶道文化协会于昭和二十四年（1949）在京都大学的清风庄隆重成立，担负起了向世界推广茶道的重任。当今日本茶道在欧美与中、韩各国进行了广泛的交流，交流茶道的目的是向世界人民宣扬中日古老传统的"和清静寂"茶道精神，让人们感悟到人生的和平与安宁。

（2）日本当代茶道的仪式

无论是过去还是现代，举行茶会都是茶道的表现形式，举行茶会是一个极其复杂而又严肃的游戏，在现代，茶会通常称为茶事，其表演方式与形式现代都是对利休茶会的传承，茶会的游戏有三个明确特征：① 茶会的交流性：茶会的实质是人与人的心意交流活动，人们一边品茗，一边开诚布公地把自己的心声透露出来，以求心境融通，彼此交谈的感觉决定了茶事的成败，这是一个彼此"详信"的聚饮活动；② 茶事的协调性：茶事十分讲究物与物，人与物的搭配协调性，通过合理的搭配使自己与客人一同置身于协调氛围的茶室空间之中；③ 茶会的礼法性：茶会的人与人之间具有一整套规格性的礼法表现。主客间知礼的娴熟性和流畅的表演可使茶事的兴趣达到最高潮，每一份茶都包含着主客间的心意。

日本的室内传统艺术季节感十分强烈，茶道根据不同的季节而应时举行，一般有：

新春节的"初釜"茶会

赏新雪的"雪见"茶会

三月三的"雏"（女子）茶会

立春之日的"节分釜"茶会

赏樱花的"花见"茶会（野外举办）

春天的"新绿"茶会

立夏之时的"初风炉"茶会

赏月之时的"月见"茶会

赏红叶的"红叶狩"茶会

晚秋时节的"名残"茶会

除了上述因季节而设的茶会外还有一种"茶事七式",即将一天之中不同时刻举办的茶事分别命名为"正午、夜咄、朝、晓、饭后、迹见、不时"等。正午是正式茶事,由正午 11～12 点开始,大约经 4 个小时,全年均可举行;夜咄茶事在冬季傍晚 5—6 点开始,大约经 3 个小时,主题是领略长夜严寒的情趣;朝茶事,是在夏季的早晨 6 点左右开始,大约需 3 个小时,主题是领会夏日早晨的清凉;晓茶事,一般在 2 月的凌晨 4 点左右开始,约需 3 个小时,主题是领略拂晓时分曙光的情趣;饭后茶事,又叫点心茶事,是指与吃饭时间错开的茶事,全年均可举行,一般在上午 9 点或下午 2 点开始,约 2—3 个小时;迹见茶事,是指在朝、正午茶事举行完毕后,客人提出拜见茶道具的要求而再次举行的茶事,不时茶事,即指临时的茶事,这种茶事是没有预定的,一般来看,正餐茶事是所有茶事的基本形式,以 5 人为度,有利于在小型茶室中集中精神密谈。

茶道的中心思想是在有限的短时间内,以茶为媒,辅之以名器名物与酒食等,酝酿出浓厚的艺术气氛,从而完成人与人之间心的交流,为了使茶事融洽,首先要挑选客人的组配,将其分为正、次、三、四与末客,其中主客的责任最大,代表了所有客人的意向,其他为陪客,一定要是与主客意气相投的人。客人定好毕,即发邀请函,写明地点、时间、原因以及客人名单,收到邀请函后次客等陪客到前往主客家中致谢,而主客则要代表全体客人到主人家致谢,这就叫做"前礼"。

每一次茶事都有主题,如婚嫁、新年、赏物、成人、乔迁等事。为了配合主题,主要要事先选定好适当茶道具和怀石料理的菜单。日本的茶事往往是和酒食连为一体的,因为日本的茶点是为了茶会而制作的,因此,发展得极其清淡。酒也极其地淡(如清酒),酒食成为配角,茶成为主角,这是日本茶当酒的传统,在日本茶代替了酒成为一种神性的饮料,因为茶本身就溶注了禅学的神性精神。因此,在日本茶会如同中国的酒会,有大事必举行茶会,茶成为第一饮料。举行茶事前,茶室要里外打扫得一尘不染,在客人来前 30 分钟,主人的助手(半东)要将茶庭地面洒水,等待客人的到来。客人先来到等待完整理衣服,换上新袜,将物品存放入箱柜中。等待室中备有烟盒,壁龛中挂有字画,在参加人数较多的茶会中,在等待室还有所用茶道具的简约介绍,以提高兴趣。客人坐定后,侍者(半东)为每位送上温开水一碗以定其心。

喝完开水客人要换上草鞋,从正客依次移至室外的等候处,室外等候处是茶庭的一个小茅棚,设有长凳和烟盒,客人依次坐在草垫上,一边观赏茶庭的景色,一边等候主人的迎接,茶庭称为"露地",由中门将其隔为外与内露地,客在的是外露地,靠近茶亭的是内露地。此时主人从茶室中走出,来到内露地,在称为"蹲踞"的石水盒中加入新水并将水桶拿回厨房(日语叫"水屋"),然后主人到中门外迎接客人。看到主人到中门后,客人们一起起立行至中门,双方互行默礼,客人依次序进入内露地,到"蹲踞"处用石盆中清水清涤身心。首先第一勺水洗左手,再洗右手。第二勺水先倒入左手用来漱口,勺中剩下的水则用来冲洗水勺柄,冲毕放勺回原处,每人依次如此。

洗手与漱口,使客人身心得到净化,犹如淋浴更衣,客人开始入席。由正客打开茶室入口小门(66厘米×63厘米),客人依次坐于入口处,先行一礼,然后膝行而入,脱下草鞋,入室拜看壁龛,先将扇子放在膝前,行礼,再仔细观看龛中字画,龛中字画是茶室中最重要的道具,种类较多,有禅僧或多茶人的书信绘画手迹等,挂轴的内容要表现出当天茶事的主题,拜看挂轴时,要细细体会其中含意,看毕行礼,然后再拜看龛中各物,再行礼以示敬重之意,最后拜看点茶所用炉子,一般在当年11月至第二年4月,为了保持室温点茶用地炉;5月、10月使用可移动的风炉,着炉后,客人按规定坐好,由末客关闭茶室入口之门。

主人听到关门声后,便打开另一个茶室门以便上茶,该门叫"茶道门",比前一个门要大,可由人直立而进出。主人入门先向客人们互行礼,座定说:"欢迎各位光临。"客人回答:"多谢邀请",然后主人从正客开始向每位客人叙礼。客人将扇子放在面前对主人再次表示感谢。接着正客代表客人们向主人询问等候室中烟盒、茶室内外的挂轴和炉子等物的文物出处、品级等情况,主人要一一回答。

问毕,主人退出,拿炭斗和灰器入室,开始表演添炭技法,日语称为"初炭手前",正式的茶事约4个小时,中间要添两次炭,第二次叫"后炭手前"。最后主人在客人临别前还要加炭压火,叫"立炭"。表演添都有严格的手法与漂亮文雅的姿态,表演添炭的道具都很珍贵,具有光荣的历史,这些道具有炭斗、羽帚、火箸、釜环、灰器、灰匙、香盒、茶釜纸垫。用的炭根据粗细长短的不同分为胴炭、丸球打、割球打、丸管炭、割管炭、枝炭、点炭,用于地炉的炭要比风炉的大些,为了使火候恰到好处,各种炭都有严格的规定位置。

添炭时,首先将釜环挂在茶釜耳上,将茶釜纸垫置于左边,提茶釜托在上面,接着清扫炉灰,这时客人们要依次去拜望炉中情况,表示关切,主人用灰匙往地炉里洒下湿灰以防止炉灰扬尘,湿灰要撒在放炭位置周边,以利于火势的集中,撒完灰主人左手持火箸,右手将胴炭放入地炉,然后换箸于右手,向炉中添入丸球打等炭物,这时客人可以回位,主人用扫帚再次清扫炉灰,然后打开香盒用火箸将香盒夹入地炉。使用风炉时用的是白檀、沉香等,装在用木头、贝壳制成的香盒中,使用地炉的香料是用数种香料炼成的炼香,装在陶制的香盒中。主人放完香后,客人们要请求拜看一下香盒,主人会将香盒置于左手上,向客人展示,摆在相邻的榻榻米上,然后持釜环将茶釜提出放回到地炉(或风炉)上,收拾好道具,将炭器炭斗拿回厨房,将灰器撤走,客人们再取来香盒仔细拜看。主人回坐,客人送回香盒,由正客询问主人关于香盒与香的情况。问答完毕,主人拿起香盒出茶室,在茶礼门外跪坐行礼说:"稍后为您呈上便饭",然后关上纸隔扇退出。添炭技法表演至此结束。

"初炭"后，接着是"怀石料理"时间。怀石料理的食案（托盘）下左侧放饭碗，下右侧放酱汤碗，上侧放凉拌菜。主人为客人呈上食案后退下，客人开始用餐。首先，用两手同时取下饭碗和酱汤碗的碗盖。为了避免酱汤碗已盖上的汤汁下滴，要将饭碗的碗盖反过来与酱汤碗的碗盖合在一起，放在食案的右外侧。拿筷子时右手在上，左手在下托着，然后右手换到筷子下方。用餐时先喝一口酱汤再吃饭，喝汤与吃饭要交替进行。先喝酱汤是因为将筷子弄湿后不沾米粒，在途中有必要放下筷子的，需将筷子入口的一头斜搁在食案的左沿上，以免弄脏食案，有筷枕时，要将筷子横架其上。种端着碗要拿筷子时，用右手拿起筷子，用左手的小指与无名指勾固，然后换右至筷子下方握住，放筷子时刚好与之相反。

客人吃完饭和酱汤后，主人端米酒壶和酒杯，依次为每一位客人斟酒，客人喝完后再吃凉菜。主人敬酒完毕后，退下端上盛着饭的饭器。主人向正客道："为您添些饭吧。"正客婉拒说："请让我自己来。"主人又请求为客人添上一些酱汤，客人答应，之后，主人端上主菜的炖菜，炖菜由汤汁、鱼丸、菜叶等组成，为了创造出艺术造型，它的汤汁与内容是分别制作的。客人吃完炖菜后，主人再为客人斟酒一杯，然后端上另一道菜烤鱼，烤鱼一般选用与季节相符的鱼，在考究的一些怀石料理中，烤鱼之后还要再上几道主人特别推荐的下酒菜，之后，主人再次端上饭器，请求为客人再加一碗酱汤，这次正客婉言谢绝。为了让客人有自由交谈的时间，主人在门口跪下说："请让我在厨房中陪饭。"正客说："请端出来与我们一道进餐吧"。主人谢绝，然后退下，接下来客人们互相敬酒，一边交谈一边进餐。

过一段时间，主人端上小碗清汤，喝清汤时要双手拿起，放在左掌，用右手取下碗盖放在食案外的右上方。之后，主要端出一壶酒和一个用白杉木制成的方盘，方盘内上方放有蘑菇、蕨一类的山珍，下方则放小鱼虾、海带一类海味。这道茶因为白杉木方盘边长 8 寸，所以被称为"8 寸"。其后，主人先向正客敬酒。敬完酒后主人向正客说："请赏我一杯酒。"正客便说："请拿别的酒杯来。"主人说："请务必借给我您的酒杯。"正客用怀纸（一种茶道专用的日本纸）将酒杯擦干净放在酒杯台上，主人拿起酒杯，由次客斟上酒。主人喝了后，次客说："请您赏我一杯酒"，主人向正客请求再借用一会儿酒杯，然后将酒杯放在酒台上，次客拿起酒杯，由主人斟酒，次客喝完，用怀纸擦干净后放回酒杯台。主人拿起酒杯，再由三客斟酒，以此类推，直至主客互敬完酒，这只在主客之间传来递往的酒杯颇有深意，美其名曰"千乌之杯"。

主客交相喝酒完毕，主人撤去白杉木方盘和酒壶，端来泡饭和腌菜。日本有很多种类的腌菜，其中腌萝卜一般是每次茶事必用，茶事要求每位客人将自己分内的食物全部吃完，吃完后要用怀纸将碗、碗盖、筷子擦干净。全体客人完成这一工作后，一起拿起筷子到离食案约 5 厘米的高度时，在正客的示意下一起同时松手，筷子落在台面发出响声，表示酒食活动阶段的结束。主人听到响声撤去料理食案，端上茶点，主人说："用完点心后请到茶庭休息一下。"客人开始用点心，用完便依次前往茶庭的小茅棚中,至此,茶事的前半曲"初座"结束。

　　客人在小茅棚的圆形草垫上坐下,等候入茶席,休息约15分钟,叫做"中立",在这段时间里,主要是撤去装点心的盘子,给茶釜盖上盖子,为茶事的"后座"做准备。首先将壁龛上挂轴取下,将整个茶室清扫一次,然后在壁龛上放置一盆花卉,茶道用花一般选用时令花木,花的数量一般为1—2朵,花形要小,配以一些枝叶,最后拿出清水罐与茶搉,至此准备完毕。主人敲响铜锣,客人5以下敲5声,5人以上敲7声。客人听到铜锣声,立即到茶庭踏石上蹲下,静听锣声平息。从正客开始,依次到石水盆处再次清身净心。之后如上次一样地进入茶室,拜看壁龛上的花,花瓶和其他茶道具,然后就座,由末客拉上入口门,并发出轻微声响,以示我们已经就座。主人听到关门声,提起装满水的提桶到石水盆处,在石水盆中加满水,将水勺拿回厨房,然后撤去小茅棚中的烟盒和圆形草垫。之后,主人将茶室的拉窗和窗帘全部揭开,使室内一下子充满了光亮。然后茶事的"后座"程序正式开始。

　　主人拿来茶碗与浓茶罐放在一起,再拿来装污水的罐子,接着开始点浓茶技法的表演。点茶是茶事的核心标准与难度都很高,在点茶过程中主客的表情都十分的凝重、专心、安静。点茶之法本传于唐、宋、元。在中国由于明太祖朱元璋的罢黜点茶而后失传,在日本被继承发展而成其国粹,因此,点茶使茶事过程进入了最高潮,在点茶期间很少对话,都平心静气地守望着。点好的浓茶装在同一个茶碗中,必须依次轮流品茗,态度郑重。喝完浓茶后,正客向主人请求拜看茶碗,客人们依次看完,再请求拜看浓茶罐、茶勺、装浓草的布袋等,由正客在大家看完后一一向主人询问,主人作出回答。例如:

　　　　正客:刚才的茶非常好喝,请问茶是什么品名,产于何地?

　　　　主人:茶叶叫"青云",是一保堂的茶商制作的。

　　　　正客:请介绍一下茶碗。

　　　　主人:是备前陶器,藤原健烧制的,我在冈山时买的。

　　　　正客:请问浓茶罐的形状、产地和来源如何?

　　　　主人:浓茶罐是带看头的,濑户所产,我60岁生日时收到的礼物。

　　　　正客:茶勺为何人所制,有何名称?

　　　　主人:是当代宗家所制,称为"洗心"。

　　　　正客:装浓茶罐的布袋用的是什么料子? 是哪里缝制的?

　　　　主人:料子是两龙间道,由德斋缝制的。

主客之间问答毕,茶事中最主要内容"浓茶"的点饮便告结束。点完浓茶后,炉中炭火已显微弱,所以在点薄茶前要再添一次炭,这就是"后炭",与"初炭"添法一样,炭量视茶叶而决定多少。

　　后炭技法表演完毕,主人端出烟盒与点心盒。点心主要是干糖粉点心,糖块和脆饼干之类,日语称为"干果子"。然后主人拿来茶碗和薄茶粉盒,再拿来污水罐开始薄茶技法的表演,浓茶时气氛比较严肃,而薄茶则又较为轻松,可以自由交谈,使茶室充满快乐的气氛,喝完薄茶,客人们要求拜看薄茶盒、茶勺等道具,再有主客之间的问答。至此,"薄茶"阶段结束。主人在席上依次与客人互致别离之礼。行完礼,主人走出茶室,客人再次拜看壁龛与茶炉,然后依次由小出入门退出,末客最后关上室门,主人再次行礼,并目送客人离去。客人回到等候室整理衣装,取出存放物品然后回去,在茶事第二天,正客要再次到主人家或通过电话向主人致谢,这叫"后礼"。

通过上面对日本茶事一个最普通的例子的具体描述,我们可以看到茶事活动实际上就是一次以茶为核心的餐饮综合活动,点、菜、饭食为辅助,共筑一个完美绵厚的茶事艺术氛围,突出了茶禅精神在饮食之中的导向作用。整个过程程式,安排得十分复杂而繁富,尊卑有序,礼仪周备,乃至于每一个动作,每一个行为与言问都是程式化的刻意打造,对人的耐性、静性、恒性、专性具有极强的磨炼修行的教育作用,使人从中体悟到一种处事做人的态度与方法,这就是茶禅一道的忍者精神,它要求人遵循礼义、德行,恪守正确的人生道路和向这一要求实践时所需具备的隐忍精神,将一种饮料通过一种格式化饮用表演游戏的形式与一个民族精神紧密深层地联系在一起的现象,在全世界范围内,唯有日本茶道,这也是日本茶道从中国茶与禅文化中传承并发展达到超然物外独树一帜的地方。

[参考文献]中国宋代的点茶法

日本茶道的点茶法一直沿用的是中国宋代的方法,所用茶叶为抹茶,而不是中国现代所饮的叶茶。依据对宋蔡襄所著的《茶录》与宋徽宗所著的《大观茶论》中有关点茶内容的综合大致有 5 个步骤,阐述如下。

(1) 碾茶:先用洁纸(或布袋)将团茶块包起,用木槌敲碎,将碎茶放入碾槽中,快速有力地将其碾碎成末,时间以最短为好,防止超时使茶色变,如果用旧年陈茶,则先需"炙茶",即先在干净的容器中用沸水将陈茶浸渍,刮去茶饼表面油膏,用钳子夹住茶饼在微火上烤炙到干爽,再同新茶一样碾成粉末。碾茶得法恰当,茶香四溢,可以提神。

(2) 罗茶:将碾茶装入筛罗过滤,使极细茶末滤下略粗留下再碾,极细茶末能在茶汤中浮起,尽显茶色,为达到极细目的,罗、碾茶叶要经过几个来回,现在碾茶和罗茶一般在日本茶道中已不用现场表演,而是有成品末茶供应。

(3) 候汤:蔡襄在《茶录》中只论及烧煮点茶用水,但在徽宗与宋代其他文人都有论及选水和烧水的内容,在选水方面,宋人虽讲求水质,但还不如唐人的苛求,唐人品天下诸水,必称中冷,谷帘,惠山,以至于有李德裕千里立惠山泉的故事,到了宋代,除了朝廷专门征调惠山泉水用于点茶外,宋人用水一般不讲求名气,而只论水质,在当今日本,也以自然的山泉之水为上品,因此,在有条件的情况下,引流山中矿泉是茶道茶事场所的极品,但是很少见。

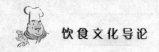

至于烧水,也就是把握水的火候以及水烧的程度,唐人讲求三沸,称鱼目蟹眼,陆羽认为当用第二沸度水,蔡襄认为掌握汤水的火候最难,火候不到则茶末不浮,火候过了亦不浮,只有掌握汤水的适当火候,才能点出最佳的茶来。由于宋代水是闷在汤瓶中煮的,看不到,故而较难掌握,到了南宋,罗大经与其好友李南金将煮汤候的功夫概括"背二涉三"四字,认为三沸略及三沸之时的茶水点茶最佳,他们都是点茶的绝顶高手,依靠听声辩沸的经验,水沸的程度其响声也是不同的,以至今天仍有"开水不响,响水不沸"的生活谚语,日本点茶烧水也大致如此。

(4)烫盏:即调青点茶之前,先用开水冲涤茶壶,这个习惯一直到今天的中国与日本饮茶仍是如此,将茶杯预热有助于激发茶香,而在宋时预热茶杯可以使点茶时茶末上浮,取得点茶的好的效果。

(5)点茶:第一步先要调膏,一般每碗茶末用量为"一钱七",约合现代7.5克,先注入少量开水将其调匀成为膏状,然后一边注入沸水一边用茶匙有力调和,谓之"击沸",宋徽宗后改用茶刷为主击拂,宋徽宗认为要注汤击沸七次,香茶与水调后的浓度轻、清、淡适中即可,蔡襄认为水注至茶碗容量的十之六七即可,这个方法直至今天日本茶道点茶未变,然而在中国至明代以后趋于消亡,然而遗韵尚存,所谓"凤凰三点头"、"旋冲泡茶"、"悬壶高冲"等泡茶之法即是其击沸点茶的遗风。

据有关专家点评认为,与宋代点茶技法重视色、香、味讲究水质,水的火候以及茶水比例方面相比,现代日本茶道更注重点茶时的一举一动的肢体表演,日本茶道的点茶技法对位置、动作、顺序、姿势、移动路线都作严格规定,其规则非常细致繁琐的用意已超过了点茶本身,成了修行品德的一种固定程式,就连薄茶点法也有着令常人难以忍耐的繁琐程序,但是作为一种修行程式,则必须遵循这种规则。

2. 薄茶技法

薄茶就是清淡的茶。薄茶技法是初学茶道者必须学习的。薄茶技法有不同流派的传承,种类也很多,有一种叫"盆略点前"的技法是日本薄茶技法中最为平常的形式,略述如下:

"盆略点前"所需茶道具有:风炉托板、风炉、茶釜、托盆、污水罐、薄茶盒、茶勺、茶刷、绢巾、茶巾,共要经过30个步骤。

(1)开礼:将装有茶道具茶盒、勺、刷、碗、巾等物的托盆放在茶道口,点茶者在门外跪坐下来,向门里行礼说:"请允许我为您点薄茶。"

(2)入室:点茶者双手下端盆起身,右脚先迈过门坎,走进茶室,将托盆放在风炉正面。

(3)坐下:点茶者在风炉正前方坐下,将污水罐放置左膝边,托盆移至靠近客人的右边。端正坐姿。

(4)叠巾:点茶者左手拿起绢巾开始折叠,叠时中速不要太快,保持平静心态。

(5)拭盒:左手盒起薄茶盒,用叠好的绢巾拭净茶盒,然后将薄茶盒放在托盆。

（6）整理：重叠绢巾，再擦茶勺，擦拭后将茶勺、绢巾放回托盆。

（7）准备：右手拿起茶刷，放在茶盒右侧，将茶巾放在托盆的右下方。

（8）热杯：将绢巾盖在茶釜盖上，左手提壶将沸水冲入茶碗预热，壶放回炉上，锅中搭在托盆左边。

（9）热刷：将茶刷放在茶碗热水中预热，然后放回原处。

（10）净器：右手端起茶碗，将预热水倒入污水罐中。

（11）拭碗：用右手拿茶巾擦拭干茶碗。

（12）置巾：将放着茶巾的碗放回托盆原处，再将茶巾放回托盆原处。

（13）请点：用右手拿起茶勺，对客人说："请用点心"。

（14）开茶：用左手拿起薄茶盒，打开盖，将盖搁放在托盆的右下侧。

（15）装茶：用茶勺舀茶粉放入茶碗中，将茶勺在茶碗口轻磕一下，磕掉茶粉后将勺放回原处，将茶盖上。

（16）点茶：右手将绢巾复在壶盖，左手提壶向茶碗中冲入热水（80℃）。

（17）击沸：左手扶碗，右手用茶刷击沸茶汤，快速均匀地上下搅动，直到泛起一层细泡沫为止，泡沫以细厚为好，点茶击沸后将茶刷在茶碗里划一圈从正中离开茶汤面，茶汤面有稍稍隆起伏，即为成功。此时将茶刷放回原处。

（18）献茶：右手端起茶碗，托在左手，用右手向内调整出茶碗正面（花饰面）朝向客人，置于相邻右侧的榻榻米上。

（19）饮茶：客人自取茶品饮，饮毕将茶碗送回。

（20）置碗：客人将碗送回，将正面转向自己后，放回托盆原处。

（21）涤碗：在茶碗里倒入热水，交给左手，将水倒入污水罐中。

（22）停饮：这时客人说："请再来一碗"，点茶者便如前再点茶一次或多次。如果客人不需要饮时，便说："请收起茶具吧。"点茶者就会行礼说："请让我收起茶具。"

（23）洗碗：在茶碗城倒上热水，右手持茶刷在水里洗净，洗毕将水倒入污水罐。

（24）收具：将茶巾放入茶碗当中，放回托盘，将茶刷放入茶碗。

（25）擦勺：右手拿起茶勺，左手将污水罐向后移，再用右手下拿起绢巾叠起擦拭茶勺，擦干净后将茶勺搁在茶碗上。

（26）撤茶盖：将茶盒放回原来位置。

（27）收釜：在污水罐上抖掉绢巾沾黏物，再将茶釜盖打开一条缝。

（28）别巾：将绢巾叠好，别在腰间。

（29）出室：点茶者端起托盆，放回正面，将污水罐撤到茶道口处，再端起托盆回到茶道口。

（30）别礼：在茶道口最后行一次礼，结束点茶技法的表演。

点薄茶看似简单,但其一套程序却尤为复杂,每个参与者都按照严格的规定进入各自的位置,担任各自的角色,每一个动作、言谈、行为方式都在刻意打造出一种特定的茶道氛围,都为茶饮组构成特有的礼仪表现模式,一般来讲一次薄茶仪式需演示 20 分钟,茶粉量为 1.75 克,水温 80℃左右。如果点浓茶,则 3.75 克/人,也有着更为丰富的表演,但在形式和程序上也大致如此。

第五节　韩国茶礼与欧美茶俗

可以说韩国对中国茶文化的引进比之日本可能更早,同样发展为通过茶艺演示礼仪的形式。公元 7—8 世纪是韩国的新罗政权统一朝鲜半岛时期,与中国唐政权关系密切,并以佛教为国教。韩国在新罗时期所引进的是中国禅院饮茶的一系,最初仅限于王室成员、贵族、僧侣阶层,用茶祭祀和礼佛,及至新罗后期,饮茶之风向大众普及,并开始了韩国最高的种茶与制茶,好茶者是禅家或谓之遭羽客,所引用的饮茶方法则是对唐代煎茶法的复制,这在一定程度上要归功于曾在唐朝为官的新罗学者崔致远。

在 10 世纪的韩国高丽政权时期,朝鲜半岛的茶文化与陶瓷文化进入全盛时期,高丽茶道由新罗的煎茶演进为点茶,这与中国唐宋茶道演进是相应的。韩国茶礼也在这一时期正式开放,高丽的茶道是采用的坐禅修行形式。坐禅修行就是席地而坐,讲究方法与朝向,在饮茶中静思参悟,禅茶一味的精神,此就所谓著名的"八正禅茶礼"则是一种纯正的佛教禅宗的修行仪式。高丽时期茶礼普行于王室、官府、僧院、自姓家中,每年的燃灯、八关两大会节必要举小盛人的茶礼大会,前者供奉佛祖释迦,于农历十二月二十五日后者供奉诸神,如五岳、龙王等等在农历十一月十五设祭,奉行的是中国佛教禅宗茶礼仪式。高丽的茶礼也是一种被广大俗众普遍使用的宗教仪式,除了上述"八正禅茶礼"外,祭奉"茶圣炎帝神农氏"的"五行茶礼"规模最大,参与人数众多,内容极其丰富。在日常生活中,每逢冠礼、婚丧、祭祖、敬佛、祈西等都用茶礼形式,在这里茶的佛性意义不同于酒的神性,而直接成为禅的精神载体,用茶礼的形式固定化、技艺化了,以至成为一种庄重的仪式,在行使这种仪礼时,甚至不一定要饮到真正的茶。现代韩国的饮茶亦如中国大多数人一样冲泡散叶清饮,但在社会庄重场合,则亦如古法进行茶礼茶会活动,煮茶采用唐法,点茶与日本茶道相似,只是在茶道具方面的煮茶器用的是石锅,在韩国茶礼思想中是儒、道、佛统一的,其"和、清、静"的修行意境亦是与中、日一脉相通的。

至于亚洲和欧美其他一些国家,如印巴地区、阿拉伯地区和欧洲、美洲等,大多采用的是中国古代的调饮方法,在西方尤其是英国被誉为西方"饮茶消费的王国"。根据欧洲有关文献记载,最初提到中国茶叶是在明嘉靖三十八年(1559),威尼斯作家拉马沃所著的《中国茶》和《航海与旅行记》两本书里,最早将茶的饮用方法传入欧洲的是葡萄牙的克罗兹神父在 1560 年左右。中国茶叶直接销往欧洲大约在 1607 年,由荷兰船从爪哇到中国澳门贩运茶叶,最初运往欧洲的是绿茶,其后改为武夷茶和红茶。据罗伯特·路威(R. H-Lowie)教授在其名著《文明与野蛮》中认为,是荷兰人将中国茶文化传入欧洲的,到了 1650 年前后,英国人开始喝茶。培匹斯(Pepys)在日记中写道:"只有上等社会喝得起",当时茶价从 15 先令到 50 先令一磅,价格昂贵,没有多少人买得起。1700 年前后,中国文化曾强烈地影响着整个欧洲,法国作家路易德鲁圣西门在《回忆录》中说:"有关中国的争论已开始在诸如孔夫子和先祖的礼仪等问题上肆喧哗了。"伟大的法国汉学家安田村认为:"1700 年标志着欧洲和中国文化交流关系史上的一个决定性时刻。在此之后,直至法国大革命,在欧洲有关中国人,中国的圣贤和中国最杰出的圣贤孔夫子的议论轰动一时"(《中国文化西传欧洲史》)

植根于中国儒、道、佛哲学文化基础的中国饮茶文化也在这一时间深刻地西传致欧洲国家,如荷、法、英、匈、西、意、德等国,英国作为欧洲国家最为传统的国家之一与法国被称为欧洲的中心,尤其是英国在其传统保守性方面可称之老欧洲的代表。在 1700 年之前后,大不列颠仍是欧洲最大的咖啡消费国之一,然而在一个半世纪以后,咖啡在大不列颠沦落到从属的地位,据 Wolfgang Schivelbusch 在《味觉乐园》一书中所说:"1650 年到 1700 年间,英国的茶叶进口总计 181 545 英镑,在随后的半个世纪达 4 000 万英镑,其增长幅度超过 200 倍,而这些数据还只是参考数据,因为当时的统计只包含纳税的货物,不包括走私物品,然而在 18 世纪,走私是决定国民经济的一个重要因素,那些走私犯也因此成为地位重要的社会阶层。他们是社会经济的叛逆,他们使人们对绝对官僚的国家权力产生动摇,国家本来准备靠这些享乐物品大肆收税,而那些走私犯则像大英雄罗宾汉,向广大的人民送去享受。"

英国饮茶之风的兴起,据认为是 1662 年嗜茶的葡萄牙公主凯瑟琳嫁给了英皇查理二世随之将饮茶的风气带入英国宫廷,凯瑟琳爱饮红茶,认为是天赐的美颜饮料,由于她的身体力行,饮茶成了英国上流社会风雅的社交礼仪。在短短十几年中竟然取代了咖啡的国饮地位,也担负起醒酒的职能。对于英国人的口味为什么从咖啡神秘地转向茶叶,其中原因仍是一个谜,有人认为,英国的淡水水质较硬,但是与红茶结合时,竟会变得柔和芳香起来,真是一种天然的搭配。19 世纪后人们又通过对茶叶的理化分析发现了茶叶里面同样含有咖啡所具有的刺激物质,但含量比咖啡轻,医学上也证明了饮茶比咖啡更具有安全性和保健性。在 17 和 18 世纪人们浑浑噩噩的意识中,茶叶同样在刺激着他们的中枢神经,在活跃人的身体,认人清醒,治疗剧烈头疼和眩晕,驱除古怪念头和疲劳感觉方面的作用亦与咖啡相近。尤其是在清洁体液和肝脏,强化胃功能,优化消化系统方面,特别适宜于肥胖

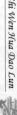

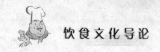

者和爱吃肉食的人。茶还能驱散噩梦，清醒大脑，增强记忆，只需冲一杯，人们就可以通宵达旦地工作，丝毫不伤身体，它实际上与咖啡是口味不同的两个搭档。另外当时东印度公司的垄断与推销也是与此分不开的，茶叶重要地影响了英国饮食文化传统部分改变了英国人民的饮食生活习惯，成为英国日常饮食的一个组成部分。1700 年伦敦已有 500 多家咖啡馆兼营饮茶，众多的日杂店也开始销售茶叶，在鸦片战争时，广州出口的茶叶有三分之二销往英国，直到现代，英国一直保持着进口茶叶第一大国的地位。有调查资料显示，有 80％的英国人每天饮茶，年人均饮茶量约为 3 千克，几占各种饮料的一半。茶也影响了英国每一个阶层的生活，同样也影响了整个欧洲人民的饮食生活。

再以现代英国与俄罗斯饮茶为例，英国社会阶层有早餐茶、下午茶、旅行茶（火车、轮船、航空机场）和家庭茶等习俗。俄罗斯则以家庭聚会形式饮茶，有时多达每天 5—6 次，如果说，中国传入日、韩国家的是一种宗教题材的禅茶模式，那么传入欧洲的则是自由饮茶的俗众模式，并仍然保持了汉唐古茶调饮的遗韵，在这里饮茶通常也以聚会或以特定时刻的性质而与一般的饮水不同，其精神愉悦的情感性十分鲜明，例如：

英国的午后茶：又称"五时茶"或"下午茶"，这是英国人饮茶习俗的典型例证，英国的"五时茶"即是指在下午四五点时饮茶，这是一天中最不拘礼节的一餐，家庭成员和客人都在起居室里喝茶，每人一个茶杯，一只茶碟，一把茶匙和一些糕点和一份白脱油，在正式的茶点餐中还有时备有肉食冷盘，英国的铁路站上常备有一种特殊的茶篮，专供旅客以满足旅游喝五时茶的习惯，茶篮里有茶水和开水、牛奶、糖、面包、奶油、饼干和水果等，在火车上有昼夜供应的茶篮。苏格兰人将下午茶称为"High Tea"，意思是代替晚餐的下午茶。最有名的是兰卡郡的"正式午茶"，大约在下午五点至六点之间举行，每人一大壶茶，牛奶，柠檬片以供自由选择，茶汤很浓佐以典型的苏格兰面包、黄油和果酱。"正式午茶"的特色是以冷盘为主，其中有色拉、番茄、酸黄瓜、火腿、咸萨门鱼、熏牛舌等，用大拼盘放在桌子中央，各取所需，然后是蒸糕、布丁、蛋糕和水果羹。由于在这里所用食物量较多，所以苏格兰人的晚餐往往就十分简单。

许多英国人也有喝早茶的习惯，一家人中往往丈夫先起床烧开水先为自己冲泡一杯奶茶饮用，再为其他成员准备好早茶。在一些大机关里也有每天供应早茶的制度，但以下午茶则更为重视，在英国许多社交场合，常用下午茶代替宴会，例如英国人的结婚仪式常在下午三点左右举行，然后用下午茶招待客人，以茶代酒，气氛隆重而又轻松，在重大的社交场合则用正统的英国奶茶，英国奶茶分热与冰饮两种，制作也较讲究，首先取用直接自来水，而对一些纯净过滤或经热水瓶存放的水不予选用。接着将水烧沸、温壶，再将茶叶投入壶中，冲入沸水泡开 3—4 分钟，将茶汤过滤倒入盛有三汤匙冰牛奶的杯中，用茶题调匀即可，冷饮则是将茶汤晾凉，投入冰块与牛奶杯中，加糖调匀即可，英国的饮茶习俗，目前已成为欧美许多国家饮茶的一种风尚。

俄式的"茶炊"茶：自十七世纪中叶，俄罗斯人开始饮茶以来，已成为全民的一种风俗，尤其是其"茶炊"饮茶形式具有其独有的特征性，每到喝茶时，俄罗斯的家庭成员便聚拢在"茶炊"周围，"茶炊"是一种用黄铜制的煮水器烧茶，这种煮水器又叫"沙玛瓦特"。沙玛瓦特造型古朴、典雅，大多带有装饰图案纹饰，其构造类似于中国式"火锅"。下面烧火炭加热，也可用煤炭、燃气或电能加热，底部3—4足，上有炉膛连着筒形上升的烟囱，周围箍成桶状贮水器，桶壁下侧有鸡头状出水龙头1或2只，加热时，烟筒顶口具有加热茶浓汁的功能，茶炊器在水面与盖子之间具有巧妙的空间设计，根据水响的程度判断桶中水沸的程度，茶饮在加热时，先是"浅唱"，接着"喧嚷"，最后发出"雷鸣"之声，最好取"喧嚷"之水泡茶，在格鲁吉亚地区，旧时人们饮用新焙茶时，先将空茶壶干烧近100℃，然后按每杯茶1.5茶匙茶叶量将茶叶先投入壶中，再冲入沸水，会发出噼啪之声，同时散发出玫瑰般的茶香，颇有情调。俄罗斯人饮茶一般是红茶，通常采用白水兑浓茶汁饮用的方法，在顿河地区，人们的饮茶则又与中国藏民一样的煮饮。

综上所述，茶，作为一种中国原生的植物，被中国人饮用并流传广布于世界，成为世界的饮品，饮茶之事也成其为全球人类共有的文化事项，它的清香与清苦，青涩之味与人事的某些方面产生了精神的融通，从而使茶本身具有了一种文化载体的性质，饮茶之事也自然成其为修行人品的一种生活样式。究其本质，就是茶叶那来自大自然深豁林泉的崇高风味构起了人类对大自然崇高精神的追求和爱戴。茶叶的品质正是这种追求精神的理想寄托和榜样，换言之，茶文化就是人类所赋予茶叶的人格化以及人性化的饮用行为模式。

 思考题

1. 茶的饮用具有什么文化学内涵意义？

2. 什么是中国茶道？其与日本茶道又有哪些差异？

3. 中国茶叶是怎样传播至英伦的？

4. 中国茶事的古今差异表现在何处？

5. 饮茶与饮酒的情感区别在哪里？

6. 你会品茗吗？你知道中国各民族的品茗风格吗？

第七章 人类饮食的游戏
（三、生活滋味）

知识目标

　　本章揭示了咖啡、可可的饮用精神内涵，也揭示了人类对百味感受的文化精神价值。人类对咖啡、可可与色、香、味、形、质五味的品尝亦如对酒、茶的饮用一样，具有深层的超越生动直觉的理解。

能力目标

　　通过教学，使学生深刻理解咖啡、可可的文化背景与精神取向，充分理解人与食物五味之间的自然和谐关系，提高自身在日常饮食生活中对五味的正确态度。

　　在世界四大饮品中，如果说酒与茶反映了人类"神性化"的两个侧面，是因为它们具有深厚的宗教情感和药用的古老传统，它们已成为一种精神的化身，反映在公众社会也沉淀在私密世界。那么，另两种饮品则纯然来自人类的"私密"世界走入柔情的梦乡。它们没有被崇拜的古老传统，但给人以更为温馨的遐想，在青年男女的心怀中酝酿着甜美的爱情，它们是咖啡与巧克力。因此，饮用它们没有庄重只有轻快；没有拘束只有自由；没有沉醉只有蜜意；没有孤寂只有浪漫；没有传教只有时尚和风流，如果用音乐来比喻，酒和茶属于交响曲、鸣奏曲，而咖啡与巧克力则属于小舞曲和摇篮曲，代表了时尚与温情。

　　人类对不同风味饮食的品玩都是一种属于个人内心的"品尝游戏"。人类对"人工制品"风味的品尝满足审美情感为主要目的，而这种情感并不是生来具有的"野性情感"。而是人类后天习得并养成的文化情感。人们在品尝饮食风味过程中，模仿崇高，将自己塑造成崇高的人，德国大哲学家康德说："人具有一种自我创造的特性，因为他有能力根据自己所采取的目的来使自己完善化；他因为可以作为天赋有理性能力的动物而把自己造成为一个有理性的动物。"（《康德全集》第2卷）人类的一切人工化饮食品的风味都是为了满足人类自身审美趣味而创造的，不仅在加工中创造还要在品尝中创造并完善自己。通过"寓意于食"达到"寓乐于食"，在品尝活动中感悟人生的快乐。

人类对于咖啡的饮用情感典型地说明了这点。咖啡原本是苦涩的，不会饮用者难以入口。但是一旦学会了饮用，便一天也不能没有它。人们学会了烘焙和煮制，加入"知己"和"糖"，使咖啡变得那样馥郁又那样具有无穷的回味。

第一节　咖啡——从酒中唤回的人性

一、咖啡与咖啡屋文化

与远东的中、日、韩不同，16—17 世纪之前，西方并没有茶也没有咖啡和巧克力，占统治地位的是酒品。据 Wolfgang Schivelbusch 在《味觉乐园》一书中论述："在咖啡、茶和巧克力这些非酒精热饮品在欧洲菜单稳固地占据一席之地之前，饰演主角的是酒精，其地位之重要，即便今天我们恐怕也很难想象。它集享乐物品和营养物品的特性于一身。中世纪的人们大量饮用葡萄酒和啤酒，特别是那个时候，每年众多的节日（巴黎在 1660 年时，每年要过 103 个节日），如教堂落成纪念日、结婚纪念日、洗礼、葬礼、蓝色星期一（并非节日，而是每个星期末喝得烂醉，面色发青，以至于周一都不想工作）等。"在土豆未被引进之前，啤酒是仅次于面包的主粮，每家都在酿造，许多北欧人不是靠吃其他主粮，而是靠饮啤酒生存，包括"酒鬼"和非酒鬼，不管男女老幼，健康或病人都如此。直到 19 世纪之前，咖啡、茶、巧克力还没有如现代一样普及的时候，酿造啤酒还是一般家庭副业的主要部分。伟大的宗教改革家路德曾力主人们减少饮酒，向咖啡方向转移，各国政府也多次颁布严禁赌酒的禁令。可以说 19 世纪之前啤酒汤是最为主要的饮品。17—18 世纪欧洲掀起了一场反对暴食暴饮的运动，咖啡是被作为良好的清醒剂被引进西方的，其普及与清教徒们的努力是分不开的。

为了用咖啡将被酒精熏染得神智混沌不堪的人们从酒神的身边唤回到全民理智的勤劳状态，这是 17 世纪为咖啡做宣传的基本内容。一位英国的清教徒诗人在 1674 年就写了这样一首诗：

　　　　罪恶葡萄的甜蜜毒液

　　　　亵渎了整个世界

　　　　我们的理智和灵魂

　　　　在泛着酒水泡沫的杯中摇曳

　　　　浑浊的啤酒浊雾飘升

我们的脑在徐蒸腾

于是,那怜悯的上帝

送来了疗伤的果珍

咖啡,这珍贵而健康的饮料的到来

我们胃肠通畅,茅塞顿开

无边的唤醒记忆

无痛地驱逐悲哀

到了19世纪,据英国历史学家尤里斯·米什莱(Julen Michelet)在谈到咖啡醒酒剂使命和效果时说:"那些小酒馆从此退出舞台,肮脏的小酒馆退出历史舞台了。就在半个世纪之前,它们还让年轻人成天流连于酒桶和娼妓之间,不再有夜半酒歌,不再有潦倒的贵族……咖啡,这种不含酒精的,令人清醒的强智饮料,给世界以纯洁和健康;咖啡,驱逐了自负的阴云和浑浊的沉重;它用真理的光芒照亮了现实世界……"(转引自《味觉乐园》)

咖啡一词源自希腊语"kaweh",是"力量与热情"的意思。咖啡是生长在一种属山椒科的常绿灌木咖啡树上的颗粒状果实中的果仁部分,故而又叫咖啡豆。咖啡最早出自古老的大陆埃塞俄比亚,这里山峦起伏,位于阿拉伯世界与非洲的交汇处,人称"非洲三角",是人类起源的重要地区之一。大约在公元5—6世纪时,这里的居民便发现了咖啡。黎巴嫩的语言学家浮士德·内罗尼在《不知道睡觉的修道院》故事中描述了迦勒底羊人发现咖啡的故事:据说一个牧羊少年每天都在埃塞俄比亚高原的山间小径上牧羊,有一次他发现羊群在吃了一种灌木的红色果实后非常兴奋,开始他担心羊群吃了什么有毒的东西,可是过了几个小时,羊群安静下来了,没有一只羊死掉。这个少年便大胆尝了这种红色的果实,结果,他也变得兴奋起来,倦意全消。他将此事告诉附近修道院的教徒们,于是一传十,十传百,红果子成了当地人的食品之一。公元6世纪,埃塞俄比亚人征服了阿拉伯半岛南部的也门,并在那里种上了世界上最早的人工栽培咖啡树。1200年前后,烘烤咖啡豆的习俗开始在那里形成。主要的是这种饮料深受伊斯兰教旋转托钵僧的热爱,因为他们需要靠它来增强体力,以便有力地支持他们长时间的跳舞。15世纪他们将这种饮料介绍到麦加,并在那里发展了世界最早的咖啡屋,心存感激之情的穆斯林朝圣者又将其传向伊斯兰教世界的每一个角落,如伊朗、西班牙、埃及和土耳其。

1536年,土耳其奥斯曼帝国占领了也门,此时也门的咖啡种植已经颇具规模。奥斯曼帝国的统治者们将咖啡大量地从摩卡港向外出口,牟取暴利,并垄断了近一个世纪,他们严禁将生豆外传,只有经过熟制后的咖啡豆才能出口,然而,随着土耳其在18世纪的衰弱,咖啡的种植还是传遍了世界。咖啡的传播见图7-1。

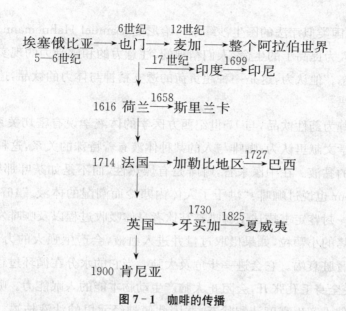

图 7 - 1　咖啡的传播

　　如果说,茶叶是属于佛教的饮料,那么咖啡就是伊斯兰教和基督教的饮料。咖啡大量在欧洲普及的时间比茶叶迟 20 年左右,也比可口迟几十年。在 1643 年,巴黎才开设了第一家咖啡屋,随后分别于 1650 年和 1652 年,在英国牛津和伦敦各开设了一家咖啡馆,1683 年在维也纳开设了奥地利的第一家咖啡屋。早期的咖啡屋以 1687 年由爱德华·洛伊德(Edward Lloyd)在伦敦搭街开设的洛伊德咖啡屋最有名,据说在几年后该店迁移到伦巴第街一直经营了 80 多年。咖啡在最初进入欧洲社会时,与茶叶、可口一样被视为具有异国情调的神奇饮品,昂贵得只有追求时尚的贵族才能消费。进入意大利时,甚至一度在社会上引起争论,许多人认为是异教徒的邪恶饮品,从而受到来自教会的抵制。后来不久便发现咖啡具有令人清醒、抑制性欲和反感官的特性,这与教会清醒禁欲精神具有某些吻合之处,加之教皇品尝后发现其芳香气味又令人陶醉,能令人从躁动激烈中冷静下来,温和下来,于是欣然接受并大力推广,将之定性为基督教的饮料。同时以此作为战胜弥漫于社会的啤酒汤传统的武器。清教徒认为,咖啡激发精神和保持清醒的功能最为重要,它最终延长和精炼了人们可利用的时间。在这一意义上,如果人们不喝咖啡对于清教徒来讲无异于犯下滔天大罪,与浪费时间一样不可饶恕。这种认识与佛教徒对茶叶认识的性质一样。然而与茶叶不同的是咖啡在人饮后变得清醒的一瞬间或者刚开始变得清醒的那一刻,在一种不完全自然的状态下,也会感到朦胧、迟钝、四肢乏力,感到快速运动困难,思考问题吃力的现象,但一会儿人的精神又会不自然的亢奋起来,变得精神焕发,变得更加清醒,有如被强迫的一般。兴奋过后,人的体黏液会变得枯竭,容易形成冷漠性情,对人的情欲的本能具有抑制作用。这种特性正是清教徒欢迎的一种符合于基督教义效果。因此,咖啡作为醒酒药性饮料被饮用,对因饮酒生成的燥热性情具有良好的改善作用。然而,这些咖啡的特点并不是十

281

第七章　人类饮食的游戏(三、生活滋味)

Yin Shi Wen Hua Dao Lun

全十美的,德国类似疗法的医生沙缪尔·哈尼曼(Samuel Hahnemann)认为:"咖啡制造了一种人为提高了的生命,人们精神的、注意力的和感受力的现实状态高于健康的自然状态。"他认为,这是一种超负荷的透支精神与体力的饮品,违背了人类机体的自然规律。

将咖啡尊为药性饮品,与17世纪西方医学的体液学说有密切关系,在17—18世纪西方医学文献里认为,咖啡与人的某种体液有着特殊的关系,这种体液造成人的冷漠性情的黏液。在中医来看,咖啡是有燥热性,而不是如茶叶那样的清凉性,西医如Dufour也说过咖啡:"烘干了人体内寒冷而潮湿的体液。"1679年,马赛大学医学院的一封鉴定书描述了咖啡被其饮者身体吸收过程以及咖啡发生作用的情况:"这些烘烤的小颗粒,如果摄取过量并进入血液,会产生强大的力量,导致淋巴系统分裂和肾脏衰竭。它会进一步危及大脑。当它的水分在循环过程中被蒸发干净,它就会使全身毛孔张开,会阻止大脑产生动物本能的入眠能力。咖啡渣里包含的这些因素使人产生高度清醒状态,并因此使神经元里的汁液枯竭。而这些是不能再造的,接着就会出现全身乏力,浑身麻痹和性无能。由于血液变酸,血管像夏季的河床一样疲软,身体的各个部分像被晾干一样,整个身体骨瘦如柴"(Wolfgang Schivelbusch《味觉乐园》)。可见,过量饮咖啡也危害人体的健康,适量饮用则有利于健康,17—18世纪的咖啡被看作药品,是将其作为干燥性质药品看待的,这是对其烘焙性质的概括。人们对其在身体内吸收水分的功能有正负两方面的评价,被认为是啤酒的天然代替品,它的热量低,既不能导致肌肉的过度生长,又能产生冷漠性格(啤酒与冷漠性格有关,但易使肌肉过度生长)。咖啡作为干燥剂叩开了现代大门,英国医生本杰明·默斯里(Benjamin Moseiey)正面地阐明了咖啡的作用,说:"咖啡以其温暖的功效使黏液变得稀薄,增强了血液循环",狄德罗(Diderot)在《百科全书》中又突出地指出对饮用咖啡正面价值的取向:咖啡尽管对"瘦弱的、暴躁的人"不利,但是对"体态较胖,营养充分,体格健壮的人"很有好处。

现代营养科学发现,咖啡中含有的咖啡因较之茶叶为浓,对人的中枢神经的刺激也强于茶叶,有促进肝糖之分解,升高血糖的功效,适量饮用可使人暂时精力旺盛,持续力短于茶叶而又猛于茶叶,思维呈现特别活跃敏捷状态,有一定的消除疲劳作用和其他药理作用,专家建议,不宜高浓度饮用,中等浓度以1—2杯/天为宜,最多不能超过5杯,饮时还需多量伴饮白开水,有利尿强心的作用,饮用性质不能与茶叶相同。

欧美人对咖啡的认识深度超过了原产地和传出地阿拉伯民族,将之视为传达彼此间秘密情感的媒介,在咖啡中注进了馨香浓郁的人间温情。饮用咖啡成为时尚情调的娱乐行为模式,充斥着男女间柔情蜜意和同道聚会高谈阔论的情调色彩,其意义有如中国人之饮茶,但在形式上又有区别。创造了一种热烈但又冷静的"咖啡屋"环境情调。例如,在英国的17—18世纪的表现形式就是饮茶在家里,饮咖啡则在外面,咖啡屋在伦敦遍地开设,据一份权威资料的统计,1700年前后,在人口只有60万的伦敦就开设了3 000家咖啡屋,每200人就有一家。而当时的啤酒馆却只有不足1 000家。咖啡初进欧洲时,人们还将其作为一种新型饮品用在餐桌之中,随着咖啡屋的遍地开花,咖啡便成为一种具有独特情调的饮品而与餐桌无关紧要了,咖啡屋的章程明确要求人们要清静、节制、行为文明、语言有礼有节,从而与酒吧形成鲜明对比,而近似于日本茶道的性质,然而,日本茶道所表现的重点是礼仪固化的范式,在平静高雅中进行,而咖啡屋所表现的重点却是饮咖啡本身,在平等自由文雅气氛中饮用,是热烈而又冷静的,很有点中国古人文茶会的特点。因此,在东方人眼里咖啡屋是温情与浪漫蒂克的象征。Wolfgang Schivelbusch认为,咖啡屋在当时资本主义世界中心的伦敦发挥着最重要的社会作用。因为17和18世纪的咖啡屋与现代的咖啡馆相比,只是一种供应咖啡饮品的专门场所,到咖啡屋的顾客几乎集中了大多数的社会上层精英人物,尤其是经济界、文化界、政治界、军界精英人物。在英国咖啡屋里妇女、儿童是禁止入内的。在17与18世纪,民众的概念里政治、艺术、文学都属于商务活动的一部分。在咖啡屋里,鲜花最早开放也最早凋谢,到了18世纪以后,伦敦就出现了咖啡屋的高级形式——咖啡俱乐部,亦即以咖啡为媒介的各类社会活动的沙龙。当时咖啡屋所扮演的社会的、经济的和文化的角色,在今天的咖啡馆里已经荡然无存。咖啡屋文化的精神特征至少表现在如下两个方面:

1. 自由平等精神

自由平等精神反映在其共同遵守的文明守则方面。

(1)顾客可以自由进出,要饮即来,饮毕即走,不受约束。

(2)富贵的上层人士与普通手工业者、农民、工人同样受欢迎,即使同坐一起也不能蔑视,具有同等人权与格,无关系者之间行礼自便,但要文明互敬。

(3)就座无论尊卑,择空而坐,彼此谦让。

(4)即便是身居高位者到来,他人也无须让坐,遵循先来后到原则。

(5)引起吵闹者必须掏钱请在座各位喝一杯咖啡,以示歉意,与朋友用咖啡干杯者亦以此法处置。

(6)禁止喧闹,感情脆弱的情侣在此不受欢迎。

(7)所有的人都应轻松愉快的聊天,但不能过度

……

这就是咖啡屋在17—18世纪的一般规则,无疑它为我们开启了公众餐饮的现代精神文明的先河。现代东西方各国的公众餐饮都基本遵循了这一守则精神。

2. 社会交流中心功能

在现代报纸与电视台、电台、通讯等功能没有之前,17与18世纪的咖啡屋具有商务活动,新闻文学与艺术活动的交流中心作用。人们在这里读报纸、谈新闻、

讨论创作问题、交流经商心得、互通政治信息乃至于下棋娱乐,直到 20 世纪,咖啡屋都具有这种充满生命力的人们互联关系,咖啡屋对文学艺术的创作与发展起到了尤其重要作用,咖啡屋甚至成为协会与某些报纸杂志栏目的代名词。

咖啡屋与新闻的关系十分紧密,18 世纪的伦敦正统周报的编辑们,实际上把咖啡屋当成了编辑部,出版《闲话杂志》(The Tatler)的理查德·斯蒂尔(Richard Steele)在其通讯录上将他的咖啡屋叫做"希腊人",就像现代报刊消息来源于不同的新闻社一样,他把各种消息按所来的咖啡屋进行归类,他在《闲话杂志》的首刊中说:"所有关于世界上娱乐和享受方面的报道都发表在'白色咖啡屋'栏目里,文学作品都在威尔咖啡屋栏目,学术方面在'希腊人'栏目,综合新闻则在'St 詹姆斯咖啡屋',其他如果还有什么需要分门别类,我就把自己的地址用上。"新闻的关系也成为 18—19 世纪与现代"早报"和"晚报"的源流。

与咖啡屋具有古老的重要关系的是文学。与新闻记者一样,咖啡屋是作家们在 18 世纪的第二故乡,那时,两者之间的界限往往是两职集于一身,也就是说,咖啡屋的开设者往往就是作家本人。著名的有《鲁宾逊漂流记》作者丹尼尔·笛福(Daniel Defoe)。18 世纪很难找到一个与咖啡屋不经常具有关系的作家,至少在伦敦与巴黎是这样。

咖啡屋文化对英法等国近现代文学语言风格的影响具有极其重要的直接影响。劳伦斯·斯特恩(Laurence Sterne)和狄德罗(Diderot)的散文就是一种咖啡屋的谈话或散文,其中浓郁地散发出那种热烈谈论及其产生共鸣的韵味,英国的文学史学家哈洛德·劳斯(Harold Routh)曾论述了英国文学史这种现实与文学作品相互渗透现象,他说:"不管是作者还是读者,他们直到文艺复兴时期仍然没能真正了解,那种现实的谈话是怎样一种缜密的简洁。像纳什(Nashe)、德克(Dekker)或者洛兰兹(Rowlands)这些传单作家,他们唯一的目标也就是迎合民众的口味,尽管这些形式粗糙,但始终没能摆脱书本知识的限制,那些文学小社团到处散发出涂满文字的草稿,他们的作品最多也就是像用文字游戏讲述一次旅行一样,是对那些在咖啡屋进行谈话的原始照搬……人们在这里将他们自幼学会的乐善好施品德付诸实施,同时也试图把文学思想像学校的强化教育一样推向发展。"

咖啡屋在 17—18 世纪对大众文化的推动是多种多样的,其影响的结果就是其成为社会活动的中心,这里,咖啡屋的性质就是大众化的公共场所,是民众创造新的商业和文化形式的场所,咖啡屋文化在一定程度上造就了风靡世界近现代的大众文艺浪潮,例如卢梭、雨果、巴尔扎克、乔治桑、左拉、富兰克林、海明威、萨特、加缪、纪德以及毕加索、马蒂斯、雷诺阿、布拉克和拿破仑等文化巨人无不与咖啡屋文化有密切关系,得志或不得志的文学与艺术家们都有自己固定咖啡屋,甚至是固定的座位,所饮的咖啡通常也是固定不变的。在谈到咖啡与咖啡屋文化的本质关系时,Wolfgang Schivelbusch 在其《味觉乐园》中有一段十分精彩的评述:"咖啡本身与咖啡屋所产生的影响究竟有什么关系？我们显然已经不能用心理影响来解释，而应当从社会的，也就是社会文化的角度去解释，当咖啡屋作为一个社会场所，一个供人们交流和讨论的地方发挥着作用的时候，咖啡只是被人们品尝着，没有人注意到它本身究竟是一个什么角色，然而从另外一个方面看，从咖啡到咖啡屋，咖啡终究是其源头，咖啡作为热饮品奉献给人们的不仅仅是它的名称，还有它自身的存在。"

　　这段论述，不仅使我们认为，它不仅是对咖啡及其咖啡屋两者之间关系所作的解释，还是对人类一切以饮食为媒介所进行活动的形式与场所作的解释，在饮食活动中所进行的种种文化行为和文化样式都被演化为特色食品的特色风味——文化风味，而这种文化风味则被具体到饮食品之中供人品尝，从而实现了文化象征主义的人生种种精神化目的。

　　18世纪里，咖啡对于人们已不具有强烈的新奇感，开始走入寻常百姓的家庭，由公众饮品成为大众早、午餐中的一般饮品，在18—19世纪之间，咖啡屋开始从雅室经典风格中走向田园风格化，由贵族男人社会演变为妇女、家庭的一般聚饮会，而趋于体现出现代"咖啡茶座"的形式特征。在英国则是将国饮的位置让给了来自中国的茶叶，19世纪以后英法古老的咖啡屋文化中心也被德国的咖啡文化后来居上取而代之。咖啡作为"公众英雄"的面目，席卷了英法等西欧国家的近两百年历史，而德国则跳过了这个阶段，从一开始就以私家饮品的面目出现，并促使欧洲各国的饮用咖啡由男性咖啡屋形式转向女性咖啡聚会形式，而市侩化了。与咖啡屋的气氛不同的，是一种"田园风味"，正如文化史学家保罗·霍夫曼（Paul Hoffmann）所说："是这种新型饮品与温馨的家庭生活深层次的共生。"海因里希·福斯（Heinrich Voss）在其田园诗歌《70岁生日》里直接地反映了这种情景："……炙热的炭火，翻动的木勺，年轻的母亲站在灶旁不厌其烦地炒着咖啡，咖啡豆爆裂，变成棕色，一阵芳香飘过厨房和大厅，她把手伸向磨盘，把咖啡豆倒在上面并用膝盖将其收拢，扶住磨盘左边，摇动把手；她用衣襟收集蹦出的咖啡豆，她把磨好的粗咖啡倒在棕色纸上。"

　　与西方其他国家相比，德国人对待咖啡的态度可以说完全是出于另外一种动机，模仿西欧（英、法）并将之引向家庭化。由于16—17世纪咖啡在英、法是象征贵族与权力的饮品，而咖啡本身又是西方殖民文化发展的一个缩影。德国本身却缺少这种发展，德国人通过模仿西方文明的某些代表性模式，从而使自己参与到自己实际上置身于其外的世界历史潮流中来，从形式上看，饮用咖啡的某种形式发生了转变，其实质上这是咖啡代表西方文明在德国的本土化融合过程，咖啡正是这样从代表公共生活、社交活动、商业交流等方面转而成为家庭生活和温馨居家的象征，并以此引领西方饮用咖啡向现代大众化消费方向的转变。

　　当一种新发现或新引进饮食品种一旦被人们视为平常和习惯，便必然地走向本土化生产和种植,其饮食文化的内涵也将趋于平淡化。这是一种贯例,从经济的角度上看,如果做不到这一点而纯粹依赖进口,便会受到极大的限制,不能达到本土化、平常化和习惯化。在19世纪的英国和德国都面临这一问题,前者将重点转向了茶叶,后者则采用代用品"菊苣咖啡"的方式,当殖民时代走向衰退的时候,欧洲各国或多或少地存在这一问题,因此,真正的咖啡始终代表着一种时尚风情,一种经典与高雅的格调和财富、地位的象征。在这方面,法兰西、意大利依然是典型性代表的。

二、咖啡的制作与品饮

西欧人对咖啡的深层次认识有如中国人对茶叶的认识。咖啡有天然清香,经过人工焙烤使焙烤之香与本然之香天然混合而成为甜醇的芳香,并因焙烤程度而表现出不同浓度。这是世界不同国家民族习惯的多样性使然。当初,埃塞俄比亚人是将咖啡整颗果实咀嚼,以吸取汁液,埃塞俄比亚军人则是将磨碎的咖啡豆与动物油脂混合起来当作长途行军的体力补充剂。在整个阿拉伯世界里,很长时间都是这样使用咖啡。一直到公元1000年前后,绿色的咖啡豆才被用作清煮成为芳香饮料,在现代社会的中东地区,仍然流行着这种叫"ksher"的饮料。

我们不知道什么原因,到1200年前后开始了对咖啡豆烘烤的习俗。在麦产区,普遍具有将麦粒烘烤煮饮的古老习俗,将这一传统方式转移至对咖啡饮用的方面,可能就是其重要的导因,甜醇的芳香正是这种实验所产生的奇妙结果。现代对咖啡的加工与品饮一般是如下形式:

1. 烘焙

烘焙,就是将咖啡豆在干热环境中加热,使之脱水、膨脆、生香和色泽深化的加工。咖啡成品品种因烘焙方式而不同,在具体方法上有炒、烤、烘的不同,在程度上有浅度、普通、稍浓、中度、稍强、深度、过度等区别。焙烤方法及其深度的不同,咖啡都呈现出不同的风味。一般来讲,中度烘焙的咖啡,在酸、甜、苦风味方面能达到最完美柔和的平衡点。蓝山、哥伦比亚、巴西等地的咖啡多选择这种方法,咖啡豆的颜色随烘焙程度而加深,由浅褐色到黑褐色,口味也随之愈苦,酸味愈淡,浅度烘焙用时短,用温低,能最大限度地保留咖啡的原色原香原味,深度和过度则表现出焦香风味与苦味的混合性质,美国、意大利和德国人喜欢浅度烘焙,英国人喜欢深度烘焙而法国人喜欢过度烘焙,甚至喜欢将咖啡豆直接放在火炭上烧烤,焦香气特浓烈,故而又叫"炭烧咖啡"。

2. 研磨

研磨即是将烘焙的咖啡加以粉碎,粉碎度因煮泡制汤的不同方式和需要而定,一般在破碎度上有粉末、中等颗粒和粗颗粒之分,一般冲泡者快速萃取的需用前者,也适宜制成花色咖啡汤液,如用浸泡滤压的方法萃取汤液者则采用中等颗粒,至于粗粒咖啡或整粒咖啡就必须采用煮取汤液的方法。

3. 制汤

将研磨的咖啡通过冲泡或煮的方法制成直接被饮用的液汁流汁。一般认为,制作咖啡汤的用水以现接的自来水为宜,而将矿泉水与滚沸过的保温水视为不良用水,原因是它们易造成咖啡风味不良或不够的效果。冲泡用水则以滚沸后降温至 80℃左右(泡绿茶用水一样)为宜,煮水或煮咖啡时应以中小火不急不慢地煮沸,这些是制成优质咖啡汤液的条件之一。制汤时,应示咖啡的不同品质而采取不同的方法。一般来讲,若采用煮咖啡制汤的方法时,需使用特制的咖啡壶具,咖啡壶具因煮制咖啡的不同品种而区别性使用,有滤压壶、真空壶、滴滤壶、摩卡壶等类型。

(1)滤压壶:是最普通的家用咖啡壶,将咖啡与水的比例按 2 匙咖啡粉兑 1 杯水,在壶中冲泡,冲泡前需将壶预热,冲泡后还需保温或增温。一般牙买加的蓝山咖啡、夏威夷科纳和肯尼亚的 AA 咖啡适用此壶。

(2)真空壶:也叫虹吸壶,由两个玻璃球体构成,水在下球沸腾,在压力作用下升往上层,与上层球体内咖啡粉充分混合,当温度达到标准时,移开热源上层的咖啡汤液便会通过过滤器流回下层,成为纯净的咖啡汤,虹吸壶适宜在有充分闲暇时间的下午使用,也不适宜在多人饮用时使用。加热虹吸壶本身就是一种休闲娱乐,加热时需用酒精灯或煤气灯,使之徐徐沸腾,在观察咖啡与水的上下运动时颇有情趣,加热时还要适当地搅动上层咖啡粉末,有利于充分混合,约 2 分钟后移开热源,下层球体中空气冷缩,从而使汤夜下流。

(3)滴滤壶:介于上述两种之间,在壶中有滤网将壶中分隔为上下两层,将咖啡粉置于上层滤网上,加热与真空壶一样,只是体积较大,一般一次可加热数杯,多人饮用。若为 1—2 人饮用则不宜使用该壶,因为壶中咖啡风味会因时间延长而减弱。

(4)摩卡壶:即浓缩咖啡壶,由上下两部组成,下部放水,中部为过滤器,上部是一个密闭的空间,壶中水放六成,适宜煮粗颗粒咖啡,而不宜用咖啡粉末。该壶煮咖啡约需 3 分钟,加热原亦与上同,耳听水声,当通过滤器时有"嘶嘶"之声,当听到下层水有"波波"沸腾之时,表明咖啡汤液已经煮成。

4. 饮用形式

饮用咖啡因不同个人习惯而具有许多差异性。有人喜净饮,甘受那份咖啡之香之苦;有人要调饮,即爱其香又怕其苦;有人要浓饮,寻找一种刺激的快感;有人却要淡饮,品赏那份幽幽之情等。属于个人因素的千差万别在此不谈。在地区人群的群体间的差别上,是属于大众的差异性,在世界范围内嗜好于咖啡的主要是欧美国家及其老殖民文化国家和伊斯兰阿拉伯国家。而对于远东国家、南亚国家和大多数拉美国家人类来说，前者认为咖啡虽香但不幽雅，过于强烈具有遮蔽它香性。其刺激性也强，对神经有过于伤害的感觉，其味也过于苦，如加糖则不利于保健（对于高血压、血糖者），因此，在性能作用上皆不如茶叶，故而不能在大众性方面成为日常习惯和嗜好，即使饮用也是偶尔为之，尝尝而已。因此，大多数人更爱饮用在价格上比咖啡昂贵的精品茶叶，但是，在一定场合上逢场作戏，尝一杯咖啡也是一个不错的选择。至于拉丁美洲以及非洲的许多古老民族则更爱饮可口饮料。因为可口饮料既香又不太苦，又具有悠久历史传统的优势。

在具有饮用咖啡习惯地区，其饮用形式有如下区别。

（1）埃塞俄比亚饮式

埃塞俄比亚是饮用咖啡原生型，仍保留了许多古老的传统。他们收集从树上落下的极熟咖啡果，并用古老的日晒法处理，使咖啡中保留了更多的果肉芳香，用古老而繁琐的方法将其煮制。他们用古老的陶壶在炭炉上预加热，同时洗清咖啡，除去杂质，陶壶烧热后离火，在火中加少许松香，将室中重香，再将咖啡豆放入平底金属锅中翻炒，几分钟后待豆呈浅棕色时会发出第一次爆裂之声，当豆呈深褐色时会发出第二次爆裂之声，立即取出入石臼中捣碎，再研成粉末。将粉末放入温热的陶壶，加入豆蔻，肉桂少许，加水将其煮沸，当第一次沸腾时，注入三盎司容量的无耳小杯，立即加糖 1 勺和匀即可饮用，这种初沸咖啡很浓稠，少量悬浮，初饮者易被其呛噎。一般壶中咖啡可反复煮两到三次沸，如果用来待客，客人一般在二开后离去，饮咖啡时，埃人还喜用带甜椒味的小饼佐饮。

（2）土耳其饮式

土耳其人喝咖啡也是不过滤的，并且还有连咖啡渣末一起吞入肚里，这是代表中东地区与希腊人们的普遍饮法。这种饮法要求将浅焙的咖啡研磨得极细腻，因此，只有专门加工的场所才能做到，煮咖啡的壶是一种黄铜制，内镀锡的长柄壶，土耳其叫"杰士威"（Cezve），希腊人叫"必奇"（Brik）。煮咖啡为两杯的量，比例为两匙粉：半杯水和适量糖，在中火上不急不慢的煮，当壶中咖啡将近大沸泛起泡沫时，迅速将其离火，将泡沫与汤液一同倒入杯中，土耳其的咖啡杯与中国无耳茶杯相似，煮咖啡前先需将其烫洗，土耳其杯中咖啡一定要有泛沫，这是甘美醇柔的上好咖啡的象征。

（3）维也纳饮式

维也纳人仍保持着 17 世纪在咖啡屋喝咖啡的习惯，他们不习惯具有原始风格的不过滤咖啡，也不习惯于深焙或过度烘焙变得浓黑焦苦的咖啡，同时，也不习惯于净饮和纯饮咖啡，他们不注重于加工中的游戏而注重饮用过程的游戏，因此，他们热衷于在咖啡馆里、公众性饮用咖啡。中度或浅度焙烤、过滤纯净并加以大量牛奶和糖的咖啡是他们的所爱，饮用时还要佐以各种甜食，维也纳咖啡馆中常见的"拿铁"（Latte）咖啡与甜食中 Gugelhupe 的空心蛋卷被认为是咖啡屋古老的原始绝配的版本。

（4）美国饮式

美国人饮用咖啡的形式与美式饮茶方式被公认为最没有品味，最没有文化底蕴的形式，这恰恰又代表了现代派和全球化后现代主义的普遍形式。这就是像速溶袋泡茶形式的冲饮速溶咖啡的方式。1930年美省誉巢公司发明了"喷雾干燥"，直到今天，速溶咖啡在全美销量一度达到咖啡销量总数的34％，受到广大青年人与底层上班族的欢迎，因为它快捷、简单、方便而又廉价。而欧洲与南美人士认为，它几乎不能算是咖啡，顶多只能叫作具有少量咖啡香味的甜味饮料。实际上，速溶咖啡正如速溶茶一样，都是以低价为目标，针对底层民众的，选取低档次巴西豆制成的，这也说明，现代社会商品化进程正日益尖锐地挑战着人类的一切传统文化观念与传统文化产品，并开始用新的文化形式、观念和产品改造着人类的文化世界。

［相关链接］现代品牌咖啡及其产地概观

咖啡主要有两大品种：即阿拉比克咖啡（Coffea Arabica）与罗伯斯特咖啡（Coffea Robusta）。阿拉比克咖啡是一种高大的灌木，果实椭圆，内有1—2颗扁平果仁，叫"圆粒啼"，是最早传播于阿拉伯的品种。罗伯斯特咖啡则是一种介于灌木与高大乔木之间的大树，有高达10米左右者，其果实圆形，果仁比前者稍小，但产量又高于前者，其抗病力较强，咖啡因含量也高于前者两倍，但是，内有浓厚的土腥味，阿拉比克最适宜在海拔1 500米的高原生长，品质与海拔高度有很大关系，生长在海拔2 000米以上的阿拉比克俗称"硬豆"或"极硬豆"，风味明显好于低海拔地区的罗伯斯特豆。据认为，高海拔地区的夜晚气温低，树木生长缓慢，接受土壤的养分充分，因此，硬豆酸度较好，风味更加浓郁。

对于咖啡的分类有多种方法，但一般都以产地品牌认定等级，世界上品的咖啡一般有如下品种：

（1）蓝山咖啡：牙买加的Blue Mountain地区，被称为蓝山地区的是约2 000公顷土地，其中的6 000公顷土地生长的"蓝山咖啡"是咖啡中的极品，年产量不足百吨，具有醇香，微酸，柔顺，带甘的细腻风味，口味清淡，几乎不含任何苦涩口味，其价格也属最昂贵，在标记上有BM与HM两个品级，在价格上前者是后者的1.5倍，而HM的价格又是其他牙买加咖啡的2.5倍。

（2）巴西咖啡：巴西是当今世界最大的咖啡生产国，但是，巴西95％以上地区的海拔都在500米以下。因此，巴西产的主要是阿拉比克豆，俗称"软豆"，其密度低，而且果酸味淡，不能被高度烘焙，被业内视为低级品种，然而Bourbon（波旁）却是一个非常著名的品种。巴西豆的共同特点是香味柔和，酸度较低，醇度适中的口感适合大众化，适宜中度烘焙，一般用来做拼配型咖啡。

（3）哥伦比亚咖啡：多生长在海拔1 500米以上的安第斯山麓。该地属火山地质土壤，无霜冻气候，因此，哥伦比亚咖啡代表了优质的阿拉比克波旁种咖啡，这

种咖啡属于芳香型咖啡,口味绵柔软滑,酸度较高,被分为顶级、优秀、极品三个等级。

(4)曼特宁咖啡:盛产于苏门答腊岛,是印尼保存的为数不多的阿拉比克咖啡,在蓝山咖啡未有之前,被视为极品,它具有丝绸般的柔和和美妙的香味,是咖啡中难得一见的高醇度、中酸度的优秀品种。包装好的咖啡与钻石一样,配有一张证明书照片。

(5)摩卡咖啡:古老咖啡的品牌,也是经典咖啡的象征,摩卡是也门古老港的名字,在数百年里为输出咖啡作出了巨大贡献,于100年前族塞而改走苏伊士运河。但摩卡的名字在也门咖啡上保留了下来,成为也门咖啡的代称,摩卡咖啡在也门主要生产在马塔里与山纳经两个地区,其形状小而圆,很像埃塞俄比亚的哈拉尔豆,酸度较高,并有不明性状的辛辣和巧克力余味,在包装上常标有两个生产地的名称之一。

(6)夏威夷科纳咖啡:是美国唯一出产的咖啡,其质量与加勒比海地区的咖啡豆一样出众。科纳生长在毛那罗阿火山的斜坡上。这里自然生态环境非常适合咖啡的生长,使得其产量为世界之冠,与蓝山一样,生产正宗科纳咖啡的土地只有1 400公顷,年产不到200万磅,是令美国骄傲的极品品牌。

(7)综合咖啡:将各地咖啡综合配置的品牌,以弥补单一产地咖啡的供应不足,恰当的拼配烘焙,往往出奇制胜,产生独到的醇厚香美的风味。

第二节 巧克力——感受爱心的甜蜜

一、巧克力饮品的贵族化

与茶、咖啡一样,欧洲本无可可及其巧克力,16世纪的欧洲人的大航海浪潮在美洲新大陆发现了它,并将之席卷到欧洲人的生活之中,可可原本是众神赐给南美玛雅人的食物,可可是可可树上的果实,可可树的学名 Theobroma cacao Theobroma 的意思说是"众神的食物"。

最早,公元100年前后的墨西哥玛雅人珍爱一种巧克力饮料——xocoatvl。巧克力是一种用可可粉与其他辅料调制冲饮的具有泡沫的混合饮料,在印第安语中叫"xoxo",即是泡沫,而"atyl"是水,巧克力即是由泡沫与水组合的"xocoatvl"。以至在盛产可可的地区可可与巧克力并没有明显的分界线而是将两个名字同指一物,可可即巧克力。巧克力深受玛雅珍视,以致成为一种货币形式,用作贸易交换的特殊商品,最早的时候,玛雅人先将可可豆烘烤起香(与咖啡豆一样),然后研磨成粉与玉米面,有时加些干花或香料,混和成面团,做成小糕饼贮存,如果需饮用时，便将这种小糕饼放在葫芦器中，加入水捣碎成糯糊，最后冲泡入一定量热水即成有富泡沫的饮料，这就是巧克力原始形态"泡沫"的由来。著名的阿兹台克王国人，要求其帝国沿海地区可将可可豆作为贡品奉献给他们。富有的阿兹台克人饮用一种叫"索科亚特尔"的饮料，就是用可可粉、辣椒面、玉米粉混合的混合物。公元 700 年前，墨西哥的阿兹台克王国正处于鼎盛时期，据说其国王蒙特马每天要用金杯喝下 50 杯这种带苦味、辣味的褐色香料汁。欧洲人首次接触到可可豆是在 1502 年，哥伦布航行到尼加拉瓜附近海域，在与玛雅人的交易中接触到可可豆，但是，当时他并没有引起重视，17 年后，西班牙的强盗征服者费尔南德科特斯抵达墨西哥，当他尝过了这种饮料时，感到了精神的充沛和愉悦。巧克力豆便引起了他的重视，他利用被阿兹台克人误将自己看作是来自东方的神灵降凡，乘机杀害了国王，摧毁了这个古老王国，将王国中的财富连同可可豆尽数掳掠到西班牙。最初巧克力饮料中的苦辣风味不能被西班牙贵族接受，然而当他们将其中玉米粉、辣椒等不适成分换成糖、香草和肉桂时，奇妙的效果便产生了，一种极好的饮料被改造了出来。西班牙国王一经品尝便被征服，在将近一个世纪里始终是国王密室中的至宝，可可豆也由此成了西班牙的垄断品。1606 年，长年在西班牙王宫工作的意大利人安东尼奥·卡尔特蒂将其带回了意大利，不久之后，西班牙的安妮公主嫁给法王路易十三，将擅长调配巧克力的侍女带到了法国，自此，巧克力在欧洲慢慢流传开来，17 世纪中叶，英、法的巧克力饮料已经在贵族妇女之间流行起来，但一直由于价格问题而没有在普通人中得到推广，从而始终对于世俗大众方面被神秘的蒙着贵族小姐温情的面纱而被神奇化了。

18 世纪之前巧克力饮料始终没有在西北欧男人世界具有咖啡式的中心地位，但在贵妇小姐中获得了青睐。然而在南部欧洲情况就大不一样，巧克力也拥有自己相对的中心。仔细分析一下，咖啡在西北欧的英、法、荷兰等国属于新教区域，又是当时社会上民间资本最为密集的地区，这里产生了医学意义上的和诗情画意的咖啡文化。它高度赞美这种新型饮料的清醒作用和对精神的刺激作用，这里的咖啡屋获得了其他任何地方都不曾有过的社会和经济地位，咖啡成了这里民间性的标志性饮品，又由于其冷静的性态度与醒酒方面而成为反色情的新教饮品，与咖啡相反，巧克力的地理位置相对集中在南部欧洲国家，以西班牙和意大利为中心，属于天主教世界，巧克力也就以其特质性成为巴洛克天主教派的标志性饮品。

巴洛克天主教与北欧新教不同的是，它尊重人的客观实体，反对禁欲主义，而巧克力的丰富营养与咖啡恰恰相反，它强健身体，增强性欲的方面正迎合了天主教的伦理思想。

如上所述，巧克力来自南美洲，其主要成分是可可粉，尽管口味因个人千差万别的差异，但大都含有糖、桂皮和香草，以长条形或立方形包装贸易，这是 17 和 18 世纪巧克力的固态交易特征。但是，人们的享用则在液体情况下进行的，将巧克力在开水或牛奶中化开,经常还加进一些葡萄酒作为饮料喝。作为咖啡的对立物,咖啡是有害于身体和反色情的,而巧克力则被认为有利于身体和有利于色情的,以其化学成分占有优势,可可不含咖啡因,只含碱,能使人精力旺盛,但不刺激中枢神经,对大脑的作用与咖啡因相似,但又弱得多。17世纪医学认为,巧克力的刺激作用比咖啡与茶叶少,但营养却非常之高。正由于这一点,它才会在天主教的世界里变得那样重要,按照天主教规,液态食品并不违背戒斋期(复活节前四十天)的规定,所以它被用来作为斋期的代用食品,这一作用成为西班牙、意大利这两个天主教国家终生不可或缺的饮品。16世纪时,巧克力就在西班牙确立了自己的特殊地位,首先作为斋期宗教饮料,继而成为世界性贵族的时尚饮品。在马德里王宫,巧克力成为一种象征地位标志,并因此在17世纪成为西班牙宫廷礼仪中超过凡尔赛宫并在欧洲成为领导潮流的一部分。17世纪末,法国宫廷开始照搬西班牙宫廷风格,在这里失去了西班牙式的宗教口味,一扫耶稣教派,宗教法庭和 Escorial 宫廷的阴郁之气,将其用在豪华气派的宫廷婚礼之中,代之以洛可可式的高雅情调,成为欧洲贵族的专用饮品,像法语、鼻烟、纸扇一样成为贵族的奢侈品和身份的标志,从而未能像咖啡那样世俗社会化和茶那样世俗家庭化。

据西方风俗史学家描述:"贵族社会最喜欢吃巧克力的场合是在早餐的时候。他们喜欢在内室,也可能在床上吃巧克力。"(在私密的空间,交流温情的感受)"与贫民阶层的咖啡早餐相比,贵族的巧克力早餐很少有相似之处,它更像是咖啡的对立物,而这不仅仅因为它们是截然不同的饮品,与平民正襟危坐地围坐在桌旁吃早餐的情景相比,贵族们的巧克力早餐是随心所欲的,懒散的活动。咖啡可以使人为了工作日的开始快速清醒,而巧克力则优雅地培育着贵族坐与立之间的千姿百态,正如当时一幅漫画所描述的:巧克力就是为那些早晨醒来无所事事的阶层找点事做(喝巧克力还是一种个人隐私行为)。

对于洛洛式绘画艺术来说,凡是涉及内室和巧克力之类的主题都是牧羊场景和优雅的床笫场景。当时的人们显然是从巧克力身上发现了色情游戏的特质。但巧克力和色情之间的联系绝不仅仅是在绘画特质方面,根据一个顽固坚持到19世纪的观点,巧克力是一种性激素。17世纪末的有关文献也委婉地描述了巧克力的这种功能:"人们为了完成某些义务,以求食用巧克力使自己变得强壮。"

17世纪晚期的伦敦,有两种类型店铺对立表现出来,一种是咖啡屋;另一种就是巧克力屋。前者是我们大家所熟悉的,大众化的清教徒特征。而后者则是一种由贵族和半上流社会(貌似高雅而实质糜烂的社会阶层)聚会的场所,也就是马克思后来所说的生活放荡的人聚会的场所。然而无论如何,它是一种反清教的店铺类型,或许还有点像妓院的形式,可以说,在17和18世纪里,巧克力是作为旧制度的代表饮品出现的,而咖啡则一直刺激着广大民众,特别是里面的企业界和思想界。歌德是德国的大文学家,出身于平民而最终成为贵族,他把文学艺术当作媒介成为宫廷社会的一员,在其作品中创造出一片贵族的恬静,但是他憎恶咖啡,对巧克力则顶礼膜拜。法国大文豪巴尔扎克称为平民文学家,出身于贵族,但他撇开了贵族多愁善感的情结,一直而且仅仅为了文学而工作。在历史上他则是一个毫无节制的咖啡嗜饮者。这是两种根本不同的生活方式,两种根本不同的刺激品,也是两种不同的心理和生理习惯。巧克力饮品在 17 和 18 世纪里作为贵族床笫私密世界饮品代表的本质,除了反映了旧贵族的天主教感情方面,更重要的是反映在男女间情爱世界之中,这就是作为性激素的巧克力,在饮用时表现出的脉脉温情,在一幅 18 世纪为巧克力馆所作的宣传绘画中,我们可以看到如下文字:

你在此得到一种来自遥远西方的饮品

驱散你的疲劳,帮你找回青春年华

尝尝吧,宝贝,我也将因此得到温馨

我同时也把我的心奉献给你

因为我们还要为将来的世界创造子孙

实际上到了 19 世纪社会,巧克力的全部营养物质和作用已被得知,巧克力确实拥有丰富的营养和许多药理功能,而成为世界最受欢迎的饮食品之一。尤其在瑞士,每人每年平均要吃掉 10 千克巧克力食品,巴黎名医歇帕里埃对可可赞不绝口,伏尔泰早以认为可可是老人的牛奶。它对于人的血液滋养与精神滋养也为日本与中国大众所共识。

二、巧克力由饮品地位向食品地位的转变

随着人类进入 19 与 20 世纪,巧克力作为饮料的原有形态消亡了,代之而起的是,人们从 19 世纪开始直接饮用的可可,对可可新型加工方式的是荷兰人凡·豪顿(Fan Houten)在 1820 年左右发明的,可可豆里的油脂大部分被去掉,可可因此变得不那么有营养,但更便于消化,它的新形态是一种粉末,被用于冲饮或用作巧克力甜点的粉料,从而结束了西班牙巧克力固态和液态合一传统。从 19 世纪初开始,巧克力的食用习惯被一分为二。一种是缺少可可脂的速溶饮料形式;另一种是加入可可脂的固态甜点形式,豪顿的发明彻底地改变了可可巧克力的生产面貌,奠定了现代社会巧克力生产方法的基础,实际上最早在 1765 年北美马萨诸塞洲的多尔切斯·小贝克博克博士就办过第一个用可可豆生产巧克力粉的工厂。1819 年瑞士 23 岁的 F·L·卡耶尔制造出第一块巧克力糖,从此巧克力就不再是纯饮料形式而又具有了糖果点心的形态了,开始时,由于没有脱脂的工艺,所采用的技术与古老的阿兹台克时代没有太大的区别,所生产出的巧克力糖点较为粗糙,口感太腻,表面还有可可豆明显的油渍。豪顿的发明,使可可在北欧和中欧大受欢迎,尤

其受到了孩子和年轻女性的欢迎,条型巧克力作为最初成功的甜点形式出现,使之成为一种特有的享乐物品而获得了一种全新的地位,具有讽刺意味的是,正是两个最清教的国家宣告了西班牙天主教巧克力食用习惯的衰亡。首先是荷兰开始大量生产可可和条状型巧克力,接着是瑞士掀起了巧克力奶的革命,18世纪在英国、德国、美国、西班牙随之建立了生产巧克力的工厂。1842年,英国卡德布里公司生产出了即食巧克力,随后固体巧克力问世,1847年,英国的弗赖父子公司在可可粉中加糖和可可脂,用模具将其制成巧克力块,改变了传统长条状形态,成为现代巧克力糖的基本形状。值得注意的是,1876年瑞士掀起了奶油巧克力革命浪潮,将可可粉中加入奶油经过长时间熬制(几天时间),生产出风靡全世界的优质巧克力,自此,瑞士成为巧克力最重要的生产国,瑞士人民也成为最懂得品尝巧克力的民族,巧克力在瑞士得到了极大的无穷演绎,其品种成百上千令人眼花瞭乱,引领了现代巧克力的时尚潮流。

在巧克力的文化性方面,曾被贵族社会极其看重,本身又作为贵族的一种标志的巧克力,现代已成为或大多成为儿童的早餐饮品,巧克力糖果也被作为馈赠给儿童与青年男女的珍贵礼物,曾经一度代表权力和光彩的饮食物现在则在恋人之间代表甜蜜的爱心了。在现代平民化社会里,巧克力已失去了更深的思想动力,而与权力、责任品德没有了关系。在历史的长河中,巧克力虽然在当初作为南美古老民族神食的化身,但在欧洲中世纪以来的神权社会中,被玷污了贵族教会虚伪的色彩,从而不具备酒、茶、咖啡的那种人性化更为深刻的品格。在现代社会里,巧克力饮食品来到了平民之中,表明了旧制度的失败和人民是历史的最终胜利者,但是,它已失去了文化大众所赋予的深厚的文化积淀内容,从而巧克力终究被一些西方人认为是一种"不够成熟"的享乐物品,而是一种优质食品。但是无论怎么说,在现代人的心目中,任何饮食品包括酒、茶和咖啡都是仁见仁智的食品,每个人对同一种食品都具有不同程度的感觉。在后现代社会中,巧克力依然保持着一种甜蜜细腻的情感,一种时尚青年隐私世界中爱情温馨的象征和儿童乐园中五彩亮丽的风采。实际上,这也是巧克力豆轻微刺激的本质特性所决定的,从审美角度来看,成年男性世界更喜欢刺激的深色的、清苦的风味,而女性与儿童世界则受到柔和的鲜亮的和甜蜜的风味吸引。因此,巧克力在饮料性的文化功能方面,在人类社会中始终弱于酒、茶和咖啡,也大大逊色于成为固态的甜食果点了。

现代巧克力成品有饮料、糖果和糕点三类。

1. 巧克力饮料

如上所述,巧克力原本就是饮品,除了墨西哥人的古老饮法外,在欧洲,人们制作饮品时需用巧克力壶与搅棒,将巧克力粉、热牛奶混合搅打,现代则用发泡器搅打,不停地搅打,搅打得越充分,泡沫越丰富,味道也越好。将牛奶与巧克力倒入锅中加热时,不能沸腾,当其冒出小泡即可。根据不同风味要求,巧克力饮料中可以加入奶油做成冰冻奶油巧克力;可以加入白兰地、威士忌酒等做成鸡尾酒巧克力;可以加入红茶或咖啡,饮时冷热皆宜;也可以加入各色水果汁做成五彩缤纷的冷饮果汁巧克力等,对于巧克力饮料的正宗品味,法国美食著作家布里兰·萨瓦兰曾写道:"五十多年前,在贝里的'圣母往见'女子修道院里,院长丹斯泰勒嬷嬷对我讲了下面的话,她说:"先生,如果你想品尝最美味的巧克力饮料的话,需要提前一天将其制作好,放入瓷壶中,放置一夜,这样可使它更加香浓滑爽。上帝不会对我们这种小小的奢侈表示不满的,因为他本身也是至高无上的。"这句话至今都值得我们细细的玩味。

2. 巧克力糖果

在现代社会,巧克力几乎与糖果同义,是糖果中花式最多的品种,在外形、色彩与风味上呈现多种形式,丰富多彩。在西方社会是用来装饰节日、庆贺人生之礼的食品,在日本也演变成情人互赠的礼食。巧克力糖果也常被艺术化制成象形品种,如贝壳、卡通、鸡蛋、布娃娃、小动物和汽车等形状,迎合儿童心理。因此,巧克力糖果具有女性与儿童游戏食品的性质。

3. 糕点形式

只要是渗入巧克力的糕点,都可以称之巧克力糕点。巧克力糕点是西餐甜点的典型代表。只要考察一下欧洲的糕点商店,我们便会发现几乎绝大多数点心都是甜味的,其中绝大多数又具有巧克力成分或主要是用巧克力制作的,在西餐中,主菜过后通常都是甜点,而巧克力甜点正是主角。著名的有巧克力曲奇、巧克力蛋糕、巧克力酥油糕等。"巧克力酒味热融干酪"是瑞士著名吃法,即是将水果叉在餐叉上,蘸以巧克力沙司(酱糊形调味汁)进食。

从外色上看,巧克力有白、黑之分,即黑色巧克力是除了糖以外不加任何原料的纯巧克力;白色巧克力则是加以奶油或牛奶的巧克力。另外,加红葡萄酒或红茶者,也都被归纳为深色巧克力范畴。

第三节　五味——人与自然的和谐

正如酒、茶、咖啡一样,人在饮用巧克力时的种种文化意境化活动,源于特定饮食品的实在物。各种饮食品中的风味正是诱导人的感官感受向精神感受飞跃的诱因。饮食品固有的风味质量决定了或影响着人对精神感受的质量,而人类的文化素质与经验则反作用于感官认识的程度。无任何人,只要是文化的人,其人的文化本性必然地会在每一餐中展开对食品的文化品味活动,也就是说,每当你吃或喝到一种人工食品的时候,都会必然地得到品味游戏性质的审美情趣。事实证明,当这

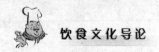

种审美趣味缺乏时,饮食者便会少吃或者少喝,人的饮食心理便不会得到满足或者是连生理的满足也会受到限制。

饮食审美品味的对象是饮食品的风味,在这里,风味是人感受到的风格和韵味的意义。由饮食品所表现的色、香、味、形、质等五个方面要素构成了饮食品风味的整体。一个具有美食美饮性质的制品是具有至美风味的,而至美风味就是五味俱美。风味所涵构的五味并不是通常所认识的狭义的口味中的酸、甜、苦、辣、咸的五味,而是具有广泛意义的感觉性质的风味的诸方面。故而可以将之称为广义的五味,对人的视觉、味觉、嗅觉、触觉乃至于听觉产生整体的感受,当某一种感觉感到不美时,其他都会受到极大的影响。因此,在进餐时,五觉性风味都是联通的,互动的,同律的。在五味中,色是指制品的色彩和光度,作用于视觉;香是制品的气味而作用嗅觉;味是指制品的口味,作用于味觉;质即指制品的质感作用于接触时所感受到的强度和硬度,有时也与听觉发生联系;形则指制品的总体概貌,即是形状形态以及总体的印象,因此,既是视觉的,也是感性的。

人类对食品风味的认识不是生来就有的,而是后天习得生活养成和经验积累的。人类因其阅历和文化素质的不同对同一饮食品也具有多样性的感觉和认识。实际上,在人类对饮食风味的感觉和认识是从混沌的原始模糊状态逐渐发展起来的,具有悠久的历史,是人类不断探索创造的结果。就感觉而言,是任何动植物都有的生理特性。但是,人却通过了文化性的创造,使自己的感觉超脱了动物的生理性质,创造了人类自己的文化感觉,能动地将生理感觉转换为心理感觉,并将这种感觉倾注在食品制作之中,为品尝服务。美食作为五美俱的典型,调动着人类的所有感觉为精神享受服务,故而在某种意义上,加工所形成的风味菜、点与酒、茶、咖啡以及巧克力等饮品本身就是被人体所感觉的艺术品。如果没有感觉就没有一切饮食品和其他艺术的客观存在,如果没有美的感觉就无所谓人类的饮食品。因此说,感觉是人类对饮食品认识的第一性,风味则是饮食品一切质量体系的核心。由于感觉是我们认识客观世界并与外部世界接触沟通的唯一途径,如果我们抛开感觉来谈食品的营养,那么就是一种空谈,就是一种偏颇,是对人类文化属性的漠视和无知,也是不现实的。实际上,饮食品的风味物质都来自营养物质,是营养物质给予人的感觉之源,因此,又被称为营养性风味,营养素是指食品所含物质成分的构成,风味则是这一实体的感觉效果。

如果说茶、酒、咖啡是在风味与刺激性成分的双重作用下催动了人的文化激情,那么在非酒精与咖啡因的饮食品中,其风味的色、香、味、形、质对感官刺激的作用就尤其重要,它们所发挥的美感作用正是一种在更高层次上的自然与人文和谐与统一。

一、五光十色,采自自然的新鲜色彩

人类食物来源于自然界的动植物,它们与人一样都是大自然的造物,而不是为了被人食用而存在。人处于食物链的顶端,视觉被称为人类寻食的第一种感觉。由于人也是来自大自然的一种生物,色彩为人类提供了饮食经验的第一个选择因素。人类崇尚来自大自然的新鲜色彩,而具有艳丽光亮的色彩表征着食物的新鲜程度。在饮食品中自然的色彩与人类心理色彩力图构成统一,当饮食品的色彩与经验相符合时,则为美的色彩。因此,一切饮食品的新鲜色彩都充满了自然生物强盛的生命力,都是食物本质风味最为真实的反映,是人对食品风味第一层次的感觉。人类对餐桌上来自自然界的五光十色的色彩,情有独钟,激发联想。在这里,一般化学物理的色彩学原理是不起多大作用的,因为饮食的色彩感觉是一种自然回归的感觉,例如翠绿的油菜、嫩黄的油鸡、火红的辣椒、洁白的蛋白等,都是自然色在食品新鲜活程度上的自然表现。如果将其改变或者本身不符合人的饮食色彩标准者,都将失去其美的价值。客观证明,动植物本身的色彩并不能直接达到食用色彩标准,要通过特定的加工使之更鲜、更亮、更艳,达到完美境界,并将之与具有同类色彩性质的高贵事物,产生意境化联系,这种对饮食品色彩的敏感性文化认识,在中国人的饮食中表现尤为突出。他们将洁白纯净的色比喻为"芙蓉"或"白雪",将翠绿的色彩比作"翡翠"、"玉树",将嫩黄的笋比喻"象牙"等。西方人对食品之色的感觉直接反映在进餐情绪上,根据比雷氏实验认为,食物中的红色激发食欲最强,橙色次之;黄色稍低,绿色回升,蓝色稍高,紫色较差,黄绿最低,这都表明了进餐时对不同色彩的心理感受。

实际上,食品的色彩是来于真实而又高于真实的,有的食物在制成菜点时,需改变原有的色彩,有的则是对原有色彩的强化,使色彩成为完美食品的一种标志,这在工艺学上被称为"着色工艺"。着色工艺是为视觉风味服务的,视觉风味是为了人的视觉快感服务的,每一种色彩都是食品固有的特征风味的一种反映。因此,饮食品中含有的一切色彩都应是可食的,来自自然的、正常的。例如将青菜烧黄了,鱼片炒焦了或者用人工色素改变了牛奶的乳白,都是不自然的,非正常的,也是不符合质量标准和反规律的,因此,也是不能引起进餐人心理的快感。反之,只要是能反映食用物优等品质的天然色彩,都会被得到食用者的欣赏,即使是黑色的芝麻,紫色的海苔,褐色的香菇或黄绿色的腌菜都是如此。

在人类长期积累的饮食经验中,在观察菜、点色彩方面具有丰富的经验,对食品的优劣程度反映在色彩方面都有一种内在的心理尺度,能测量出色彩与质量之间细微的关系与差别。例如:油炸小鱼,淡黄色是显示鲜嫩;金黄色表示外脆里嫩;焦黄色则反映了里外酥脆。一个完美菜点所呈现的色彩效果,是经过精心组配与制熟加工实现的,其中色彩间关系与深浅浓淡的色感都具有特定的设计涵义。饮食者从中可以得到不同程度的认知和共鸣。由于人食的自然物属性,因此,人在制作菜、点时尽力地模仿和利用,使之具有自然物一般的新鲜感和活力感,品尝者也将自然的新鲜物为参照物,相信自己得到了最为自然的感受,相信自己得到了自然界动植物所具有的生命活力。这也是现代人在菜盘中用新鲜果蔬装饰点缀或者直接食用生鱼生虾的内心深层的自然情节。然而,从本质上讲,餐桌上、餐盘里五光十色的组配以及食料本色最佳程度保存和改良优化,并不仅仅是玩一种色彩的游戏或单纯地为了视觉快感,而是人类对大自然亲情归因的自觉和向往。在都市的生活中,我们虽然远离了大自然,但对食物本色的追求一直都是食料赋予的悠久审美情趣,美丽的色彩不仅是优质食料的证明,更是激发人类活力的阳光之色,它反映了人类对生命的珍视的崇高精神,永远使人类在五光十色的生活中充满对于未来的激情,在注重食品的色彩方面,日本人尤为突出,因此在国际上评价日本的和式菜点是眼睛的食品。

二、气韵幽雅,萃取食料本体之香

在五光十色的绚丽世界中,色彩给予我们以激情悦目,而香气则给我们带来了幽雅。人类具有闻嗅辨食的天生本能,然而自然界中的气味极其复杂,有的具有美好的香韵,有的却令人厌恶,但是客观情况告诉我们,具有香韵的或臭味的动植物中都有可食性和不可食性部分,在食品中具有美好香韵的会引发无限遐思,令人陶醉。人对饮食品中香韵的追求促进了人性的进化。食品中特有的香韵标志着优质的质量,是饮食审美的重要因素。当一个食物中代表优雅性质的气味被人们视为标志性气韵信号时,这种气味便会被认为是"香味",即便是"臭豆腐"或"臭奶酪"之气味也是如此。因此,饮食品的香气性质并不等同香水或其他非食品香气性质。往往有这种情况,一种气味在其他方面通常被认为是臭味,但在特定食品中却是奇香无比的气韵。反之在其他方面认为是香的,但在食品中却是"臭"的。因为在食品中嗅觉是与味觉、触觉紧密串联为一个整体的,而气韵又往往属于一个从属地位。例如水果榴莲有臭气,但果肉的味触皆美。因此,也使榴莲的臭味变成香味了。可以说,饮食品中的香味气韵性质是建立在饮食经验之上的,是随着整体的美而美的。

每一种被人类用为食料的动植物,除了天然的水果外,几乎都有令人厌恶的气味和令人喜爱的香气成分。将其制作成菜、点等食品就必须除臭生香,增加欣赏的附加值。针对这个内容的加工,在工艺学上叫做"调香工艺",目的是将不良气味瓦解或者遮蔽,将美好气味提炼或者增强,对一些缺失香味的原料还需运用调香的附香或着香方法,将良好香味转移到食料之中。对食料中香味的提炼是以增强可食性为目的的,不能像香精加工那样压榨、蒸馏、破坏食物的实体性。因此,调香工艺中常使用添加调料,加热焙烤或煎炸等方法,达到复合、改良、生香、增香等效果。香韵的纯净、悠远、复杂都是优质饮食品的标志,所谓齿颊生香、余香袅袅、香浓醇郁、满室生香等都是对具有良好香韵的表达。无论在东方或是西方,食者普遍认为,在菜、点中突出主原料的本体之香是极其重要的。即所谓肉有肉香,鱼有鱼香,鸡有鸡香,蔬菜有蔬菜香。在激发菜点本体之香方面,各国在烹调中对酒的使用具有重大意义,尤其在动物性菜肴的制作方面,酒的提香效果是通过乙醇、酒中味品和呈香物质的作用产生的。在中餐与西餐制品的用酒上,侧重点具有不同性质,中国是侧重于乙醇的酯化过程分解肉中的不良气味,增强肉质香。因此,中国的菜、点中通常所用的是黄酒或米酒,由于所含香料香精成分极少,因此,其呈现的效果是酯化效果强,附着香效果弱。而在西餐制品方面则侧重于附着香效果,使制品中蕴含酒料香精的香韵成分,丰富菜点香韵数值,所以在不同制品中使用不同的酒,或在不同阶段分别使用多样酒。由于西酒中所含香精香料成分较重。因此,侧重于附着香效果,在本质香韵方面中式菜点更纯,在华丽的装饰香方面,西式菜点更强。因此,在国际人士的评价中,法国菜是用"鼻子进餐",这与法国香精风格是相一致的,他们在蔬菜和水果中也布满了酒香。

在现代社会,全球一体化加速了中西餐的互补,人们对食品中所蕴含的香味有了更为广泛的认识,综合而言,按《中国烹饪工艺学》的分类,饮食品的香味主要有鲜香型和浓香型两大类型。

（一）鲜香型香味

鲜香型香味主要指来自菜点中主辅原味的天然香味。调香料所具有的清新香味不超过主菜原料之本质香,制熟加热过程也不能改变或降低本质香,而是起到增强修饰、烘托、优化的作用。

（二）浓香型香味

鲜肉香型——畜、鱼、禽、果壳香型
花果香型——鲜蔬、花卉、草叶香型
　　　　　　鲜果、干果、熟姜、葱、蒜香型
甜蜜香型——食糖、蜂蜜、焦糖香型
鲜香型　奶油香型——鲜奶、奶油、黄油香型
发酵香型——酒香、酱香、乳菌、腐乳、霉臭、糟香香型
焙烤香型——煎、炸、烤、烧香型

辛辣香型——生葱、姜、蒜、芥末、芫荽、花椒、胡椒
　　　　　　丁香香型
香精香型——薄荷、果味、吉士香型
浓香型　复杂药香型——五香、十香、十三香、二十香香型
简约芳香型——二重、三重芳香型
薰烟香型——樟木、檀香、果木和其他香型
巧克力香型

主辅原料本质香具有隐藏性的,被强烈浓厚药料的特征香所遮蔽或改变。调

299

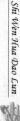

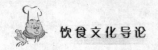

香剂与主辅原料之香混成以香料为主体的混合之香。

人们对菜、点、饮品的品香,实质上具有与品评香精一样的性质。每一款菜、点、饮品的香型都是由各种呈香物质综合作用的。而每一种香味,在饮食品中都具有特定的位置,体现了各自的作用和意义:

1. 头香

在香精中又叫顶香,在菜、点、饮品中最初被嗅辨到的气息,由挥发性特别强的香剂构成,在香精工艺中叫头香剂,在烹饪工艺中叫增香或强香剂,例如:当菜肴在炒好出锅前,洒少许麻油在锅中,芝麻香强郁,在远距离也能嗅到,但是,随着主体香味到来之前,头香便衰弱了。

2. 体香

体香又叫中段香,是菜、点主体香气,代表其香型的主体特征,故而又叫主香或正香。一般在头香后感受,并在一定时间内保持稳定和主唱,例如煎鸡,当头香烹淋的白兰地酒经雾化产生的头香过后,所感到的是各种调料与鸡本身的混合香气。构成这种主味的各种香性调料就是香型主剂。

3. 尾香

在香精中称为基香(basicnote)或底香,是在咀嚼中最后感到的香味。一般由挥发性较小物质构成,在复杂的混合香型中分辨需要细心,例如,在中国式糖醋溜菜汁中加少量果醋(汁),我们会在糖醋香味中隐隐地感觉到一丝果香。

4. 本香

本香又叫本体香,是菜、点、主辅料的自身香,因为一切调香的目的都是为了优化本香服务的,菜、点香型主体以主料为基础和实体,换句话说,主料是一切香型形成的基本条件和载体,例如五香红烧牛肉,如果没有牛肉的本质香,那么该菜香型的体香就没有生成的实在物。

5. 调合香

香精学中叫 blend,又叫过度香,是将多种香味串联组合成协调香型的中介物,使香气变得优美和柔和。例如,在中国的一些菜肴里,丁香具有辛烈的香气,如单独使用则冲突性强而显得不够协调,然而辅之以月桂、小茴、草果等则会使之变得柔和,与其他辛辣味小的调料配合时就会显得柔和而协调,这在香精里称为协调香剂。

6. 修饰香

修饰香是用于修饰主香料的香料,使主香味更为突出而优美,作用如同调味中的装饰味,所不同的是这种香味融入于主味之中,而不易被辨别感受,例如在鲜奶菜点里面适量添加鲜奶香精,可增强牛奶鲜香的圆满与丰润。

无论什么香气都有一个原则,即是各种香型物质都必须来自可食性物质,如果沾染上非食源性气味,人们是不能接受的。对各类菜、点、饮品主辅料的香性改良或改变都应萃取动植物的体香,人类在饮食过程因为品香而增加了内在的涵养,因为品香而得到了幽雅情趣,也因为品香增进了对大自然与人文关系的认识,成为具有高尚品格的人。饮食品之香在入口之前便被感觉,并且还在整个进餐咀嚼吞咽过程中陪伴着我们。

三、口味至和,饮食风味的灵魂

这里的味,即是狭义的味,是指味蕾感觉之味,俗称口味,无论在哪里,口味是饮食品的核心和灵魂,这一概念是世界饮食人类的共识。在日常饮食生活中,即使是一次快餐,人们也会认为色可以差些,香可以欠一些,但一定要对口味(胃)。据研究,自然界中没有一种动物的味觉比人类灵敏,也没有一个动物的味蕾比人类更多更丰满。在一定程度上,有人认为,动物进食靠的是鼻子辨气味,而人则靠的是舌头辨味。实际上,人类的口味灵感性与味蕾丰满性是在人本身不断调味寻求刺激味蕾作用下逐渐进化达到现在程度的。人们品尝食味一般具有六大特征。

（一）味觉的敏感性

有测试表明,现代人类能分辨出 5 000 种以上不同的味觉信息。味觉的敏感性现在对味感刺激的高度兴奋,通过神经几乎以极限速度传递信息,从刺激到感觉仅需 1.5×10^{-3}—4.0×10^{-3} 秒,比视觉、听觉、触觉都快得多。其次,味觉的分辨能力,可以感受到各味素之间呈味味质的细微差异,例如人舌能辨别果糖、蔗糖、麦芽糖等许多甜味味质,果醋、陈醋、白醋等醋酸味质等。

（二）口味的融合性

味觉的融合性是指不同味质的味素在口中相互融和形成全新味觉的现象,在这里人的唾液起到关键作用,因为味素须溶于水才能进入刺激味细胞,而口腔中腮腺、颌下腺、舌下腺和无数唾液腺分泌的唾液是味素天然的溶剂,其分泌量和成分受到食物种类的影响,对于酸性或干性食物就分泌最多,而对于湿性或羹汤类就分泌得很少。唾液中的酶在对食物的咀嚼和搅拌作用下具有催化作用。将食物中各种呈味物质融和,分解产生各种相乘相抵或对比或变味效果,产生一种调和的综合味觉,给人以新的感受。

（三）习惯的养成性

人对口味具有选择性的适应特征。一般来讲,口味具有求新性和猎奇性,引起味觉快感和新鲜的常是一些习惯以外的新味觉。但是,一经品尝感到快适时,便会自然地形成一种新的习惯,长此以往便会形成一个人的嗜好,一个人由于生理与文化素质以及味觉经验与周围一群人形成共同爱好时,便成为一种普遍的风味性风味特色。既具有"味有同嚼"性,又具有"众口难调"性。例如中国的四川人重麻辣,山西人喜酸醋,山东人嗜葱蒜,江浙人爱糖蜜,福建人尚淡食等都是在长期过程中

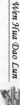

养成的口味习惯和风俗，从而不属于纯生理因素。美味来自习惯，个体与群体之间的差异性，造成了口味的多样性。

（四）味觉的关联性

味觉的关联性是指味觉与其他感觉相互作用的特性，在食品风味中，味觉与嗅觉的关联性最大，几乎大多数食物原料具有特征性口味往往也有特征性香气。味嗅是风味体系的孪生姐妹，它们的相互影响构成了良好的风味核心，嗅觉作为味觉的先导，直接影响到口味感受度的强弱优劣。另外触觉与视觉的优劣也直接从心理上影响着对味感的认识。例如：一条被烧得破碎的鱼和一块被烤得焦黑的肉与白嫩完整的鱼块和枣红色的烤肉相比，其对味觉的关联性我们不言而喻。

（五）味觉的变异性

在一定因素条件下，我们会对原味觉的感受变异。使味觉变异的因素有很多，有生理的、环境的、温度的、季节性的等。味觉的变异首先与年龄有关，随着年龄而不同。以 50 岁为度，敏感性明显衰退，这种变异对酸不明显，但是，对甜味是 1/2，苦味（奎宁）约 1/3，咸味 1/4，这种衰退现象与口腔内感觉器官的发达程度有关。成人舌面味蕾约 1 万个，随着年龄增长而减少，唾液分泌亦然。婴幼儿对糖的味觉敏感度是成人时期的两倍，另外，味觉习惯也会随着环境而改变，例如江南人长期生活在西南地区，会使之清淡的味觉习惯变得浓烈，在温度方面，能较佳刺激味觉的是 10—40℃，而以 30℃ 左右味觉最为敏感，以此为基点，温度的升降都会影响到味觉的强弱。在生理方面，尤其在疲劳条件下，味觉的敏感性降低，使美味会变得无味。另外，在季节方面，寒冬口味会显得浓些，炎夏则显得清淡。

（六）味觉的层次感受性

人的味蕾对于呈味物质的刺激感受与嗅觉和视觉不同，只能一次感受到一种味，并且感觉的区域是因味的不同性质而不同的。一般人认为，食品中良好的口味感是咸、甜、酸、辣、鲜、苦、涩。最重要的是前 5 者，但适量的苦和涩被认为是良好的，在口腔中感受到的是一些被水溶解物质的味素，人的味蕾主要分布在舌的正面，特别是舌尖和舌的侧缘，会厌和咽后壁等处也有一些分布。味蕾属于一种化学感受器，将接触到食物的刺激神经冲动传入中枢，从而产生了味觉。

人的口腔中以舌面为主分布着众多的味蕾，对味素的敏感度则根据其部位分布的多少而不同，一般认为，甜味是舌尖部，苦味是舌根部，对酸味与咸味舌缘部比其他部位敏感，对鲜味则舌根部尤为明显，人类对食物的品尝，很少有单一味的感觉，因为每一种饮食品都是由若干呈味不同性质的物质共同发挥作用的结果，因此，人们对在口腔中不同部分同时感受到的多种味觉称为"混合味觉"或谓之"复合味觉"。这种复合味觉实际上是具有时序上的先后层次的，给人以连绵不绝的"醇厚味"感。感觉的持续性与复杂性是品评良好味觉感受的基础之一，而将那些单调的又没有持续力的味觉称为"薄味"。醇厚味与薄味在不同的进食状况下都会给人以美感。它们是味感物质在味蕾刺激方面先后浓淡混合层次不同的味觉反应。

食物在口腔中经过唾液的溶解和舌头的搅拌以及牙齿的咀嚼,各种味觉物质会发生明显的相互影响变化现象,产生复杂味觉。这些变化现象就是对比、变味,增强和拮抗现象。

对比现象:将两个刺激同时或相继在口腔中存在时,味觉器官对其轻重、强弱、前后的感受叫做对比,同时感受谓之同时对比,继续感受谓之继续对比。例如:食糖的甜味强,是因为食盐量少的缘故。如果在15%砂糖溶液中添加奎宁0.001%,会感到比对照溶液甜感强。如果在舌的一边舔上低浓度食盐溶液,在舌的另一边舔上极淡的砂糖溶液,即使砂糖的甜味在纯糖最低甜味阈值浓度之下也会感到甜味,这种味觉对比现象不是人脑意识的次序所决定的,而是味细胞的生理特性所决定的,当舌头上给予两种呈味物质时,动物的味觉神经纤维的活动是由先给予的味物质边增强边抑制的。

变味现象:即先摄取的食物味对后感触之食物的味觉产生质的影响,使后者改变了原有给予人的味觉性质。变味现象又叫变调作用或阻碍作用。例如,喝了浓盐水后会感到温水有甜味,吃了墨鱼干后,再吃蜜柑会感到苦味等。显然,这是存在于味觉感受器本身的味感变化。变味与对比虽然同是指先味影响后味的作用,但不同的是对比是指同食物中不同味感的强弱关系,而变味现象则是指先后两种食物的味感影响作用下的味质关系,也是味觉的误觉现象。

相乘现象:当两种呈味物质同时被感受时,其呈味效果强于单独使用的现象就是相乘现象,最明显的例子就是在老鸡汤中加食盐,使鸡汤中鲜味加强。少量的酸能使咸味加强,苦味又能使辣味更为强烈而持续长久;麦芽酚对甜味具有增强效果等。

拮抗现象:又叫相抵作用,是因一味的存在而使另一味素呈味力明显减弱。例如,酱油中含有16%—18%食盐和0.8%—1%谷氨酸,给人的味觉影响是咸味减缓而鲜味加强。因此,拮抗与相乘作用是在对比中相对产生的。3%浓度的盐水会给人以较咸的感觉,但在鱼汤里就显得平缓柔和了许多,这是由于鱼汤中有谷氨酸的存在。甜和酸、鲜和辣、苦和甜、咸和甜等,在菜肴调味中都充分地利用了拮抗原理,另外,酸味和苦味的强度也会因鲜味的存在而减弱。

除了味与味之间的上述内部变化关系外,食温则是直接影响味觉感受变化的外部直接因素之一。在0℃—70℃范围内,食盐与苦味的阈值增大,浓度减小而味度加强,苦味在40℃时味感最强而阈值感知浓度最小,甜味在3℃—40℃时最强,咸味在35℃左右。一般来讲,当食温与人体温度相近时,感知最好,中国人惯于将较高温食物入口,在口中随着降温而领略美味强弱变化的过程,这叫做"品温"。不同的食品的理想品尝温度也不同,以人体正常体温为基础,在±(25—30)℃范围

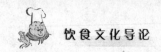

内,热菜最佳入口温度最好在 60℃—65℃,油炸食品为 70℃,凉菜为 10℃,冰食为 —4℃——6℃,依据这个原理,凉或冰食的调味由于在低温中,应使阈值增高,其浓度也应相应地增加,也就是说在同等甜度下,凉或冰食的用糖量要高于热食,其他基本味素的品尝与使用规律也大致如此。一个善调味者因能深刻地认识到这些变化,从而调制出饮食制品的醇厚优美的味道,一个善于把握味觉变化规律的人,就会品尝到别人所不能品尝享受到的优美口味,就能实实在在地得到菜、点、酒、菜的文化风味。

对于大多数人在大多数情况下,是难以达到这种程度的,这需要对能力的培养,需要具有丰富的经验,只有在对味觉的深刻感受中,人类才能得到来自饮食品味中丰富的文化信息。一般来说,对食物的选择首先考虑的就是味觉,从直觉上,人们也是不愿意在取食过程中感受痛苦的,因为饮食品毕竟不是"药",因此在饮食品的风味核心地位的就是味觉。因此,味觉被认为是风味的灵魂。

法国大美食家布里亚·萨瓦兰在谈到味觉在风味中核心地位时说:"人作为生物,味觉是有滋味的物质,激起相应器官并使之兴奋的能力,很显然,味觉有两个主要用途:

A. 它能为我们带来愉悦,可以慰抚我们生活中遭受的创伤

B. 它帮助我们从大自然提供的各种物质中选择出适合的食物

在实施这个选择的过程中嗅觉起到了很大的协同作用……作为一条普遍规律,有营养的物质口味与气味都不会差。"(《厨房里的哲学家》)

布里亚·萨瓦兰认为:"味觉实际上包含三种形式的感觉,即:直接感觉、整体感觉和回味感觉。"

直接感觉:是从口腔器官运动中获得的第一知觉,这时被品味的物质仍停留在舌头前部。

整体感觉:是由两部分组成,即:第一知觉与食物离开起始位置向口腔后部时给整个味觉器官留下关于味道和香气的感觉印象。

回味感觉:是大脑对感觉器官传递上来的印象形成判断(《厨房里的哲学家》)。

这实际上就是味觉由感官知觉转化为心理经验感觉的过程,最后得到由经验产生的判断,"好吃"或者"不好吃"。这就要求我们在对菜、点、酒、茶、咖啡等饮食品品尝时要"小口品尝",因为小口品尝能得到最为充分的体验和最为丰满而曼妙的幽远的回味。

我们知道,由于食物原料都是来自大自然的动植物,每种原料中固有的呈味成分并不能满足人的口味需要,于是产生了人为的"调味"工艺,运用组合和添加的方法使饮食品达到人食口味的标准。在咸、辣、甜、酸、苦、鲜、涩等七原味中,一般认为咸与甜是分别代表菜点两方面的主味味觉。尽管菜肴中也有甜菜或点心中亦有

咸点，但咸菜与甜点则是主流。然而在原料中咸味物与甜味物质又是极端缺乏和单调，为了使饮食品达到人食的适口性，运用添加特征性调味品调和补充饮食品中的呈味度是一个艺术化加工的过程被谓之"调味工艺"。在菜肴中盐的咸味是主体，其他味都是以此为中心的组配，因此，盐被称为菜肴味中的"骨"，是"百味之首"，是"食肴之将"、"国之大宝"，这种认识在中西餐中普遍都有。在古典时期，盐是中国商周朝稀有的贡品，亦是古希腊崇拜的"宗教的用品"。在古希腊语里表示"福气"的词"salus"和表达"健康"的词"salubritas"都是以希腊语中"食盐"为词根的，最早食盐被用来作为药品储藏品和调味品，将盐称为"生命之盐"、"大地之盐"。在盛产食盐的城市以食盐命名："Salzburg Salzgitter Salzwede"，就如中国的"盐城"地名一样。古希腊用盐象征生命和热情。Wolfgang schivelbusch 说："最好的菜肴如果没有食盐就索然无味。"（《味觉的乐园》）与之相应的是甜味被誉为点心之魂。最早的甜味剂是采自天然的蜂蜜，早在石器时代蜂蜜是最早赋予人类以强烈美感的食物，甜味成为人类最早的美感认识。甜美的感觉与肉食或其他方面的美感不同的是，它直接来自天然食物味感之美，给人以柔美舒缓的幸福之感，后来人们运用甜味强烈的甘蔗、椰枣和谷类模仿蜂蜜透明而稠粘的性状熬制出食糖（饴）。据有关史料认为，甘蔗糖、椰枣糖公元前出自古代南亚印度地区。中国早在周代已经使用，称之"饧"的麦芽糖和甘蔗浆。具有现代意义的食糖则在隋唐时期由西蕃引入"石蜜"，进而用甘蔗汁熬炼仿制普及。

在公元 75 年，食糖在古罗马人眼中仍是新鲜的物品，被认为是一种来自阿拉伯半岛的"采用芦苇，像树胶一样发白的蜜"（普林尼《百科全书》）认为"它只有药中使用"。至于阿拉伯地区直到"公元 6—7 世纪甘蔗的种植才传播到整个近东地区。到 8 世纪，巴格达的阿拉伯厨师已开始大量使用"（彼得·詹姆斯·尼克·索普《世界古代发明》）。

由于盐的电解质特性，能将食料中呈鲜氨基酸的鲜味阈值得到大幅度提高，增强了食料本质鲜，从而使人充分地享受到食料（特别是动物性原料）本身所释放出来的鲜美风味。其他味型调味品都达不到这种效果，因此，咸味自然的理所当然地成为菜肴的主味。与此不同的是甜味具有极强的覆盖性，能使一切尖锐和苦涩之味变得平缓和甜美，尤其对饥饿的心慌症状有较好的安定松缓作用，用其佐助餐饭，不如单独的用于餐前饭后休闲。因此，甜味成了点心的主味。盐和糖有渗透性强的特点，能让呈味素渗入到食料内部，形成醇厚味感。

一般来讲，在菜肴中咸为主味，甜味和其他味都是充当辅助的配角。而在点心中则以甜为主，以咸为主的其他味都是辅助的。实际上咸味为主的是菜肴，甜味为主的是点心，这是东、西方饮食大众的共识，所谓"甜菜"则是一种点心菜肴形式化的特例，而所谓"咸点"的性质如同此理，纵观中、西餐以及伊斯兰和素食的诸种菜点食品所具有的味型如表 7-1 所示。

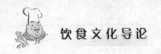

表 7-1 诸种菜点的味型

菜肴：咸鲜型	点心：甜香型
咸酸型	甜辣型
咸辣型	甜酸型
咸甜型	甜苦型
咸酸辣型	甜酸辣型
咸甜酸型	甜酸苦型
咸甜辣型	甜酸苦涩型
咸甜酸辣型	

在工艺学中将具有多种口味组合的固定模式称为味型,每种味型里并不是味的简单组合,而是具有因食料与调味品不同而存在多样性。例如呈酸物调味品就有果酸类、醋酸类、乳酸类等;呈咸调味品也有盐、酱油、虾油、鱼露等,呈甜调味品除了蔗糖外尚有冰糖、葡萄糖等,各种调味品有时虽然主味一样,但在整体风格方面差异很大,此外呈味物质还有协调性的香气伙伴综合作用于人的味嗅两觉构成完美"滋味"。一般来说,品尝菜、点时能突出地感觉到食料本质的味、嗅特征的叫清淡类型,调味品将之覆盖或改变谓之浓厚类型,介于两者之间的是中性类型,三者之间有着风格性差异。

1. 清淡类味型的品尝特点

清淡类型的味型又叫"本味类型",具有最为古老的传统,中国华南风味的粤、闽菜系,与日本风味都以崇尚本味为基本特征,现代西餐也大多是崇尚食料本质风味的,这种类型的调味以本味为中心,一切添加调味调香品都是起到增味、提香、脱臭、强鲜、修补、平衡的作用,保持清鲜冲淡的主体风韵,对调味品的用量较少,虽用辛辣品也是略有其味,略品其香,提携完美风味,注重简洁复合,幽雅含蓄,以咸、鲜、甜为主调,对食料良好风味尽起烘托之功,使之优美。这也就是古人所谓"清新淡真"的本色本味。

2. 浓厚类味型的品尝特点

浓厚类味型又叫"刺激类型",采用浓香重味调味品的添加,使食料原有的味、香完全遮蔽和改变,中国西南风味西北风味与南亚和阿拉伯地区崇尚浓厚味型调味,突出的是辛香和混合药香与咸、酸、辣、苦的多重味嗅复合,具有奇香、异鲜、刺激冲突和怪味的效果,使人达到受味受香的极致,激发嗜好。正如 Wolfgang Schivelbusch 在《味觉乐园》中对阿拉伯-印度式菜肴调味的评述那样:"菜肴完全消失在调料里了,食物本身已经无足轻重了,它成了稀奇古怪的调料的附庸。"实际上在中世纪时,欧洲在现代西餐还没有完全形成成熟之前,也是崇尚浓味重香的,"中世纪的统治阶级总是用调味很浓的菜肴来显示自己的地位,一个家庭越高贵,其在调味品的消费就越多,15世纪的一本英国食谱就对肉食烹饪做过如下描述:烹饪家兔要加入杏仁粉、藏红花、生姜、柏根、桂皮、糖、丁香花干、豆蔻花等;烹饪鸡杂儿要加入胡椒、桂皮、丁香花干和豆蔻花等。对水果的加工大同小异,草莓和樱桃应用葡萄酒洗、煮,并加入胡椒、桂皮和醋。据一份资料反映,一个中世纪的家庭在有40人参加的宴会中需用如下的调味品:"半磅桂皮粉,两磅糖、一盎司藏红花、四分之一磅丁香花和几内亚胡椒、八分之一磅朝王番椒、八分之一磅良姜、八分之一磅豆蔻花、八分之一磅月桂叶……"这些都是使胃产生巨大负担的巨量调味品。在中国四川著名的怪味鸡中,甚至有浓烈的咸、甜、辣、鲜、麻、苦多种不同性质调料的多重复合形式。

浓厚味型与清淡味型形成鲜明的对比,如果说,前者是清雅淡真的,后者就是浑厚而张扬的。

3. 中性类味型的品尝特点

有清雅淡真的神韵又有浓香色厚的风韵,通常是味觉清淡而香势浓重或者是香气单纯而口味复杂,清重相宜,彼长此清,互相提携,一些熏菜、烤菜、红烧菜、溜菜、煎菜、炸菜都普遍具有中性特点,中国东南风味的大淮扬菜系,葡萄牙、西班牙都具有中性调味的品尝特点,中性调味不尚纯然淡味,也不尚浓烈厚重,注重创新本味与调品品的有机结合和协调,被认为是调味致和的最高境界,是主流味型,显得含蓄、圆转、深秀、华贵而平和,其适应面最为广泛,老少皆宜。一般以中性口味浓度为参照物,观照清淡与浓厚型的评价。

我们在品尝饮食品时,都会发现几乎每一款品种的味觉都是具有多样性的,在具体饮食品中各呈味物质具有彼此不同的浓度比和作用,也就是说,我们所得到的任何饮食的印象都是在多种呈味味素共同参与下的综合效果。客观证明,单一味素的饮食品是起不到好的效果的,只有在多种不同味素的参与下,饮食品的口味才显得复杂、变化、丰满和醇厚。在品味评价方面,将饮食品中不同呈味的性质区别为8项内容。即:

(1)主味:主导性味觉,感受浓度比重压倒其他味觉,整个味型特征性因它而倾斜,如咸菜的咸、甜点的甜、酸梅的酸、咖啡的苦等,主味所反映的是与本味结合之美,因此,也叫本味或基本味,在菜点中主味缺其不可,增减不宜。

(2)辅味:在气味之后起重要作用的味别,轻于主味但重于它味,在菜点中,辅味浓度可增减,但不可以没有,要有明显的味感,例如咸酸辣味型中的酸和辣,咸甜味型中的甜和甜苦味型中的苦味等。

(3)装饰味:在味型中比重极少,感觉微妙,有其更美,无其也可,不影响主体味型的表现,例如中国的红烧菜中的食醋与西餐过程中的柠檬汁,添加少量可使整个味型优美无缺。但本身味性并无明显感觉,作用犹如修饰香。

(4)后味:在味型中比重极少,在咀嚼中最后在舌根感觉口味,例如咸出头甜收口,这里的甜就有后味之意,在复杂味型中,后味尤为重要,我们在饮酒、茶、咖啡时,后味的感觉是明显的,有点苦,有点涩抑或有点甜和酸等,后味给人以意趣悠远的感觉。

(5)前味:即入口的味觉,在味型中比重不大,但特征明显,又随着后味的到来而清淡。例如:中国式"醋熘白鸡"中的少量辣油,当后继主味咸甜酸的到来,辣味便消失了,它存在开始时第一感觉的一瞬间。

(6)基味:又叫隐味,亦即本质味的基础,隐藏其内,被提则明,不提则难寻。例如炖鸡中的鲜味,加盐鲜味就强,无盐鲜味则淡,再如萝卜,受热则转甜,不加热则有芥辣,前者的氨基酸鲜味与后者的转化性甜味都是基味性质。

(7)厚味:味感连绵不绝,后续强劲,越咀越觉滋味,古语有"余味不断,齿鲜三日"。例如"高汤"有鲜味醇厚的感觉,胡椒加辣椒有辣味浓厚的感觉。事实证明,在菜、点中由多种复杂的味感会给人以味意浓厚的感觉,尤其在一个菜品中运用同性不同质的味素组合具有深厚蕴美的味觉享受。例如,在蔗糖中加冰糖、葡萄糖、麦芽糖等,会显得甜意纯绵深厚而不飘浮。

(8)底味:卧底之味,行话叫作"内口味",是主味味型之外的菜点材料内所含的味别。例如:鱼、肉圆或溜炸菜坯料之中预腌、浆所加的调味,在主体味型中没有明显关系,在咀嚼中会感到味觉的延伸性,达到了菜、点内外的口味和谐的效果。

调味鲜明地主导着人类饮食的审美方向,给人类以"五味调和"之美,极大的促进了味觉的生理性向人类的文化性脱变。

四、滑嫩爽脆,质感触觉的华丽乐章

除了上述的色、香、味外,人类品尝饮食品时,对其质地的口腔触觉感受同样具有重要的审美意义。所谓质地,就是食物在口腔中的硬度、流体性和温度的感受度,简称"质感"。我们每次进食或饮用流体饮料、汤、羹时都要感受到由此而产生的美感认识。绝大多数人对此的宽容度依然是有限的,因为一个美的饮食品所给予我们的享受是微妙的。当我们咀嚼到脆嫩食物和喝到滑爽的汤羹时,心情会为之愉快,甚至当你听到别人愉快地咀嚼脆物的清脆响声时,胃口也会为之大开。

菜、点质地是关系到制品内最为本质的感觉,是食品实体本身所给予人在触觉方面的复杂感受,食品所给予我们的触觉感受是生料质地向熟化质地转化的感觉。一个原料可以通过不同的制熟加工形成不同的质地给予我们以不同风味的触觉感受。例如,鸡肉就可以通过炒、炸、烤、炖等不同加热方法形成滑嫩、外脆里嫩、酥软、酥烂等微妙的质感风味。有四个不同性质的感觉度:

(一)质地的强度感

质强感是指固体食品在口腔中咀嚼所感受到的强硬度,大致用十个等级进行评价：

1. 硬质感

硬质感是食品干紧坚实的质感，参照物如硬糖块、坚果壳等，很难咬下，需用较强压力压碎，食品表现为嘣裂破碎，此质感强度为一级。

2. 老质感

干紧粗密的质地组织，咀嚼费力费时感，难以下咽，粗纤维干燥而粗，参照物为短时加热的老鸡胸肉、肉干等，强度等级为二级。

3. 韧质感

干紧而弹性强的质感，质地纤维虽细于老鸡但胶原丰富，参照物为冷凝的熟牛筋、墨鱼干等，耐咀嚼，其质感强度为三级。

4. 木质感

干燥，缺水缺油脂，纤维较粗，咀嚼如木柴感，易塞牙缝的质感，参照物如炖老鸡中的鸡胸肉，竹笋靠近根部的部分，熟的瘦猪肉等。强度为四级。

5. 弹质感

有一定的韧性，但有弹性强的特点。咀嚼时有接近于脆，但又在陷落时不太易折断，具有一定的还原性的感觉，触感有微妙的印象，参照物有脆骨、炒鹅肫等，强度为五级。

6. 脆质感

有一定硬性，但轻轻咀嚼时会迅速折断，并伴有清脆的响声，植物原料质地含水量较多或者是动物原料经油炸、烤后的胶原失水胶化。参照物有脆苹果、黄瓜和油炸鸡的表皮以及一些上浆挂糊菜肴的外壳等，强度为六级。

7. 松质感

多孔膨松和缺乏黏液性食品的质感，只要轻轻咀嚼即速嘣碎或者塌缩，参照物为油酥和发酵食品，强度为七级。

8. 嫩质感

结构细腻，含水量高，结缔组织密度低，咀嚼力极小，随嚼而破碎，柔而无声。参照物是蒸蛋白、炒鱼片、笋尖等，强度为八级。

9. 软质感

体质柔软，含水量大，随力变形，在口腔最初接触时内陷，无需咀嚼，只要用舌搅拌即可咽下，参照物为水磨粉汤圆、软糕，熟透的香蕉等，强度为九级。

10. 烂质感

固体与流体的临界点，看似有固态之形，一触即破裂，用筷难夹起，汤匙需助食，是肉类经长时加热的极度深熟的质感，参照物扒烧整猪头、炒土豆泥、久煮的黄豆等，强度为十级。

实际上，在一种食品中常常具有数种质感的综合，而每一等级强度内部又会因

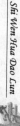

不同品种具有互为细微的差异,例如同样是脆感、油炸、果仁的脆与腌黄瓜的脆又有不同等。

（二）质地的流动感

与质强感对固体食品咀嚼不同,质流感是指我们对液体或半固体食品通过口腔的流动感觉。一般有如下五个等级:

1. 黏感:流动不畅,在口腔中上下沾黏的感觉。一般是半固态厚酱状,一般米麦面糊状食品,胶原蛋白质、脂肪、糊精混合物,胶体参照物为蜂蜜糖浆、粉糊、色拉等,难以流动,质流感五级。

2. 稠感

浓厚的羹状,在倾斜面上可以任意流动,组分与粘物相似,只是成为液态状。参照物为厚米粥、少司、溜菜芡汁等,质流感四级。

3. 滑感

滑感即油脂特征性的润滑感,薄羹状物在口腔中流动滑畅,是油脂、淀粉或晾脂与蛋白质粉碎物在汤中充分乳化的特定质感,任何菜品中的油脂都具有润滑作用,油脂在人舌面形成油脂膜会有效地消除食品在口腔中的涩滞感,质流感为三级。

4. 醇感

醇感即指高级鲜汤的厚质感,这不是粉质物的参与作用,而是标志着动物性水溶物的程度和效果,如果将其冷却,即可凝结成"胶"。参照物是久熬的鸡、骨汤、奶汤等,质流感为二级。

5. 爽感

清汤、果汁的清香淡薄利口的感受,爽快或爽利的感觉还是明洁清洗味蕾的作用,犹如清泉涤荡、清风徐来、云袖轻盈的爽快怡心,尤其在浓厚稠粘之后具有鲜明的对比之美,质流感为一级。

（三）质地的厚度感

与味、嗅风味一样,我们的绝大多数食品质地感觉都不是单一的,而是一种多种质地结合的印象。每一种食品都是由多种质地感构成了它们的质感厚度,例如在一只汉堡中,就含有松、软、脆、嫩等诸种触觉感。再例如,在一份传统的醋熘鳜鱼中就有着鱼的脆嫩,滋汁的稠、滑以及辅料的其他质感等。一般来看,一个菜品所呈现的质地感越丰富,其质感的厚度就越高,这种质感厚度不仅指菜品整体所组配的原料方面,更重要的是指在主原料方面的质感厚度。例如"东坡肉",肉本身的软糯松烂,配菜的鲜脆,汤汁的稠浓等构成了质地协调和对比的华丽乐章,给人以无比美妙的质感享受。可见,多种质地并存在一种菜品之中,是普遍现象,它构成了人们对菜品质地触觉感受与评价的整体,只有细心入微地进行体验,才能感受到这些奇妙的口感,从而与味、嗅协调为完美滋味的感受。通常人们对菜品主料质感厚度的感觉评价有如下术语：

例如：外脆里嫩，指一菜品主料的外壳层是脆的，里面的肉质是嫩的，两层次质感。

再例如：粘烂与松脆，前者具有黏性并且又很烂，这是"糯"的感觉；后者既有松散的特点，又有脆的特点构成了"酥"的感觉等。

与此相类似的感觉评价实际上是以各人的习惯嗜好而见仁见智的，有许多内容，例如软嫩、滑嫩、松嫩、脆嫩、软烂、松烂（酥烂）、硬脆、弹韧、爽脆、硬脆、滑糯等。在复合成形的菜料坯体中含有更为多样复杂的质地厚感，例如八宝鸭、五彩虾仁、比萨馅饼、巧克力冰砖等。

（四）质温感

人口对食品触觉的温度感叫质温感，饮食品的温度与质强度、质流感与质厚度感最终给予人口的美好印象具有极其重要的质量关系，温度的不同可以使流体食品增厚或者稀解，可以使胶体食物的强度改变，同时对味、嗅、色风味也造成极大影响。因此，质地所给予人口的温度触觉感是不能被忽视的重要方面。不同的食品种类，其要求的食用温度也不同。一般情况下，有 5 种区别鲜明的质温感：

1. 冻感

冻感又叫冰感，是 5——5℃，是冰食与凝冻类食品，冰镇饮料的温度，尤宜甜品，夏日饮食可以消火。

2. 凉感

接近室温的感觉，一般在 10—15℃ 之间，如室温低于 5℃，则需稍加温，使之不冻齿，不凉胃，是一般凉食品的温度，中国宴席中的凉菜以此为标准，利于佐酒又不伤胃，清凉可口。

3. 热感

介于凉爽之间，一般为 45—65℃ 之间，是速炒鲜嫩菜品的品尝温度，这是鲜嫩原料在高温条件下易于失嫩失鲜变色的本质所决定的，在这个温阶上鲜嫩原料的风味会得到最佳表现和感受。

4. 烫感

几乎不能入口的是烫感，在 70—90℃ 之间，老韧硬性食动物胶原丰富的原料所制成的菜品，在这个温阶中会充分品尝到浓香厚和软糯酥烂的风味，这也是中国传统佳肴最为推崇的进食温感。

5. 沸感

沸感即极烫至沸腾之状的感觉，为铁板烧、明炉锅仔、砂锅和火锅在进食之时的性状，既有烫感又有视觉感受，进食时持续保温或加温，没有降温之虑，身心暖融，气氛热烈。

纵观人类各民族饮食对每一款品种的设定都是与其进食的温度分不开的，都

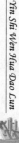

统一在最佳风味感受的前提下,将选料、加工、品尝集中在食温之中实现最佳效果,如果该凉的不凉,该烫的不烫,该沸的不沸,或者该冰的不冰,那么饮食风味效果的最佳实现就是一句空话,我们就得不到最佳风味的享受。反之,如果在进餐温度得到保障条件下,我们便会在一餐中完美地感受到多种饮食品带来的奇妙的最佳质地感受,或软或脆或弹或嫩或者是爽滑的或者是酥烂的,犹如多重演奏多彩多姿的华丽乐章。

五、造型完美,风味外化的食器统一

当每款饮食品呈现在餐桌上的时候,给予人们视觉认识的第一印象就是其特定的有意义的完美造型,而这种造型又是器、食统一体的,餐食器皿虽然可以作为工艺品具有独立的意义,但是,当它们与饮食品结合的时候便具有了烘托的整合意义,餐食器皿是为了饮食品的完美造型服务的,而不具有随意性的拼凑的性质,例如一杯酒的杯子,使酒具有了单位造型的饮品意义,在这里用什么酒与什么样的杯子,它们之间的关系是至关重要的,同样的道理,一盘牛排、一碗面条等,由于餐具的具体使用,饮食品才具有了具体的实在的单元意义,可以说餐具是为了饮食品具体食用而产生的,由于餐具的使用才使饮食品具有了实在的造型形象。餐具与饮食品造型的目的性一般具有如下关系:

(一)造型为方便进餐而设置

饮食的造型为了不同的饮食方式而设置,人们一般不会因饮食品造型去选择进餐方式,因为在世界范围内,人类的进餐方式有筷、匙、刀、叉、手为取食工具,人们不会直接在瓶、锅或炉上用嘴取食,也不会用筷夹大块牛排,用刀叉喝汤,用汤匙挖食条、片状食物,因此,进餐方式决定了餐桌上的饮食品造型,而饮食品的本身造型物象又决定了对餐具装盛器皿的选用。

众所周知,除了液态与半液态饮食品在造型方面东、西方以及印度、伊斯兰饮食具有相同性外,对于一些半干性或干性食物方面,西餐菜点造型必须方便刀叉使用,中餐菜点必须方便筷箸使用,伊斯兰菜点则必须方便手抓,这是菜点造型的第一原则,故而形成三大餐别在菜点造型方面的差异性。

(二)菜点造型以突显风味为目的

我们知道,每种饮食品都有其突出的表现优异性质的方面,或是肌理纹路,或是色泽,或在香气或在浓度,或在料形块面等方面,造型的目的是使这些优长特色的方面凸显在进餐者面前,透发食欲的情绪,优秀的烹饪师都会巧妙地利用各种食料材质的优良特质方面组合成有意义的整体,将食品风味具象化加以传达。在这里,盛装器皿的形状、材质、色彩和容积等都被纳入到上席菜、点整体构象之中,食和器形成一种不分割的关系,每一种器皿工具都是针对特定品种而特选的,不可随意更改。如用不同的鸡尾酒杯针对不同鸡尾酒一样,这种特定的酒杯对于突出表现鸡尾酒的色、香、味和韵意具有重大意义。

传统的餐具载器,在筵席上通常都是以成套配置由小到大,由浅到深,器皿的风格、纹饰、色彩、材质都是一样的,从而使之与菜、点、饮品的具体形体没有必然的关系,显得过于机械性和呆板。因此,菜点与餐具本身之间的审美关系是分离的。现代则加强了食与器的整体互补关系,即菜因盘装而美,盘因盛菜而美,因而在时尚的现代餐桌上出现了不同形式、不同材质和风格,各式餐具多样化并存的现象,对传统的成套格式化有所突破显得灵动而多彩。不管是陶、瓷、金、银、玻璃、玉石、竹木等器皿,都为了同一个目的,就是最佳的、最大限度地突出所载饮食品的风味特色形象。

(三)食以器贵,琥珀盛来味自珍

如果说,饮食品上席的造型是为了方便进餐,造型的本意又是起到了突出表现饮食品的风味特色作用,那么在这个前提下运用珍贵精细的餐具则会明显地提高所装载的饮食制品的价值,极大地丰富人们饮食审美的情趣。在这里,让我们先欣赏一下中国明初著名的古典小说家施耐庵在《水浒传》第八十二回中描写宋徽宗招安宋江的"琼林御宴"的情景:

筵开玳瑁,七宝器黄金嵌就;炉列麒麟,百和香龙脑修成。玻璃盏间琥珀锺,玛瑙杯联珊瑚。赤瑛盘内,高堆麟脯鸾肝;紫玉碟中,满驼蹄熊掌。桃花汤洁,缕塞北之黄羊;银丝脍鲜,剖江南之赤鲤。黄金盏满泛香醪,紫霞杯浮琼液。宝瓶中金菊对芙蓉,争妍竞秀;玉、沼内芳兰和香苔,荐馥呈芬。翠莲房掩映宝珠榴,锦带羹相称胡麻饭,五俎八簋,百味庶羞。黄橙绿桔,含殿飘香,雪藕冰桃,盈盘沁齿。糖浇就甘甜狮仙,面制成香酥定胜,四方珍果,盘中色色绝新鲜,诸郡佳肴,席上般般皆奇异。

在这段描写中,我们如临仙境,奇肴珍饮在玻璃盏、琥珀钟、玛瑙杯、珊瑚石、赤瑛盘、紫玉碟、黄金盏、紫霞杯的赤黄绿白之间犹如天上仙味,普通的肉脯鸡肝变成了麟脯鸾肝,那些驼蹄熊掌、细楼黄羊、桃花汤、赤鲤脍和香醪美酒、鲜果奇花给人以视觉、嗅觉、味觉享受的极致,那些五俎八簋、百味庶羞、诸郡佳肴更令人眼花缭乱、应急不暇。石榴、胡麻饭、黄橙、绿桔、雪藕、冰桃、糖塑的奇幻物象,面捏的各色酥点在盘中无不给人以心灵的震撼,在这里,珍宝之器充分地烘托了各式饮食品的造象,调动了进餐者的全部感觉神经,因此,饮食必要问器!

美器名器是为了饮食服务的,用之享美食、饮美酒、品香茗比收藏不用有意义得多,你会从中得到无比巨大的愉悦享受,你的心会通过品尝与美食美器所蕴涵的深邃历史沟通;会与那种广阔的意境界相融合,达到进餐时人与物的最佳默契。在现代社会里,"饮食问器"的传统被日本"茶道会"保留得最为典型。贯穿于茶道过程中的饮或者食,都要问明所用茶道(食)具的来历,主人与客人皆以名器为荣。名器的运用能更为充分地传达并感受到神圣的茶道精神。实际上,在中、西餐方面,高层次宴饮活动依然严格地遵奉着"饮食问器"悠久传统,可以说名器之美上至宫廷下至民间永远是权力与财富的一种象征。实际上,在平民世俗社会巧妙运用奇特精致的器物同样能达到出神入化的奇美和谐效果,例如一些精瓷、精陶、金属、玻璃制器以及象形器物、竹木石器等。

当盛器与饮食品组合不能达到完美造型效果时,盘中会添置一些点缀性饰物,例如食雕小品,色彩鲜明的花草、鲜果等,给人以几分变化和过渡,完构器物与饮食物风味形态,例如在鸡尾酒杯边沿饰以鲜柠片、樱桃、猕猴桃、香草之类;在菜盘的主料边缘饰以鲜果、香草、花卉之类。装饰点缀是针对一些相对单调单纯饮食品盘、杯、碗中造型的补充重要形式,对饮食品主体风味的成型具有一定的作用和意义。然而它只能起烘托作用,是造型辅助手段,如果喧宾夺主则反而会产生反面影响,破坏造型的主体。

综上所述,饮食品都具有其特定的创意,风味的各个方面都是创意的产物,五味俱美其实质上正是这种创意的整体形象,大厨将具有创意的饮食品呈献给进食者,进食者凭借其对色彩、嗅觉、味觉、触觉、形态的敏锐度从而将之串联为对其创意整体的体会,同自己审美经验产生共鸣,达到与人生现实世界的深广和谐。

 思考题

1. 咖啡具有哪些宗教含义?
2. 可可怎样从私密的饮料演变为糖果的?
3. "五味"是指什么? 具有哪些内容?
4. 菜点的五味是天生就有的吗?
5. 你能辨别食物的香型吗? 试举例分析。
6. 你怎样认识菜肴的味?

第八章 认识生命——探究营养的奥秘

知识目标

本章探究养生（传统营养）与近代营养学术的产生成长过程，揭示其产生的规律与内容。传统营养学的伟大成就是现代营养学的基石，指出现代营养学的架构以及发展的规律。

能力目标

通过教学，使学生了解传统医学养生的源流，了解近代营养学的优劣经验，懂得珍惜生命的合理饮食观，了解现代营养学的架构与发展趋势。

人类一直在饮食的娱乐游戏中生活着，然而对于生命的奥秘的探求却一刻也没有停止。人的生命是什么？吃喝是怎样维系着人类生命的？在蒙昧时代，人类企图通过交感巫术中得到解释，在长期饮食生活中积累起丰富的经验，几乎都经历过药食同源的历程，有着丰富的饮食疗补实践。直到近现代生物、化学、医学等与生命相关的科学的逐步完善，食物对于人的生命的奥秘关系才得以真正的揭开。人们终于发现自己的生命，健康以至生命的繁衍确实来源于自然界的动植物，然而这种生命转换"方式"并不是"灵魂转移"，而是来自动植物体的六种生命营养物质要素的实实在在的"物质转换"方式，当人们清醒的时候，人类与动植物已付出了沉重的代价。

第一节　食物疗养的巫术诱导

原始时代人类对食物的崇拜充斥着万物有灵的精神，认为是通过食用使代表食物的动植物进入到人体，于是其灵魂进入到人体而赋予人体以生命，然而这种赋

予生命的过程与作用是什么呢？这就是疗养。疗养意识来自原始的巫术观念，而疗养观又是经验医学的前奏，是营养科学的起源形式。英国人类学家詹姆斯·G·弗雷泽在其代表作《金枝》中认为：人类智力各个发展阶段具有连贯性，经历了巫术→宗教→科学三个发展阶段，巫术阶段是前万物有灵或谓之前宗教阶段。弗雷泽以大量人类学材料来论证这种遍及世界各地的文化现象。世界各民族实际上都经历了一种"医食同源"的认知历程，食物也实在的滋养着人类的生命。

　　人与食物的接触所发挥的生命作用是神秘的，具有秘传性，泰勒在《原始文化》中认为是预兆和占卜术等种种观念的结合，是一种巫术的力量。弗雷泽在《金枝》中分析得出结论认为：巫术所基于的思想原则可以分为两种形式：一种是"相似律"形式，即所谓"同类相生，或结果相似于原因"；另一种是"接触律"或"感染律"形式，亦即"凡接触过的事物在脱离接触后仍继续发生相互作用"。这是交感巫术两条基本规律和基本形式，所有巫术无不出于这两种规律。相似律是通过模仿，或称之模仿巫术或顺势巫术，巫术施行者可以对某人或某物施加巫术影响（祈祷或念咒）；接触律是巫术施行者对某人或某物施加巫术影响。它们都是基于一种联想，前者建立在相似的联想上，认为相似事物可以成为相同事物，后者基于接触的联想上，认为曾经接触过的事物就是永远联结的事物，在这种联想信念中，原始人相信通过巫术能对无生命的自然起调整作用。弗雷泽认为："巫术是一种假造的自然规律体系，一种不合格的行为指导，一种伪科学，一种早产的艺术。"（《金枝》）然而通过现代科学的许多研究发现，巫术中暗含了许多科学的因素，这些因子的积累对经验医学食疗观的形成产生了重大作用。

　　如果将巫术看作是一种自然规律的体系，看作是一种贯穿着世界各方面并决定着所有事件连续性的一种尺度，它就被称为"理论巫术"，即可以将其看作是人类为了完成自己的目的而由观察得来的一系列行为准则。原始巫术仅知道实践方面，而不会分析巫术实践的心理过程，不会思考包含在巫术中的抽象原则，其逻辑机理虽暗含其中但又是不明确的，对待理性亦如对待所要消化掉的食物一样，忽视生理、心理过程而重视实际效果和其他方面。换言之，史前食物补养观念只是一种"实践的巫术"概念，还没有充分的机理分析结果的积累使之成为科学规律的理念。中国古老的伏羲与神农族就是最杰出的巫术施行者与经验收集者，以致近现代社会中，世界各地仍存在着这种实践的巫术现象，原始民族虽然还分不清人与动植物食物的界限，但由于对两者生命相互作用的日常生活之间的因果逻辑推导的结果，奠定了经验型传统营养医学的基础。

　　食物本身具有的一定特性，必须在人体内达到平衡才能促进健康。这个观念在很多不同文化中都有体现。在某种意义上食物就是医药，"体液饮食理论"是药典的传统框架，绝大多数食物都被分为"寒"性与"热"性两大类，希腊、罗马是如此，印度是如此，伊朗和古埃及是如此，中国与日本则更是如此。在希腊、罗马以及整个西方世界中,体液食物疗法占据十分重要的地位,是历史最为悠久、影响最为深远的饮食传统。美国学者菲利普·费尔南德斯·阿莫斯图在其著作《食物的历史》中说:"传统的饮食法都是依赖随意的食物分类方法,这是不科学的,或者至少缺乏常规意义上的科学性,它更容易被理解为一种巫术的转化,与食人族的巫术类似——从食物中摄取需要的物质。"实际上,食疗医学确是来源于巫术及其巫师的实践,其分类方法却并不是随意的,而是长期观察的结果。英国学者罗伯特·玛格塔在《医学的历史》一书中明确地指出:"(原始人类)在寻求解除病痛过程中,最初的方式是来自巫师的实践。原始时期人们认识自然的力量十分有限,巫师们的职责促使其在医学方面的不断探索。慢慢地,他们成了最能辨认有害植物的人,成了能模仿动物自疗或使用草药治病的智者,有趣的是这些不断发展起来的本领在他们眼里,却只是能帮助人的更加相信其符咒法力而已。"在食物疗养发轫于"实践的巫术"的1万余年中,在很长的历史时代,食与药的机理是同性的,是为所谓"体液医学"的目的服务。"体液学"是一种关于人体体液的血液为主导运行的阴阳、干湿、寒热性质的病理学术。协调者、平衡者是为健康,反之则为疾病。西方直到19世纪上半叶仍坚信这一观点,而中医学则也是以与此相类似的理论为基础,在整个东西方世界都有人制定并提供保健食物,调整人体体液干湿、寒热,以促进人体去病保健的饮食传统。

第二节　传统营养的东西方异同

据美国菲利普·费尔南德斯·阿莫斯图著的《食物的历史》一书中所说:"从古埃及流传下来的唯一一张食谱,是给病人治病的食疗处方,其中,菊苣用于治疗肝病,鸢尾治疗败血病,茴香治疗结肠炎"(〔美〕菲利普·费尔南德斯·阿莫斯图著,中信出版社2005年版),书中又说:"在伊朗,除了盐、水、茶和一些真菌之外,所有食物都被划分为'寒'或'热'两类,这种划分沿用了加仑的观点,但是在各种类别内部缺乏一致性,与世界上其他地区的食物种类划分没有任何关联。牛肉性寒,就像黄瓜、淀粉质蔬菜和谷物,包括大米。羊肉和糖性热,正如干菜、栗子、大麻子、鹰嘴豆、瓜类和小米。而在印度的传统体系中,糖性寒,大米性寒。在马来西亚,大米是中性的。"在西欧大航海时代,大量水手患上脚气病、佝偻病、糙皮病、甲状腺病、关节炎、贫血病、坏血病等许多病症,特别在16—17世纪,随着新航线的开辟,人们在90—180天的航程中,上述病症尤其特出,成为航海的大敌,其中坏血病成为最大的顽敌。人们采用了种种食物疗法,通过进食新鲜的水果和果汁、蔬菜、肉类、混合糖类、酒类有效地治好了以坏血病为代表的种种病症。食疗为西欧的殖民贸易扩张的胜利起到了决定性的作用。

在大航海中,西方人积累了丰富的食疗经验,起先他们都是将信将疑地采用食疗秘方,奇效出现后,他们才相信食物除了普通的食用效用外,还可以成为治病的良药,有时用纯药物治不好的病,食疗却能达到满意的效果。例如对坏血病的治疗,居住在美洲的西班牙医生费里·胡安·德·托克马达推荐的是"xocohuitzle"的野生菠萝;太平洋探索家塞巴斯蒂安·维兹凯诺想出的方法是储备新鲜的小鸡、山羊、鸡肉、面包、木瓜、香蕉、橘子、柠檬、南瓜和浆果等;西印度服役的英国海军外科医生詹姆斯·林德在尝试了大量治疗方法后发现了橘子和柠檬的重大治疗作用;1760—1770 年荷兰海军的库克船长则发现了盐渍泡白菜治疗坏血病的神秘作用等。

18 世纪之前,这些食疗实践尽管起到了极其重要的作用,但人们对其内在机理并不知晓,人们还不能掌握现代营养医学的有关维生素类、糖类、蛋白质类、矿物质类、脂肪类以及水的治疗知识,而是依凭自古埃及、希腊、罗马流传下来的传统经验医学的"体液病理"学知识。这种学问来自希腊-意大利学派,该学派是一个伟大的哲学学派,由毕达哥拉斯(前 580—前 489)创立,将医学从神性走向科学,为医学脱离巫术作出了极其重要的贡献。英国的罗伯特·玛格塔著的《医学的历史》说:"在毕达哥拉斯之前,疾病的观念蒙着超自然的面纱,通过毕达哥拉斯的传授,疾病在逐渐升起的科学之星的照耀下揭开了面纱,协调和均衡的原理统治着宇宙,宏观世界映射着人体器官组织的微观世界。"该学派中最重要的代表人物除了毕达哥拉斯外,还有安普多克罗斯与被誉为西方医学之父的希波克拉底。

恩培多克勒认为,世界由四种元素构成:土地、空气、水和火,这四种元素是固定的,永恒不变的,称为万物的基石。恩氏认为心脏作为循环系统的中心,伴随着生命的呼吸,血液不停地进出心脏,经血管输送到全身各处。希波克拉底的学生们进一步认为人体是由水、火、土和空气四种元素组成的,其中也包括四种元素的特性:湿与干、热与冷,强调原生的热能是生命的基本条件,当热能消失时,人也就死亡了。为了将热量维持在稳定的水平,人就必须通过气管来呼吸,通过血管进行血液循环。

毕达哥拉斯学派特别重视自然规律和诱因,强调对生命来源和意义的探究,还详尽阐述了关于四种元素和相应体液的学说指出,当身体体液或情绪处于失衡状态时,大自然的目的就是将这种状态恢复正常,在《关于饮食》中他有一句传世的经典格言:"没有医生,大自然可以做到"。这就是合理的进食,平衡体液。

17 与 18 世纪之时,现代医学已经逐步发展,但体液病理学依然为主流理论,它的名称"humor"在拉丁语里就是指液体或汁液,在 18 世纪这个词是表达普遍的气氛或情绪,按照体液病理医学理论,一个人表现的气氛或情绪的好坏,就是其体液多少造成的结果。西方古典性格学说与古典医学相互关联,在这里甚至相互交叉,两者都以四类体液模式为基础。

四类体液模式是指符合人的四种性格以及各种特征的四种体液，它们是：血液、黄胆汁、黑胆汁、黏液。四种性格是指：活泼、暴躁、忧郁、冷漠。与之相应的特征是：温暖而潮湿，温暖而干燥，寒冷而干燥，寒冷而潮湿。将人的体液性格和特征综合起来就是：温暖而潮湿血性的人拥有活泼性格，具有黄色胆汁的人性情温暖而干燥，性格暴躁；黑色胆汁性格的人性情寒冷而干燥，性格表现为忧郁；黏液性格在性情上体现为寒冷而潮湿，性格上表现为冷漠。四类体液模式从体液和性格上伸发开去，范围不断扩大。其中间包含了天象、四季、年龄、营养物质等，这些物质和现象都具有与人的特定性格和体液特征的某种吻合，给予人们进行广泛的医学尝试。西方人试图把人的身体与整个自然世界联系起来加以理解，将人的身体作为整体自然界的一个部分。食物的寒、热性质正是相对于人体的性格的体液寒热特征来加以食用的。最具典型的例子，就是对咖啡的使用。17世纪的医学认为，咖啡本来就包含四类体液模式的全部特征，只不过不同性格的人各取其所需而已：忧郁的人则由此激发；暴躁的人则由此冷静；冷漠的人则由此活跃；而活泼的人一般被认为是拥有健康性格的人。古希腊的名医加伦（Galen）曾在其著作《海氏饮食术》中推荐了最早关于调节体液寒热、干湿的食疗例子认为：如果人的体液过热，须用寒性食物调节，如果人的体液过寒则须热性食物调节。上述坏血病就被认为是过热性的疾病，因此需用柠檬、白菜、橘子、菠萝等寒性的大量食用加以调整。

　　与古典西欧相比，古印度在外科医学上成就特高，而在内科病理认识上则含有更多的神话色彩，在素食食疗上具有很高成就。与古代欧洲相似古典印度也是依据人的体液性质特征，其历史比古希腊更为悠久。在印度传统医学上对很多病症的认识，是认为三种体液失衡所致：它们是精液、胆汁和痰液，且都具有寒热不同的表现特征。著名的印度素食，如果说是婆罗门宗教的力量，毋宁说是印度传统素食食疗的成果。

　　据研究，有时食物治疗效果优于现存药方，还得力于人的精神性格原因。这在中国养生学上称为"养心"，这是普遍存在的一种"信仰力量"。古典的素食运动既是一种食疗信仰，也是一种宗教信仰，因为毕达哥拉斯与佛佗都是最早的素食主义者，而现代素食主义则更纯洁的具有"养生主义"。素食者是温和慈善的象征；肉食主义者是暴躁与凶残的象征；以素为主，辅之肉食者是中性的，这是食物养成生命及其性格特征的普遍认识。两个极端都不能令人具有健康的身体，只有适中才能达到保健的目的，这是现代社会人类的共识。关于这一点，中国狭义养生论的食疗保健学术具有较好的说服力。

　　中国的饮食养生论是一个广义理念，是通过饮食的食用与行为达到对人体身心双修的学问，实际上是一种"天人合一"的宇宙整体论，即大宇宙的事物万象与人体的宇宙的心理生理现象的一体关系。中国狭义养生论即传统的医学食疗理论发展得更为全面、精细、系统、独特，其历史也更为悠久。美国人菲利普·费尔南德斯·阿莫斯图说："在中国,尽管在宗教派系中,道教的阴阳平衡观念对中国饮食产生了重大的影响:大多数食物都被划分为阴性或阳性。另外,传统的中医有一套体液理论,现在已经不再使用,这可能是西方体液理论的鼻祖。"(《食物的历史》)《医学的历史》的著者,英国人罗伯特·玛格塔认为:"中国传统医学发轫于神农时期(公元前2838—前2698),将万物对立的阴阳两极为其基础。阳代表积极、主动的,象征男性,体现为天宇、光明、威力、强硬和干燥,同时也意味着左侧;而阴则完全相反,代表消极的,被动的,象征女性,体现月亮、大地、黑暗、薄弱、寒冷和潮湿,意味着右侧。中医理论正基于这种阴阳学说认为阴阳与血共同调和构成了人体,阴阳失和导致疾病发生,当阴阳停止流转时,人就会死去。"将中医理论进行第一次完备总结的《黄帝内经》,尽管成书是较晚时期的医家所为,但无疑是对黄帝时代以来2 000多年经验的全面而系统的总结。罗伯特认为:黄帝的学问被记录在《内经》,是在经过长期口头流传后公元前3世纪才第一次写成书的。书中关于体液学术主要是指出了"人体的血脉由心脏控制和调理,血脉流动周而复始,永不停息"(《医学的历史》)食物的作用就是依据食物的四性(寒热凉温)、五味(酸、甜、苦、辣、咸)而对人体辩证施食的归经作用。

实际上体液学术只是中医传统理念的一部分,其一般法则是人体受到寒热凉温的影响,直到19世纪,体液营养医学在中国、印度、近东、欧洲和拉丁美洲的大部分地区被信仰和实施,也在菲律宾、北非、日本以及东南亚广泛传播,与希腊-阿拉伯-印度这一方面具有相似性,几乎世界大部分地区的经验医学体系都包含了对寒热的关注,并在现代科学医学中具有重要的参照与辅助意义。与西方-阿拉伯-印度体液学术不同的是,中医在体液学之上构造了更为庞大的宇宙整体体系,人体是小宇宙,从而与自然界的大宇宙体系相对应,在金、木、水、火、土五行元素相生相克原理下人类通过主副食间的互补,调节人体元气的阴阳,促进人体生命的健康生存,从而与大宇宙之间实现平衡和统一。这种天人合一五行相生的观念与西方元素论完全不同,西医将人体视为自然界的一部分,而中医则将人体视为自然界的缩影,具有更为完备的人与自然关系的整体观照。中国饮食称之"膳食",亦即饮食是从善的,是补人体之不足的。因此,除了"养"外,"补"的概念成为一种进食价值体系。

如果说,中餐具有与西方同样的平衡体液治病疗养的价值体系,那么"强身滋补"的价值体系就尤其显得独特。美国学者尤金·N·安德森说:"补是一种体系,产生于——而且唯有通过它才能自圆其说——经验主义事实与心理构造之相互作用,在观察到的事实的坚实基础上,人们创造了推断性和推理性的整体结构,心身的效果似乎证实了这一结构的大部分,中医从来不认为有理由把心理暗示能力与其他药力分离开来。"(《中国的食物》)中餐的"补"实质就是对人的肉体与精神双重养补。因此,中餐对于一切美食和珍贵食料都认为是"补品",例如鱼翅、海参、鲍鱼、鱼唇、干贝、猴头菇、雪耳、燕窝等,是补气、补阳、补血、补阴,其补的概念实属大营养的整体观。

"排毒"是中医食疗的又一种独特的价值取向观念,这里的毒不是单纯指有毒物质的毒(poison),而是指在人体内部机体累积的不良物质或气息,这是长期饮食不当或运动不当或因自然环境、生存心态的种种不良因素在人体分泌过程中产生的病态因素。食疗的重要目的就是通过有目的饮食将之清除或谓之分解。这一价值取向在现代东西方社会具有极其重要的反响。有许多作用通过现代科学理论可以得到解释,但仍有很大的部分却不能得到解释,但在现实生活中又是行之有效的事实。排毒理论是中医食疗在汉唐时代对《黄帝内经》关于寒热病症防治的重要变革和发展,直至现代尤其被东西方富有的人们所重视。所谓排毒就是通过分泌系统将有毒因素向体外发散和排泄。这似乎就是食物之间相克相生特性作用的专利,而不是所谓现代化学药物所能办到的。在中医食疗看来,任何食物既是良药又是毒药,食物之间与人食之间以及外环境之间都有明显而复杂的相互关系,平衡即排毒;使人健康,失衡即积毒而致病,使人处于"亚健康"状态。关于这方面,在中国历代食疗著作中有极其丰富的记载和论述。许多食物间搭配相生相害的例子令西医费解。费解并不代表不是科学的,而是现代认知的某些偏颇和不够深刻所致。然而有些也不排除具有流传的妖魔化所致。值得注意的是,中医理论关于体内积毒与食物搭配间的关系是一个长时概念,从而也不能如程礼彬(音译)之流在 1936年时通过短时临床观察所能得到结论的。事实上,一些不适当食物间的配置同食确实能产生有毒反应的负面效果,除了人的肉体的直接反应外,人的精神作用于肉体的间接反应也是中医食疗重视的重要问题。

毫不夸张地说,"排毒"已成为普及于东西方人的现代饮食生活的一种意识,成为现代医学营养科学的重要内容,它与平衡体液、补中益气(补充热能)一道成为现代营养科学发展的三个基石,而现代营养科学正是构建在这个基础之上的关于规律性的合理解释。中医食疗在 5 000 多年的历史中,为这一科学提供了极其丰厚详实的实践经验与素材,随着现代科学的更多发现,其贡献日愈令人惊叹。中国人为拥有极其古老的综合性营养学而自豪。正如尼科尔斯(E. H. Nichols)在 1902年所作的描述那样:"在中央王国很难找到一样菜肴不是以生活在很多世纪以前某位圣贤的食谱为根据的,圣贤在设计食谱时都会想到保健原理"(引自尤金·N·安德森著《中国的食物》),史实也证明中国养生主义的悠久而重要的文化传统在世界性营养学中的重要地位和重大的文化扩散意义。《周礼》规定营养学家作为最高等级御医的一部分隶属于宫廷。皇室有大量的专门厨师,营养医学和烹饪术在皇宫内外享有崇高的地位,并且医学与烹饪综合为膳食产品是贯穿于中国文明各个历史时期的一种重要饮食文化特征;在受中国传统文化深刻影响的韩国和日本,宫廷中的御医就是"医厨结合体",我们从韩国电视剧《大长今》中可以看到对这一历史状况的再现。尤金·N·安德森认为:"中国人长期生活在饥荒和营养不良之中,积累了与之相关的无数观察材料,从中创立了民间营养学——更确切地说,既是民间的又是精英的营养学——在一组简单的原理或概念之下将观察的经验纳入其中。这些宽泛的概念有些接受了现代科学的检验,有的则仅仅举例说明了真实性。"(《中国的食物》)中国传统营养学亦如中国传统哲学一样,焦点集中于实用主义和存在主义的本体及其周而复始的变化过程(周易),注重的是事物间此长彼消的变换效果、变换技能和变换力。在中国传统食疗营养经验面前,印度-阿拉伯-欧洲的传统经验似乎显得微不足道,尤金说:"西方的唯心主义传统(焦点集中于本质实体以及终极的不变形式)对于中国人来说是不能接受的,尽管它经常与比如佛教思想的一些学派一起从西方传入。"(同上)

尤金·N·安德森客观地评价说:"两抵之下中国的传统信仰非常富有成效,使人们保持了健康,使食物生产体系保持了多样化。很多植物和动物如果不是因为相传所具有的医疗价值,本来是不会被栽培和驯养或保留下来,当这些动植物中的少数产生了中医大夫所认可的医疗效果时,确实为农业提供了更丰富、更多样化的资源基础,于是更多的生态学上的小环境被利用了,养分和土地得到更为充分的利用,因为各个品种的栽培都有其特殊的要求和习性,如果人们觉得只要轻而易举地收获谷物就够了,通常就不会因地制宜加以充分利用……中国农业是如此的多种多样,以至人民能够相对地减缓饥荒的威胁——或者准确地说,在饥荒突然发出时,更多的人可以得到援助,将可食用的野生植物用做药物,这些知识对农民也很有用。"(《中国的食物》)

在现代化学科学体系与"卡路里"热量计量概念尚未产生之前,中国传统经验的综合营养养生体系明显地比西方经验医学精邃和宏大。从一个方面可以说中国烹饪和一切食品生产技术都是因养生主义而产生的,中国宏观的养生营养传统决定了文明时代中国饮食文化的实践架构,许多西方大航海时期所发现的疾病食疗现象其实在中医食疗中早已被中国人以其特有的方式积累了大量实践的经验和成果。尤金·N·安德森真实地、毫无偏见地站在现代营养科学的角度说道:"我们仍有大量的东西要向中国的传统医学和营养学学习,近来发现了鹿茸嫩皮上的荷尔蒙、人参中的刺激素及中草药疗法中差不多数千种珍贵药物,这应该推动我们回到实验室和临床试验中去观察其他传统食物是否具有我们尚未知道的价值。无机物的可利用性、酸的分类法、尚未发现的动物药品,以及各种食物协同作用的效果,似乎是特别有希望的研究途径。补品为什么强身,凉性食物为什么似乎能治愈溃疡,蜂蜜为什么似乎有镇定作用,还有甘草为什么似乎在混合药剂调和药物及防止不良副作用方面有近乎巫术般的效力?我相信我们并不了解其中的所有原因。我可以亲自证实枇杷糖浆和生梨糖浆解除感冒症状和喉痛的好处,建立在药性温和、花费不多、以日常手段强身去痛基础之上的药物疗法的完整理念,极大地促进了我

们的现代体系,因为现代疗法富有效力,但又不无危险,而且它们本身全都经常引发病症。"(《中国的食物》)

中国有句古代经典名言:"真正的伟大医生,并不是因病治病,而是在日常生活中善于指导人们怎样避病的人",这就是广义的养生,使人无病。即所谓"上工治未病"的观点,而饮食养生作为其核心内容,正在现代社会的各文明国家人民生活中成为一种时尚和追求。

第三节　近代营养科学的发生与发展

现代营养科学是随着现代化学、生物、医药科学的发展而形成的。可以说现代营养学是具有综合性质和多学科交叉性质的分支学科。经验营养学是宏观性质的以对实践效果的观察为基础,现代营养学则是建立在微观分析的基础上,以前者的因果过程各种营养素物质性质与功能作用规律为研究对象。因此,它是一种纯理化性质的微观营养学,其历史只有一百余年。

中国传统营养学是一种广义的养生主义,具有自圆其说的理论框架和体系。它建基在食物为身体提供元气的观察上,不同数量的元气包含在不同食物之中,因此,元气表现为不同形式。人的精、气、神、形都立根于元气之中。不同的食物之气滋补的特征也不同,不足或过多的食用或者配伍协调的不当都削弱人体本身的元气,只有适中和适当的食用才能有益于对人体元气的修补和增强,这就是所谓"补中益气"的本质。中国元气概念虽然表述为"气息",与拉丁文的 spirtus 同义,但却是指"spirit",与灵魂相似是一个精神上的看不见的概念上"元气"。元气在人体上表现为"活力",即身体与精神活泼程度的状貌,在这里肉体与精神是一体的,强是元气旺盛,弱则元气亏损(疾病态)。因此,中国所认识的饮食补气的性质并不是西方人所狭义理解的运动的活力。身体之气的形态或特征与西方经验营养学相比更具有宏观性质。从而所习惯的思维模式是类推的,并较难确切地为微观分析营养学提供某种切入点和数据。然而,西方经验营养学本身却没有发展到自圆其说的程度,其观察的角度较集中在具体的方面,具有更强的针对性,因此,相对而言是狭义的,认为生命是动物体的运动形式,建基在食物为身体提供的热量上,热量作为生命体天然的活力源泉得之于食物营养的作用,提供热量的大小因食物而不同,运动的活力程度与营养热量的多少成正比。因此,西方人所持的补充热量的观念是具体的、狭隘的,符合于西方人习惯的,推理和计算的思维模式。恰恰正是这一点为现代微观营养学的发挥提供了切入点的基础。实际上,西方社会在未对现代营养食疗原理深入了解和现代社会礼仪尚未形成的时候,经验营养学的热量观曾诱

导上层社会经历了"饮食英雄"时代,热量似乎代表了营养的全部,占有的热量物质越多越好,这是权力和财富的象征,吃得越多越好,这是力量、强壮的英雄主义象征。因此,富有的人们通常大吃特吃,与比赛饮酒一样,比赛谁吃得更多更好,直到吃得呕吐为止。

在中国的宫廷中虽然具有丰盛的筵席,但受到礼仪与养生哲学的制约,在许多情况下,丰盛的席面食品只是一种概念性饮食,一种礼节和排场的象征,每个人在"礼"的道德节制下饮食,以适中为度。在西方宫廷和富人阶层则是疯狂的吃喝,美国学者菲利普·费尔南德斯·阿莫斯图说道:"几乎在每个社会中,拥有巨大食欲的人通常都享有很高威望,个中原因部分是可以作为权威的一种象征,部分可能因为这仅仅是富人才能拥有的一种奢侈……在通常情况下,只要食品供应没有任何问题,多吃都是英雄主义以及正当表现,就像是击败敌人以及讨好权贵那样。"(《食物的历史》)西方的古代编年史中记载有种种吃食的壮举,就像记载英雄在战争中的杀敌记录。其中有色雷斯的马克西来奴,每天能喝一坛酒,吃二三十千克肉;克劳迪亚斯·亚尔比诺因能在一餐中吃掉500只无花果、一篮子桃、10只瓜、9千克葡萄、100只菜园鸟、400只牡蛎而名声大噪。斯波莱托的圭多由于饮食节俭而被拒绝登上法国王座(同上)。这与中国在食官影响下的皇帝与大臣们的饮食风格大相径庭。中国人在筵席中过度多吃会被认为是有违礼教道德法则的,而在西方则是一种个人英雄主义的自然表现,比赛吃食与喝酒成为最重要的项目。

据有关资料记载:"美索不达米亚王室宴会在国王的主持下,根据特权等级分派粮食。当君主制取代了城邦制之后,就像亚述人国度那样,这些宴会的规模急剧膨胀起来。当亚述的纳齐尔帕二世修葺完成其行宫之后,他邀请了7万名客人前来参加持续10天之久的盛宴。这场宴会足足消耗了1 000头肥牛、1.4万只绵羊、1 000只羔羊、几百只鹿、2万只鸽子、1万条鱼、1万只沙漠鼠以及1万只鸡蛋皮。在古代冰岛,英雄洛基和洛齐举行了一场别开生面的饮食大赛,结果是洛齐赢得了这次比赛,他连肉带骨通通吃光,并且连盘子也没有放过。这种英勇的吃法所赢得的胜利不能被认为是一种自私的表现,另外一场势均力敌的宴会是由(罗马皇帝)尼禄举行的,据其敌人说法,这场宴会由正午开始一直持续到半夜。"(《食物的历史》)

中国虽也有皇帝的疯狂吃喝现象,但只是在礼教与养生主义尚未形成之前的一些个案,并且被公众认为是失德的典型。例如历史上著名的反面帝王代表商纣王的"酒池肉林"饮食现象,但是在西方和其他一些地区却是一种普遍的上层社会现象,在庞大的宴会中吃到呕吐,吃到站不起来(南非俗语)正是中世纪人与身份地位相符的英雄行为,肥胖的审美观得到人们的重视。实际上,在世界中、下层民众普遍忍受饥饿的时代,肥胖者都会被认为是美的,因为这是占有热量多的象征,也是权力与财富的象征。包括中国21世纪以前在内,肥胖者不被中下层大众认为是一种亚健康状态，而是美的，这是一种因财富而占有食物多的意识。而中国的上层社会认识则与中下层社会不同，是自秦汉以来被不断受到来自养生理念中关于肥胖是因饮食过量而致病的提示，中国清代著名的几代帝王画像，向我们展现了他们符合现代健康审美标准所认为的身型，他们几乎无一具有肥胖体态，例如皇太极、康熙、乾隆、嘉庆等皇帝。据清宫秘史载，慈禧太后每餐都有数十或者一百多种美食，但这只是表现了一种奢侈的排场，而太后本人则各尝一点感受美味而已，决不多吃，也不乱吃。因此，直到她70高龄时仍保持有美妙的体态与美好的皮肤。由此，我们可以从另一面发现，礼法与养生的自觉约束性在皇室阶层具有多么明显的效果。他们与中、下层大众的肥胖等于健康与财富的意识是有差异性的，食物的量与配伍关系的转换性质已成为上层人士根深蒂固的意识，他们不是因穷困而吃不起，而是有意识地得到控制。

与之相比，西方社会直到20世纪上半叶之前，上、中、下阶层的认识是趋同的。热量、强壮与财富之间的关系成正比，肥胖则是其典型体征，贵族的肥胖炫耀其吃得多和社会地位，英雄式的吃喝法是强者的典范。连中世纪以禁欲主义著称的主教们也不例外，有记载说：1466年约克王朝的一位教主在即位的宴会中使用了大量的食物。有一份清单记录了所用的原料有3 000千克小麦、300桶麦芽酒、1 000瓶葡萄酒、104头牛、6头野公牛、1 000只羊、304头牛犊、304头猪、400只天鹅、2 000只鹅、1 000只鸡、2 000只乳猪、400只衍鸟、1 200只鹌鹑、2 400只雌矶鹬、104只孔雀、4 000只野鸭和水鸭、204只鹤、204只小山羊、2 000只雏鸡、4 000只鸽子、4 000只龙虾、204只麻鸦、400只苍鹭、200只雉鸡、5 000只鹧鸪、400只丘鹬、100只麻鹬、1 000只白鹭、500只鹿、4 000个鹿肉馅饼、2 000个热奶油蛋羹、608条梭鱼及鳊鱼、12只海豚及海豹，还有无以计数的香料、精美甜品、薄饼以及蛋糕。在这种情况下贵族蒙田曾经责怪自己在餐桌上急于贪吃，以至于迫不及待地吮吸手指，咀嚼舌头而无暇顾及与人谈话。路易十四在自己的婚礼上面对如此众多的美食而无法胜任。约翰逊博士曾经吃得聚精会神乃至前额皱纹耸立，浑身热汗淋漓。法国历史上18世纪的最著名美食家布里兰·萨瓦兰虽然认识到了肥胖对少女自然身体的改变以及对活动带来的不便，是由于营养热量摄取过量所造成的，但是仍关注美食的质量，极大地表达对巨大食量的赞美。布里亚曾经满怀敬意地描写牧师布莱格妮的一次巨量进食过程："他悠悠地喝完一份汤，吃了一大块水煮牛肉，又将一只酒焖的蒜羊腿和一大只鸡消灭得只剩下几根骨头，一大盘色拉顷刻见底，随后又吃完了一大块白干酪，再加上一瓶酒和一壶水。"布里亚在其著名的美食著作《厨房里的哲学家》中极力宣扬美食主义，认为这样大的食量"是对造物主的绝对服从。主命令，为了生存我们必须饮食，主诱导我们要有食欲，鼓励我们品尝各种美味，并使我们从中得到乐趣"。他为富人阶层制定了标准餐饭，在食量与品种制作方面也作了规定。这种标准餐饭的食品是："一只填充得腰身滚圆的3千克重的火鸡，一大块做成堡垒状的斯特拉斯堡肥鹅肝酱饼、一只加饰的菜菌红鲤菌类熬制的骨髓，配上一些薄荷香味的黄油吐司，一条填满配料并抹上油的橡鱼，一只精心烘烤的雏鸡……还配上 100 根粗壮的嫩芦笋，再配肉酱，两打圃鸡，普罗旺斯式的。"这种传统餐饭在美食家记者赖伯宁誉为典范的伊吾斯·米兰德身上得到典型体现。米兰德是第一次世界大战前饮食"英雄时代"的代表人物，他的食量使其法国与美国下属叹为观止，在一次午餐中，"他消耗掉一只火腿、很多新鲜无花果、一条脆皮热香肠、几串佐以浓重玫瑰香味奶油酱的梭鱼片、一只涂满鱼酱的羊腿、一份用肥鹅肝脏做底的朝鲜蓟、4—5 种干酪、一整瓶波尔多葡萄酒、一瓶香槟、一份阿尔马涅克酒……"爵士乐天才埃灵顿爵士则被认为是美国富裕生活中追求营养热量的饮食英雄典型，他到美国各处追寻美食，大吃大喝，每次都要吃到"撑得难受"的程度，他会花费很长时间在海牙一次品尝 85 种风味小吃。营养热量概念在 19 与 20 世纪上半叶风靡世界，也影响着中国早期的现代营养学。一些受西方现代营养热量理念影响的"营养学家"们纷纷指责中国大众饮食中卡路里没有西方充足，提倡对西方富裕国家的饮食结构和模式进行效仿。因此，他们误导了现代中国因改革开放初步富裕起来的大众也热衷于暴食暴饮起来。从 20 世纪 80 年代以来，因热量过剩饮食不当而产生的疾病成倍增长，尤其是因肥胖而引起的种种疾病被受到广泛关注。西方传统饮食结构与模式也正在受到日愈多的质疑，减肥和有节制的进食成为世界饮食大众的时代潮流。中国传统饮食养生理念日益与现代营养学结合起来，表示了人类正从热量卡路里主义中清醒过来，合理重建现代营养学理论体系。

第四节　现代营养科学体系与架构

　　现代营养学说发微于经验医学中的"补中益气"说与"热能稳定说"，两者的意义相同，都立足于寒热能量平衡，但在表达方法与范畴上不同，前者以中医食疗为代表，表现了一个自圆其说的完备的宏观体系，虽然缺乏具体方向方面的数据切入点，但是都具有整体良好的提示。而后者以西医食疗为代表，是一个具体的可供计算数据的狭隘范畴，并随着现代科学、生物学与解剖医学的微观科学的大量发现，逐渐建立起现代营养学说的科学思想体系与理论架构。营养学从宏观观察体系步入微观分析体系，前者是实践的，后者是实验的。

　　将现代营养学中营养一词解剖开来的解释就是：有机体从外界吸取需要的物质来维持生长发育等生命活动的作用。中文原本没有"营养"一词，是对英文"nutrition；nourishment"的意释。"营"字具有谋求的意思，"养"则泛指补养和养分。养分即是营养素，亦即食物中具有营养作用的物质。在现代化学科学的蓬勃发展中，人们逐渐发现了食物中作用于人体能量转换代谢关系的六大基本物质要素的奥秘，从而将营养学从医学中分离出来成为相对独立的饮食营养科学，揭示营养物质对人体生理与心理功能作用的一般规律。

能量是营养学的基础，最早从宏观上较明确地提出生命运动与营养的能量关系的是伟大的古希腊哲学家和生动学鼻祖亚里士多德（Aristotales）或 Aristotle，（前 384—前 322）。在其名著《动物四篇》中提出了人的生命是灵魂的一部分，其动因是"由以赋得营养、生殖、感觉与行动的机能"的宏观概念，由于亚里士多德凭借着丰富的解剖学知识，初步认识到人体各脏器对于消化食物获得热量的过程，认为动植物体的生命都来自自然界本然的"热的"（toepuou），其获得营养热量的渠道，在植物界是土壤，在动物界则是内脏的消化作用，其营养物质的第一级由水、土、火、气元素构成（中国则为金、木、水、火、土 5 元素构成），这就称为自然界向生命体输送的本质"热原"，在中国被称为"元气"。第二级是动物们的"同质"（匀和）诸部分（ruvouolouepuv），如骨骼、肌肉等。第三级是由同质部分制作的异质（不匀和）诸部分，如脸、手等肢体，由于生命是得之于自然的"热原"作用。因此，动物的血液是热的，并通过在血管中流动将胃肠消化的食物营养物转化为生命体赖以活动的热能输遍全身，并将多余杂质排泄体外。这里将体热消化的作用等同于体外加热食物烹调（消化）作用，是对西方传统经验医学之祖希波克拉底医学理论的进一步阐述，也与中国元气论与火化熟食论具有异曲同工的性质，其热量、营养、物质的诸概念为现代营养学的蕴发提供了意境基础。

生命是动植物体机体运动的现象，而人体的一切活动都是与能量代谢分不开的。如果体内能量代谢停止了，则生命也就终止；如果能量代谢失衡，则人体生命运动就会出现障碍，健康人体的能量代谢是处于平稳状态的。实际上，现代营养学的能量概念并不是直接从传统营养学中得到的，确切地说，是 17—19 世纪西方关于地球与生命化学学术的兴起为现代营养学的建立掀开了崭新的篇章。特别是19 世纪 30—50 年代自然科学的三大发现：即生命的起源与进化、细胞和能量守恒、转化规律的发现，为现代营养学精确解释饮食营养现象成为可能。

地球化学的研究对象是地球中间圈层的化学组成和化学元素扩展、分布、化合和移动的规律。生命的产生正如地球上后来的全部生命一样，都是在覆盖着地面的水圈中以及相连的大气层和岩石圈的表面部分进行的。因此，整个这一领域被称为生物圈。地球化学的一个重要分支是生物地球化学，它研究生物有机体在生物圈中所引起的地球化学变化。生物圈中，生命的起源、进化与能量的转化关系密切，生命物质同样也会被转化为另一种状态的固体、液体和气体物质。能量学说主要研究热、光、力、化学、电磁、机械等不同能量形态相互转化时的数量关系，在这个研究中获得了"物质不灭"和"能量守恒"的了解。通过有机体的"光合"和"消化"的新陈代谢作用，将一些物质转化为另一些物质，从而得失得到平衡。生命体基础的

Yin Shi Wen Hua Dao Lun

物质被发现是由碳、氧、氢和氮等构成,机体的生命运动就是新陈代谢过程。在守恒定律中,有机体向外摄取有用的物质,并经转化又向外排泄掉具有相同能量的另类无用物质,动物界包括人体在这一过程中"消耗"掉氧气,又把氧气与碳结合成二氧化碳排放出来,绿色植物则通过"光合"作用将被结合的氧解放出来,这个过程无限环复,直到生命个体的衰亡。人的饮食也就是不断吸收新鲜的氧、碳、氢、氮热能物质为生命体活动不断耗能和产能的需要服务。1965 年 Boyle 提出了气体定律;Leinitz 的力能和动能的守恒定律;1674 年 Black 研究了 CO_2 的性质,对能量代谢最杰出的研究家是法国化学家拉瓦锡,他发现在生物体内的氧化和燃烧,提出了机体代谢的强度与体力作功学说,他与数学家拉普拉斯设计了一个冰热量计,并在这个容器内测定出豚鼠体热的逸散,证明了在呼吸过程中要消耗 O_2 和产生 CO_2,认为这个过程和加酸与加入石灰石所产生的化学反应一样,论证了动物的呼吸是碳和氧的缓慢燃烧,就如一支点燃的蜡烛在燃烧一样,而人类的食物如同灯和烛中的油。被称为有机化学之父的德国大化学家 Van Liebig 在 1842 年的研究具有同样意义。他首次研究了碳水化合物、脂肪和蛋白质都同样可以被机体氧化,提出营养过程是对蛋白质、脂肪与碳水化合物的氧化,并开始进行有机分析,他还在 1843 年证明活的组织存在着呼吸;Helmholtz 则将热的能量不灭定律应用于生物系统,建立热力学的第一个定律;Clausus 阐明热力学第二定律;Voit 在 1857 年研究氮平衡,证明食物的氮并不以气态氮形式排泄。开拓人类能量代谢实验的是 M. Von. Pettenkofer 和 C. Von. Voit,1862 年他们建造了房间式开放循环式测热计,使实验对象 24 小时都在该小室内活动,测定人体在空腹休息状态时和进行不同活动时的代谢。与此同时期德国生理学家 M. Rubner 发现在空腹后进食蛋白质会使代谢率增加 30%;Rubner 又于 1883 年发现机体内脂肪与碳水化合物作为热价可以相互转变;Haldane 于 1892 年制成了气体分析仪。1892 年,美国的第一位营养学家 W. Atwater 和物理学家 Rosa 建造了一台测热计,并于 1899 年测定出食物的热能含量,首先提出机体燃烧食物所得到的能量应减去尿和粪中丢失的能量,每克膳食碳水化合物、脂肪和蛋白质的平均可代谢能量分别为 4,9 和 4 千卡,这些数值被称为"Atwater 能量转换系数"沿用至今,接着 Rubner 及 Voit 又发现代谢率与体表面积之间存在密切的相互关系。直到 1935 年之前,地球生物化学的力能学(Bioenergetics)在 20 世纪之前的众多科学家的努力下奠定了非常有价值的科学基础,同时也为现代营养学的科学体系奠定了坚实的基础。

地球生物化学的研究,认识到生命体栖居在地球的有机体之中。换言之,有机体是具有生命运动现象的物质,必需六大类营养物质的其中至少包括 40 种以上的营养元素,每一种都不能少或多,应处于平衡的水平。在有机体的组成中至少有 3/4 是水,这是有机元素之间反应的前提,水是一种溶剂,同时也参与其他物质的反应,有机物质还包括绝大多数的碳水化合物,这是构成生命过程的物质基础,碳水化合物俗称糖类,是人类最基本的和最重要的食物能量来源。碳水化合物主要存在于植物性食料之中,包括已知的糖类、低聚糖类和多糖类,摄食进入人体便会被直接燃烧转化为热能。

被称为蛋白质的有机化合物质在生命新陈代谢中处于中心地位,它是人体有机体在结构和功能方面最为重要的基本组成物质,构成机体几乎所有的生命活性物质,包括酶类、激素类、抗体及免疫物质类以及形成机体渗透压、引发机体各种活动。蛋白质本身还是体内很多重要的代谢物质营养素的载体,例如多种脂类、维生素和矿物质等都需要蛋白质的携带和运转,尤其是含有的酶类,具有机体有机反应加速器的功能。因此说,蛋白质和一切生命活动连在一起,如果没有蛋白质及其相连的核糖核酸,就没有生命的存在。人体内有数以千计的各种各样的蛋白质都由不同的氨基酸组成。1742年Beccari将麦面粉团洗去淀粉分离出麦麸,首次发现了一种谷胶蛋白,称这种物质为"动物样"物质,并认为人体是这类物质所造成的。64年后的1806年,Vauquelin发现大豆含有丰富的这种物质,并认为根据其燃烧发出的气味可鉴定。1811年Cag-Lussac建立了在有机物质中定量分析碳、氢和氧的方法,并发现在动物组织中,氮的含量高。1841年Liebig建议食物营养价值可以根据其含氮量的多少而定,并提出含"白蛋白"样的特质是人体制造肌肉物质的元素,被称为"塑造食物"。据此,食物在当时被人为地分为塑造性食物与产生热量的食物两大类。这些说法在今天看来尽管有不够确切的地方,但却是近代蛋白质营养研究的开始,为现代营养学奠定着又一个重要基础。现代对蛋白质及其氨基酸的研究已经极其准确,食物蛋白在人体中的代谢作用与生物构成已成为现代营养学中的重要分支。

脂类是一大类疏水化合物的一个多相性集团,包括油类、脂肪类两种基本形式,广泛存在于动物体和植物的坚果如芝麻、大豆、花生、葵花籽、南瓜籽等果实之中,被认为与碳水化合物、蛋白质一道是人类三大能量来源。1783年Karlscheele发现甘油是油脂的基本构成部分,1823年Cherveul发现了脂肪的化学性质,初步提出了脂肪的结构。19世纪末人们发现了糖和脂类的转化关系,1929年Burr进一步揭示了膳食脂肪酸的性质。在今天,营养科学对脂肪的研究已达到空前高度,揭示了脂肪在有机体中的消化、吸收与运转的种种奥秘。在脂肪的生理作用方面,认为作为能量大量在体内贮存,碳水化合物与蛋白质都难以实行。蛋白质作用于机体的功能方面而不是产热,而大量糖贮于机体内又是困难的,然而脂肪却能将能量高效地贮存在体内。从实验中人们发现,人体血浆中的游离脂肪酸有非常迅速的转化率,得知人体可以取出足够的脂类保证基本能量的需要,当碳水化合物的能量过剩时会在体内化合成为贮脂;当体内能量不够用时,脂类又会被提出分解、氧化为机体提供热能,这就是脂肪酸的氧化与合成作用。用弹式热量计测量,脂肪所产生的热量比碳水化合物多1倍以上。因此,脂肪与碳水化合物在膳食中比例过高都不利于机体营养物质的均衡,热量过多摄入会贮存在脂肪之中,脂肪的过多和过少都会令人产生病态。因此,脂肪在人体营养中的地位是重要而肯定的。人体除需要必需脂肪酸营养之外,实际上脂肪几乎是每个细胞尤其是细胞膜的构成物质,同样不可忽视的是脂肪还是脂溶性维生素族的载体。故而脂肪具有两重性,高热量摄取会造成脂肪堆集对身体造成负面影响;相反又不能具有最佳的能量贮备,有效地保护体内器官的稳定性,助长婴儿的发育以及形成保护人体的外层保温结构,因此,适量的摄食脂类是极其重要的。

现代生命化学对维生素类的发现较迟,也极其重要,维生素是维持生命的要素,英文名是"Vitamin",音释叫"维他命"。这是生命过程必不可少的一大类有机物质,但其需要量极少,不具有供热作用,但具有重要的调节作用,是生命体必需的调节物质,缺乏任何一种维生素都会引起疾病。维生素是营养学名称,又有各自的化学名称,从化学特性来看,维生素有脂溶性与水溶性两大类,按照发现时序在维生素后注以 A,B,C 等排列符号,每一小类中又按发现时序加注 1,2,3,4 等序号。例如维生素 B_1,B_2,B_6 等。

第一个被发现的维生素是维生素 A,其主要功用是用于机体生长,维持表皮完整、生殖、骨骼发育以及视觉等。对于维生素 A 缺乏所引起的疾病主要的是夜盲症。在 1500 年前中国古老医书已有记载用牛肝治疗事例,但是虽然中医食疗已知有关维生素 A 的功能,然而却不能发现其具体的物质。1881 年俄国学者 Lunin 在动物实验研究中发现靠当时已知的营养物质的混合物,发现用包括酪蛋白、脂肪、砂糖、盐与水作饲料,并不能有效维持动物生命,若加入全脂奶粉则可以,故而认为维持生命还应有上述已知食物以外的一些不可缺少的物质。1915 年 McCollum 及 Davis 以动物油及鱼油中分离出一种可以维持和促进动物生长的物质,并证明如果以精磨米、酪蛋白及矿物质喂饲动物,不能使其正常发育,然而在加入这种脂溶性物质之后,则可以得到正常的生长,并命名该物质为脂溶性 A,以后改名为维生素 A。1919 年 Steenbock 将含有色素的脂肪和植物中的色素看作同一类物质,并认为具有维生素前体的作用,这就是后来发现的维生素 A 前体,即 β-胡萝卜素。从用维生素 A 含量高的食物疗治其缺乏的病症到发现维生素 A 经历了十几个世纪,现代对维生素的分离和研究已达到新的阶段。维生素 A 只存在于动物性食物中,尤其是动物肝脏、蛋和奶类。在植物性食物中可取得维生素 A 原,即胡萝卜素,尤其是 β-胡萝卜素广泛存在于深绿色蔬菜、胡萝卜和具有胡萝卜颜色的瓜果之中。此外还发现一大类与胡萝卜素相类似的同系列物、异构物、衍生物达 600多种,包括有营养性能的 β-胡萝卜素统称之类胡萝卜素,都作为维生素 A 的前体存在。大多数类胡萝卜素目前尚未发现其具有营养作用,但在 20 世纪末的 20 年来,众多的研究已关注到这类物质的抗氧化性能和作用,美国癌症研究所总结全球的预防工作中(1998)的结论认为:在食物方面,对多数癌症最有效的,首先是蔬菜,其次是水果,其中特别是对胡萝卜素和类胡萝卜素的推理认知是显见的。

脂溶性维生素家族中尚有D类、E类、K类等,对它们的发现都晚于维生素A。维生素D在整个维生素家族类有其重要性和独特性。可以说,如在足够的紫外光照射下,人体的皮肤有合成维生素D的能力。维生素D可以看作是一种作用于钙、磷代谢的激素前体之一,在食物中取得的并不多,从这一意义上说维生素D并不具有维生素的典型性,历史上有许多佝偻症的记载,但却一直未能探明病因。1916年,McCollum等人从鳕鱼肝油中分离出一种物质,并也命名为脂溶性维生素A,发现这种抽取物可以治愈佝偻病。他可以加热氧化这种抽提物的方法来破坏维生素A的活性之后,余下物质的能对佝偻病产生作用,故而认为这种脂溶性物质是与维生素A不同的另外一种维生素,并将之改称为维生素D。1924—1925年间,Hess等人发现紫外线照射可在皮下产生维生素D,并施之对佝偻儿童的治疗,不久又发现,紫外线照射食物也能产生并分离出维生素D,后续者又分离出维生素D_2、维生素D_3以及同类物和主要的前体。1966年Lund与DeLuca发现维生素D在机体内需要转变为活性型才能发挥应有作用,这对现代深入研究维生素D具有重要作用。

在维生素D发现之后的1920年前后,Evans和他的同事在研究生殖与营养过程中发现,酸败的猪油可引起大鼠的不育症,而在膳食中加入莴苣和全麦却能恢复其生殖能力。接着又发现麦胚油中含有促生殖能力的"维生素",他将这种物质称作维生素E,以使之与维生素A和维生素D相区别,后来又叫作生育酚,原意就是生育,因为它具有酚的性质,所以叫生育酚。1938年Fernholz确定了维生素E的分子结构,不久还经过人工合成得到了该物质。经过20多年,维生素E的生物学性质进一步得到认识,目前已知有8种具有维生素E活性化合物从植物中分离出来,还了解到膳食中的多不饱和脂肪酸、硒等的含量也与维生素E有一定影响。根据实验与观察,缺乏维生素E动物雄性睾丸会发生病理性变性,鸡蛋不能孵出,原因是有关形成胚胎系统被破坏。Papenheimer还发现缺乏者的肌肉有变性现象。1940—1950年间,还陆续观察到缺乏维生素E的动物还有渗出性体质、大脑软化、肝坏死、贫血和黄脂病等,并且不同的动物与膳食具有不完全相同的反应。维生素E存在于坚果类、种子与谷类以及各种植物性食用油脂中,其重要作用还有待更多的研究。

维生素K是继维生素D,维生素E后发现的又一类脂溶性维生素,是含有2-甲基-1,4萘醌的一族同类物,化学名叫叶绿醌。1924年Dam在研究胆固醇的生物合成时,以抽去脂肪的食物来喂养鸡、观察到鸡的出血性疾病,他认为一定有一种未知的脂溶性维生素存在,影响凝血酶原的合成凝血,从而造成出血,同时也认识到该物质广泛存在于植物界,尤以绿色蔬菜中为多,由于其具有凝血作用,故用凝血"koagulation"的首字母将其命名为K,后来将从苜蓿与鱼粉中分离的叫K_1,

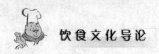

并发现在鱼酸败后的含量明显增加,从其中提取的 K 被称为 K_2 与前者相区别,维生素 K 因在正常饮食中广泛存在于动植物性食品中,故而一般人不易得缺乏症,在植物性食物中以绿叶菜含量丰富,水果及谷粒较低,动物性食物居中。人类通过从食物和肠道微生物合成中提取多种来源,但也有些天生吸收不良的症状人群,例如癞皮病,局限性回肠炎、溃疡性结肠炎以及亚热带吸收不良综合征。一些长期膳食不正常的个体,易出现低凝血酶原血症和出血性疾病。

与脂溶性相比,水溶性维生素具有更为庞大的阵容,更为精细的种族。尤其是维生素 B 族扮演了众多重要的角色。水溶性维生素包括许多不同种类的化合物,都参与机体的重要代谢,或作为辅酶是催化许多化学反应酶的组成部分。大部分酶要具有活化性,需要辅酶与酶蛋白两者的同时存在,水溶性维生素的基本特性是作为辅酶的构成物而成为生命活动中的必要物质。总之,其需要量极小,但必不可无,对疾病生理具有必需的调节作用。B 族维生素就是具有这种性质和功能,硫胺素又称为维生素 B_1 和抗神经炎素,是 B 族中最早被发现的物质。早在中国古老的《黄帝内经》中,就已有对脚气病的讨论,以后葛洪(281—342)则提出了明确的运用维生素 B_1 含量丰富的食物治疗脚气病,虽然当时并没有维生素 B_1 这种名称及其具体物质提炼,但是,这种实践经验是肯定的。1882 年日本海军医官 Takaki 提出的用膳食办法治疗该病,是用小米、鱼、蔬菜、肉与大麦构成水手的食物结构,并认为脚气病是与饮食中缺氮物质有关。1897 年荷兰医生 Eijkman 在实验中发现精磨米可以造成鸡的瘫痪性症状,很像人类硫胺素缺乏病者的多发性神经炎,而对于此,能用米糠喂食治好。1901 年,他归纳总结观察的结果,认为脚气病是膳食中缺乏一种物质,而这种物质存在于胚中。1905—1910 年间,Fletcher 和 Fraser 等人用精米与米磨的糙米分别对 15 名铁路工人实验,发现吃精米的有脚气病,而另一组则没有,再将之对换实验,其结果亦然。1911 年 Funk 以米糠的浓缩提取液治好了鸽子的多发性神经炎。由于硫胺素中的胺对生命活动的重要性,因此又被称为生命胺。随着历史的发展,从维 B 中逐步又分离出不同的维生素,故而又用 B_1,B_2,B_6 来编号。有些序列成员在一段时间内最终被发现并不是真正的维生素而被否定掉,从而在序列中留下了一些缺档,例如 B_7,B_8 等序号并没有等。1932 年维 B_1 在酵母中被提纯分离出来,其中积聚了众多科学家的辛勤实验,成为一种集体共同的创造成果。

在 1916 年"水溶性 B"被提出之后,该类物质逐步被分离成为具有不同功用的维生素。1932 年 Warburg 和 Christian 最先发现黄素蛋白,这实际上是在酵母水溶液中抽提出的"黄色酶"。他们认为这种物质在呼吸中具有重要的作用,是氧化还原系统中的一部分,其携带氧分子到被氧化的底质中。后来他们又把这种"黄色酶"分离为两个组成部分,一个为蛋白质分子,另一为色素。这种色素具有黄绿色荧光,而称为黄素,并先后在不同的食物中被分离,曾因被抽取食物有许多命名,如乳黄素、卵黄素、肝黄素等，这些黄素被鉴定具同一功能性质，是同种物质——核黄素，又称维生素 B_2。核黄素存在于动、植物食物中，包括肉类、蛋类、奶类、谷类和根茎与蔬果等，人类缺乏症状通常是口角炎、舌炎、鼻及脸部的溢脂性皮炎、男性阴囊炎、女性偶见的阴唇炎等，故有口腔-生殖症状群的名称。

尼克酸又名烟酸、抗癞皮病因子，意为皮肤粗糙。这种维生素曾定名为 B_4 或 B_5，但并未为采用，因缺乏该维生素所产生的疾病在世界各地广泛存在，并见之于经验医学的古代记载中，但直到 20 世纪初期才得以真正的了解其病因。1913 年前后，美国每年有 20 万例癞皮病发生，引起成千上万人的死亡。当时一些学者认为，是一种色氨酸的缺乏病，因为玉米胶蛋白中正是缺乏这种氨基酸，以后的事例又证明癞皮病可以用色氨酸治好，所以，人们一度误认为该病是玉米的蛋白质生物价值偏低所致。但通过流行病学的调查，Gold Berger 在病区发现本病与膳食质量低劣以及与贫穷有密切关系。后来又以酵母提取液治愈本病，于是对氨基酸缺乏的说法进行了更为深入的研究。1937 年，Elvehjem 分离出烟酸，并用之治好动物的癞皮病，对该病有了本质性的了解。又经历了 10 年，色氨酸与烟酸的关系才被 Goldsmith 和 Horwitt 等人区别开来，为后续研究奠定了基础。

泛酸曾被称为维生素 B_3，是一种广泛存在于自然界的 B 族维生素，故命名叫泛酸，以显示这一涵义。1933 年时已发现它是酵母的生长因素，并可治愈鸡的皮炎，证明它是人类所必需的又一种维生素，不同种属所发生的泛酸缺乏现象有很大差异，但有其共性。例如动物缺乏时都会出现生长停滞、皮炎、肾上腺坏死和出血、毛发脱落、贫血、白血球减少、抗体形成不良、睾丸萎缩、十二指肠溃疡等，人类食物中广泛存在泛酸，故较少出现缺乏症，一般与其他营养素同时缺少而引起综合症状。

1934 年间，Cyorgy 发现了一种可以预防大鼠皮质损害的物质，是维生素 B_6，又称吡哆醇，实际上是包括吡哆醇、吡哆醛、吡哆胺三种衍生物。在动物中以前两者含量高，植物中则以后者多。1938 年间，三个研究小组差不多同时分离出这种维生素的晶体，并人工合成了吡哆醇。三种衍生物具有同等的活性，故总称为 B_6。一部分生物体可以合成 B_6，但人类却不能，缺乏该种物质的症状为皮炎，或红皮水肿和多发性神经病变。很早以前就已知人类缺乏这一物质的症状是一类病态症状群，包括虚弱、易激惹、神经质失眠和步履困难，因其他 B 族无效，而必须用 B_6 或多吃含 B_6 高的食物有效。

对于另一种维生素物质叶酸的了解则是 20 世纪中期的事，1941 年叶酸被分离，1946 年间 Watson 等人证明对治疗恶性贫血除了 B_{12} 外，而需要这一物质，因为最初发现于叶了，故命名为叶酸，但是随后的研究发现其存在于这种动植物性食物中，对于维生素 B_{12} 的发现则是距今最近的重要事件。B_{12} 又叫钴胺素，也被称为氰钴胺素、外因子、钴维素等。这是一种含有钴的类钴啉。东西方古典医学历史都对恶性贫血有记载，但是直到 1948 年才发现其存在的具体物质，B_{12} 是 B 族维生素中迄今最晚发现的。1926 年 Minot 等人曾提出生服动物肝脏以治疗恶性贫血，1964年，B_{12} 的结构被 Hodgkin 等人用 X 射线衍射法解决了 B_{12} 的结构并因此获奖。据目前所知，存在于自然界的 B_{12} 都是微生物产生的，因为这种维生物在植物中不存在，而存在于肉类制品，包括软体动物、鱼类、禽类和蛋类，是防范贫血病发生的有效物质。除上述外，B 族维生物中还有生物素，又叫维 H 或维 B_7，存在于各种食物中，1942 年 Vigneadd 归纳同类研究结果提出了生物素的结构，它是一个脲基环含有一个硫原子和一条戊酸的侧链，其结构比较简单，在维生素的 8 种异构物中，唯有一种 a 生物素是天然存在的，具有维生素的生物活性，近来研究发现人体若缺乏生物素物质则会产生一系列病症，包括红斑性皮疹、鳞毛脱皮、脱毛、蜡样苍白、易激惹、冷漠、轻度失眠以及器质性酸中毒等。B 族维生素中还有一种强有机碱物质，称之胆碱。1862 年从猪胆中分离出来，是卵磷脂的关键组成部分，也存在于神经鞘磷脂中，是机体可变甲基的一个来源而作用于合成甲基的产物，同时又是乙酰胆碱的前体。近来通过对动物的实验推论为人体生长所必需，在缺乏该物质时易造成机体肝与肾的损害。

　　1930 年 Cyorgyi 发现了维生素 C 物质，令世界人为之欣喜，虽然人们已知一些蔬菜与水果中含有预防坏血病的物质，但不知怎样取得，这一问题一直困扰了几百年。对维生素 C 的分离最终成功是 1932 年的事，当时许多研究人员都在从事这项工作，S. Cyorgyi 和 King 小组将分离出的己糖醛酸再命名为抗坏血酸，它是一种提取出来的白色的结晶，是一种有力的还原剂，极易溶于水，也极易在光、热中破坏。实际上该物质在中国枣、花菜、球葱、白菜、柠檬、橘子、草莓等蔬果中含量丰富，中国人早就知道了这些食物可以防治坏血病，1405—1433 年中国明代大航海家郑和率庞大船队的 2.7 万人六下西洋，经马六甲、印度洋直到非洲肯尼亚、坦桑尼亚等国，历 149 天，航程数万里，由于有上述蔬果的充分准备，而没有人患上坏血病的记载，而在其后的 1740 年英国海军上将 C. A. Anson 带领 6 艘船和 1 955 名海员作环球航行，他在 1744 年返航时丧失了五艘船和 1 051 名船员，一半以上海员死于坏血病，在许多严重事例的教训中，法国与西班牙海军首先认识到酸果汁对此病具有预防作用。例如，1512 年的法国海军的口粮中，每人配有酸果汁一桶，维生素 C 的发现为全球航行提供了保障。

　　除了上述维生素类，还有些物质类似于维生素，但并未被列为维族营养素中，如类黄酮、肌醇、肉碱等。1936 年 Szent-Gyorgyi 等人在辣椒、柠檬中抽提出一种物质，它影响毛细血管的通透与脆性，起到维生素 C 所起不到的作用，这是一种黄色结晶物质，被称为柠檬素，后又称之维生素 P，P 是通透性这一词的首字。在动物实验中，看到其可以降低组织出血，也能使得坏血病的豚鼠生命延长。后继学者所做的工作并不能支持将该物质认定是一种维生素，而将它称为生物类黄酮，有人也称为生物黄酮类。

　　肌醇早被 Scherrer 发现，高等动物与植物和微生物大都能合成肌醇，动物若缺乏肌醇就会生长缓慢和脱毛，因为人的饮食中广泛存在肌醇，故难以发现其缺乏症，如果长期食用含肌醇低的食物则易发现肌醇缺乏的病症。肉碱的发现则在1947 年，人们用炭过滤的酵母滤液中有一种影响昆虫生长的物质，Fraenkel 当时命名这种物质为维生素 BT，但今天认为高等动物的机体可以合成一部分，不一定要在饮食营养中获得它，故而它也不能算是一种标准的维生素，但是它确确实实存在，人类机体也会因其缺乏而致病。据病理学研究分析，糖尿病、营养障碍、甲状腺亢进的体液与组织中肉碱低，而需要刻意补充。

　　与热量转化之蛋白质、脂肪、碳水化合物与维生素营养代谢规律发现具有同样重要意义的是关于动植物细胞的发现。1838 年耶拿生物学家教授 M·J·施勒登（1804—1881）宣布：一切植物皆由细胞构成，而勒文城的 Th·施温教授（1810—1882）则把这一学说推广于动物界，说："所有细胞植物都仅由细胞构成，至于动物，其全部多种多样的形态也仅由细胞产生，而且这些细胞类似植物的细胞。"（引自《科学世界图景中的自然界》〔奥〕瓦尔特尔·霍利切尔著，上海人民出版社 1965年版）马克思云：细胞的发现"造成全部生理学的革命并使一种比较生理学成为可能"（《马克思恩格斯通信集》第 2 卷）。如果说热量学是现代营养学的基础，那么细胞组织学说则是又一基础，细胞是机体的基本组织单位，"整个植物体和动物体都是从这一单位的繁殖和分化而发展起来的"（恩格斯《费尔巴哈与德国古典哲学的终结》）。施温用"新陈代谢"和引力的相互作用来说明细胞中的生理现象。前一种力把细胞中间的物质变为构造细胞的材料；后一种力把这些材料集中起来并使之成形。人们发现水是生命的必要和主要构成物质，水不仅为各种物质的溶媒，而且活跃地参与细胞的构成，同时，也是细胞外的一个依存环境，并从这个环境中取得营养物质。因此，生物细胞的存活始终与水和电解质具有不解之缘。

　　电解质由多种化合物构成，其中包括化学结构较为简单的钾、钠、镁等无机盐到肌体合成的复杂的有机分子。电解质参与水本身离解为具有正或负电荷的离子，也能影响溶液的氢离子浓度。细胞内外液中存在着不同的特殊的离子浓度，并且需要能量来维持浓度以便生存和代谢。因此，水与电解质两者构成了体液，两者通过一个复杂的系列化学反应，通过对体内因代谢过程中所产生的酸碱负载的排泄来维持平衡，而食物的酸与碱性都会影响到酸碱平衡。平衡是指一个平衡状态，这种状态是在摄取水、电解质与其他营养物质的动态过程中保持的，最基本的结果是维持机体能量平衡、水的平衡和电解质与氢离子浓度平衡等，而水、电解质和酸、碱平衡比摄入与排出具有更为复杂的涵义。这需要充分理解机体的结构构成，尤其是细胞与细胞群的构成和它们的功能。

　　在营养物质中，矿物质被称为第六大营养物质群，其中包括电解质钙、磷、钾、

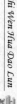

氯、镁和"可能必需"的微量元素铁、碘、锌、硒、铜、铬、钼、钴、锰、硅、钒、镍、硼、氟、锡、砷、铅等，它们都与细胞的构成与功能有很大关系，这些物质的需求量极少，有的甚至仅为痕量。然而，这些物质在人体内失衡所引起的种种疾病，通常会被认为是引发机体细胞的变异所至。毋庸置疑，从食物中摄取这些物质，保持机体平衡状态，达到防病目的是至关重要的。

然而仅仅是依靠发现还是不够的，还要将之应用到对人类日常饮食生活的指导与观察之中，寻求人类与饮食之间健康关系的规律，还要延伸到对整个人类历史饮食营养经验的考察，得到宏观与微观营养的完美整合，这就形成了现代营养科学的两重复合结构框架，即宏观的经验营养知识与微观的分析营养知识相互印证。不仅如此，现代营养学还从生理深入到人的心理领域，使情感与习惯都归纳到一种宏大的营养学体系之中，都是营养作用下的现象，而食疗已成为现代营养学中的一个重要组成部分。让人震惊的是，现代营养学的研究发现了人的性格、心理以及暴力犯罪、酗酒、吸毒等社会问题都与营养具有重要关系。美国杰出的营养学家阿德勒、戴维斯通过大量观察指出："有的脾气暴躁、性格忧郁、悲观和智力都与营养有关，只有适当地改善营养，就能使人的性格情绪和智力发生明显的变化，使人的性格圆融、朝气蓬勃、自信。"（《吃的营养科学观》）她在谈到现代营养学时认为："营养学是研究吃下的食物对人体所产生的功能，而食疗法是研究该吃哪些食物来预防或治疗某种疾病，两者不能混为一谈"（同上），在这个意义上现代营养学的意义实际上是宽泛的，建立在临床观察的基础上对人类整个饮食行为作用功能的观照，回归像似中国古典养生主义的生-心理统一结构。她认为："选择食物应该符合两个标准：一是美味可口；二是有益健康"，将这两个标准统一就是现代营养学的研究方向，营养的目的就是维持人体健康并预防疾病，关系到生理与心理互通的层面。人体对营养素的充足补充是既不能缺，也不能过，只有适中才能保持平衡。这又与中国传统养生学的"至中调和"思想的科学义理同质。为此，阿德勒·戴维斯认为20世纪50年代的美国社会的高犯罪率与美式饮食和美国食品工业关系极大，只要改变美国的饮食方式，改变食品工业的现状，让每个家庭都掌握基本营养知识，让每个人都能科学的进餐，将会使美国的社会发生巨大变化。当然，人的性格和暴力犯罪等社会问题绝非仅仅是营养问题，但是有学者认为："这些问题与营养的关系远比人们想象的要大得多。如果人们都能科学进餐，获得充足的营养，我们的家庭、社会肯定会变得更美好。"（〔美〕阿德勒·戴维斯《吃的营养科学观》）

可以这样认为，人类的机体是营养物质环境的产物，不仅属于自然界，又属于其存在的社会。现代营养学是建立于两者之间的纽带，人的一切活动都是营养化学作用于机体的功能和文化价值的取向，一切饮食品的风味都是营养物质所给予人的感觉，都是人创造的"第二自然"。因此，"营养"本身就是人类饮食生活所谋取的，代表了人类一切饮食行为的最高利益和目的。然而现代营养学毕竟是从生物化学与经验营养学中延伸和架构的新型学科，在许多方面还有待更多的发现，还需要全民教育，使人们普遍地能够真正的重视起来，认识生命并珍惜生命，唯只有如此，现代营养学才能够起到为大众服务的功能。

 思考题

1. 传统医学养生是怎样产生的？有什么特点？
2. 传统营养学的东、西方异同表现在哪里？
3. 什么是近代营养学？
4. 人类生命与食物的关系本质是什么？
5. 现代营养学的架构特点是什么？
6. 现代营养学的食物的要素有哪几种？

第九章 饮食文化的艺术创造工程

知识目标

本章阐述饮食文化艺术创造的特质,揭示艺术创造规律,指出饮食游戏与饮食艺术创造之间的区别,着重阐述了饮食文化艺术创造工程的形式和流派。

能力目标

通过教学,使学生能够具有形象地理解饮食文化艺术创造的本质、把握艺术创造方法、鉴别艺术创造流派、运用艺术创造形式的基本能力,对饮食文化艺术创造风格与特征都有基本的认识。

人类饮食活动,是文化的一种创造过程,包括制作与品尝都具有创造的意义。人类饮食文化的功能以及人对饮食的价值取向都充分地反映在这种过程之中。任何文化创造都具有两重性,一方面是对人性主观世界的创造;另一方面是对客观事物的创造,尽管文化的差异性造成了多样不同的形式和内容。

如前所述,人类在未有熟食前的生物性质与其他动物是等同的,"人"只是自然系列中的一个环节,尚不能摆脱因果必然性锁链的摆布。只有当人的第一次采集自然火烧制出第一种人工食品"烤肉"时,人才第一次显现出文化本质而成其为人,从而将自己从自然锁链中解放出来。诚然,"烤肉"原本是自然野火中的自然界"熟食",而人又为什么甘冒危险进行模仿创造呢? 显然,这是依据偶然食用获得的经验所进行的美性创造实践,他们已不满足自然界"生食"的恶劣滋味,在美感经验的冲动下,通过模仿满足了审美趣味的需要。对熟食创造使人从动物的感性界过渡到人的理智界,将人的饮食审美趣味与客观自然的目的性——充饥协调起来,真与美得到统一。人类开始进入一个对饮食静观、鉴赏、自由游戏的美的世界。整个静观和游戏过程在自由、自在、自然中合规则地进行,服从于自己为自己颁布的理性规律。人类具有了一个向善的自由意志和道德情感,人格被得到升华,进入到神性境界。而石器工具与造型艺术都是服务于这一神性人生理想的产物。在这里，饮食文化的真正本质得以显现，达到了自然与自由的统一。实际上人与人的文化都是自然造化万物的最高形式，因此，饮食文化应被看作是既在乎自然过程之内，又超出自然过程之外的人类活动的形式，人的艺术、技术、道德、情感都在这一文化实践中达到了整合。

第一节　烹饪艺术，人类饮食的美性创造

一、烹饪艺术的本质

人类的饮食品是按照美的规律创造的，其间充满了人对美的理想和美的情感，人类饮食生活之美的实践孕育了"熟食"。人类所食用的第一块人工烤肉，正是美性创造的结果。人为烤肉的诞生启迪了艺术造食之门，启迪并诱导了更多文化现象的出现，旧石器以及原始造型艺术的产生，在一定性质上是缘于人类谋求更多美食的欲望。对食品美的创造就是烹饪艺术或谓之工艺对其创造的加工过程通称为"烹调"，调即是控制的技术与操作的流程，即所谓调节、调理、调控等。

我们知道美是客观普遍地存在于自然界中的，艺术则是将自然美再现出来的人为形式。"烤肉"原是野火中的存在物，人类发现了美，并通过模仿方式将之再造出来，于是诞生了烹饪艺术及其技术，熟食是人对自然食物的人格化，所表现的实质是人性美、人格美。人对自然美的认识程度也决定了其艺术作品的美或丑。因此，烹饪艺术是将第一自然界食物意境化的再造。法国著名批评家丹纳在其《艺术哲学》中认为：艺术对自然美的模仿是依据主观意志的知智制约。实际上，艺术本身的性质就是人类由自然美通向人性美的桥梁。在过程体系中与技术、工具性难以区别。所谓美，实质是人类对客观存在事物现象感受的一种愉悦欢快的心理现象。英文读 beautiful，pretty，表现为一种对形态的描述，通常将之与快感 pleasnt sensation 相联系，所不同的是，快感通常是直觉的生物性的，而美感是心智的、创造的。虽然，各种物像都必须先通过人的感觉器官产生直觉反应，但快感则是初级的、直率的，本能感受，而美感则需要一个思维创造过程，是高级的、曲折的理性感受。即使人对自然山水的美感，也必然通过观赏者的思维创造过程。因此说，艺术品是人类对自然物意境化创作的产品，对熟制食品的美感认识也应与性快感具有本质区别。

据研究反映，人类对事物的美感认知并不是发端于自然山水或者是绘画、音乐、文学、舞蹈和建筑，而是食物。首先本能的表现在味、嗅器官，就如家里养的小

狗,专吃好食一样,所不同的是人类学会了模仿,再造了"美食",而小狗只能停留在生理快感上面。人类创造第一种美食"烤肉"之前,必然具有一个长期反复多次"品尝"自然界"熟肉"的历程,同时也具有一个反复思索感受的过程,第一次美性实践"烤肉"不缔是一次巨大的冒险,人类为了美食甘心做出巨大的冒险行为。这种对人工"烤肉"所产生的美感正是建立在极度刺激和快感基础之上的心理和智慧的知识。烹饪艺术的产生使人类冲破了动物怕火的界限,迈出了文化人类的第一步,烹饪成为人类的第一个艺术样式。至于熟食的种种有利于生理营养的作用功能只是在文明期的近现代才得以发现,这正符合了艺术活动的无目的的合目的性规律。熟食烹饪正是人在对待食物方面由官能感受向情感性的过渡,表现了人的美的智性兴趣在对自然美的鉴赏中唤醒了模仿自然之艺术创造的冲动。按康德的认识:这是人类善良灵魂意志与自然静观的结合,表示的是一种有利于道德情感的心意情操。正如中国烹饪界有句名言:"厨师心灵有多美,则菜点就有多美。"美的菜点制品质量与制作者道德情感操守成正比。因为,在烹饪艺术创作的过程中,目的性不在自然中,只存在我们的心灵中。黑格尔在谈到艺术现象的本质时指出:"使外在的现象符合心灵,成为心灵的表现。"

人类心灵的美感兴趣最先来自味、嗅觉,合称为"味",与其他动物一样,这是一种对食物鉴别的本能能力,是低级的动物性的眼前利益认识,还不具有对自然风物和艺术美产生兴趣的能力,但对食物感受到的快感是直觉的经验。猎人为自己创造的"烤肉"之美而惊叹,并将之先验地推导及整个人类,这绝不是偶然的,而是一个符合自然规律的过程。每一种新的食品的产生和普及都具有相同的"有用性"规律。

相对于自然美而言,菜点首先不同于自然食物,在其创作过程中,熔铸了人的情感意志,即使是描摹对所创品种的复衍,也充满了复演者的智性认识,其实质也是一种再创造。所谓食品美,就是风味美,而风味正是烹饪创造的艺术美。实际上,世界各民族的风味食品都是在艺术规律下的创造和发展的,是在自由意志的情趣中被创造出来的,至于将之转移到工厂化、商品化中生产则是一种复演生产的形式而已,这如同像在工厂中复制绘画产品一样。代表法国美食主义的大美食家布里亚·萨瓦兰说:"与发现一颗新星相比,发现一款新菜肴对于人类的幸福更有好处。"英国作家阿瑟·麦肯在为萨瓦兰的美食名著《厨房里的哲学家》所写的导读说:"食物是一种不一般的复合体:一方面,它是按照烹饪艺术规则加工而成的产品,另一方面它又凝聚着个性化的幻想、灵感、品位、想象力和风格",中国历来对烹饪艺术赋予专门称谓——烹调,具有深厚的传统哲学韵意,并且对任何具有深厚人文意境事物的鉴赏美思通称为"品味"。在春秋时期,吕不韦编撰的《吕氏春秋·本味》中所推崇的五味调和的本味理论,就具有着典型的艺术创造之思,并不断在激发着中国大众历代对菜、点美食自由创造的热情。

前面我们已论述了人类饮食文化价值取向中游戏活动的娱乐性,在这里烹饪艺术似乎与之相类似,然而它们毕竟还是两回事,存在着许多本质的区别。在这里用一个简单的例子加以说明:当一个人做菜给自己享受时或者享受别人所制作的美食时,这是一种游戏。如果他将美食制作的作品与人共享时,就成为艺术。从这里我们可以看出饮食游戏与烹饪艺术的本质区别存在着几点:① 烹饪艺术具有社会属性,通过对饮食品和进餐娱乐形式的创作,在自己快乐的同时还需使别人快乐,艺术需要创作作品与人共享以达到客观的社会价值。② 艺术是传达的。中国美学先驱朱光潜教授说:"艺术则除'表现'之外还要'传达'。艺术家见到一种意境或感到一种情趣,一定要使旁人也能见到这种境地,也能感到这种情趣,心里才得安顿,所以他才能把它表现出来,传达给旁人。"(《朱光潜美学文集》)而饮食游戏都是为了本身的美感,没有客观的价值。尽兴极欢,使之达到游戏的目的。饮食游戏不具有实在的创造物,只是自我表现的一种意象,一种内心活动,因此是独享的,而不存在欣赏者。"由于游戏缺乏社会性,而艺术冲动的要素恰恰在社会,所以游戏不必有作品,而艺术则必有作品,作品的目的就在把所表现的意象和情趣留传给旁人看。"(同上)③ 实际上与其他艺术一样,烹饪艺术同样存在着"曲高和寡"的现象,"知味"就如同"知音"一样,对缺乏审美经验的通俗大众来说,"知味"是困难的。中国有句古话是:"知音难知味更难","知味者"是经验、知识与其身份的相似的象征,而醉汉、饥饿者与饱食得消化不良都不是真正的"知味者"。这里的味是指通过色、香、味、形、质、器的表象所感受到的"意味"。④ 美食作为烹饪的艺术作品除了具有适口的内在美外,还具有独特的外在形式美,构成特定符号,形象地向人们传达,实现其社会价值。正如萨瓦兰所说:"美食是社会的主要纽带之一。美食使人们坐在一起,时间长了就培养出了友情。"(《厨房里的哲学家》)这里,厨师在烹饪艺术的创作实践时,是力图获得天下"知味者"的。

　　尽管烹饪艺术的本质是一种对作品美性的创造,而饮食的游戏则是一种对作品的意境享受,它们还在四个方面是相类似的。朱光潜曾总结了游戏与艺术的四个类似点,是:"① 它们都是意象的客观化,都是在现实世界之外另造创意世界。② 在意造世界时它们都兼用创造和模仿,一方面要沾挂现实;另一方面又要超脱现实。③ 它们对于意造世界的态度都是'佯信',都把物我的分别暂时忘去。④ 它们都是无实用目的的自由活动,而这种自由活动都是要跳脱平凡而求新奇,跳脱'有限'而求'无限',都是要用活动本身所伴着的快感来排解呆板现实所生的苦闷。"(《朱光潜美学文集》)事实正是如此,对美食的创造和品尝都是一种意境化活动,或模仿已有的,或创造新鲜的,既要为充饥服务,又不是以饱腹为最高目的。在创作或享受中感受物我统一,尽情的追求新奇和共鸣,在身心愉悦中达到无限崇高的幸福境界。正如亚里士多德在《伦理学》中所说:"人生最后的目的在求幸福,而幸福就是'不受阻挠的活动'。"中国的会意造字法将舌得水而活;舌得甘而甜的造意就是对人类追求幸福的具体而形象的描述,甜蜜感正是一种幸福所得的象征,甜美也是人的内心幸福的典型反应。对于美食的创造和享受正是不可受阻挠的一个极为重要的追求幸福与享受生存快乐的活动。她每天都在我们身边,忽视和轻视这一现象都是不务实的和虚伪的。

二、烹饪艺术的风格与特征

传统上有人将文学、绘画、雕塑、音乐和建筑称为五大艺术,认为纯艺术的创造是无实用性目的的。这种说法,实际上正是受到了 18 世纪之前哲学认知的局限。恰恰相反,事实证明没有无实用目的性的艺术创造。即便是音乐,发泄情感和予人欣赏本身就是一种实用性目的。烹饪艺术每天都跟随着我们,并伴随着人类文明演进的全部历程,给人类生活带来了巨大的快乐。然而大多数人,在饮食的快乐中还不知道快乐从何而来,不知道所吃的美食是通过艺术的加工而来,从而不能体会到美食与自然食物之间所存在的巨大区别。人类从美食中获得的美感不仅巨大而且深刻,其意韵在人类生活中的地位一点儿不逊色于五大艺术门类,只是它的客观对象物,制作的方式方法和艺术的表现风格不同而已。

烹饪工艺的客观对象是无毒的自然界动、植物食物原料,通过烹调制作的方法,在食品的色、香、味、形、质等方面诉诸人的感官系统,传达制作者的美食创意。烹饪艺术与饮食科学并不矛盾,而是凌驾于科学基础之上对食品美的创造。这实质上是对食物的完美化加工,在美食中科学与艺术是统一的。在完美的食品中,卫生、营养、美感高度的统一,满足了人类生理与心理各种层次的需要,反之缺一要素都是使食品达不到完美的境界(图 9-1)。追求食品的完美正是烹饪艺术的目的。

美感享受的需要	风味美	味	内在美	人性精神
		嗅		
		触		
	形式美	色	外在美	
		形		
		器		
卫生——安全的需要				生命生存
营养——健康的需要				

图 9-1 完美食品的构成

任何艺术都是诉诸于人的感官传达思想意境的,而烹饪艺术则综合口、鼻、耳和皮肤触觉神经给人以全方位的感觉,传达艺术美的情感。在五种感觉中是和谐之美,因此,也显得十分复杂。人们要通过辨味、闻香、观色、看形、触质领略深奥奇妙的美食精神,从而与品尝者的全部文化修养发生联系,与创造者的情感产生沟通而产生表、理,主、客,及人与食品的共识与统一。在这里,人们对美食的制作与欣赏是因其内涵修养而不同的。与其他门类的艺术相比,由于烹饪艺术的作品是用来给人吃喝欣赏的。因此,在风格方面表现在食品风味与形式的表现方面,取决于对不同食料和烹调方法的使用。一般来讲,烹饪艺术的风格受自然环境因素、民族文化风俗因素与个人习惯与经验因素的影响。通过对其作品的鉴赏,我们可以了解创作者的创作历史、文化背景和自然、情感、习惯等条件。与其他艺术门类一样,烹饪艺术同样具有时代性、流派性现象。与诗歌、绘画艺术流派不同是,烹饪艺术更注重地方区域性广谱的自然与人文因素为基点,特长于广泛模仿。在这个规律下,烹饪艺术随时代而演进,因地区而不同。时代感、族群间、地区性的食品风味特色尤其具有鲜明的风格差异。究其实质,烹饪艺术风格的区别就是在技术操作,风味特色和进餐方式方面的不同构成了人类饮食文化世界烹饪艺术流派的多样性。在现代社会,国际间的大流通促使了各饮食文化间的融合发展,人们清楚地意识到,只有有效地保持多样性的存在,饮食文化世界才显得精彩,盲目的趋同是违反自然发展规律的。也只有继续在美的规律中创造美食,强化各地区饮食文化艺术创造的个性化,才真正具有世界文化遗产的价值和高度的科学价值。这种强化是在现代自然与社会科学的基点上的完美化,以个人创作单位为起点的个性完美,特别是饮食文化的艺术创新精神。现代社会随着人类精神与物质文化的高度发展,艺术的概念已涵盖整个生活领域,艺术设计已深入到以实用为目的创造文化中,并以此提携着一切实用物质的艺术含意,美化人类的生活。在现代东西方烹饪艺术中,都力图追求饮食品的完美,在食品艺术美中将科学精神最高的体现。事实已证明,现代东西方烹饪艺术的作品风格已与上个世纪产生了许多变化。瑞士杰出的美学家 H·沃尔夫林在其名著《艺术风格学》中谈到艺术风格的两重性时认为:"艺术风格具有历史的特征与民族的特征,这是艺术风格的双重根源,并通过模仿与装饰以达到最普遍的再现形式。"当今世界各民族的烹饪艺术正典型地说明了这一点。任何艺术都不可能是无根之木,无源之水,它的存在都对历史的继承与延伸、对民族群体文化精神的体现。将食物制熟是对自然界"熟食"的再现,其在模仿过程中对加热、调香、调味以及造型的各种控制则是一种装饰过程,其目的就是使熟食完美,在装饰加工过程中正充斥着时代、民族以及个人渊源文化的积淀。因此说,人类的饮食品本身就是文化的一种载体,它从根本上彻底地与动物界天然饮食物不同。在整体人类文化背景下,东西方烹饪艺术风格既相斥又相融,在分、合循环的双向演化中趋于各自的成熟,趋向人类饮食利益的最大广泛化——大众美食。烹饪艺术除了对饮食品本身塑造外,还刻意在塑造意境方面追求表演性效果。所谓"好看就会好吃"所反应的是形式美属于风味美的一部分。例如在西餐大筵上的

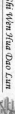

当众煎牛排表演和中餐的食雕与刀法的公众性表演等,都是为了追求浓厚的艺术氛围,增强烹饪艺术表现力的效果。另外,烹饪艺术还特别塑造盛载形象和展示作品的外部环境,如餐桌、餐厅设置等,力图在统一的造意中实现饮食审美活动的整体和谐之美。

三、烹饪艺术的层次与形式的演变

随着人类饮食物质逐渐富余起来,熟食也逐渐成为一种生活习惯的"自然"。"自然"的进食现象遮蔽了熟食真实的本质,从而当文明时代中的人们开始研究文化与艺术的本质的时候,却忽略了熟食在人类文化艺术史中的重大价值作用。尽管如此,烹饪艺术仍然全天候地伴随着人们,给人类生存以极大的快乐。当人类社会中一部分占有了更多的食物资料的时候,食物充当了区分社会等级的标志,高级的烹饪艺术形式出现在少数人的上层阶级,而在大多数穷人那里烹饪艺术与营养物质一样缺乏。我们可以从旧石器与新石器时代墓地遗迹中发现这种现象。这里,食物成为社会阶层的分化器,烹饪艺术成为衡量社会等级的尺度。在上层社会炫耀性奢侈的饮食活动中,菜式越来越丰富,加工越来越精细,场面越来越豪华,大至公元前500年到公元后500年的1000年之间,从中国到埃及,从希腊到罗马,以天下美食聚集的高级烹饪艺术达到了第一次高潮。盛大的场景、豪华的宴席、珍贵的餐器、丰富的美食、新奇的风味、与众不同的品种、精妙的制作技术以及优雅的仪式都构成了高级烹饪艺术不可或缺的要素,具有极强的创造力和情感狂热性,反映的是上层贵族的文化,这与吃粗食剩饭的下层烹饪形成极大的对比。前者是享受生命而后者则是挣扎着活命。在贵族化烹饪艺术的形式主义和平民化的实用主义中哲人和知识界的智者则更注意隐藏在烹饪艺术中高贵的人性精神。东方大陆的精神圣人孔子和孟子崇尚的是一种食之有道的规范,他们谴责权贵滥用烹饪艺术的豪华形式是有失礼制的野蛮行为,而赞美一种精神内省的俭朴但又优美的君子风格:"食不厌精"又节约谨慎,烹饪艺术要以严谨庄重的礼法形式存在而"割不正不食"。认为只有"寡欲"才能获得精神上的真正幸福。这成为后世东方大陆知识阶层的雅食运动的一种精神依托。同样在西方的毕达哥拉斯,恺撒和印度的婆罗门与阿拉伯的宗教领袖们所崇尚的烹饪艺术从形式上也表现出了一种"沙漠式简约",但《可兰经》认为:"人间与天国之乐多源于饮食",这些简约烹饪的背后却蕴涵着人性道德之美的深厚意境。而这些看似简约,但又深含机理的饮食形式正是烹饪艺术存在的最高形式。菜品不要多,但要制得精美,再辅之以礼仪,这就使烹饪艺术活动的完美成为可能,供人鉴赏也使饮食意蕴变得深奥起来,这也是对贵族奢华的烹饪艺术形式潮流的一种逆思和反动。

西方中世纪的剧院食品与中国唐宋时代的雅食运动,可以说是分别代表了世界第二次烹饪艺术的高潮。如果说"画眉"馅饼与"单身汉之夜"蛋糕是剧院食品的代表,那么"辋川小样"与"建康七妙"是唐宋花式菜点的代表,所表现的形式是华丽的,虽注意了节约,但更强调技术上的精致,花费更多的时间精雕细琢,以表示贵族雅士式的悠闲和浪漫。在特色上,欧洲受到阿拉伯式调料的影响而浓墨重彩,味厚而浓香。而中国则始终坚持"本味主义",以"原味烹饪"注重对食料主体本味的烹调。今天的日本茶道中的"怀石调理"就仍然典型的保持着这种清新淡雅而高贵的形式。

穆斯林宫廷的烹饪艺术影响了欧洲近 10 个世纪,使人们几乎忘记了希腊-罗马传统的"原味烹调"。中世纪的西方社会接受了宗教式的阿拉伯饮食审美思想,尤其是同化了对各种芳香味道的饮食偏好。圣坛上的薰香在基督与伊斯兰的宫廷餐厅中同样具有;香甜的食物最受珍爱。杏仁、玫瑰所提的香精与丁香、胡椒、豆蔻、开心果、芫荽、麝香、葡萄汁、柠檬汁、黄油、咖喱、肉桂、红花、檀香之香等,是为穆斯林与基督教世界所广泛共有的,而中国直至清中叶的袁枚仍在宣扬调味艺术的"本味清香"的原理。

西方的文艺复兴开始至今天的东南亚经济突飞时期,是烹饪艺术发展的第三个高潮。如果说,前两次高潮受由东而西的影响,第三次则是由西向东的影响,宫廷贵族烹饪艺术普遍消亡,代之而起的是市民的大众艺术。家庭结构的变化也使烹饪艺术日益淡薄,取之而起的是市场化的商业烹饪。商业意味着激烈竞争,烹饪艺术与其他艺术一样走向异化,走向实用性为金钱服务。人们已没有闲情雅态的从事烹饪艺术的创作,而是投入到匆忙的生产之中,雅食渐近衰落,大众美食的简单筵席与快餐或简餐成为烹饪艺术的主流。与流行的通俗小说、歌曲一样,流于浮躁而缺乏深意。由于主流世界的饮食资源的丰富性超过了以往任何时代,反倒促使了人类的食品精神的退化和感觉的迟钝化,现代食品在品种数量上极度扩张,但在本质质量上则在退化,反季节和速生性使食品原料天然的缺乏成为完美食品的条件,这些都是商业化竞争和人口数激增所给予现代人类精神与经济压力的结果。

文艺复兴促进了西方烹饪艺术的再次变革。现代西餐在对希腊-罗马古典风格的回归中正式形成。西方烹饪的复古主义逐渐地抛弃了阿拉伯风格的影响,重建了欧洲饮食的烹饪艺术形式,改变了原来以甜香为主流的食品风味,从归于源于罗马的美食风味,"咸-酸"风味开始在西方烹饪中占据支配地位。复古思潮在 18 世纪达到最高潮,在食品形式和筵席形式上几乎都是罗马式的恢复,但在风味上甜味仍占重要的地位。中国的"本味主义"形式直到 20 世纪的 80 年代才逐渐产生了变化。由于国内和国外各地区间的交流日益加大,饮食资料也随之丰富多样起来,产生了对传统烹饪艺术形式的反思和批判,悄然地由"本味主义"转向"调料主义"。中国人开始从"淡然之味"中走向世界,寻求着更多的口腔刺激。域外调味蜂拥而入,国内的新式调味品又快速的增长,弥补因反季节和速生性所造成的原料风味缺

Yin Shi Wen Hua Dao Lun

失部分,促使了国内各地区风味之间广泛的融同性增强,特色性削弱,这是商业流通的作用使然。风味在原有的基础更为丰富,筵席形式更为简约,世俗家庭烹饪也至消亡。这是世界烹饪的大势所趋。世界烹饪在更大范围相互传播,完美性在现代科学精神的照耀下,逐渐地超越了单纯的风味美和实用营养主义,一个创造个性化完美饮食品的烹饪艺术崭新形式必将担负起人类走向未来世纪的责任。对于大多数匆忙的"忘食"者来说,应冷静下来,在为人类做出更多工作的同时,也在愉悦健康之中,重拾昔日的甜蜜。

四、烹饪艺术与烹饪科学的关系

从科学的角度看,人类在饥饿时必须要摄食,在干渴时必须要饮水。从现象看这是为了活命。但是,由于人的文化属性又决定了每个人吃东西都不是单纯为了活下去。在任何地方,饮食都是一种文化的载体,凝聚着人类对现实的需要与美的欲求;凝结着人类辛勤劳动和智慧。烹饪艺术正是一种桥梁,一种文化转化机制;一种深具魔力的文化行为,将人类饮食的需求变为现实,又将现实提升到"无为"。它有着本身的规律:将个体融入社会,将体弱者变为强健;它影响着人的性格,净化世俗行为。它看上去是一种仪式,实质上就是一种人生的仪式;它可以使食物变得圣洁或者"邪恶"。它制造着人体的能量,又象征着幸福与情感;它是人类彼此认同的溶剂,也是实现一种自我价值的方法,烹饪艺术使饮食品超越了人的生理功利的物质意义时,人类的饮食行为便有了长久而深远的意义;人的饮食也就成了人生的文化仪式。从最初的烤肉到杀祭聚餐,从顺势疗法到健康食品,从调和五味到诗酒、禅茶,人们饮食的深层目的就是净化人格,增强力量,延长寿命。烹饪艺术正是人们按此选择的饮食方式和规律的凝聚。在人类最高目的的饮食美的法则下,烹饪艺术与烹饪科学是统一的,互渗和相互制约的,正如绘画艺术的笔墨色彩,建筑艺术的砖瓦石木一样,物质是客观自然的存在,艺术就是怎样运用它们,按照美的设计创造美的事物。科学是人类对客观世界存在事物一般规律的认识,而艺术则是在自然规律中人为创造的特殊。在艺术创造过程中科学规律与艺术规律同时显现,如果失去了科学,艺术也将之不美,反之亦然,纯科学虽含有美的因素,但不是美的,而纯艺术离开了科学则是无根之木,因为艺术思维本身就是科学,因此,科学是土壤,艺术则是花朵。如果食品风味不美,就不叫食品而叫做"药"。如果食品要有风味美而失去科学性,那么,所谓的美只是感观美而非理性的美,就像一些垃圾食品一样,忽视了食品的安全性,而单纯追求感观快感,这并不是真正的美食,而是有毒食品了。在完美饮食之中,烹饪科学与烹饪艺术高度的统一。例如:在美食加工中具有许多化学的、物理的科学原理。我们要理解油菜之绿怎样才能使之更美;营养物质怎样得以最佳保存,肉的硬软度是怎样加热实现的,等等。然而,客观的食物原料是有限的，而人的心灵是无限的，只有充分地认识到饮食物质的客观规律，我们才能驾驭饮食物原料沿着艺术的设计进入崇高美食的无限境界。烹饪艺术就是使饮食品由"有限"进入"无限"的阶梯。有一个典型的例子可以说明这一真理：在中国的美食中用鸡做的菜肴多达数百种之多，仅笔者本人会制作的传统品种就有：八宝鸡、脆皮鸡、葫芦鸡、铁扒鸡、蛤蟆鸡、碧绿鸡、芙蓉鸡、姜黄鸡、油鸡、豉油鸡、桶子鸡、醉鸡、油淋鸡、辣子鸡、粉蒸鸡、蛋美鸡、白斩鸡、怪味鸡、莲荷鸡、橘络鸡、子母鸡、鸡包翅、神仙鸡、口水鸡、扒鸡、芝麻鸡、干锅焗鸡、清炖鸡、白雪鸡、黄焖鸡孚、红松鸡、白酥鸡、生煎鸡、锅烧鸡、熏鸡、卤水鸡、金钱鸡、玉骨鸡、桃仁鸡、纸包鸡、酒烤鸡、石榴鸡、竹筒焖鸡、酒酿清蒸鸡、桂花仔鸡、栗子烧鸡、黄焖鸡、风沙鸡、盐焗鸡、文昌鸡、五彩茅台鸡、百花鸡、金钟鸡、圆珠鸡、叫花鸡等（用鸡胸、腿翅、内脏、脑、血所制品种以及最近几年新创品限于篇幅不一一而足）。试问，同样是鸡为什么有这么多的品种，创作的动机是什么，其目的又是什么？这种问题显而易见，只有在对鸡的组织结构、性能特征与加热规律关系的充分认识上，才赋予艺术创作认识的无限延伸的可能。诚如前苏联当代著名的文艺理论家米·贝京所说："对世界和人日益全面和深刻的现实主义的艺术认识，离开艺术同哲学和精密科学的相互联系是不可思议的。"（《艺术与科学》）

在人类烹饪艺术发展史上，当自然科学的化学、生物组织学、营养学尚未成熟时，人们对烹饪艺术的认识和创作主要来自感官经验与长期的含有医学成分的观察经验。因此，传统的经验认识常与现代精密科学分析产生冲突和矛盾，这毫不奇怪，因为艺术活动本身就是一种创造或冒险，它必然地会在传统起点向历史延伸，艺术创造本身就是人类对有限客观现实生活的不满所激发的美欲冲动，具有不受现实世界约束的主观能动和自由性。当我们今天能够运用现代自然科学的有关知识观照它时，烹饪艺术便会走向成熟，美食由感觉器官渐移到理性选择，在食品三要素的合一中产生真正的现代化美食，体现了科学主导下的食品艺术之美。在这里，美食对于人体健康的现实有用性是客观赋予的，而美食对于人脑虚空幻境的审美意境作用，正是艺术使然。美食可谓对于人类生存来说，作用是双重的，一箭双雕的，以至我们每日三餐的进食，都成了一种专门的文化活动和审美活动。

美国著名烹饪艺术大师安东尼·伯尔顿为了寻觅世界上最完美的饮食，曾将自己的厨师之旅遍布全球，他到过现代原始部落，参加过中世纪的饮食仪式，也经常品尝大都市的时尚美食，他还虔诚地品尝宗教圣餐，他发现，各地所有的美食都是一种地域民族文化的本源，在现代科学发现之前代表着神秘；他真实地感受到美食带来的神奇魔力；在千差万别的美食风情中看到人类美食崇拜的巨大力势以及对人类整个生活历史的现代启示。在美食所含着的宗教、道德和医学共同作用下，他获得深感终生难忘的长久美感。

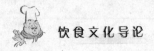

第二节　饮食之美，烹饪的艺术传达形式

一、烹饪艺术的内容与形式

中国现代美学家朱光潜曾为艺术创造下了一个定义，说："根据已有的意象做材料，把它们加以剪裁综合，成一种新形式。材料是固有的，形式是新创；材料是自然的，形式才是艺术。"（《朱光潜美学文集》）这里所指的，将意象材料加以剪裁综合，指的就是艺术设计，取决于对烹饪艺术形式与内容的理解。

烹饪艺术形式历来被专家们争论不休，有认为是调味，有认为是造型，实际上这是反映的烹饪形式中两个侧面内容，烹饪艺术形式就是饮食品形式，由色、香、味、形、质等内容构成饮食品的各种形式。饮食物原料是固有的、自然的，而由饮食品中特有的色、香、味、形、质构成饮食品的独特形式，是经过艺术创造形成的，是人脑想象外化的结果，在艺术学里认为，艺术创造在未经传达之前只是一种想象，想象 imagirration 是一种意象 image，亦即所知觉事物在心中所印下的影子。例如，品尝过一个菜肴，这个菜肴的形式便有了意象，形成经验。艺术的生命在于创新，如果艺术的"再现的想象"只是在记忆中重复旧经验，这不是创新，创新是将原有的意象和经验重组形成新的形式。例如，江苏第四届烹饪大赛中的"双燕迎春"这一菜式，实质上是一种甜酸味的脆溜鱼，在整体形式中含有多种意象的重新组合，构成风味与形态统一的生动形式，向进餐者传达了对春天气息景物的爱意，如果这一全体形式是前所未有的，那么，它就是具有创新性的，尽管将其拆开来看，局部形成都是旧有的意象，我们还是不能否定其新颖的设计和组织。在想象中将多种不同意象剪裁综合的艺术创新形式，在世界古今的美食创造中普遍存在，并对世界饮食品种的丰富和发展起到了决定性的作用。

艺术形式创新中的各种意象，来源于人对自然与生活的观察、体验。在剪裁与综合中形成意境想象，在创作中内容与形式是统一的，这就是中国传统的"心与物化"。只有当烹饪艺术家的心灵与饮食品的色、香、味、形、质等相通相融时，才能使作品形式完美进入"化境"。每种艺术形式都会给人以特定的意象体系，饮食品的色、香、味、形、质通过人的感觉器官传达构成特别的意象体系，当它与人对万事万物的意象经验遇合时，才能够形成人的心灵想象的艺术意境。中国当代文艺理论家余秋雨曾言："一切美的艺术都是主体心灵与客观世界遇合的结果。"（《艺术创造工程》）遇合就是联系，就是相通，就是创造，其目的就是从"人事之法天"的被动中脱破而出的"人定胜天"，人类就是通过对饮食的美的形式创造来弥补自然界动植物作为人类食物先天的不足，用英国大哲学家培根的话说："艺术是人与自然的相乘。Ars est homo add itus maturae."

　　人类从第一块"熟肉"到现代千千万万美饮美食形式的产生，就是一个人心通天遇合万物不断创新的结果。对美食形式的创造的效果就是有效地改善了人类的饮食生活环境，弥补了自然食物对于人类不利的一面，然而从广义上看，美食形式正是最高层次的饮食自然，被人为改良后的自然，反映的是人与自然食物间的双重关系，人一方面依赖于食物，一方面又要对其改造。歌德早就指出了这种双重关系的哲学义理，他说："艺术家对于自然有着双重关系，她同时是她的主人和奴隶，当他为了被人了解，而同尘世的事物来进行工作时，他是她的奴隶；当他使这些尘世的手段服从于他的更高目的，使她为他服务时，他是她的主人。"（《歌德谈话录》）由此可以认为，烹饪艺术就是人类与自然对立统一的一种饮食形式，人类只要存在一天，这种饮食形式的创新就一刻也不会停止。

　　在美食作品中，内容与形式是不分彼此有机统一的关系。在一个食品形式里，风味的各项都是有意义的元素，形式则展现的是元素间的关系，而内容就是关系中的元素。在一个体裁里，风味内容中的各元素合构成特定食品有意义的整体。也就是说，形式的主题赋予色、香、味、形、质各元素的意义、关系，各元素本质意义又烘托出食品构成形式的特定意境。正如牛津大学教授柏拉德莱对绘画中这一类问题的看法一样，他认为：在绘画里，根本没有在"意义"上敷设颜料的事，有的只是在颜料中的意义，或有意义的颜料。这种观点也与美食体裁所用各种原料的意义一样，意义本身存在于主、辅与调料之中，关键是怎样使用的关系问题。

二、烹饪艺术的设计与传达

　　任何艺术作品都是具有特定意蕴的，这是艺术作品的精神内涵。烹饪艺术作品——饮品和食品所要传达给人的意蕴就是风味，这在美食的形态、名称甚至每一个局部之间都能显露出来，每个饮食品的创作意蕴都深含着创作者的艺术眼光、人生意识、情感品格和开发精神，透视着作者的深层心理，在联想与移情的作用下，挖掘到隐藏在食品风味之后无限深远的象征意蕴，从而主客双方都获得情感的共鸣。不管是艺术家还是欣赏者，在获得理性分析之前，对烹饪艺术的创造都是以感性直觉为基础为媒介的。经验的丰富程度决定了直觉的强弱程度，直觉是灵感的源泉，理智的媒介。所谓："长期的积累，一时的爆发"就是指灵感是直觉在潜意识经验提示和酝酿下的瞬间醒悟。例如初学者与烹饪大师对美食的直觉性是不同的，其灵感的起点也是不同的。烹饪艺术作为一种表现形式的艺术，创作的根源正植根在艺术的直觉之中。因此，所有美食大赛的评委们都是依据其艺术的直觉对作品评判的。这与评委们对绘画、歌曲、书法评鉴一样。

在几乎所有民族的美食艺术创作中,都是对感性直觉的整理、抽象和凝聚为一定形式的。分析创作的意蕴想象成分,通常有① 潜意识的;② 情感的;③ 理智的等3种。直觉的食物美促使厨师产生灵感的冲动,但创作仅依靠灵感冲动不行,必须通过理智的分析,将想象中的但又是混乱的整个意象在情境中抽取选择有用的部分加以设计,在新综合的形式中融入作者的意境(蕴)。例如:"翡翠鱼片"这种菜肴,我们直觉鱼肉是嫩的,我们可以在多种鱼中选择一种,并将鱼肉从整条鱼中提取出来切成鱼片,我又将翡翠的鲜绿色彩意象架接到鱼片之上,通过对多种绿色蔬菜选择,选出最佳适合的一种将之切成细茸或抽取绿色汁液渲染鱼片,再选择"滑炒"的制熟方法将"翡翠鱼片"创作出来。这里"翡翠鱼片"所表现的不仅仅是细嫩、鲜香、软滑的良好风味,绿色象征翡翠之色,代表了高贵、纯净的理想,欣赏者不仅感受到菜肴的美好风味,还体会到创作前珍宝般高贵的人品。这道菜肴既具有一般鱼类食物的本质功能,更显现出心灵意蕴的塑造,当欣赏者从其美味形式中感受到了崇高时,创作者与品尝者的情感和人格却被得到了净化,这就是烹饪艺术创造所追求的最高意境。烹饪者不仅为自己创造了想象中的现实,还为进餐者创造了一个想象中的现实。

从上可见,烹饪艺术在理智的创造菜点形式和意蕴时,有两种心理活动在起着作用,亦即朱光潜教授所说的"分想作用"(dissociation),这是选择的必然。如同小说在想象中塑造新的人物形象一样,张家的帽子、李家的衣服、王家的鼻子、赵家的嘴等,从不同事像中抽取相关意象构造新的关系,在烹饪工艺学上称之"精选"和"粹取"等。"联想作用"(association)则是综合所必需的,所谓联想作用就是由甲意象而联想到乙意象。许多毫不相关的事物意象在联象中会产生新的关系,例如前面的鱼片→绿色→翡翠联想一样。

分想作用是凭借美感经验给人以形象的直觉,表现选择意象的组织美,例如意大利的"淇淋烟腿宽条面"(eettucini with pancetta and cream)是由主要以三种不同食物原料重新组织的新形式,向人传达的是干酪淇淋汁的香浓美味,软滑的宽面条和烟熏火腿肉所构成的和合之美。

联想作用则较为复杂,通过由此及彼的"拟人化"、"托物"和"变形"曲折地反映深层意蕴,在形式上具有普遍的象征意义,因此,所传达的美便更为婉转雅美。例如中国的名菜"霸王别姬"、"掌上明珠"和"麒麟送子"等,从名称上似乎与任何食物名称毫无关系,但在其后,却隐藏着深厚的人文意境,所谓"霸王别姬"就是"甲鱼炖鸡",甲鱼俗称"霸王",姬则是鸡的谐音,以此拟人化命名,意在给人以一个深远凄美的英雄美女故事的审美关照。"掌上明珠"就是"鹅掌嵌鸽蛋",托物明志对人间友情的珍爱。"麒麟送子"则是将鳜鱼变形(像麒麟之形),寄托一份对友人衷心的祝福。麒麟是中国神话中的神兽,向人送子(鸽蛋)象征吉祥如意。在联想的作用下,美食成为一种幸福生活理想的崇高象征。朱光潜说:"抽象的概念在艺术家的

脑里都要先翻译成具体的意象,然后才表现于作品。这种翻译就是象征。"(《朱光潜美学文集》)

食物原本是可触可摸物质的直觉形式,人类在上面构建出一种宏大而深刻的意蕴,这种艺术的追求,使它无可避免地踏进了象征的天地。美国当代诗学教授劳·坡林在《声音与意义——诗学概论》一书中,为象征下了一个最为简捷的定义:"某种东西的含义大于其本身。"显然,优秀的人类美食艺术具有着这一特性。如果说,美是从有限通往无限,那么,象征就是艺术的有限形式对无限想象内容的直观显示。实质上,烹饪艺术本身就是一种直觉的形式,是对艺术直觉的提炼。其中种种意蕴、情志都以直觉形式呈现出来。从哲学上讲,烹饪艺术的美饮美食就是一种直觉造型,是能被触摸真实感受到的风味造型,一种人与食品之间更高的也是更一般的关系造型。

在今天的社会里,人们对寻常一般的熟制饮食品已不能像史前人类那样具有高度的敏感性了。一般餐饭、快餐和工业化便捷食品形式已经成为一种"自然的本能现象",在习惯成自然的规律下,其精神性已被迫切需要的生存性因素所掩盖,使其性质有如"史前生食"一样。然而客观上烹饪艺术存在着极强的等级性和环境与情绪性,一般大众化的烹饪艺术层次较低,侧重在安全与健康的第一阶段,而在大餐、盛宴与雅聚派对中,美食美饮则具有极高的审美象征的品位,尤其是鸡尾酒、高级点心和名菜之类,具有全部的象征意义。

三、烹饪艺术的表现与类型

烹饪艺术与游戏不同,如果说游戏是以饮食为媒的娱乐和仪式活动,那么,烹饪艺术则是创造,是设计与造物者。烹饪艺术的形式就是将自然食物原料改造加工成为美食美饮的适用品,并通过色、香、味、形、质诉诸于人的感觉,传达意义,塑造人生的意境。就像绘画艺术一样,根据材料、技法和成品形式的不同分为油画、水墨画、水粉画、板画等类型,烹饪艺术的类型大致可分为调酒艺术、茶道艺术、菜点艺术和筵席艺术等四大类型。

艺术是对一般的再加工,是特出于一般的特殊范畴,实质上就是对一般食品的完美化过程,它赋予一般食物以新的特质,在更高层次创造适应,给饮食娱乐者提供对象。一般的饮食物一旦进入艺术的畛域,便受到美的提纯和蒸馏,凝聚成审美的语言唤醒人的精神。在人类的饮食生活中,一般的饮食品,如酒、茶、咖啡、可口可乐,以及餐饭、食品等,由于其普遍性、日常习惯性与易得性而流于一般和"自然化"。因此,在艺术立意与精神方面都显现了一种本能和被动,在人类繁忙的经济活动中,大多数人的日常餐食是盲目的和简单的,然而,人总是不满于现实,总是得空便追寻高尚的情操,享受美好的生活,烹饪艺术的各种类型在更高的遇合层次上

351

为人类的饮食享受服务，其艺术生命在今天的社会里愈加发出光辉。

与一切艺术一样，意蕴是艺术创造的灵魂，不同的烹饪艺术形式，其传达意蕴的方式也不同。调酒艺术是通过对原酒与其他饮料混合配置，形成一种新形式的含酒精饮料来传达意蕴；茶道艺术是通过对原茶的泡(煮)调、分、赠的表演传达意蕴；菜点艺术是对不同食物原料的组织加工，以特有的食品风味传达意蕴；筵席艺术则是通过各种饮食品和餐食器具的配置来传达其主题意蕴的。尽管方式不同，但立意精神却是异质同构的，有了立意精神，饮食品形式与饮食形式都会成为一个"有意味的形式"。因此，烹饪艺术家对各种烹饪艺术形式的设计是具有独特的敏锐眼光的，在专业名词上叫"艺术眼光"。调酒大师、茶道大师、烹调大师与宴会设计大师的眼光确实是超乎于常人的，他们有为人生情感寻找客观对应饮食物对应饮食形式的眼光，而这些饮食品大多是蕴含着精神潜流的感性生命体。例如，他们为具有怀旧情感的绅士献上立意为"古色古香"的由波本威士忌、糖水与红心打士调成的鸡尾酒；又为甜蜜的少女设计出"安琪儿之喜悦"，调制成分又是石榴糖浆、紫罗兰利口酒和香蕉利口酒。而公路自行车赛手则尝到了命名为"公路飞行"的鸡尾酒，这是用苏格兰威士忌、甜味苦艾酒、橘皮苦精和橄榄的美妙混合。几乎大多数东、西方人士都怀念着美丽的影星邓波儿，一种名叫"秀兰邓波儿"的鸡尾酒，道出了人们的这一心情，尽管这种鸡尾酒是用青柠汁、雪碧和红糖油调配的。鸡尾酒的立意充满了人生意蕴，有对友爱的向往；有对自然界的歌唱；有赞美人生道德的，也有对和平奢望的。赞美人生，颂扬和平，怀古叹今，鸡尾酒在艺术的立意中随机而自由地创造，状态自由，不拘一格，恣意地喷发、流淌人们藏在心中的情怀，他们的崇敬和喜乐，他们的祝福和坚强以及他们的忧伤和彷徨，给人以一丝共识相知的安慰和畅想。将情感精神的意象美与现实可感的物质美联系起来，这一物质便具有了象征意义，使这种美变得既直观现实又虚幻遥远，从而显得怡情又朦胧，具有了意境的美。由于对实物可感的距离近，精神可感的距离远，因此，鸡尾酒内含的精神美感比材质体感美更为悠长而强烈，犹如雾里看花，水中观月般，产生了距离美。而这种美感实际上并无利害感，但又是在自然而然之中的合乎饮酒者的目的。在创制和品饮鸡尾酒的艺术与游戏活动中，具有追求的普遍性和必然性。

同样的规律与现象，也深刻遇合在菜点艺术的创造中。例如，在儿童生日的纪念筵席上，点心大师会潜心在生日蛋糕上褙塑出建筑物、人物、鲜花和小动物造型，还会在蛋糕上装饰色彩鲜艳的水果，他们为儿童和自己都造设了一个童话世界，连同甜蜜松软的蛋糕本身，为儿童造就了一个幻梦的意境。为成年人造设一个游戏天地。中国的菜点艺术表现得尤为出色，数千年来，中国士大夫阶层对饮食就具有一个"玩"的态度，在充足悠闲的时间里，通过饮食形式追求无限的意象境界。其实，在中国饮食的形式中，"菜肴"与"点心"的名词本意就内含着其作为饮食品中特殊形式的性质意义。笔者在《中国烹饪工艺学》一书中曾对其意蕴方式作有如下归纳：

（一）通俗的主题（分想的直观）

（1）突出加热之美：如"清蒸鳜鱼"、"滑炒里脊"、"扒烧鱼翅"、"煎饼"等。

（2）强调调味特色：如"虾子海参"、"奶油菜心"、"糖醋排骨"、"麻辣豆腐"等。

（3）渲染材质之妙：如"脆鳝"、"酥海蜇"、"响堂虾球"、"烂糊白菜"等。

（4）展示主辅结构：如"春笋鲥鱼"、"韭黄牛柳"、"鸡皮虾丸"、"白菜火腿"等。

（5）夸张齐、全的配置：如"什锦豆腐"、"全家福"、"罗汉全斋"、"八宝全鸡"等。

（二）雅趣的意趣（联想的夸张变形）

（1）美妙的色相，如"三色大虾"、"五彩鱼丝"、"红白鸡腰"、"彩色鱼夹"等。

（2）趣意的象形：如"松鼠鳜鱼"、"棋盘肉"、"花篮虾"、"蛤蟆鸡"等。

（3）意象的造物：如"一品瓜方"、"柴杷鸭子"、"玉带鸡"、"元宝酥"等。

（4）奇异的技法：如"三套鸭子"、"脱骨鳜鱼"、"拔丝楂糕"、"银丝拉面"等。

（5）新奇的结构，如"三丝鱼卷"、"九宫排盘"、"八卦豆腐"、"芙蓉套蟹"等。

（三）深远的意蕴（联想的拟人、托物）

（1）怀旧的追忆：如"叫花子鸡"、"宫保鸡丁"、"李鸿章杂烩"、"狗不理包子"等。

（2）乡土的情思：如"文楼汤包"、"京江肴蹄"、"东江盐焗"、"黄陂三合"等。

（3）寻古的雅兴，如"东坡肉"、"云林鹅"、"文思豆腐"、"霸王别姬"等。

（4）人生的祈福，如"五子登甲"、"蟠桃献寿"、"四喜鱼糕"、"龙凤呈祥"等。

（5）藏宝的幽趣，如"老蚌怀珠"、"羊方藏鱼"、"鸡包鱼翅"、"雪里藏火"等。

（6）画意的诗情，如"银鼠戏果"、"岁寒三友"、"满载而归"、"月映珊瑚"等。

名称是意蕴的总概，是设计的灵魂和创作的指南，中国的菜点艺术早就超越了实用范畴而进入了精神的自由空间，与中国的哲学、文学、绘画、书法、雕塑、音乐和医药等全部的民族文化精粹水乳交融，因此，被称为国粹之一。中国民族数千年主副食物结构传统则强化了菜、点的副食化发展，溶进了极其深厚的人文意境与文化附加值，使之成为中国民族精神文化的一种载体。加之中国地域广阔，兼容热、寒、温气候与高原、平原、海域、丛林大跨度物种多样性与多种风味兼容性，"食在中国"之誉便由此而来。与之同理，可以说世界各民族的菜点艺术形式都是其精神文化的一种载体，都是其文化发展系统工程中的一种自然和必然。只是在艺术表现性方面，中国菜点艺术表现得最强也最充分，同时也最具典型性。客观地评介，西方在调酒艺术方面达到了同样高的层次，但在菜点艺术设计方面还局限在分想式的直觉表现层次。

一般来说，饮茶与饮咖啡一样，是一种品尝游戏，感受各有不同而见仁见智。但是，如果在一种精神的作用下，通过为他人制作茶汤的表演过程，将这种精神的意蕴传达给他人时，这便成其为"茶艺"，在世界范围内，日本茶道艺术正是超脱于一般茶艺之上的特殊形式。尽管日本茶道传承于中国禅院茶道形式,但是日本将禅茶精神化为全民化象征,在表演与范畴、环境与导具方面,容括了茶、食两道,强化了表演性。因此,泡饮茶之事才真正成其为茶道艺术,从而与中国近现代与世界各族饮茶茶艺相区别,成为日本传统文化的一个象征和载体。茶道艺术为饮茶者也为自己造设了浓厚的宗教精神氛围,将大和民族精神集中凝练,形成充满人生意蕴火花的茶艺最高形式。

在整个烹饪艺术中,筵席艺术与众不同,它不是直接对饮食物的创作,而是一种对进餐意境氛围的塑造。筵席起源于原始祭礼的聚餐形式,就进餐者来说是在做游戏,但是,对于设计与组织者来说就是艺术。它的社会意义就在于聚餐者们造设一个有主题的进餐环境,进餐程序和进餐气氛,为特定的社会主题服务。筵席通过对餐厅环境的布置、席面的摆设和对席间食品的巧妙安排达到最高层次的效果,没有无目的的筵席即便是数人的随意聚会小酌,也具有潜在主题,这个潜意识就是友情。在一般餐饭里,实际上在组配中也具有一定的艺术性,但是,餐饭是以生理实用为主要目的的,而艺术则是无实际意义的,只有在餐饭的特殊形式——筵席中,艺术的作用才起到了主导意义。筵席是社会性的餐饮形式,因此个人的饮食行为需要服从于集体的真、善、美的需要。可以认为,东、西方的筵席在这一点是共同的,性质是相同的,只是具体的内容与表现形式不同而已,在形式上,通常将筵席的形制分为自助式与餐台式两类,前者是自由取食形式,后者是坐台取食形式。

(1)自助筵席,冷餐与鸡尾酒会是自助与筵席。特征是无固定座位,可走动向食架取食,各取所需,不受约束,在进餐中可随意换位聊天,气氛轻松而又热烈,是普遍流行于西方社会的一种饮食交谊活动。据认为,自助餐型宴会的历史可追溯到17世纪的瑞典,当时拥有土地的士绅们习惯在餐前聚饮一点伏特加或吃一些脆皮面包、乳酪和鲱鱼等食物开胃。18世纪时,餐桌上品种日益增多,本来只是餐前的点心小聚,逐渐演变成正餐筵席,这种聚餐同时可容纳许多人,有数百人同时进餐的盛况,规模很大,所以又被称做"海盗大餐"(smorgasbord),近世以来,这种筵席形式已普及到中国的酒店行业。自助餐的食品组配一般按区域设置,中式是冷盘区、汤菜区、热菜区、点心与水果区和饮料区。西式自助餐大致是冷盘区、沙拉区、汤类区、切肉类区、热菜区、甜点水果区、面包区、饮料区。每个食品区中有若干品种,但味不雷同,各有风格,形、色、相协调,自助餐的设置品种比正规筵席更为丰富多彩。而中西式自助餐筵席的不同只是在饮食品种的区别上。

例一:中式自助食单

冷盘区:豉油嫩鸡、粤海烧鹅、椒盐脆虾、京江肴蹄、陈皮牛肉、脆皮黄瓜、四美酱菜、酸辣白菜、酱渍萝卜、油焖冬笋(共五荤五蔬)。

热菜区:片皮烤鸭、东坡焖肉、一品海参、虎皮蹄筋、干锅鱼头、黄焖鲴鱼、豉椒青蟹、姜黄卤蛋、三鲜蘑菇、广东菜苔、韭芽干丝、白汁双笋(共8荤4蔬)。

汤菜区：山泉童鸽、文思豆腐羹、清炖牛尾、榨菜肉丝汤、雪菜海鲜羹(共3汤2羹)。

点心水果区：三丁小包、虾茸水晶饺、双麻酥饼、四喜汤圆、扬州炒饭、广东炒牛、西瓜、葡萄、橘子、猕猴桃(共6点4果)。

饮料区：中国茶、中国白酒、黄酒、米酒。

例二：西式自助食单

冷盘区：烤鲑鱼、冰饰鹅肝慕司、生鱼片、熟熏肠、白切牛肉、包焗火腿、欧式香菇、猪排、明虾塔。

热菜区：烤火鸡、烤羊腿、土豆焖牛肉、茄汁鲳鱼、醋烧牛柳、烧香草猪肉肠、熏肉面包丸、德式咸猪手、大蒜汁鱼卷、松子饭、菠菜面。

沙拉区：茴香酸奶黄瓜、意式蔬菜沙拉、鲔鱼沙拉、洋菇沙拉、苹果鸡肉沙拉、德国薯仔沙律。

现场切肉：烤美国威灵顿式牛排，附红酒汁。

面包与甜点区：法式餐包及牛油、蜜糖果子雪糕、干酪咖啡饼、黑森林蛋糕、焦糖布丁、特选乳酪、白巧克力慕司、各式水果拼盘。

汤羹区：炖牛尾清汤、农村青豆汤、肝酱丸清汤、啤酒鸭汤。

饮料区：咖啡或红茶。

(2)餐台筵席：在重大主题下，人们围在餐桌前进餐的筵席，又叫正规筵席，一般气氛较前者庄重，人数依台面大小而定，进餐者座位固定，等级顺序严格，取食限于席面。这种席制，下至百姓家的婚丧嫁娶、生日诞辰、节庆迎新上至国家邦交礼宾访问、商务洽谈等莫不以此为媒介。正规筵席是一种重要的社交仪式，从而在性质上不同于一般鸡尾酒会式的get together and drink(聚饮)那样自由而轻松。依据取食方式的不同又有中餐、西餐、阿拉伯餐等形式。然而，不管筵席有什么形式上的不同，但在一点上却具有共同性，那就是通过对筵席食品席面导具和进餐程序的设计，传达主办者的意蕴，为聚餐者造设一个象征的氛围。

可以这样认为，筵席艺术是一个综合性艺术形式，动用一切可以被动用的艺术手段为筵席主题服务。其目的就是将现实的人引入一种幻境(入境)，为人搭载一个饮食审美和社会活动的平台，如同戏剧的舞台，让人们进入一个特殊饮食的特殊环境。例如在巴黎某一家五星级酒店的"水晶"大厅里，曾举办过主题为"月色之夜"的"花园"式冷餐酒会，只见其厅顶是透明的，可以看到天空的明月，大厅内装饰得犹如"林中花园"，给人感受到一种清新的自然界之美的幻境。餐厅里散落有致地点缀着用黄油雕塑的神人造像，童话里的动物和宝瓶式喷泉，莫扎特的小夜曲从喷泉中滑出，在大厅里飘动，灯火也配置得星星点点，就像天空的繁星，葡萄酒在水晶杯里显得透明又芳香，人们在树木花草丛中饮酒品食，情调浪漫而又高贵。再如，泰国曼谷的某幢别墅，曾举办过一种名为"洞中之梦"的筵席，餐厅装饰得像史前山洞，石桌石凳伴着溪流青藤和鸟声叮咛，洞内火把通亮，映照着文身断发羽翎配环的服务生，使进餐者恍若进入远古时代，给人以现实与梦幻冲突的强烈美感。在中国扬州的某家宾馆，供应着一种名为"红楼宴"的筵席，实际上就是一种仿清代官宦人家的豪华筵席，席间配置皆仿清式。例如：仿清代文学名著《红楼梦》中刻画食品，青花精瓷、象牙筷子、红木桌椅、玲珑宫灯，还有袅袅熏香炉，悠悠古琴声，壁间字画。服务生皆清人装束，往来轻盈，使人不能不联想到曹雪芹，也不能不佯信自己正在曹府与曹先生共饮。真是意蕴悠长，自在餐外。

在餐台席面上，不管是自助餐还是正规席的席面设置都有一个与环境相和谐又独立的造意之境。行业内称之有意义的"摆台"。例如美国喜来登在日本东京的某个五星级酒店，2000年曾举办了主题为"北国之春"圣诞夜的大酒会，大厅里布置成"冰天雪地"，有"驯鹿"拉雪橇，有圣诞果树，有小木屋和圣诞老人。但在巨大的展食台上却布置得春意盎然，千百朵鲜花簇拥着台中覆雪的"富士山"，用巧克力、糖和面包做成的无数小动物点缀在香叶花丛中，香草铺满台面，上面展示着各式美食，整个台面氛围象征着人们在隆冬里的盼春之情，生机勃勃。再例如，中国苏州百年老店松鹤楼曾举办了一次主题为"秋韵"的文笔酒会，参加者都是著名画家、小说家和诗人。酒店的宴会设计师对文笔酒会的三桌筵席精心设计了各有特色的摆台形式，分别为"荷塘月色"、"高山流水"、"东篱有菊"。运用食雕、插花、口布折花和特定餐饮导具构成有意义的造型，极大地渲染了宴会主题的"秋韵"。也激发着与席者的秋情，并与俞伯牙、钟子期、孟浩然和朱自清等古今崇高之人产生了精神上的沟通，导引人们进入到深远的秋的意境。

更重要的是正规筵席中的一应食品还需应时应景的创作设计和组配，处处表现出匠心独运，演奏出节奏抑扬顿挫的风味旋律，使得进餐情绪有高潮也有低潮。筵席艺术对每一种饮食品的安排的特定意义不仅在应时鲜的托物应景方面，更重要的是各饮食品间的配合所给予人的节奏快适之感，例如快与慢、贵与贱、热与凉、硬与软、干与湿、浓与淡、烈与干、咸与甜、荤与素等，在对立调节中的冲突与协调，跟随着筵席进餐的始终，由感官快适到精神的愉悦。在此，中西餐正规筵席饮食品配置形式与安排程序的具体内容方面，各自又具有着鲜明的区别。

（一）西餐正筵的饮食配置

西餐正筵的饮食品配置以个人为份，一般单份分量少，有每人十三件套，或八件套和五件、三件套不等，每件为一类型的菜、点，各不雷同，下面以法式菜单为例。

第一道：冻开胃头盘。

第二道：汤。

第三道：热开胃头盘。

第四道：鱼。

第五道：主菜。

第六道：热盘。

第七道：冷盘。

第八道：雪葩。

第九道：烧烤类与沙律。

第十道：蔬菜。

第十一道：甜点。

第十二道：咸点。

第十三道：甜品。

（二）中餐正筵的饮食配置

中餐正规筵席的饮食品配置以完整形态的菜件为一道，一般为8—10人共享1道，由数道为一单元组合成一套，再由若干单元套件组合成筵席整体，在各套间构成相对关系形成较大高潮（波次），每套中各道之间亦构成相对关系，形成较小的高潮，风味与形态以及原料方面不能重复，味不雷同，以中国长江中下游流域地区的传统正规筵席菜单为例。

第一套：开胃凉菜（4—6—8—10样小碟，超前在席面摆出有意义的造型）。

第二套：开胃羹（或咸或甜）。

第三套：热碟（2—4样，依次排列）。

第四套：大菜（头菜、大荤、禽菜、蟹或贝菜、鱼菜，依次成序）。

第五套：时蔬（2—3样，在大菜名菜间调节）。

第六套：点心（2—4样，咸甜、干湿各样，在大菜套中调节）。

第七套：主食与主汤（炒饭、汤面等；主汤为高级汤菜）。

综合中餐正筵配置一般达23—24道品种，但在10人餐席上每人所得配额总量与西餐正筵10人份的总量相当，这是因为西餐正筵一道菜的10份总量一般为中餐一道菜品总量的2—3倍左右，中餐筵席菜点每道以每人"一筷"为计算的，所以品种虽多，但在每件人均值上却是少的。更加突显了中筵菜肴以品尝为宗旨的制作目的。相比之下，西筵食品的甜食与凉食比重较大；中筵食品除了凉菜外其余皆为热品，甜品仅为调节一二。

综上所述，筵席的环境、席面与美食美饮皆是人类日常饮食生活中的美事物，筵席艺术对日常饮食生活中的美高度的凝聚起到了艺术的联结作用，以其特别的呈现方式获得了自身的艺术生命，成为有别于一般饮食形式的特殊的形式——艺术的饮食形式。烹饪艺术家的种种意蕴、情志都在这种形式中向公众直觉地呈现出来，为进餐者提供了震撼整体的深层感受。

第三节 风味流派，饮食风俗的艺术形态

在许多的时候，我们所遇到的食品似乎并没有多少人类"高尚"情操的象征意义，但是在一个方面却很明显，那就是反映所在地域民众饮食习惯的一个缩影。在60亿人口的饮食大千世界里每一个著名的民族和地方所特有的美食都会给予旅行者以重要的享受，地方性美食是重要的不可或缺的旅游资源。20世纪90年代初，法国曾发起了一场"唤醒味觉运动"，雅克是这一运动的发起者。他将中小学生聚到一起授课，介绍从人的五种感觉开始，直到最后带学生到大饭店品尝一顿大餐，享受一次法国真正的正宴，以此来唤醒起人们对法国烹饪艺术的重新认识。这个活动得到了法国政府的大力支持，法国教育部门批准了在小学开设烹饪艺术课程，法国的旅游部门则以法国美食为题，推出了"法国美食之游"活动。旅游者不仅是通过对山水风景与人文遗产的观察，还通过对不同地方民族奇异食俗的探险，感受到人类文化的多样性和差异性。在现代的许多美国大学里也对学生开设了烹饪课程，其目的是为了提高学生的生活基本技能和生活情操，增强学生对传统民族风味的切身感受。在过去的时代，厨师们无一例外地会受到来自自然环境与地区公众诸多因素的制约，因为他们就是产生在公众之中为公众饮食生活服务的专业人员，因此，厨师们所制作的饮食品都是一种被提炼的"地方风味"。至少说，当全球化程度尚未达到现代立体交通和全球贸易的更高标准时都是这样。所谓"百里不同俗，十里味不同"就是对经济贫困、交通不畅、闭塞时代的真实写照。然而却十分强烈的反映了饮食文化传统的多样性特色。在现代信息化社会里，许多小的地方风味间已相互融合，在大的区域间差异也正在缩小，当一个发达地方的饮食风味具有广泛的普同性而对周边地区产生影响时，在一般的情况下，这些被影响地区的食俗都会向其倾斜而被同化，因此说，饮食风俗的演变是向着经济、政治、科学文化发达中心地区倾斜的。当大多数饮食工作者致力于对地区饮食特色表达时，便形成了一种强势势力，形成一种潮流和时尚。而致力于特定地方饮食特色创作的群体便被称为"流派"，其意义与文学、绘画、音乐等艺术流派相似，所谓"风味"中的"风"字就是指"风俗"，"味"即是感觉特色。一个风味流派的形成并不是一时一事的，而是长期在风俗作用下的产物，至今尚未有很好的例证说明一个成长在西餐环境中的厨师能制作出地道的中餐来，反之亦然。这是因为，每一个厨师都属于他那个特定的流派，都是他隶属的那个特定流派的一个代表，他的任何有意识的制作食品行为都无意识的牢牢地深刻着成长的烙印，因为，与其艺术一样，烹饪艺术家是发生在他们的民族地区的，再现的是熟悉的生活情景，所以，他们也是民俗的一个部分。

世界饮食文化的 6 个基本类型实际上也是反映的 6 个基本风味流派现象,只不过已在现代社会形成了更多的融合,表现为最为显著的三个大的主要餐种流派,即刀叉型、筷箸型和手指型。取食方式与制餐方式互为因果,也是特定自然区域生态与文化生态共同作用的结果。三大餐种实际上并不受现代训练、国际和族际的限制而跨地域存在,都有其受众各族的文化渊源关系。各餐种流派虽然拥有众多民族特色,但在文化的大方向和总体形式方向都是相似的,具有多样性统一的特色。考察其内部特征,在地区风味上存在的差异性也属大同小异的范畴,人类社会的现代大餐种流派现象之所以形成,也许可用著名的人类学家弗朗兹·博厄斯的观点来说明:"人类的历史证明,一个社会集团,其文化的进步往往取决于它是否有机会吸取邻近社会集团的经验。一个社会集团所获得的种种发现,可以传给其他社会集团;彼此间的交流愈多样化,相互学习的机会也就愈多,大体上,文化最原始的部落也就是那些长期与世隔绝的部落,因而,它们不能从邻近部落所取得的文化成就中获得好处。"(《种族的纯洁》)

　　纵观人类饮食文明,实际上主要就是欧亚大陆的文明。各大餐种形成正是邻近地区饮食流派交融发展的结果。在期间手抓型的阿拉伯-印度界于西欧与东亚之间,因此其风格既对欧洲产生了重大影响,又对东亚有重大影响,同时本身也受到来自两边的影响,而欧洲与东亚则相对阻隔较大,因此风格便决然不同。至于美洲印第安人与澳大利亚土著人与黑非洲的霍氏人和俾格米人都与文明区存在着巨大的阻隔,因此,他们的生活仍处于 15 000—30 000 年前的食物采集阶段,这些都是 15—16 世纪欧洲人向海外探险时所遇见的各人类社会饮食生活场景极不相同的情形,然而在现代社会,欧亚大陆、南北美洲、澳大利亚、非洲及其他地区烹饪皆被归纳融汇到三大餐种的风味流派体系之中了。

(一)刀叉型制餐风味流派

　　刀叉型取食是 16—17 世纪西欧文艺复兴时期在古希腊、罗马与中东欧传统上综合发展起来的餐制形式,因其广泛存在于西半球故而统称之"西餐"。除了老欧洲外,还涵盖了所有老殖民地国家饮食类型。实际上,从历史的角度看,欧洲与西亚、北非的中近东地区饮食文化历史更像是在不同阶段由不同中心民族国家对邻近地区发生强大影响的历史,欧洲中心地带的许多民族国家在宗教的作用下,近代以前的历史是互为占有的,联姻的,殖民的。例如德国、奥地利与匈牙利,法国与英国,意大利与德国等,有时是一个政治的整体,有时又互为属国,关系复杂。北欧人、马扎尔人、撒拉逊人、日耳曼人与欧洲中心各国具有渊源关系,从北非、西亚到南欧、西欧、北欧,再到中东欧,在不同时代都有不同民族在中心舞台上扮演文化管理者的角色。先有泛埃及化,接着是希腊化,罗马共和制,再有伊斯兰扩张,拜占庭时代和查里曼帝国。蒙古人与突厥人也在一段时期里充当过重要角色,直到中世纪的结束,欧洲才形成近现代民族国家格局。每个时期的中心区文化不断地被来自东部、北部、南部的游牧民族（蛮族）所摧毁，接着是转型和重建走向海洋文化。殖民文化在农业文明、游牧文明与海洋文明之间架设了流通的桥梁。印度与中国大陆是两个与欧洲、中近东文化中心相隔较远的独立文化中心区，其间彼此又因喜马拉雅山脉的阻隔而交通困难，各中心区的中间地带民族，犹如在几大对比色块中的过渡色，兼具了多重特色但又是不均衡的发展，对更强势力具有倾斜性，例如亚欧接合区与南亚边缘地带等。因此，考察刀叉型饮食的西餐，实际上存在着四大风味流派区域，在风味上具有较为明显的差异性。亦即：南欧风味、西北欧风味与中东欧风味以及由南欧与西欧国家民族深层殖民文化演绎的美澳风味等。

1. 南欧风味流派

展开欧洲地图，我们可以看到整个欧洲面积 1 016 万平方千米，相当于中国面积这么大，在其间拥挤着众多民族和 44 个国家与地区，因此，许多国家的领土面积甚至还没有中国一个中等省大。欧洲是全球海拔最低的洲，平均海拔只有300 米，因此，欧洲大陆间的交通不存在重要的天然阻隔，海岸线特别长，岛屿与半岛也最为密集。南欧与北非、西亚处于同一个地中海气候区，饮食文明受到了邻近的古埃及文化的极大影响。在伊斯兰大扩张时又极大地受到了阿拉伯饮食的重大影响。实际上，南欧的饮食流派在欧亚大陆之间具有承上启下南北交融的特点。重要的国家就是希腊、意大利、西班牙和葡萄牙。希腊与意大利、西班牙与葡萄牙分别代表南欧的东西两个中心，陆地相连，在一个纬平度上，交通便捷，产物共享，除了希腊信奉东正教外，大多南欧国家都信奉天主教。南欧可谓是西餐文化的源头，一方面承继了来自古代埃及的文化；另一方面又深受伊斯兰文化的影响，前者以希腊与意大利为代表秉承了古典主义的希腊与罗马的悠久传统，又承上启下地对北欧地区的法兰西与英国产生了极大影响。后者以伊比利亚半岛上的西班牙与葡萄牙为典型，浓厚地具有阿拉伯饮食的风韵，因此，在隔着地中海的南欧饮食文化实际上存在着区别较为明显的风味流派，其差异性甚至超过了法意英德之间的对比。

在风味方面，希腊与意大利都较清淡，可以说，意大利传承的古罗马风格与希腊是一脉相承的，公元前 753 年自罗马城邦的建立，罗马美食曾风靡欧亚之间。罗马帝国时期精致豪华的筵席美食成为帝国的荣耀和象征。公元 395 年以后罗马帝国被四周蛮族入侵而渐趋衰亡，罗马奢华的烹调回归到简朴的形式。后又受宗教文化的影响，崇尚以健康、易吸收消化的主流，基本食材则以粮食、牛奶、干酪和新鲜蔬菜为主。中世纪末由于拜占庭帝国遭伊斯兰土耳其人的侵扰，大量的学者与艺术家纷纷躲避到亚平宁半岛，遂之开始了波澜壮阔的文艺复兴运动，引发了遍及全欧的新文艺浪潮。罗马故地烹饪艺术随之也涌现风味新流派，崇尚多样性，创造了许多新时代菜点。1861 年由若干分治城邦也统一为新的国家——意大利。尽管如此,现代意大利烹调仍未达到古典罗马的辉煌气势,仍然执着的奉行着一种简单和自然纯朴的风格,以至于难以具体的描述"意大利菜"的概念。意大利食品表现的大多具有地道的乡土气息的土产,并且在过去长期分治的历史中遗留下强烈的传统特色,被称为家庭"母亲的味道",吃起来令人感到亲切。意大利人喜欢慢条斯理的品尝美味直至半夜,秉承了古典罗马人的享乐传统。据统计,其饮食消费的平均值居欧洲前列或第一。依据各地风味的特征,通常意大利风味分为南部、中部、北部与西西里岛等四个流派。一般来说,意大利最著名的是面条和比萨。

意大利面食,一般是指由硬粒小麦面粉,辅以鸡蛋、番茄、菠菜等混合机制的宽面条、通心粉、细面条、饺子等食品。一般加火腿、腊肉、蛤蜊、肉末、奶酪、蘑菇、鲜笋、辣椒、洋葱、虾仁、青豆之类配料煮食。在形状上长的、颗粒的、中空的和空心花式的多种变化。尤其是通心粉的形态更为丰富。"面条"成为意大利美食的代表,早在19世纪,意大利面条已有200个式样,据意大利面条工业联合会统计,目前全球意大利面条年产量约1 000万吨,而意大利每人每年要吃掉28千克面条,其实已有资料表明,1150年时,西西里岛的巴勒莫港每天都有百艘满载意大利面条的船驶向世界各国,表明意大利面条是一种独立产生的食品形式,因此,有人认为,餐叉正是由于方便食用面条而产生的,从而餐叉又成为意大利饮食文化的一种骄傲。

比萨饼是意大利的又一特色,据说其产生与马可波罗的中国之旅不无关系。比萨饼是在饼坯上加奶酪、番茄酱汁、葱头和其他各式馅料烤制的意大利式馅饼,Picea一词最早出现在那不勒斯的地方方言中,17世纪最后得名。18—19世纪开始出名,1830年第一家比萨饼店开张,20世纪流行在美国,现代意大利有2 000家比萨店,那不勒斯地区就有1 200多家,1958年创办于美国堪萨斯州的必胜客是世界最著名的比萨连锁店,在90多个国家和地区拥有12 300多个分店,每天接待超过400万顾客,烤制170多万个比萨。可以说面条与比萨正是意大利风味流派的灵魂。在意大利的四个风味区里,所表现的特色主要是指北部的宽面条、千层面、意工和梭多饭与萨拉米香肠等;中部的托斯卡纳牛肉、柏高连奴干酪和烧羊排配白松露汁 Lamb cutlets white Truff ied sauce 等;南部的面食主要是硬面条,其中包括通心粉、意大利粉和车轮粉等,更喜用橄榄油烹调食物,善于使用香菜、香料。西西里岛是意大利小岛风味的代表,深受阿拉伯的影响,特产有盐渍干鱼子,总之,意大利风味在一定程度上代表了欧洲风味的古老传统,清淡而自然,就像中国东南沿海风味一样,崇尚食物的本味:少辣、小咸、淡味但是香草覆郁,奶香清甜。

与意大利乡间清新自然的风味相比,位于西南欧的伊比利亚半岛上的西班牙与葡萄牙却显得浓郁一些。尤其是西班牙具有独特地理环境,东南临地中海、西北朝向大西洋,东北与法兰西相连,西南邻靠着葡萄牙,属山脉环绕的闭塞性高原。由于天然地势关系,历史上令其内部长期的独立分离,有多个自治区及王国。伊比利亚半岛占据着地中海通向大西洋的海口要塞,具有海运之利,成为移民的天堂,长期的是军事掠夺者的目标和商贸的理想集散地。伊比利亚的现代居民是日耳曼民族的西哥特人后代,他们仍保留着大部分罗马烹调风格。但是又在8世纪以后,直到15世纪受到阿拉伯的摩尔人统治,引进了大量阿拉伯食物原料,在风味也深受影响,例如藏红花、茴香豆、红椒粉和番茄都是西班牙15世纪从新大陆引进并传给欧洲其他国家的。15世纪初,在亚拉贡与卡斯提尔两个强国基础上产生了统一的西班牙,并一举成为欧洲最强的国家之一。在费迪南之孙查理五世时代曾统治了近半欧洲大陆及美洲大陆的大部分,使得西班牙式西餐在墨西哥与秘鲁等国得到普及。1588年以后,随着西班牙舰队战败,国势衰弱,更引起英、法、奥等抢夺西班牙王位之争,最后由法国波旁家族继任。故而,16世纪以后又深受法国宫廷烹饪艺术的影响,致使风味变得多元化,形式也趋于奢华,日益地受到当今世界的注视。相对而言,西班牙的地方风味比意大利、希腊更为丰富复杂,并且相互间区别也较明显,例如安达鲁亚地区菜肴以清新和色彩丰富为主,多采用橄榄油、蒜头等新鲜蔬菜为基本材料,在技术上秉承了许多阿拉伯传统,善于用油炸的方法制作菜肴。巴斯克等地与法国南部山区接邻,菜肴多以海鲜与野味为主,而加利西亚等地很少采用蒜或橄榄油,而是主要使用猪油;卡斯提尔地区位于中部,以烤肉食为主,用柴炉慢烤羔羊与小猪,前者口味浓郁,后者外脆里嫩都是久负盛名之品。利维拉在西班牙东南部地区,风格与地中海菜相似,尤其爱吃大米,著名的是巴伦西亚海鲜肉饭。在巴伦西亚这个地方,每年都有户外海鲜饭竞赛活动,赛后,亲朋好友会围着一大锅饭尽情享用,总之,西班牙的风味特色是肉食多于海产,味较咸辣,以醇厚浓重为主,并且米饭重于面食,从而与希腊-意大利清淡风味形成较为鲜明的对比(表9-1和表9-2)。

表 9-1 西班牙、意大利风味比较(一)

	西 班 牙	意 大 利
主食	米饭	面食、比萨
香料特色	藏红花	月桂叶、罗勒、柯力根奴
	红椒粉	迷迭香、鼠尾草、莳萝、续随子
特色原料	西班牙血肠、干肉肠、沙丁鱼干、野猪火腿、辣香肠	鱼柳,意式生火腿、萨拉米香肠、宝仙妮菌、摩春盆拉肉肠、意式干酪、意式烟肉、白松露
特色调味酱汁	鸡上汤、鱼上汤、番茄汁(加辣)、黄汁、烩汁、蒜香酱、蛋黄酱	鸡、牛仔上汤,鱼上汤、番茄汁(不加辣)、青酱、白汁、肉酱

表 9 - 2　西班牙、意大利风味比较(二)

品名/配料		西　班　牙	意　大　利
鱼上汤		鱼骨、洋葱、大蒜片、西芹、香草、水、白胡椒、白酒	加大叶芫荽,其他相同
鸡上汤		鸡骨、橄榄油、洋葱、胡萝卜、西芹、香草、芫荽、白胡椒、水	加百里香,其他相同
番茄汁		橄榄油、洋葱、蒜茸、香叶、番茄酱、鲜番茄、鸡上汤、红椒粉、盐、糖、胡椒粉	加烟肉、罗勒、柯力根奴、无红椒粉,其他相同
黄汁	白汁	蒜茸、牛肉碎、胡萝卜碎、洋葱碎、番茄碎、猪油或橄榄油、面粉、番茄酱、鸡上汤、水、红酒、雪利酒、盐及胡椒粉	牛油、石面粉、牛奶、鸡上汤、盐、胡椒、肉豆蔻
烩汁	肉酱	橄榄油、洋葱、蒜茸、香叶、番茄酱、鲜番茄、鸡上汤、红甜椒碎、盐和胡椒粉	橄榄油、胡萝卜碎、西芹碎、香草、蒜茸、牛油、牛肉、番茄汁或罐装番茄汁或番茄酱油、盐、胡椒、糖
蒜茸酱	青酱	蒜茸、橄榄油、蛋黄、柠檬黄、盐、胡椒粉	松子仁、罗勒、蒜茸、橄榄油、帕尔玛干酪粉

2. 西欧风味流派

　　西欧风味有法、英、奥、瑞士等风味,实际上都与意大利风格一脉相承。如果说,西班牙代表的是一种海洋与山地风味的结合,意大利是海洋与农村风味的结合,那么,以法兰西、英国为代表的则是海洋与农牧结合在城市和王宫中的豪华风格。从一种意义上讲,法兰西是代表的近古时代西方海洋民族宫廷美食风格,英格兰是代表近现代城市化中产阶级的市肆风格。因此,真正意义上的古罗马奢华饮食在法兰西宫廷得到了更多的复兴。由于刀、叉、匙并用取食形式是在 16 世纪的法国宫廷中得到完善,因此,法餐又成为正宗西餐的代称。16 世纪后法国名厨辈出,法国厨师成为西方烹饪艺术家的代表,享有崇高声誉。在皇室的带动下,追求美食,享受美食的风气浸漫在整个法国社会,烹饪艺术及其艺术家受到了普遍的热爱和尊重。可以说,法国人美食的兴旺是近代资产阶级革命所带来重要成果,因为,皇室特权的丧失导致了垄断在王宫贵族阶层的大批"身怀绝技"的厨师走向了市场,就如中国唐宋时期一样,商业市场使烹饪艺术本身成为"商品",在竞争中快速的得到发展。与中国人不一样的是,法国人将烹饪视为高尚的艺术门类,并由衷地热爱着这一艺术,以至开展了世界上最早的烹饪艺术的社会媒体大众教育。据史载,19 世纪末,法国著名记者马修·迪斯特发行了名为 La Cuisinere Cordon Bleu 的周刊,它以收集菜谱的数量之多而著称。1896 年 1 月 14 日,刊物上的菜谱第一次在电炉上演示,标志着蓝带烹饪学校的诞生,一百多年后,这所厨师摇篮的学院已在世界上 12 个国家设立了分校("Cordon Bleu")——"篮带"则代表了西餐厨师的崇高荣誉和象征,因此,法兰西烹调代表了西餐的成熟和最高成就,也成为欧洲最为杰出的风味流派的代表,现代西餐各国无不受到它的极其重要的影响。

法国拥有得天独厚的优良地理条件,平原与丘陵占国土 80％面积,农牧业都很发达,其产量占西北欧洲第一,山地集中在东部和南部边境地带,北连英吉利海峡,南涉地中海,西临大西洋,是一个相对独立的地理单元。因此,法国内地各地区之间的风味总风格并没有过多区别,而对于物产却各有侧重性特点,形成较多的地方风味,主要有:北部及诺曼底特色是牧区风味,以大西洋海鲜和各式奶油奶酪、苹果白兰地酒最著名;南部沿地中海地区的普罗斯菜肴则是橄榄、海鲜、香料、番茄等驰名;阿尔萨斯地区盛产红、白葡萄酒,桃仁酒,世界著名的鹅肝等;布根第风味区域是美酒的主要产地,红、白葡萄酒、田螺、鸡及芥末酱十分有名。除了以地区风味划分外,现代法兰西烹饪艺术已超越了地区界限,大师艾斯奥菲将法国烹饪创作,风格区分为以下三个派系。

(1)古典法国菜派系:亦即称为高级烹调法或美食家烹调法,源于法国大革命前的宫廷派系,是法国经典所在,以巴黎为中心,讲究高雅精致和奢华的风格,像绘画、音乐一样精心制作,以尽善尽美的方式展现在美食家的面前,食材、食器、工艺和服务务必最好,精心搭配,鲜花装饰,有鲜花美食之称。例如:白牛奶酥、花色肉冻、酥皮点心、海鲜大盘、龙虾、鲜蚝、肉排等调味。讲究正宗法规,多以酒及面粉为汁酱基础,再经过浓缩而成,口感丰富浓郁,多以牛油或淇淋润饰调稠。

(2)家常法国菜派系:源自法国平民传统,讲究新鲜和操作的简便,基本反映的是一般家庭风味,在 1950—1970 年间最为流行。

(3)新派法国菜派系:自 20 世纪 70 年代兴起,由烹饪大师保罗布谷斯(Paul Bocuse)首先倡导,1973 年后极为流行,新派菜系在烹调上使用名贵材料,着重原汁原味、材料新鲜等特点,菜式多以瓷碟个别装盛,口味清淡,这是 20 世纪 90 年代后,人们注重健康,由 Michael Guerard 倡导的健康法国菜,采用简单直接的烹调方法,减少使用油;而汁酱多用原肉汁调制,以乳酪代替淇淋调稠。实质上,这是现代社会绿色主义的信仰对自然的回归。

法国烹饪作为欧洲最具代表性的风味流派,是立足在自己具有独特性调味与原料特色上的(表 9-3)。

表 9-3　一般法餐取料与调味特色

品　名	特　　　色
干　酪	由牛乳、羊乳或山羊乳制成,种类超过 360 多种,传承罗马时代,分硬、半硬和软干酪 3 类,可单独食用,也可伴食点心和作调料、馅料
法国香草	与南欧意大利基本相同,一般有百里香、法国葱、它力根、鼠尾草、月桂香叶、罗勒香草、柯力根奴、大叶芫荽、迷迭香、莳萝(又称小茴香)。上述香草广泛运用在各种烧烤菜肴、点心馅料和羹汤、汁酱之中

品 名	特 色
肝	源自古罗马时代,鹅是法国菜式中必备品,大致可分为三种类型,全肝、块肝和肝茸。法国肥鹅肝是用玉米填喂增肥至 3—4 倍,最重接近千克,在玉米饲料中还添入波尔多白葡萄酒,使肝更具风味性,被称为"贵族的食品"
拜奥尔生火腿	源自高卢人(罗马时期的游牧民族),经过盐腌(2 天)—烟熏(至熟)—涂油、醋—吊吹风干。一般切片食用,也可作为辅料
法国蜗牛	始于罗马时代,是葡萄叶上的产物,蜗牛喜吃葡萄汁,故而葡萄园中盛产,是法式菜的重要原料
黑松露	被称为黑钻石,为法国三宝之一,有独特香气,适合与任何食物搭配,新鲜黑松露可用刨子削成薄片,撒在菜肴上,也可用黑松露汁代替
芥末籽酱	以原粒的芥末籽为原料,味香带有少许醋酸,能减少肉类腻口感,同时也能提出肉鲜味,是法式风味的重要调料
鱼子酱	鱼子酱源于波斯语,意即鱼卵。最先由俄罗斯贵族馈赠给法国宫廷的礼品,现为法式料理不可缺少的食料,与法国香槟是天然绝配,鱼子酱在西餐各国皆很重视,只有鲟鱼产的卵才算得上是真正的鱼子酱,有"海珍珠"之称,适合于任何食材搭配使用
香草酒醋	法国饮食中食醋传统已久,与中国不同的是一般生产采用的是果醋,例如苹果醋和一般果醋,但与一般果醋不同的是,酒醋是由红葡萄制成,清澈透明微带金黄,法国喜在酒醋中加入红葱和香草,以增加风味,被常用在制作冷或热的汁酱,最适合与海鲜调配
云呢拿	由墨西哥传入法国的香豆型植物,是法国不可缺少的制作甜品、巧克力和糕饼的调香品,分为三类,即原豆荚条、粉状和香油
鱼胶片	是鱼的软骨,筋腱加热提炼的胶片或胶粉。加热水拌匀,冷却后便成啫喱状,用于制作冻盘、美酒啫喱和甜品糜糕等
淇淋	由牛奶提炼而成,主要成分是水、牛油、乳糖、盐等,有单淇淋(含牛油 10%—20%)和双淇淋(牛油 30%)之分,前者调配咖啡和汤,后者常用在汁酱制作中
法式少司	少司即西餐调味汁酱的总称,传承自古典罗马美食,以法式少司最具代表,少司通常是在牛奶、原汤和黄油的混合液体中加以稠化剂制成的调味汁酱,主要是浇拌和蘸食之用,有任人调配的味觉特征。是任人设计的,因此,其品种也是难以计数的。通常在少司里调味的是盐、胡椒、香料、柠檬汁、雪利酒和麦德拉酒,稠化剂通常是油面酱、黄油面粉糊、水粉芡、奶黄蛋奶油芡和面包渣等
基础少司	即少司调味前的基汁,法国基础少司代表了西餐基础风味,一般有五大基础少司,即:牛奶少司(由牛奶、白色油面酱及调味品构成);白色少司(由白色牛原汤或鸡汤、鱼汤加上白色或金黄色面酱及调味品构成);棕色少司(由棕色牛原汤加上浅棕色油面酱及调味品构成);番茄少司(由棕色牛原汤加番茄酱适量,棕色油面酱及调味品构成)。 从五大基础少司中可以通过不同调味品演化出无数伴基础和调味少司
上汤与油汁	法餐中所用上汤基本与意式相同,如鸡上汤、鱼上汤等,区别在于橄榄油与牛油之间,其他汤、油、汁方面有些颇有独特风味,如黄上汤、面捞、红酒汁、牛油汁、白汁和巴黎牛油等

品　名	特　色
黄上汤	（1升/8小时）牛骨800克、牛油4汤匙,蒜头30克,洋葱160克,胡萝卜160克,西芹160克,香味2片,百里香1棵,白胡叔5粒,水4升,炖好去浮油即可
面捞	（100克/15分钟）牛油110克,面粉100克,将牛油熔炼去水分,下入面粉和匀,小火煮约12分钟,不停地搅拌即成面捞
红酒汁	（1升/90分钟）牛油6汤匙,干葱4粒,白菌100克,番茄豪1汤匙,牛或猪肉茸100克,红葡萄酒200毫升,面粉3汤匙,黄上汤800克,水300毫升,盐和胡椒少许。下牛油将干葱炒香,加入白菌炒熟,再依次加入肉茸、番茄膏炒香。加入面粉拌匀,再加入红葡萄酒,不停地搅拌,防止起粒,直至酒被蒸发,加入黄上汤与水煮沸,改用小火煮约70分钟,加盐及胡椒调味即成
牛油汁	（400毫升/15分钟）干葱6粒,白酒200毫升,淇淋4汤匙,牛油300克,盐与胡椒少许。将牛油切成小粒冷冻。干葱切成薄片加白酒煮至浓1/3,加入淇淋煮沸,移小火加入牛油粒拌匀,待牛油粒溶末,加入盐、胡椒粉即可
白汁	（4人份/17分钟）牛油60克,洋葱碎20克,白面粉50克,牛奶300克,鸡上汤200克,盐1/2茶匙,胡椒粉少许,豆蔻粉少许。用牛油将洋葱炒香,加入白面粉煮沸,再加入牛奶、鸡上汤、豆蔻粉、盐、胡椒粉煮沸即可
巴黎牛油	（320克/15分钟）干葱碎10克,洋葱碎10克,蒜头碎10克,白酒4汤匙,芫荽碎2汤匙,牛油300克,蛋黄2只,柠檬1只,盐、胡椒粉少许。用少许牛油将干葱、洋葱、蒜头炒软,加入白酒,煮至干,冷却,在余下的油里加入蛋黄拌匀,再加入芫荽、柠檬汁和炒软的干葱等拌匀,加入盐、胡椒粉即成。用牛油纸将牛油卷起,置冰柜冷却6小时,切片使用
面包	面包是法国人的主食,然而面包也在法式烹饪中艺术化了,创造了各式风味的面包,超越了主食实用性质的意义,达到了"点心化"的境界。面包传承了古代动乱及希腊和罗马的历史风味,但在法式风味流派那里则发展到了极致。按法人的分类,面包一般有:古罗马史布鲁面包、风提面包、小餐包、香披纽面包、普利欧修面包、巧克力面包、杏仁片糖霜面包、皮多斯雷面包、可颂面包和长棍面包等
甜品类	甜品类是法餐的真正点心,著名的有巧克力冻糕、冻香橙梳手厘配酒香汁、果子酥盆配黄梅汁、暖苹果搭配雪葩、焗肉桂鸡蛋布甸、香橙班戟、栗子茸淇淋条、柠檬片、榛子芭菲配橘子酒香汁等类型

　　如上可见,法式风味流派以奶酪、牛油、鲜奶、香草、红白葡萄酒、油面酱、蛋黄酱、干葱、松仁、柠檬及其他水果,葡萄酒醋及其他果醋、芥末、番茄、胡萝卜、香芹、洋葱、白胡椒、巧克力、淇淋等构成基本味嗅特征,其与基础少司构成调味少司成为调味的主流。由于法式菜、点大多数调味方式是淋、拌、浇的补充调味方式,因此,各类少司的汤、汁、油、酱集中反映了法国调味的风格。实质上,这也是法餐在咸与甜主味的普遍基础上侧重所要表现的风味特色,少司的调味非常重要,因为少司是大多数法式菜点调味的灵魂。

　　现代一些配汁的法式菜肴:

酥皮焗三色鱼茸糕配红花淇淋汁；

香煎鲑鱼柳配淇淋姜汁；

扒大虾配百里香草汁；

鲑鱼、龙利鱼柳瓣配白酒汁；

酥香焗海鲈配甜蒜淇淋汁；

多宝鱼卷配摩利士菌淇淋汁；

扒牛柳配青胡椒粒汁；

煎鸭脯配橘松仁汁；

烧羊尾配鼠尾香草汁；

油浸乳鸽配芥末籽淇淋汁；

红烩鸡；

大蒜酿鸡脯配香槟酒汁；

烧酿猪排；

扒肉眼牛排配罗福干酪汁。

英国与法国隔英吉利海峡而相望，原是游牧民族的天堂。公元827年始称英格兰王国，在历史上曾受到古罗马烹饪文化的影响，但随着历史的推移亦已淡化。一般认为，1066年法国诺曼底人的移民给英国大不列颠群岛带去了文明的烹调方法，为英国游牧型饮食注入了新鲜活力，实际上16世纪世界最大范围的英国殖民扩张运动与18世纪的工业革命作用，才真正地使英国人民粗陋饮食的面目得以改变。工业革命与殖民经济加速着英国社会的城市化进程，使城市人口增长到占总人口的3/4，产生了庞大的城市中产阶层。在中产阶层培育下，英国烹饪艺术成为具有近现代国际影响力的西欧重要的风味流派，并对美澳烹饪产生了深远的作用。剖析英国风味流派的本质，实际上是一种三合一的近现代产物，改变其传统游牧饮食风格的是：首先是来自法兰西的技术影响，然后是对世界各地廉价优质的食材输入；最后是本土口味习惯传统的演进，这一切在18—19世纪里，英国烹饪的风味流派得到重大发展，根据1863年爱德华·史密斯对英国食品进行全国性调查的结果，认为：土豆、面包、黄油和茶是主食的主要部分，而传统的燕麦片加牛奶以及下层民众的黑面包加咸肉的模式已渐消亡，被更多的食品所代替，燕麦也被更多的廉价而优质的粮食品种所取代；工业化生产食品如脱水食品、罐头食品、冷冻食品、罐装炼乳和奶粉也开始进入人们的餐桌，尤其是在中产阶级的休闲生活中发育出具有成套食品的"早餐"——英国早餐形式，正如法式正筵、意大利乡间风味、西班牙山村美食一样，英国式早餐正成为现代西餐风味的一个重要的普遍模式。

英国式早餐以其鲜嫩、干净、漂亮而受到西方各国人民的喜爱，主要由煎鸡蛋、黄油、面包、水果、肉食、甜点、粥、茶等构成，一般有8个品种，每天都可调换或增加

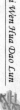

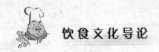

不同品种,但是,类型不能轻易改变。英国早餐的重要性,在英国是超过其他餐别的,有时比正餐更隆重。表现的是中产阶级都市生活的家庭幽雅时尚和休闲风情。英式烹调比意大利更为简便,崇尚清淡,重视"原汁原味"的古老口味传统。受阿拉伯及远东烹调影响较小,代表了纯正的西欧"土著民"的风味特性,植根于"家庭特色",将田园与都市结合在乡土饮食情结之中,具有怀旧感。许多方法似乎与中国的烹调不谋而合,例如:对猪、牛、羊的各部位原料采用不同的熟制方法,使"原汁原味"达到最佳境界。另外,在调味中,较少地使用不同的酒和香料香草,这一点也与中国烹调具有共识之处。保持着那份难得的"本真"之味。正是由于口味的清淡,因此,英国人饮食习惯是把各种调味品放在餐桌上,如盐、胡椒粉、芥末酱、辣酱油、番茄沙司和沙拉油,以便进餐者的随机补充和自调。这个形式也在不同国家西餐桌前得到广泛的应用。

英国最著名的菜点就是烤牛、羊肉和布丁。与意大利和法国一样,对畜肉的成熟度有 3—4 成熟(rarc)、5—6 成熟(medium)、7—8 成熟(well-done),关键的是英式烤肉特别注重对烤肉原汁的加红汤料的收浓提稠,被称为"肉卤",具有重要的烤肉调味"少司"性质,最佳地保持了烤肉的原汁原味。英式烤肉还注重烤肉配菜,如约克郡布丁、辣根、烤土豆、欧洲防风根等,这种烤肉形式已成为现代西餐烤(roasting)法的一种范式,"布丁",如英式白色布丁(Blanc Mange English Style),最初是将多种原料混合填入动物的胃或胴体之中,放入水中煮熟的咸味食物,现代,凡属几种原料混合在一起制熟的都叫布丁,并且由咸味转移到甜品方面,成为西点的一个门类。布丁一般需用具有凝结性的原料上模固型,因此,奶油、黄油、淀粉、面粉、鸡蛋、食用胶、凝乳、巧克力等为凝结材料,制熟上模有的还需冷冻。布丁的品种很多,一般有面包黄油布丁、巧克力布丁、牛奶布丁、冻胶布丁等。

3. 中、东欧风味流派

中、东欧风味的代表,主要是德、奥、匈、俄等烹饪。在历史上,长期隐藏着强大而剽悍的游牧民族,曾在不同的历史时期中,不同的游牧民族一波接着一波地汹涌地向西、南欧移动,尤其是 10 世纪之前,西方受到连续的蛮族入侵,以至于现代整个欧洲大多是牧马人的后代。中、东欧渐近东亚,在历史的长河中,一方面深刻地受到东方农业文明的影响;另一方面又受到西方海洋文化的影响,在食物结构上形成为农牧结合的特点。16—17 世纪以后则强烈地受到了来自西方意、法、英等国文艺复兴与工业革命的先进文化影响,使之整个社会结构、思想文化包括生活样式都发生了变化,向西方主流社会倾斜。据有关资料反映,18 世纪前,谷类的"粥"和"煮菜"还是德国国民的基本食品,而在 18 世纪之后,土豆和面包开始逐渐成为人们的主食。

德国作为中欧的中心,现代的经济实力已居全欧前列。上流社会流行法式烹调,而在地方家庭中,仍坚持着近似东方的口味习惯,并且日益培育成德餐的特有风格。德国人最重视的是午餐。与法餐所重视牛肉的不同点是,德国人更重视猪肉,用猪肉制作的"花式香肠"据说全国有 1 500 多种,猪肉火腿也有许多品种,分腌制、煮制、醮制三大类,是西餐世界最为庞大也最为著名的火腿宗族,大多是制成品,可以直接食用。德国人口味尚酸咸或酸甜,用醋加工成的"酸"菜是其一大特色,用酸菜配制肉、鱼、禽类为最普通菜式,特长于将多种原料混合在一起烹制成"杂烩什锦"式食品,称之"沙律",特别是苹果与猪肉同煮、用啤酒调味、用酸黄瓜炖牛肉等菜式方面具有较强的独特性,德国菜也较之西、南欧使用辣椒为多,一般来说,德国菜的色味较重,分量也足。其加热熟制方法也较为简单,以煮、炖、烩、烤、煎为主,喜欢"沙锅菜"。自从德国统一以后,德国饮食风味的地区性特色也较为明显的表现。如:北部地区属波罗的海沿岸风味,有浓厚的斯堪的纳维半岛的风格;中部山河资源丰富,乡土味足;南部则受到亚得里亚海地区风味的影响而显得清淡。总之,德国风味具有西方与东方融合的一种特征,除了生吃蔬菜之外,肉食的成熟度比之法、意有很多的提高。有人认为,德国菜没有法国的细腻,没有英国的清淡,没有阿拉伯的浓郁,也没有中餐的丰富,是一种多方融合产生的一种风味形式,兼及各方的特点是不无道理的(表 9 - 4)。

表 9 - 4　德国风味食料及其成品

各种香肠	主要以猪肉,也有用牛肉和牛仔肉制成的各种香肠,约 1 500 多种,各地以其独特配置形成各自的特色,分新鲜与熟透两类,较著名的有：Bierwurst(开心果和火腿块制成的冻肠);Bockwurst(牛仔肉混合香草烟、熏牛仔肠);Frankfurer(瘦猪肉与混合香草烟熏肥肉制成的法兰克福肠);Wienerwurst(猪与牛肉、蒜头制成的维也纳肠);Weisswrust(牛仔肉、猪肉、淇淋和鸡蛋制成的白牛仔肠)。另外,纽伦堡的手指烧肠、柏林的特色咖喱肠、法兰哥尼亚的风干农夫肉肠和辣肉肠、莎乐美肠等都是较为特出的。传统的德国香肠用芥末佐味,用面包和酸菜伴食
香料	葛缕籽：外表像芹菜籽,但味道不同,常用于德国传统菜,如酸甘蓝和麦包等。杜松子：深蓝色的杜松子长于德国森林地带,初尝略苦,转而甘甜,代替香草腌肉,腌蔬菜或用作酿酒
腌青瓜	用白醋和盐腌渍的新鲜小青瓜,也可用糖醋腌渍,可以配合多种食物。德国人多较喜欢盐渍青瓜,主要与冻肉、香肠和沙律搭配
腌渍杂菜	腌渍杂蔬菜的方法与酸腌青瓜同,多用作香肠、肉类及野味菜的搭配,也是德、奥的著名特产
东厘茄	盛产于夏季的水果,在中国俗称为"樱桃",近似于中国的樱桃。味酸甜,可鲜食也可制罐,将其浸成果子酒用于饮用或烹调,著名的黑森林蛋糕即用此酒,也可做果子糖浆或果子酱,是甜点的佐味"少司"
红加仑子	夏天的水果,可鲜吃,也可能制酱,与烤羊肉、烤家禽伴食,是夏日沙律的主要装饰,还可制成果酒饮用。 啤酒是德国发展的最为成熟的酒类,将啤酒用于烹调具有独特的圆润丰满的风韵,在德国,啤被称为"液体面包",具有一定的主食饮料性

Yin Shi Wen Hua Dao Lun

	慕尼黑啤酒节是世界上最大的啤酒节,每年9—10月为期16天,消耗700多万加仑啤酒和数以万计的香肠与面包。德国啤酒的清啤、黄啤和黑啤,从8世纪起,德国人为啤酒生产确定了新工艺,并成为欧洲各国的样板,也确定了酒花啤酒作为国家第一名酒的地位
甘蓝	在中国叫卷心菜或包菜。有半卷心、白卷心、绿卷心和红卷心四类,在德国菜谱里,如果没有甘蓝就不能叫正宗的德国餐。有人认为,肉食、土豆、啤酒和甘蓝是德国风味的灵魂,甘蓝可冷食,可作腌制的沙律,热食可以酿,可以烩,如淇淋甘蓝、香槟甘蓝等
马铃薯	即土豆,在德餐中必不可少,冷食可作沙律,热食可以煎、炒、焗、煮、蒸、炸、烩和烤等等,品种丰富,风味多样
茅屋软干酪	茅屋软干酪广泛运用在德国菜谱之中,其产量占德国干酪产量的半数。质地软滑,带幽雅的乳酪香味

　　总的来讲,奥地利、匈牙利以及保加利亚和波兰等国的风味与德国南部大致相同,在咸、甜食味基础上,都喜欢啤酒、酸牛奶、酸菜和辣椒的食味。北欧的瑞典、丹麦和芬兰等国则更接近于德国的北部风味,由于天气寒冷的原因,在咸味、辣味方面更为浓厚一些,至于黄油、柠檬、肉排、葡萄酒味、巧克力、甜食和果味方面,则为通例。

　　处于东欧与亚洲接壤地带的俄罗斯却除了在刀叉使用方面和食盘形式方面与主流西餐相同外,在口味风格方面却处处有自己的特点,使俄式大菜相对独立于西餐的序列。俄罗斯拥有广阔的国土资源,横跨欧亚大陆,地处亚洲北部与欧洲东北部,气候寒冷,居民大多信奉东正教,亚洲部分多信奉伊斯兰教,因此,饮食结构是以游牧与农业结合的半牧半农形态。在19世纪以前比之欧洲主流社会国家还是一个贫穷落后的农奴制国家,影响广布包括东欧与中、北欧地区。据饮食史专家波赫廖布金将传统的俄罗斯分为四个发展阶段,即:古罗斯时期、莫斯科国时期、彼得大帝—叶卡捷琳娜时期和泛俄罗斯时期。在每个时期都有其独特的意义。

　　古罗斯与莫斯科国时期:俄罗斯文化渊源于拜占庭时期,当拜占庭文化在欧洲大陆终结时,生活在拜占庭北部的北欧人中的斯拉夫人的一部分东移至今天的乌克兰和俄罗斯,史称东斯拉夫人。他们原起源于俄罗斯与波兰的多沼泽边境地带,以巨大的弧形向四周平原扩散,成为在君士坦丁堡势力范围下的,颇为强大的游牧民族。在拜占庭时期结束的前后,向西迁移的成为今天捷克、斯洛伐克和波兰人,史称西斯拉夫人。他们受到西方影响信仰天主教,使用拉丁文。那些渡过多淄河移居巴尔干半岛的斯拉夫人,就是今天的斯洛文尼亚人、克罗地亚人塞尔维亚人和保加利亚人,史称南斯拉夫人。其中塞族和保加利亚人与东斯拉夫人邻近均受拜占庭影响,包括现在的大俄罗斯人、小俄罗斯人、乌克兰人和白俄罗斯人。东斯拉夫人在古罗斯时期从事原始的刀耕火种的农业,人口由分散的家宅和小村落逐渐向第聂任河沿岸集聚形成基辅和伊尔门湖畔的诺夫哥罗德为中心的贸易中心，为第一个俄罗斯国家提供了基础。862 年北欧人首领留里克成为诺夫哥罗德的第一任王公，不久以后，他的继任者们将行政中心南移至基辅，由此成立了第一个俄罗斯国家，创造了最早的俄罗斯文化，基辅成为沿漫长的第聂伯河航线的俄罗斯各公国自由联盟的行政中心，这就是所谓的古罗斯时期。

在古罗斯时期，俄罗斯发展了自己特有的饮食文化，奠定了简单的风味基础，例如，9 世纪运用燕麦面粉发酵烘烤出大名鼎鼎的"俄罗斯黑面包"。880—890 年间酿制出与葡萄酒相类似的"俄罗斯蜜酒"。921 年，桦汁酒出现，人们开始在蜂蜜中加入啤酒花，1284 年，俄罗斯拥有了自己的啤酒。由于俄式酒的产生，俄罗斯人的历史产生了一个重大事件，即对宗教信仰的重新选择。据 11 世纪末到 12 世纪基辅僧侣编纂的编年史记载，早期的俄罗斯人崇拜的是斯拉夫传统的自然宗教，就如史前的多神教形式，崇拜各种自然力量，如风神斯特是伯格，雷电之神佩雷恩、热光之神达什伯格等。基辅大公弗拉基米尔认为，斯拉夫的原始崇拜已与诸文明中心贸易不相适应，从而必需借用其某些主要文化，尤其是拜占庭的基督教。于是弗拉基米尔拒绝了天主教、犹太教和伊斯兰教，认为它们因禁酒戒肉或不够强大而不适应本国国情，认为"喝酒是俄罗斯人的乐趣，没有这种乐趣，我们就无法生存"（斯诺夫里阿：《全球通史》）。因此，费拉基米尔选中了希腊的东正教，希腊式的宗教文化与饮食风俗最早的影响到俄罗斯风味流派的进程。

然而在 1237 年，由于东南游牧民族的进攻，使灾难降临到早期俄罗斯国家头上，蒙古人像席卷欧亚大陆大部分地区那样，横扫了整个俄罗斯领土，阻断了他们对西方世界的联系，除诺夫哥罗德因地处遥远的北方而幸免于难，基辅和其他城市均被夷为平地。俄罗斯又受到来自远东中国文化的影响，茶叶被带到了俄罗斯，伊斯兰文化也传达到俄罗斯，给俄罗斯留下了深刻的印记。直到两个世纪之后，俄罗斯人才逐渐地恢复了元气和实力，发展起一个新的民族中心——莫斯科大公国，并由此开始了莫斯科国时代，莫斯科国实际上是俄罗斯国家扩展壮大时期。在伊凡三世时期（1462—1505），蒙古人退出了对俄罗斯的统治，俄罗斯成为拥有巨大领土面积的真正的独立国家，重新接受来自世界西方的亲密影响，奠定着俄罗斯文化向西方主流文化融进的基础。由于希腊受到了伊斯兰世界的统治，东正教世界的中心转移到了莫斯科，使莫斯科公国产生了广泛的国际影响，被世界史称为第三罗马，认为是拜占庭在俄罗斯的某种延续。1547 年，伊凡雷帝的著名大臣西尔韦斯特尔曾编撰了《家庭生活》一书，收录了当时全国各种菜肴与饮料制作方法，展示了当时民众的饮食习惯：面包、面粉和稻米是最为普遍的主食。

彼得大帝—叶卡捷琳娜时期：该时期是 18 世纪和 19 世纪时期，在西方文艺复兴与工业革命强劲浪潮推动下，俄罗斯加强了与西方强国法、德、意的联系，同时，也使自己在工业革命的运动中跻身到欧洲强国之列，法、意烹饪极大地冲击了传统的饮食社会,尤其是彼得大帝于 1717 年在法国对法兰西美食的亲见口尝下感到极大的震动,于是将法国大师带回宫廷,力主普及法式烹饪,法国大餐流行于上层社会。据史载:16 世纪,意大利人将香肠、通心粉和各式面点带入俄罗斯;17 世纪德国人将德式香肠和水果带入俄罗斯;18 世纪初,法国人则将少司、奶油汤和法国面点形式带入俄罗斯。由于俄国的物产与气候条件,俄罗斯烹饪在风味方面仍传承着自己的传统习惯,他们的口味习惯酸、甜、咸、辣的浓厚复合,菜中用油量大,酸奶油、奶渣、柠檬、辣椒、酸黄瓜、葱头、黄油、小茴香和香叶是最常用的调味品,风格较之德国更为浓厚,在原料的配置上,近似于德国沙律式,多种混合的配料在"汤"、"粥"和"馅饼"中也能充分体现。例如,乡村居民日常食用的叫"卡夏"的粥,就是用面条、大麦、小麦、燕麦和稗子等食材混合煮成的。荞麦粥里也有鸡蛋、葱头、蘑菇、鸡肉或畜肉;馅饼和包子的馅心也多是一种"杂色馅"。在饮食结构上,既有西方的特点又有东方大陆农业的特点。这些都溶注到传统游牧饮食之中。我们可以通过一些食品看到这一现象(表 9-5)。

表 9-5 俄罗斯风味食品

俄罗斯红菜汤	红菜头、葱头、胡萝卜丝加盐、醋、糖、牛油、香叶、胡椒粒、干辣椒焖,七成熟,加番茄酱焖呈红色,加西红柿块、大蒜末和牛肉片盛碗再加奶油与小茴香末
俄罗斯酸汤	猪、牛胸脯肉熬汤,加酸白菜碎,炸洋葱片,少许胡萝卜丝,香菜,数粒胡椒,桂叶熬至烂熟,再加适量面粉搅匀,煮沸后改用小火加热 2 小时盛碗再配上酸奶油,用荞麦面点佐食
波罗金诺黑面包	加入香草籽的黑面包,传说是抗法战争中由莫斯科以西波西金诺的修女们所创,香软可食,是俄罗斯的主体面包
俄式蛋黄酱	重要的调味品之一,由蛋黄、糖、芥末、葵花籽油、柠檬汁或醋混合制成,用于对色拉菜肴的调味
俄式鱼子酱	传统的是伏尔加河鲟鱼子酱,粒大透明,是鱼子酱中上品。鱼子酱是名贵高档筵席菜肴中的上品,被引进到西方宫廷,成为上层贵族们的珍爱,可以直接腌渍冷食,也是其他高档菜式的搭档
伏特加酒	用麦子、玉米或薯类发酵蒸馏的中、烈性白酒,高度纯净,无任何香味,是俄罗斯的骄傲。
其他著名品种	俄罗斯的民族饮食文化成分复杂,地区性民族性区别明显。俄罗斯的肉食几乎是熟透的,而蔬菜却要吃生的,各地风格各异,如:莫斯科菜汤、油煎薄饼、基辅的红甜菜汤、馅饼;明斯克的土豆面疙瘩、油煎猪排;托波尔斯克的饺子;撒马尔罕的羊肉饭;诺里斯克的北方鹿舌焖肉等
俄式早餐	俄罗斯人习惯于大陆式的清淡早餐,饮红茶、喝汤时伴以黑面包,喜欢食用黄瓜与西红柿制作的沙拉、鱼类菜肴和油酥点心,冷食以生菜为主,例如生腌鱼、新鲜蔬菜和酸黄瓜等

（二）手抓型餐制风味流派

从现代文化地理分布来看，手抓型饮食大致包括印度和泛伊斯兰饮食世界。这是一种最为古老的饮食仪式，也是人与食物关系的本原形态，尽管有些穆斯林取食也有使用刀叉或筷子的，但只是一些个案，以阿拉伯世界为中心的伊斯兰文化与南亚印度次大陆宗教文化构成了印度洋地区文化的共同体，手抓型饮食的表现形态则是其一部分，其中各风味流派之间具有悠久的相互渗透渊源关系，在历史变迁的演进中，他们的手指变得极其灵活，其技巧性比之刀叉和筷箸毫不逊色。美国名厨安东尼伯尔顿在其小说《厨师之旅》中描写了一段摩洛哥人的风味和饮食形式：

"一大堆各种各样的色拉被侍者摆成一圈，有土豆、色拉、腌胡萝卜、甜菜、多种橄榄、羊角豆泥、番茄、洋葱头。这里的人吃饭不用刀叉等工具，而是用右手抓来吃。伊斯兰教里没有左撇子，你在餐桌上不能用左手，你在问候某人时不能伸左手，你不能伸左手去够东西。你不能也不会用左手下从家中盛食物的大浅盘里抓东西吃。为此，我真的很烦恼。人们会想，用手指——而且只有一只手学着去抓滚烫的、常常是稀糊糊的食物吃，这可怎么弄啊！

"显然这需要多实践，我只好学习使用右手下的两个——只有两个指头，外加大拇指来夹食物吃，用一层折叠的面包保护手指不被烫着。幸亏我不久就注意到，在这里头也可以作许多弊，阿卜杜尔和谢里夫却用左手下弯曲的手指或指关节的迅速动作把难对付的食物推给右手去处理……

"我终于学会用手指熟练地夹东西吃了，而且学得很及时，因为下一道菜就是一炖锅滚烫的羊肉烩葱头蘸青豆酱汁。那味道真吓人：辛辣、厚重浓烈，锅内有一大块一大块的羊肩头肉，炖得烂熟到脱骨的程度，浸泡在'滋滋'响的浓汤里。我尽量避免烫伤我的手指尖，小心翼翼地吃了很多……"

以上可以看到，摩洛哥的手抓型现象风味浓重、辛辣肥厚，充满了游牧民族风情。它只是一个小国，只是阿拉伯世界的一个微小缩影，然而却充分地反映了伊斯兰地区饮食风味的普遍风格。在公元500—1500年的近1000年间，以阿拉伯为中心的伊斯兰教文化扩张到整个印度洋地区和地中海沿岸以及亚欧大陆的突厥人与蒙古人地区。沙漠之舟——骆驼在阿拉伯、北非、波斯、印度次大陆以及中亚地区像链条一样，将它们紧紧地联系在一起，在漫长的1000年中，它们文化共享、经济相连、军事相依、坚持手抓并以此作为对异教区别的一种象征。伊斯兰教本身就具备了多种生活法则的要素性质，使得坚持手抓饮食本身就成了宗教的一种仪式，进而稳固的存在下去。纵观伊斯兰地区多为沙漠、高原地带，狩猎采集型文化依然浓厚，因为众多产自于南亚、北非的香料、香草本身就是采取的成果。只有印度的南部地区不属穆斯林，但受其周围邻近文化的影响，也保持着纯正的手抓形式，在内容上却保持着古老的农业食物结构而没有被游牧化。从客观上看，穆斯林民族长于陆地式联盟，其航海远不如地中海西、北面的欧洲民族，直到19世纪沿印度洋的

Yin Shi Wen Hua Dao Lun

大门仍是紧锁着的,欧洲的炮舰打开了他们的海岸大门,从而广泛地受到西方列强的殖民文化影响达2个世纪之久。因此,他们不属于海洋文化也不具有海洋型饮食的特性,他们是属于陆地的牧农混合型风格,以牧为主,以农为辅,这与中餐正好相对,其食品系列也具有与西餐相近的特点,正好是处于刀叉与筷箸饮食形态的中间状态。在整个中世纪时期,穆斯林饮食对西欧饮食造成的客观影响远比对中餐的作用大,从更高的起点上,手抓型饮食与刀叉型饮食正是经过上古、古典、中古不同时期,相辅相成发展起来的两个饮食文化体系。前者演化为部落家庭的宗教信仰仪式;后者演化为城市宫廷生活的礼仪。其饮食渊源关系的复杂性与亚欧人种渊源关系的复杂性一样令人迷茫。一般将其具有明显差异特征的风味流派分为南亚与西亚。由于自然地理条件的局限,阿拉伯半岛、北非和中亚地区具有过多的沙漠、草原和干旱地带,从而没有形成独特风味派系的充足的物质支撑。而西亚的土耳其与南亚的印度地区则具有得天独厚的自然与人文条件,从而成为手抓饮食风味流派的两座高峰,客观地讲,就物产与人文条件方面,他们与刀叉型饮食世界具有同样丰厚的支撑。

1. 西亚与北非风味流派

西亚与北非地区是伊斯兰世界的核心区域,由于地理气候、物产、文化、信仰、风俗等原因而在风味流派方面大致相同,既保持了民族性的部落饮食特征,又受到了近世西餐的重要影响,该区域风味流派的最佳代表,通常认为是土耳其烹饪。土耳其位于小亚细亚半岛,北邻欧洲,东靠里海,西依地中海,南连阿拉伯,地跨亚欧两洲,是东方通向西方的陆上桥梁。原为奥斯曼帝国的主体,土耳其人士都是古代强大的游牧民族——突厥人的后代,而突厥人与中国人又有着渊源的文化关系,因此,有人认为,在烹饪艺术风格上,传统的部落文明与农业文明和地中海的海洋文明在这里形成了一个结合点,在某种意义上讲土耳其烹饪是远东与地中海烹饪的过渡形式。

值得注意的历史事件是,公元1000年到1500年的500年中,突厥人与蒙古人从广阔的中亚原居住地向四周扩张,这些游牧民族几乎占领了除遥远的边缘地日本、东南亚、南印度和西欧外的整个欧亚大陆,突厥人是操同一语系语言的,由不同种族构成的集团。公元6世纪中叶曾统治了从蒙古到阿姆河的广大平原地区。他们受到阿拉伯高级物质文明的诱惑,在文化上首先皈依了伊斯兰教教义,成为非阿拉伯民族的强大的穆斯林力量,赋予伊斯兰教以新的活力,其势力击败了拜占庭和印度斯坦。一度疆土扩张的印度北部现代的土耳其人,是11—12世纪打败拜占庭军队,进入小亚细亚西部的奥斯曼土耳其人,他们是突厥民族的一部分,叫塞尔柱人,20世纪前统治了整个中东地区。土耳其人对中东地区的数百年统治无疑极大地影响了饮食生活的趋同性,近世西方文艺复兴以后的扩张对土耳其风味的影响又显而易见。实际上,土耳其烹饪风味流派是一种双向影响的产物,具有突厥传统与阿拉伯式和法意烹饪杂糅的特征,这个情况从其菜点名称上可见一斑,例如"大马士革甜点"、"鞑靼饼"、"切尔卡西亚鸡"、"叙利亚羊肉串"、"阿尔巴利亚肝"等,在主体风味上受意大利希腊影响，没有了中世纪前阿拉伯烹调的浓烈而趋于清淡化，讲究菜肴原料的原汁原味，这主要是苏丹宫廷模仿西餐地中海风味影响的结果，并以此形成为传统，又对中东的阿拉伯半岛产生了重要影响。然而突厥古老的朴素风格依然是土耳其风味的重要传统而特别注重"烤"菜，烤的方法比较特别，有"转烤"、"复烤"和"串烤"之别。与意大利烹饪相比较，土耳其除盐、醋、柠檬、黄油、奶酪、香料、橄榄油、番茄相似之外，最有区别的是对酸奶的调味应用，酸奶除了在烤、炸、煎、煮等菜肴中具有腌、拌等调味作用，还有沙司型调味汁酱的意义。烤牛、羊肉，奶酪，酸菜，甜茶，沙拉，炒饭和饼以及咖啡和葡萄酒、克拉酒等是土耳其最为普遍的饮食，蔬菜中土豆、茄子、西红柿也习惯用来烤食，尤其是茄子在蔬菜中具有特殊地位，其制作达 40 余个品种，是土耳其蔬菜的一大特色。土耳其人遵奉伊斯兰教义所规定的食物禁忌，例如猪、狗、无鳞鱼和甲壳类等。鸡在土耳其有着特殊的地位，因为养得少，故而较珍贵，是用来招待贵客的礼物，通常是将鸡腹中填以牛羊肉末和大米等辅料，再经烤或煮炖制熟。

在东非、北非的穆斯林地区，由于西方殖民文化的影响，在上层流行法意式烹饪而在乡村地区则仍然保留着一部分早期阿拉伯式传统，喜欢咸辣浓烈的烧煮食物。在主食品方面，面包通常是早餐之品，而米饭则是中、晚的主食，并且花式较多，有著名的饭式秋葵饭、茄汁饭、红花饭、肉桂杏仁饭等，饭中由牛羊肉、蔬菜、果仁等构成，制作时，先炒香再加水煮沸，接着焖或烤熟，这就是闻名世界的传统手抓饭。埃及、摩洛哥和阿尔及利亚，是该地区最为重要的组成，其风味大致与土耳其相同，但又有一些小的区别，例如埃及受西餐影响更深，刀叉与手抓平分秋色，吃饭时用肥鹅、肉汤加香草、炸蒜与香芹末制成的"埃里·玛洛克歇"汤佐食，市场上除了大饼和"手抓饭"外，更多的食品都较为西化。摩洛哥更多地保留了一些阿拉伯式的穆斯林饮食传统，喜欢用小麦粉加清水、橄榄油、肉汤、牛羊网和蔬菜做成的家乡风味"古斯"食品和干香鲜美的烤全羊、全鱼或全虾，咸腌的蔬菜、鱼、橄榄以及薄荷甜味绿茶都是有异于西餐的特色。阿尔及利亚人则较少肉食，崇尚运用咖喱调味，表现的是一种来至印度的饮食方式影响。总的来说，以土耳其为代表的中东风味流派除了在原料上侧重于羊、驼和米饭外，还在成熟上禁忌带有血渍的半熟，在饮食行为上遵奉伊斯兰教义，在菜肴形式上便于手抓取食，而要求汤汁较少等，可以说中东及北非的风味流派在其加工的基本方法和食品风味上与西餐还是较为接近的，因为，它们具有共同的源流又长期相互影响，在不同生态环境中又演进分化的结果。它们共同拥有沙司、沙拉、烤肉、生鲜蔬菜、奶酪、咖啡、面包、酸菜、饼食等。他们的不同除了区位物产因素外，宗教文化的影响也起到了决定性作用。法国的高卢人后裔依然部分保持了渔猎和游牧民族的"吃血"习惯，从而半生或生吃肉。突厥人和阿拉伯人则在伊斯兰教义下改变了这一习惯，走向了彻底的熟肉主义，并且以各式羊肉制品为其最大特色，而牛、鸡、水产则不足为奇。

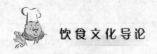

2. 印度及南亚风味流派

如前所述(第二章：南亚次大陆农业型饮食文化)公元前 1500 年雅利安人的入侵，毁灭了古代印度河、恒河流域伟大的农业文明，然而经过 2000 多年的演进，雅利安人又创造了印度古典时期辉煌的农业文化，从游牧民族转变成具有深度发展水平的农业民族而印度化了。印度成为完全不同于欧洲和中东的世界，在饮食、居住、服装和职业方面存在着广泛而又根本的区别。印度次大陆变化的最大成果就是成为一个以种姓、杀戒、再生和因果报应为主宰的农业宗教的社会，也形成了一切以农业种植为基础的"素食主义"风味流派。这是雅利安人与印度具有先进文化的土著农民长期文化融合同化结果，以至直到今天仍具有将之与其他一切亚欧文明相区别的重大特征，然而到了公元 5 世纪前后，随着伊斯兰帝国的扩张，穆斯林势力日益侵入到印度的北方，公元 7—8 世纪，在星月旗的指引下，伊斯兰教征服了从比利牛斯山脉到信德，从摩洛哥到中亚的所有地区，一直到中国的西南边境。印度古典时代传统的宗教农业文化受到严重的冲击，从此印度次大陆北部包括巴基斯坦和伊朗等广大地区，尽管传统民族来源不一，但在伊斯兰教强力的纽带下，将之联系在一起而阿拉伯穆斯林化了。无论饮食、服饰、语言、居住、行政等都带有明显的伊斯兰教特征，与阿拉伯毁灭了北非埃及的罗马古典文明一样，也毁灭了次大陆北部地区雅利安的古典印度文明。第二次冲击是来自伊斯兰世界复兴的突厥人。公元 10—15 世纪正当突厥人的塞尔柱人向小亚细亚挺进时，另一部分突厥人也向东部的印度进军，他们以阿富汗为基地每年都向印度地区进攻，并使旁遮普成为地道的穆斯林地区。1192 年占领了德里建立了印度突厥苏丹王国。他们捣毁寺院，屠杀僧众，以致佛教在其发源地从此再也没有得到恢复，印度从此形成北方与南方两个宗教信仰区，以至形成饮食南北风味的两个分野，亦即北方是伊斯兰式饮食为主，南方是传统的佛教与耆那教的"茹素"为主。18—19 世纪，以英国为代表的基督教世界的工业强国从海洋上打开了印度古老的大门，将西餐带入到上层社会对印度饮食文化产生了重大的影响。现代的印度实质上是一个多种族国家，印度斯坦人占 46％，还有蒙古人、阿拉伯人、土耳其人、荷兰人、赛亚人、帕提亚人、阿富汗人等数十个民族，致使其文化也是一种多元文化的复合体系，印度虽说是一个多宗教国家，但 83％信奉印度教，印度教又叫新婆罗门教，是公元 4 世纪前后婆罗门教吸收佛教、耆那教教义和民间信仰演化而成的综合性宗教，据认为是印度斯坦人(雅利安人)为抵御伊斯兰教进一步向中、南部印度持续扩张所进行的传统宗教改革的成果。尽管如此，伊斯兰教文化对印度传统文化的影响仍是不可估量的，至使印度教的某些妥协，在其教众出现了传统的"茹素"派和改革的"食肉"派两个主流。前者奉行不杀生传统，后者则选用牛、羊肉为主要食材，表现了与穆斯林饮食文化趋同的风尚。

在历史长期的多种族、多民族的交融中，印度及南亚饮食的风味流派不停地发生着变化，据史料反映，公元前 326 年，地中海地区的埃及、希腊和罗马帝国的烹调技术与食物原料,通过贸易往来明显地影响到印度,印度的特产香料则也同样地影响了西方的饮食世界。16 世纪,蒙兀儿(Moghul)人将肉类和米饭食品传入印度。葡萄牙人则在入侵印度时带来了辣椒,并成为印度主要的辛香调味品和蔬菜。英国殖民者在 18 世纪的贸易中,将酸甜酱(chutney,一种以水果、香料、果醋混合而成的调味品)传给了印度,使之成为印度式调味品和佐食酱汁(发展到 100 多品种,口味各异,是今天印度菜肴特色风味之一)。至于伊斯兰教方面,现代印度仍有11％的信众,而巴基斯坦、伊朗、阿富汗地区则整个儿都是伊斯兰教区。由于其离西欧社会相对较远,从而不同于土耳其式的与西餐接近的模式,还保留着更多的穆斯林饮食的中世纪风采。由于印度与穆斯林世界在长期的相互影响作用下,其饮食风格极其相似,他们仍然一致地保持着纯正的手抓型饮食的古老传统,尽管一些上层人士也有使用刀叉进餐的,但不是社会主流。刀叉型文化并没有更多的从根本上撼动印度——阿拉伯手抓型饮食文化的古老传统,反倒使印度的饮食文化成为手抓型文化的主流。在今天的社会里,当阿拉伯及其北非饮食风味传统渐渐流失的时候,印度次大陆却保持着一份纯真,并进一步趋向更高阶层的"茹素"的回归是弥足珍贵的,当茹素的宗教传统因果架接上现代科学思想的时候,"茹素"将会成为引领现代人类走向更为健康的一种独特时尚风味"新"潮流。

可以认为,在传统宗教作用下古典印度所奉行的是俭朴的主流,包括古典王朝的宫廷饮食,比之同时代的罗马和中国宫廷,印度的孔雀帝国直至 3 世纪笈多王朝的宫廷饮食是微不足道的。在印度的宗教就是政治,所有的国王和臣民都在宗教的义理下生活,而印度传统的佛教、耆那教、婆罗门教和印度教都是戒杀生、信因果的,印度是一个僧人的世界,"非暴力主义"促成了茹素的俭朴食风在社会中的普及,出现了佛陀、阿育王、大雄等伟大人物和许多圣典。佛的美德——朴素、同情、相互宽容和尊重各类生命成为社会各阶层共守的公德,以至对中国的中古以后饮食文化也产生了深远的影响。在历史的长河中,随着希腊、罗马、阿拉伯、蒙古、突厥、葡萄牙和英国文化在不同时期的进入,使印度的风味不断地得到丰厚的积淀。印度菜虽然在形式上显得俭朴,但在内蕴风味上却有着过多的积累,形成了极其多彩的风味流派,并将之融会贯通成为自身的特色,成为独立于中、西餐之外的一大菜系,在一定程度上,比土耳其烹饪对于手抓型饮食文化更具代表性和典型性。

从印度次大陆的自然气候、地理物种的条件看,印度属于热带季风区的一个相对独立完整的地理单元,北部和南部是高原地带,中部为印度河-恒河平原。东、西、南三面临海,构成印度次大陆巨大半岛,物产丰富,动植物多样,农、牧、副、渔齐全而发达。与中国的长江将中国南北文化分隔一样,印度中部的温迪亚山脉仍是将半岛一隔为二的有效屏障,从而将印度的风味流派分为南北两个大系,实际上历来受雅利安和伊斯兰教影响的只是限于中、北部印度,包括笈多古典时代在内,从

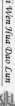

伊朗、阿富汗、巴基斯坦到孟加拉湾，为文化相似的沿线，而南印度则是一个在更多方面与世隔绝的古老世界。与北方印度人所操的雅利安语不同，南方诸民族操的则是另一种更为古老的德拉维语（包括泰米尔语、泰卢固语和卡纳拉语），也更多的接受到传统的印度教、佛教、耆那教及其社会习俗，并将梵语作为其经文和学习的用语。这样，南方诸民族又被宗教文化的纽带牢牢地联结在一起，形成一个相对单独的文明。因此，"肉食者"更多地在北方而南方则更多的是"素食者"，印度饮食文化的风味流派与种族、宗教、阶级地域的关系密切。印度菜点大多是家传秘制的"私家菜"，风味独特。一般来说，印度菜是重香料、重辛辣的并将辣味浓度分为10个等级。香料除了咖啡、干辣椒粉和胡椒外，还有植物的果实、种子、叶片和树根等80多种可供选择。在历史上，印度的香料曾对埃及、罗马和中世纪的欧洲饮食以及其他方面产生了重大影响。许多皇家菜肴以香料丰富著称，一道菜里可添加12种以上香料，堪称一绝。与土耳其的清淡相比，印度更多的具有南亚-阿拉伯的传统风俗。现代的印度饮食原料除了传统的羊肉、鸡肉、果蔬、豆类、泡菜、食馕外，西式的面包、甜品也成为重要主食，沿海地区的海鲜占食物比重较大，捕获量居世界前列，另外，牛虽然依旧被大多数印度人视为神物，但仍有半数以上人喜吃牛肉，在大都市中传统的乳制品也渐被西式奶酪和牛奶制品所取代。

客观地看，由于印度菜点属于私房秘制的，故而大多不为外界知晓，它是神秘的具有家庭人员喜好的鲜明个性色彩。厨房在家庭中是隐秘的地方，也是最神圣的所在，进去烹饪吃饭皆需脱鞋，一般不让外人进入。从而又与市场上商业化制品存在较大区别。在味觉与嗅觉风味方面，比之西餐更具细腻性、丰富性，也更具魅力感，能品尝到世家秘制菜点可以说是一种荣兴，而不是金钱问题。印度人将食味分为酸、甜、苦、辣、咸五味大至与中国人的认识相同，广泛的混用香料与五味配合形成各种不同风味。即便是面包和甜品，印度人还善于根据地区特色用上麦粉、米粉、豆粉，混用具有地区特色的牛奶、淇淋、乳酪、牛油、酸淇淋和干酪调味。印式菜肴在形式上具有广泛统一的简单形态，能使之成为有别于亚欧其他国家和地区的美食系列的，其最大的特征就是风味的复合性和浓郁性。

印度南、北两地的气候与食材的差异性也促成了南北饮食的差异，北方连接巴基斯坦，在喜马拉雅山脉南坡的高原地带，有更多的部落文化形态，喜用碎香料，并以大、小麦为主，主要以面包为主食，中南部连接着孟加拉有着浓郁的农村生活的场景，人口高密度地居住在中部印度河-恒河流域的平原地带。中、南部通常使用碎香料制成的酱汁，配合洋葱调味，加上盛产稻米，故以米饭为主食。印度的南方是德干高原，处于热带，特长于采用椰浆增加酱汁的食味，东西两侧沿孟加拉海和阿拉伯海，故而海产烹调尤为出色。此外，在菜式上配以鲜果、干水果、腰果、开心果和杏仁，以及用大量乳制品中和食味也是其显著的特色。在果阿（Goa）地区的西南海岸，猪和鸭也被作为重要的食物原料，米醋也在这一地区成为重要的酸味来源。依据现代在印度从事烹饪事业的星文珠女士在其专著《印度菜》中对印度风味流派的划分分析如下：

（1）南部与东部的素食风味：南部是主要素食区，也是香料的集散地和椰子的盛产地，尤以西南部的喀拉拉邦（Kerala）最负盛名，喜用各种香料制作素食，主食的短米饭、红米饭和半熟饭（浸软或发酵再煮的饭），以椰浆和鲜牛奶食味为重要特色，而南部的卡那塔克邦（Karnataka）则擅长用麦制成各式食品，著名的如马地酿包的面团中会酿入很多辅助原料，有糖、砂仁粉和椰丝等。基本餐食包括蔬菜、酱菜和白饭，茄子和苦瓜是南部最爱的蔬菜，一般用印式牛油、盐、胡卢巴和豆调味，再加入香料放在铜炉中焗制而成。

（2）东部地区是次要素食区：这里的素食者用鱼、虾取代肉类，在酱汁中喜用芥籽；餐后用甜乳酪伴吃；餐前喜吃苦味菜（苦瓜），蔬菜与苹果要用盐水浸渍以防脱色，在节日里也吃一点肉食。

（3）北部与西部的肉食风味：这是印度最为重要的风味区域流派，大多数人不素食，但其间又有各自特点。

北部是烹调最丰富地区，是印度教徒与穆斯林最多的聚居区，也是肉食者的天堂，尤其精于对羊肉菜肴的制作。一般是将乳酪作为腌料；羔羊肉用奶和豆蔻煮或烩，大羊的肉条则需炖焖至肉质酥烂，最著名的是在婚宴中会有用马沙拿咖喱调味的"一羊七吃"的特别菜式。在蔬菜方面最常用的是薄荷、青瓜、蜜瓜、胡萝卜、甜菜头、萝卜、管葱、球葱、甘蓝、莲藕和辣椒等。在香料运用方面，特别喜欢在碎香料中加入果仁和罂粟籽增味。北部地区又是贵比黄金的藏红花的原产地，石榴、荔枝是最著名的水果特产。这里特别有一种用多种碎香料与干的辣椒、洋葱、蒜、姜混合而成的"奥拿香料"使用最为普遍，北印度人还特长于在铜壶煮茶时加入藏红花、肉桂和糖，使茶具有特别浓郁的香甜风味。

印度西北地区的旁遮普与中亚和阿拉伯传统风味最为接近，尤其表现在蔬菜方面，在蔬菜中有浓馥的肉汁、香料和大量淇淋，甜点中要加入剁碎的小鱼片和香料片以及羊脂和淇淋。当地的面包、食馕包和巴华法斯烤包等，口感软滑，带有浓烈的牛油味，香味特别。

西部风味以古吉拉特（Gukarat）邦马哈拉施特拉（Maharashtra）邦和果阿地区。果阿地区较为特别，因受法国、葡萄牙和英国的侵略最多，从而影响到了当地的饮食风俗的变化，使之超出传统范围的局限而兼食猪、牛、羊和大量鱼虾；也能正常饮酒。因此，果阿地区不流行素食，是西部饮食的特殊流派。而马哈拉施特拉与古吉拉邦则流行素食，在素食中爱加浓烈香辣料，如黑马哈拉施特拉邦马沙拿（印式咖喱）。在古吉邦崇尚简单的饮食，在口味上偏甜与中部相似，由此可见，印度北、南两个大系具有较大的区别，中部包括东、西两侧应是一种南北交汇混杂的形式。印度的地形地貌与人文的历史促使了这种菜系分划状貌的形成。

印度菜中大量使用调味品,见表9-6。表9-7列出部分穆斯林-印度特色的羊肉菜。

表9-6　印式调味品和制品

类　别	名　称　与　特　点
传统拌酱 (甜酸酱)	① 薄荷洋葱酱汁:青柠果2只,薄荷叶100克,芫荽叶100克,洋葱1小只,青辣椒5只,糖15克,柠檬汁、盐各适量。将所有食料打成酱汁,入瓶密闭于冰柜中(0℃)腌渍7天即可。可与任何印式面包、小吃、蔬菜搭配食用。 ② 甜芒果酱:甜芒果500克,糖200克,碎姜25克,青砂仁10克,柠檬汁10毫升,盐适量。将柠檬汁与糖在小火上熬熔,芒果去皮切成小粒加入糖浆中下姜茸、青砂仁和盐,小火加热15分钟起锅冷却后,入冰柜贮约15天即可使用。此酱与印度浓味咖喱配合,风味绝佳。 ③ 番茄酸酱:车厘茄块200克,茄子块200克,蒜茸10克,姜末10克,青椒末10克,芫荽叶10克,油10克,茄汁50克,蜂蜜20毫升,辣椒粉5克,咖喱叶5片,黑极椒粉5克,盐适量。将姜、蒜与辣椒茸下锅用油煸出香味,再下茄块、车厘茄块煸煮2分钟,再加入蜂蜜、辣椒、盐、茄汁和黑胡椒煮2分钟即成。一般用来烧鱼或天多利式烧鱼拌酱。 ④ 喀拉拉邦虾酱:虾干100克,鲜红辣椒50克,干葱50克,蒜50克,油50克,芫荽头20克,盐与糖各适量。将虾干浸软与油上机搅碎,再加入其他各料搅碎成酱汁,此酱适合于各种小吃。 ⑤ 酸子/罗望子酱:罗望子肉汁200克,黄糖200克,干姜粉10克,干枣茸20克,盐适量。将各料入锅小火熬煮30分钟出锅冷却入冰柜收藏两星期食用,可用于任何小吃蘸食,风味优佳。 ⑥ 青瓜乳酪酱:纯味乳酪500克,青瓜1条剁茸,薄荷叶5片磨茸,小茴香1/2茶匙烘焙出香,糖1茶匙,盐适量。将各料(除小茴香)入碗搅拌均匀成酱汁,入冰柜镇1小时,撒上小茴香再冷冻食用,可与印式面包、咖喱或天多利食物拌食。 ⑦ 椰子酱:鲜椰子1只刨成丝,青椒3只,干葱3只,蒜3粒,姜适量,咖喱叶5片,花生油1汤匙,茶末籽1/2茶匙。将椰丝与青椒、蒜和干葱混合搅成酱汁,入油锅炒熟起香加入芥末籽、咖喱叶炒匀,冷却置冰柜存1星期食用。适应炸鱿鱼与印度南部食物。 ⑧ 杂果红酱:薄萝片1块,青苹果4只,红苹果4只,腰果50克,开心果50克,糖500克,柠檬汁20毫升。将糖与柠檬汁入锅煮至咖啡色,加入各式水果粒,用小火煮30分钟,再与腰果、开心果粒拌匀密封在瓶中,冷藏1个月食用。主要与小吃和主菜拌食
传统拌酱 (甜辣酱)	印度的泡菜与酱菜指腌渍食品,是印度餐的前菜,一般用小钵装盛。一般用砂罐腌渍的是腌渍食品,是印度重要的风味食品,与拌酱一样是筵席和餐饭的必备食品。泡菜则是精致的对腌渍品的再加工品种,多贮放在光滑密闭的瓶中,适当的空间能让腌渍的水蒸气消失,印度泡菜的浸泡剂与中国式泡菜不同,而采用的是芥末籽油、醋或柠檬汁。孟买、果阿、喀拉拉邦和马德拉斯的泡菜十分有名,其品种繁多,配方令人眼花缭乱。例如: ① 花椰菜腌菜:花椰菜(大)2个,芥末籽20克,洋葱籽20克,小茴香20克,盐适量,红辣椒粉20克,白醋400毫升,白糖200克,芥油50毫升。将芥籽、洋葱籽与小茴香捣碎,花椰菜切成小块,入锅加油炒热,加入红辣椒粉、糖、盐和醋煮沸取出冷却,盛入密封瓶内贮藏两星期即可。 ② 杂腌菜:白萝卜、胡萝卜、青瓜条各500克;干葱块200克,红辣椒小块100克,芥末油100毫升,白醋500毫升,小茴末、茴香籽末、芥末籽末各50克;芥末油100毫升,白醋500毫升,白糖200克,辣椒粉50克,盐20克。将香料煸炒起香,投入胡萝卜煮条3分钟,再投入白萝卜条、干葱、红椒、辣椒粉、白醋、白糖和盐煮5分钟。装盆拌入青瓜条拌匀,于冷柜中贮藏2天即可

类　别	名　称　与　特　点
印度特征性香料	藏红花、印式芒果干、阿魏胶、香叶/肉桂叶、黑子茴香、黑盐、砂仁、辣椒,由葡萄牙人传入,原产中南美洲,及西印度群岛一带。现在印度调味中辣椒的地位远比西班牙和中东欧重要,成为其特色主味。约在16世纪前后,辣椒也被传入中国,成为中国西南风味的重要风味之一。丁香、芫荽籽、小茴香、咖喱叶、茴香籽、胡卢巴、肉豆蔻、芥末籽、印度万能香料、豆蔻/小豆蔻
印式基本调味酱汁	① 马沙拿酱:为基本咖喱酱汁,可调配各款咖喱酱,可混合蔬菜、鸡肉、羊肉或鱼来变化酱汁的口味,亦可与番茄牛油蜜糖酱、腰果酱、辣味酱和酸辣蜜糖咖喱酱配合使用。调配原料是:洋葱1 000克,番茄1 000克,番茄膏100克,蒜100克,姜100克,腰果200克,原味乳酪100克,菜油100毫升,辣椒粉10克,孜然芹菜粉20克,芫荽粉20克,印式咖喱香料20克,姜黄粉10克,胡卢巴叶5克,盐适量。用500克水将腰果煮20分钟上机打茸,加入奶酪搅匀,洋葱入油锅炒熟加入蒜及姜续炒3分钟,再加入番茄续炒3分钟,陆续加入姜黄倭、辣椒粉、芫荽粉和芥菜孜然粉,用小火煮10分钟,再加适量清水煮5分钟,最后与腰果奶酪酱续煮10分钟,再加入胡卢巴和盐即可,该酱广泛用于蔬菜和鸡肉。 ② 番茄牛油蜜糖酱:番茄1 000克,洋葱末100克,蒜茸50克,姜末50克,鲜红椒末50克,蜂蜜50毫升,胡卢巴叶粉10克,辣椒粉10克,印式咖喱粉10克,牛油100克,浓淇淋100克,腰果50克,盐适量。用牛油将蒜、姜、洋葱和鲜椒末在小火上炒香,加入辣椒粉、番茄和腰果煮10分钟加入100毫升清水煮沸,出锅打成酱汁再煮沸,加入盐、印式咖喱粉、胡卢巴粉、蜂蜜和淇淋拌匀出锅即可,适宜与鸡、蔬菜配合食用。 ③ 腰果酱:洋葱粒1 000克,鲜奶2升,腰果500克,牛油200克,蒜茸20克,姜末20克,姜黄粉5克,砂仁(或小豆蔻)粉50克,青辣椒10克,白胡椒粉10克,月桂叶片10片,豆蔻1粒,盐适量。将腰果水煮10分钟沥干,再换用鲜牛奶在小火上与之煮10分钟,加入洋葱、姜、蒜、辣椒略煮,即入搅拌机中搅打成酱汁。将牛油化溶加入果酱、白胡椒粉和姜黄粉煮沸,再用微火熬煮20分钟,放入砂仁粉和盐调味即成。 ④ 辣味酸辣酱:洋葱粒1 000克,干葱粒1 000克,净鲜辣椒1 000克,白醋1升,浸软的干红椒段500克,蒜茸500克,姜末200克,小茴香100克,芫荽籽100克,番茄膏200克,月桂叶10片,肉桂10条,绿砂仁(小豆蔻)10粒,丁香10粒,黑砂仁(豆蔻)10粒,印式咖喱香料20克,菜油200毫升,盐适量,将半量菜油将小茴香与芫荽籽炒至爆裂,再加入洋葱、蒜、姜、鲜辣椒与干辣椒,在中火上炒5分钟,接着加入清水与白醋,在中火上煮20分钟,倒入机中搅成酱汁,另半量菜油炼熟起香,与其他材料(除番茄膏)炒香,加入番茄膏炒2分钟,再加入辣椒酱煮沸,用小火熬至油浮在酱体表面时,加入盐与印式咖喱香料即成。 ⑤ 干马沙拿酱:洋葱粒1 000克,番茄粒1 000克,姜、蒜粒各50克,油100克,孜然芹菜粉30克,芫荽粉30克,黄姜粉20克,月桂叶10片,砂仁(小豆蔻)10粒,肉桂10枝,丁香5粒,盐适量。热油锅中加入肉桂、月桂叶、砂仁和丁香炒起香,再加入姜、蒜、洋葱炒至金黄色。接着放番茄炒10分钟,再后加入孜然粉、芫荽粉、黄姜粉、盐等,用中火续炒10分钟即可
印度日常所用的重要豆类及其他原料	木豆/黄豌豆,有黑豆、橙粉红扁豆、淡黄扁豆和绿扁豆等品种。 红扁豆多用于浸发豆芽使用,有绿色、黄色和黑色,干制豆磨粉可用作任何印度菜式。 印度酥油为水分蒸发精制的奶油,在印度广泛用于菜点之中,用小火将其溶化时,酥油杂质会沉淀到锅底,金黄色清油会浮到表面。 椰子,印度及南亚各国广泛食用的水果,在烹调中也具有重要的调味意义,是区别于其他地区风味的重要特色之一,一个中型的果壳嫩质部分可刨出3—4量杯椰丝,椰浆也是重要的调味品,已被东西方各国广泛使用

381

类　别	名　称　与　特　点
印度饭式	如果说土耳其人的饭食仅是作为一种配食的小吃的话,在印度则增加了其主食性,印度是重要的稻米主食国家。一般来说,在日常饭食中,也有像中国一样的白(淡味)饭,但更多的是具有复制或调味性质的饭。通常将饭食菜点型调味化所用的是 basrnati 长米饭形式也较多,著名有的: ○ 荤素咖喱饭(牛、羊肉或鱼、虾或蔬菜与米混合煮制的咖喱饭) ○ 芭蕉叶饭(米饭与其他食品拼合摆在芭蕉叶上的饭) ○ 扑劳饭(在煮好的米饭中再加咖喱及荤素配菜的炒饭) ○ 手抓饭(米饭与其他菜肴混合的拌饭) ○ 饭布甸(甜点形饭,用牛奶、干果仁、香草通常是藏红花、糖、牛油、蜜饯等煮或烩制而成),将饭调味可作为菜肴或者点心,这一点与中国一样,但口味多有不同,一般炒饭或拌饭的调味较浓烈,调料极为复杂,例如洋葱、姜茸、蒜茸、印度酥油、柠檬汁、辣椒粉、番茄酱、马沙拿、芫荽、盐与各种荤、蔬配菜等
其他基本食品	○ 馕:即面饼,印度人与穆斯林的主食通常为未发酵面团制成,无馅,各种面粉团皆可制作,油炸或烤或煎、烙而成,著名的品种有贝莉脆、香蒜馕包、马铃薯煎包、家常饼、飞饼、西米烧饼、扁豆薄饼、脆薄饼等。 ○ 串烤:即用铁杆串起的炭烤肉类。 ○ 谭多力:即用"谭多卤"陶制壳形烤罐烘烤的鸡和肉类。 ○ 印式点心:有咖喱水饺、油炸面子、可可排等。 ○ 茶与粥:印式茶(牛奶、姜、糖、香料煮茶)、拉茶(茶汤、牛奶、咖喱汁混合液,制作时用两只杯子往复倾倒拉出茶汤弧线的技法),粥有牛奶煮粥和绿豆片粥等

表 9-7　部分穆斯林-印度特色羊肉菜式

品　名	加　工　特　征
巴基斯坦煎羊排	将羊排与葱头、胡萝卜、芹菜一同煮熟,切片,撒盐,抹辣椒酱,沾面粉,用黄油煎成两面金红。色红、香辣
印式杂椒羊排	先将羊排用乳酪、姜、蒜茸、芥末油、英式芥末、盐、印式咖喱香料和辣椒酱调制的混合酱抹腌渍 4 小时,再将羊排用 180℃ 炉温烤 10 分钟,焐 5 分钟出炉,上铺炒熟的杂色蔬菜(红南瓜粒、洋葱和杂色椒粒、开心果、碎杏仁)有烟熏特色的香辣
印式菠菜扁豆烩羊肉	羊肉块入锅与洋葱与蒜茸,姜茸(预煸起香)同炒起香,加辣椒粉、芫荽粉、小茴香粉和盐以及 1 量杯水煮沸,焖 30 分钟,再加入黄扁豆和番茄用小火煮 30 分钟,再加入碎菠菜与肉味马沙拿粉煮焖至烂,上桌前撒下姜茸、碎青椒和芫荽
印式家常饼酿羊肉	将羊肉切块捶打成 2 厘米厚片,用姜茸、蒜茸、青椒茸、芥末油和芫荽末、辣椒粉、肉味马沙拿粉、盐调成腌剂,涂抹在羊肉上腌 2 小时,用 200℃ 烤 1 分钟,取出片成 6 片,放在用粟米粉做的圆饼上,放上番茄丝、生菜、洋葱丝、青瓜丝等蔬菜,淋上薄荷酱卷成卷以薯片伴食
叙利亚烤羊腿	将羊腿两面切成间隔 1 厘米,深 0.5 厘米的刀口,撒上盐、胡椒粉,抹上奶油和葱头与大蒜茸,入烤盘与去皮土豆块和葱头块用 200℃ 同烤,在将要上色时放少许清汤,继续烤,边烤边淋肉汁,直至两面金黄成熟。上桌带土豆与葱头,淋上原汁即可

品　名	加 工 特 征
烤酿馅整羊 该菜在非洲、阿拉伯、土耳其、印度等的穆斯林民族广受欢迎，一般在重大主题中使用。	将羊宰杀，剥皮从腹部开一小口，去内脏及羊舌、气管、食管，洗净，用盐、胡椒粉遍抹羊身。羊肝去膜筋剁碎与羊肉末炒熟（姜葱头丝、盐、小茴香籽粉调味）与熟五豆（红云豆、花云豆、白豆、青豌豆、红小豆）、齐眉米饭、鸡蛋液拌和成馅，填入羊腹，缝合刀口，将羊全身涂抹油指，入炉用180—250℃温度烤至将要上色时，从羊背浇下适量清汤，继续烤，每5—10分钟变换位置，同时浇一次汤汁，大约烤3—4小时，待肉汁浇尽，色呈金黄即可
叙利亚式 羊肉串	将羊肉切成小块，用葱末、酸牛奶、玉米粉、胡椒、丁香粉、茴香粉的混合腌剂涂抹腌渍4小时，将其串在铁钎上，在每块肉之间夹串西红柿、青椒与葱头，每6块肉为1串，食用时在炭火上烤熟即可
尼泊尔式 咖喱羊肉串	将羊胸肉绞成粗茸，加鲜石榴籽、大蒜末、盐、胡椒粉、葱头末混合成馅，将其灌入羊肠衣呈香肠状（10厘米段），食用时在炭火上烤熟，食用时配以青葱丝、沧葡萄或腌西瓜瓣
巴勒斯坦 羊肉茄子	将羊肉丁、洋葱丁炒干水分，加盐、胡椒粉，调味后盛起，将肉丁平铺在茄片上（预煎黄），双层一叠置烤盘中排齐，浇上番茄调味汁入炉烤熟，临食撒上油蒜子即可
巴基斯坦式 葱头羊肉末	将葱头丝、大蒜片炒香，下羊肉末、干椒段炒去水分，接着加入鲜西红柿丁、酸牛奶、姜片、咖喱粉稍炒，加适量汤置小火沸煮30分钟，再加适量葱丝、盐、胡椒粉定味，续焖10分钟即可
阿拉伯式罐焖 羊肉豌豆	将羊肉块入油锅加盖，胡椒粉煎上色，放水焖熟，另用油锅将番茄酱、葱末炒呈油红色加入羊肉中同时放入熟豌豆，加盐、胡椒粉调味焖烂，临食时装罐置板炉上加热至沸即可。花菜、土豆、茄子、菠菜等可代替豌豆
叙利亚式 酸奶羊排	将羊肉块烫去血沫，换水加盐、桂皮、胡椒粉、茴香籽粉、葱头丁煮至半熟，加入酸牛奶煮至软烂，加盐与生蛋黄调味成浆，置汤碗里，临食时装入羊肉排与原汤即可
伊拉克式羊肉 豌豆瓣米饭 同类：羊肉葡萄干饭、羊肉菜花饭、羊肉胡萝卜饭、羊肉茄子饭、羊肉菠菜饭等，都是将羊肉块焖入味再与大米同焖成饭	用生菜油炒黄葱头末，加入姜末、羊肉茸炒干水气，再加入番茄酱、咖喱粉、茴香籽粉炒匀与豌豆同烩，加盐、胡椒粉、柠檬酸调味，用微火焖制，另用厚底锅加油与1/2大米炒黄，加入另1/2大米，加水、盐煮焖成干硬饭，临食时，将菜与饭配置，可盖、浇、拌，也可同焖成饭
埃及式葡萄 叶羊肉卷	将大米在加盐沸水中浸煮5分钟控干，与羊肉茸、葱头末、蒜末、芹菜末、丁香、桂皮、茴香籽粉、胡椒粉、盐、番茄少司拌匀成馅，用均等大小的葡萄叶卷成卷，排入锅内，加番茄司、清汤和盐调味，焖熟，装盘时浇上原汁即成

　　由上述部分羊肉菜式的加工特点来看，西亚及北非崇尚清淡风味，阿富汗巴基斯坦向东的南亚次大陆则崇尚浓烈的风味，前者由于自亚历山大和拜占庭以及近

代西方殖民文化的影响,深入民俗,加之物产贫乏酿成趋同于南欧食风所致,阿拉伯的古老传统渐渐西化。而南亚次大陆无论在殖民历史和规模上远远地小于前者,加之物产丰饶性构成一种自足的循环系统,因此,古老民俗并没有受到过多的破坏。可以认为,在整个手抓型饮食文化区形成东、西两大流派,食风及其形式大致相似,但在味、嗅感官习惯方面仍存在明显差异性,以印度为代表的东部的南亚地区,在加工特征上具有更为深远的历史文化意境,从中亚到北印度我们似乎品尝到中世纪以来泛伊斯兰化的正宗风味遗韵,而在南印度乃至缅甸,我们则似乎仍然可以体验到来自数千年传承的湿婆与佛陀诸神馨香的食境。

(三)筷箸型餐制风味流派

在世界人类的饮食文化中,筷箸文化主要集中在广大的东亚地区。筷箸饮食文化从古老的中国大陆发源,并在数千年来辐射着整个东南亚的韩国与印度支那半岛地区。从地理上看,东亚中国大陆拥有着世界上最富戏剧性的独特的景观。从世界最高点(珠穆朗玛峰标高 8 848.13 米)到世界最低点(吐鲁番盆地,低于海平面 274.32 米);从南方的热带雨林到北方寒带的冰天雪地;从东岸的水网湿地到西部高原的沙漠旱地。这种大跨度大幅度是世界任何国家和地区所没有的,从而构成了物种多样性的状貌。然而又是由于这种大跨度大幅度的地理特点,反倒天然地缺乏大农业所理想的地中海型气候条件,这使得农作物和物种因不同气候与地理地区而不同,造成了形成不同风味流派的天然条件,使中国饮食具有小农业经济作物的传统特点,造成这种特点不被破坏并且在数千年中得以延续发展的,是中国大陆特有的地理险要的形势,它西高东低,在与印度和西方世界接壤地区由喜马拉雅山脉、昆仑山脉和天山山脉以及荒漠等无人地带形成天然难以跨越的陆地屏障,东部沿岸又有浩瀚的太平洋隔绝,因此,外部世界的诸民族极难对大陆形势造成大的影响。虽然历史上有多次游牧民族的侵入,但是,都被占优势的农业文化所融化,成为农业文化的一个部分,匈奴族、突厥族、蒙古族和满族等。中国拥有万里漫长的海岸线,但缺乏如地中海那样隔海相望的海陆形势,因此,实质上海洋文化并不占主流,而更多则是沿海文化趋向内守的大陆文化。虽然唐宋时期有较大开放性,但在以后更多时期内仍然是近海外来的,而不是远洋的,外向的占主流。中国式的"地理中心主义"驱动着中国饮食文化发展的轨轴以汉民族文化为中心,在古老的养生学说精神关照下,养成中国人具有食物广谱性特点,具有猎奇包容的性格;具有因时而异,易变融合的超常功能。在漫长的历史积淀中,中国饮食文化的风味多样性,工艺精细性和食品品种的丰富性是现代任何国家和地区所不能比拟的。在一定程度上,中国是世界独一无二的"烹饪王国",以至在中国人眼里,与其繁富复杂的烹调工艺和技术相比,西方和穆斯林世界的饮食都是"简单"的饮食。中国在汉魏时期已经历过了这种"简单"阶段。据 20 世纪末的统计,被记入史料性质文献的中国各省市名菜就达一万多种(这还不将一些家常普通品种包括在内);

名点和小吃也达数千品种（这还不包括工厂制品和一些"西式品种"），可以说，任何可以自称为美食家的人，对于中国食品而言，只是冰山之一角。实际上非在录"食品"则具有庞大的天文数字，例如：仅鸡类菜就有 300—400 个品种，鱼类菜、豆腐菜等都有数百品种。在中国的烹调中，每一个食物原料都能被演化出若干品种（表9-8）。

由于中国进入农业文明以来，数千年一直在农业文化中延续，因此，来自游牧文化的奶及奶酪和牛、羊油制品传统上只存在边缘区的少数游牧民族生活中，而对于大多数内陆和沿海居民来说，并不居主要地位，有些地区对此甚至还相当陌生。生吃或半生吃牛、羊肉在周以前可能有，但至汉代则完全走向深度熟化饮食，在沿海地区极少的仍有偶尔生吃鱼、虾的习惯，但对大多数内陆居民来说，则是彻底的熟食主义者（除了水果）。除了咸、甜的盐、糖外，所有的调味都不具有广谱性，但又具有专属性。例如辣椒自 16 世纪由南美传入后，成为西南地区的主要风味之一，但在全国范围内又是一种次要风味。番茄酱、咖喱等 18 世纪由西方传入后已成为日常习惯的食味之一，但并不具重要地位。至于香料、香草之类，也仅在某些卤制、红烧、烤、炸菜式中使用，而多数菜点崇尚的是食料自然的本体香味。中国早已经历过了以烤肉为主体的熟食时代，现代以煮、炖、焖、蒸、炸、烧为主要制熟形式，烤菜还是重要的方法之一，但审美的重点不在肉，而是在皮了。具有脆性烤皮的是合格的中国式烤肉，实际上谁也难以准确地说出中国风味流派特色。中国有全世界的烹调技法，并且做得更为丰富多彩，分划也更精细，中国拥有的风味之多，至今仍没有权威性的表述，多样性、个性化、复杂性与包容性是当今任何国家、地区和民族所难以相比的。一个人如果说：吃遍中国美食即简直是"天方夜谭"，但无论如何的多元融合，在中国，筷箸将其归纳为一个宏大整体，将农、牧、渔所提供的各种食材的风味发挥到极致，加工精细到极致，这是中国悠久历史与广阔地域积淀，累加和演化的必然结果，就连中国绝大多数调味品也大多以农业食材为基础的。

表9-8　中国部分传统特色食材

种　类	品　　名
主要食用油脂	猪油、菜籽油、大豆油、花生油、棉籽油、芝麻油
豆制品（主辅料）	豆腐、豆浆、豆皮、豆腐干、腐竹、凉粉、豆腐乳、豆腐脑（花）、豆腐果、豆淀粉、绿豆芽、黄豆芽、豆粉丝、豆粉皮
发酵型调料	酱油、豆酱、面酱、豆豉、红曲、酒酿、南乳、红糟、白糟、糟油、米醋、白酱油、麦醋、泡椒、豆瓣酱、虾酱、鱼露、蚝油
粮食面料制品	粳米、籼米、玉米、糯米、血糯、小米、高粱及其米粉、米线、米粉皮、米豆腐、小麦面、荞麦面、面条、面片、水面筋、油面筋、重面筋、烤麸、面筋素肠、薯干、薯粉、玉米淀粉、澄粉

种　类	品　名
一些中国烹调中常用的蔬菜与瓜果	冬瓜、西瓜、南瓜、北瓜、丝瓜、金丝瓜、苦瓜、夸瓜、茭瓜、菜瓜、越瓜、蛇瓜、佛手瓜、茭白、西红柿、竹笋、慈姑、荸荠、芋艿、莲藕、生姜、黄瓜、大蒜、蒜薹、薹苗、百合、山药、大青菜、生菜、金花菜、大白菜、小白菜、塌棵菜、水芹、药芹、香芹、韭菜、韭薹、莼菜、紫果叶、蒲菜、菠菜、蕨菜、金针菜、马兰头、豆苗、香椿、苋菜、茼蒿、葱、球葱、南瓜藤、雪里蕻、菊叶菜、甘蓝、芫荽、蚕豆、豇豆、扁豆、四季豆、豌豆、刀豆、毛豆(嫩大豆)、绿豆、赤豆、黑豆、茄子、萝卜、胡萝卜、莴苣、银杏、板栗、松仁、杏仁、核桃、薏仁、芡实、魔芋、香芋、花菜、紫菜、芜菁、海带、大头菜、甜菜、葛粉、芦笋、苔菜、菜苔、芥蓝、芥菜、宝塔菜、荠菜、马齿苋、鱼腥草、冬寒菜、枸杞头、石花菜、发菜、香菇、花菇、羊肚菌、银耳、木耳、猴头菇、口蘑、平菇、草菇、金针菇、白灵菇、滑菇、鸡纵菌、竹荪、松茸菌、牛肝菌、虎瓜菌
一些用于基本调味的鲜汤	① 清汤(多料混合清炖,单料清炖),清汤要求汤清见底,多料指牛骨、老鸡、火腿、猪骨、干贝、鲍鱼等混合,单料则是一种原料,一般为牛骨或老鸡(不同香草香料,仅用姜葱酒)。 ② 白汤,原理与上同,则是采用煨的方法的加热便汤体白如牛奶,原料一般用鱼骨、猪骨或鸡、鸭等(同上)。 ③ 上清汤:即将上述二汤再加"扫料"(1—2)吊清,使汤体高度纯洁,风味高度醇厚,一般需用细目汤筛过滤。(不用香料香草,仅用姜、葱、绍酒和适量盐) ④ 红汤(一般红烧汤,炸烤红烧汤),加以有色调料的高汤谓之红高汤,一般为酱红色,淡酱红色或棕红色、黄棕色等,有盐、糖、香料等特定调料。 ⑤ 蔬菜汤,即用各种蔬菜熬制的鲜汤,原料一般用黄豆、黄豆芽、香菇、口蘑、海带、胡萝卜、虾籽等,有的还可添加香芹、西红柿、辣椒等,一般烩制高级素菜需用这种鲜汤。 ⑥ 药料汤(单一药料香汤,混合药料香汤)亦即将香料邀制的香汤,一般用于火锅、卤水、炒、烩等菜的勾兑配汤
中国用得最普遍的香料	花椒、大茴、小茴、丁香、月桂、香叶、草果、肉豆蔻、罗汉果、沙姜、良姜、孜然、白芷、淮山药、甘草、香茅、姜黄、陈皮、砂仁、肉桂、桂花、玫瑰

20 世纪前半叶,中国的每一个省,甚至每一个重要的地区中心城市都有其引以为自豪的独特风味,例如,北京、上海、扬州、成都、天津、武汉、长沙、济宁、苏州、淮安、广州、昆明、徽州、西安、兰州、潮州、泉州、杭州、宁波等,20 世纪后半叶以来,它们逐渐趋向各大区域间的更多融同。历史上,中国曾经历了长达数百年的"五胡乱国食风靡乱"的时代,但经过了后 1 000 年的演进,农业文化更为精深了,饮食从归养生的本源,形成更加绚丽多姿的融合型饮食体系。中国餐饮的奇妙之处,在于它有世界上最为便捷的饮食(一箪食,一瓢饮),也有世界上规模最为巨大奢华的筵席(满汉全席,一百数十品种于一席)。在这里,饭和面、菜和点、荤和素、肉和鱼、浓和淡、咸与甜,永远是相对立而又和谐的。至今可能还有许多秘宗食品还不被域外知晓,但是,国外的许多食品又已融入中国烹饪之中,中国烹饪艺术实际上就是融会天下流派为我所用的开放体系。例如中国式豆奶,就是将西式牛奶与中国豆浆结合的范例典型。中国烹饪就是在这个原理下不断发展的。汉、唐、宋、元、明、清

直至今天莫不如此。

由于中国的彻底熟食性，对猪、牛、羊、鸡的驯化价值取向与西餐存在差异，中国的传统是崇尚自然生长的，认为不时不食，注重禽、畜机体的内在风味质量的自然成熟性。然而西欧的传统对肉食的生吃性或不完熟性，导致其对禽畜驯化的价值取向注重于肉质的细嫩性，因此，速生方法、催肥方法使用的饲养过程，使禽、畜在短时间里非自然地成长为硕大肉体，因此，中、西方对禽畜肉的价值标准并不相同。事实也证明，中国原生的黄牛、水牛、本猪、土鸡等并不适宜生吃或半生吃，而在烧、炖、焖等方面的风味性却更佳。这个观点也日益被现代"绿色主义"者们所共识。中国广阔的风味区域里，既有世界上最为浓烈的风味（调味料可多达数十种），也有世界上最为清淡的风味（不调味或者仅用盐），在中国传统的五方视野中，一般对口味的习惯侧重性是南甜（或甜酸）、北咸（或咸辣）、西酸辣、东咸甜，中部则是一种四方复合交汇的形式，在每个方位都有着一个完备的自然与人文条件作为培育菜系生成的基础。

一般来说，中国烹饪艺术的风味流派是以汉族饮食文化为主流的多民族融合形态，在自然地理与气候形势下，人文活动饮食习惯构成了区域性背景，以秦岭之南淮河以北为界线，将中国风味区别为北方与南方两大类型，北方干旱少雨，以旱田农作为基本形式，在历史上，长期以来是北方草原地带游牧民族与农作的汉民族交锋最为重要的，激烈的区域，加之长期作为中华农业帝国政治文化中心区域，其宫廷饮食文化与官府饮食反映了回、蒙、满饮食文化的最高结合形式。而南方由于东汉以后经济重心的南移，融入了更多的农业民族与半农半猎民族的饮食文化，形成了在经济中心城市发展的市肆融合形式，尤其南宋及其以后时代，南方出现了许多以美食为重要特征之一的消费中心城市。有研究认为，2500 年前实际上中原与江南的饮食并无过大差异，皆以粮食为主粮，但随着北方植被、水系的退化和变迁，气候日益干旱，加之游牧民族过多的侵入，最终导致了与南方的差异性加大，构成了北方以面食、牛、羊以及旱地作物为主体的饮食结构；而南方则进一步深化了农业，以稻米、猪、禽和水产以及水田湿地作物为主体的饮食结构。因此，将中国风味分为北方和南方是其主要特征，在口味习惯的差异方面则是次要特征，笔者认为将中国的近现代风味菜系按如下分划是合理的：

北方风味类型 { 华北风味（京鲁）/ 东北风味（满蒙）/ 西北风味（秦晋）

南方风味类型 { 华东风味（淮扬）/ 西南风味（川湘）/ 华南风味（岭南）

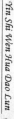

从地区的物产体称,历史传承与经济状况的综合指数来看,北方存在两中心,即京鲁与秦晋,东北虽有其独特的物产,但在历史文化的传承与经济开发历史方面皆得之于京鲁。而在南方则具有明显的居于不同地理、位置的文化与经济中心地域,亦即扬子江流域、珠江流域与长江中游流域及四川盆地。各地都有着汉饮食文化与土著少数民族饮食文化相融的不同形式和自然养成的口味习惯特征。

依据口味浓淡的区别,有人还将中国风味分为东、西两部分。东部沿海地区口味清淡平和,而西部内陆、高原或寒冷地带人们的口味就显得浓厚一些。这是世界各地的普遍现象。

1. 中国北方菜系

菜系是中国饮食中在近世产生的文化概念。是对区域特征性风味的概称。北方菜系以黄河流域为中轴,联系东西两个区域中心,即东面的黄河下游流域的京鲁地区包括淮河北岸、太行山东缘的淮阳丘陵与华北平原,西部的黄河中、上游流域的秦晋地区包括太行山以西的黄土高原,直至甘肃、新疆的广大地区。黄河的中下游流域古称中原,是中国汉民族文化的发源地中心地带。历史曾上演了最为壮烈的游牧与农业两大文明的冲突和交融,虽然农业的优势文化最终同化了来自草原与寒冷森林地带的民族文化,但是,却更多地积淀了他们的饮食文化因子:牛、羊烧烤;炸酱烈酒;酸辣油香。黄河流域作为长期的中国农业帝国的行政中心,经历着不断地毁灭与重建的历史,一面展现着大块吃肉大碗喝酒的豪放;另一面又演示着宫廷大筵的无尽奢华。长安、洛阳、开封、北京都有过世界历史上最为荣耀的繁华,西北地区集中了以回族为代表的 10 个伊斯兰民族与汉民族杂居,饮食文化浓郁地散发出穆斯林文化的风味气息,隐约可见手抓型饮食的文化痕迹。实际上汉、唐的国都长安,胡食西来本身就是一道靓丽的风景。京鲁菜系包括开封、洛阳,它文渊深泽,孔老之学从这里发源,满、蒙之食在辉煌的紫金城中与汉家风味交相辉映,远播东、南。东北的山珍,沿海的海味与陆产汇聚成一个庞大菜系,保持一份古老传统的纯朴和厚重(表 9 - 9)。

表 9 - 9　北方风味的主要特征性食品

地　区	品　种	风　味　特　征
京鲁菜系 (京、津豫、鲁辽、吉、黑、蒙)	东北的酸汽菜	① 白肉血肠:流行在东北的家庭菜肴,即将新鲜猪血中调以适量水、盐、砂仁粉、桂皮粉、丁香粉、紫蔻粉搅匀,灌入净肠肠中扎口,煮熟,冷凝,切片。与煮熟的五花肉片同置特制的酸菜汤中,带酱油、韭菜花酱、辣椒油、腐乳、蒜蓉、虾油、芝麻油和芫荽末等蘸料食用。 ② 牛肉铁锅:将牛里脊片成薄片,在小炭炉上的平底铁板锅中边煎边吃(干火锅),吃时蘸以辣油、腐乳、虾油、芝麻酱、蒜茸、韭菜花、花椒面等调料,还要用粉丝酸菜海米汤佐食
	东北的一些独特山珍、海味食材	猴头蘑、鹿茸、鹿筋、鹿尾、鹿鞭、熊筋、熊掌、蛤士蟆、飞龙、雪蛤、松子、雪兔、鲟鱼、大马哈鱼、鳇鱼、吉花鱼、松茸菌、红莲花、山参、辽东海参(红旗刺参)

地　区	品　种	风　味　特　征
北方的烧烤与牛、羊驼菜		北方无论是西北、东北还是京鲁，是中国的烧烤最流行区域，也是羊肉与驼肉最流行区域。然而西北多干香、华北多酱香，这是其内在区别： ① 回、蒙带皮烤羊：大尾白羯羊洗净打气，将姜、葱、大小茴香粉、盐一道填入羊腹，上挂钩，在羊腿戳孔遍抹花椒粉、大小茴香粉和盐，涮上糖色水、酱油和芝麻油，晾30分钟置烤炉内密封，温火烤3—4小时致皮脆、肉松、色呈金红时取出，片皮、肉分别献食，吃时配以葱丝、面酱和荷叶饼。 ② 新疆羊肉串：将羊肉块腌渍后，串上铁（竹）签，在炭火上烤熟，调味时，撒上红椒粉、孜然粉、盐等。 ③ 华北烤肉：将羯羊或牛上脑肉批片，用酱油、糖、姜汁、芝麻油、鸡蛋液腌拌入味，置铁炙（铁条排或网）上、下垫京葱，烤熟，配黄瓜条与糖蒜子佐食。 ④ 西北手抓羊肉：将羊的腰窝肉斩成大块（每块都必须连带着骨头）焯洗后，煨烂，调味用大茴、花椒、桂皮、葱段、姜片、绍酒、盐。煨烂盛入大盘，手抓羊骨，蘸用芫荽、蒜茸、胡椒粉、醋、盐、酱油、芝麻油、辣椒油等调兑的味汁佐食。 ⑤ 华北手把羊肉：将小羯羊斩成16块，焯洗煮至断生即熟，煨时调味用姜、葱、蒜、绍酒与混合香料包（小茴、花椒、黑胡椒、山奈、草果），吃时将肉块装在大盘里，用随身佩带的手刀割食。 ⑥ 西夏石烤羊：将羊肉批成大薄片，贴在炭火烧热的青石板上（石板需充分擦油），烧呈金黄色。"烤"时撒上用芝麻油、花椒粉、胡椒粉、丁香粉、桂皮粉、精盐与绍酒混合的混合调料，烤成即食。 ⑦ 紫果羊肝：将羊肝切成丝，腌渍包并网油蒸熟挂高丽糊再炸成金黄色。带花椒盐、蒜片和香菜佐食。 ⑧ 张掖大菜，即羊肉杂烩，由熟羊肉片、羊肝片、羊肺片构成主体，扣碗蒸扒而成，调味用酱油与精盐等。 ⑨ 陇西腊（卤）羊肉：将红曲汁遍抹羊肉，然后入锅加水、盐、绍酒、姜及混合香料包（花椒、桂子、桂皮、丁香、草果），用小火卤煮至熟烂，冷凉切片食用。 ⑩ 北京涮羊肉：将小羯羊肉速冻成薄片，在火锅中浸烫即食，边烫边吃，蘸料一般是芝麻酱、酱豆腐、腌韭菜花、酱油、辣椒油、卤虾油、芫荽末等。 ⑪ 北京烤鸭：将光"填鸭"充气，洗膛，挂钩（或上叉）、烫皮、抹糖色、晾皮，置烤炉中烤成皮色枣红，香脆化渣，出炉片皮，蘸甜面酱，包芝麻薄饼（或荷叶夹饼），佐黄瓜条食用。 ⑫ 扒驼掌：将骆驼蹄熟制去骨，切片扣碗蒸扒（或锅扒），调味需用上汤白汁或咖喱辣酱，也有使用葱酱豆豉的。调香一般要有淡淡的混合香料。 ⑬ 炒驼峰丝：将驼峰净肉煮制切丝，可配各色荤素菜，如火腿、玉兰笋丝、冬菇丝、韭菜黄、熟鸡丝等炒制，调料一般传统的是姜、葱丝、蒜茸、酱油、糖、醋等
北方的爆菜与锅烧菜	① 火爆燎肉	将牛、羊、猪、鸡等肉切成丝或片，与京葱丝、姜丝、蒜片、酱油、甜面酱（或豆酱）、芝麻油、绍酒等腌拌入味，直接将之投入已经在火上烧得发红串火的锅中发速煸炒致熟的菜。具有浓郁酱香与葱香和淡淡的烟燎之香

389

地　区	品　种	风　味　特　征
北方的爆菜与锅烧菜	② 油爆菜	将肫花、肚头、腰花、鸡心、驼峰片、鱿鱼或墨鱼卷经过预制嫩或涨发后，直接投入热油中急炸（变色即起），再迅速兑汁急炒包芡成熟。这是一种最为快速制熟的方法，芡汁一般由酱油、酱、葱、姜、蒜、淀粉、黄酒、醋、胡椒等多种调味料组成，具有脆嫩鲜香的特点。若突出酱的风味则谓之"酱爆"
	③ 汤爆菜	使用与油爆一类的原料与预加工，直接投入开沸的水中迅速烫熟捞起，置于已经做好的高汤中即成，汤味鲜醇，胡椒味重，而菜料则以脆嫩为特征，因其快速，故而也取"爆意"
	④ 锅烧菜	将肉类或其他原料经预熟处理后，挂糊酥炸，带甜面酱蘸食的一类食品预熟需将其调味，一般用酱油、盐等和一些常规香料，如茴香、花椒、桂皮之类
北方的其他一些特色菜肴		除了上述，北方还在锅塌、扒烧、拔丝、挂霜等菜肴方面比中国南方更具有特征性，另外，一些昆虫菜也较为突出，例如：蚂蚱、蚕蛹、幼蝉、蝎子、蜈蚣、蚯蚓等，一般采用炸制佐以花椒盐食用的方式，与南方的一些昆虫菜相得益彰，据认为，这类菜除了具有优良的蛋白质外，在中医保健食疗方面的作用尤为重视。
北方的一些主要面食类型		① 面条类 　著名的有兰州牛肉拉面；山东金丝面；天津的锤鸡汤面、炸酱面；河南潢川贡面、鱼焙面；河北曲周杂面、银丝杂面、金丝杂面、龙须凤尾贡面、隆化拔鱼面；内蒙荞麦杂面猫耳（面片）；山西刀拨面、黑面、擦面、空心拉面、刀削面；陕西的臊子面、疙瘩面等。 ② 饼类 　著名的有北京的肉末烧饼；天津的嘎巴饼；蒙古牛羊肉馅饼、哈达饼承德的锅饼、火烧饼；山东的叉子火食、盘丝饼；山西太谷饼、煮饼；陕西的太后饼、水晶饼、核桃烧饼、油酥千层饼、芝麻烧饼；辽宁的海城馅饼、杨家吊炉饼；吉林的三丈饼；新疆的馕回族的奶油回饼、干巴月饼；等等。其他还有煎饼、大锅饼、春饼、滩饼、糊糊饼、酒酿炊饼、干烙饼、贴饽饽熬小鱼（饽饽）等。 ③ 包子、馒头、窝窝头类 　著名的有北京的玉米黄豆粉窝窝头、豌豆黄、烧麦；山东的水煎包；天津的狗不理包子、素菜包；山东的大素包、长官包子；山西的莜麦面瓦酥；陕西的金线油塔、豆腐包子、橡头蒸馒、宁夏的羊肉泡馍；辽宁的水馅包子、马家羊肉烧麦；新疆的烤包子；回族的牛肉烧麦；羊肉泡馍；柯尔克孜族的石烤馒特；羌族的刀地子馍馍。 ④ 水饺类及其他 　著名的有天津的白记水饺；河北的老二位水饺；麒麟蒸饺、油水饺；山西的认一力饺子；辽宁的老边饺子等，在北方，特别是东北、华北，从会做饺子，以煮为主统称"北方水饺"，其地位与面条、包子、馍馍、饼一样重要，是最为普及的主食形式之一。实际上这些北方的面食主食形式也广泛在南方普及，而南方则具有更为细腻的点心化创作特征，作为点心使用。现代以来，特别在东北地区，大米的产量也急剧增多，使得在这一地区，米饭的主食地位也日益加重了与面食的配比，形成了面杂各平分秋色的结构。许多点心，如米糕、麻花、茶徽、凉粉、豆脑、圆子、糍粑、锅盔等形式皆北、南共有，只是形态、馅心、口味方面具有差别性

2. 中国的南方菜系

秦岭之南与长江流域，直至东南近海诸岛，统称为南方，南方基本以水田农业为主体，人们以稻米为主粮，麦面为副食，亦即在主食物结构上以饭、粥为主，面条为辅，包子、饺（馄饨）、饼、糕团等为点缀，另外，南方还有许多地方性特有的点心形式。在性质方面，南方的饭和粥与北方的面条、水饼、煎饼、糊糊、窝窝头和馍馍相同。在面点方面，北方的水饺到了南方则侧重的是馄饨和蒸饺。北方的馍馍、窝窝头在南方演化为花卷和小刀切，北方的大包子到了南方也演化为小笼包和汤包等。在菜肴方面，由于物产的差异性，南方在牛、羊肉方面不具备北方的条件，而侧重于猪肉，有的地区重视驴肉和狗肉。因为南方的多雨和水系发达，又具有漫长的沿海线，因此，水产品（咸、淡水产品）占到了菜肴食材的最为重要的位置，在亚热带平原与丛林地区，食物的多样性极大地丰富于干旱的北方。除了处于内陆的西南地区外，广大的东南地区包括淮扬与岭南的人们皆崇尚清淡的食味，盐、酱、油、醋香料皆淡。南方的蔬菜更是品种众多，品种量占中国蔬菜总源的 80% 左右，并且特别注重季节性变化。

长江流域也是中华文化的发源地，但是在秦汉之前并不是中心的主流地带，至于岭南台海地区，更是边缘地带，开发较迟，从而在经济与文化方面也相对地落后于中原，随着东汉以后中国的政治、经济、文化重心的南移，南方得到大规模开发，显示出巨大的优势。首先在苏、浙、皖的淮河与扬子江流域（淮扬）与上江中上游的川湘等地在唐代形成了仅次于京城长安的东、西两个经济政治中心。汉民族先进文化被大量移民带到南方。例如犁耕、纺织、冶炼、文字以及饮食的筷箸和养生学说等，从根本上改变了南方土著民的文化与生活方式。在北方游牧饮食的"满蒙大菜"融汇到农业帝国宫廷筵席之中的同时，南方的饮食也基本被汉文化同化了。在后 1000 年中，中国饮食文化从"五胡靡乱"中复归统一，南方一直是中国的经济、文化的重心所在，这是在更大范围中的多元化的形式统一，在形式框架之下，具有多样性，是在"靠山吃山，靠水吃水"的自然因素中的多样性。因此，南方菜系具有更为灵秀多姿的色彩。实际上，南方中国在地理自然环境上形成三大风味区域，由南岭连接武陵山、大巴山形成区别三大区域的天然屏障，由此，历史上形成有三个区域的中心扬州、成都和广州。扬州的古代概念即指淮河与长江中下游流域包括南岭以北的广大地域。其风味体系概称之"淮扬菜系"，是中国唐以后最为繁荣发达的经济与文化的重心。在风味上崇尚清淡平和、咸甜适中的本味主义。在创作风格上深受士大夫文人阶层的影响而加工细腻，格调高雅含蓄，强调意境，追求淡、真、鲜、活的原汁原味。在原料取材上，水产、时蔬比重最大，其次是猪肉和家禽。牛、羊肉比重较小，甚至有许多人并不喜欢吃羊肉。鱼、米、茶之乡是该区的特征。扬州、金陵、杭州、徽州、淮安、苏州、宁波等消费城市以食味名重一时，海陆食材并重，水禽蔬菜特出，节令食俗明显。饮食习惯远离了游牧及狩猎的影响,熟化程度最为精深,与法兰西、意大利清淡风格的不同点是调味调香在于透发主菜食料的内在本味,而不是遮盖或改变原味。因此,不尚香花香草,也不尚重香、辣味和重咸。

由湖南翻越大巴山脉或通过长江三峡便进入巴蜀四川盆地,这是一个唐以后的重要经济、文化中心地域,所谓"百族杂处"是指该区域是中国南部少数民族聚居最多的地区,20世纪50年代以前,许多民族尚处在半猎半农刀耕火种的文化阶段,例如壮、侗、苗、彝、土、白、藏等族,如果说,西北风味具有明显的伊斯兰饮食影响,那么西南风味则也明显地受到了来自印度香料的影响。混合香料、辣味等大多是香辛料东传的结果在食材方面,内陆产品比重大于水产,然而亚热带山林中的物种多样性却为之提供了丰富的资源,田园果蔬也占有重要地位。四川盆地素有米粮之川与蔬菜王国之称,辛浓酸辣、干香重味构成了蜚声海内外的山寨家常风味,给人以新奇刺激之感。以川湘风味为代表,更注重调味的重要复合和混合香料的遮蔽与改变性,故而有百菜百味之别,这与淮扬风味清淡平和、含蓄本真的风格恰好相反。

越过南岭,便是两广与台海之地,珠江平原、热带丛林与辽阔的南海使其堪称为食源最奇异之区,食俗最奇特之区,其美之处更兼有南洋诸岛国的神秘风情。实际上越南、新加坡、马来西亚的食味食风都具有相似风格,都明显地具有中餐、印度、西餐食味食风的综合影响,"生猛怪异"兼及农业、海洋、狩猎饮食文化特征,其调味清淡但food味丰富,尚鲜淡、甜酸、小辣、喜糖醋、果味、鲜奶、咖喱、沙茶;好野味,如猴、猫、狗、兔、蛇、鸟、虫、鼠之类,是其特长,生吃海鲜尤为突出。岭南风味以南洋新奇之风在现代中国烹饪中成为一个时尚。

表9-10中列出中国南方菜系的典型风味。

表9-10 中国南方菜系一些典型风味

区 域	品 种	风 味 特 征
淮扬风味(苏、浙、沪、皖、闽北、赣、鄂东)以清淡平和的本味为主导	蟹粉狮子头	猪肉与河蟹肉混合制成肉圆,用肉汤在小火上长时炖约3小时至软嫩。器用砂锅,调味用盐和黄酒,一般白炒、炖、煨、蒸、烩、烧之菜,通常调味如此,风味极清鲜。现代狮子头形式已成为一个系列,例如鲫鱼狮子头、鱼羊狮子头、素狮子头、明月狮子头、虾茸狮子头等
	扒烧整猪头	整猪头去骨,以黄酒代水,将其长时焖煮约4—5小时,至极酥烂,调味用冰糖、香醋、盐、少许酱油(也有用南乳、红曲代替酱油的),调香有大茴、小茴、桂皮、姜、葱等,口味咸甜微酸、酒香幽雅,大凡红色烧炒、焖、烩之菜之味皆如此,只是在长江南北之间对糖量的调节各有多少而已
	荷叶粉蒸鸡	将粳米与籼米混合加大茴、山奈、丁香、桂皮炒香熟,碾碎成粗粉,滚沾在用甜面酱、白糖、绍酒、酱油、盐及姜、葱丝腌拌的鸡块(或肉类或其他禽类食料)上,再用荷叶包卷蒸至成熟或酥烂即可,粉蒸菜特出荷叶与米香,调味除了咸甜亦可咸鲜,香料不能过重恐有损荷香

区　域	品　种	风　味　特　征
淮扬风味（苏、浙、沪、皖、闽北、赣、鄂东）以清淡平和的本味为主导	八宝类菜肴	将八种原料切丁混合制成馅心或辅料，在形式上可包卷在主料之中，亦可做伴料围或盖在合料上，在原料选用上不限，一般有荤素八宝和蔬八宝之别，以荤素八宝为最常用，用料最多的有虾仁、火腿、干贝、海参、肉丁、胗肝、鸡丁、青豌豆、香菇、笋丁、银杏、木耳、莲子、松仁、核桃仁等，在口味上有咸、甜之合，一般调味较清，突出八宝本身混融的香气为主，内藏八宝者宜用炖、蒸、焖、烤诸法，外用八宝者则宜炒、溜、烩诸法制熟。口味以咸鲜、咸甜为主
	醋熘鳜鱼	将整条或块鱼挂糊或不挂糊，经炸、煎、蒸、煮后，再浇淋或拌上另外调制的稠黏性滋汁（少司）。这些滋汁一般是糖和醋（白醋与红醋）（有的需使用番茄酱和其他具有酸甜味果汁，如苹果、草莓、橘子、橙子、香菠等）构成。米醋与糖为香糖醋味是传统模式。少加点辣椒为甜酸辣味也很普及。白醋一般用在果汁甜酸味中，瘦肉、禽肉、虾等亦可如此
	软兜长鱼	将鳝鱼烫熟去骨取鳝肉，下热油锅煸炒，烹下用酱油、糖、少许醋、胡椒、淀粉、姜葱蒜茸勾兑的卤汁，快速翻炒使之糊化包裹在鳝丝上即成。这种咸甜风味的炒菜之法普遍存在于淮扬地区的鸡、鱼、虾、肉及其他炒菜之中
	香炸银鱼球	将太湖银鱼加入鱼茸、猪肥膘肉茸中混合成缔。调味用盐、胡椒少许，姜、葱末、绍酒等搅拌后挤成直径 2.5—3 厘米球状，入油炸成金黄色起锅，撒花椒、盐装盘，带酸辣酱油或番茄沙司或甜面酱佐食。一般炸菜皆如此调味
	砂锅鱼头	将花鲢鱼头（1 000 克）劈开煎两面黄，加入白鱼骨汤用砂锅装盛上中火煨至汤汁奶白，加粉皮、豆腐、菜心，用盐、胡椒、姜末、葱段调味再煨 10 分钟即可
	宋嫂鱼羹	将鳜鱼腌渍蒸熟取肉，与熟火腿丝、笋丝、冬菇丝、鸡上汤同烩，用酱油、姜葱末、胡椒、米醋、绍酒、盐调味，用淀粉勾芡成羹状，再用鸡蛋液淋下，撒火腿丝、胡椒粉增其色味即可
	香蕉黄鱼夹	将香蕉切片夹在黄鱼片中，拍粉挂浆炸脆。鱼头、尾亦如此。将鱼夹炸好回锅加姜、葱末、番茄酱、白糖、醋、绍酒等爆至入味，撒下青豆拌烧入味，即可装盘
	蟹酿橙	将甜橙去肉，填入河蟹肉（先用姜末和一半橙肉和蟹肉煸香，调以盐、醋、白糖），在大盘内排放整齐，加入香雪酒、白菊花和醋蒸 10 分钟即可
	茸缔类菜肴	将肉、鱼、虾、鸡、豆腐粉碎为极细的茸泥，加蛋、水、盐、淀粉及姜、葱、酒汁混合成黏稠状缔子，再经过塑形成圆、线、片、糕、饼状形态固形用于各类水、炒、蒸、烩、炖、焖、炸、煎、烤菜肴之中，口味一般清淡，以咸鲜、咸甜、甜酸为主，以鲜香细嫩见长，是淮扬风味的一大特色
	泥烤叫化鸡	将火腿、胗、虾仁、肉、香菇五丁用酱油、白糖炒成熟馅，后填入腌渍的光鸡腹内（用酱油、盐、黄酒、姜葱末、丁香、大茴、玉果粉调味调香），再用猪网油、荷叶、玻璃纸与酒坛黄泥层层包裹，上炭基火慢烤 3—4 小时至鸡肉酥烂即可，食时去层层外壳，取鸡刷芝麻油，带葱白段与甜面酱伴食
	糟、醉类菜肴	用曲酒、酒糟、酒酿、腐乳糟、酱糟等腌渍的蟹、鱼、鸡、蛋，使之在一定发酵作用下成熟的菜肴，例如醉蟹、糟鱼、臭豆腐干、糟蛋等，这是淮扬风味的又一特色，具体又有生醉熟糟之别，口味清淡，香韵独特

393

区　域	品　种	风　味　特　征
淮扬(苏、浙、沪、皖、闽北、赣、鄂东)以清淡平和的本味为主导	花卉菜点	一些具有清香的无毒副作用的花卉,也常被运用到菜点调香之中,著名的有白菊炒鸡丝、茶叶虾仁、玫瑰糕、茉莉花、山鸡片、珠兰鱼米、桂花清蒸鸭等,口味清鲜淡雅,令人陶醉,另外,竹叶、松针、荷花、芦叶等都有助香助色的作用
	烟熏菜肴	具有熏烟风味的菜肴是淮扬风味的组成部分,有由生到熏熟的,有先煮熟后熏的;也有先熏再煮、蒸的等。如生熏白鱼、熏鸡蛋、熏板鸭等,熏烟料是杉木屑、甘蔗楂、茶叶、锅巴、红糖等,禽类一般在熏前需用小茴、桂皮、花椒、大茴、丁香、盐、酒、姜、葱等腌渍,熏后还需卤、煮、蒸、炸等。调味清鲜,一般咸鲜、咸甜或有微辣
	什锦和杂烩菜	将多种食料同锅烩、烧、蒸、炒的菜肴,什锦形容很多,一般在八种以上的配料。"八宝"是小形丁粒状料形物,是辅料,什锦则是汇聚多料的关系,是主辅关系。例如"佛跳墙"由水鱼翅 500 克,鱼唇 250 克,海参 250 克,鱼肚 125 克,金钱鲍鱼 6 只(约 90 克),水蹄筋 250 克,熟猪肚 150 克,净鸭脏 6 只,净火腿肉 150 克,鸽蛋 12 只,水发干贝 125 克,水发花菇 200 克,净冬笋 500 克,肥猪肉 95 克与猪爪 1 000 克,光鸭 1 只,光母鸡 1 只,羊肘 500 克一同入坛加 1 000 克鸡汤,冰糖 75 克,桂皮 10 克,绍酒 2 500 克,上等酱油 75 克,熟猪油 50 克同炖。再例如"鱼肚什锦",由干鱼肚 150 克,鸡、鱼、虾圆各 50 克,火腿 50 克,肫片 50 克,鲜虾仁 50 克,海参片 50 克,鸡丝 50 克,冬笋片 50 克,水发花菇 50 克,菜心 10 棵等同烩而成。什锦羹菜肴品种很多,一般汤浓味淡鲜厚,咸鲜白汁为主,咸甜红汁也较普遍。长江以北要加虾籽,长江以南则少加一些白糖
	虾菜	用河虾、江虾、海白虾制菜在淮扬风味中占有重要地位,虾贵于活,淮扬制虾不同于华北的生煎、干辈,也不同于岭南的白焯、清蒸、刺生,而是特长于生腌、酒醉、椒盐炸、盐水汆、油爆和糟卤等,用虾肉制菜尤其特长,如虾排、虾托、凤尾虾、水晶虾仁、虾盒、吐司虾、芝麻虾、芙蓉虾、锤虾、虾饼之类,口味都清鲜,不尚重味,忌过多香料和辛辣料
	豆制品类	豆制品在中国各处皆是重要的菜肴原料,但各地皆有其特色的方面,著名的有"大煮干丝"、"大烧百页"、"文思豆腐羹"、"平桥豆腐"、"镜箱豆腐"、"八公山豆腐"、"杭州素鸡"、"素火腿"、"梅香豆腐角"等,另外用豆腐皮和百页做的包卷菜也十分丰富,如"素溜鱼"、"素油淋鸡"、"如意腐卷"、"交切片"、"百叶卷"、"百叶包"、"百叶结"等,豆腐、百叶、豆腐皮、腐竹、豆腐干、豆腐果有着广泛的用途
	粮食制品	粮食制品很多,在二级菜肴原料方面有烤麸(面筋制品原料,制作菜肴用,适于卤、烧、烩等菜式)、水面筋(生的,由面团直接洗出,制菜用,如"素大肠","南腿口子面筋"等)、油面筋泡(油炸面筋果,极空花,制菜用,如"尼庵面筋"、"面筋塞肉"等)、水粉丝(淀粉糊化塑型的干制品,制菜用,如"素鱼翅"、"内末烧粉丝"等)、粉皮与凉粉(淀粉糊化冷凝制品,制菜用,宜凉拌、炒、烧、煎等,例如"凉拌粉皮黄瓜"、"凉拌刨粉"、"蟹黄烧粉皮"等等)。 在点心方面,淮扬风味特出的是花式细点,有金陵花式酥点、淮扬花式包子和花式蒸饺,苏州船点与花式糕团、淮安大汤包,靖江蟹黄汤包,南翔小笼汤包,小绍兴鸡粥,嘉兴的肉粽子;江西的清汤泡糕、萝卜饺;福建的肉蛎饼、鼎边糊、马耳、苹果;安徽的小笼楂肉蒸饭、大救驾、双冬

区　域	品　种	风　味　特　征
淮扬（苏、浙、沪、皖、闽北、赣、鄂东）以清淡平和的本味为主导	粮食制品	肉片、深度包袱、三河米饺、蒸卤面；湖北的花式饼、油墩、三鲜豆皮、糊汤米酒、绿豆糍粑等。其他常见的还有春卷、锅饼、烧麦、油糕、米团、锅盔、锅贴、藕粉圆、茶馓、麻花、油条、青团、馄饨、酒酿饼、黄桥烧饼、草炉烧饼、拖炉饼、火烧饼、水晶麻团、油饺、炒血糯、八宝饭、扬州什锦蛋炒饭等。 　　淮扬的面条亦作为点心，著名的有煨面（各式辅料，用高汤煨制）、过桥面（即高带菜，一面两吃）、燋灶面（带糟香的各种荤料焖制的老卤过面）、炒交面（现炒各种菜交的汤面）、炒面（将面条蒸或煮后拌油炒制，又有煎脆炒和软炒两种，配有各式辅菜交和汁卤）、拌面（又有脆拌与凉拌两种，前者是将面炸酥与配置炒菜连菜带卤拌制；后者将面条煮熟冷激后与调料配菜拌制）
	水生特色蔬菜	由于淮扬地区的地势低平，水网密布，从而特产许多水边蔬菜，常用的有茭白、紫果叶、茨菇、蒲菜、鸡头米、水芹、芋艿、菱、藕、莲心、草头、莼菜等，皆以清淡新鲜风味著称
西南风味（川湘、云、贵、鄂、西）西南的辣味特征	回锅肉	将猪的臀板肉或前走肉连皮白煮至6—7层烂，冷却后再切薄片煸炒，调味是：老姜、郫县豆瓣辣酱、永川豆豉、酱油、白糖、盐、甜面酱、红油等，风味咸辣微甜，酱香浓郁
	水煮牛肉	牛瘦肉切片上浆短煮即熟，调味是干辣椒、川花椒、豆瓣辣酱、盐、酱油、葱、姜、蒜等，风味：麻辣烫香突出，色泽红艳
	鱼香肉丝	用猪瘦肉切丝上浆滑炒，调味是葱、姜、蒜茸、泡红辣椒、米醋、盐、酱油、白糖等，风味具有咸辣酸甜、姜葱蒜香的特点
	干煸肉丝	将牛或猪、羊瘦肉切丝，直接在锅中用红油干煸至干香。调味是姜丝、川椒粉、郫县豆瓣酱、红椒油、醋口滴等，风味是干香麻辣，耐于咀嚼
	盐酸菜烧鱼	贵州盐酸菜烧鲤鱼，调味是红辣椒油、糖、胡椒粉、酱油、盐等，具有咸、酸、辣微甜的特点
	西南的特色鱼菜与特殊菜肴	① 西南有一些独特的鱼种，如滇池的马鱼与金钱鱼；龙湖的黄鳝鱼；岷江的江团与雅鱼；溪岩间的岩鲤等，为上等野生鱼，肉质皆清纯鲜美。 ② 制熟方法独特，一是"干烧"；二是"干锅"；三是"泡菜煮"；四是"蒸兑汁"；五是"五香熏"；六是"什锦煮"；七是"豆瓣烧"；八是"油锅浸"；九是"糟椒蒸"；十是"酸汤捣"。 ③ 西南鱼菜风味奇特，滋味丰富而浓厚，咸、酸、麻、辣、香，味味分明，例如： 　　干烧岩鲤，调味料是：煸香牛肉末、豆瓣辣酱、葱、酱油、醪糟汁（酒酿汁）、醋、绍酒、姜、葱、蒜茸、白糖。以香辣为主。 　　干锅鱼调味：干红椒、豆豉、红油、豆瓣、酱油、糖（花椒、丁香、香叶、小茴、桂皮）混合香料粉、红醋、芝麻油、糖、焦蒜子、葱、姜、美极鲜汁、黑胡椒粉等。干香麻辣、芳香复杂。 　　泡菜鱼调味：泡青菜沧红椒，酱油、盐、醋、姜、葱、蒜茸等。口味咸酸微辣十分利口。 　　五香熏鱼调味：盐、糖、醋、蒜末、干红椒节、五香粉、酱油、芝麻油等，将鱼块炸后卤制入味后，入熏炉再用松柏枝燃烟熏香，咸甜微酸微辣，烟香清幽。 　　清蒸金线鱼是先用盐将鱼腌渍10分钟，再蒸熟扣入碗中，将鸡汤、云腿丝、老蛋糕丝、盐、胡椒、芝麻油一道烧沸成味汤加入鱼碗中，带特制姜醋碟（醋、

395

区　域	品　种	风　味　特　征
西南风味（川湘、云、贵、鄂、西）西南的辣味特征	西南的特色鱼菜与特殊菜肴	姜末、芝麻酱、芫荽、葱末等）蘸食，口味复杂，鲜美。 　　大理砂锅鱼（什锦煮）：用鲤鱼或雅鱼与水发鱿鱼、海能、蹄筋、鱼肚、豆腐皮、冬菇、玉兰片、鹤庆圆腿、熟猪肚片、白肉片、肝片、腰片、蛋饺、丸子、豆腐、白菜心、红胡萝卜等同锅煮，调味用盐、胡椒粉、芝麻油、猪肉汤、绍酒与姜葱。本味浓郁复杂，多元复合。 　　豆瓣鲜鱼的调味：用多量豆瓣辣酱煸出红油红烧鲜鱼，鱼种不限。主要以豆瓣的香辣咸鲜为特色。 　　沸腾鱼与泉水鱼（实际上只要细嫩原料皆可，如沸腾虾、甲鱼、鸡等）就是一种现食油浸之法，先将原料腌渍入味，置一容器中，临上席注入用混合香料熬制的热油（150—160℃）。前者油色较清，辣味可以腌渍在原料里，后者是加干沧椒或海椒节熬制的香料红油，其色比正常红椒油较淡，由于在席上容器中油有沸腾状或如涌泉，故名之。风味特别咸鲜细嫩香辣爽口。 　　红糟椒蒸鱼：又叫"剁椒鱼"，即将糟辣椒剁碎腌渍并覆盖在鱼或鱼头上蒸熟，也可用腌红椒或沧红椒，姜、蒜片与花椒粒在"剁椒"中占1/5，其菜咸辣鲜香，风味特别，很是刺激，有的地方还喜欢在其中加入适量辣或芥末更具有震撼力，为了缓解辣度亦可少许加糖。 　　酸汤捣鱼可以说是一种奇怪的吃法，流传在贵州东南的苗族地区，因将鱼肉在特制酸汤（一种在杉木桶中发酵的清米汤）中加盐煮20分钟（即熟），再将鱼肉去刺捣成泥蓉状，调以木姜子、葱、姜、蒜末与花椒粉，然后食用，口味奇特，具有咸、辣、麻、酸的风味，这是老年人的专门食品。 　　上面对肉与鱼菜调味的特异性可以说是西南奇异风味的一部分，是普及于各种菜肴的一般现象。特别的案例我们还可以从下面一些菜肴中看到在成菜形式与调味形式方面的变化。① 气锅类菜（一种具有蒸炖结合的器皿，在中国各地都在使用，但在云南与四川菜中最为普遍）；② 竹筒类菜（用青竹筒作容器盛菜蒸或烤，这是西南的特征器物），如"竹筒鸡"与"竹筒饭"。③ 樟茶类菜（即在制熟前或后用樟木和茶叶混合熏制的菜，如"樟茶鸭"）。 　　④ 宫保类菜（主要特出干椒煸香的炒菜，包括鸡、肉、鱼、虾之类的特型菜，特定用油炸花生仁相配）。 　　⑤ 铜鼓（锣）类菜（即将干锅形式与烧靠烩菜结合在以铜鼓或锣中，以此作特色容器的成菜形式。另外瓦木盆类菜也是同样性质）。 　　⑥ 火锅类菜（火锅是中国的一大特色，各地皆有，但在西南尤以四川"鸳鸯火锅"最具特色，与北方的"羊肉火锅"、淮扬的"生片火锅"和港式的"边炉"齐名，将两种对立的汤注入隔开为二的同一只火锅中，一边是清醇的上汤；一边是浓郁的香料与辣麻汤，将荤素各料在汤中边烫边吃，各取所需）。 　　西南虽说也具有如淮扬清淡和华北肥厚咸鲜的菜肴，但辣风味无疑是最有别于其他地区的最显著特色，然而西南的辣不是像印度那样将之分为浓烈度的10个等级，而是在特色配合上表现特征，有专家将之归纳为：① 椒麻之辣（辣椒+花椒）② 辣椒之辣（油辣椒纯辣）③ 葱椒之辣（葱+辣椒+花椒）④ 酱辣之辣（豆或面酱+辣椒）⑤ 姜椒之辣（生姜+辣椒）⑥ 蒜椒之辣（蒜茸+辣椒）⑦ 麻酱之辣（炸芝麻+辣椒）⑧ 陈椒之辣（陈皮+辣椒）⑨ 泡椒之辣（泡菜+辣椒）⑩ 醋椒之辣（醋+辣椒）⑪ 蜜椒之辣（蜜或糖+辣椒）⑫ 甜酸之辣（又叫荔枝之辣，即糖醋+辣椒）⑬ 胡椒之辣（胡椒+辣椒）⑭ 芥辣之辣（芥油+辣椒）等⑮ 咖喱之辣（咖喱、球葱+辣椒），这些还不包括它们之间的重合变化，可谓极尽辣麻之味的变化之美。在这里，咸味是基本的，辣味可以变化，可以发挥到淋漓尽致

区　域	品　种	风　味　特　征
西南风味（川湘、云、贵、鄂、西）西南的辣味特征	西南的特色食材	①泡菜：将新鲜蔬菜在盐溶液中长时间浸泡至乳酸发酵成熟的咸菜，具有咸香酸辣微甜的特点，以四川泡菜为例，不同于单纯盐腌菜，也与东欧白醋泡制的酸菜不同，一般需要干酒、绍酒、缪糟汁、干红椒、甘蔗、红糖为调料；草果、花椒、大茴、山柰、胡椒等为香料。 ②菌类：西南的菌类主要是竹荪菌、羊肚菌、牛肝菌、鸡纵菌等名冠中国。 ③药材：西南特产大红椒，皮薄肉厚，是重要调味品，麻香味浓郁。天麻、虫草等，也是重要的辅助材料。 ④榨菜，叫大头菜。是四川著名的腌菜之首，榨菜由茎用芥菜腌制压榨出水分而成，故叫榨菜，是咸菜也是重要的菜肴辅料，在世界上与德国的甜酸甘蓝，东欧的酸黄瓜并称为三大腌菜。 ⑤雪魔芋，即魔芋粉糊化再冷冻起孔隙状的，又叫"黑豆腐"。另外，葛粉与蕨菜在西南风味中也占有重要的地位
	著名小吃与点心	担担面、过桥米线、波丝油糕、蛋烘糕、鲜花饼、牛肉焦饼、宜宾燃面、红油银丝面、破酥包子、椒叶粑粑、丝娃娃夜郎面鱼、社饭、姊妹团子、糯米藕饺饵、虾糊饼、脑髓卷、火宫殿臭豆腐、鸡豆花等，与淮扬相比，西南更出色的就是小吃，风味的乡土气息尤其浓郁
岭南风味（粤、桂、海南、港、澳、台、闽南）以生猛海鲜甜酸淡为主要特色	广东卤水	卤水是一种配制了高汤、混合香料的和多种调味品的可反复加热制熟食材使用的汤液。其实卤水制品是中国制作凉菜的一大特色，全国各地皆有不同种类的卤水，例如：五香牛肉卤水、酱鸭卤水、京江肴蹄卤水、盐水鸭卤水、烧鸡（或扒鸡）卤水、燋鸡卤水等。然而这些大多是专门性卤水，也就是说，每种卤水只对一种或一类食材加热卤制，因此也不具有广谱性。而广东卤水则与之不同的是具有广谱性亦即一锅预制的卤水可以对不同性质的食材同锅卤制，例如牛肚、猪肉、豆腐、鹅肫、鸡蛋等，只要没有特殊腥膻等异味的原料包括白菇、竹笋之类都可为之。广东卤水与其他地区卤水比较特别精良。首先，各料要新鲜，无需腌渍，而需先焯透水断生，不能有血腥与黏液。第二卤水配料极其丰富，有老鸡、中式火腿、肉骨、牛骨、干贝等，经8—12小时慢火炖吊出汤，再调以用茴香、月桂、山柰、草果、良姜、罗汉果、老姜、葱头、香茅、豆蔻、蛤蚧、白芷、淮山药、甘草、当归等（10—20种）混合香料汤（或药包）勾兑。这种混合香料，实际上每个地区乃至每位大师都有其秘不传人的配方，根据要求组配香型，变化无穷。一些有较强色彩、香气和口味的香料一般使用得较为谨慎，如丁香、干椒、花椒、薄荷、姜黄和红花等，在色泽上，有大红卤水（加红曲或南乳）、酱红卤水（酱油、红花）、黄卤水（姜黄或淡酱油色）与白卤水（盐）在卤水中一般要加适量冰糖调节药料的苦涩之味，如果是红卤水则为咸甜口味。广东卤水拼盘一般由4—6种卤料构成，在筵席桌上具有着凉菜（前菜）的中心地位
	广东刺生	将龙虾、象拔蚌、北极贝、三文鱼、生蚝、血蛤、基围虾等海生鲜活食材生片、冰镇带蘸料汁酱上席生者，就是刺生。广东刺生受南海岛国及西欧食风影响，在近世成为时尚，并将之传递于大陆，成为一种高档享受。实际上，在100年前，由于汉民族的深度农业化，岭南的大众饮食已远离生食，刺生并不具有较高品位，岭南沿海地区的刺生仅在高级酒店中供人品尝，在内地人看来，刺生是近现代海岸开放的象征，同时也是粤菜时尚的一个标志，与日本与西欧不同的是，对较大体型，如澳洲龙虾、象拔蚌之内，刺生则包含了一料二吃或三吃形式。例如大龙虾刺生就是虾片生吃，爪与头油炸椒盐，碎料则用来作菜泡饭。充分地做到了物尽其用，风味多样。生吃的蘸料汁酱一般是美极鲜汁，酸辣酱油、柠汁和浙醋等，无论用什么蘸料组合，其中芥末膏是必不可少的

区 域	品 种	风 味 特 征
岭南风味（粤、桂、海南、港、澳、台、闽南）以生猛海鲜甜酸淡为主要特色	粤海风味中的白焯菜肴	白焯是将原料在热油或沸水锅中迅速烫熟或半熟，然后浇淋或蘸调味汁酱食用，一般细嫩鲜活的食材皆可如此。因此，白焯吃法在粤海中具有广谱性，例如，虾、鱼片、蔬菜等，使人感到既接近于熟又接近于生。尤其在蔬菜方面，既不像内地炒、烧、煮，又不像西餐和印度式直接生吃。明显地具有农业文化与海洋文化的交汇特征。
	岭南风味的特征性调味汁酱	由于岭南处于开放的南方前沿，既能较好地传承传统，又较强地受到外部影响，并将之完美地结合起来产生许多新颖的风味，特别在调味汁酱、粉料与面表现得最为突出，常用的有：七口酱、豉油鸡汁（酱）、沙茶酱、沙爹酱、虾油、虾酱、蚝油、鱼露、柱候酱、蒜茸酱、甜辣酱沙司、番茄酱、花生酱、玫瑰酱、酸梅酱、草莓酱、什锦果酱、苹果醋、豉椒酱、柠檬汁、老姜汁、咖喱酱、卡夫奇妙酱、椰蓉酱、椰子粉、芥末酱、磨豉酱、南乳汁、白醋精、大红浙醋、糟汁、急汁、西汁、煎封汁、OK酱、蜜橙汁（酱）、黄油、吉士粉、黑胡椒、美极鲜汁、白酱油、菠萝汁（酱）、海苔酱、茶末酱、瑶柱酱、香芹汁、鲍翅汁（酱）、忌司粉等，加上原有的老抽、生抽与豉支豆腐等传统调味品，可谓中外合璧，叹为观止，别开生面。现代这些调味品已被其他风味菜系广泛使用
	一些代表岭南风味的菜肴	○片皮乳猪：即在炭火上烤熟的脆皮乳猪，内壁用豆酱、腐乳汁、芝麻酱、汾酒、白糖、蒜汁混合腌渍，上驻，外皮用特制糖醋水遍抹，晾干，然后将四肢与头劲用木撑展开，上火烤至皮色枣红、发脆，吃时片皮蘸甜面酱，带葱白段包在千层饼中食用。 ○糖醋咕噜肉，将肉腌渍挂糊炸脆，浇拌用米醋、葱汁、白糖等调制的稠黏芡汁的甜酸菜式。 ○香芋扣肉：将猪五花肉连皮红烧至七成烂，然后切成薄片与香芋一同扣在扒菜碗中，吃时复蒸扣盆卤汁，调味主要用大茴末、南乳汁、白糖等，口味咸甜并有南乳糟香，色泽红艳。 ○果汁肉脯：将肉片捶松拍粉炸酥，浇拌入用鲜果汁调制的酸甜芡汁。传统上用茄酱，现代已改用玫瑰酱油或草莓酱、酸梅酱、橙汁、果醋等。 ○广东叉烧肉，又叫蜜汁叉烧，即将肉条用盐、糖、酱油、豆酱、汾酒拌匀腌渍，然后上叉排入烤炉烤制成熟，出炉再遍涮糖浆、蜂蜜复烤2分钟即可，具有内咸外甜，略有蜜味，瘦肉焦香，肥肉甘化的特点。 ○豉汁蒸排骨：将猪仔排与豆豉泥、盐、白糖、酱油等拌匀蒸至酥烂。豆豉香鲜诱人，有的也可加些红椒粉，豉汁蒸适用于肉类、甲鱼、禽类等。 ○五彩酿猪肚，将咸鸭蛋黄、皮蛋、瘦猪肉、猪皮冻、熟火腿加香菜、盐、汾酒等填入猪肚之中入白卤水中浸焖至熟烂，再冷冻凝结切片装盘，五彩酿法也可用于蛋皮、百页等包卷菜之中。 ○蚝油牛肉，将瘦牛肉丝上浆滑炒，调以蚝油、胡椒粉和酱油等，咸鲜肉嫩，蚝油味浓。蚝油调味的炒菜除牛肉外，猪、羊、鱼、鸡、鸭、虾等皆可。 ○沙茶涮肉片（牛、羊、猪、鸡、鸭、鱼、虾等皆可），将肉片在桌上小锅中煮沸的汤中涮吃，吃时需蘸着特制的沙茶酱料，边涮边蘸边吃。沙茶酱是花生仁、熟芝麻、左口鱼、虾米、椰丝、大蒜、生葱、芥末、香蒜、红椒粉混合磨碎，加菜子油与盐熬制成的金黄色混合酱，色泽金黄，口味香辣。其与熟猪肉、麻酱、辣椒油、白糖搅匀成味碟蘸酱。 ○粤式清蒸鱼：与淮扬、京鲁和川湘蒸不同的是，粤式蒸鱼要弃去原卤，另浇稠汁，例如葱油、生抽或豉汁或用上汤调味勾芡。蒸鱼时多一分不可，少一秒也不行，要龙骨见血，但鱼肉已经白凝，最见鲜活。

区　域	品　种	风　味　特　征
岭南风味（粤、桂、海南、港、澳、台、闽南）以生猛海鲜甜酸淡为主要特色	一些代表岭南风味的菜肴	○粤式五柳菜。五柳即指瓜英、锦菜、红姜、白酸姜与酸乔头所切成的丝。五柳搭配许多菜，使五柳搭配成为一类菜模式，例："五柳白云猪手"、"五柳尾鱼"、"五柳鸡丝"等，五柳菜或油浸、或蒸、或炒等，都具有酸辣微甜的特点。 ○沙锅炆鲤鱼：将鱼腌渍，将瘦猪肉丝、香菇丝、姜丝用深、浅色酱油拌匀，同置在沙锅中竹之上。下垫葱条，上铺辅料，再浇猪油，在中火上煎炆至熟装盘，淋上原汁、芝麻油，撒上胡椒即可。风味原味鲜嫩，油润清香，用沙锅干焖菜是粤菜中特有的方法，主要用于大虾、鱼、嫩鸡等。 ○闽粤煎封鱼：用煎封汁勾芡成芡汁浇盖在煎成金黄色的鱼上，煎封菜就是煎熘菜，适用扁平体的鲳鱼和鸡、肉排等，煎前需将食材用酱油和姜汁腌渍，有的还可拖蛋糊，煎封汁是特制调味汁，由上汤、盐、急汁、白糖、深色和浅色酱油混合煮沸而成，口味咸甜酸香。 ○干煎虾碌：与北方干靠大虾性质相同，则是在调味上通常为茄汁、急汁、白糖、麻油等，用上汤兑成味芡汁，淋浇入煎（炸）的虾段上，使之裹附在明虾段上，口味甜酸，此为粤菜"十大海鲜"之一。 ○干蒸大红膏蟹：将膏蟹切块，敲烈蟹壳，直接干蒸至熟，带上蘸味汁（姜、蒜泥、浙醋、精盐、芝麻油等构成）。此是粤海"十大海鲜"之一。 ○明炉烧螺：明炉是火锅的一种便携形式，即小锅放在酒精或燃气炉上，一般用上汤为汤基边煮（边涮）边食，海螺为南海的特产，海螺制法是将其厣口向上，放姜葱，以椒汁、绍酒、浅色酱油等于其上，使之慢慢渗入，然后将浸味海螺在炭火上转烤至螺肉收缩，肉厣脱落。将蜜柑肉排在碟子一周，另将螺肉取出去头部杂质，片成薄片排放在碟子中，上叠火腿片与明炉一同上桌，烫食时佐以梅羔酱和芥末酱。明炉菜是一个系列，适合于任何新鲜细嫩的海、河鲜和肉类、蔬菜。明炉上容器的锅子有各种形式，如沙锅、金属圆底锅、手底锅、鱼形锅和船形锅等。 ○东江盐焗鸡：将肥鸡洗净，用盐、大茴末等腌渍，包入油纸，埋入炒烫的粗盐中焗熟，以沙姜油盐佐食。 ○椰奶鸡：将鸡切块煸炒或炖熟，调以椰汁和鲜牛奶，充满了南国椰奶芳香的风情。 ○八珍扒大鸭：将光鸭先经红焖制烂，整出骨，再用郊菜、吨球、猪腰球、鲈鱼球、虾球、猪肚仁、浸发鱼肚、水发香菇等一同扒制，调味用盐、糖、胡椒粉、蚝油、深色酱油、姜汁酒等，口味咸甜中有清清的海鲜香。 ○粤海鲜果和花卉菜：新鲜水果是重要入菜原料，与印度不同的是无需香料，与西欧不同的是亦无需用酒和奶制品辅配，而是更崇尚本真之香，或清炖、清炒、清烩，或冰糖甜菜或酸甜溜品之类，例如"荔荷炖鸭"就是在炖鸭中最后 10 分钟放入鲜荷花和鲜荔枝，再如"柠汁煎鱼排"是鱼排煎成最后烹淋柠檬汁；"姜萝虾球"就是子姜、菠萝片、红椒片与虾片搭配的滑炒，调味用盐、白醋、白糖等，口味咸甜酸微辣，极其清鲜爽口。 ○蚝油菜：以蚝油为主调料的菜肴，是闽粤的特色之一，例如"蚝油生菜"、"蚝油鸡脚"，可清炒，也可红焖，一般用蒜茸、红椒、酱油、大茴末、陈皮、糖等搭配使用，一般不用具有强烈香气的调料，以免对蚝油本味的遮盖
	闽、粤、台、海的特色海味和珍品	除了正常的水陆食材外，岭南尤以海味珍品著名，如鱼翅、鱼骨、鱼信、鱼皮、鱼肚、鱼唇、鳖裙、鲍鱼、梅花参、瑶柱、燕窝、生蚝、各种海螺、膏蟹、珍宝蟹、帝王蟹、大龙虾、对虾、象拔蚌等

区　域	品　种	风　味　特　征
岭南风味（粤、桂、海南、港、澳、台、闽南）以生猛海鲜甜酸淡为主要特色	岭南的野味	岭南奇异食风在野味的多样性上尤为特出，例如蛇、鼠、猫、狗、兔、豹、狸、竹鼠、山甲、娃娃鱼、果子狸、山瑞、野鸽、斑鸠、田鸡、石磷、禾虫、蚬鸭、野鸡、山龟、孔雀、竹鸡、山斑、鲤鱼等，现代许多品种已成为保护动物，但有些已开始人工驯化、繁殖，如蛇类、鹌鹑等，使之仍能部分地保持着这一传统
	一些岭南名点名食	岭南点食以广东为代表，习惯将这部分称之"广点"，广点特色主要由如下品种得到反映。 ○粉果：又叫粉点，是广点有别于其他风味的重要特色之一，用澄粉与生粉（木薯粉）混合面团制作的各式有馅点心，大多具象形形态，例如"绿荫白兔虾芽饺"，与苏州船点有异曲同趣之妙。 ○叉烧包：广东的代表包子，即用足酵低筋粉面团制皮包叉烧肉馅的开花包子。 ○广式月饼：与苏式月饼并称，用糖浆面做皮，包入各式干果、蜜饯茸、咸蛋黄、火腿、叉烧等咸、甜馅心，上模造型，烘烤而成，盛行于东南亚地区。 ○肠粉：用大米粉浆摊平蒸熟再包成各式咸、甜馅心，卷成筒形（肠筒）蒸熟，蘸以调味料，是早市必备小吃。 ○艇仔粥（或蚝仔粥）：将鱼片与花生、瘦肉、皮蛋等各式荤素配菜同煮的稀粥，有许多不同搭配，并要调以盐、葱、姜、胡椒或酱油等。实际上用鱼、肉加不同素菜熬煮的菜粥，与腊八菜粥大同小异。 ○皮蛋酥，用水油面团包油酥制皮，包以皮蛋、糖姜、莲蓉等混合物，制成饼形烧烤而成的酥饼。 ○容煎与河翁，前者是水面团加糖包纯油酥心制成的油炸点心，后者是蛋、糖发酵面团的油炸品。 ○荷叶饭，用荷叶包的蒸饭团，饭团中有猪肉、虾仁、香菇等辅料，这是夏季便捷小吃。 ○螺蛳粉与粉利，前者用炒螺蛳的汤卤炒米粉条，后者是用米粉线或面片加调料炒或拌食。 ○豆饭，在糯米饭团中包绿豆蓉和油酥糍的油炸小吃。 ○假粽子与蕉叶糍：前者以芭蕉代替粽叶，将糯米、籼米磨浆，加青蒜叶汁、腊肉、香菇等，装入垫有芭蕉叶的竹笼中蒸熟，后者则是将干米浆制成糍粑，裹以甜或咸味辅料，用芭蕉叶包卷蒸制而成。 ○芋头糕：在米浆中加芋头丁、葱、虾米和调味料蒸制而成，所用为槟榔芋，去皮切丁后用碱水正急再漂清水，加胡椒粉、盐、五香粉、虾米、葱及香肠等煸炒后拌入，上模具蒸熟。 ○腊肠卷与煎堆：前者将发酵面团搓条缠绕在腊肠上蒸熟；后者用糯米粉团制皮包椰糖丝油炸而成，与麻团和锅盔相似，但不穿心而需用糖与粉团反复揉搓，每个煎堆油炸制成有小排球大小。 　　米粉、豆粉制品是该风味区域的点心小吃的主要形式，除了上述诸种粉食之外，有名的还有肉蛎饼、鼎边糊、马耳、芋芳、花生烙、手抓（豆粉）面、云片糕、伦郊糕等

　　筷箸饮食文化除了中餐，还包括韩、日与南部的越南饮食。在 16—17 世纪近现代西方强势文化尚未东进之前，它们都强烈地受到来自中国大陆文化的数千年影响，与中国饮食文化具有千丝万缕的联系。本土饮食文化与中国饮食文化的完美结合又形成了各具特色的风味流派。

3. 朝韩风味流派

自远古旧石器时代以来,朝鲜半岛与中国就密切地联系着,据考古学研究认为,半岛出现的新石器时代"巨石文化"与中国辽宁、山东等地同类文化基本一致。朝鲜半岛很早就出现了定居的农耕文明,其五谷杂果、蔬菜的种类基本与中国相同,最迟于公元前3世纪时,朝鲜开始了稻米的种植,6世纪前后,牛耕与铁制农具得到普及,这些都是得益于对当时中国先进文化的学习。中国的儒学、政治、经济、养生等文化深刻地影响着朝鲜文化的形成。尤其在10世纪以后的数百年间,中国东北地区的契丹、蒙古、女真政权相继崛起,这些北方游牧民族铁蹄给高丽农耕文明造成了极大冲击和深远影响,使朝韩饮食文化中积淀了许多满蒙文化的因子,而特长于烧烤肉食。虽然朝韩半岛三面环海,有丰富的海产品,但其具有深度的农耕文明传统,从而并不像欧洲亚平宁半岛与日本岛居民那样生吃海鲜,而是崇尚熟食,但在蔬菜方面则生食性居多。在主食方面以米饭为主,近似于中国南方;在肉食方面主要是牛肉、狗肉和鸡肉,不吃羊肉、水禽,猪肉也较少,这是物产资源因素所养成的一种习惯。在调味方面,喜用酱制品,尤以鱼虾酱、酱油、辣酱与大酱为特色。除了烧烤外,制熟方法一般较为简单,以煮、拌和泡菜为主流,食味清淡,尚咸、酸、微辣、微甜,香料极少(表9-11)。

401

表9-11 朝韩烹饪食品的基本形式

类 别	风 味 特 征
朝韩烧烤菜	韩国烧烤,一般是炭烧、熏烤和铁板烧的统称,烤前一般需用酱油、香油、芝麻、葱、蒜等调料将肉腌渍,没有晾皮挂糊、涮糖之类。畜肉、鱼肉、禽肉等皆可烧烤,烤好还需带酱、酱油、辣油、果汁等混合酱料蘸食。腌渍与蘸料配方一般各有配方,并不雷同,吃时还需用生菜卷裹,著名的烤菜如下。 ① 烤肉,在铜盆或铁板上烤,实质上是干烙成熟;② 熏牛里脊:在特制熏箱(木炭)中熏烤,要带有烟香气,熏熟需凉冻后切成薄片,卷上苏子叶、杭子椒、紫菜丝、白萝卜丝,圆白菜丝、生菜等各种蔬菜蘸以熏汁食用;③ 水原排骨:将通脊肉批成大薄片,撒上盐、香油、芝麻等折叠腌渍2天左右,上桌时,烤至即熟(或八分熟)蘸芥子酱或咸肉酱食用。一般还需用各式泡菜搭配,并配套以酱汤
狗肉	狗肉是韩国必不可少的肉食,其地位与牛肉一样,朝韩人吃狗不像中国人要在冬季,而是四季吃狗,认为狗肉能滋补强身,是男人的风范,狗肉有多种吃法,著名的有狗肉火锅、烤狗肉、炸蒸狗肉、焖罐狗肉、高丽参炖狗肉、玛瑙狗肉等
朝韩泡菜	泡菜在朝韩具有悠久历史,据说有上千品种,主要是盐腌发酵调以辣椒,具有咸鲜酸辣、微甜的风味,几乎所有蔬菜皆可为之,近似于中国的四川泡菜,但不放花椒及其他香料和酒。在朝式泡菜中,一些小螃蟹、章鱼、虾等也可用大白菜包卷起来腌渍,其鲜味、香气又有别于中国泡菜
朝韩的一些特别的食味	一般来讲,朝韩风味与中国大同小异,但其又具有一些侧向性特色,典型的有如下品种: ① 火锅,韩式火锅多以牛肉与海鲜为原料,以牛的内脏与蔬菜搭配边煮边食,例如"牛肠火锅",一般家庭日常火锅用豆瓣豆酱调汤,汤中牛肉和牛骨熬炖谓之"雪浓汤",将牛肉与海鲜薄片配以蔬菜与面条一道煮食谓之"面条火锅",相当流行

类　别	风　味　特　征
朝韩的一些特别的食味	② 饭，饭的特色形式为蛋包饭(鸡蛋皮包炒饭)、石锅拌饭(将白饭与蔬菜、肉、蛋等搭配在烧得滚烫的石制锅中拌食)、紫菜包饭(将饭蟹黄、黄瓜、泡菜等包在紫菜中)等。 ③ 风味灌肠：将豆腐、粉条、大米和蔬菜配制成馅，灌入猪肠的食品

4. 日本料理

早在旧石器时代，日本岛就有原始人类生存，距今 1 万年左右，日本开始进入以"绳纹式文化"为主要代表的新石器时代，狩猎、采集、捕捞是当时的主要生存方式。绳纹式文化后期，日本原始农耕文化开始形成，据考证主要得益于大陆的移民。约公元 3 世纪后，稻谷种植、青铜冶炼由中国传入，日本进入以农耕为主的"弥生式文化"时期，随后在公元 2 世纪前后铁器的传入。受中国影响最为强烈的北部九洲地区，原始公社首先解体，从而出现了日本国家的雏形——牙玛台国。在中国东汉末年三国时代受到曹魏皇帝的册封。日本的海洋渔猎文化与中国东传的农耕文化开始了 2 000 余年的深刻融合形成了本土的"大和式文化"。3 世纪大和国家兴起于本州中部，凭借肥沃的土地和大量汲取中国先进技艺和移民，大和国家发展迅速，至 5 世纪初建立了统一于日本列岛的强大国家，可以说，日本与中国在文化上建立了超乎于任何国家(除朝韩外)的千丝万缕的联系，有文化学家认为，日本是中国传统文化最佳继承者之一，乃至在今天的日本饮食文化之中还可以看到许多中国唐、宋的遗风。日本式小屋、榻榻米、和服以至五彩斑斓的日本料理都显得那样传统，以至成为现代美食世界的一道独特的风景。

与中国不同的是，日本毕竟是一个海洋型生态国家，生吃性具有悠久的传统，它深受中国唐宋农耕文化的影响，但在最近 200 年间又先于中国向西方文化开放大门，受到来自西方的饮食文化影响，因此，在筷箸型饮食文化中显得那样特立独行。日本人以稻米为主食，习俗近似于中国东南沿海省份，但是，日本是佛教和神道教国家，在明治维新之前几乎没有吃红肉的习惯，而是以海产品为主。斋戒是其重要的仪式，在这些仪式里日本慎食包括鱼、虾在类的一切肉食，而重视素食，禁忌带血的动物。可以认为，日本料理是一种海洋型饮食与农业型饮食的结合体，在形式上又是古典的、宗教的与现代形式的综合体，并且具有各自不同的形式特征。

1. 古典式本膳料理

传承于 14 世纪室町时代的木土型料理供应形式，菜式简约，一般 5 菜 2 汤到 7 菜 3 汤不等，现代除了少数婚丧喜庆、成年仪式和祭典等正式场合外，"本膳料理"形式已不多见。

2. 宗教型怀石料理

随着日本茶道形成的具有禅礼性质的料理形式,本意是禅师修行与断食中,强忍饥饿,怀抱热石取暖。因此,"怀石料理"的本质是搭配菜道,烘托茶饮美味的料理,怀石料理的各式菜、点都必须具备"精雅素洁"的本味,以素食为主体,兼及海鲜(或者根本就是佛、道素食的本质),食味极其新鲜清淡,是日本料理的精魂,位居日本料理的最高品级,代表了日本现代高级料理。怀石料理的特征是:饮食问器、以色悦食、造型象物、香取花果、味求淡真、格调高古、四季有别。筵席菜式的配置为单数,一般为9—11道品种,制法严谨。

3. 现代会席料理

会席料理亦即宴席聚会料理,菜式配置自由,追求美味,不受旧法约束,从而显得开放和包容,是日本现代饮食中多元综合的一种时尚。

总观日本料理,其与中国传统的联系深入肌理。日本有"五味、五色、五法",即甜酸苦辣咸为五味,白黄红紫青为五色,生煮烤炸蒸为五法,日餐的食味与设色又具有四季时令的习俗,浓浓地透视出来自中国农耕饮食文化的影响。实际上,日本料理可以说是食味最为清淡的,一般以甜、咸为主,但其食盐量更低于中国东南沿海居民的食盐量,辅之以酸味和辣根、芥末之辣,而对葱、蒜、辣椒、花椒以及气味较重的香料香草并不喜欢。鲜花、绿叶、古器是日本料理形式之美,闻名世界,被誉之为"用眼睛品尝的食物",美轮美奂。表9-12列出日本料理的常规菜式。

表9-12　日本料理的常规菜式

类 别	特 征 简 释
先付	即小型调味菜碟,以甜、酸、咸各式小菜为主,起到开胃佐酒的作用
前菜	即如中餐冷盘,单、拼皆可,为正菜的开始
先碗	调口之清汤,食味清淡,洗清味蕾,为后面对主菜的品尝做准备
刺身	即生食鱼、虾、贝等,为主要菜式,有全生和半生之类,全生者,是将生片直接冰镇,蘸酱油、辣根酱或山葵泥的混合酱汁,配萝卜泥(线)、茄子叶、花、菊花等食用,在酱汁中也可加入柠檬汁和菊花叶。蘸酱除了酱油加芥末酱型还有清酒泡红酸梅汁加辣根型,酸辣开味。后者则要将原料先经炭烤或蒸烫至半生,再冰镇片成片食用,食法同上。刺生菜式在中国大陆音译为"沙西米",对大陆东南沿海居民具有一定影响,成为时尚人士的一种喜好。实际上这是海洋渔猎生态饮食文化的一种传统生活样式,与法兰西"海鲜拼盘"具有同一性质,但在蘸料食味上具有很大区别,金枪鱼与鲷鱼最为高贵
煮物与蒸物	即煮或蒸的料理,是主要菜式,一般用两种以上食料分别制熟,上桌时同置一个容器中,虽同器,但不同味
烧物	亦即烧烤,是日本料理的主要菜式。通常日本料理将烧烤分为素烧(将色拉抹在原料上在烤箱中烘烤);照烧(在烤制过程中不断涂抹酱料的烧);串烧(即串烤);铁板烧(如韩式铁板烤);岩烧(如中式石子烧);友烧(用竹签固定支架成形的烤)和盐烧(即在原料上涂抹干盐的烤)等。在烧物中我们可以看到近数百年来游牧饮食文明由中国北方→朝韩→日本延伸发展的渊源流迹

类　别	特　征　简　释
扬物	即为炸菜,统称为"天妇罗"。据专家认为是源于中国南方挂面糊的炸菜,名字则来自荷兰语。一般对小型鲜嫩原料采用这个形式,以虾为冠,蔬菜与菌类为佳。日本料理的"天妇罗"菜,现炸现食,配以特制的"天妇罗"蘸汁与萝卜泥、柠檬等物,一般还会在扬物上沾附上特定沾料,在酱汁中加入白葡萄研末,风味别致
酢物、止碗与渍物	酢物是醋酸菜,日本料理以海味原料为主,要加入辣根和姜汁以解腥气。 　止碗即酱汤,用豆酱汤煮蔬菜、豆腐、香菇和海米、干贝的家常佐饭汤,相传于 8 世纪前后随中国佛教传入,米饭就酱汤吃饭,被普及到民间深处,誉之为"母亲的手艺",其重要性远远超过了其他汤式菜品。 　渍物即咸菜,最受喜欢的是胡萝卜和酱瓜
锅物	锅物即指火锅菜式,虽传承自中国,但在本土化方面演化得更为精细,主要是指,日本料理的火锅是专物专锅的形式,品种繁多,特色纷呈,著名的有北海道的石狩锅,茨城县的安可锅,广岛的土手锅,山口县的鱼锅,东京的柳川锅、寿喜锅、涮锅和纸火锅等。其中尤以纸火锅为日本料理的一项创造,其原是发明于 1940 年用于"雪雁火锅"的专门器皿。形式独特,现已传入中国,被酒店广泛使用
食事与寿司	食事即主食形式,包括各种米饭、面条和寿司,其中尤以寿司为日本料理中最具特色的食品,与刺身一样被认为是日本料理的重要象征。 　寿司就是醋饭,是将糖醋拌入米饭,再经过包、卷、团、捏、压模等手法塑造成各种饭团形态,高级的还要包入鱼、虾等生片和鱼子酱等蘸汁食用,各式搭配与口味又因人而异,各有一味,多彩多样,故在中国被译为"四喜饭"。"四喜"是对多种原料搭配的统称,例如"紫菜四喜"、"生鱼四喜"、"豆腐四喜"、"鸡四喜"、"五月四喜"、"红鱼子四喜"、"蒸四喜"、"碗四喜"等,皆以四喜饭团为主料与其他食材的搭配,一般四喜基本饭团的配料是:大米 1 000 克,水 2 300 克,糖 150 克,醋精 30 克,盐 10 克。将大米浸泡两小时滤干,煮沸焖干成饭,拌入糖、醋、盐水,即可搭配他物成型,一般外料可用紫菜、蛋皮、腐皮、菜叶等,亦菜亦饭,专用工具有小竹帘(卷)、纱布(包)、模具(模塑)等
其他菜点形式	在日本广泛流行着东、西方各式甜食点果,例如西餐的色拉菜形式与中餐的糕团饼、饺之类,都融入了日本料理特定的调味理念

4. 越南风味

筷箸饮食文化风味的重要流派除了中国、朝韩与日本外,现代的越南风味也日益地闪现了耀眼的光芒,它与邻国泰、缅不同,后者更多地受到南印度食味的影响,尚咖喱、辛辣和香料,并采用手抓取食的形式,因此,越南与泰国虽紧邻,但并不属于同一个饮食文化范畴。越南文化在历史上长期地受到中国岭南文化的影响,从方言、食制与食味习俗无不与粤海相似,然而在近代法国殖民文化时代,法式烹饪又深深地影响了越南的风味,因此,有人认为越南的饮食风味流派具中、法混合版的特征。

从 1885 年的法国殖民到第二次世界大战再到 20 世纪 80 年代以前的越美南北战争,都从南方开始使越南传统饮食发生了许多嬗变,南方西餐化渐浓,而北方中餐化更多,实质上将越南风味分化为南北两个区域。由于越南在 1885—1976 年的近百年间战乱不断,民不聊生,因此,越南向外产生了移民洪潮。现代促使越南风味在烹饪世界中成耀眼新星的,主要应归功于在中国香港国际化美食市场中的演进。以越南华侨移民为主,在欧、美以及大洋洲的许多大城市的唐人街里开设越南餐馆,为越南菜成为世界饮食市场中的重要成员作出了重大贡献。实际上,现代的越南菜已经是一种中西餐的南方时尚。例如:沙律类、肉排类、三文治类等食品都是西食的形式(表9-13)。

表 9-13 越南的一些特征性食味

类　型	特　　征
特别的食材	除了正常的畜、禽、水产等肉食外,在"虫食"方面,比之中国岭南更甚,主要有蛇、鼠、蚕蛹、龙虱、蝎子、禾虫、鸭仔蛋(有鸭坯的蛋)、大头虾、软壳蟹等
甜品	越南特长于用椰子为主的甜品,如"椰汁官燕"、"拉椰糕"、"椰汁绿豆茸"、"椰汁黑糯米"等。一些奶品、冰品和中国式甜点也很普及,如糯米粉点等
常用的香料(草)	越菜中最常用的香草有香茅、鹅帝、九层塔(金不换)、薄荷叶、白霞、青柠、千层草、罗勒、莱姆果、林香叶、干葱、花生碎、迷迭香、习草、炸蒜片等
粉类	用水浆制成,分干湿两大类,两者都可以做成米纸(米浆干制)、粉皮(米粉凉皮)和粉条(粉皮的条)。越南人吃粉类食品比饭和粥更重要,粉类食品变化万千,百食不厌,有粉卷类、粉纸包类、粉条类等,特别是米粉(檬)、河粉(pho)和全边粉(细河粉)被认为是越南招牌性名品,其制品除了"牛肉汤河粉"外还有"猪手檬"、"蟹仔檬"和"白卤鸭金边檬"等都较有名
月念肉(nem)	这是越南特有的半成品肉食形式,用蕉叶包裹发酵的猪肉碎和猪皮丝,以及朝天椒、蒜粒、青柠和黑胡椒。口味咸、酸辣俱全,醒味利口,可配饭或粉食和三明治食用
调味的汤、汁酱等	调味汤一般有:① 牛肉上汤,用牛骨筒1千克、牛腩500克、花椒1茶匙、草果2只,球葱50克,生抽1汤匙,姜30克,白萝卜500克,生油1汤匙,加清水3升,熬制4小时,过滤而成,用于河粉之类菜有做汤基。② 鸡上汤,即鸡与猪骨同炖的清汤,使用性质如前。③ 鱼露(Nuoc NaM"碌姆")这是越南、泰国、中国岭南广谱型调料。在越南除了甜品,几乎大多数菜都要用到它,在调味品中具有极其重要的地位。鱼露为鱼加盐捣碎,发酵提纯的鲜味浓郁的调味品,其源流可上溯到中国岭南潮汕一带。④ 酸鱼露汁:用鱼露与其他调料配置的广谱型蘸味汁,其正常配比是:鱼露2、米醋1、蒜茸1、青柠汁1、红椒细粒0.25、盐0.5、绵白糖2、凉开水5。各料混合勾兑而成,具有酸、鲜、咸、甜、微辣与柠、蒜清香的风味特点。⑤ 酸子汁:即罗望子汁。将净罗望子(去壳)100克榨汁或酸子糕50克蒸软,用20毫升沸水溶开即可
特色性菜点	在越南市场上除了有许多中、西菜点的流行外,一些常规菜点则体现了本土食味风格,重要的品种有: (1) 生菜包——用生菜包裹油炸或烧烤物,蘸以鱼露味汁的食品形式,亦菜亦点。 (2) 粽子——与中国粽子同属,但用的是芭蕉叶包粽。 (3) 三明治——与法式三明治同类,但是面包层次之间的夹料不同,调味具有本地风格。 (4) 越式薄饼——新鲜米浆干制的半圆形脆饼,刷糖浆可变得软韧,多用于包卷他物,亦菜亦点。 (5) 越式春卷——用米纸包卷生鲜或酸菜,或"沙律熟馅"的食品形式,与中国春卷类似,但食味有别,直接或油炸蘸鱼、虾酱食用。

类 型	特 征
特色性菜点	（6）甘蔗虾——将虾缔裹在去皮嫩甘蔗外的烤制菜式,可蘸鱼露或椒盐食用。 （7）牛肉七味——用蒸、煮、烤、煎、炸、涮等方法做出的牛肉套餐菜食,菜式包括"牛肉沙律"、"翠绿卷"、"铁板牛肉"、"牛肉饼"、"醋灼牛肉"、"网油牛肉"和"牛肉粥"。 （8）糯米鸡——由油炸鸡蛋、糯米粉饼与蜂蜜烤鸡搭配,蘸食酱油、胡椒粉食用的菜式。 （9）酸鱼汤——用生鱼加虾仁、酸子、香茅、番茄、菠萝、杨桃、秋蔡、葱、豆芽、香菜等煮炖而成的汤。风味酸鲜,用于作制菜汤或泡饭泡粉食用。 （10）生牛河——即生牛肉汤河粉,越南烹调的象征之一,将生牛肉片烫成半熟蘸海鲜酱和辣椒酱搭配河粉、芫荽、金不换、芽菜、青柠等食用。 （11）米果条汤——南越名食,用虾子或螃蟹肉、猪肉加上薄荷、豆苗、莱姆汁做成的汤菜,风味奇绝。 （12）榴莲糯米饭——类似中餐甜饭。 （13）肉骨茶——特色汤饮料,将肉骨沾上姜黄,入瓦罐加淮山、桂圆肉、枸杞子、党参、黑枣等,炖1—2小时即成,是在秋冬季饮用滋补型汤饮

综上所述,我们大致可以将世界三大餐种的风味流派、类型范畴与内在联系总结如下。

刀叉型：中东欧风味——德、俄

西北欧风味——法、英

南欧风味——意、西

手抓型：阿拉伯风味——埃、土

中亚风味——北印、中国西北

南亚风味——南印、泰、缅

筷箸型：东南亚风味——岭南、越南

东亚风味——淮扬、日本

东北亚风味——中国华北、朝韩

现代社会除了上述风味流派外,美洲、澳洲和非洲国家民族的风味流派实际上都是属于从属范畴,这是因为西方殖民文化在近现代对这些地区具有决定性的影响。这些地区的移民国家进入主流文化世界的历史还不算长,而具有悠久历史的原住民文化,例如印第安文化、玛雅文化等已经消亡,它们具有普通西餐文化倾向和特征。然而在实际上美洲国家的大多数重要成员都属于多种族国家,因此在饮食文化风味流派方面都具有多元混合形态,例如美国主流是英、法式西餐,还有中餐和阿拉伯-印度餐,同时还在边缘地区存在原始的印第安狩猎型餐种,在巴西,主要反映的是受到葡萄牙、意大利式等南欧型西餐的影响,古巴和阿根廷等亦复如此,较特殊的可能是墨西哥,墨西哥可以说是美洲最著名的唯一的文明古国,居民最早于2万年前从东亚大陆迁徙而来,其古老的印第安文化、玛雅文化与阿兹台文化与中国新石器文化具有渊源关系,然而由于长期与主流文明隔绝,缺乏必要的文化交往,致使到西方开发新大陆之时还停留在半猎半农的原始状态,从而与主流文明区形成了极大的反差。虽然许多重要的饮食食材,如玉米、辣椒、巧克力等特产并传承于此,但是,本地文化的落后实质决定其是不可能在强大移民文化中能继续存在的、发展的。玉米、辣椒、巧克力已被全世界共享,并且在主流文明区发展得尽善尽美,而墨西哥则在300多年中形成了混血种族的混血文化——以西班牙南欧型西餐为主流的饮食文化及其风味。有专家认为,总观移民国家的风味类型,北美以西北欧型为主;南美以南欧型为主;而澳洲则更多的是以英式西餐为基调,更多地融入了东方饮食风味的元素,使澳大利亚饮食实际上具有国际性的混合形态,而千差万别,但在取食形式上,则仍如英国人一样采用刀叉。

从世界多元的饮食文化发展来看,风味流派是在彼此间不断联系、渗透、影响下按照本区域集体共同利益价值认同规律成长起来的。烹饪艺术的风味创造在这个规律下形成各自的特色。因此,在人类生活中,风味流派的价值既是以保存个人为目标的,又是以保存团体与民族为目标的社会形态。在现代全球一体化社会,风味流派现象也日益超脱于第一自然因素的约束,在科学与艺术的统一中趋向更多的融合,在多元混合的形态下形成更多的个性特征,这就是超出区域共式的束缚走向多样性的个人自由创造空间,真正的获得烹饪艺术创造精神的自由和解放。但是烹饪艺术创造的本质是实用的、具象的而不是抽象的、虚幻的。因此,它必须要获得大多数人的共享共识,才能具有文化流通的价值和社会存在价值。否则,只能成为个人饮食自娱游戏而已。

 思考题

1. 烹饪艺术的本质是什么?
2. 简述烹饪艺术的风格与特征。
3. 烹饪艺术与科学具有什么关系?
4. 烹饪艺术是怎样设计与传达的?
5. 简述世界饮食文化艺术流派的构成。
6. 烹饪艺术有哪些表现形式与类型?

第十章 人类饮食文化的技术体系

知识目标

本章系统地阐述饮食文化的生产技术体系，着重揭示"熟"的概念及制熟工艺技术，对世界制熟技术作总体归纳分类比较，有加热与水加热技术。另外，本章也较系统地介绍了辅助性技术的种类。

能力目标

通过教学，使学生能够系统地了解菜点加工的技术，知道制熟工艺的文化内涵，知道菜点的风味美的加工技术因果关系。

第一节 饮食文化技术体系之范畴

如果说，饮食的艺术创造是通过有形的饮食品和饮食行为表现物质外的精神意识；那么，技术就是将意识符号化带入到对工具操作的过程，简单地说，技术就是工具操作的方式，饮食方式的技术体系是食物资源生产与加工技术以及服务技术的总和，这是一个宽泛的范畴，具有一个宏大的体系。

一、原料生产技术

农业生产、渔业生产、畜牧业生产，为人类饮食生活提供基本原料。

二、原料初级加工技术

对上述生产原料进行净化加工，为人类饮食生活提供精细净化的原料。

三、原料的精细加工技术

将食料原材进一步加工成"准食品"型的精致优化、复合的原料。

四、食品的终端加工技术

将上述加工的各种食材直接加工成饮食成品,为人类提供直接食用的优质食品。

五、餐台服务技术

为人们进餐过程所提供服务的技术。

如上所述,饮食文化的技术体系实质上具有五种层次,从饮食生活角度来看,前三个层次的产品不属于终端产品,而第四个层次技术的产品则是终端产品,与人类饮食文化生产关联最为直接,也最为重要。例如:蛋糕、比萨、啤酒、肉包、烧鸡等,就是在这一层面的加工中最终形成的能被直接食用的特定食品。这一层面技术被称为"烹饪工艺技术"。实际上,第二、第三层次技术都是随着现代工业化进展从第四层次上分离出去的成为一种食品工业技术,而在手工操作的原始属性上仍与烹饪技术为整体,例如,古埃及的烤面包就是从磨面粉开始的,中国传统的红烧鱼也是从宰杀清理开始的。随着近现代食品工业的兴起,许多食品都由工厂化生产出来,除了在机械工具的科学化标准控制加强方面,其加工的基本属性仍与手工操作技术性质相一致,都是由手工操作衍化的产品。因此,讨论手工操作的烹饪技术体系仍是本章的主要内容。迄今为止,人类最为珍贵的、精致的食品仍是烹调大师的手工制品,在整体人类的饮食中,手工制品仍占绝大多数,它是人类饮食生活愉快与健康的源泉。而工业化制品千篇一律地机械复制和化学添加成分所给予人类的负面影响正日愈地受到广泛的关注,无论在新鲜感、风味性、形式美、营养价值和安全性方面,工厂化生产的食品都达不到手工操作制成品的质量标准。从人性化角度来看,手工艺技术贯穿着人类文化演进的整个历史,具有最为原始纯真的元素,又有最为时尚的创新品味,更多地体现个性的灵感,将历史和现实整合加工成具有艺术生命力的"营养食品",为人类饮食生活的健康与享受服务。因此,向手工艺制品那样人性化发展也成了现代高科技条件下食品加工工业努力的重要内容。因此,烹饪工艺技术体系就是饮食文化之技术的核心。在《中国烹饪工艺学》中将烹饪工艺分划为"清理加工"、"分解加工"、"混合加工"、"优化加工"、"组配加工"、"制熟加工"和"成型加工"七大技术群,并且认为"制熟加工"是其中心技术,实施着对其他技术的控制,而其他工艺都是些辅助和装饰性质的。纵观世界各国各族烹饪技术性质概是如此,有的只是在某些程度上的侧重具有差异而已。

在现代饮食生活日益社会化过程中,为人们饮食过程提供服务已成为一个专门的技术范畴,从而被普遍地重视起来,实际上,现代社会饮食的最佳效果,正是通过优质的生产技术和优质的服务技术共同实现的。

第二节 食品成熟的概念
及其热制熟技术

在文明社会里,人们的饮食品实际上都是一些经过特定加工所产生的"熟食品"。《中国烹饪工艺学》曾将"熟"的标准概念定义为"只要经过特定的加工,使食物三要素卫生、营养、美感得到统一,符合能被直接食用标准者即为熟",这里指出饮食品的成熟并不一定需要达到加热变性的程度,而是必须达到食用标准的熟,涵括了各种性质的加工范畴和标准,在这个标准下有些食品即使未被加热,但是,只要符合三要素统一标准者即为"熟食",例如鞑靼牛排、法式海鲜盘、中式炝虾等。然而有些食品虽然经过加热,但未达到三要素所特定的菜品标准时,则仍为"生料"或谓之"半成品",例如中国的"回锅肉"中的肉片,虽已煮烂,但在未炒前仍是"生料"。因此,烹饪工艺中熟的概念是一种文化概念,表现的是一种技术的过程终端形态,是科学与艺术的有机统一。

无独有偶,美国当代学者菲利普·费尔南德斯·阿莫斯图在其《食物的历史》一书中也提出了类似的观点。他说:"今天,在所谓现代文明中,大多数生的食物在被端上餐桌前,其实都经过了仔细的清洗,特别指出'我们所说的生的食物'是因为'生'是建立在文化上的,至少是被文化修正过的概念"。正如对熟食概念的文化解释一样,现代生食是所谓的"生食",本质上是具有文化学意义上的"熟食"。只有未被任何加工的动植物体被直接吃用时才称得上是生食。菲利普还客观地认为:"事实上,欧洲人的文明历史,在很长时间内都是在茹毛饮血的状态中度过的……这里的生隐含着颠覆和冒险、野蛮和原始的意义。"在古代中国、埃及、希腊、罗马都曾普遍地将之判别为野蛮与文明的程度和标准。

在原始和蒙昧的狩猎时代,我们的祖先吃的是生肉,当一种工艺技术运用到这种"生肉"将之制作成食品时,它便是区别于前一阶段的"熟食"了。布里亚·萨瓦兰在1826年讨论这个问题时指出:"我们还没有完全丧失这种('生食')的习惯,灵敏的味觉会很好地品尝阿尔勒和被洛尼亚香肠,熏制的汉煲牛排、凤尾鱼,新鲜的青鱼等。这些都没有用火烹制,可是它们都会诱惑你的胃。中世纪的蒙古族在制作牛排这道菜时采用了许多文明方法",萨瓦兰描述道:"他们将牛肉碾成软软的肉糜,卷起来,好像为了掩盖它的生味,食用前的准备通常演变成了一种餐桌边的仪式。侍者非常讲究地逐一在肉中拌入各种成分,例如调味料、新鲜的香草、大葱、洋葱芽、刺山柑、少量的凤尾鱼、腌胡椒、橄榄和鸡蛋"。这种"生食"已脱离了原始痕迹,打上了文明的标记,如同盛装遮蔽了裸露,用精细的清理扫除了粗野。因此,在文化学的视野里,无论加热或未加热,只要在三要素的标准下将食料直接转换成食品的加工都具有制熟加工技术的性质。

《中国烹饪工艺学》以中国烹饪工艺制熟为基础,对制熟加工的技术和操作方法作了较为全面系统的分类和形象描述,这也可能是迄今为止世界饮食文化关于制熟技术体系最为详细的描述,实质上已涵盖了世界三大餐种制熟加工技术内容。尽管将食物原料制熟成为食品的途径有加热和非加热类别,但是从文化学的角度上看,人类对加热制熟技术的发明和掌握才真正地起到了推动"人化"演进的巨大作用。因此,无论东方和西方都以加热制熟为主流。西餐理论将其分为干热法和水热法两类;中餐则依据传热介质性质分为液态介质热制熟、固态介质热制熟和气态介质热制熟三类。

一、干热法比较

通过空气、金属、食用油脂传热将食料制熟叫干热法,主要特征是导热过程中没有添加水介质作用。西餐将烤、扒、煎、炸法归于此类,在中餐理论中不用干热法称谓,因此很难从字面上区别其含义。让我们回到对具体方法描述上。首先是烤,一般将食料直接置于火源或干热空气环境中受热成熟的方法叫烤,这一点东、西餐无大区别。其次是扒,西餐指将食料置于烧热的铁条排上边烤边烙的方法叫扒,有时将食料在热金属板上烫熟的方法也叫扒,在中餐理论方面则将前者归于一种烤法(炙法),后者归于一种烙的方法,实质上西餐将扒(grill)也称为一种烧烤形式。中餐的扒法则是属于水热制熟中的一种方法,描述的是制作成品极度酥烂而又整齐的操作形态。让我们先对烤法技术破译分析。

将食材置于烤炉或火堆上借助四周热辐射和热空气对流加热使之成熟的方法,可以说人类学会的第一个加热制熟方法就是烤。不过现代文明的烤法已不同于原始的烤,原始的烤是将食料直接置于木材火堆中或悬吊在火材(炭)火上的"烧",具有既烤又熏的特征,现代已将之分离为"烤"和"熏"了。前者为辐射热,已无明火,后者则伴有熏烟的炭火不充分燃烧的烤,成品有明显烟味。木炭烤作为一种最为古老的加热制熟技术,直至今天仍在许多地区盛行,包括西餐、中餐和阿拉伯-印度饮食(表10-1)。

目前有很多证据倾向于中国古人是烤法的最早使用者,是人类控制了火候烹

表 10-1 烤法的控制形式

名　　称	控 制 的 特 征	名 菜 代 表
叉烤	用烤叉叉肉在明火上烤	烤乳猪(中国)
串烤	用铁或木钎将小型肉串起用明火烤	烤羊肉串(土耳其)
网烤	用金属网夹着肉块在明火上烤	酥烤鱼(中国)
炙烤(扒)	将肉块(片)在炭炉口排列的铁条上烤	铁扒牛排(法国)
纸包烤	用锡纸或其他食用纸包料在烤箱中烘烤	锡包排骨(意大利)
泥烤	用湿黏泥包着食料在明火上烤	泥煨鸡(中国)
石烤	用烧烫的石块(板)对食料边烙边烤	烤牛肉(匈牙利)
着色烤	具有着色性涂料的烤,如奶酪、糖浆等	锦酱烤鳗鱼(中国)
挂烤	将食料挂在炉中的烤	挂炉鸭(中国)
单面烤	利用上或下热辐射加热的烤	烤鸡(各国)
烘烤	也叫烘,是不见明火的四周热辐射的烤	面包(法国)

调的第一个成果,"现代人类学之父"阿比·亨利·波鲁尔从中国北京周口店的遗址中发现的灰烬看到了这一事实,实际上在世界同时代遗址中都未发现这一现象。而中国大地上在北京人更古老的原始遗迹中早已有了烧火烤食的灰烬(参看第三章)。波鲁尔根据周口店发现的灰烬有趣地描述了北京人用石块围炉点火烧食的情景。著名的科幻小说家查尔斯·兰姆在其科幻小说《烤猪试论》中曾描述了烹饪的起源。兰姆认为:烤的技术起源于中国,在整个有史可查的历史长河中,中国是世界里最富有科技创新的国家,但常常没有被西方社会充分认识到(《食物的历史》)。直到今天,烤食依然是世界最为重要的几种加热制熟方法之一,火烧、烟熏、烘烤构成烤的全部含义,篝火烧烤成为一项永恒的文化传统,利用它仍旧可以制作出最美风味的食品。烧烤在东、西方众多国家、民族中都与盛大节日联系在一起。在篝火旁载歌载舞,割肉烧烤,人们怀着浪漫真诚和原始纯真的心情体味美食,度过愉快的时光。

在现代文明都市,篝火烧烤的原始性已受到束缚,将其收缩在特制"炉灶"中,成其为现代的"烤",但仍有许多人对原始烧烤具有深刻的体验和向往,现代都市的"韩国烧烤"就是利用了人们对火与食物相结合的情感,这是一种人生力量律动的体验,充满了青春奔放的人性原始的冲动,正如著名文学家加斯东·巴谢拉所说:"食物的烹调价值也要高于它的营养价值,人类快乐而非痛苦地找到了他的精神寄托"(阿莫斯图:《食物的历史》),古希腊的涅斯托耳在《奥德赛》中对雅典娜晚宴上原始的"烧烤"有一段逼真的描述:

"斧头砍向了牛的脖子,牛倒下了,这时,女人们开始欢呼庆祝……当深红色的血液滴完，牛彻底死掉时，人们很快剖开了尸体，和往常一样，取出腿骨，裹在一团团的肥肉里，放在生肉下面。受人尊敬的国王点燃柴草，浇上红酒。年轻人手拿五爪的叉子，聚集在周围。他们尝一下里面的部分，认为骨头烧好后，就把剩下的肉切成小片，串在烤肉叉上，放在火上直接全部烤熟。"

一直到现代，烧烤仍深具诱惑。在西餐与游牧民族对食物的加热制熟中仍倾向于此。只是在都市生活中，烤法具有了种种控制方法，与更多的文明因素结合了起来，从而有了许多技术性区别。

实际上烤法在今天无非为明火烤和暗火烤两种，明火烤就是直接看到烤炉中燃烧物如木材、木炭等如同早期的原始"烧烤"。暗火则不见燃烧物，只有辐射加热的热空气，如电炉、有封闭层的炭炉以及微波炉等，是现代文明的产物，所以，在中国的概念中明火为烤，暗火为烘，而将烘烤并称。暗火烤正取代着明火烤，具有提高食品安全性的积极意义。中国的烤法可谓世界古今的集大成者，由烧烤延伸而产生的干热法还有盐（沙）焗、砂炒、铁（石）板烧、锅烤、熏烤等方法。

（1）盐焗：将食料埋在炒热的盐粒中焖熟，焖与焗同义，是恒温密闭加热，例如中国广东名菜"盐焗鸡"即用此法。

（2）砂炒：将食料置砂粒中不停翻拌加热制熟。主要对坚果类食材砂粒具有加热传导的均匀性。

（3）铁板（或石板）烧：即将食料布于烧烫的铁板或石板上直接煎烙加热，例如"钳烙薄饼"、"铁板牛肉"之类。

（4）锅烤：先将生铁锅烧热，再将食料置于锅中密闭加盖烘烤。例如"铁锅蛋"即用此法。

（5）熏烤：即带有熏烟的烤，这里由木材不充分燃烧产生的熏烟起到了重要的调味调香作用，例如熏肠与熏鱼等。

上述4法皆取烧烤干热效果之义，但由于食料本身与干热空气接触中间多了一层固态介质，故而中国烹饪将之归属与纯烤不同，泥烤、纸烤也同属一类，可以认为是由原始"烧烤"延伸派生的产物。

二、油热制熟法比较

用食用油脂作为传热媒介加热食物的方法无疑要比烧烤要晚得多，将动物肥肉置于烧烫的石块上自然的有油溶出，便自然地产生煎的效果，人们发现在石烤时有油的参与会香味更美，成熟也更便捷，这便发现了油的导热作用。但是，煎与烤不同的是需要具有一定平面的热载器，因此，在技术的技巧性难度比烤更复杂一些，目前并没有资料明确显示，煎法最先产生于何时何地，有专家考证认为煎法渊源来自"石上燔"法,"石上燔"就是石烤,当中国考古学家在据今 9 万—10 万年前的河套人文化遗址中发现了"石燔"工具——乌石板时,人类煎法的历史源流问题可能已得到了解答。当中国青铜时代煎法已相当成熟的时候,希腊人还不知使用这一技法。

可以说,石燔法是人类加热制熟食物的第二个阶梯,因为它是人类使用热载器的开始也是使用液态物质作为介质层的开始,由于油脂所具有的憎水性,其加热的性质就是促使食料表面水分的快速蒸发形成开香的风味效果,因此,西餐理论将之归于干热法,中餐理论则将之归于液态介质加热法。当食物在煎制时,为了使之受热均匀,必须将食料不断翻拌,这便自然地产生了煸(炒)的技法,在中国字义里煸是不断拨散碎形原料,如片、条、丝、丁、粒等使之水气快速蒸发,而炒则是翻拌使之受热均匀的方法。因此,煸与炒虽动作相同,但内涵有别,都在煎的过程中进行,当油脂的使用量超过食料本身时,便自然地成了炸法,因此,煎(燔)法是油热制熟方法的始祖,西餐上将炒的方式也称之煎是有一定道理的。在历史的长河中,由煎法衍生的不同控制方法有许许多多,东西方都有着各自丰富的实践和认识。兹作如下比较。

(一)煎

在锅中用少量油脂对食料加热,不断滑动使之受热成熟的方法,在受热性能上,由于油量小,煎具有半炸半烙的特点。在加热原料方面,为了便于翻面,一般具有一定平面的块片形态。使用的油量为原料的 1/3 或更少。煎法使原料便于生香上色,因此也作为与其他加热方法结合的重要形式综合将食物制熟。根据各国对煎法的不同控制有如表 10 - 2 所示的形式。

表 10 - 2 煎的几种控制形式

称　谓		控　制　形　式	例　菜
直煎法	干煎	将原料腌渍后挂糊(浆)直接煎熟成菜,带蘸味料成菜,口感干爽,外脆里嫩	干煎虾碌(法、中式)
	软煎	将原料腌渍后直接煎熟,温度较低,成菜带蘸料,口感润泽软滑	软煎鹅肝(法式)
	煎熘又叫"煎封"	将原料煎熟浇淋调味芡汁(少司)成菜,在中国是熘法的一种形式	煎熘牛饼(意式)
	煎烧	将原料先煎再烧制成菜。是中式烧法的一种形式,成菜味浓汁稠	煎烧鲳鱼(中式)
	煎烤	先将原料煎至起色,再置于烤箱中继续加热成熟	煎烤肉排(英式)
	煎烹	将原料煎熟,锅中烹淋味汁使之吸附收干成菜,无需蘸料和装盘浇汁(少司)	锅贴鸡、锅塌豆腐(中式)

称　谓		控　制　形　式	例　菜
直煎法	煎焖	将食料密闭在锅中煎熟成菜,煎的中间与煎后不调味,而需煎前腌渍定味。在中餐里被称为"焐"	瓦罐焐水鱼(中式)
	煎炖	先将食料煎制上色,再用炖的方法继续加热,在中餐中称为"侉炖"的一种,菜色一般为有色汤,改变了炖菜一般以清炖为主的清澈风格	红炖狮子头(中式)
	煎炒(叫嫩煎sdute)	将碎块料边煎边炒,西餐叫嫩炒(stute)操作近似于中餐的煸炒。目的是增加色味的浓郁风格,在西餐又常与汤盆菜结合,具有煎烩的特征,故而又与 pau-fry 煎互代,又不完全与中式煸炒相同	红酒汁嫩煎鸡(法式)

（二）炒

炒由煎演变而来,原指将食料在锅中不断翻动的动作,在西餐方面,停留在煎的层次,而中餐则将之深化发展,形成一个完全独立的加热成菜方法并通过不同的控制达到不同的成菜效果。

炒的方法和控制见表10-3。

表 10-3　炒的控制形式及成菜效果

炒　法	控　制　形　式	成　菜　效　果
煸炒(嫩炒)生煸肉丝	不断煸炒,在加热中调味直到成熟	变性即熟,成品鲜嫩
干煸(炒)	不断煸炒,在加热中调味,直到干香酥松	深度成熟,成品干香无汁
火爆(火爆燎肉)	温高见飞火,加热前腌拌调味,加热中不调味,煸炒至熟	变性即熟,成品鲜嫩,略有烟香
滑炒(滑炒鱼片)	先将主料滑油,再与辅料同煸调味	变性即熟,成品鲜滑细嫩
油爆(油爆肚尖)	滑油油滑较高,兑汁拌炒即熟	变性即熟,成品鲜脆细嫩
软炒(芙蓉鸡片)	茸泥主料,滑油温度较低,一般为 90℃ 左右	变性即熟,口感软滑鲜嫩

炒法可谓是最快捷的加热方法,成熟时间短则以秒计算,例如"油爆肚花"在8—10秒间成熟,是中国式"旺火速成"加热方法的代表,有资料认为,炒法渊源于"石上燔",是在煎肉基础上的延伸,当中国青铜时代晚期的一些薄体煎盘形器的出现时,炒法的操作可能性已被得到证实。

（三）炸法

将食料浸入多量油中加热叫炸,炸法也是由煎演化的,当人类发明了陶制罐、鼎、鬲等热载器时,炸和煮可能是同时产生的,也可能迟于煮,因为油热制熟需要更为丰富的经验和更为精细的观察。油温高于水沸的温度,其作用就是使食料水分快速挥发而上色和脆化成熟,形成干香酥脆的口感风味,一直是人类最为主要的加热方法之一,其控制方法东、西方虽认识不同、名称不同,其实质上本质是相同的(表10-4)。

表10-4 东、西方炸法的不同控制

西式			中式		
速炸	薄片和丝形原料,快速炸1—2分钟完成,无外裹附料	作衣炸 原料外有裹附物	脆炸	干炸	外裹脆质面糊的高温(200℃—220℃)炸,外脆里嫩
面糊炸OHY	块、片形原料,将面糊包被原料,炸至外脆里嫩			香炸	外拍干粉的中温炸160℃—200℃
炸烤	先将原料炸成金黄色,再进一步烘烤至熟		软炸	浆炸	外粘蛋粉浆的中温炸
				纸包炸	外包玻璃纸或锡纸的中低温炸100℃—110℃
			松炸	高丽炸	外裹蛋泡糊的中温油炸140℃—160℃
			酥炸	金酥炸	外裹酥质面糊的中温炸160℃—180℃
				锅烧炸	外裹酵面糊的高温炸
浸炸	较大原料先高温油炸再降温浸熟	裸炸 原料外无裹附物	酥炸	香酥	直接将预蒸煮焖至酥烂原料投入高温油中
压力炸pressure frying	将原料置于有盖的油炸器里加热,在炸的同时能保持一定的蒸气压力,使食料成熟时间缩短		松炸	芙蓉炸	用肉蛋茸缔的中低温炸100℃—160℃
			软炸	油浸	鲜嫩原料入高温油中在降温过程中浸熟
				油泼	用200℃—210℃热温直接浇泼在细嫩原料上
			脆炸	脆皮炸	外裹厚糖浆的虾
				油淋	边炸边用热油浇淋原料
				清炸	将腌渍原料直接炸熟

(四)熘

将熬制的稠黏汁浇淋或裹拌在经过油炸,或者煎、烤;或者水煮和蒸熟食料上的形式叫熘。稠黏的味汁叫"熘汁",并不由菜料本身汤汁构成,而是特意用其他汤料构成,对菜品的色、香、味、形具有决定性意义。熘的名称,虽然在西餐和阿拉伯-印度烹调法中并没有,但是这一特定形式却普遍地存在着,与中国"熘汁"相关联的西餐稠粘黏汁叫"少司"。将少司浇淋或裹拌在经过炸、烤、煎、煮、蒸的食料上正是西餐与阿拉伯餐的重要烹调成菜形式,其作用远远地超出了中国熘汁的范畴。

中国菜肴更多的是炒、煮、炖、焖、烧、蒸以本菜菜料在加热过程中渗出的原汁原汤为主要特征,故而熘菜汁只是处于一般地位。而在西餐中,主要的菜式是烤、煎、炸形式，本身并不能产生足够的原汁原汤，因而，另制"少司"汁就显得尤其重要。"熘"的形式实际上正是其最为主要的成菜形式，少司是英语单词 sauce 的译音，又有被译为"沙司"的，其含义正是西餐热菜调味汁的总称。正因为如此，"少司"可以作为西餐热菜汁的总称，而中国的"熘汁"则只能代表中餐热菜味汁的一个类别。实际上，中餐"熘汁"无论在丰富性和精细性方面都是可以与西餐"少司"相提并论的。它们的比较见表 10-5 和表 10-6。

表 10-5　少司与熘汁的基本结构

组　分	西　式	中　式
液体物质	各种西式鲜汤、牛奶、黄油等(白色牛、鸡、鱼原汤和棕色牛原汤)	各种中式鲜汤或水(猪油、豆油、菜籽油)等(高汤、上清汤、猪骨汤、卤水汤、鸡清汤等甜品熘汁一般用清水或果汁)
稠化剂	面粉、玉米粉、米粉、面包粉、土豆粉等常用的还有蛋黄，一般是油面酱(也称面粉糊，油脂与面粉1∶1配置，低温炒成糊状)或黄油面粉糊(用黄油加面粉搅拌而成)、水粉芡 white wash(即水加淀粉)和蛋黄奶油芡(鸡蛋黄与奶油混合)	淀粉为主要原料，在中国北方也有用一些面粉糊的，一般形式是水粉芡和油面糊。一些调味品如豆酱、面酱、果酱、蜂蜜、梅酱等也具有一定的稠化剂作用。熘汁以透明为佳品，一般不用面粉
调味品	调味品很多，但基本风味如盐、胡椒、香料、柠檬汁、雪利酒、麦德拉酒、咖喱等具有广谱性	中国对熘汁的风味是具有规定性的，不如其他热菜那样具有丰富性和随意性，甜酸调味具有其特征性，其他如酱味、葱椒、咸鲜、甜辣等也很普遍

　　熘汁，在中国具有限指性，不包括许多多蘸味酱汁和烩、炒菜芡汁。而少司，在西餐具有广谱性，既可作为"熘汁"也可作蘸味的酱汁，还可作为烩菜的芡汁。因此，中国的熘汁实际上是具有特色性的"少司"类型，只对一些特定菜肴使用。

表 10-6　熘汁与少司的基本类型

中国熘汁的基本类型	西式少司的基本类型
糖醋熘汁(糖醋的甜酸为基调)：棕色透明	牛奶少司(牛奶、白色油面酱及调味品)乳白色，口味咸，酸、甜不限
上汤熘汁(上清汤咸鲜为基调)：无色透明	白色少司(白色鸡原汤或鱼原汤加金黄色油面酱及调味品)乳黄色口味不限
白汤熘汁(浓白汤咸鲜为基调)：乳白色如奶	棕色少司(棕色牛原汤加上浅棕色油面酱)棕色，口味不限
甜辣酱熘汁(鲜红椒酱与糖的甜辣为基调)：鲜红透明	番茄少司(番茄酱加棕色牛原汤和油面酱为基调)朱红色
卤水熘汁(以卤水汤香料为基调，口味咸甜、咸鲜)：棕色、黄色、红色、无色皆可	黄油少司(由黄油加上鸡蛋黄)黄色，以上为西餐五大基础少司。一般为淡味，具体可调制各种调味少司

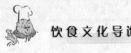

中国熘汁的基本类型	西式少司的基本类型
肉卤熘汁(红烧肉咸甜为基调)：棕红色半透明	半基础少司,在五大基础少司上制作的中间媒介型少司,通过它们,加入调味品后成为调味少司。常用的半基础少司有：蛋黄奶油少司、奶油鸡少司、白酒少司、棕色水粉少司、浓缩的棕色少司等
豉酱熘汁(豆酱、面酱、酵香为基调,口味咸辣、咸甜皆可)：浅黄色或棕红色半透明	调味少司,又称小可司。是具体的定味型少司,是对基础少司再调味所得品种无限,但皆以五大基础少司为基调,例如以牛奶少司为基础的有芥末少司、千达奶酪少司;以白色少司为基础的有白色鱼少司、匈牙利少司、咖喱少司等;以棕色少司、番茄少司和黄油少司为基础的罗伯特少司、葡萄牙少司、香茶少司等
糟卤熘汁(酒糟香为基调,口味不限)：浅棕或浅白色透明	
蜜糖熘汁(冰糖、蜂蜜、果汁的甜香为基调)：无色或有淡绿、果红、乳白等,透明	
鲜菜熘汁(鲜榨有色蔬菜汁为基调,口味不限)：一般以绿色叶菜为主,透明	

三、水热法比较

利用水导热直接将食料加热成熟。水导热制熟的食品一般较为湿润,并且带有汤卤,在这里水既作为传热介质,本身又与食料渗出汁液混合形成原汤与食料合构成菜品的整体,与烧烤与煎烙相比,水热法将人类饮食带入更高的文明境界,这是因为它需要更为完备的工具和对养生更为深邃的思考。水热法使食品养分更为融和也更为洁净。在一定意义上说,真正的烹调是从水热法开始的,在中国古老的释意中,烹调产生了人类第一宗食品——"汤液",它同样也是第一宗炮制的菜制品。有资料认为水热法起源于一种"烧石煮法",亦即将烧红的石块投入用"皮囊锅"装盛的食料和水中将其煮熟。这一方面在现代中国云南傣族和东北鄂伦春族仍有使用。虽然并没有资料能确切表明水热法最先被发明使用的地区在哪里,但是有几点是值得我们相信的,其一,水热法的产生与谷物食用具有因果关系;其二,陶罐和炉灶的产生又是与水热法具有因果关系;其三,在时序上它迟于烤、煎,而又早于油炸之法。因此,可以认为,世界最早的农业文明民族是水热法的最早创造者。

水热法最为直接的、简单的形式就是"煮"。也就是将食材直接投入锅中的水里加热至沸直到食料成熟。这一过程东、西餐具有相同性,因此,说煮法是各种水热法之母。也就是说煮是基础形式,各种水热法实际上都是对煮的过程所采取的不同控制形式。西餐有煮、汆、炖、蒸、烧焖、烩等形式,中餐则具有更多的形式,除了上述,还有涮、白焯、爆、汤爆、卤、煨、熬、烤等(表 10-7)。

表 10-7　水热法的不同控制形式

控制方法	特　　　征
煮	将食料置于水中(冷、沸水皆可)加热至沸直至成熟。汤多
煨	保持中火的沸腾状态,直至汤呈乳白、食料酥烂、汤多
焖	容器密闭,保持小火,汤汁微沸,直至汤浓,食料酥烂,汤中
炖	容器密闭,保持微火,汤汁衡温 95℃左右,直至汤清肉烂,汤多
涮	筷夹薄片肉类或鲜嫩蔬菜,在沸汤中涮动烫熟,边烫边吃,汤多
汆	将薄片肉类或鲜嫩蔬菜迅速投入沸汤,使之变色即熟,汤多
烧	将原料先经炸或煮、煸等预热,再经煮沸,焖制,收稠卤汁过程,汤稠少
白焯	将食料投入沸水中迅速烫熟捞起,另带调味汁成菜,无汤
汤爆	将食料汆熟捞出,另换上汤成菜。汤多
卤	将食料置于预制的香料汤水中加热至熟。带卤蘸食
爆	将食料置于少量汤水中调味后长时间运用小火加热将汤汁收干,食料骨酥肉烂。紧汁
熬	将食料置于汤水中,运用中、小火力将其慢慢地加热呈稠黏状态
燠	将食料置于香料汤中加高热油封面,浸焖至熟。带卤蘸食
烩	将易熟碎料多料合成在沸汤中加热勾芡成菜,糊、羹状
水波	将极鲜嫩食料置于 95℃汤水中浸烫成熟,汤中
蒸	通过加热水所产生的蒸汽加热食料使之成熟,有干蒸和汤蒸区别,前者食料裸露在蒸汽中,后者置于汤水中

与干热法相比,中国人对水热法显得更为重视,其控制方法也更为精妙,实际上,在很长的历史年代中,水热法的运用程度被视为代表"开化"程度的一种标准,并由此生发出中餐独特的传统"火候"理论,按现代解释,火候就是火力大小、高低强弱和时间长短之间的变化,就是这种火候细微变化反映在对食料加热上,引发了中国古人深邃的哲学思考,得到了师法自然,中庸致和的烹调结论,以至千百年来,医食用源对火候炮制的中、致、和精神不断传承,表明了大陆核心文化远离游牧的精耕农业文化生态属性的本质。《吕氏春秋·本味篇》的核心结点就是火候理论,

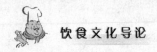

其参照系就是水热法,这种"水火相济热制熟"思想最为突出的事件就是对蒸汽的运用。

中国陶器文化与世界其他地区不同的最显著区别之一就是鼎、鬲、甑的使用。其中甑就是用来蒸熟谷物的专用器具。在埃及、希腊、罗马人发现蒸汽热之前,中国人就已经利用蒸汽的热力作用对食物加热了。而埃及、希腊与罗马人则将之用于洗浴。直到中世纪时,西餐中还没有"蒸"的加热熟制食品的概念。蒸法作为第四层次的加热形式,构成了传统加热制熟技术的完备体系:

$$烤 \rightarrow 烙 \quad\quad 煎 \quad\quad\quad \longrightarrow$$
$$炸 \quad\quad\quad\quad \longrightarrow$$
$$煮 \rightarrow 蒸 \quad\quad\quad\quad \longrightarrow$$

在加热制熟中,中、西餐最显著的操作区别在于对锅具的使用,加热所用的锅,中国是以弧底锅为主体,西餐则以平底锅为主体,中国的弧底锅与刀具一样是一工多能,煎、炸、炖、焖、炒、烩、煨皆能,由于具有弧形的半球状锅壁,原料可任意在锅中滑动,锅底向四周延伸,受热面大,翻料呈抛物线,因此,尤其擅长旺火速成的炒、爆、煮、烩,操作时具有极强的特技性和演艺性,西餐的平底锅亦如刀具一样,一锅一能,煎、炸、炖、烧、烩各用其锅。锅底较厚操作单纯,受热面小但容量大,导热均衡而缓慢,因此操作方法不同于中餐锅具,水热法与干热法相比,西餐更重视的是干热法,尤其是烤、煎、炸,其演艺性主要表现在煎、烤方面。

不管东西方烹饪制熟存在如何的区别,我们都可以看到普遍重视火候——火力大小的变化,各种制熟方法正是对火候不同程度运用的形式。

第三节　冷加工制熟技术

人类的食品除了加热制熟以外,还有许多没有加热过程或没有加热终端程式的品种,主要有发酵制熟、冰冻制熟和腌拌制熟三种。

一、发酵制熟

"发酵"过程指轻度发泡或沸腾状态,1 000 多年前,原指酿酒过程,经巴士德证实酵母和发酵关系后才进一步明确发酵是微生物引起的,而近年来又将其与酶联系起来,认识到微生物和酶作用于糖类不一定产生气体,还能促进非糖类物质,如蛋白质和脂肪的分解,并形成二氧化碳以及范围非常广泛的各种物质,现今,发酵这一名词可以进一步理解为有氧或缺氧条件下,糖类或近似于糖类物质的分解。在实际应用中,发酵范围还要广泛些,发酵是一种特殊类型的食品加工范畴。

我们知道,许多中式面点是需要发酵面团的,但是,面团的发酵并不是具有制熟性质的发酵,在烹饪工艺学中的制熟是指发酵成熟即食的性质(表10-8)。例如酒发酵、醋发酵、豆豉发酵、泡菜发酵、酸奶及奶酪发酵以及一些成品菜肴的发酵等,在自然条件下发酵是一个极其复杂的过程,发酵食品所经历的每种类型变化程度并不相同,蛋白质属于"肰解",脂肪属于"脂解",发酵侵袭对象大部分为糖类及其衍生物,并将之转化为酒精、醋酸和二氧化碳等,产生令人青睐或者厌恶的风味,人类的发酵制熟技术就是对微生物在食品中作用类型进行不同的控制,促成或抑制或综合某些反应,以达到预期效果。

表 10-8　常见的发酵及其制品

类　型	制　品
酒酸类发酵	酒→醉鸡、醉蟹、糟蛋、糟鱼、酵肠
乳酸类发酵	酸奶→奶酪 泡菜→泡辣椒→酸鱼酱
霉菌类发酵	豆豉→酱油→豆面酱→腐乳→南乳
醋酸类发酵	粮食醋、果醋→醋酸菜→酸黄瓜

人类对发酵制熟方法的使用可以上溯到 8 000 年前,酒、豆酱、醋、酸奶、奶酪以及酸鱼、酸菜等都是最为古老的风味食品,其特异的风味伴随着人类的整个文明历史。通过现代的理化分析研究发现,与未经发酵的食品相比,实际上发酵使这些食品提高了原有的某些营养价值。一般来说,微生物不只将复杂物质进行分解,同时还进行着代谢,合成许多复杂的维生素和生长素,能将封闭在不易消化物质构成的植物结构和细胞内的营养释放出来,有助于人的深层消化。一些人体不易消化的纤维素、半纤维素和类似的聚合物在酶的裂解下,能形成简单糖类和糖的衍生物。在这些变化过程中,食料原来的质地和外形也同时发生变化,与发酵前相比有显著的不同,从而产生了新型的风味和谐,营养均衡的优质食品,在现代食品科学发展的前提下,发酵制熟日益受到了普遍的重视,发酵已成为现代生物食品加工工程技术的重要部分。

二、冰冻制熟

将食料经过常温以下的冷冻处理形成特定冰凉和凝结风味性质食品的加工技术,在东西方的饮食世界中被广泛使用。有些虽有加热过程,但在加热时并不能形

成特定食品风味标准和形态,只有经过冰冻再处理,使之凝冻成形,才具有特定食品所规定的风味和形态,例如雪糕、冰棍、果冻和肉冻等。在现代冷冻机器没有出现之前,人们通常采用的是自然降温方法,在寒冷的季节,果胶与肉胶都会自然凝冻成富有弹性的胶冻体,给人带来别样的感受,而在炎热的夏天,冰凉的食品会给人以沁甜的凉爽,据史料反映,人类最先在王室阶层流行的是冰镇的酒和冷食,中国曾发现了世界上最早的冰屋遗存之一。1976—1977 年发掘的陕西境内古都雍城遗址有这种冰屋的遗存,据认为可能在公元前 700—1100 年。考古方面的证据还有公元前 221—207 年的秦始皇在咸阳建造的豪华冰沟,这条冰沟系用巨大的陶环做成置于地下 13.11 米深处。古希腊与罗马人也钟情于冰凉饮料和食品,据认为这是从东方借鉴而来的,第一个西方世界的冰屋似乎是在希腊,马其顿的亚历山大大帝在公元前 336—前 323 年建造的。在近东地区,建造冰屋的传统至少可以上溯到公元前 1700 年前,在马里(伊位克北部王国)的统治者克姆里林曾建造了红发拉底河流域最早的冰屋,而在公元前 4—前 3 世纪,中国的周王朝宫廷就已经设立了一个人员不少于 94 名的"冰务处"机构,负责采集和贮藏冰雪的一切事务。

这里应以说明的是,冰冻制熟并不是指冰镇酒水饮料,而是通过降温使食料凝结成块,产生完全不同于液体的风味,对于一般人,在没有采冰冷藏条件下采用的则是"无雪冷却"法,亦即运用简单的物理方法——辐射蒸发原理对煮制的食物降温,世界上两个最为炎热的文明古国,埃及和印度都擅用此法。据测试,运用蒸发降温可使水温低于周围室内温度。19 世纪的欧洲旅行家曾描写了这一方法的操作:"倒上水的浅底陶器被摆成几行,盖上青草或甘蔗杆,以利通风,蒸发使水变冷,甚至如我们所知,能结出少量的冰,在水里加点盐可提高水的冰点。"(《世界古代发明》)20 世纪 70 年代初,当时厨房冷柜没有普及,本人也无数次采用了这种冷却方法对制作的中国式"冻蹄"、"西瓜冻"等菜品降温"熟制"。将煮熬得酥烂的蹄肉盛入浅陶盆里(若是热溶的琼脂液则盛在浅瓷盘里),然后蒙上纱布置于通风的地方,在清凉的夜晚,热量被辐射到空气中,当早晨来到的时候,较好的凝胶冻便形成了。西餐点心里有一类就是运用冰冻之法制成的,被称作"冻点"。例如百味廉、巧克力米司、玉米冻、三色奶油冻等,一般采用的是奶油、果胶(啫喱)的冷凝特性。中餐则通常将冰冻之法使用在菜肴制作之中,称之"水晶菜",例如水晶鸭舌冻、水晶肴肉、西瓜水晶冻、水晶羊糕、水晶鱼冻等。一般肉类菜利用动物体本身皮胶、骨胶的自然冷凝作用,而在水果蔬菜方面,则一般需借助琼脂、啫喱、石花菜之类的凝冻作用。另外,将蔗糖热溶利用其降温重新结晶裹附在食料之上的方法,被称为"挂霜"。这是中国甜味小吃一种特殊熟制方法。

现代制冷机械的使用,使冰冻制熟方法更为便捷和普遍,在大众的日常生活中,冰激凌与冰块、雪糕已经不可或缺了。

　　将调味品直接拌入食料即食的方法叫腌拌。在中国将利用盐或糖的渗透作用,使食料具有脱水过程的叫"腌",具有吸附过程的温腌叫"渍"。前者的腌渍剂为干剂,如盐、糖等,后者的腌渍剂一般为液体,例如溏水、酱油、醋等,实际上当调味品加入食料时,脱水和吸附作用同时产生。所采用的操作方式就是拌和。拌菜一般充当凉菜的一部分,在西餐与之对应的是一类称为"沙拉"的食品,沙拉的英文名叫 salad,又叫"色拉",其含义就是冷菜的意思,在中、西餐这类菜品都具有开胃的作用,是筵席前菜的重要内容。一般来看,西餐沙拉都由两种以上原料构成,通常使用的是特定的沙拉酱,现拌即食。在中餐方面是较为广泛的一种原料与多种原料皆可,调味形态不仅有酱型剂,还有粉型剂和水、油型剂,根据需要而不受限制。因此,沙拉酱在西餐沙拉中的地位极其重要,而在中餐拌菜中只是众多调味剂形态的一种类型。中、西餐沙拉的区别在于:其一,西餐沙拉多采用不经加热处理的鲜蔬鲜果、奶酪和加热变性不完全的肉类,而中餐沙拉则需肉类加热至完全变性,鲜蔬鲜果或腌或渍然后再拌;其二,在调味酱方面,西餐所特定的沙拉酱一般与中餐拌菜酱的取料不同,色香也有异。一般由植物油(色拉油)与新鲜鸡蛋黄构成主体,通常搅拌蛋黄、逐渐加入色拉油,便蛋黄充分包被油滴形成乳化状酱体,或将面粉糊化成稠糊酱体,再用白醋、柠檬酸、盐、芥末酱、辣酱、香料粉、番茄酱、鲜奶油、可可粉以及糖粉等搅拌调味,根据需要制成各种开胃菜沙拉酱,如主菜沙拉酱、辅菜沙拉酱、甜菜沙拉酱等(表 10－9)。

表 10－9　几种沙拉酱的调味用料

品　　名	调　　料
马乃司沙拉酱(2 升)	鲜鸡蛋黄 10 个,精盐 10 克,沙拉油 1.7 升,白醋 70 毫升,芥末粉 4 克,柠檬汁 60 毫升
千岛沙拉酱(2.3 升)	马乃司 2 升,番茄沙司 150 克,辣酱油 150 克,胡椒粉 20 克,柠檬汁 30 克,醋黄瓜末 100 克,熟鸡蛋末 5 只,洋葱末 100 克,香菜末 30 克,白醋 50 毫升
路易斯沙拉酱(2.3 升)	千岛沙拉酱 2 升(不加鸡蛋黄末),浓奶油 300 克
俄罗斯沙拉酱(2.4 升)	千岛沙拉酱 2 升,辣酱 400 毫升,洋葱末 60 克
熟制沙拉酱(2 升)	新鲜鸡蛋 4 只,鲜鸡蛋黄 4 只,芥末粉 6 克,白糖 120 克,面粉 120 克,辣椒粉(搅拌成混合液),牛奶 1 200 克(烧沸与混合液抽打混合),加黄油 120 克,白醋 350 克,盐 30 克(离开火源调味)

　　在中餐的腌拌菜中没有用色拉油、鸡蛋黄以及面粉搅拌乳化成酱体的形式,而是对各种调味的粉、油、酱剂的直接调和使用(表 10－10)。

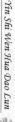

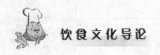

表 10 - 10　几种中餐拌菜的调味调料

品　名	调　料
四合味粉	干辣椒粉、孜然粉、花椒粉、甘草粉、精盐等(混合炒香)
肉末辣酱	肉末 100 克,黄酱 500 克,干红椒末 100 克,芝麻油 200 克,糖 100 克,水适量(熬制)
姜萝汁	姜末 150 克,菠萝原汁 500 克,醋精 1.5 克,白糖 150 克,盐 10 克,红椒油 50 克,鲜红椒茸 5 克(热溶)
虾油糟汁	虾油卤 7 克,鱼露 5 克,香糟卤 8 克,生抽 10 克,葱末 3 克,姜粉 1 克,上汤 125 克,绵白糖 5 克,花椒油 25 克(热溶)
沙咖酱	沙茶酱 185 克,海鲜酱 150 克,油咖喱 175 克,花生酱 75 克,急汁 110 克,蒜泥 110 克,洋葱末 75 克,盐 20 克,红椒油 100 克,白糖 25 克,植物油 110 克,鲜汤 1 200 克
陈芹汁	陈皮末 300 克,洋葱末 180 克,药芹粒 350 克,白糖 75 克,细盐 35 克,白胡椒粉 50 克,鲜红番茄 350 克,鲜汤 1 000 克,香油 150 克(熬香)
酸辣香汁	番茄沙司 100 克,绿芥末 15 克,竹叶青酒 25 克,鲜辣粉 1.5 克,辣椒粉 1.5 克,吉士粉 2 克,生抽王 25 克,精盐 1 克,白糖 8 克,葱姜汁 10 克,鲜汤 20 克,植物油 25 克(熬香)
生腌虾汁	白醋 100 克,盐 5 克,生抽 25 克,芥末酱 10 克,麻辣酱 15 克,花生酱 10 克,南乳汁 20 克,白糖 25 克,蒜泥 20 克,姜汁 20 克,白胡椒 25 克,蒜泥 20 克,姜汁 20 克,白胡椒 10 克,芝麻油 25 克,上海辣酱油 25 克(调匀)

第四节　食品制熟的辅助技术

为了方便制熟,缩短加热时间或者赋予食品以完美的香、色、味、形,具有一系列专门意义的辅助技术,据归纳有清理、分解、混合、组配、优化和成品造型的装饰、装潢、加工等,这些加工都围绕着制熟加工,共同打造着完美的饮食品。

一、清理加工,食品安全的保障

清理加工是制作食品的必要过程和基础,从根本上决定了制作熟食的成与败,说白了,清理加工就是对食料进行检测、选择、清洗和去粗取精的一系列加工操作过程,其目的就是为制熟加工提供清洁、适用、安全、精当的净料。这是从食品安全基本需要出发的。从某种意义上看,这是许多动物取食的一种本能作用。我们曾对黑猩猩洗涤野果食用具有很深的印象,某些鸟也会将坚果壳敲破取食果仁,非洲的狒狒能将玉米外皮撕去等,这是反映在动物身上具有文化现象的"本能"行为,而人则会依据不同的原料性质采用不同的方法处理,以满足自己对食物品味多样性的需要,人类还会使用多种专门的工具从事这项加工。几乎所有的动物都习惯于在进食前对食物的检测和判断，它们的视觉、嗅觉、听觉、触觉等感觉器官更为敏感，例如狗的嗅觉、蝙蝠的听觉、鹰的视觉和蚂蚁的触觉都比人类强若干倍。然而它们仅是侧重于某一个方面，直觉的判断，而人则会善于运用官能综合检测的方法获得更多的经验，开拓更为广阔的食物领域，并且通过理性的清理加工使许多动植物成为安全优质的食物原料。与视、听、嗅、触觉相比，味觉属于后感觉器官，据研究认为，人类的味觉器官在原始时期并没有文明人类的丰富和敏感，人类的文明演进培育了人类的味觉经验，同时也培育了人类味蕾生物化学功能本身，有研究表明，文明人类的味蕾与味觉比任何动物都更为发达和敏感，这也是人类不断追求人工美食享受的文化结果。人类通过官能综合检测与理性的清理加工使自己实质性地达到了食物链的顶端，俯视着地球上一切动植物类群，而经验医学的长期临床观察的经验又在不断地充实丰富着，对食物多样性选择与清理加工的内容，使人类可食性食源扩展到了极限。

现代工业社会对自然环境的污染，使得对食材的清理突破了以往的经验，病毒学科学的深入发展，使传统感官综合检测的方法变得并不十分安全。现代检测方法的运用，成为食物安全的第一道屏障，饮食文化心态从风味、营养再次回归到安全的最基础层次，在清理加工的摘选、宰杀、洗涤中最重要的是灭菌和防毒。只有通过理化检测的食材才能被净化加工为适用的食物原料；只有达到理化安全指标的食品，才能成为安全可靠的食品，在这个意义上，清理加工贯穿着食品加工与食用的全过程。例如餐具与餐桌环境的清理，再例如食料和食品保藏时段的清理。据认为，一盒成品盒饭需保持 70℃，在这个温度下细菌不能滋生，再例如，冷菜加工需要专门用具、场所和紫外线灯的不断杀菌等，现代饮食的清理加工是一个全方位、全过程的技术行为，真实地给予人们进餐安全心态的满足。

清理加工不仅使粗糙原料成为洁净的精料还具有与成品一致的精神内含，亦如打磨的石材与雕刻品具有同一的灵魂一样，将合用的造意贯注到净料之中，达到特定下料标准，否则清理加工的只是洁净的原料而不是完美的"坯料"。因此，清理加工实际上是一个感观的、理化检测的和艺术构思的整合复杂的技术处理过程，为人类饮食最高目的的实现提供全面的基本保证。

二、分解与混合，一种消化的体外形式

如前所说，原始人最初的熟食是将整头的猎物放在火堆上直接烧烤的。显然，这样烧烤具有下列问题：① 不易成熟；② 风味恶劣；③ 不便于分食咀嚼和消化；④ 品种单调；⑤ 不够卫生，污物与兽皮难以处理等，为了解决这些问题，人类发明了粗石制切割工具，这种粗石制工具的发明和使用被称为人类的"第一次技术革命"。有许多例证说明，石制切割器具的发明远早于打火工具的发明，这是人类采

集利用自然火烧食衍生的第一个文化成果。人在刮兽皮、割兽肉、敲兽骨的行为最早的来自中国北京猿人遗址,这是烹调术真正的开始(详见第二章),将食料由大到小,由厚到薄,由粗到细,由长到短的分割解剖,用之制熟不仅解决了前面的问题,还可从不同侧面感受到来自同一种食料所产生的不同滋味。肉形的大小受到了控制,热能被充分利用,制品的质量也今非昔比了。将大块食料分割解剖成多种不同用途的部位,再将其分割成片、条、丝、丁、粒等多种形态,满足了人类对食物滋味多种的享受需求,更重要的是满足了人类要求充分消化食物的需要。尽管切割食物的刀工刀法很多,但在基本方式上是相似的,《中国烹饪工艺学》将之分为平刀法、斜刀法、直刀法、剖刀法和其他刀法五大类。

中国刀工技法分类
- 平刀法(平行片片):平片、拉片、推片、锯片、波浪片(又叫锯片)
- 斜刀法(斜下片片):正斜片、反斜片
- 直刀法(直上直下切或剁):切法:直切、推切、拉切、锯切、铡刀切、滚料切
  - 剁法:斩剁、排剁、跟刀剁、搬剁、砍剁
- 排刀法(不切断原料,只通过刀背或刀跟敲剁使肉料疏松)
- 剖刀法(在原料表面切割出花纹,但不能切断原料,使食料便于受热,吸味和美观)
- 其他刀法:上述五类刀法之外的一些特殊刀法,有削法、割法、刮法、揭法、法、撬法、剜法、割法、刚法、铲法、吞刀法等。

纵观各国厨艺刀法中国厨艺刀法的精细是世界任何烹调流派所不能比及的。其内蕴精神的传统由来已久,中国人的传统认为对食料的切割分解本身并不是简单的机械地重复运动,而是一种人的精神与宇宙自然契合自由运行的过程,中国春秋时代伟大的哲学先圣庄子曾通过《庖丁解牛》形象地描述了中国厨师刀工技法的哲学思维。

中国厨师的刀法运用,无论对原料胴体的分档取料还是对基本料形的切割成型,都在于一种内在节奏的控制,依乎肌理,顺其自然,由大到小,由厚到薄,由粗到细,逐而渐近地在节律中获得了艺术空间的无限自由。

基本料形
- 块：斜刀片、平刀片 → 薄片—丝—粒(末) → 茸(泥)
- 段：直刀片 → 厚片—条—丁

基本料形由大到小,除了具有体化消化的性能外还具有发掘食料不同侧面风味特性的作用。例如整块的鸡与鸡片、鸡丝、鸡丁、鸡米(粒)和鸡圆(茸泥)所给予我们的感受是不同的。在美的规律下,分解加工超越了人类对食品充饥的基本实用需要,将适用性统一到了艺术美感受之中,人类只有在进入高度文明时代才能具

有这种任意改变食料形态,创造一种原料可以形成的多种食品风味的能力,而在石器的狩猎和半农半牧时代并不能具备这种高超的分解切割技术。高超的分解技术与人类科学文化的进步成因果关系。

与分解技术的目的相似,混合技术的目的是将多种食料混合复合成一种更能消化的新型食料。人类发明了这项技术的历史可追溯到苏美尔古埃及文明的面包坊,面包所用的"面团"可以说是烹调混合技术的最早产品,在肉食方面,最早使用混合技术的产品可能是中国周代美食的胶糊状"糜"或"肉酱"之类,现代中国人称之"缔子",所反映的是肉茸经过混合搅拌后所形成的胶黏状态。另外,"馅子"作为重要的混合产品之一,作用于被包在某种作为外皮的食料里,我们并不能确切地知道"馅心"这类独特的食物复合原料的产生历史,但是我们已确切地知道中国汉代的一些点心小吃类食品中已经使用馅心了。馅心风味已成为中、西点主要区别之一。

面团、缔子、馅心是在基本原料被粉碎切割的基础上的进一步加工,其产品并不能直接被食用,因此只能被看作为一种人工合成型的复杂食料,由此极大地开拓了食品品种的制作领域和风味领域,从一个全新的角度开发了食料使用的多样性。在科技与文化含量上,混合技术是制作精细食品不可或缺的重要手段。

三、追求的完美,食品的附加值

对食料的风味进行增强,美化被谓之优化加工,在本质上,这类加工是非必需的,因为食料在经过清理、分解和混合加工后已基本达到制作食品的卫生与营养质量要求,例如,将一只鸡打理干净便可直接煮熟食用,这丝毫也不影响到鸡的卫生与营养本质,但是从完美食品的角度来看,熟鸡虽可以吃,但并不是最佳化美食。要使之达到美食标准,至少还需要调香和调味的加工,才能使之具有适口的美味,可想而知,人类如果每餐都食用同一种没有调味、没有调香、没有造型的食品是何其的单调。《中国烹饪工艺学》有段精典的论述:"优化加工正是缘于人类对食物之美,对饮食文化的多样性、不断追求而发生和发展的。"当天然的食物原料在色、香、味、质等方面的质量不能达到人类饮食欣赏标准时,人们便会对之进行优化处理使之更美,使之具有更佳的适用性和食用性,从而极大地提高了菜、点制品的文化附加值,使一般食物成为真正的"美食"。美食为人类饮食生活提供了审美对象,使饮食生活丰富多彩,使人们在获取相应的营养物质的同时也获得了崇高的精神与物质的享受。在优化加工中,人文精神被得到充分体现,人的文化、传统、风俗、思想、情感都融注在食品中,从而超越了生物学所赋予食物的动物性普遍意义,"美食"成为人类饮食生活追求无穷快乐的结晶。可以认为,如果没有优化加工,绝大多数食物是不能成为人类的美食物的。

来自自然界的动、植物原料,并不是天生为了被人类食用而存在的,对于人类

Yin Shi Wen Hua Dao Lun

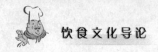

的风味习惯和美食理想来说,必然地存在着差异性,消除差异性,使饮食品与人的喜好与习惯达到和谐,其主要的是通过优化加工来实现的,优化加工的主要技术包括调香、调味、着色、制嫩、作衣(保护)和食品雕塑等工艺。

（一）香味优美调和，文化的品味

每一种食物原料都有独特的气味和呈味性,有的令人厌恶,有的又令人喜爱,绝大多数作为人类食材的动植物原料(水果除外)都具有或多或少的不同性质令人厌恶的不良味嗅物质,人们将其制作食品时,就必须采取种种方法将之去除。同时,食材中所内含的种种优美的味嗅物质又是人们所追求的,然而当这些物质的浓度不足以给人以刺激满足的感受时,人们又会想尽办法将之增强。这就自然地发生了人类在制作食品时的调味和调香行为。实际上,将食物由生到熟的加工都具有一定的调味和调香的作用,然而当一般的加工并不能达到特定美的味嗅风味标准时,人们就会利用某些具有浓烈味嗅物质的微量食料添加在所制作的食品中,将食物的原生味嗅物质分解、中和或者遮蔽。食物中优良味嗅物质被得到提携、更新和增强,这就是所谓狭义的调香和调味,被添加的食料叫做"调味(香)品"。调味品并不是食品成分的主体,而是仅占极少比例的添加原料,例如食盐占食品成分为0.03%—0.3%,然而调味品都主导了饮食品的味嗅风味的风格,因此,狭义的调味调香是一种纯艺术化的行为,人类几乎所有的熟制菜和点心都是经过一定调味和调香加工的,因此,它们的味嗅都是人工附加的文化味(嗅)觉,所给予人的正是一种对于文化的"品味"。

我们知道,味嗅觉因人而不同,在中国叫做"众口难调"。所谓美味,究其本质就是习惯与嗜好的复合。由于种种原因,构成了人与人、人群与人群之间对于美味认识的多元性。纵观世界各地的饮食风习之差异,除了生产加工方式、进餐方式、物产特征而外,就是味嗅习惯的不同性。实际上,世界上各风味流派不同的核心问题就是对于调味品使用的不同差异。现代人体科学研究证明,人在生理条件与文化素质条件基本相似情况下,其对味觉、听觉、视觉的感受是相似的,这正是在不同层次和不同区别形成风味流派的原因。孟子早就有云:"口之于味也,有同嗜焉;耳之于声也,有同听焉;目之于色也,有同美焉。"(《告子章句上》)味嗅觉本是动物在自然进化中形成的一种择食本能,但是人类却在后天受各种人文因素的影响,摆脱了对这种动物先天本能直觉的依赖,而使之理性化了。通过专门的技术和劳动,创造产生了一种风味——味嗅的文化感觉现象,促使了在相对一致的自然与人文环境中地方风味民俗化的形成。然而尽管地球人类的不同地区乃至个人味嗅习惯与嗜好如何的千差万别,其调味与调香的技术规律与程序却是相似的。

在制熟食品的过程中,一般以加热为中间过程,调味和调香可以在加热前,可以在加热中,也可以在加热后实施,加热前为超前调味(香),目的是去除异味,部分脱水和确定基本味,加热中叫中程调味(香),目的是确定主味,其调味品在不同性质情况可一次性调味,也可分批次层次性调味,加热后的是补充调味(香),目的是补充主味(香)的不足。这一程式普遍地存在于世界各民族烹调之中,以中国烹饪工艺最具典型,图 10-1 为中国烹饪工艺调味(香)程序方法示意图。

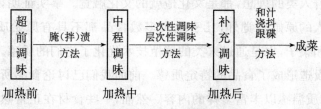

图 10-1 烹饪工艺调香程序

依据上图解释:① 腌渍就是将盐、糖等调味品直接拌入食料中,也是生冷拌食的主要调味(香)方法。② 中程调味中一次性调味就是将一种或多种调味品同时调味(香)的方法,中国烹饪叫"兑汁"调味。层次性即多次分别添加不同的调味品和调香品。③ 补充调味的和汁法即是将菜卤滤出加以其他调味品或调香品和匀,再回入菜肴中,如西菜的烤肉汁。浇拌法就是将补充调味(香)品直接浇拌入成品之中。跟碟法,就是用味碟装盛补充调味(香)品与成品菜一同上席,这些方法广泛地在中西餐和伊斯兰烹调中使用,绝大多数热制熟菜肴普遍拥有的调味(香)的全过程,在这里,味嗅觉的关联性与共意识性,使我们对菜肴调味与调香时难以分割,食料的味嗅双重性决定了加工时对味型确定也相应确定了某些香型,反之亦然。因此,对菜点味、嗅觉的加工似乎是同时并举的两个方面。然而,菜点中味觉仍是占有主导的地位。而嗅觉则是辅助的、烘托的、装饰的。从技术理论的角度来看,调香的辅助作用是通过具体的着香法、附香法、矫香法、溶香法、脱臭法、覆香法、合香法、饰香法、仰香法等方法来实现的。

着香法:食料浸染他香,从而改变了原香。

附香法:在主香之中增加起辅佐作用的香气。

增香法:使较淡的主香得以增强。

矫香法:净化主香,使之更加纯净端正。

溶香法:将食香物质溶入液体之中。

脱臭法:使不良气味分解挥发。

覆香法:所调之香对主原料之香完全覆盖。

合香法:将多种香味融合在一起。

饰香法:对主香点缀他香,使之连绵优美。

抑香法:使主香强烈的程度减缓,又叫抑臭法。

在菜点制成品中,一般具有相对稳定的味型及其浓度标准,而香型虽然具有明显的特征,但在浓度上却难以把握,在技术上把握调香的温度与时效性远比浓度更难。因此,香气是任何食品鲜美程度鉴定的首要前介。特定的味型与香型的完美结合,正是人类食品最为显露的风味标志,也最能显现出一个食品的文化与艺术的特质。

(二)改良品质,感受理想的触觉

人类对食物的触觉似乎比任何动物更为挑剔和丰富,食品所赋予人类的一切触觉感都凝结着人类的理想,都是文化造就的文化触觉。事实证明,除了原生食料所具有的给予人的原始感觉外,几乎绝大多数食品都不具有原始质感,即使一些"生吃"的苹果和梨子,也是通过人类的培植技术优化了它们的质感。更多的是,人类的熟化加工设造形成了食品的特定质感。前面我们已讨论食品所赋予人类的质硬感、质流感和质温感以丰富多样的内容。然而,一些食材在正常熟化加工时并不能产生人们所理想的触觉质感,通常,人们就会采用特别的强化方法,使之按照人的意愿,满足审美的需要。例如:着衣、增稠、致嫩等,都有效地改良了食料原来所具有的品质,给人以更嫩、更稠、更脆和更为温暖的触觉享受,无论西餐、中餐抑或是伊斯兰饮食都普遍存在这类技术。

1. 着衣技术

这是中国烹饪工艺学对一切外保护层作用的加工类型称谓,最为普遍的有挂糊、上浆、拍粉、勾芡等,主要起保护的作用,防止食料的脱水或破碎(表10-11)。

表10-11 着衣技术的一般形式

工艺名	食 品	餐种	效 用
挂糊	炸黄油鸡排 fried chicken breast with butter	西菜	鸡蛋面粉稠糊,挂满外层,炸时既可保护主料之嫩,又可增加外层之脆
	脆皮鱼条	中菜	
拍粉	清煎猪排 plain fried pork chop	西菜	在食料表面拍满面粉或淀粉,加热时效用与挂糊相似
	青鱼塌	中菜	
上浆	软煎大虾 fried prawn meuniere	西菜	蛋液或加少量淀粉与食料拌匀或涂满食料,加热时可对食料起保嫩增滑作用,不增脆感
	滑炒鸡丝	中菜	
纸包	纸包鸡 chicken wrapped in paper	西菜	用高温玻璃纸或油纸包裹食料,加热时起到保嫩持鲜的作用
	纸包虾仁	中菜	
勾芡	在菜肴加热时,向菜汤中加入淀粉或面粉起到物质增稠和保温、保质的作用,东西方普遍用这个技术		

2. 致嫩技术

加热前将食料肌肉进一步松嫩的方法统称致嫩,通常有敲拍致嫩、盐致嫩、生物致嫩和其他化学致嫩(表10-12)。

表 10 - 12　一般致嫩的应用形式

工艺名	食　品	餐种	效　用
敲拍致嫩	炸猪排 fried pork chop in breadcrumbs	西菜	用拍子或刀背敲拍食料,使之松嫩
	炖生敲鳝鱼	中菜	
盐致嫩	煎鱼肉饼 Fried fish cake	西菜	用盐拌入食料既有调味的作用也可使肌球蛋白溶出吸水而增加嫩度
	炒鱼片	中菜	
酶致嫩 (生物致嫩)	炒牛肉丝	中菜 西菜未见案例	即用木瓜酶拌入食料,利用木瓜酶切断肌肉的联系腱从而达到致嫩
发酵致嫩 (生物致嫩)	糟鸡	中菜	利用发酵使食料松嫩
	泡鱼	西菜未见案例	

其他致嫩方法尚有小苏打与食碱制嫩,前者通过加热时的产气作用使食料松嫩,后者则具有腐蚀作用。可悲的是,一些不法分子为了迎合人们追求致嫩的心理,采用双氧水、烧碱(石粉)、聚磷酸盐等化学物质对食料致嫩,给食品安全造成很大危害。有些情况下利用醋酸和糖也具有一定的致嫩效果,食品的嫩感是人们最为关注的、喜爱的触觉享受之一,因此,倍受着人们的追求,形成如细嫩、脆嫩、软嫩、松嫩、滑嫩、爽嫩、鲜嫩等的精细感受。

(三)立意造型,食品形式美的塑造

当食料本色和形态不能表达特有的意境时,人们通常会采用非常之法改良或改变食料的平常之色、平常之形,实现视觉的冲动和满足。在工艺学上被称为着色、雕刻和塑形。可以说,食品的色与形都是有意义的"熟化之色"、"成品之形"。除了常规切割与煮烧所形成的低一层次的形和色外,在高一层级上要强调视觉效果,以特别的形和色烘托食品的香和味达到最佳值,这就是食品形与色给予人的视觉冲动的激情效果。

着色技术的作用是对食料本色进一步美化使之更美,即有人为外加之色的意义,主要有以下四种(表 10 - 13)。

表 10 - 13　着色方法概表

作　用	净色作用	发色作用	增色作用	附色作用
方法	水漂法	食硝法	盐增法	染拌法
		焦糖法		裹附法
	蛋抹法	其他化学法	同色增色	滚粘法
				掺和法

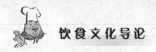
1. 净色法

实现本色的纯洁鲜亮度,去其杂色,水漂可以去除肌肉原料残存血渍,更显洁白细嫩,例如鱼肉和鸡肉,而蛋抹包括蛋清沫和蛋黄液抹都会使蒸、烤食料表层色度平衡纯净。

2. 发色法

通过某种化学方法,使原料中原本缺弱的色素因此得到实现或增加,有食硝法和焦糖法两种,前者是利用肉中还原菌还原成亚硝酸盐与肉中糖原降解产生的乳酸发生复分解形成亚硝酸,再与红蛋白和肌红蛋白结合产生鲜红色亚硝基红蛋白,从而使肌肉保持新鲜时的鲜红色泽,达到发色的作用。然而近来有研究认为,该方法易产生某种致癌的不良因素,被受到质疑,一些替代物如维生素 C、烟酸酰胺等已在工业化食品中被得到使用。

发色法中除了食硝法外,最多使用的方法就是焦糖法,即利用食糖在加热中产生的焦化色素作用,使食材表面色泽产生明显的改变:食糖在 160℃ 以上会产生焦化糖的棕红色素,被称为"糖色",运用未焦化糖浆作为发色涂料,通过对被涂食料的煸、炸、烧、烤等加热方法达到发色的目的,因糖色的焦化程度不同,产生金黄、棕红、枣红等色彩,具有悦目性,而过焦化所产生的焦黑色则会令人产生厌恶的心理,一般最佳发色糖浆是饴糖、蔗糖、淀粉糖浆,蜂蜜次之,食醋与黄酒具有焦糖发色的引力效果,使色彩更为鲜丽。

3. 增色法

对食料原有色彩进行增强,使白者更白,绿者更翠,红者更艳,黄者愈黄。增加原色浓度,但不改变食材原色调和色泽,有盐增与色增两种方法,前者用少量盐对植物腌拌,使植物皮或叶下色素分子上浮,得到增色效果,主要是对绿色蔬菜汁液提取和胡萝卜汁液提取。后者则是利用同色色剂对食料原色增强,当一些菜、点原来之色显得浅淡时,采用此法可有效增强视觉效果。

4 附色法

即将一种颜色完全覆盖食料的本色,具体的又有染拌法、裹附法、急沾法和掺和法等(表 10-14)。

表 10-14 附色四法区别

方 法	加 工	例 菜
染拌法	用色剂渲染食材	红曲卤水牛肉
裹附法	用有色浆糊裹附食材	金酥糊苹果
急沾法	用有色碎粒料黏沾在食材表面	火腿茸杨梅虾球
掺和法	将两种不同色泽原料掺和为一体	碧绿鱼片

432

诚如前述,食物辨色是人类择食的一种本能,人类总是在经验的主导下对食品色泽进行选择,然而,人类与动物不同的是,人类具有在同类色条件下作出最佳选择的能力,而这个最佳选择是建立在以往最佳饮食所获得的经验基础之上的,当面前食材在一般条件下达不到这一颜色效果时,人们便会自觉地改良或改变它,从而形成一种专门的技术——着色技术,所解决的是特定食品的色彩有无、深浅、强弱的问题。实际上,自然界食材的天然五彩之色与食材制熟的成色是与整体风味分不开的,也就是说当一个食品在香、味、质、形方面达到最佳时,其外表反映的色也是最美的,最具有特征性的。反之,当某一方面出现问题时,也会必然地影响到食品的色泽,同理,当对食料本色进行某些改良、改变时,同时也就是对食料总体风味质进行优化的过程,这就是着色技术发生与发展的本质。任何强化与总体风味相隔离的着色术都是违背文化的真、善、美本质的。一些不法分子常利用人对食料之色的形式美要求,采用有毒色剂强制改变食品应有本色,具有反文化人类的罪恶本质。

从艺术设计的形态构成学说来看,食品的色只是形态的一个部分,更重要的能激发进食者情感冲动的是调色功能,这是一种宏观的设计与组配,所解决的是菜、点所用原料间色彩配比关系和整体色调美丑的问题,食材的色与形在一定关系质条件下构成饮食制成品的特别有意义的形态,给人以美的视觉享受。实际上每种食品成形的本质是方便制作和食用的,每一种食品都具有其固有的个性形态,然而这种个性形态又不能是杂乱无章的存在,它必然地要在美的规律下形成具有内在节律的意境化形态。因此,每一种固态或半固态食品都是根据设计意图塑造的,以特定的食品形象语言传达人类心灵意蕴。人类食品的多样性正是人类丰富情感内心世界物化反映的重要形式,它通过人类无比灵巧的双手操作得以实现,根据对中、西餐食品生坯和成品成形技法的统计,大致有如下类型:

(1)盘中成形法:拼合、铺叠、摊排、堆砌、扣碗。

(2)单体成形法:包、卷、扎、托、夹、串、挤、滚沾、镶嵌、黏贴、拖、捭拉、压模、切削、拢捏、搓揉、摊按。

(3)装饰成形法:钳花、剪花、挑花、裱花、印纹、围边、盖面、牵花、点缀。

基本塑形方法见表 10 - 15。

表 10 - 15　基本塑形方法一览

成形法	操 作 形 式	例 品
拼合	将几种食品拼放在盘中,形制整齐,色彩对比	三拼盘、海鲜拼盘、水果拼盘等
铺叠	将片状食料层层叠铺放在平盘中	象形拼盘、京江肴蹄冷盘、白斩鸡
摊排	将一样大小的食料平列排放在盘中	烤牛排、干烧大虾、芙蓉瓜方
堆砌	将碎形食料自然堆砌在盘中	炒虾仁、水果色拉、鱼香肉丝

Yin Shi Wen Hua Dao Lun

成形法	操 作 形 式	例 品
扣碗	将食料整齐排放在碗中再覆入盘中	扣肉、琥珀莲心、扣一品鸭脯
包	将一物完全包被另一物,有大包小包之别	肉包子、葫芦虾蟹、纸包鸡
卷	将一物卷起另一物,犹如卷筒	卷筒鸡、面包卷、寿司卷
扎	一物作为线索,将另一物捆扎成形	柴杷药芹、扎蹄、扎肝肠
串	将多种食料连成一串	玉带腰、酸糖球、烤羊肉串
托	一物上托其他食料,下物是食品充当盘碟	比萨饼、花盏鸭丁、雀巢鲜贝
夹	将一些食料作为馅料被另一物上下夹着	三明治、火腿吐司夹、夹沙年糕
挤	通过压迫使食料从孔洞中冒出成形	虾圆、橘瓣鱼佘、芙蓉虾线
滚沾	通过滚动使细碎料沾黏在另一料表面	芝麻团、椰丝圆、杨梅虾圆
镶嵌	将黏稠糊状原料黏接在另一食料表面,再用碎料沾黏在表面	鸽蛋虾托、松子酥鸡、水果蛋糕
黏贴	将不同片状原料黏贴在一起	锅贴鸡、锅贴鱼
抻拉	将面团抻拉成面条	拉面
压模	用模具套模的方式成形	巧克力甜点、布丁冻点、花糕
切削	用刀直接切削食料成形	刀削面、馒头、方糕
拢捏	将馅心拢在面皮之中在封口处提出折皱花纹	包子、饺子、鸳鸯酥盒
搓揉	将食料团或条反复搓揉使之表面光滑	汤圆、面包、银丝馒头
摊按	用面杖或用手直接将食料擀和按成扁平状	面饼、千层油酥、虾饼
翻旋	将食料坯旋转呈S形	面包、麻花、油条、花卷
钳花	用花钳在食料团表面夹出花纹	钳花包子
剪花挑花	用剪刀或尖状器在食料生坯上剪出或挑出花纹	刺猬包子、一些油酥点、金毛狮子鱼
裱花印纹	用裱花器或印章在食料生坯上装裱或印出花纹	裱花蛋糕、一些馒头和糕
围边盖面	用饰品食料在主菜四周和表上面装饰	扒蹄的菜心、一品猴头菇的上面排叠层盖料
牵花点缀	用饰品食料在双味菜的分界区、在主菜某一侧点缀	对味炒虾仁、松鼠戏果

上述每一种基础成形方法都具有多种变数,例如卷形食品就有筒形卷、如意卷、象鼻卷、兰花卷、腰带卷等,在材质上有肉类卷、蛋卷、吸皮卷、腐皮卷、米粉卷、面卷、荷叶卷、纸卷、锅纸卷等,人类就是运用灵巧双手的操作创造出人类形态各异、五彩缤

纷的食品大系,满足了自己求新求变的心理需要。人类在很长的历史中都是将食物简单的切割堆砌,食品疏于自然形态,如大块肉、整只鸡形制。我们可以想象到古埃及大块面包的形式,也可以想象到中国商、周整鼎肉羹的形式。当人类整体文化艺术生活物质极大丰富起来的时候,当人类文化艺术精神达到精雅高贵的时候,人类食品的样式也随之得到了改变,文明人类琳琅满目的食品造型正是在周围文化精神的影响下摹物造意的结果。从世界历史的整体来看,这种变化的第一个高峰在东罗马与中国的汉唐时期。其后,中国的宋王朝则将花式菜点发挥到极致。而中世纪的欧洲食品样式则沉落到近似于粗俗的状貌,直到近300年来,在文艺复兴运动精神的感召下,新西餐才在食品样式上发生了深刻而令人眩目的变化。

第五节　食品制作技能的文化特性

一、技能是知识与操作综合文化表达的能力

以上我们已知饮食文化技术体系的基本内容,技术的优劣决定于操作者的技术发挥程度。所谓技能,就是人在意识支配下所具有的肢体动作能力。由于劳动的本质是对工具的运用,人在劳动时肢体动作能力主要是对工具的操作,因此,技能也可称之操作能力。在以往的饮食文化研究中,往往忽略了烹饪技术技能的文化性,而侧重于书面文化、典籍现象的研究。常常片面地认为技能的动作性与智能是割裂的,从而忽略了技能的智能性一面。实际上,智能是构成技能的重要因素,操作不可能离智能而单独存在,操作能力的提高与智能成正比。因此说,技能是智能与操作的统一体,现代社会日益认清了技能的这一特性,将技能视作为文化的操作过程,能力的体现,从而将技能置于与书面文化、科学文化同等重要的地位加以研究。现代人类由于过多地依赖于自动机械,反倒使千百年来锻炼和积累的技能衰退,高技能人才的缺乏已成为工业社会的一个严重的问题。这实际上已表明人类在文化方面的进步已与科学失衡。可喜的是,烹饪技术的技能性得到了多于其他传统和手工艺技能的传承和发展,手工艺制品仍是饮食生活的主流,因为烹饪工艺技能含有更多的艺术化特性。

技术是一种方法,一种操作的形式,其质量由操作技能能力的程度来决定,而技能的高低则取决于操作的熟练程度、准确程度与技巧性。例如:烤牛排,烤是一种制作方法,一个操作的技术程序,然而不同的人的烤牛排会出现彼此间的质量差异,这就是技能的能力决定技术差异的原因,烹饪工艺的技术体系充斥着人的技能因素。同样的技术方法在操作时因人而异,是因为他们的智能与操作的技能条件不同。烹饪技能的养成与知识的学习截然不同,知识是通过语言传授的,而技能一

Yin Shi Wen Hua Dao Lun

定要在具体实践的实际操作中得到训练和培养。知识学习是技能养成的基础,但决不能代替操作的训练。如果说,技能中熟练代表着时间,准确代表着度,技巧代表着智能对知识的综合应用,那么一个高技能的烹调能力,只有在长期的知识学习与实操训练中获得,这一点与书法、绘画、雕塑、舞蹈等艺术表演技能的性质一致。

二、烹饪技能的隐秘特性

随着社会的市场化发展,现代烹饪技能已成为一个重要的社会职业技能,然而在更长的人类历史中,特别在奴隶与封建经济时代,烹饪技能属于一种家庭生活技能,其精华的高端部分被上层阶级所控制,具有许多家庭私密性与个体的神秘感。烹饪的高等技能为贵族的享受生活服务。一些具有高超厨艺的人被当作奇货深藏在帝王、卿相之家,许多高官、名儒、富商也以其具有高超的厨艺炫耀,以证明自身的地位和价值。而这些对于老百姓来讲则是倍感神秘的。这种神秘现象的烹饪技艺在东西方饮食史上比比皆是。说白了,这是人类食物崇拜本能的一种表现。其实,无论烹饪工艺的技能在私家也好,在商业市场也好,它都是属于个体所有的一种能力,对于公众而言必然地会具有某种隐秘性而不被公众感知。一道美食的创造会轰动朝野,一道名菜会流传于世,虽然每个人都会模仿,然而在具体操作时则各有感悟领会。在世代传递的世家里,在显贵名流的豪宅里,在皇宫御房的深院里,流淌着烹饪技能的一脉神奇。在百年流芳的饭庄里,在古老村社的街市里都隐藏着一份烹饪技术的私密。在具有漫长的封建历史的中国社会,烹饪技能的隐秘性尤为特出。师徒传承的秘籍私授与中国武术、中医术一样,具有神秘文化的特点。印度人则更进一步将烹调术的操作能力视为家庭私生活的一部分,不得为外界所知。在欧洲的整个近代社会也普遍存在这一现象。社会名流的赞誉更增添了这一神秘性的色彩,并使烹调师成为社会名流。社会在饮食物质大众贫乏的时候,烹调师就会被得到普遍的推崇,就如现代社会推崇影视明星一样,因为烹调大师具有与常人具有的这一生活技能不一样,他们具有制作美食的技能,使人们在食品贫乏的年代获得美味品尝的可能,他们是生活的英雄。他所具有的烹饪技能对公众而言是神秘的,对于自己来说是私密的,不可以轻易泄露机密,不愿外传。直至今天,烹调技能的隐秘性还是饭庄老板们经营发财的利器,许多从古老家厨、专食作坊中隐秘传承的美食,我们对其配方和操作程度还不得而知,当人们一旦发现某店有供应新创制与普通不相似的美食时,便会趋之若鹜,店家所谓"特色菜"、"私家菜"、"秘制菜"的广告宣传正是巧妙地利用了大众对美食崇拜的隐秘心理。

三、烹饪技能的公众性

尽管烹调技能具有个体的隐秘特性,但是它毕竟是人类普遍享有的,人人具有的一种最为基本的生存技能，大众掌握的仅是一般的技能，而高技能只掌握在勤学苦练的少数专业人员手中。他们的产品都具有公众共享特性，与其他生活技能一样，烹调技能必定在特定的文化环境中得以传承，它是风俗传统的组成部分，当一个新的制食方法诞生后，有意与无意地都会向周围地区扩散，向公众性转化，并在特定风俗传统的影响下形成各人的操作风格。近现代世界饮食文化的相互交流碰击，使之各自萃取对方有用的内容，成为在传统下不断创新的时尚标志，例如，对番茄沙司菜肴的制作，19世纪由西方传入中国，但在具体的制作时，中国却有着自己传统操作的风俗化诠释。再例如茶饮亦在18世纪由中国传到欧洲，然而在制作具体的饮料时，英国人却有着自己传统风俗的操作诠释，这种诠释就是以产品的形式面向公众性的，这种公众性是局部的、有差异的，由工具操作的不同习俗传统所决定的。习俗是形成每个人饮食行为的基础，就烹调技能而言，习俗在形成个人行为中所起的作用远远超过了个人对传统习俗所能产生的任何影响。如果让人们严谨地研究一下，那些烹调技艺的私密行为正是受传统风俗影响不同程度的反映。自人类进入工业社会以来，烹调技能转化为一种服务性的社会物化的职业技能，不同民族文化也交相渗透，私家烹饪秘籍也逐渐随之流入商品领域参与竞争，从而在整体上提高了烹调技能水平，加强了公众的共享性，建立了技能的公众培训与教育和等级考核标准，展开了对烹饪技能的专门研究，从而减弱了隐秘气氛。中世纪之后，欧洲涌现出大批烹调大师和食谱著作，就是将烹调技能的秘密从家庭中解放出来的商品社会公众服务的例证。中国"文革"后出版的大批尘封已久的菜点谱系秘籍和涌现的大批烹调大师也说明了这一技能公众职业化趋势。然而我们依然不能否认，对于每位烹调大师个体而言，技能的隐秘性是永远存在的，因为各人在技能修行上是具有差异的，予人共享也具有等级性的。

当烹调技能娴熟到一定程度，当常人达不到某一技能的技巧高度时，便具有面向公众的表演性征，例如煎扒牛排的灵巧动作，炒菜时的弧形翻锅，切菜的刀法节律以及将一块内酯豆腐切出上万根细丝。那些食品的雕刻，那些千奇百怪菜点的造型都给人以惊奇的感受。高超的技能不同于一般技能，它只能被少数人掌握，然而其产品具有公众有差别共享的性质，因此说，烹饪技能的公众性实质上就是从隐形文化向显形文化状态的转化过程。这是现代社会文化转型大势的大众教育的功能结果。

《厨艺丛谈录》中曾有一段对厨房中厨师技能操作娴熟状态的生动描写："厨房中厨师们操作时如临战阵，如奏凯歌，厨师长指挥若定，大师们操作娴熟。纷繁中而有次序，躁动中而又恬静。烹炒交汇，刀板相鸣，呼啸而过，戛然而止，胸有成竹而挥洒自如。这里有一种内在旋律控制着，例如切菜的击鼓般节奏，锅勺的铿锵、翻锅的惯力旋转等，这是节奏的运动，如打击乐、狐步舞，在这种节奏中厨师们感到了快意。火是厨师的骄傲，特别是翻勺时火在锅中的跳动，厨师娴熟的动作在火光的映照下就像进行着一个远古民族粗犷的舞蹈,在这个时候,厨师的感觉是自豪的、优美的、目空一切的。他们在追求食者的赞叹、惊喜、冲动和悬念;他们期望得到'味有同嚼'的效果。他们奉献给食客以美好的回味与长久的记忆,追求得到宾客的信任和喜爱……吃而不知其味是享者的无能,做而不达其味是厨师表演的无能。在烹饪过程中,厨师是力求获得天下知味者的。"(陈苏华:《中国烹饪研究》,人民日报出版社 2004 年版)这就是在烹调技能操作中,以产品的形式,由隐秘世界转向公众世界的过程规律。技能操作的动作之美,无疑具有极大的感染力和审美价值。

 思考题

1. 在饮食文化中,熟的概念是什么?
2. 制熟工艺中有哪些技术类型?
3. 调香、调味工艺的文化本质是什么?
4. 在烹饪技术中有哪些辅助性工艺?
5. 菜点的形式美主要表现在哪些方面?
6. 食品制作技能有些什么文化特性?

第十一章 饮食文化产品及其工具系统

知识目标

　　本章介绍东西餐饮食产品的基本类型。从纵深角度阐述烹饪加工工具类别及其发展的源流。中国的陶瓷餐具对世界的餐具具有举足轻重的影响。

能力目标

　　通过教学,使学生能充分了解中餐与西餐的食品类型,充分了解中国烹饪与西餐中的食品分类类型。了解不同类型食品在筵席中的应用形式。了解食品加工所操作的刀具、案具、炉具及其辅助性工具的演进脉络,了解中国陶瓷餐具对世界烹饪的影响。

　　狭义的工具是指劳动使用的器具,广义的工具则是指由此及彼用以达到目的的一切事物。人们除了在饮食劳动中使用工具外,还需要在一些精神和社会活动中使用食品,这些食品实质上已超越了食物的自然属性,而具有某种工具的性质。不同的操作实现不同的目的,它们包括食品、饮食器具和饮食礼仪,它们既是饮食文化的产品又是饮食文化的操作工具。

第一节　人类食品的实用与分类

　　所谓食品的实用分类,就是指人文仪式活动中对所用食品的分类。从食品形态、风味、工艺等方面,依据食品在餐饭、筵席的使用性质分出具有文化学意义的不同食品门类。在加工和进餐工具尚未产生之前,人类首先创造了熟食,加工工具和进食工具是应熟食加工和食用不断提高的需要而相继产生的。据分析,早期的"烤肉"是一种集体劳动的行为,第一块"烤肉"则是第一种共享的文化产品,在共享的过程中,提高了群体对"熟食"的美意识,加强了群体间的情感性交流,使熟食产生

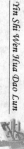

Yin Shi Wen Hua Dao Lun

伊始便注入了社会化的生命活力。实际上人类对食品的认识具有三个层次（表11-1）：第一个层次是没有分类意识，只要是能吃的都是食品，这时动物的本能意识强于人的文化意识，史前文化时期就是如此。第二个层次是可以对食品有个基本分类，即依据原料性质将食品分为茶、酒品、肉制食品、鱼制食品、奶制食品、果蔬食品等，这是文明初级阶段的认识，也是一些游牧和半农半牧的早期民族的认识。这时人性与动物性各半，是客观的、自然化的分类体系。第三层次是对食品的食用的文化性质分类，即主食、菜肴、点心等，由于中国的精耕农业文明的数千年持续演进，早在 10 世纪前后，即中国的唐、宋时期已形成对食品文化性分类的固定模式。然而在世界其他地区，埃及与希腊、罗马的高度文明被游牧民族的毁灭而中断，直到文艺复兴以后对食品的文化性质分类才基本形成。由于以肉奶食品为主食，因此并没有形成如中国食品的分类形式。其他如美洲、澳洲和非洲地区因开化历史较短的原因，玛雅文明虽然产生于公元前 500 年，但由于已消亡，故而对其食品分类认识的真实情况尚无足够的证据。土著民族还不具备对食品文化属性分类的意识和条件，因此，具有文化食品工具属性分类相对完整序列的仅在西餐与中餐之中。现代社会在一般餐饭中食品的分类按商品流通的规则，自然属性较强，将饮食品分类如下：

> 饮品——酒类、茶类、咖啡类、汽水类、果汁类、豆汁类、奶类
> 食品——肉类、禽蛋类、水产类、蔬菜类、粮食类、调味品类、奶制品类、
> 　　　　糖果类、水果类、干果类、蜜饯类
> 保健饮食品——排毒类、疗养类、滋补类（此类饮食品介于药食之间，通
> 　　　　常为水剂、粉剂和丸剂）

　　然而在筵席与宴会之中，对各类饮食品的使用具有特殊的文化应用属性，在这种临时仪式的饮食环境中，每一类食品都有其相对固定的使用位置，从而也赋予了该类饮食品以特殊的文化象征意义。按照现代社会对食品分类的意义，用汤因比文明阶段理论衡量，我们可以看到分类层次世界历史的差异。

表 11-1　人类对食品认识的三个层次

层　次	特　征	地区 历史时期	文 明 阶 段
第一层次	分类无意识	前 3000—前 1500 年	文明的第一阶段前期
第二层次	自然属性分类	中国 前 1500 年—前 550 年	文明的第一阶段后期
		欧洲 前 1500 年—15 世纪	至文明的第二阶段
		印度 前 1500 年—15 世纪	
		中、近东 前 1500 年—15 世纪	中世纪
第三层次	文化属性分类	中国 前 550 年—10 世纪	封建时期文明的第三阶段
		欧洲 15 世纪—20 世纪	现代工业文明、文明的第四阶段

440

西餐是建立在渔猎与游牧文明基础上的。工业文明之前,其对食品主副的分划并没有鲜明的概念,更没有如中餐形制所谓饭、菜、点、面的明朗意识,我们对其划分只不过是国人按照自己的标准与之相比较而言的。西餐食品的文化区分十分简单,而菜、食不分,直至现代西餐在工业文明来到之时才稍有明朗化,而介于第二与第三层次之间。主要将食品按照加工的形式和风味特征将之类分,主要有开胃类、沙拉类、三明治类、蔬果类、蛋奶类、水产类、畜肉类、禽肉类、汤类和少司类、甜品类、面包类等,分类标准已比原料自然属性标准高了一个层次;饮品则分有酒类、茶类、咖啡类和软饮料类四大项。西餐的肉、禽、蛋、奶、啤酒是最主要的食品,其他皆为辅助品。实际上,西人筵席餐食品的食用目的已有鲜明区别,表现的是一种程式主义。例如开胃食品、肉制食品的使用性质在筵席中具有不同的食用意义。肉食通常在餐饭与筵席食品配置中都充当主食。按照西人餐制,早、午餐为一般便餐,以维持基本营养热量的供应,而晚餐则作为一天正式的大餐,具有筵席的社会意义,其设置也复杂,每类饮食品按照为其设置的固定位置与程序发挥着独特作用。一般西餐筵席宴会食品安排按审美的性质有七个层次,每个层次同类品种每餐可安排1—2种。

1. 开胃类食品

开胃类食品又叫头盘或餐前小食品,包括各种冷、热、汤开胃品,是西餐中第一道食品或主菜前的开胃食品,开胃食品种类众多,依据其制成形态和风味特点分为八大类,都以色彩艳丽,形态多样,造型小巧精致,酸、咸味突出的特点,具有开胃激发食欲的作用(表11-2)。

表11-2 开胃食品类型一览表

类型名称	形态与风味特点
开那片类	以脆面包片、脆饼干等为底托,上放各种少量或小块特色的冷肉、冷鱼、鸡蛋片、酸黄瓜、鹅肝酱、鱼子酱等
鸡尾类	以海鲜或水果为主料,配以酸味或浓味的调味酱制成,配以绿色蔬菜食用。细分又有海鲜鸡尾、畜肉鸡尾和水果鸡尾等子类
迪普类	由调味酱与主体食料两部分组成,取料蘸酱食用,突出主体原料的新鲜和脆嫩以及酱料的风味
鱼子酱类	将黑鱼子酱或黑灰和红鱼子酱置于小型玻璃器皿中,冰镇伴以鲜脆蔬菜或饼干制成,用球葱末、鲜柠汁调味
片类	用各种熟制肉类和肝脏粉碎后,调以白兰地酒或葡萄酒、香料、其他调味品搅拌成泥状,入模具冷冻成型,切成片再配以装饰食料制成

441

第十一章 饮食文化产品及其工具系统

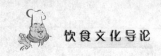

类型名称	形态与风味特点
开胃汤类	首个开胃品之后的,用于开胃的清汤,品种也有许多
开胃沙拉类	属沙拉类食品,但具有开胃作用,可作为一餐的首选食品
其他类	除上述种类的其他开胃食品还有许多主要有:① 整体形状开胃品,有冷热之分,前者如生蚝、奶酪块、肉块、火腿、西瓜球、熏鸡蛋等,后者有热丸子、烧烤肉块、热松饼等。② 各种小食品,爆米花、炸薯片、锅巴片、小萝卜片、胡萝卜卷、西芹心、酸黄瓜、橄榄等。③ 胶冻开胃品,熟制的海鲜肉、鸡肉加入明胶调制调味冷藏成的胶冻品。④ 火腿卷,用薄火腿片卷腌制蔬菜、芦笋尖或木司。⑤ 奶酪球,球状奶酪冷藏,外粘干果末或香菜末。⑥ 浓味鸡蛋,熟鸡蛋开半,取出蛋黄搅碎加芥末酱、辣椒酱等调味酱搅匀回填入鸡蛋中

2. 汤类食品

以原汤为主料,配以海鲜、肉类、蔬菜及淀粉原料,经过调味,盛装在汤盅或汤盘中的液态食品,一般在开胃品之后、主食品之前有调节口味干湿浓淡作用。一般将汤分作三类。即:

(1) 清汤,顾名思义为清澈透明的液体,通常以白色牛原汤、棕色牛原汤、鸡原汤为主料,经过调味,搭配适量熟肉制品和蔬菜制成。

又有原汤清汤:不过滤,直接用原汤制成。

浓味清汤:原汤过滤,再调味制成。

特制清汤:将生牛肉粒、鸡蛋清、胡萝卜块、洋葱块、香料和冰块混合搅拌置于原汤中,用低温炖2—3小时,使牛肉和其他原料风味进一步溶入汤中,使汤风味更加清澈醇美。过滤后再调味成汤,这是最优美的高级清汤,有如中餐的吊清汤。

(2) 浓汤,为不透明液体,在原汤中加入奶油、油面酱或菜泥、淀粉制成,汤质稠浓略有黏性,细分又有四种类别:

奶油汤:原汤中配以奶油、黄油面酱的各种蔬菜汤。

菜泥汤:将含有淀粉质蔬菜在原汤中煮熟再粉碎成泥加入原汤中制成。

海鲜汤:用海鲜肉配制的各种奶油汤。

什锦汤:又叫杂拌汤,有鱼什锦、海鲜什锦、蔬菜什锦、荤素什锦等类别。

(3) 特殊风味汤,具有各民族特殊风味特点的汤,如法国洋葱汤、意大利面条汤、西班牙凉菜汤和秋葵浓汤等,都在原料和调味上具有特殊性。

3. 沙拉类食品

英语音译意即凉拌菜,沙拉菜在西餐中具有庞大体系,从而也具有重要地位,是一个大家族。传统沙拉主要作为开胃品,用绿叶蔬菜与沙拉酱拌制而成,现代西餐则将其内涵极大地扩展作用日愈重要。可以作为任何一道层次食品,也可以任意一种食材调制任何一种风味,一般由底衬、主体、装饰或配菜、调味酱构成,有时

是分层次区分的,有时又是混合的。依照沙拉食品在西餐正餐筵席中的作用,可将其分为:

(1) 开胃沙拉:是量少开胃的食品。

(2) 主菜沙拉:原料丰富多样,分量较大,作为一餐中的主食。

(3) 辅菜沙拉:在主食后使用的调节口味的凉拌食品,量小而特色鲜明,具有如中餐蔬菜的作用。

(4) 甜菜沙拉:即甜品沙拉,在一餐中为最后一道食品,因此,主要取材是水果、果冻、奶油、木司等。

沙拉在取材上有绿叶蔬菜沙拉、普通蔬菜沙拉、组合沙拉、熟制原料沙拉、水果沙拉和胶冻沙拉等。

4. 主食类食品

主食类食品又称主菜,通常将畜肉、家禽和鱼、虾等类食品作为一餐中的主食,其中畜肉食品是重中之重,例如法兰西牛排、伊斯兰的羊肉等,禽、鱼等则为次要主食,主食的肉食品在西餐食品的社会化应用中具有绝对突出地位,因此,统称"烤肉"。主食一般安排在开胃品与汤品之后,肉品则又居于鱼品之后,是全餐的中心和高潮。在主食层次中又有鱼及海鲜、畜肉品和禽类食品三个层次,可见主食层为西餐筵席的主流层次,内容最为丰富。

所谓"烤肉",就是突出的烤的方法烹调的畜肉、家禽等,配有各种少司、蔬菜和淀粉食品。烤肉是肉类主食品的主体,制作精细而又多样,除了正常的烤炉烤外,还细分出铁扒和焗的形式。扒是烤烙结合与中法"炙"法相同,焗则是用薄片快速的烤,这样就形成由块→厚片→薄片递进的烤肉系列,在成熟度上,则有三四成变性、五六成熟、七八成熟三种不同变性成熟度的烤肉区别。

除了烤肉外,主食品还有油煎、炖、烧焖、烩等类型。鱼及其他海鲜肉类食品类型除了烤、煎、炖外,水波、油炸和蒸制食品类都是重要形式,水波食品主要是鱼类,即将鱼(整条或者块)放入已经调味的少量鱼原汤中,加热至沸再降温,在75—90℃中浸至变性即熟,口感极嫩。其实水波鱼与中式汤浸法相同,只是调味不同而已,其细分又有浓味(加多种香料与调料)与葡萄酒水波之区别。而炖鱼实质与中式"白烧鱼"相似。

5. 甜味类食品,亦即甜食

以甜味为主要特征的一大类食品,因与中式小点心性状相似,故而被翻译为甜点,实际上是菜、点、饭合一作用的甜味食品的统称。这是由糖、蛋、奶、黄油、巧克力、面粉或淀粉、水果为主料制成的各种甜食,在西餐中是正式宴会的最后一道重要食品,这是一个极其庞大的家族,其五彩缤纷装点得餐桌令人神往。一般来讲,欧美人将甜食分为蛋糕、饼干、排与塔特、油酥、布丁、冻品和水果七大类。

(1) 蛋糕:由鸡蛋、白糖、油脂和面粉制成疏松面团,经过烘烤制成,因不同配比和加工形式又有黄油蛋糕、清蛋糕和装饰蛋糕三类(表 11 - 3)。

表 11 - 3　蛋糕及其结构形式

名　　称	结　构　形　式
黄油蛋糕	由面粉、白糖、鸡蛋、黄油(或人造黄油、氢化植物油)和发酵剂构成
清蛋糕	少量油脂(或不用油脂)、糖和发蛋泡,又分两个类型:① 天使型,仅用鸡蛋清发泡,色泽洁白。② 海绵型,用全蛋液发泡,呈金黄色
装饰蛋糕	用奶油、巧克力、水果做蛋糕的涂抹、填馅和装饰。其品种式样最为丰富,最能体现制作者的艺术创新精神

(2) 饼干:由面粉、糖、少量油脂、鸡蛋等制成的非疏松面团再经烘烤至干脆的各式扁平小巧的甜食,因将这类甜食广泛地使用在咖啡厅的下午茶中,其食用意义与中国的茶食相同,故又被国人称之茶点。有的饼干具有咸味,如苏打饼干。这类食品五花八门,花样翻新,一般为单片和夹心双片结构,双片中间的夹心一般为巧克力、果酱、奶酪之类,成形形式一般有如下 7 种:

① 滴落式:由滴落方法制成。

② 挤压式:由裱花袋通过裱花口剂出。

③ 擀切式:由擀成的原片上切下块、条。

④ 模具成形式:由特制模具装模成形。

⑤ 冷藏式:将面团制成圆筒形,冷藏 4—6 小时后,再从上切下各种形状。

⑥ 长条式:烘烤后再切成条形。

⑦ 薄片式:烘烤后切成不同形状的薄片。

(3) 排与塔特:排与塔特都是馅饼式的食品,区别的是前者皮厚体大于后者。排由英语单词 pie 音译而来,有时亦被译成派。一般由水果、奶油、鸡蛋、酱品、淀粉和香料为馅心,外层包或半包油酥面皮,前者为双层排,后者称单层排,都具有外皮酥脆,略有咸味,有各种水果和香料馅心风味的特点。我们所熟悉的意大利比萨就是一种特色性单皮排式馅饼。排与塔特都是在特制的金属模具排盘中烘烤而成的,有人经过更为仔细地归纳比较,欧美人习惯上对排的含义更多地倾向于双层排皮,并且是切成块状的形制,而塔特则多倾向于单层排皮,并且是多用少量黄油或氢化植物油与水、面粉和鸡蛋混合制成,在形制上可以是较为大的圆形,也可以是整只较小圆形或其他形状。一些小型的单皮塔特还称为 tartlee 或 tarteltte。实际上排与塔特是风味相同的不同样式,因此,大多数人将之统称为"排"(表 11 - 14)。

(4) 油酥点是以面粉、油脂为主料,鸡蛋液和水为辅料的面团,经过烘烤制成的酥皮与油酥小型食品的总称,欧美人将这些小型油酥食品称为法国酥点,而法国人则称其为小点心(表 11 - 15)。现代,欧洲各国都有自己的特色酥点。油酥点的特点在于油脂的起酥性特点十分突出,主要用黄油或氢化植物油,其制品一般具有馅心,有些具有涂料、夹心料或者混合干脆性辅料,如干果仁之类,在形上没有限制,但个体小巧精细,注重装饰。

表 11-14　常用的排品种类型

类 型	特　　　点	类 型	特　　　点
冷食排	将馅心填入烤熟冷却的排皮中	卡斯得排	用抽打的奶油与鸡蛋做排皮的热食排
热食排	将馅心填入排皮中再烘烤	奇排芬	以蛋清为主,奶油、香料、果汁、甜酒为馅的冷食排。
水果排	水果及果汁、糖、稠化剂为馅心的热食双皮排		

表 11-15　一些欧美常用的油酥点

品名	特　　　点	品名	特　　　点
圆哈斗	空心、酥脆、圆形、内有咸或甜味馅心	麦科隆	小型,杏仁酱、鸡蛋清和面,上饰冰淇淋、水果或奶蛋糊
长哈斗	小长方形或椭圆形,中间夹抽打奶油,外涂白砂糖、巧克力、奶油糊	装饰酥点	各式各样酥脆饼干,一般上饰白砂糖和干果
拿破仑	多层结构,中有奶油糊馅心,上撒砂糖	蛋白酥点	加蛋白和酥面烘烤制成底托,上饰奶油、草莓、冰淇淋、巧克力等,形式各异
小塔特（蛋挞）	油酥排皮上装有水果、奶油鸡蛋糊等馅心,上馅后不用烘烤		

（5）布丁:用淀粉、油脂、糖、牛奶、巧克力、鸡蛋等为主料,搅调成糊,再经过上模蒸或烤使之固化,浇淋奶油、鸡蛋、糖制成的少司,所形成的一类甜食。布丁除了甜味外,有的具有咸味,而作为主食使用。布丁蒸食的需要凉冻而又具有冷冻甜食的属性,若烤食的,则需趁热食用。布丁是一类普及大众的便捷甜食,在欧美国家普遍使用,品种很多,又各具特色,具有餐后小点心的作用。最常用的品种有:

巧克力布丁

奶油布丁

玉米粉牛奶布丁

意大利那布勒斯布丁

英式白色布丁

圣诞布丁

面包布丁

（6）冷冻甜食:冷冻甜食是指冷冻固形的一类甜食,无论其前期是否需要加热,只要是通过冰镇冷冻固形,并直接从冰柜中取出食用者都是此类,主要有水果

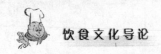

冻、淀粉、鸡蛋、奶油、奶酪、鲜奶、巧克力冻等(表11-16)。

表 11-16　部分欧美流行的冷冻甜食

品　名	特　　　　点
百味廉	鸡蛋奶糊加吉利,抽打奶油和水果汁、利口酒、巧克力及朗姆酒混合搅拌装模,冷冻成形
木斯	抽打奶油、鸡蛋,加少量吉利呈半固体,装模冷冻成形,临食时浇上咖啡、巧克力和水果酱等少司
冰淇淋	奶油、牛奶、白糖、香味剂等加蛋清或蛋黄或全蛋搅拌,冰冻成形,主要品种又有派菲(用白兰地酒和水果调味)、圣代(在冰淇淋上浇水果酱、巧克力酱或抽打奶油,常用碎果红点饰)、海仑梨(熟梨块和香草冰淇淋,上浇巧克力酱)、库波(用文脚杯装盛的水果冰淇淋)、帮伯(即二三色球形冰淇淋)、烤阿拉斯加,清蛋糕上放冰淇淋,再挂蛋糊,快速烤成金黄色。冷冻酸奶酪(酸奶酪、水果等加抽打的鸡蛋或奶油,搅拌冷冻成半固体)、舒伯特(由冰块、水果汁、牛奶,有时放鸡蛋和少量葡萄酒或利口酒构成)

6.辅助食品

相对于西餐主食的肉类而言,蔬菜、淀粉与谷物类食品则具有辅助食品的意义,都是搭配主要食品食用的,起到调节色、香、味、触、养的作用。在这里,实质上饭与菜的意识与中餐正好相反。蔬菜制成独立食品的除了鲜蘑、土豆、胡萝卜、南瓜、西兰花、球葱、芦笋、西红柿、菠菜、茄子、卷心菜等,少数品种和豆类外,大多数情况下蔬菜只是一种主食品的配料。米饭与面条在西餐中也都具有"菜肴"的意义,在配餐中具有重要的辅助作用。表11-17列出几种典型的西餐。在形式上,欧美对米饭与面条的制作已与肉食相同,是具有调味与多种配料制成的综合食品。但谷与肉在本质上却难以改变整体的从主关系。实际上,在谷物与豆类的生产能力方面,两个世纪以前西方远远地低于东方,而在渔猎与游牧的肉类生产方面则相对地丰富于东方,整个的中、东欧与中、西亚地区都是古今闻名的牧场,而西、南欧则是以渔业生产和海洋贸易著称。

谷物类制作的辅助食品面包最具典型特性。面包原本是苏美尔埃及古代文明的伟大创造,作为主粮食品的大都是棕色和黑面包,到了希腊、罗马的传承使之"点心"化了,发明了白面包,及至近现代法、意、英、美的发展,花式面包品种已达近千个品种。面包不仅是正餐中的重要辅助食品,同时还是许多主食品种的基本辅料。所谓面包,实质是指发酵面团的烘烤食品,面团中具有精细的调味。奶、黄油、糖、盐、香料为重要的添辅料。欧美人具有十分讲究的食用面包的传统习惯,在早、午、正三餐中常食用不同品种的面包,面包因主食食用的不同需要进行配置,并且因地区风格而各异,例如欧洲大陆式早餐多用牛角包和小圆油酥面包。英国式早餐食用油酥面包有丹表面包、葡萄干朗姆甜面包和土司片。酒会和自助餐中常用长面包,如意大利面包、黑面包、白面包及各式各样的面包。正餐食用的面包有辫花面

包和土司等。面包种类有很多,一般将之分为两大类:

表 11－17　几种典型的西餐饭、面制品

品　名	配　料　特　征
西班牙什锦饭 (16 人份)	肉鸡 2.4 千克,香肠 25 克,瘦猪肉丁 900 克,大虾仁 16 个,鱿鱼丝 900 克,青、红椒各 100 克,小蛤 16 个,生蚝 16 个,鸡原汤适量,西红柿丁 900 克,洋葱丁 350 克,水 250 毫升,熟豌豆 110 克,短粒米 900 克,藏红花 1 克,迷迭香 2克,胡椒 4 克,柠檬 16 块,植物油适量,大蒜末适量
墨西哥米饭 (16 人份)	长粒大米 700 克,植物油 90 毫升,番茄酱 340 克,洋葱末 90 克,大蒜 2 瓣,鸡原汤 1.75 升,盐 15 克
意大利大豆米粥 (16 人份)	橄榄油 90 毫升,大蒜 1 瓣,迷迭香 1.5 克,小西红柿丁 450 克,白色牛原汤2.5 升,大米 170 克,熟奇科豆 700 克,香菜末 12 克,盐与胡椒少许
意大利虾仁 咖喱面(1 人份)	虾仁 50 克,黄油 15 克,冬葱末 15 克,盐与胡椒少许,植物油适量,白兰地酒 15 毫升,鱼原汤 60 毫升,鲜奶油 30 毫升,青葱片 15 克,咖喱粉少许,意大利宽面条 85 克
镶馅通心粉	圆筒形空心粉 24 个,瑞可达奶酪米 1.5 千克,熟鸡蛋末 4 只,熟菠菜末 900克,派迷森奶酪末 250 克,豆蔻、盐少许,番茄少司 1.5 升(以上为主料 75 克)

　　(1) 酵母面包,即以酵母为主要发酵媒介的面包,这是人类最为古老的传统食品,工艺复杂,质地松软,香气浓郁,品种很多。常用的有:白面包、全麦面包、圆形果麦面包(又称黑麦面包)、意大利面包、辮花香料面包、老式面包、正餐面包、甜面包、比塔面包、丹麦面包、小博丽面包等,每种面包都有一些变体衍生品种。

　　(2) 快速面包,用发粉或苏打作为膨松剂制成的面包。这是一类加工比较快速的现代品种,操作简单,便利易行,但是,不便储藏,一般当天使用在早餐、喝茶与喝咖啡时。由于档次较传统面包低,一般不用在午餐和正餐之中。性质相当于中餐的便宜小吃,其品种也较多,常用的如油酥面包(实质是油酥食品)、摩芬面包、水果面包、玉米面包、沃福乐(煎饼式面包)、博波福等。

　　7. 综合类食品

　　将多种食材组合在一个食品之中,形成主辅食合一的食品。在一个食品个体之中基本包含了一餐食品的全部营养要素。适合在快餐或便餐中使用。故又称快餐食品。从某些意义上看,一些大型多馅的排、什锦饭、意大利面条都属于一种综合性食品,最具有这种显著特点的是三明治。它是当代欧美人普遍喜爱的综合型食品,一般作为午餐最为重要的快捷食品,具有菜肴与主食品的共同意义,现代西式早餐上三明治也成为不可或缺的食品之一。一般来讲,三明治由两或三片面包中间夹有各种蔬菜、动物性原料和调味酱,没有固定的式样,而是根据人们的习惯、市场流行口味和形状、消费水平和季节变化等因素进行设计和制作,其性质尤如中国的盖浇面、盖浇饭(表 11－18)。

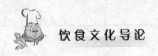
表 11－18　常用的三明治构建食材

面包品名	主食品名	调味酱名	饰品名
法国面包	烤牛肉片	黄油	生绿色蔬菜
意大利面包	牛肉馅饼	马乃司	西红柿
比塔面包	小块牛排	花生酱	酸黄瓜
全麦面包	熏牛肉片、舌	半流体奶酪	生菜
脆皮面包	烤猪肉、火腿	鸡蛋	洋葱
黑面包	熟鸡胸肉或火鸡、德式香肠	冻子	生黄瓜
葡萄干面包	意大利熏肠、肝肠	果酱	黑橄榄
肉桂面包 水果面包 干果面包	沙丁鱼肉、熏鱼肉、炸鱼片、 熟虾肉、火腿沙拉、 金枪鱼沙拉、鸡肉沙拉	番茄沙司	炸薯片、薯条

二、中餐食品的文化类型

由于中餐是植根于深度精耕农业文明之中的,早在 2 000 年前便形成了主、副食意识而饭、菜有别。餐饭与筵席、饭与菜、荤与蔬、面与点永远都是一种对偶范畴。因此,在食品的类分方面,充斥着哲学的、伦理的、养生的和审美的综合思辨。阴阳五行潜在地主宰着人们对一切食品的认识和体察。因此,中餐对食品分类也就不能像对待西餐那样简单而是予以更为深邃的思考。当然,中餐数千年的饮食积淀与广泛的食材之道,也决定了其分类较之于西餐有更为复杂困难的特性。

《礼记·内则》曾对中国饭菜食品作了最初的分类:

饭:黍、稷、稻、粱、白黍、黄粱、稰、穛。

膳:膷、臐、膮、醢、牛炙。醢,牛胾;醢,牛脍。羊炙、羊胾,醢,豕炙,醢,豕胾,芥酱,鱼脍。雉、兔、鹑、鷃。

羞:糗、饵、粉、酏。

食:蜗醢而苽食,雉羹;麦食,脯羹,鸡羹;析稌,犬羹,兔羹,和糁不蓼。濡豚,包苦实蓼;濡鸡,醢酱实蓼;濡鱼,卵酱实蓼;濡鳖,醢酱实蓼。蚳醢、脯羹、兔醢、麋肤、鱼醢、鱼脍、芥酱、麋腥、醢、酱、桃诸、梅诸、卵盐。

在这个分类体系中,我们可以看到饭是五谷食品并且是原颗粒的、无调味的也没有其他配料;膳,是肉制食品,并且需要外加调味的;羞:是谷类精制的食品;食:则是指具有荤素结合的、调味的综合食品。这一分类基本奠定了中国食品的以后发展体系。这是建立在农业物质生产基点对食品体系的划分,依据《黄

帝内经·素问》对先秦食物结构的养生阐述,我们可以看到先秦对食品分类的内在思维:

饭等于五谷制品。这是所有人最为基本的也是最为重要的生存活动热量的来源,无论富贫贵贱,都无不遵循"人是铁,饭是钢,一日不食饿得慌"的规则。

羞等于精细化的五谷制品:这是高一层次的主食食品,加强了内在的审美性,具有人生等级性质。先秦的麦子并不在五谷主食之内,即便食用依然为整粒状的。稻子、黍、粱等皆可以粉食制成"羞"食品,而麦面的食用得益于两汉与西域的大规模交流,使麦面食品一旦进入中原,便成为珍贵"羞食"的食材,随着唐、宋的发展麦面食品在中国形成主食与副食化的发展脉络。

膳等于肉制品,是人们营养的重要补充,在基本餐食中充当佐助主食的作用,以其调味的特性调节人们进餐的胃口,增强食欲。

食等于肉、蔬菜、五谷的混合制品。这是一餐膳食的雏形,集中在单体食品之中,提供人们以简单和谐的给养在"羞"(点心)与"膳"(菜肴)尚未大量发展之时,这是先秦人较为合理的餐饭食品,当然也是贫民以上层次——士的基本餐饭食品,"一箪食,一瓢饮"(孔子语,见《论语·雍也》)说的就是如此。实际上这种混合由一个单品种扩展到一餐饭食数个品种组合时便产生了膳食的概念。膳食(饍食)是主副荤素搭配的一般餐饭。

唐、宋以后,副食品得到迅猛发展,形成了主食与副食加工的明确性不同倾向。直至今天,这种依据食用层次文化性质的分类意韵也影响到亚欧许多国家人民对食品文化类型区别的认识。

（一）主食类食品

主食类食品泛指一日三餐必备的,是以粮食为主料制作的简单食品,又分为单一主食品与复合主食品两个层次。前者无调味,也无他料搭配,食用时需要佐助开胃食品的配合,以形成味、嗅觉的对比和冲突,刺激食欲;后者有基本调味和与他料的简单配合设置,因此,在食用时可以不需要其他开胃佐助食品,因为它又是饭（面）与菜的综合体（表 11-19）。

表 11-19　一些中国常用的主食品

类　型	特　　　征	品种范畴
饭类	颗粒状粮食煮、蒸干制品,大米、小米、玉米、高粱、麦子等为主料	白饭
		蔬菜饭、菜肉饭
粥类（泡饭）	颗粒状粮食煮、熬的稀稠制品,大米、小米、玉米、小米、高粱、麦子等为主料	白粥
		蔬菜粥、菜肉粥
糊类	粉状粮食煮、熬的稠制品,麦粉、米粉、小粥、高粱粉、玉米粉等为主料	炒面糊糊、米粉糊糊
		蔬菜糊、菜肉糊

类 型	特 征	品 种 范 畴
面条类（包括米线）	粮食面条制条的煮制品，主要以麦面、米粉、杂粮面等	白煮面条
		菜面、拌面
馒头类（又称中式面包）	麦面团或玉米面、高粱面、米粉等面团发酵或不发酵蒸制品	白馒、窝窝头
		高桩馒头、葱油卷
饼类（无馅饼）	粮食面团制成的扁平状煎、烤、炸制品	煎饼、馕
		大饼、油饼
疙瘩类（小面团）	稀面团筷拨成形的余煮制品	面疙瘩
		菜疙瘩、拌疙瘩
糕团类（无馅）	黏米、大米或面粉团制成块、球、形的蒸、炸制品	白粽、糍饭团
		白年糕、实心圆子
油果类（无馅）	面粉团的条形煎炸制品，主要用发酵麦面团和黏米粉	油条（酵面）
		油果（米粉糍）
面皮类（包括粉皮）	粮食面团制成薄片状的余、煮制品	白面皮
		面片儿、拌粉皮
饮汁类	植物种子粉碎压榨的液体	豆浆、花生浆
		玉米浆、马蹄浆
其他类	一些富含淀粉的根、茎、果的食材的直接煮烤食品	山芋、玉米棒、芋头、山药、南瓜、大豆

450

（二）副食类食品

在日常餐饭膳食中起到辅助补益作用的，或在休闲娱乐时食用的食品，概称之副食品。副食品是具有品尝意趣的奢侈性食品，包含了菜肴、点心和小吃品三大部分，实际上这三类食品并没有固定的分类界限，而是一种应用性质的概念上的分类，因为，在不同使用上许多食品具有菜肴、点心或者主食的三重属性，问题是由具体应用在餐饭或筵席中的区位性质所决定的。一般来讲，这类食品在筵席中具有相对稳定的位置，也具有最生动的人造情感性表现，因为，在中国餐饭膳食中，筵席不同于一日三餐的普通饭食，而是一种特殊的，为了某种社会目的性的集体聚餐形式，对食品的不同层次的应用，深蕴着主人的情感意境。

1. 菜肴类食品

非粮食制品的，以蔬菜和肉类为主料，具有鲜明调味特征的食品。其食用功能是在餐食中助饭（面），在酒筵中助酒，一般在酒筵上菜肴组合各有食用的意义，具有相对完备的体系，由如下菜肴门类组成：

（1）前菜类制品

在中餐筵席菜肴的大类中，一般将前菜类制品分为冷菜与热菜两部分，冷菜即是在常温或冷冻温度下食用的菜肴，这一点东西方是一样的，然而，中餐却将冷菜集体使用在筵席食品的第一个层次组合，其作用相当于餐前开胃食品，因此，将之称之"前菜"，即前锋菜的意思，它由多种不同菜式构成，以拼盘或对偶单碟菜式配置，因此，又习惯称之"冷碟"。在一组冷碟菜肴的组合上，要求风味不同，形式各异，以体现多样性。由此，形成了多种冷菜制作方法和相对稳定的模式，以前菜制熟方法为二级分类依据，有多达13个基本类型，每个基本类型中具有多个具体品种而不可详尽。表11-20列出了前菜的基本类型。

表 11-20　中餐前菜的基本类型

类　　别	特　　征	例　品
拌类菜	熟碎料调味拌匀制品	红油鸡丝
炝类菜	鲜脆料快速腌拌制品	炝虾
腌类菜	长时腌拌使之部分脱水制品	辣白菜
泡类菜	长时腌渍待乳酸发酵制品	泡黄瓜
糟类菜	酒糟、酱糟、腐乳糟、腌、浸、蒸、煮制品	糟蛋
醉类菜	多量烈酒与调料长时腌渍制品	醉蟹
卤类菜	特制卤水腌渍煮浸制品	盐水鹅
燀类菜	小火长时加热的骨酥汁紧制品	酥燀鲫鱼
熏类菜	熏烟制品	熏肠
冻类菜	胶冻凝结制品	五香蹄冻
炸类菜	油炸制品	椒盐花生
油爆类菜	油炸后再使之快速吸卤制品	油爆虾
烤类菜	烤至肉干脆松酥制品	肉脯
挂霜菜	运用蔗糖热溶的不同特性，重新结晶包裹食料形成糖霜层或形成脆糖浆层	挂霜桃仁
玻璃菜		脆皮苹果

（2）热碟类菜肴制品

如果将中餐菜肴分为冷、热两大类，在筵席中热碟菜就是其第二层次组合（热菜是第一层次组合）。实际上，上述的油爆、烤、炸、熏、燀等类菜肴是属于冷热两界的，并且主要内容是属于热菜范畴。然而，热碟菜肴却有着独特的热制特征，一般采用鲜、细、嫩、软、脆的食材，旺火速成。菜形精致量少，以每人一筷为度，一般不

Yin Shi Wen Hua Dao Lun

超过 450 克/10 人份,一般用 8—10 英寸(1 英寸=2.54 厘米)平碟盛载造型,故而称之"热碟菜"。热碟菜在筵席中的食用价值在于给人尝鲜,所谓"滑、嫩、爽、脆不失其鲜"说的就是对该类菜风味特色的评价,热碟菜与前菜在温感与色、香、味、形方面形成鲜明的审美冲突,进而更好地激发人的食欲与饮酒兴趣。该层次中,以炒类菜最具典型,因此,又将这类菜肴的层次性质代称之"炒菜","炒菜"是不可以凉食的,稍有降温便直接影响到成品的质量。热碟除了制熟方法具有稳定的固化程式外,其原料、形象、风味皆是有极大变数,其具体品种也不可详记。表 11 - 21 列出了常见的旺火速成菜式。

表 11 - 21 热碟类常用旺火速成菜式类举

煸炒牛肉丝	滑溜鱼卷
滑炒虾仁	软炸口磨
油爆脘肚	脆炸金钱鸡
熟炒驼峰丝	白烩双冬
软炒芙蓉鸡片	干烹里脊
白焯河虾	清炸椒盐仔排
火爆燎肉	干煸肥肠
炒鸡粥	水煮肉片
炒青蟹	蒜茸蛏子

(3) 大菜类制品

泛指在筵席中盘大、体重、量多充当主菜的菜品,这类菜肴组合是筵席食品的主峰,作用相当于西餐筵席的主食,但较之具有更多的含义。每个菜品一般在 500 克以上/10 份,基本上老韧肥重的动物性和珍贵的其他高档原料制作,采用炖、焖、烧、煎、炸、烤、烩、蒸等多种制熟方法,其中又以"烧菜"最具典型,因此,传统上又有将"烧菜"之名统而概之。所谓"酥烂脱骨不失其形"正是某种典型评价。一般大菜在热碟之后,人们正值酒过巡,需要坐下来静心品尝,获得最佳满足的时候,即获得口欲的满足,又获得腹欲的满足,因此,大菜又被形容为"座菜",即工艺附加量最高的菜,也是经济含量最重的层次。一般用深盘、大钵和各客炖盅盛载,气魄宏大。依据进餐者口感渐浓渐淡的规律,以及质量权重比例,大菜层次又为头菜、大荤、二荤、三荤、半荤菜肴之区别。

头菜:筵席中经济与风味质量最高的菜品,因在主菜组合中位居第一,故而叫"头菜"。头菜是一席酒菜等级档次的标志,因此,在许多情况下,高档筵席是以头菜命名的,这并不是说头菜叫什么,筵席就称呼什么,而是头菜具备最佳体现筵席主题的品质。头菜也并不是单纯以经济价值为衡量标准,而是经济、工艺与风味的三者统一。中国筵席的头菜可以说是代表了中国菜肴的最高等级,全席以此为中心构成对所有食品的配置。因此,头菜也不是定指哪一类品种的,而是一种概念性区别,无论用什么原料、什么菜式,只要在全筵中达到三项标准统一者,即是头菜,头菜是筵席的灵魂和象征(表 11 - 22)。

表 11 - 22　中国传统筵席头菜范例

蟹黄扒鱼翅	冰糖焖熊掌
虾籽大乌参	山鸡扒猴头蘑
一品燕菜	兰花鲍鱼
竹鸡炖蛤牡	鸽蛋裙边
黄焖驼蹄	扒鹿筋
奶汁鱼皮	玉树鱼唇
鱼肚烩瑶柱	鮰鱼烧玉参
烤乳猪全体	北京烤鸭
佛跳墙	罗汉全斋
扒烧整猪头	斑肝烩蟹
椒盐大龙虾	象拔蚌刺身
山参炖家野	三套鸭
烤全羊	霸王别姬
蹄筋什锦	孔府一品锅
金蹼银裙	虾皇烩燕

大荤菜:泛指以畜肉为主的大菜,主要是指猪、牛、羊肉,一般在筵席大菜中三者有一即可,不予并用,其次是狗、兔肉等。实际上在中国人对大荤的理念里,凡是哺乳动物肉皆为大荤,包括对其内脏与四肢、头、尾的食用。大荤肉类主要是能饱腹欲的,在食品中,肉类菜肴最为肥美,也最能饱暖。被认为具有镇酒的作用,人们不会因为饥饿饮酒心慌。畜肉被看作是所有荤菜的代表,对于大众养生来说也最具有实质性意义。在一般家庭在膳食中荤素搭配的理念中,荤食就是指肉食,而家禽与鱼虾类则不被认为有十足的荤性,而处于肉食的次要地位。对于绝大多数汉民来说,猪肉是最重要的,而牛、羊肉皆有一定的季节性限制;对于西北绝大多数少数民族来看,羊肉最为重要,且四季常随,牛肉也显得比猪肉重要,因此,畜肉类大菜在筵席中显得尤为重要。这一点与西方民族相似,只是在制作上厌恶半生的肉食,而是要小火慢制,肥而不腻,皮糯肉酥。因此,大菜中的畜肉类菜肴有其特定的形式规律,一般采用烧、扒、焖、酥炸、炖、烤等法,菜形方正、完整、体大、饱满、气魄

雄浑(表11-23)。

表 11-23 部分常用的大荤菜肴形式

品　名	方法	特　色
松子酥方	烤→焖	长方形,双层复合,15 厘米×20 厘米,金红咸甜
原盅东坡肉	红焖	正方形,1 块/人,6 厘米×6 厘米×6 厘米,枣红,甜咸
枣泥羊肉	红扒	多卷扣碗,碗直径 15 厘米,高 10 厘米,枣红,咸甜
扒牛头方	红扒	正方形排列,1 块/人,5 厘米×5 厘米×5 厘米,棕红玉香咸甜
蟹粉狮子头	原炖	球形,1 只/人,直径 5—6 厘米,原色,咸鲜
糟扣肉	红扒	长片扣碗,碗直径 15 厘米,高 10 厘米,棕红咸甜
果仁羊腿	烧→火靠	羊腿原形,1 500—2 000 克,酱红,咸、甜、酸
酥皮排鞍	焖→炸	4—5 根连排,挂糊,金黄、酥香
金牌蒜香骨	清炸	长段 12 厘米,薄浆壳,金黄,外壳里嫩
烤羊肩	盘烤	羊的 1/4 原形,1.5 小时香料香,金黄,酥烂
毛家红烧肉	烧	小方块 4 厘米×4 厘米,1 000 克,棕红,咸辣甜
煎牛肉饼	煎溜	牛茸饼,直径 5 厘米,1 只/人,金红,咸甜酸辣

二荤大菜:泛指禽鸟类为主料的菜肴,在中国人眼里,由于禽类肉质的丰厚度小于畜肉,从而将之视为二等荤食。但禽肉的时鲜性又强于前者,古谚曰:"地上的一斤不如天上的一两。"因此,禽肉是新鲜的,尤以鸡为代表,鸡汤成为最为重要的佐助调味的原汤,其地位比畜骨原汤和鱼原汤都为重要,同时,也奠定了其在筵席菜肴排列中的地位。无禽则被视为不完整的筵席,在程序上一般在畜肉菜肴之后,使进餐感觉由浓厚移向渐淡,禽类菜肴的时令性以自然成熟过程为标准,一般分为仔禽(3—6 个月)、壮禽(10—12 个月)和老禽(1—1.5 年),仔禽肉质细嫩,主要用于炒、爆、溜、炸等的热碟菜肴,而作为筵席中二荤大菜的,一般选用壮禽或老禽,前者制成扒、烧、炸、烤、焖类菜式,重在其肉的肥美,后者则基本为炖品或煨,重在其汤的鲜醇(表11-24)。

表 11-24 常见的一些禽类二荤大菜形式

品　名	制熟方法	特　征
母油船鸭	砂锅红焖	整鸭脱骨内填八宝馅心,整形
蛋美鸡	白扒	鸡整只由脊部剖开扒伏,围以蛋烧卖
汽锅鸡	汽锅炖	鸡块,原只汽锅装载造型
红松鸡	炸→焖	鸡胸、腿去骨镶肉,大盘造型

品　名	制熟方法	特　征
瓦罐鸡	清炖	鸡整形,原只瓦罐装载造型
馄饨鸭	白煨	鸭整形。原只砂锅内加馄饨
盐焗鸡	盐焗	整烤、拆件大盘造型
卷筒粉蒸鸭	蒸	鸭去骨,卷肉茸,用荷叶包扎,原笼造型
麻菇清蒸鸭	蒸炖	鸭原只由光彩部开扒伏,上盖麻菇汤盘造型
深开烧	卤→烤	整只制熟拆件大盘装载造型
脆皮八宝鸡	蒸→炸	鸡整脱骨,内填八宝,整只大盘造型
骨香鹑	炸	整只制熟,大盘装载造型
干锅鸭块	红烧	鸭块,原只干锅造型
金银鸭	炖	咸板鸭、鲜鸭各半,品锅原装造型
煎溜鸡排	煎溜	鸡胸肉大片拖糊,成熟大盘造型
樟茶鸭	熏烤	整只制熟,原只大盘造型
香菇烤鸡	烤	整只制熟,斩件原只大盘造型
叫花鸡	泥烤	整只制熟,大盘造型

　　三荤大菜,又叫小荤或小鲜类菜,主要是指鱼、虾、蟹、贝和两栖类制品,在筵席中用鱼菜是至关重要的,食有"年年有余"之意。作为大菜,鱼虾、蟹贝和两栖类制品大多保持原形或由大的块、条、片构成。水产类菜肴是最为新鲜的菜肴,对即时性鲜活要求极高,要求起水即食,以活为贵,保鲜次之,冰藏更次之,倾向于用蒸、烧、炸、浸、溜、氽、炖、煎、烤等方法制熟,而又以蒸法最为重要,因为蒸法是对其新鲜风味的最佳表现。在筵席中将水产类菜肴安排在禽类二荤大菜之后,是人们进食口感渐淡规律所决定的,已潜移默化、约定成俗成为一个规则,这一点东、西餐不同,西餐的鱼在畜肉之前。一般来说,在中国民间重要风俗的正规筵席中,无鱼不成席,并且要求是原形的,与禽类二荤大菜一样,表示全美之意,如婚宴、寿宴、节庆宴等。一般商务、外交和友情聚餐则可以随意变形。畜、禽、鱼的齐备象征筵席主菜的完整性,其他水产可以随后增添,但不能替代鱼在三荤大菜上的文化意义。

　　在中国筵席菜肴层次类别中,每层次都是相对独立的又相互因果的,互不替代,风俗:"鱼到酒止",鱼是最后的大菜,表示主菜层次的结束,鱼类菜一般是如下形式。

　　蒸类:清蒸石斑、粉蒸河鳗、清蒸甲鱼、双皮刀鱼、豉酱扁贝、清蒸原壳蟹、清蒸大虾、原壳带子、彩色鱼类、寿桃鱼、大蒸鲩鱼、乌龙鳜鱼。

　　烧类:干烧岩鲤、荷包鲫鱼、三鲜脱骨鱼、黄焖鳗鱼、白汁鮰鱼、冰糖甲鱼、烧鱼

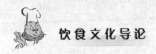

头尾。

熘类：醋熘鳜鱼、松鼠鱼、龙舟鲤钱、菊花青鱼、葡萄鱼、花果黄鱼、金毛狮子鱼、豆瓣鱼、瓦块鱼、游龙鱼。

浸类：油浸白鱼、沸腾鱼、泉水鱼、石锅水鱼、石子油浸鲜虾、上汤浸活鱼。

炸类：酥皮鳜鱼、竹网鳕鱼、青鱼塔、网包大虾。

烤类：酥烤鱼方、锦酱烤鱼头、烤八宝鱼、熏烤白鳗、酥皮原壳日月贝。

其他类：明炉鲈鱼、氽鲫鱼、大煮黄鱼、炖甲鱼、煨香龟、香煎蟹盒。

（4）辅助类菜肴

在筵席配置菜肴中具有层次间口味调剂和补助作用的菜肴概称之辅助菜肴，有甜菜类、汤羹类、素菜类和半荤类。

甜菜：即指以甜蜜型口味为特征的菜肴，这是一类特殊菜肴，一反通常以咸味为特征的菜肴而甜点化，但又不是纯粹意义上的点心，它是一类以菜肴形式表现的甜点，在应用意义上对因咸辣刺激而紧张的味蕾具有显著的舒缓镇定作用，它还具有明显的填腹镇酒的作用。甜菜一般在开胃冷菜、热碟菜和大菜层次之间使用，亦点亦菜，形式特别。大多数甜菜为果蔬（素）原料，仅以味与咸味素菜相区别。

汤羹菜：具有液态特征的菜肴叫汤羹，在中国菜肴分类中，汤和羹又有区别，普遍认为不加增稠剂的是汤，反之为羹。汤羹菜都具有调节干湿、清口醒味的意义。汤羹菜可以在餐前、餐中和餐后安排，例如炸、烤菜后一般可配汤或羹。口味浓烈的菜肴中间也可配以汤或羹，在具体品种方面，汤有清、浓之分，前者为清口汤，后者为大汤；羹有咸、甜之别，前者为调干湿，后者为甜菜的一种，使用各有不同。

素菜：泛指植物性原料（包括食用菌类）为原料的咸味菜肴。素菜与荤菜为对偶范畴概念，既是相辅相成的，又是完全对立的，纯粹的素菜是指不加任何动物性辅材的菜肴，包括时令蔬菜。在人类食物结构上，有素食和荤食者之分，因此，用在筵席上素菜便是为主要菜，并且也具有一般荤食筵席菜肴安排的层次类型的概念。然而在荤食菜肴中则一般需要素菜原料的辅佐，素菜也在一般荤菜筵席中充当调剂者的角色，安排在冷菜、热碟、大菜中，或全食前进行浓淡调节，形式也随之相应变化。

半荤菜：即亦素亦荤的菜肴形式，一般来讲是针对素（蔬）料为主，荤料为辅的一类菜肴，以资与纯素菜相区别。因为大多数荤菜中素（蔬）料作辅助成分，因此，半荤菜与荤素也具有实质上的差异，半荤菜在筵席中的用途与素（蔬）菜相似，具有重要的辅助与调节意义。

（5）综合类菜肴

综合类菜肴是指主料由多种异质性的动物原料构成，或由多种熟制菜料单元构成的复合结构菜肴，具有特殊的品尝意义（表11-25）。现代市场化发展促使这一类型菜肴的蓬勃发展,成为一种流行时尚,在筵席中可使用为冷菜、热碟、大菜、甜菜或汤羹等形式,但是它们既不是大荤,也不是二荤和三荤,然而却又可以根据需要取而代之。在许多情况下,由于综合型菜肴的特殊风味和营养性被充当主冷、主热碟或者头菜。

表 11-25　常见的辅助与综合类菜肴

甜　菜	羹汤菜	素　菜	半荤菜	综合类菜
夹沙苹果	西湖牛肉羹	香菇菜心	肉末粉丝	五色拼盘
酿枇杷	酸辣羹	糖醋面筋	大煮干丝	冬菇四灵
蜜汁甜桃	宋嫂鱼羹	三鲜烤麸	家常豆腐	虾仁炒蟹粉
枣泥山药	五丁咸鸭羹	芝麻拌云丝	咸肉蒸南瓜	武昌鱼烧海参
拔丝香蕉	发菜银鱼羹	白汁灵菇	韭菜炒肉丝	一品鱼羊鲜
挂霜腰果	三丝鱼翅羹	素排骨	烂糊白菜	霸王别姬
八宝饭	山楂奶酪羹	青椒土豆丝	南腿扒冬瓜	咸鱼糟蒸鸭脯
炒双色泥	红花豆腐羹	豆瓣苋菜	梅岭菜心	鳝鱼红烧肉
冰糖燕菜	清汤鱼圆	糟熘三白	玉茸酿瓜方	串烤三圆
琥珀湘莲	榨菜肉丝汤	辣白菜	瓢儿白菜	牛肉烧鸡公
蜜汁甜藕	西红柿蛋汤	琥珀冬瓜	淡菜烩萝条	风鳗扣蹄
蜜汁火腿	纯菜鱼片汤	八珍山菌	香酥藕夹	双色鸡鱼粥
蟹酿橙	萝卜排骨汤	炒素软兜	面包鱼塔	圆笼三蒸
宫廷红枣	萝卜丝海带汤	卤水豆腐	金粟鱼米	回羊狮子头

2. 点心类食品

"点心"与"小吃"泛指主食与菜肴之外的副食品,长期以来,点心与小吃似乎并没有一个明显的分类界线,然而在具体的应用环境中,却又具有鲜明的倾向性制作形式的类型特征,点心和小吃食品的主要食用功能是为餐饭和筵席提供补充和点缀,为正餐之间提供休闲娱乐的食趣。因此,点心和小吃食品都具有强烈的特征性风味特点。在许多情况下,点心与小吃难以区分,然而在通常的感觉上,将具有精细手工造型特征的以面粉为主体的一类小食品称为点心,而将较为粗放外形的,但又具有独特强烈风味的一类小食品称之小吃。

(1) 中国点心的类型

中国的点心品种众多,难以胜计,分类也各式各样,有咸点与甜点之分,又有干点与湿点之别;也有热点与凉点之异,还有荤点与素点之差,更有无馅与有馅之类,在主料上分为面点、粉点、杂粮与糖点四类,形式复杂多样,难以详分。然而在具体使用上,点心形式又因场合而不同,有常行点心、筵席点心与茶食点心三类。

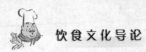

常行点心：简称常点，即早晚餐日常食用的点心，一般形体较大，大多数有馅心，个体重量50克/1—2只。

筵席点心：简称席点，即在正规筵席中使用的点心，一般小巧精致，手工细腻，造型美观，一般50克/3—4只，常点与席点实为一类，只是大小粗细的精致程度不同而已，因此皆为正餐点心，简称"正点"。

茶食点心：简称茶点，即在茶前饭后休闲娱乐时食用的干点，以甜味为主，有糖粉点、糖果点、干酥点、干粉点等。

比较而言，中点与西点的区别有如下几点：① 中点具有包卷折捏手工造型的独特形式，而西点则大多采用模具成形之形式。② 中点重点在内包馅心的调味和变化，西点则重点在粉料本身的调味变化。③ 中点传统上不使用黄油、奶品、巧克力、咖啡粉和香精，西点则以此为主要特色。④ 中点在口味上咸、甜各半，西点则主体为甜点。⑤ 中点以热制即食为主流，西点则以冷食为主要特征。⑥ 中点实际上是一种附加值较高的谷类粮食制品，西点则是一种与肉食搭配的辅助食品。

（2）常见的中点形式

1）正餐点心类型

正餐点心主要有以下几类。

包子类：将馅心包入发酵或不发酵的面皮中，经过手工折捏封口形成半球状形态，有咸、甜馅两类，外皮无味，重在馅心，以薄皮大馅为上品。品种因馅心和包捏形状而不同，变化丰富，有各种肉包、蔬菜包、汤包、菜肉包和什锦包等近百品种，在半球体基础上做的象形包子叫花式包子，有刺猬包、苹果包、葫芦包、寿桃包子等。

花饺类：将馅心包入不发酵的水调面皮或米粉、澄粉皮中，经过手工折捏形成月牙状是饺子的基本形态，亦有咸、甜两类，蒸熟者叫蒸饺，依此类推，有煎饺（锅贴）、油炸饺之别，馅心与包饺相类似，具有复杂花边造型的叫花式饺子，如一品饺、冠顶饺、金鱼饺、鸽子饺、知子饺、白菜饺、蝴蝶饺、孔雀饺、四喜饺等近百品种，常吃的馄饨也是一种饺子的变体。

馅饼类：将馅心包入面、粉皮中，经过擀压形成扁平体状者叫饼，或圆，或方形式多样，馅心亦分咸、甜。包酥烘、烤成熟的叫"烧饼"，月饼是一种特殊的节时"烧饼"。用水面包制、煎、烘结合制熟的叫"火烧饼"；用发酵面皮包制蒸熟的叫"炊饼"；用糊面烙皮包制煎制成熟的叫"锅饼"；用米粉团包制煮或蒸熟的叫"粉饼"；凡油炸成熟的都叫"油饼"等，种类繁多不可细数。

烧麦类：将馅心包在具有折皱花边的水面薄片中，经过手工簇拥使皱褶向上呈荷叶花边形的石榴状点心叫烧麦，又叫烧卖，馅心原型为麦和糯米，后延伸至肉、蔬菜类，有糯米烧麦、虾茸烧麦、虾茸烧麦、鸭肉烧麦、冬茸（冬瓜）烧麦、紫金（茄子）烧麦、翡翠（油菜）烧麦等，在包型上又有石榴型、花瓶形、金鱼形、梅花形、白菜形之类。

团圆类：即包有馅心的圆球状点心，主要是米粉面团，故而又与米粉糕点并称为糕团，俗称圆子。馅心亦有咸、甜之类，连汤煮的叫汤圆，类推有煎团、蒸团和炸团。依据团外饰料，有青团、芝麻团、椰茸团、稀米团、玫瑰团、蛋茸团、松籽团等。

花糕类：具有填料或夹心的成方成块的面点，统称之糕点。糕点的馅心主要是夹或卷在其中或者是填入混合在面粉之中的，一般需要擀切或模压成型，糕点表面通常有饰料或印纹，通常用发酵面和米粉制作，用足酵面者叫"发糕"，填以脂肪者叫"油糕"，用一般米粉者叫"米糕"，用黏米粉蒸熟揉压者叫"黏糕"；不揉压者叫"松糕"。糕的形状具有多种形式，除了方形、圆形外，还有动物形、圆柱形、花形、几何形等。糕点主要是甜型，少数也有咸型。

以上是中国最为基础的年节点心，中国人赋予这些点心以生动的含义，包子是"包容"，饺子是"交运"，团子是"团圆"，糕则是"升高"等，表现了对饮食生活的美好祈愿和人生祝福。其他类型的点心还以生动的造型反映了世俗幽雅的情趣，它们是：

花酥类：用油酥面团包馅制作的花式点心，有饼、盒、饺、糕型和花卉、动物、果蔬等造型，花式繁多不可胜计。例如酥饼、酥盒、酥饺、玫瑰酥、百合酥、蜜枣酥、藕酥、青蛙酥、牛头酥、海棠酥、寿桃酥、鸳鸯酥等，中国酥点不用黄油、白脱油，只用猪油、棕榈油。讲究酥层薄如蝉翼，层层分明，更有明酥、暗酥、半明半酥以及圆酥、直酥之别。

粉果类：是米粉、澄粉及其他粉团包馅捏制成各种小巧精致的动植物象形物。粉果传承于古时游船用点和祭祀的巧果，故民间多称之"船点"和"长生果"。这类点心基本上是甜点，少数也包虾肉馅和肉馅等咸味馅心，一般粉果需要用新鲜植物的天然色剂又用面粉着色，使其成五彩缤纷、造型夸张、活力四射。一般粉果的样式有南瓜、核桃、萝卜、草莓、柿子、荸荠、慈菇、寿桃、苹果、梨子、白菜、白兔、金鱼、天鹅、山石等多种多样。

卷和夹子类：将馅心卷在面皮中叫卷，夹在面皮中叫夹，这是点心重要的两种形式，面皮不限，可以用酵面，如腊肠卷与荷叶夹，也可以用酥皮，如酥皮卷虾和酥皮夹火腿，同样也有粉皮和不发酵的面皮，如凉皮卷糕和粉饼夹子、卷饼和夹饼等。

糍、粽类：即具有填料和馅心的各类米糍团和粽子，例如鲜肉、火腿、豆类、枣类、蜜饯等，糍团以各种几何块为形式，粽子则有多种样式，如：小脚粽、方头粽、三角粽、五角粽等。

2）茶食点类型

在餐前饭后饮茶休闲间食用娱乐的点心叫茶点。茶点基本为干点，以甜香味者居多，一般不需现做现食，而是专门的预制成品，这一点与西餐饼干点的性质相当。但是在形式与风味上却相差甚远。近现代已有许多西式冻点、糖果、饼干和油

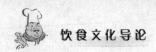

酥点进入中餐茶食世界,以致许多现代食众将之混淆,因此,追溯30年前茶食副食品店中的供应品种是很有意义的。传统茶食点心有糕饼点、炸果点、糖糕点、糖果点等。另外,一些炒食的油炸干果和蜜饯制品也是休闲茶食的一部分。

传统的茶点有如下一些品种:

老虎脚爪、大麻糕、雪片糕、果仁云片糕、豆沙麻饼、芝兰斋糕干、玫瑰糕、开口笑、蛤蟆酥、萨琪玛、炒米糖、麻雀果、大京果、小京果、什锦麻花、董糖、棉花糖、酥糖、牛皮糖、寸金糖、芝麻糖、花生糖、姜糖、松子糖、饴糖、豌豆黄、绿豆糕、山楂糕、蜂糖糕、茶徽、月饼、瓜子、松子、核桃等干果,各种蜜饯,如柿饼、桃片、杏干、果脯、话梅、金橘干等。

综上所述,中国点心以其包捏折叠的精细手工造型著称于世,其内含馅心尤是与西点最为突出的区别,甜点馅心常用枣、豆、莲、山药、蜜饯、干果、芝麻、椰浆之类,没有黄油、奶及咖啡、巧克力的传统,但取自特征性花果之香,例如玫瑰、梅兰、玉兰、珠兰、白菊、桂花、蜜桃、枇杷、桔橙、香蕉、椰浆、菠萝等,给人以清甜幽香的品赏,咸式点心更是肉、禽、鱼、虾、蛋和各式面粉、果实野菜、蔬菜无所不用,这就使得中点在式样、风味、取材和加工方法上具有更多的自由性和艺术感染力,每一个品种都可以举一隅而反其三,以至于无限。相比之下,西点就具有更多的雷同性和局限性,中国除了点心外,与点心具有相近性质的小吃食品更浓浓地渗透着中国各地民俗的风情韵味。

3. 中国的小吃食品

如果将粮食类原料加馅或填料制成精巧造型的小型化食品称之"点心"的话,那么被称之"小吃"的食品则普遍不具备这一特征。小吃品种并不强调馅心或者填料,而更多的则是辅配料。点心的样式是一种放之四海皆有的通式,小吃则体现的是各地民间街头风味的特式。小吃也不在意以个体精致造型的展示,所强调的是一种集合体,一种特别的区域风味,因此,一般以碗、盘、锅等载器形式为单位表现。而点心是以单个为单位表现的。同样用粮食原料为主料,但形式与风味表现性质却不同,小吃是带汤卤的或者是混合一体的,风味如菜肴一样具有融合一体的性质。由于小吃的特制性属于某地或某店的,因此,也不被全国各地广泛所有,用法也不与点心或菜肴相同,既可以在地方风味筵席中充当点心,也可以作为日常一餐的主食,尤其具有休闲旅游品尝的娱乐价值,在使用上随意性与地域性概念都很强。因此,小吃正是一类介于主食、菜肴、点心之间的民俗性小食品,其品种之多样,形式之庞杂,风味之广博,采材之多元实在是当今世界各国所没有的现象。据不完全统计,现代中国各地小吃品种不低于500种,这实际上已比20世纪50年代之前有所减少,各地一些古老传统的风味小吃已经消失在现代大商业化的市场之中,这是十分可惜的。

兹录部分中国著名地方小吃品种名称如下:

豆腐脑(主要省市皆有)、甜酒酿(主要在江南)、鸭血粉线(江、浙、沪)、凉粉(主要省市皆有)、臭豆腐(主要在江南)、炒年糕(江、浙、沪)、鸡粥(沪、闽、浙等地)、猫耳朵(山西、浙江等地)、清汤泡糕(江西)、贴饽饽熬小鱼(津、京、鲁)、嘎巴菜(天津一带)、炒疙瘩(京、津一带)、羊肉泡馍(晋、陕及西北等地)、鼎边糊(福建一带)、炒面线、小长春、蚵仔粥(福建一带)、艇仔粥(广东一带)、藕粉圆子(江南一带)、小笼楂肉蒸饭(广西)、八宝甜饭(江、浙、沪)、羊肉抓饭(新疆、宁夏一带)、贡南、鱼焙面(河南)、捶鸡汤面(天津)、肠旺面(贵州)、豆饭(广西)、竹角饭(云、贵州一带)、腊八粥(主要省市皆有)、咸肉菜饭(江、浙、沪)、深度包袱(安徽)、毛豆抓饼(安徽)、叉子火食、临沂糁(山东)、假粽(广西)、炒浇面(江南一带)、蒸卤面、糊面(安徽)、蓬莱小面(山东半岛)、鳝鱼意面(台湾、福建一带)、宜宾燃面、担担面(四川)、饸饹面、刀拨面、刀削面、拨鱼、擦面(山西及陕、甘、宁等地)、煨面及锅面(各地均有)、粉肠、大良双奶皮、姜汁撞奶(广东一带)、螺蛳粉、粉利、糊辣(广西)、三鲜豆皮(湖北)、莜面姥姥(山西)、鼎边坐(台湾)、巴乍磨古、酥油茶(西藏)。

第二节　人类饮食加工工具的演进

　　从广义上讲,人类饮食生产工具包括渔猎工具、畜牧工具、农业生产工具和饮食品加工工具的全部内容。然而限于本书篇幅,我们仅能从狭义方面对饮食品加工工具的操作系统进行讨论。当人类最初发现并利用自然火将食物加热制熟的时候,并无工具可言,人们只是将一些自然物体,如树枝、石块等作为工具使用,食物也只能以原只形态置在火堆上直接烧烤。当这一方式已不能够达到人类不断提高的食用要求时,采取的第一个操作革命便是对人工燧石砍砸器与切割刮削器具的使用,目的是切肉、砸骨和刮削毛皮,有效地改变食料的形体,将其分割成为小块,以利改善烧烤兽肉的成熟质量,这是刀具切割的前兆。第二步,由于人类能够控制肉块的大小,对火的使用由最为原始的烧改变为"架烧",即是将肉块离开直接燃烧源,悬空吊架在火源之上利用热辐射的加热,这就是"烤"。将小块的肉或植物块根埋入火塘灰烬中利用余热焗熟,这叫"塘煨";另外将食料置于火源之旁加热谓之"炕",即现代仍有的炕山芋之法,热辐射不直接照射,而是热空气的传导作用。这些方法的使用被认为是人类有意识管理火源的开始,在中国 50 万年前的周口店山洞的穴居者用石块围砌火塘的遗迹清楚地表明了这一点,这是加热工具"炉灶"产生的前奏。第三步,人们进而将燃烧的热势能传贮到石头和其他物件之中,对食料加热,以达到热势平缓,加热均匀的目的。据考证有石块、石板、石锅和皮囊加热的操作形式。

　　(1) 石块加热:将小石块或鹅卵石烧烫对食料加热,其法又有四种不同的形

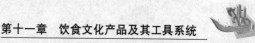

式：① 将食料埋入炽热的石堆之中；② 将石块烧烫填入动物腔膛之中；③ 将食料埋入炽热的砂石之中；④ 将炽热的石块反复投入有水的树筒、石坑等"容器"之中加热。

（2）石板加热：将天然乌石板加热，使置于石板平面之上的食料受热成熟。

（3）石锅加热：将石块开凿成容器盛物在火上间接加热的形式。

（4）皮囊加热：将外表涂有泥层的皮兜和胃囊袋装盛食料上火加热。

（5）包物加热：将树叶、湿泥或其他物质包裹在食料上火加热。

这五种操作形式一直延续到近现代的某些社会，被谓之"石烹"类型，石头和外包物是最原始的炊具，是由无炊具向炉灶、锅具过渡的加热形式。从世界范围内看，各地随着人类文化的演进，10 万年—1 万年—100 年有差别地发展着。尤其是"包物加热"表现出娴熟的烧烤技巧，这也可能是人类在"锅、灶"未产生之前最为普及和成熟的一种技法，而与陶器加热最为接近。据确认这种在原始炉灶上包物烧烤形式最完美的遗迹，是在乌克兰发现的，其历史在 2 万年左右，这些炉灶是放有热木炭的土坑上，坑上铺一层灰，食物用树叶包好放在灰上，再在坑上盖土达到烘焙的效果。19 世纪初俄罗斯航海家利相斯基在《利相斯基太平洋地理发现记》一书中曾描述了努加·吉瓦岛人和夏威夷岛土著民族对食物的加热方式。他说："我从没有看见专用厨房，每个人都在房前露天地上准备自己的食品，将面包树果实和根茎用叶子包好后放火上烤。用另一种方法做猪肉，先挖一个坑，放入木桦，再放鹅卵石加热烧红，然后把鹅卵石弄干净从坑里取出，把坑里铺上树叶子，最后放上十分洁净的全猪（该地猪是勒死的，不是屠宰）。猪上覆盖树叶，用土埋好后再放鹅卵石，直到完全烤熟之前，一直放在坑内……吃时将肉切成小块，分发给各家主人。""散得维齿人的食物是猪、狗、鱼、椰子、甜马铃薯、香蕉、塔尔罗和薯蓣……采用下列方法制作食品，挖一个坑放入两堆石块，点燃火（此地用摩擦法取火）。然后再放石头，使空气流通。当石头烧得灼热时，弄平石头，使之严实，再放上一层薄树叶或芦苇，把动物置于其上，翻动它，一直到脱毛为止……这样将动物弄干净，切开肚子，取出内脏，同时第二次升火，石块刚烧红就把它扒开，只留下一层，铺上树叶，把猪放上，往开膛的肚子里放裹满树叶的灼热石头块，再用树叶将动物包起来，其后，动物被放在烧红的石块上，上边再覆一层沙土，一直到熟为止。"（周新华著：《调鼎集》，杭州出版社 2005 年版，第 20 页）

由于对"包物加烧石之上"的认识，中国古代将专门制作者称之"庖丁或庖厨"。在主流社会，上述方法可能实行到陶器的产生。陶器先于铜器近 50 个世纪，在陶罐、陶鼎、陶鬲产生之时，真正意义上的文明炉灶并未产生，依旧是原始火塘或地面土坑形式。中、近东和希腊、罗马在烧烤地塘火坑基础上主要发展起砖烤炉，时间大约在公元前 2500—1500 年前后。而在中国则于新石器晚期独自发展起陶灶。到了汉代始有砖砌炉釜连体的灶。东、西方世界之所以具有如此发展的差异性，是由于其对陶制加热容器的认识与使用性质的不同所决定的。在很长的时间里，一些西方人一直认为陶器是在近东地区——文明的摇篮——由已知最早的农业社会发明的。然而20世纪60年代，在日本却发现了令人震惊的证据，一些史前13 000—10 000年的陶器出现在本州岛上的大台山下和后野，这是世界所发现的最为古老的陶器。当时日本岛人正处在狩猎采集文化阶段，因此，有更多的倾向认为这是远东大陆的山东半岛农业移民的遗物，因为其陶器风格与山东新石器时期的陶器风格一致。在中国江西万年仙人洞遗址，也发现与之风格相近似的，1万年前的古老陶罐。与之对照，近东最早的陶器来自伊朗地区，虽然在时间上也可以上溯到9 000年左右，但却不是真正的烧制陶器，而是晒干的泥器。可以想见，中国古老陶器主要是为了煮谷产生的，底呈圆形，是中国式锅釜热载器的雏形，而中近东泥器的主要目的是为了贮藏食物而产生的，因为在加热方面更侧重于烤食。中、近东的农业性质并不如远东大陆那样精深，他们具有更多的沙漠、草原文化的狩猎与游牧特性，这是与近东农牧民族反复多次频繁交替的历史分不开的。无论从历史、范围、技术、品种等方面来看，中国陶器都代表了早期农业文明的最高成就，这也为中国青铜文化与瓷器文化的辉煌奠定了基础。

陶器与炉灶是食品加工操作体系的核心。中国陶器产生的新石器文化中、晚期，显现出"鼎鬲"的独特性，鼎鬲皆以古老陶罐为原形，在下安装了三足形制，既省去了吊罐煮食的麻烦，也使容器立足更为稳定，是炊器、食器、礼器的三位一体。实际上，中国习惯于将装盛食料上火加热的用具与炉灶统称为炊具。在史前陶瓷时代有罐、鼎、鬲、甑、釜等。中近东和欧洲由于侧重于烧烤，在陶制炊器方面，并没有这么复杂多样的形器品种，从本质上讲，罐与鼎、鬲具有炊器母形器的性质，其他都是其演变延伸的产物。因此，将中国陶器文化区别于通行的陶罐文化，而称之"鼎鬲文化"是很有道理的。具有真正的文明意义的炉灶在中国"它应该是与遗址中出土的大量陶釜配合使用的"，（周新华著：《调鼎集》，杭州出版社2005年版，第36页），新石器时期名副其实的灶虽然并不多见，但是在甘肃秦安大地湾遗址考古工作者已发现了公元前3 000多年的砖砌固定式大灶的雏形。无独有偶，1957年河南陕县庙底沟仰韶文化遗址也出土有红陶釜炉组合灶。这些灶的历史比中近东苏美尔砖砌的雏形筒式烤炉历史更为悠久。炉釜相合的契入传统演化出中国的圆底锅家族。炉子的平面烤煎传统同样也使西餐加热所用的锅具成为平底形式。

当食物的制作已不仅仅限于烧烤肉类，在原料上扩展到鱼类和蔬菜类时；当食物的加工方式已不仅仅停留在烧烤，而是扩展到煎、炸、炒、煮、烩、焖、蒸等多种方法时，人类的食物便全面地熟食化了。以炉灶炊具为核心形成了从切割、压榨、发酵、碾磨、搅拌、保藏到食物制熟的完备操作系统。将各种操作集中运用便形成了厨房的职能，厨房是食品加工操作的专门场所。在史前时期并没有专门的厨房，对食物的加工是一种家庭成年人的集体劳动，炉塘在屋的门口或中间，使整个家庭都成了"厨房"。专业厨房是阶级社会的产物,是因特权阶层的需要而产生的饮食加工与服务机构。新石器晚期与青铜时代饮食资料已有相对的过剩,促使烹调加工技术步入专业化发展的轨道,各项基本加工工具已在铁器时代到来之初就已具备。考古发现,像现代切肉一样,在案台砧板上操作的行为至迟已在中国的商代出现,用作切割的案台叫作"俎"。俎是一种砧台—祭台—礼食台的合体,有石、木和青铜等材质。据《调鼎集》记述,"迄今最早的一件木俎实物见于山西襄汾陶寺文化遗址,木俎长方形,略小于木案,俎上放有石刀,猪排或猪蹄、猪肘。这是我们今天所能见到的最早的一套厨房用具实物"(周新华著:《调鼎集》,杭州出版社 2005 年版,第 136 页),刀、俎的配合使用,才能使孔夫子所说的"脍不厌细"成为可能。在古埃及的反映面包坊操作情景的墓中壁画里,我们则可以看到古埃及人在案台上揉面制作面包的情景。早先对食物原料的晒、熏、冷冻(天然)、盐渍保藏以及发酵酿酒、造酱、制醋、熬蜜、炼油(动植物油脂)和研磨米、面粉的加工,新石器晚期已是厨房的专职事务,这种技术高度集中又分工细化的加工模式是促使食品加工工具不断升级进化的主要力量。近现代所发现的一些没有专业厨房的原始部落,其炊餐具依旧保持着 1 万年以前的原始风貌,他们的发展缺乏专业的技术生产动刀和开发思维。从以下炊具中我们可以清楚地看到人类社会饮食文明操作进步的不同阶段和环节:

一、炉灶的不同实用形式

控制和管理燃料燃烧的器具,一般来说炉和灶并无区别,但依照炉灶的结构,将炉、锅联体的固定加热具称之灶,炉则是单体的燃具。也就是说,灶上的锅是固定的,而炉上锅是活动的、随意的。世界上炉灶形式各式各样,其操作方法也随之不同。人类从古到今的所有炉灶类型都没有消失,处于不同的发展阶段的民族都在使用着相应的炉灶。

(一)土火塘

20 万—1 万年前原始狩猎文化的产物,有简单的土石块围固,燃木材、煤块、木炭等,在其上烧烤或吊罐煮食。

(二)土石坑灶

10 000—5 000 年前,新石器早、中期初农文化的产物,即在石头上或地上挖出有烧火的炉腔和可供支撑汤罐的炉口(1—3 个火口)的燃具形式,现代一些边缘少数民族仍是如此。

(三)砖砌筒式烤炉

5 000—3 500 年前,西亚麦子文化区产物,炉呈锥体,上窄下粗,燃木炭,后来也可燃无烟煤,在内壁贴烤面包,现代社会的许多地区仍有这种炉式,如中国的烧饼烤炉。

（四）砖砌多眼平口炉

多眼平口炉亦即蜂窝炉，3 500 年前西亚出现的炉形，中世纪后演变为吸风式平口铁板炉。烧烟煤，带烘箱，是西餐炖、煮、煎、烩的主要炉式，直至油气炉出现之前都是煮烩炉的主流。许多地区直至现代依然以这种炉式为主要形式，炉口有从小到大的炉圈炉盖。

（五）壁式吸风烤炉

古罗马式多功能的烤面包和肉类的烤炉，一般依墙壁建造，有烟囱，燃煤、木材等。直至电烤炉产生之前都是西餐世界主要的烤炉形式，近代中国北方也有壁式烤炉，现代许多地方仍在使用，行业内又将其称为"立式烤炉"，北京烤鸭的正宗烤炉也是此种炉型，燃烧果木。

（六）陶炉

陶炉是新石器中期远东五谷文化区产物，炉口呈开敞突起便于与罐器衔接吻合，出现于中国大陆庙底沟仰韶文化遗址，约 6 000 年左右。陶炉的出现表明大陆中原人类脱离了火塘、土坑灶等形式而走向文明，与西亚不同的是，陶炉是为了烹煮谷物而产生的，古埃及的筒式砖炉是为了烘烤面包而产生。两种炉式代表了两种不同的农业文明。

（七）陶灶

陶灶是随陶釜产生而配套形成的釜、炉结合体，是新石器中期 7 000—6 000 年前河姆渡文化产物。直到青铜时代广为使用，直至 20 世纪中期一些市镇巷里人家也还有使用者，陶制炉灶是燃烧柴禾之具，一般不能燃煤，可以认为，中国的陶制炉是因为方便于罐釜加热而产生的。

（八）吸风砖砌大灶

吸风砖砌大灶出现于战国时期，约公元前 500 年左右，在西汉以后普及中原各地，这是带有烟的砖砌固定灶，烟囱具有拔风和排烟的作用。从灶口吸进新鲜空气助燃，再将余烟顺烟道排出屋外，从而从根本上去除了原先烟气蒸燎的状况，火力也大大地得到了加强，这个原理与罗马的壁式烤炉一样。在汉墓出土的许多明器物中，我们可以看到汉灶的种种样式，这种样式一直到现代几乎没有什么本质上的改变。据认为，这种灶的产生与中国中原地区率先使用燃煤有关，因为这种灶既能烧煤又能烧柴草。早在公元前 2—3 世纪的秦汉之间，煤矿已在中国出现，在其后的 1 000 年间，具有长足的发展。中国是最早应用煤炭炼铁的国家，也是最早使用煤炭进行烹调的国家，以至带有烟囱的大火灶的居舍成为城乡家屋的特征。

（九）鼓风式砖砌炒炉

鼓风式砖砌炒炉即带有鼓风设施的砖砌炉。为了便于架锅，炉口有的高高突起的炉口圈，就像近世的炮台形象，故而被俗称为"炮台炉"。这是专门燃烧无烟煤

465

块的无烟卤鼓风快速炉,可能出现在唐、宋大都市的店肆里。以前用"鼓鞴"向炉内吹风(即人力拉的鼓风箱)通过推拉,将皮囊中吸进的新鲜空气通过管道压进炉膛下部,达到火力旺盛的助燃作用。(《天工开物》)近世改用电动鼓风机,火力较猛,运用于对旺火速成的菜肴加热,因此,又称之炒炉,这是中国饭店厨房特色最为明显的炉具,现代这种炉子仍在许多乡镇饭店中使用,在大城市里则被油、气燃炉取代。

（十）西汉上林方炉

这是由原始火塘直接延伸演化的烤炉,因其为长方形低矮造型,不象筒型和壁式烤炉较高,因此称为卧槽式,这是中国制作烧烤的传统炉型,主要是串烤和叉烤(又叫串烧或叉烧)菜肴的加热炉。大约在新石器晚期出现陶制,西汉又出现青铜制品,唐以后多用砖砌,又叫地躺式烤炉。在电烤箱产生的今天,中国西北的一些地区仍在使用该型烤炉。主要用木炭或无烟煤为燃料。

炉灶的形式还有许多,其基本功能不超出上者。人类进入工业化时代,燃油、燃气与燃煤炉并用,电热炉、微波炉、电磁炉以及太阳能炉灶开始向寻常百姓家普及。然而供热方式虽然有了诸多科技进步和变化,但在具体的操作与产品价值取向的传统方面并没有得到更多的改变,有些新式炉灶和电能加热器在安全、便捷、卫生和环境保护方面获得了明显的效果,逐渐地取代着薪材和煤炭炉灶,例如柴油炉、液化气炉、电烤炉、蒸汽炉等。但是,一些如电磁炉、微波炉等,由于安全性尚未最终确认,加之功能的局限性,使成品风味质量与人们通常的价值标准具有一定的距离,因此,目前电磁炉与微波炉还是处于辅助性炉具的从属地位。

二、热容器的中外异同

装盛食料在炉灶上加热的容器概称之锅具,由于东西方人类在食品取舍的侧重性方面的不同,也造成了东、西方在锅具器型方面的差异性。西亚与欧洲大部分地区侧重烧烤与煎炸,故而锅底呈平面化,煮的方式在西方古典时期实际上是一种附属性的加热方式,适应于煎、炸和煮需要锅体形成浅、深形式,前者煎炸后者煮食。例如煎锅、烧锅和炖锅等样式,实际上这些都是中世纪以后发展起来的锅具,在此之前都以陶罐、金属与石板为主。中国的古代锅具发展则显得复杂得多,经过了由原始石板→陶罐→陶鼎、鬲→陶釜→铁釜、铛的平面向圆底锅具演化的历程。还有一个由长江以南向北方中原的过渡现象。据考古发现,河姆渡地区是中国原始陶釜的主要发源地,同时也是陶灶的主要发源地,当时北方多鼎,南方多釜,两者都是对圆底陶罐的改进,鼎是在底部加三足,相当于支点,鬲则是带有空足的鼎。当陶釜、铁釜(锅)加热具向北方大量普及的时候,鼎鬲的炊具作用便自然地被锅、釜所取代。商周之时,青铜鼎鬲已转化为礼食之器,在汉唐时代则逐然退出了历史的舞台,我们从下面一些热载器中可以看到这一演进事实。

（一）夹砂褐陶鏊

仰韶文化时期（公元前5000年），这是由石板演进的最早的烙饼器，现代为铁板。东、西方仍在使用。中国典型的是"火烧"烙板锅，西餐则为煎烙牛排炉板。

（二）十八角刻花陶釜

河姆渡文化时期（公元前5000多年）由圆底陶罐演化的最早的锅，式样很多，有敞口、折敛口、盘口、弧敛口四大类型。在河姆渡遗址还出土了中国最早的炉釜一体的"头盔式"陶灶。铁釜在西汉时开始普及。

（三）夹砂灰陶鸟足鼎

由陶罐演化而来，河姆渡文化遗址出土的一种三足釜形鼎昭示了这种器形演变的轨迹，7000年前陶鼎广为流行，不到1000年时间，南方被釜形器取代，而在黄河中下游地区如大汶口和山东龙山文化区仍是使用的最为流行的炊食器，主要用于煮肉和盛肉。商周时成为礼器，汉唐以后退变为宗教祭器香炉。

（四）灰陶单耳鬲

鬲是鼎的近亲，最早的鬲产生在新石器晚期（公元前2600—前2000年）外形的鼎，三足中空，目的是为了增大受热面。鬲主要用于煮粥、制羹和烧水，制作材料中在黏土里加以一定比例的砂粒、蚌粉或谷壳以便在煮食过程中能够承高温和保存热量，因此也是现代砂锅焖钵的始祖，与此同类的古炊具还有鬶和甗，汉以后被釜器取代。

（五）夹砂红陶甗

原始的蒸锅，大汶口文化晚期（公元前2800—前2500年）。蒸法在中国有不迟于6000年历史，这是最为古老的锅与蒸笼复合形器物。有学者认为是无底的甑和空足的鬲的结合体，实际上这是兼有锅、笼、炉三重功能的炊具，商周时多为青铜质，汉以后被釜甑淘汰。

（六）商代青铜汽柱甑

这是商代妇好墓中遗物（公元前1600—前1100年），是最早的蒸笼式汽锅，由陶甑演化而来，陶甑就是陶制的笼，底部有许多孔眼，蒸物时要加草、箅垫，与竹笼使用一样，在江南河姆渡地区要比北方早几百年，距今也有6千年历史。甑在北方多与鬲结合为甗，在南方则与釜配套，性质如后世的笼锅。汽锅则是中国特有的炊具与食具。

（七）西周托盘夔足鼎

这是中国和世界上最早的火锅，是一边煮一边吃的炊食器，这也是中国所特有的形器。下层为烧炭的炉盘，上层为盛汤物的锅体，作用与后世的暖锅、中式火锅、明炉、边炉、围炉一致，与之同类的西周火锅还有伯炊鼎、铜四神温炉等，已有3000年的历史。

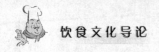

（八）青铜炉盘

战国时期（公元前5—前4世纪）的前期，开始出现青铜质的薄型锅具利于快速传热，青铜炉盘实质就是煎、炒锅与炉子的结合体，即小型煎、炒灶，下层烧炭，上层煎、炒食料。上层锅盘较薄，并有浅浅的弧形，可见在快速加热时便于食料在锅中的滑动和翻转，此锅已见中国独特炒锅的雏形，表明了战国时期人们已有了快速炒菜的操作形式。

（九）铜煎炉

西汉时，一种铜质平底长方形锅盘与炉体结合的灶形器出现，据认为是因加工胡饼从西域引进的。实际上，这是汉时新创的特型煎炸器。迄今为止，在南亚、西亚以及西欧并没有此类古器遗存发现，因此，并没有足够的证据说明该器是外来品。中国古来就有在平底器面上加热食物的传统，从石板到青铜鏊。因此，铜煎炉正是汉代为了适应对饼类食品的大量需要而在此基础上研发的新式锅炉一体的工具，现代电热煎炸器与此相似，只不过将燃料换成了电热丝而已，这是西式炉具，但原型则在中国。

（十）西汉铁釜

西汉时（公元前206—25年），铁釜在炊具中已占主要地位。河南省渑池县俱利城出土的西汉铁釜（又叫铁锅），方唇豉肩，腹部斜收成极小的平底，表现出稳固在炉上使用的特征，更接近于深底铁锅形状。铁釜牢固地砌接在砖制炉上形成真正的大灶，这种大灶上的釜是不可随便任意取下的，直至现代都是如此。

（十一）唐金铛

在唐代，铛已经很为流行，如果说陶釜、青铜釜和铁釜尚有很多陶罐的痕迹的话，它们都较高较深，口径小于或等于腹径，那么铛则具备了与现代炒锅几乎是完全相同的形态。口径大于腹径，器壁矮，器形呈小半球形，壁薄，有把手从而便于握持操作，所不同的是带有三足。黄金铛是热酒的锅，那么铜或者铁铛则为炒菜煮饭的锅了。南朝刘义庆《世说新语》就有："母好食铛底饭"的记述，可见南朝时铛已成为家常煮饭的锅具。唐诗人岑参《玉门关盖将军歌》有"灯门侍婢泻玉壶，金铛乱点野酡酥"句，其中"金铛乱点"正是对持铛操作的生动描写。遗憾的是唐代铁铛由于易于锈损而未见实物存世，却有温酒锅——双狮纹鸭头金铛1件存世于西安何家村唐代窖藏之中。鸭头形为柄，通称"鸭头铛子"，实际上西汉初时罗泊湾汉墓遗策中已有提及江苏镇江金山南朝梁太清二年窖藏中出有铜铛二件，可惜实物早已散失。无疑，铛是与现代弧底锅（炒瓢、炒勺）形式最为接近的加热器皿。

三、东西方不同的切割传统

将食料由大到小实行分割的刀具有刀、斧、剪、刨等，主要是刀具。150万年前人类使用的几乎都是相似的粗大的砾石砍砸器,即带刃的粗大石块,迄今最早的石器发现于东非坦桑尼亚的奥杜韦峡谷,肯尼亚的科比福拉以及埃塞俄比亚的奥莫和哈达尔地区。距今 300 万—200 万年,以后,还出现了刮削器、尖状器及手斧。手斧呈扁桃形,由燧石结核打制而成,多数为一端锋利,另一端圆钝,钝的一端多保留部分燧石结核的外皮以便于手握。手斧是一种"万能工具",可用于切割、刮削、砸击等。这种手斧文化主要分布在欧洲、非洲等地。在中国则主要是石片和用石片制造的工具,以单面加工为主,器型以刮削器、切割器为主,其次是砍砸器和尖状器,没有手斧或手斧不发达。由此可见,从人类文化的开端,旧石器文化早期便开始产生了东西方的差异性。

中国的石片文化尤为发达,旧石器时代中期自二三十万年前至四五万年前,旧石器文化有了进一步的发展,较前一阶段更为精致、规整,器型也开始多样化,并有了初步的分工和定型。切割工具制作采用了燧石制造术的打片法和细敲石片法,用打片法取下轮廓整齐的三角形石片,再以细敲技术进行第二步加工,使之更加锋利,最为典型的代表器具是尖状器和单边刮削器。这一文化相当于早期智人阶段。最著名的早期智人文化是莫斯特文化(Mousterian),最早发现于法国西南部威意河畔的洞穴里。在欧洲、非洲、西亚都有发现,中国以山西许家窑文化和丁村文化为代表。丁村文化的石器以利用宽大石片制作的各种类型大砍砸器为主,最富特色性的是厚三棱尖状器。此外还有小尖状器、单边形器、多边形器、刮削器等。莫斯特文化和中国许家窑、丁村文化遗存中都发现了加工骨质切割器的痕迹。至旧石器晚期距今四五万年到一万五千年前,相当于晚期智人阶段,切割器制造技术有了更新的发展,普遍经过第二次加工,出现了磨、钻技术,使得切割器更为规整、锐利、美观和适用。各种精致的刮削器、尖状器、雕刻器、切具和带骨的切刀出现了,中国的石片文化持续发展,诱导了中国人类对食物切割精细追求的性格铸造。因为极其重视切割,以至与加热制熟的烹合称谓之"割烹"。切割是对食料的一种体外消化,能使食物在胃中缩短被消化时间,增加营养的吸收率,同时,也能使食料在锅中释放更多的风味物质,更利于食料在锅中的滋味融合,这都是现代分析显而易见的关于切割的科学性质。对于中国古人,则是一种潜移默化的长期饮食经验的沉淀和积累形成一种共识性的潜意识。孔子云:"食不厌精,脍不厌细"正是对这一意识高度概括凝练的价值取向标准。这不是唯美主义的,而是实验和实证的。因为,精和细都能最大限度地减轻肠胃负担,同时也能获得更佳美味的体尝。例如,肉糜对于老人和小孩来说是极易消化的,而大块肉则反之。因此,肉糜或肉酱成为商、周时期高级肉食的最为重要的食品形式之一。这也是后世直至今天中国菜肴仍以片、丝、丁、粒和茸糜为主要料型形式的根源所在。以老人与小孩的消化能力为基本出发点正是形成中国古人切割传统内在动因,从而对于整体人类而言具有理性的关照。

及至铜、铁时代的到来,中国的切割文化达到极致,切割的操作不仅是一种技术更引申为一种艺术和艺术表演,由薄刃石片发展到薄菜刀。东周至汉代,将切割技巧提高到神奇优美的境界,也达到与哲学思维融通的高度。从庄子的《庖丁解牛》到东汉傅毅的"分毫之割,纤如发芒"(《七激》)都是对石片切割文化的传承和实现。三国的文豪曹植曾赞叹于宫廷御厨的切割操作云:"蝉翼之割,剖纤析微,累如叠谷,离若散雪,轻随风飞,刀不转切。"(《七启》)直至今天这个仍是中国厨师切割操作最高追求的境界。汉代,是中国铁器方盛的时代,淬火技术已经掌握,为精缕细切的刀工操作提供了保障。出土的一些春秋战国时代的利剑,皆为合金钢打造而成,至今仍能"吹风断发",这也说明了东汉傅毅的"分毫之割,纤如发芒"之说所具有的真实性。迄今为止,中国的厨刀,亦如丁村多功能宽大石片一样具有切割功能的多样性于一体。一个高明的中餐厨师以刀少为贵,一刀多能,批、切、砍、剁、敲、拍、砸乃至雕刻,无所不能。与之不同的是,一个高明的西餐厨师却以刀多为贵,一刀一能,专刀专用,有火腿刀、切皮刀、水果刀、面包刀、片鱼刀、牛排刀、片肉刀、剁骨斧和敲肉锤或拍,这是由于西亚和欧洲的饮食更重视烤、炸、煎食,其相应的食料形态多由块、条、大片构成,不需要精缕细切,因此,所用刀形皆窄而长,具有匕形尖状器演变的明显痕迹。西餐的吃肉,需在盘中再切割,重在咀嚼。侧重于对青壮牧人的力度表现,强烈地彰显着优存劣汰的自然法则。

现代的切割工具已由一些电动工具取代着手工操作,如切片机、切菜机、绞肉机、肉丝机、粉碎机等,虽然在产量和速度上超过了人工,但是却达不到人对传统切割质量的认识标准,因此,在许多美食家认为过多地依赖于机械化切割,是造成现代食品某些风味指标下降的原因。

除了上述主体加工工具操作系统外,还有许多辅助性操作工具,例如磨盘、烤钩、漏油具、烤肉与烤叉、烤夹、蒸具等,几乎大都在中国发现了属于最早历史的原始形器,这里限于篇幅就不再多述。

第三节　人类助餐操作的进步

与食品的加工一样,文明人类的进餐也需要对所属工具的操作才能实现,然而这种将饮料和食品直接或间接送入嘴中的助餐工具,直到临近文明的门槛时才得以产生,并且仍然在现代世界的各种不同社会中有差异地存在着,有的完备,有的则不完备,有的是一种形式,有的则是另一种形式。从整体而言,助餐工具仍是炊具的孪生姐妹,依据实用的不同性质,有盛食具、饮酒(水)具和取食具。从饮食器具发展史看,炊具、食具、饮具和取食具的发展环环相扣,最初的炊具往往都是多功能于一体,在以后的发展中才得以专功分化。现代人则将食具、饮具和取食具合称餐具。最先出现的餐具是碗、盆、盘、杯之类,它们不是从炊具中分化出来的,而是一类对应性的伴生物。碗、盆、盘、杯的造型和使用在近现代世界各地都具有惊人的相似性。在西亚和南亚古代文明的遗址中屡见这些器物的遗存,然而其数量和种类的丰富性却没有一个可以与中国古代饮食文明的遗存物相媲美。这些餐具器物是呈共时性发生的还是呈继时性,由一个发源地向其他地区扩散的呢?至少我们已在中国新石器早期文化的遗存物中看到了这些器物最早的原型,并且还在先秦典籍中看到了最早的关于餐具使用的种种严格的分工和规定。这些情况在其他地区古代文明中没有或者是缺乏的。在器具材质方面,中国古代的玉石、漆木、青铜、陶瓷代表了世界餐具的最高水平,并长期地影响着人类的饮食生活。同样,古埃及在 4 000 年前发明的玻璃也极大地丰富了餐具的内容,以至成为西方餐具最具魅力的独特品味,西亚古代发达的金银质餐具也曾极大地影响了中国汉、唐以后和欧洲餐具的形式内容,而欧洲在近代发明的搪瓷和不锈钢餐具又为世界餐饮增添了现代气息,将各种餐具归纳为盛食器、饮器和取食具讨论,以便我们对其使用操作的功能性质有更为本质的认识。

一、盛食器的实用与演变

装盛食品食用的器皿,根据盛食性能有碗形器皿、盆形器皿、盘形器皿和编织器等。

(一)碗形器皿

汤羹盛器,具有敞口深壁、小底、平足的外形特征,以半球形为原形,具有大小不等的多种型号和变形样式。小型碗是个人食器,中、大型碗一般是合享食器。一些盅形器、瓷锅、钵器和罐形器盛食性质与碗一致,故而可以认为是在一类中的不同变形。碗是最早与炊器并行产生的专门食器,也是大陆农业谷食最为基本的餐具。依据模仿学说理论,碗可能是模仿人类喝水的形态制造出来的饮水喝粥的专门工具,产生历史可能比煮食器陶罐早,也可能为同一时期。当粥和肉羹产生之时即成为食器与饮器兼用器皿。碗的产生使人类脱离了"污尊而杯饮"的原始形式,向文明饮水进食迈进了一大步,直至今天对饭、菜、粥、羹、汤、茶、酒、水的食用皆可用碗,只不过现代对碗的使用更多的是盛食,它不仅是食器更是食器与饮器的共祖。

碗最早是石制的,中国造字的"碗"字也反映了这一推论的逻辑性是符合事物发展规律的,然后是木制的,因此石、木碗的历史应比陶瓷为早。1977 年在中国浙江余姚县河姆渡文化遗址中曾出土了一只朱漆木碗,距今约有 7 000 年历史,碗的口径 9.2—10.6 厘米,并有朱红色漆,可以认为,无漆木碗实际上还可以上推若干年。在中国甘肃秦安大地湾新石器时期早期遗址中出土的交错粗绳纹陶碗是考古资料中最为古老的陶器碗的实物之一，距今约有 1 万年历史。碗的造型十分完美，已与现代碗完全一致。可以认为陶碗的完美出现正是建立在石、木碗造型经验之上的，它不可能突然成熟。这两只碗可以说是世界上所有碗形器原形。我们在古印度哈拉巴文化遗物中也发现了有碗，但已晚了近 3 000 年。而在西亚和古代欧洲相关遗址中却极少发现碗，实际上由于侧重烧烤食物的缘故，直至今天碗仍不是西餐中主要的个人食器，主要的则是更多的汤盆和平盘，因为盆、盘更便于刀叉工具助食，而碗则便于筷箸助食，碗作为中国古今传承的特色食器，与筷子一道构成了远东民族进食最为基本的形式特征。

碗形器在中国具有最为复杂的演变历程。商周秦汉时期，原形器为社会下等阶层使用，而上层社会则主要将其演化变形成为礼器，并且具有严格的礼仪性分工和庄严神秘的形式。盛饭食谷的器皿有簋、簠、盨敦等；盛肉装蔬菜的有箅、豆等，还有盏与盅形器。前者用青铜器，后者用陶、木漆器具有五行生克的内在含义。一些食器的形状，虽然还没完全从鼎形器上脱离出来，但已炊、食分工，完全餐具化了，装盛性质如同碗形器。及至唐、宋瓷器成为餐具主流，复归于以碗的原形，纹饰和器形已与动物崇拜、巫术、神话渐行渐远，随着世俗化情趣的加强，那些五行相生的谷肉之分在食器的使用上也随之消退，繁重的礼器被世俗轻灵秀气的餐具取代。碗形器得到空前的发展，形成了圆形碗、花边碗、几何形碗、瓜果形碗、动物形碗、高矮脚碗、深浅壁碗、加盖连盏碗等庞大的碗家族。

（二）盆形器皿

装盛半汤食品的浅壁敞口容器，俗称为"汤盆"。按比例器身比碗矮，但口径却更大，是为祭礼团餐造设的大型餐器，使用介于碗盘之间。在西餐方面中小形器居多，是主要饮食器之一，在中餐方面则中、大形器是筵席盛食共享的主要器皿，个人食器用碗而不用盆。在考古资料中，我们还不知道大陆以外地区盆子原形物的真实情况，但是，我们已发现代表大陆盆器发展的最早物证，中国半坡村新石器时代遗址出土的彩陶人面鱼纹盆和庙底沟文化型的在陕西华县泉护遗址出土的泥质红陶"彩陶曲腹盆"距今约 6 000—6 500 年，这是中国盆器的原形。它们是大型餐具特别是曲腹盆，盆壁较深，有明显的碗形向盆形器演变的痕迹，盆高 13.8 厘米，口径 40 厘米，接近现代的面盆。入夏后盆形趋向浅壁化，典型的是"灰陶三足盘"（前 2100—前 1600 年），考古称其为盘。因其为平底，但边沿有矮的直壁，壁高占整个器高的近 1/4。具有一定的盛汤羹能力，因此实质上是盆器。口径 22.5 厘米，连足高 13.2 厘米，瓦片三足像鼎，平面又像盘的过渡盆器。汉代以后，漆木和瓷器盆具开始盛行。考古上将浅盆统称为"盘"，在盆与"盘"的区别上没有明显的界线，因为中国传统食品大多带有原汁原卤，适宜盆装，因此对平盘并不重视。实际上盆可代盘用，但盘不能代盆用。盆又有浅深之别，前者为弧形底，典型的有北宋钧窑瓷盘（960—1127 年），口径 27.4 厘米，高 6.8 厘米，底径 18.5 厘米；后者为平底凹下的平边盆,典型的为元代白地黑花瓷,口径 41.6 厘米,底径 23.7 厘米,高10.2 厘米。直到今天,汤盆的基本形式都没有改变。汤盆用于装盛烩菜、烧菜、扒菜和蒸菜,能突显菜品主体的可观性,因此,盆器是中餐筵席中最为重要的共享食具,充满了霸气和超拔的夸张力。

（三）盘形器皿

装盛少卤和干性食品的平面容器皿为盘形器皿,又叫平盘。平盘出现的历史较晚,中国最早的成形器是在唐代出现的,可能与唐代炒爆菜肴技术的成熟有关。平底是器皿的主体部分,具有明显由盆演变而来的痕迹。典型的有唐代的绞胎纹瓷盘(618—907 年),口径 17.1 厘米,底径 11.8 厘米,高仅 2.1 厘米。北宋的豆青印花盘(960—1127 年),口径 14.6 厘米,底径 5.3 厘米,高仅 2.8 厘米,是中小型盘,具备了现代炒菜盘的全部特征。明、清时又有巨型盘出现,是作为大型祭礼的合享食具的,有直径超过 40 厘米者,但高度都不超过 3—4 厘米。平盘能最大程度地突出菜肴作品的主体,气势宏大而张扬,例如烤乳猪、整烧羊、大拼盘等。平盘也是西餐席面最主要的食器,便于装饰和刀叉的施展。中国餐具于 17—19 世纪极大地影响了西餐器具的生产,盘器是其中最为重要的部分。迄今,欧洲最具古董价值的是一些 18—19 世纪生产的杯、盘器,例如 1750 年法国塞夫尔瓷窑的作品和 1870 年英国皇家伍斯特瓷窑的作品等。欧洲的盘以小型居多,一般 8 英寸(1 英寸＝2.54 厘米)以下,在中国被称为碟子,基本是属于个人使用的盛食盘。

现代的盆和盘与碗一样,在外形上具有极其丰富的变化,除了圆与方形的基本形式外,异形的盆和盘都得到了迅猛发展。在筵席中,适当地使用异形器会产生意想不到的奇趣效果。

（四）编织器与食盒

用金属丝、条或竹木、草等编织成的盛食器具;食盒则是有盖的盛食器,在自助餐的食台上常见竹篮、竹篓等盛装水果、糕点之类。中餐正规筵席中常有用编织器盛食者,所盛之物大都是油炸和蒸点,前者有一定的滤油作用,后者能避免露点水汽的凝结。编织器具有乡土亲和感和原始粗犷的风情,具有调节餐具组合舒缓进餐气氛的意义。编篮是最古老的家常盛食器,今天仍然为我们带来清新的气息,如木提篮、鸭形篓、花形篮等。将其使用在一些正规筵席之中,只是最近几年的创意行为,在很长时间里,并没有用编织物在筵席中作为正式餐具的例证。食盒是用于郊游旅行的盛食器具和果品点心的收藏器。在汉代已有使用,多为陶和漆木制品,具有多格方形或无格圆形。北京海淀区八里庄曹魏墓中曾出土了一只红陶多子盒(220—265 年)器呈长方形,有十个方形分格,长27.8 厘米,宽 17.8 厘米,高 6.2 厘米。唐以后多为漆木器,明代则有提梁,便于携来郊游。

唐宋时期,实际上对现代所有的盛食器形制都已基本定型,品种也基本齐全,然而现代化对餐具的理解已超越了传统局限,对于菜点的配器而言,有了更大的拓

Yin Shi Wen Hua Dao Lun

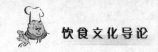

展性,只要具有盛食功能的;具有独特和谐的艺术表现力的;在符合安全与卫生标准的前提下的任何器物都可以作为盛食的器皿,例如,木桶、石盆、玻璃饰器、竹盆、算篓、笼屉、瓦钵、铜锣等。

二、饮器的实用与演变

装盛液体饮料的专门器具,在实用上有直接饮用器与间接饮用器之分,与其他地区相比,中国的饮器也具有最为辉煌而又复杂的发展历程。

(一)直接饮器的产生与发展

对口直接饮用饮料的盛器是直饮器,可以说碗是第一种直饮器,同时也是进食器,人类在酿造美酒的初期也创造了用于饮酒的专门器具,从而人为地促使饮与食操作分工,也形成了饮酒与饮水的工具分化。目前所见到的最早的饮酒器是距今6 000多年前的仰韶文化遗物"彩陶双联瓶"和半坡文化遗物"船形彩陶壶"。前者口径6.5厘米,高20厘米;后者口径4.5厘米,宽24.9厘米,高15.6厘米。按照现代的认识,这两款壶的实用性质是瓶而不是壶。其作为对口的直饮器还是一种斟酒器的特征尚不明显,因为此时作为专用的直饮杯器尚未出现,直饮器可能是碗也可能是这种瓶,然而用这些瓶器对口直饮显然十分的不方便,更多的可能是一种斟酒器。从河姆渡文化遗址中发现的距今7 000年前的一只"鸟形陶盉"则是最早的专门斟酒器。依据现代的认识,它是中国壶具的原形。器身如充气皮囊,一侧有喇叭口为进酒口,另一侧有短的斜嘴口为出酒口,是一种由罐器演变而来的热酒壶。因为其煮酒,不能用于对口直饮,但在斜嘴口中则能将热酒添注到碗或瓶中方便于人的直接饮用。

从考古上看,杯的出现大概要晚于碗3 000—4 000年,也晚于盉和瓶2 000—1 500年。从4 500年前的大汶口文化遗址中发现的彩陶觚形杯大概是人类最早的杯形器皿之一,具有明显的为饮酒而设造的因果特征。彩陶觚形杯高挑挺拔,平底筒形,口呈喇叭,高15厘米,几乎与现代高玻璃杯一样,这是杯形器的原型。可能是得之于竹木空心的感悟。在彩陶觚之前可能已有木杯或竹杯,杯字的木旁也向我们暗示了这种竹木筒的感悟和模仿。酒是上天的恩赐,是神圣的,因此,对其饮用应与喝水不同,从而造出了酒杯与用碗饮水相区别。饮酒器从造出之初就弥漫着神秘的色彩,尤其在夏、商、周三代达到了神性的顶点。夏、商、周、秦、汉的饮器具有种种神灵奇异的形状,庄严高贵、豪华而又繁重,具有震撼心灵的审美效果,透示出高高在上的王制精神和巫术神话的梦幻气质。饮酒是王族的特权,连饮酒器的一些名称也强烈地反映了这一点,如:尊和爵等。

如果说彩陶觚形杯尚无明显的饮酒外形特征的话,那么在龙山文化时期则具备了专用酒杯的全部特征。山东泗水县尹家城遗址中曾发现了两只蛋壳黑陶高柄杯,其中高的一只由竹节纹高足柄在中腹与盘形口的杯体相接,口径 8.5 厘米,底径 4.2 厘米,连柄高 16.5 厘米,近似于现代高脚酒杯形象。及至夏、商、周时期,酒杯中有些奇异变化出现,产生了爵形杯及其派生的角形杯和由碗变化的盏形杯。特别是爵形杯,体形厚重而庄严,容量小于觚杯但大于高脚杯,有王冠顶饰、鼎形三足和长槽管流结构。角形杯是其派生物,形状大致相同,但没有上饰物。二里头文化出土的铜爵连脚高为 16.4 厘米,容量大致与现代葡萄酒杯相当。商代妇好墓中还发现了两种象牙杯,即"夔龙纹象牙杯"和"象牙觥杯"。前者高 30.5 厘米,口径 11.3 厘米;后者杯高 42 厘米,槽形流口 13 厘米,不仅杯形长大,而且还有粗壮的把手,因此不便于直接口饮,可能是一种舀酒与添酒的器皿,作用如同瓢和勺。龙山文化遗址中除了发现有觚外,还发现了蛋壳黑陶的双耳和单耳杯,与同期高柄杯对照,可能水杯与酒杯的分工已然形成。这种杯形具有更多地与碗结合的现象,皆为平底、鼓腹和延伸的小喇叭口或直口形状。外形几乎与现代有耳茶杯相同。可能这是最为古老的把杯的原型之一。值得注意的是,战国时期有水晶直筒形杯的发现,其造型和透视性已与现代玻璃杯完全一样。在随县曾侯乙墓中发现的曾侯金盏则基本具备了碗形把杯的造型特征。其口径 15.1 厘米,连三矮足高度为 11 厘米。及至唐、宋时期,爵、角形杯退出了历史(作为艺术品的个案除外),充满世俗情趣的艺术化造型杯具一应俱全,一些西域金酒把杯和金质高脚盅形酒杯也融入其中。并且由于饮茶和高度烈酒的盛行,杯具也趋向了精致小巧的变化,产生了专门的烈酒杯和小型茶、酒盅(杯)。由觚形杯、碗形耳杯、尊形杯、盅形杯、直筒杯、有把耳高盖杯、高脚杯、连盏带盖杯和各种花形杯、几何形杯、象生形杯构成了中国庞大的杯体系。与之相比,欧洲的杯具史和内容要简单和短暂得许多,除了玻璃与金银器方面,瓷器的杯具,最具收藏价值的是一些 18—19 世纪生产的瓷杯具,例如1758 年法国塞夫尔瓷窑与 1802 年奥地利维也纳瓷窑的作品等,而这些都是中国瓷文化与杯形器的外流影响的结果。

(二)间接饮器的实用和演变

间接饮器是指饮料由此及彼的存储与输送器皿,这类器皿不是专门的存储器,但是具有一定的存储功能,容量大于杯器可以随时地将器中饮料添注入杯中,因此,饮料在其中只是一种短时的过渡性的存在,它们是专门的料添器。这一类形器有的还同时具有加热的功能,主要为瓶形器和壶形器,具有种种艺术化的造型。它们是为饮酒、饮茶、饮咖啡游戏而造设的专用器具。简单的饮水可以不用这些器皿,但是在有意义的饮料生活中,它们是必不可少的享受奢侈品。彩陶文化时期的小口尖底瓶,瓶形如橄榄,西亚的古代文化遗址也见有这种瓶形,瓶底呈尖状难以单独直立,故而应是专门的汲水运输工具,该时期也出现了专用于饮酒的瓶器"双联壶"和"船形彩陶壶",又表明了中国在彩陶文化时期的盛水与盛酒的分化。它们是瓶形器的原形,瓶器是古代文明区普遍具有的器皿。西亚古代文化遗物中也看

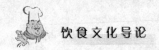

到了如中国那样的水、酒装盛分工现象。由于盛酒的专用性，酒的神异气质与王权精神也更多地铸入瓶器造型之中，从彩陶文化、青铜文化、漆木文化到瓷器文化，中国、埃及和希腊都创造了极其丰富的瓶形器皿，从外部特征看，瓶器具有平底、鼓腹（有方、圆、扁形）、束颈、小口（有盖或无盖）和双耳（便于系绳提拿）的结构，造型稳重庄严，瓶的小口便于液体倾注和加塞封存。西亚到公元前 1500 年左右，当埃及发明了玻璃的吹气塑形法之后又产生了世界最为古老的玻璃酒瓶。

有趣的是，中国考古发现将上古盛酒的瓶形器称之为壶，以区别于一般水瓶的使用性质，从而形成了酒器中将壶瓶混称的独特现象。唐、宋以前的瓶形器一般巨大，以适应踞坐饮酒的需要，将其放在地面筵席上使用。一些被称为罍、钫、卣的盛酒器实际上与瓶同类，只是明显地突出了提梁把和盖的附加组件。在本质上并无差异。例如西周中期的青铜壶就高达 65.4 厘米，战国的中山王铜扁壶高45.9 厘米，唐宋以后酒瓶为了适应高坐饮酒的需要，趋向于小型化，以便于放在餐桌上使用，从而复旧瓶的原形。例如：唐三彩双鱼壶高为 25.3 厘米。由于高度蒸馏白酒的普及，酒瓶也更为精巧化，例如辽代的黄釉带盖鸡冠壶仅高 21 厘米。辽代至明代以后，瓶壶称谓逐渐被明确区别开来，并突显了瓶器侧重于对酒的贮存性能。今天，瓶器已成为绝大多数成品饮料方便货运的一种临时存贮器皿了，也可以不用斟酒器而用瓶代。在外观上，传统的中国酒瓶多为短颈，基本造型是罈形瓶、葫芦形瓶、橄榄形瓶等，以釉陶和瓷质为主体，在贮运过程中依然能产生某些窖藏的效果。西式瓶多为玻璃质的长颈，直腹形或短颈、扁体金属瓶等。

壶形器是真正意义上具有纯粹过渡性质的盛酒器，侧端流酒的管状口是这一形器的显著特征。装酒其中，曲流注杯平添了饮酒的文雅和乐趣。因此，壶形器最初纯粹是为饮酒造设的"玩器"。除了中国以外，其他地区并没有或者缺乏壶器应用的历史。当中国的茶文化流传于世界时，壶在他国历史才予开始，并且与杯具一样，壶具也成为饮茶、饮咖啡的专用工具。如前所述，世界最为古老的壶器之一是中国河姆渡文化时期鸟形陶盉形器，在进口与流口之间有短把相连，便于手执，已基本具有壶器的形式特征，具有原始陶罐的演化痕迹。大汶口文化时期的袋足陶鬶，则具有鬲形器演化的明显特征，但把手更为完善、流口更为突出。这些都是壶的原始形态。另外大汶口文化的遗物还有一些兽形鬶，制作精良，将日常养畜的动物模仿得惟妙惟肖，如猪形、狗形等，足资证明了新石器时代人们饮酒的游戏心态和图腾巫术仪礼。壶形器作为一种专门的斟酒工具性质比瓶器具有更多的乐趣和适用性，对于烫酒而言则更具有安全的可操作性。商、周壶具已具有明显突出的曲长延伸的管流特征，最具代表性的有商晚期的象形铜尊和西周的鸭形铜腹。前者有象鼻曲伸上扬的流管，极有阳刚之美；后者的流管则为曲延前伸的鸭头颈尤显阴柔之美。两者皆有鼓形腹，除了尚有四足外，其他已与现代壶器无异。唐、宋之时，壶形器已由繁重趋向于世俗风情的轻灵，高度蒸馏酒的普及与瓷器的盛行，取代了青铜壶的地位,壶形也更为精致小巧,将一些装盛烈酒的金属和小型瓷质的温壶称之"注子",其流口更为曲折细长,显得灵动和飘逸。例如唐代的宣徽酒坊银酒注子、北宋的影青温碗注子等皆可在碗中烫酒,其流口曲细而长。将较大的瓷酒壶称之执壶。较之前者执壶体形粗大流口也粗短,例如唐代的春字诗执壶,宋代的耀州窑青瓷倒装壶等都显得壶体粗壮,壶流管斜出于上侧,也较粗壮,具有端庄厚重的风格。唐、宋时是茶文化盛行之时,在酒器中瓶壶混称的现象同样在茶器中出现,一些具有高颈与盆形口的茶壶被称为"汤瓶",因为其瘦长的体形除了具有斜侧流管外,就像是一只瓶。估计这是装盛已经在锅釜中煮好的茶汤器,供斟茶之用。典型具是宋代的定窑白釉龙首瓷汤瓶、鎏金银汤瓶等,而将粗壮身体的壶直称之壶,如唐的三彩陶壶、辽的黄釉执壶等。壶与瓶的混称,可见瓶与壶的近亲关系非同寻常,可以认为两者是为了同一目的设造的两种形器。到了明、清之时,瓶与壶的区别已如现代。尤其是明、清以来,紫砂陶器的兴起,中国的壶文化达到了历史的又一个顶峰,中国式茶壶特别是紫砂壶从陶瓷器中又独立了出来,成为一种极具艺术价值的,极富艺术创造力的艺术门类——茶壶艺术,名家辈出,广被世界珍视。紫砂壶已超越了饮器的实用价值,成为人们掌上珍玩。江苏宜兴一带成为制陶的中心,与江西景德镇的青花瓷一道成为中国陶瓷文化的两座高峰。

在器形方面壶具始终是中国饮文化的象征,这里我们不禁要问,为什么在世界绝大多数古代文明中缺乏这一器形,而独在中国又如此丰富呢?回答是,中国五谷酿酒的温酒传统激发了壶(盂)器的发源,中国的煮茶分饮的习惯又促成了壶文化蓬勃的发展,从而也造就了中国水曲流觞行为。因此,壶成为中国饮文化高度凝聚的一种符号。如果没有了壶,则会失去了高贵风雅而趋向粗俗。与此同理,由于西亚——欧洲始终没有温酒的习惯,从而极完美地使瓶具得到了发育,尤其是玻璃瓶成为西式饮文化的象征,如果没有玻璃器皿,则那些彩色纷呈的葡萄酒、啤酒和果汁则会索然无味。在东西交汇的文化历史中,中国的壶、杯、盆、盘、碗等形器随着茶文化的世界性扩散,特别在17—18世纪中对欧美产生了极其重要的影响。据海牙博物馆收藏的荷兰东印度公司档案记载,仅在1752年在南海触礁沉没的捷达麦森号的一艘船上,就装有运往欧洲的"茶叶六十八万六千九百九十七磅,瓷器十七大类十五万一千二百件"。其中有大量的茶壶和带托盏的茶杯。实际上这些饮具也成为饮用咖啡的用具。在此影响下,为了满足西方饮食器具的需要,荷兰德夫特(Delft Ware)陶瓷业随之兴起,其器形明显地具有东方的传承。欧美还在金银打造上进一步发展而独具特色,主要在纹饰上赋予了西方造型艺术欣赏传统的种种变化。西式壶大多保留有底足(盘状或者四足),壶体呈梨状或杯状,法国奥布里卡多莱公司于19世纪手工制作的银茶具堪称极品;美国替法尼公司19世纪生产的金茶具和英国谢菲尔德公司生产的纯银茶具都代表了最高水平,壶具在这里已不仅仅是一种实用的器具,还是一种居室中精美的重要装饰品。

Yin Shi Wen Hua Dao Lun

除了壶与瓶形器,中国先秦时期还有一些充满神异气象的贮盛酒器,有尊、罍与铜方彝等。与其他器物相比,尊是最高王权的象征,发现极少,可能是酋长或国王的专器。尊的器形较大,可能是君王亲自主持热酒、分酒于众臣的重大祭祀典礼上的重器。所以命名叫"尊"。上古意识,无论东西方尊者为大,酒即是神,尊酒之风盛行。最早的一只灰陶大酒尊于大汶口晚期文化的山东营城遗址发现,这时酋邦的阶级社会已经形成,酋长的君王统治意识得到加强,财富已被少数人占有,该尊口径 30 厘米,高 59.5 厘米,口大腹深,色灰,上有象征日月普照群山的酒神图腾纹饰,实际上它是架在火坑之上热酒的酒罐形器。祭祀的会餐仪式可能就在火坑加热的酒尊周围举行。酋长舀酒布饮,施惠于众,众人边温酒边豪饮,一边又跳动着高唱敬神之歌,因为酋长本身就是神的化身,神的代言人,气氛豪放而又神秘。商周的尊全是青铜礼器,已没有了加热的功能,纯然成为一种贮酒器,形状更向神性变化,多为大口外侈,束颈、广肩、深腹、高圈足结构,就像粗壮的大酒罐。造型庄重而具威严。例如,商代晚期的阜南月儿河龙虎尊高达 50.5 厘米。还有一些尊容量稍小,可能仅为首领自饮之用,如商代早期的偃师商城铜尊,口径 20 厘米,高 25厘米。权威意识不仅在名称上,在造型与纹饰上也达到夸张的极致。在战国时期尊开始向世俗转化,演变为樽,在唐代多为平底直壁。形体也趋向小型化。宋以后因蒸馏酒的普及,樽则演变成为一种尊形敞口的酒杯形式,而大型尊或樽已纯然成为富贵人家的礼器和饰品,失去了它原先的实用意义。

1976 年,中国安阳殷妇好墓中曾出土了一件罕世奇器偶方彝,这是由两个铜方彝连接而成的巨大盛酒器,器长 88.2 厘米(内口 69.2 厘米),宽 17.5 厘米,高 60厘米,重达 71 千克,这是商王专用的祭祀盛酒重器,王以下阶层贵族不可使用,故而存世绝无仅有。另一种稀世珍品是战国曾侯乙墓遗物中发现的青铜冰鉴,是制作"清馨冻饮"的贮酒器,内外两层由缸与鉴整合而成,高 63.2 厘米,口长 63.4 厘米,宽62.8 厘米,近于正方形。内缸高 51.8 厘米就像方形大盆。鉴与缸中间夹层放冰,缸内盛酒,堪称世界上最大的青铜冰酒器。与冰鉴具有同样冰酒意义的盛酒器在公元前的希腊则是另外的形式,在意大利中部瓦尔奇发现的公元前 6 世纪希腊凉酒器,从外面看就像普普通通的双耳陶瓶,具有大腹、束颈、敞口、双耳、小平底结构的大瓶。不过,它的内部则有一个被套接在中间的盛酒尖底瓶,四周是空的另一个腹体,用来装冰或雪,后来罗马人也一直沿这种容器制作冰酒,以至后世瓶子成为盛贮和斟酒的主体,因为瓶子无论是夹层的还是单层的都便于冷藏。而中国的南方诸侯虽然也有在夏日饮用冰酒的习惯,但更多的是崇尚温酒,这种鉴形器就是一种冰制与温酒的两重器,由于其夹层灌装的热水极易散热,难以保温,因此,在后世与尊罍一样的退化了。

综上所述,我们已讨论了饮食文化中炊餐具基本类型的起源、实用和演变,也基本以中国古代文明的最早原形物为例,但这并不代表炊餐具起源的全部。世界各地的炊餐具的发展有共同之处也有不同之处,是有差别地存在着。实际上世界古今的饮食文化交流运动一刻也没有静止过,交流的频率与规模愈大就愈于同化,反之则差别愈大。不同的食物结构和饮食理念是形成工具操作差别的根本原因,在空间距离上,邻近地区差别较小,反之则大。西亚、北非与西欧属于一个互通的文化地理单元,而中国和南亚又各自独立,在地域和人口总量方面三者相当,因此,实际上差别较大的是亚欧地区与远东大陆地区,而后者与次大陆地区又相对差别要小。早期人类的思维方式是非常接近的,可能那些基本器形的原始造物是呈共时性存在,只是由于文明时代开始,因各自食物结构和饮食模式的不同,促使了各自有侧重的发展,但是在不断的文化交流的双向过程中互惠影响着这种发展,使之相互渗透,而趋于接近,在现代社会已达到饮食工具趋同的最高点。在未来社会则必将在一种科学精神的关照下,得到更为合理的多样性的统一。从历史的角度看,如果说中国与亚欧之间在公元第一个千年前的发展属于相互独立的奇特发展而相互联系较少,那么从第二个千年开始,即中国唐、宋时期,彼此间相融更多,西域形器的一些造像和文饰已融入了中国的饮器之中。直到近2—3个世纪,当近代西方殖民运动和现代全球贸易的开始,才真正地揭开了中国数千年精耕农业文明所积淀的餐饮器具文化摇篮的面纱,从而以无比丰富的内涵直面当今世界以数千年烹饪王国的真实含义。可以认为,现代东西方普遍实用的餐饮具基本类型正是相互渗透影响的共同成果,在很大程度上也是中国大陆农业文明数千年连绵积淀演进和外向传达的结果。而现代工业文明虽然在许多方面给我们带来了生产方式的改变,但对于由农牧文明所形成的饮食生活方式方面还并没有更多的改变。

三、取食工具的实用与进化

从肢体取食进化功能来讲,人手就是被进化为取食工具的,因此,人类的取食工具就是手。用手拿取食物直接送入口中,这是人类普遍具有的最初取食方式,被认为是"原始人"的方式,手是天然的工具,手抓取食的方法一直延续到现代阿拉伯—印度以及一些边缘文化地区。手与大自然食物直接接触,体现了人与自然的亲情关系。因此,在纯粹意义上的专门取食工具的产生比碗和杯器迟到许多个世纪。取食工具是应对食物的不同性质和需要而产生的。依据现代世界不同地区民族的取食样式来看,专门的取食工具有筷子、餐刀、餐叉和汤匙。人类是在经历了漫长的文化进程中才真正地拥有了这些专门取食工具,形成了手与刀、匙结合;刀、叉与匙结合;筷子与匙结合的三种取食进餐模式,这是不同食物结构和食品形式传统直接影响催生的取食样式。如前所述,第一种样式保持着原始天真质朴的情感;第二种样式体现了渔、牧粗犷豪放的气势;第三种样式则表现了精耕农业的简捷和细腻气质。这三种样式恰恰也反映了大陆人类取食操作方式的不同进化历程。

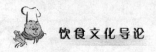

人类用专门取食工具进食的历史可能从中国大陆开始的,当人类绝大多数地区尚处在手斧文化的旧石器时代,在中国发现的那些小型砾石尖状器就是专门用来割肉取食的原始刀具,明显地具有取食特征的餐匕是最先发现在 7 000 年前河姆渡文化遗址中的象牙雕鸟形匕匙。该器长 17 厘米,宽而薄,端头为圆弧形上翘,中部宽厚隆起,明显有取食糊状食物的特征,这是大陆人类由狩猎、游牧向农业转化的第一种取食中介工具,其历史比筷子早了数千年。据王仁湘教授考证,大汶口时期的骨匙已经相当普及,几乎成为人人必用的取食工具,筷子起源在商代,初名叫筴或箸,是两枝瘦长杆状物的组合,长度一般在 15—25 厘米之间,直径在 0.1—0.5 厘米,用单手的前四指夹持,灵活方便,与匙具配合形成远东特有的取食形式。筷子在汉代已经普及,古代两者的配合是用筷子夹菜,匙吃饭,现代则匙专业喝汤,其他则由筷子全部包揽。

商、周在中国历史上是最为重要的时代,农业向纵深发展,但是还残留着许多狩猎与游牧文化的痕迹,煮蒸的带汤食物虽然已成为食品的主体,但是烤型的干性食品仍占重要地位。因此其取食工具是叉、刀与匙、筷并存的。早在距今 4 000 年前的甘肃武威齐家文化遗址中,就曾发现过精致的三齿餐叉,在东周的遗物中则有更多的骨质餐叉发现,其中在洛阳的一座战国早期墓中就发现了 51 枚。山西侯马古城发现的餐叉又与洛阳所出的形制大体相同,一般都是两齿,长度在 12—20 厘米,齿长 4—5 厘米,餐叉在中国古代文献中并没有如现代的名称,有人认为,它就是《礼记》所记载的被称为"毕"的小型形具。到了东汉以后,餐叉已不见,直到现代才在山东嘉祥和甘肃漳县发现了属于元代文物的典型二齿餐叉与小巧餐刀组合。这种取食刀叉的组合比近代西餐刀叉成形要早几百年,可能是元代一些游牧民族的遗物。至于餐刀,这是绝大多数游牧民族的典型取食工具,通常为匕形。在商周遗物中有各式各样的金属匕,这是一种刀匕向匙匕过渡的器具。其总量大大地超过了箸具,既具有刀的切割性,又具有匙的舀食性,同时还有尖齿插肉的叉取性。可见商、周以匕为主,在进餐时可以有匕而无箸的。据周新华先生考证,现存于宝鸡博物馆的西周青铜匕,"形状如同现代的大勺,但勺端十分尖锐,勺的边缘也很锋利,如同刀子一般,勺柄较宽扁,中间还有一条突棱",对于这种匕的作用,《礼记·少年馈食礼》中郑玄曾有注云:"匕所以匕黍稷",在《礼仪·士昏礼》中又注云:"匕所以别出牲体也",也说明铜匕的作用是一用来挹取饭食;二用来切割牲肉。匕的尖端,又可像餐叉一样叉起肉块送入口中。铜匕综合了刀、叉、匙的功能,可谓精巧至极。随着汉代的到来,当中国主副食物结构的全面形成时,从而使筷子成为主要取食具,刀匕完全演变成了真正的汤匙,而切割则完全转移到餐前案台之上。在以筷子为中心的远东世界里仍具如下差异:

(1) 中国汉族:筷子+汤匙(筷子夹菜吃饭,汤匙喝汤羹);

(2) 日本和族:筷子+口碗(筷子夹菜吃饭,口碗喝汤羹);

（3）朝韩朝鲜族：匙匕＋筷子（匙匕吃饭，筷子夹菜）；

（4）中国蒙古族：筷子＋餐刀（筷子夹菜，餐刀割肉）。

与之相比较，现代西餐是左手持叉叉食入口，右手执刀切割，喝汤羹时则用汤匙。而伊斯兰—印度手抓取食则介于两者之间或用手与汤匙配合或用手与餐刀配合。人类无论采用何种取食工具，实际上都是针对特定传统食品所选择采用的最佳取食方法。当这些不同的取食方式固化为一个民族特征性的文化仪式时，本身就并没有了优劣性质的区别。在现代社会里取食操作的模式化已愈加凝结为不同民族生存方式最为重要的一种人生仪礼和文化象征。

第四节　饮食活动的礼仪
及其文化本质

人类社会，在公众活动中体现彼此间尊重和认同感的中介工具就是礼仪。从本质看，这是人类的道德范畴，它通过彼此间相互接触的言谈举止和肢体语言的行为得以表现。在人类众多的社会性饮食活动中，礼仪也就成为一种极其重要的交流工具。公众的饮食活动属于一种社会文化范畴，因此，它决不能等同于自我进食的个人行为，因为在公众活动中进食实质是具有社会功利作用的互利行为。在这种进餐环境中，我们每个人不仅是为己而食而饮，更重要的是为他人而食而饮。礼仪则为这种双向进食搭起了情感交通的桥梁，如果失去了礼仪那么再美好的饮食也达不到其应有的社会目的。可以说，馈食或讷食都是一种在礼仪性质下的饮食文化行为。

世界各民族由于文化传统的不同，其礼仪表现方式也不尽相同。在历史的长河中，食礼形式也随着文化的变迁而变迁，但是在本质上具有亘古不变的意义。当人类的饮食行为从自身延伸到社会层面的时候，实质上就已经将这种行为质变为一种礼仪的社会服务体系，一切饮食的环境、程序、品种、言语、服装活动都为礼仪而设，礼仪成为一种固化而又潜在的行为规则和行动规范。一切以饮食为媒的社会活动都是可控的，都是具有道德约束力的，因此，个人的饮食行为便必然地服从于集体的意志和对环境的顺从，因此，那些失去理智的、放纵的饮食行为都是一种无礼仪状态下的个人行为。从世界历史的发展中，我们能够发现世界不同民族古今礼仪的种种演变，然而在大的范畴中，现代社会虽然突显了东、西方饮食文化礼仪的不同色彩，但在许多方面现代饮食文化礼仪又具有更为广泛的趋同性。主要表现在如下方面：

（一）尊重人权

随着现代文明人权思想的普及，在社会饮食活动中，尊重人权成为首要的礼仪

规则,虽然在现实生活中,政治的、企业的、社团的、家庭的诸方面仍有等级现象的存在,然而在筵席中则是人格平等、人性自由的,共宴者彼此间都重视共餐者的信仰、食俗和隐私嗜好及其身体状况,不干涉、不强求、不泄密并且适当地为彼此提供某种帮助和方便。

（二）礼宾为上

设筵者,无论邀请的是上级或者下级,长辈或者小辈,男人或者女人,主人都以宾客为上,主宾有序。筵席中一切事物都为之设置,例如器具、菜点、茶、酒、装饰以及服务的程序等,都以与宴宾客的喜好为满足,在席间尊老爱小是当今的时尚。不与宾客争坐、争食、争位,处处谦让恭敬。以主宾为核心,又要对其他人关照,不使之冷落,要尽力使之尽兴,有不顺意之事需要礼节性的克制,不辨是非、搁置分歧。

（三）举止文明

举止文明是指共餐中人的言问、形貌、肢体动作等,古今中外,都极其注意社会饮食宴请活动的这些行为,尤其在中国、日本、法国、英国、印度等著名的礼仪之邦,讲究人的言问谦和、形貌文雅、动作高贵。言问谦和是热情问候介绍,用语谦和知礼,不说粗俗语言,不大声喧哗,不说低俗笑话。形貌文雅是微笑自然,表情轻松,衣着整洁,着妆淡雅,态度不卑不亢,真情矜持,表现得具有较好的修养。动作高贵就是行走轻松自然,拉椅让座,撤杯换盏,轻拿轻放。无论在筵中筵后,在人的面前解衣扣、紧裤带、吐废物、打喷嚏、打哈欠、打瘩、挖鼻孔、掏牙缝、摇二郎腿、敲桌器等都被认为是对他人的不敬。另外,许多地区风俗还认为吃喝出声、夹菜反复或过多都是一种失礼的行为,在集体的饮食活动中,所有的行动都要有高贵气质和礼貌文明。连基本的取物姿态和行为方式都有特定的礼仪含义。

（四）和谐有序

可以认为,社会的集体饮食活动,是具有一种调节社会人际关系作用的行为方式,而礼仪本身则成为这一活动的核心,从而超越了食品实用的本身。食品成为礼仪操作的一种砝码,通过对活动中的每一款食品的安排实现礼仪的核心目标——和谐。因此,在正规筵席中,每一种食品和每一个环节都是精心的、有意义的策划和设置的。因此,筵席宴会的最高礼仪价值就是和谐有序的,世界上所有的正规筵席无不具有这一特质。如果在一桌筵席中表现得杂乱无章、没有程序和环节性意义,本身这就造成了对聚餐公众的极大不敬,因此是失礼的、低俗的。事实证明,即便在最为简单的筵席中,对菜、点品种设计和安排顺序,时间的快慢长短以及之间的配合都隐含着最基本的礼仪意义,在这里礼仪与美感形成了统一,善的道德、真的情感与美的享受都统一到了礼仪的表现形式之中。

知礼,是人类道德情感有别于动物性的觉醒。孔夫子认为礼始诸于饮食活动。近代人类学家则认为人类的道德情感觉醒于尊天敬神的动物崇拜、原始巫术祭祀之中,这实际上讲的是一回事。祭祀的实质就是知礼,就是知道自己与自然万物之间的关系和所处的位置和所应表达的崇敬态度。馈食本身就是礼,就是一种表达的行为方式。按孔夫子说,人的这种礼的关系就是自己与天、地、神、鬼、人;君、臣、父、子的等级关系,礼就是符合这种关系的行为准则。因此,人的每一种公共关系的活动都必须受到相应的行为道德准则的节制,从而成其为礼节。人类的礼经历了从敬神,到敬人再到敬己的过程,现代的礼就是尊重自我达到尊重别人,亦即"己所不欲,勿施于人","有来无往非礼也"。尊重自我在饮食文化的礼仪活动中尤其重要,因为对他人的尊重是通过每一个人的仪表、语言、肢体活动的形态相互传达的。尊重自我是人格的升华,比道德觉醒的层次更为高尚。因此,更重要的是通过表现被别人尊重,自尊和被尊是彼此的、双向的精神互通,在这里礼是内在的,是情感观念和态度,而仪则是外向的、是表现、是行动和具象的。礼仪就引申为一个彼此的由里到外的利他的亲和性服务,本质上这是具有对等关系的人际交流的善性行为。一切虚伪的做作、非对称关系和失控无序的饮食活动,都是有违于礼仪善良本质的。尽管不同地区和民族在礼仪过程中存在着具体方法和形式的不同,但是在本质上并不会得到改变。

现代社会文明,饮食文化的礼仪已超越了原来的狭隘家庭与民族范畴,将社会礼仪在饮宴活动中得到最为集中的高度表现。全球的国际贸易已使世界成为一种服务型社会,饮食文化礼仪亦已在这种社会中凝练成为一种可被所有人接受的,普遍能得到尊重和享受满足感的服务程序和可操作体系,从而跨越了历史和地区,构筑着人类的价值共识,在相互尊重之中消弭隔阂增进和谐。以至于我们在世界各国的家庭、餐厅、酒店都会感受到相同性质的礼仪接待,整个筵席进餐过程都在热情周到、彬彬有礼的愉快而轻松中进行,充分反映了人性的善良、人情的真挚和人格的崇高,饮食文化精神在这种礼仪中被得到集中体现,其内涵是给予、是奉献、是宽容、是接纳,它已升华为现代服务社会的最高理念——人人为我,我为人人。我们每一个人,都会在现代社会大餐饮的饮食礼仪文化精神的关照中生活得和谐、健康和快乐。

 思考题

1. 中餐食品是怎样分类的?
2. 西餐食品有哪些类别?
3. 中国助餐工具有哪些类型?
4. 简述中外热容器的异同。
5. 古今人类使用过哪些类型的炉灶?
6. 简述取食工具与饮器的演变。

　　火化熟食点燃了人类的智慧，开启了文化之门，改善了人类健康，也丰富了人类的口味，正如《三字经》所云："人之初，性本善，性相近，习相远。"人类文化发生的动机是一致的，由于空间的阻隔，从而产生了不同差异。然而人类文化发展就像惯力的旋转运动，越转越快，特别在最近两百年间，社会像上足了发条飞速运动的机器，人类被异化为这个"工业"机器的奴隶，过度的开发和消费不仅加速着资源的枯竭，也使这个星球上的绝大多数人失去了自己休闲的时间和自由，每天都要奔波在不断提高的消费链条上，为生计而奋斗，为经济的增长而奋斗，而这个增长似乎并没有尽头。消费的标准以金钱为指标，私欲犹如泡沫一样不断膨胀，贪图一己一时在肉体上尽情享受，而不顾及子孙后代的安危，在这种急功近利浮躁心理作用下，绝大多数新贵起来的人表现出对色味的狂热追求，因此，反而对饮食文化精神产生了较大的距离。据有关资料反映："英国食品浪费的现象相当严重，全国平均每年在'从农场到冰箱'的过程中要扔掉总价值约 200 亿英镑的食品。由于英国人有'眼大肚皮小'的过量消费习惯，平均每个英国人一年扔掉的食品价值高达 420 镑约 750 美元。"（《中国烹饪信息》2005 年 6 月 17 日）实际上这种不良习惯不仅在英国，美国和日本也是世界上一流的食品浪费大国，据日本《经济学人》周刊 2003 年 11 月 18 日一期报道称：日本 60％粮食靠进口，但浪费率占 26.3％，而美国在 1995 年时占 27％，两者相加相当于发展中国家 1 亿人的年消费水平。根据前科学技术厅资源调查会 1999 年度报告，日本家庭剩饭浪费每年达 3.2 万亿日元，如果用热量来换算，整个日本浪费掉的粮食相当于 11 万亿日元，它同日本农业和水产业的生产总值不相上下。中国随着近 20 年经济的不断增强，馈食以为礼也广泛地得到形式化滥用，新贵们形成的集体主义大吃大喝现象，所造成的食品浪费也是惊人的。中国的耕地面积仅占世界平均水平的 1/3，实际的泡沫现象与日本一样，似乎豪奢的排场与浪费是一种财富与权力身份的象征。他们在糟蹋着人类有限的资源，因此，他们也有悖于饮食文化精神的本质。据联合国粮农组织 1999 年报告，世界上有 8.4 亿人在挨饿，如果将世界上富有国家和穷国中富有阶层的消费食品转送给他们，可能会从此消除饥饿现象，如果再将因过量饮食生病的医疗费与浪费食品年处理费相加，则世界便会真正成为人类美食共享的世界，人类食物的资源分配也更会趋于平衡。自从酒类饮料的产生,酗酒行为一直成为人类饮食活动的毒瘤,过量的饮酒不仅造成了粮食不对称耗费还严重地灼伤着人类的肌体和精神,它普遍地存在于知识与道德层次较低的人群之中,性质与吸毒一样。饮食文化精神始终是这些不良行为的对立面,其内涵的真、善、美本质提携着人类饮食生活的健康、快乐与和谐。科学的、艺术的、综合利用和生产食品正是饮食文化精神的最高准则,所追求的是一种饮食生活的完美性而不是过度消费式的豪奢性和嗜好性。

在饮食生活中,人类具有对强势经济人群习俗的盲从特性。然而科学已证明盲目轻易改变自身饮食习俗和食物结构的正是产生食源性疾病的重要因素。据惠灵顿《自治领袖报》2006年11月14日的报道说:"糖尿病在50万毛利人中已经到了愈演愈烈的地步,毛利人和从南太平洋岛国迁居新西兰的土著民族波利尼西亚人较易患糖尿病,因为他们在生理上无法适应西方生活方式和饮食。"报道援引研究人员的话说,不断攀升的糖尿病患病率可能导致新西兰土著毛利人在21世纪末灭绝。澳大利亚莫纳什大学国际糖尿病研究所保罗·齐迈特教授认为:全世界土著人群糖尿病发病率不断上升,这可能将他们的文明全部毁灭(转自《参考消息》2005年11月14日),中国近20年来,由于盲目崇拜西方饮食结构、热量标准和饮食方式,已使患心血管病和糖尿病的比率大幅攀升,尤其在儿童方面,因为过量食用垃圾食品,超重和肥胖儿童几乎占总数的将近20%,很是惊人。一个民族的饮食文化传统是来源于对食物长期适应过程的最佳选择,它既具有一种文化长期传承的积淀,又深刻地影响着食用者生理适应能力的遗传。因此,盲从和轻易改变是有违于文化与科学规律的,必然会导致严重的后果。当牛奶已成为东方人的重要食品时,美国著名营养学家,被称为营养学的爱因斯坦的康奈尔大学终身教授柯林·坎贝尔报告说,中国不要重复西方饮食不合理的代价,特别是美国快餐营养不平衡导致的肥胖症等。大量饮用牛奶、动物蛋白摄入过多,营养过剩引起种种肥胖、心血管疾病,医疗开支递增,加大经济负担。动物蛋白质摄入过量会诱发癌细胞。他认为,中国应保持传统的以素食为主的合理的膳食结构,不要对西方的盲从。

现代工业的发展,使空气、土壤普遍地受到不同程度的污染,有专家惊呼,现代已没有一方净土、一洼净水和一立方纯净的空气了,食品的安全日益成为一个严重的问题。在种植与养殖以及食品的加工过程,过多地使用了一些不良的生物与化学方法,致使一些有毒食品极大地威胁着人类的生存安全,例如在2006年发生的中国食品的苏丹红、多宝鱼事件和美国发生的"餐桌毒潮"事件就极具典型性。也有日本的一些食品专家承认,日本已没有绝对安全的食品,这一现象实际上在发达国家中基本存在,有毒与伪造食品充斥着东西方餐饮市场,危害着人们的健康。在中国,这种现象也十分严峻,在单纯追求食物原料和食品产量的经济利润的同时,也产生着不同性质的不良副作用。水体的污染已使鱼类普遍地受到污染,例如据美国科学家研究发现,由于汞的污染,妇女怀孕期间过量食用鲑鱼、沙丁鱼、鲔鱼和鳟鱼等富含大量鱼油的鱼类,则易造成胎儿的早产。现代社会经济的高速运转,加速着家庭饮食活动的社会化进程,产业化大量地复制生产着食品,工厂化生产成为现代重要的特征之一,然而为了提高其保质期效果就必然地要添加一些不利于人类健康的化学添加剂,例如,抗氧化剂、稳定剂等,在较长的保藏周期中,食品本身也在发生着不同性质的不良变化,从而也丧失着天然食品的安全性和新鲜的风味性。

现代市场化已使饮食行业成为一种产生巨大利润的支柱性产业,仅仅在中国的酒店业产值就达1万亿以上人民币,如果将食堂、菜场和一些小作坊的饮食消费加进去,可能会达到几倍的数值。厨师队伍庞大,据统计已达到700万之众,如果加进其他辅助从业人员,则可达到数千万之众,这还没有将饮料工厂、食品工厂和公司人员算进去。在这样规模庞大的饭店经济市场中鱼龙混杂,食品安全几乎达到了燃眉之急。从另一方面看,这种市场化集中生产和消费是现代经济市场急速膨胀的产物。它虽然将人们从家庭中解放出来,但是却使人们逐渐地失去这一基本的生活技能,同时脉脉温情的家庭生活情趣随之淡化,家庭结构也随之发生着巨大变化。在国际一体化大贸易中,世界各国和各地区的饮食文化相互渗透交流达到空前的水平,你中有我,我中有你,差别和风格趋于缩小,多样性也趋于丧失,似乎饮食要大同于一种模式之中,立体化交通使地球成为一个村落,万里之遥朝发暮至,强烈地支持着这种趋同性的发展。联合国有关机构认为,人类现代的经济发展是建立在过量掘取不可再生性资源基础上的畸形发展。美国和加拿大的研究人员通过详尽的研究认为:"由于过度捕捞和污染正加速破坏海洋生态环境,到2048年,世界上可能会没有鱼类和海产品。"这个由生态学家和经济学家组成的国际研究小组在题为《生物多样性丧失对海洋生态系统的影响》的研究报告发表在11月3日出版的美国《科学》杂志上。报告中写道:"我们的分析表明,与以往一样,商业的发展预示着全球食品与安全,沿海水质和生态系统稳定性将受到严重威胁,这将影响到当前和未来几代人。"加拿大达尔豪西大学的鲍里斯·沃姆说:"目前捕捞的鱼类29种在2003年被认为是锐减,即这些鱼类的捕捞量下降了90%,甚至更多……这种趋势正在加速。"(《参考消息》2006年11月)在人类过度消费、浪费和全球污染的背后,正隐藏着巨大的危险,而在全球贸易一体化中对经济强势地区和人群的饮食盲从性同样地危害着人类的精神和机体,使优良传统流失,从而也认不清自己。在现代不断提高的紧张的经济生活节奏中,人们已无暇顾及对食物的文化思考,在动物性本能的驱使下,进食成为感观嗜好的一种选择。据医学专家分析,人类亚健康状态的85%都是由于这种盲从性、感观嗜好性和过量性的饮食不当造成的。正如中国传统医学所认为的那样"病从口入"。

社会发展规律告诉我们:当一个经济高速发展的时候,如果没有相应的文化精神支撑，则会相反地造成一种文化的衰退和没落，其实质就是对精神生活的远离和生态环境的破坏。这个情况就如同一个经济暴发户，在精神文化方面则是矮人，其可持续发展是有限的。人类历史又告诉我们，每当人类临近生存的紧要关头，就必然地会产生新的对策和生活方式，用新的思想指导饮食行为。现代的人类确实已到了新的选择的时代，现代人类不但具有高度的科学精神还有高度的道德责任感。人类开始重新审视传统，有目的保留传统，并且也在更加深入全面地了解自我。为自己选择最佳适应的食品和生活方式。面对现代自然与文化生态的严峻事实，制定新一轮对策，重建饮食文化传统已成为当务之急。联合国机构的科学家们以空前高度的科学精神和道德责任感提出了"可持续发展"的人类生存战略和长期规划，而"可持续发展"首要的就是指粮食。与其他文化一样，饮食文化具有明确的时代性特征，就是在现代科学精神下，构建一种营养适中又不失美性、八方融合又体现个性，节约运用又不失丰富的饮食生活新模式。对食品的生产控制比以往年代具有更高也更为严格的科学标准，要求食品系统和饮食行为必须是安全的，适应于个体的亦必须是建立在可再生性资源基础上的，这成为我们在饮食生活中集体共守的原则。

在现代社会化餐饮大生产运动的初期，建立在普遍模仿基础的普同型，规范性、标准化成为方便于商品生产的模板，以至在邻近地区的众多酒店、餐厅中的食品风格都大同小异、千篇一律。而消费的大众则已逐渐从普遍热情中冷静下来，对这种呆板单调的产业化生产产品感到了厌倦，人们需要更多的设计，更多的个性化特色的表现，这使得在大型的餐饮集团连锁企业中形成了以设计为核心的生产模式，从而在本质上改变了以模仿型为特征的生产传统，知识与技术得到完美结合，设计和策划成为引导大众消费的动力。现代的厨师与服务师由过去经验型的操作员转化为一种工程设计加工和策划人员，从而在本质上改变了他们原有的属性。近10年来，在中国餐饮市场上兴起的"迷踪菜"、"乡土菜"和"私房菜"的潮流既是对传统的叛逆或怀旧，更是一种追求特色个性化发展的表现，实际上都是在新型餐饮市场中的个性化设计与策划的成果，它迎合了消费公众的心理，突显出现代个性化设计在餐饮市场的巨大功能作用。

在现代超级餐饮市场中，面对人们对污染环境和毒化食品的普遍担忧，以环保为背景的新概念食品层出不穷，所谓"生态食品"的提出就是一个典型案例。生态食品亦即"绿色食品"，在20世纪70年代的欧美市场提出，即泛指一些没有受到污染的，纯粹在自然环境中自然生长成熟的，并且在加工和运输过程中不加任何有毒添加剂的食品，因为它们对人的生态环境和生命形态没有任何一点损害，因此叫"生态食品"。实际上并非如此，现代全球已受到整体的污染，纯粹的不受污染的食品已不复存在，有的只是性质的轻重而已，西班牙《趣味》2004年12月号有文章题为《生态食品是最健康的食品吗？》，记者恩里克·科佩里亚斯说："牛肉里有朊病毒和激素,水果蔬菜里有杀虫剂和除草剂,鸡肉里有二恶英,猪肉里有口蹄疫病毒,鱼肉里有汞,鸡蛋里有沙门氏菌,大豆和玉米是转基因的……最新的农牧业种植与养殖方法不仅危及人的健康而且污染环境,威胁地球的未来。至少自然食品(即生态食品或有机食品)的倡导者们是这样认为,通过传统方法生产的食品得到了越来越多人的青睐,人们对食品的要求是更加健康,没有危险,不含化学添加剂。"人们清楚地认识到食品安全必须从生产源头抓起,还自然环境与自然物种以原来的清白,即"生态农业"。目前生态食品与非生态食品之间就毒素与营养方面还有许多争论,但就对土壤、水质的污染等方面,前者无疑是优者。生态农业与生态食品成为未来发展的主要方向,专家们提出一个问题:未来50年内地球人口将达90亿,用什么农业才能养活他们? 乐观派把希望寄托在基因操作和信息农业上,生态者认为要回归自然农业,即用自然的方法取代化学的方法,实际上这个问题还需更多的研究,也许在两种农业之间取长补短才能养活人类又保护土地、水源和生物的多样性,做到真正的可持续发展。生态食品实际上就是利用大众对食品危机心理所作的市场化大设计,客观地反映了饮食大众从急功近利中的警醒和对传统模式的理性回归,起到了现代设计在科学精神中对市场餐饮生产与消费导向的务实态度。

进入21世纪,社会大餐饮也随之进入以信息化网络管理和设计的时代,这被称为后现代餐饮市场化,跨国公司与连锁机构在信息化网络中创造并维护着各自的个性特色,只有特色才能立足社会,流通世界,才能充分地展示传统和文化特色。后现代有别于20世纪前期现代工业化和农业化时代,管理与设计成为核心,并且在操作的方法上更为便捷而有效。因此,产品更新与时尚设计比以往任何时代更为快也更具有规模效应。针对不同人群特质的饮食产品设计也更赋予人性化和科学性,在这个时代,饮食大众的健康与趣味追求都是建立在一个支点上,显得缺一不可。在这个基点上,"保健食品"成为又一新概念食品,实际上它是中国传统草药方法的"药膳"在现代高科技条件下的世界性翻版,只是在形式上不以膳的面目出现,而是以粒丸、粉或冲剂的药的形式出现,吃了没有对药的厌恶,也比药膳便利。在美国出现了以"F"字母开头的一系列新概念食品,反映了后现代西方食品设计的新理念,据《中国烹饪信息》2006年第11期提供的信息"F"类食品是:

新鲜(fresh)食品:由两大类组成:一是无污染、无人工添加剂食品;二是不使用化学农药种植的水果蔬菜。

健美(fitnness)食品:有多种健身功能的食品,对人获得和维持健美体魄有益。

快速(fast)食品:即是用微波炉烹调的快速食品。

奇趣(fun)食品:针对年轻人设计的刺激感强,具有新、奇、特特点的食品。

舶来(foreign)食品:即具有异域特色和外国风味的食品。

小包装(fractional)食品:以一个食量为单位制作包装的方便食品。

植物纤维(fibre)食品：即用粗粮、瓜果和蔬菜等富含植物纤维食料设计的食品，对降低胆固醇和减少患心血管疾病的危险很有作用，因而得到患"生活方式性疾病"比例越来越高的现代人的厚爱。

想象力(fancy)食品：运用创新性烹调方法，用水煮出多种类型调味汁的一类食品，制作方便，风味纯正。

名气(famous)食品：即借用名人的名气命名的食品，具有增强号召力，提高食品知名度的作用。

减少脂肪(fat free)食品：用低脂肪牛奶、天然植物油和特瘦碾磨牛肉等设计的食品，脂肪含量可以减少96%以上。

后现代食品的个性化设计不仅反映在餐饮市场供应品种方面，还反映在对个体人的饮食结构模式的设计，新一代分子生物学结合人类遗传学的最新发现和对食物数百种化合物的深入了解，研究人员逐渐梳理饮食与脱氧核糖核酸(DNA)之间的一些复杂关联，从而揭开了现代营养遗传学的序幕。这是一个崭新的研究领域，虽然围绕它的名称问题仍有争论，但是，这个领域正在迅速的发展，一些欧美的新兴公司等在解开所有的奥秘，已经开始直接为消费者检测基因与所吃食物营养之间的某些关联。克里斯蒂娜·戈尔曼在美国《时代》周刊上发表了题为《我的饮食适合我的基因吗》的文章说："研究人员如今需要透彻地了解人类基因组的大约2万—5万种基因和这些基因中存在的300万种以上常见的变异体，他们还需要探索遗传方面的这些可变性与健康和疾病之间有什么联系。再加上食物食有数百种生活活性化合物，每一种都因植物的生长地点和牲畜的畜养地点不同而变化，各种信息错综复杂，到头来，你大概会得知自己仍然需要吃花椰菜，但至少你会更清楚地知道为什么要吃它。"美国塔夫茨大学弗里德曼营养学院的遗传学家何塞·奥多瓦斯在谈到这次研究的目的时说："我们要让营养变得更加科学……我们想弄明白营养品是怎么起作用的，对哪些人起作用，为什么低脂肪饮食对有的人管用而对有的人不管用。"营养遗传学的商业目的之一就是为消费者提供适合其基因特点的食物结构的个性化特色设计，将食源性疾病的风险降低到最小参数。在这种设计中，人的饮食结构将超脱传统模式的束缚，真正地获得个性的自由。

健康成为后现代人类饮食生活的最为基本的追求，安全、营养、美感被集中到追求一种健康轻松愉快的饮食方式之中，饮食时尚频现，一种被称为"安全颠覆传统健康观念及做法"的饮食生活方式首先由美国环球大学华人医学博士林光常教授提出，并迅速在欧、美和东南亚地区产生了巨大反响。林博士主张人们进餐要简单、有效、快速、安全，反对以肉、禽、鱼、蛋、奶为主的食物结构模式，反对轻易地服用生物与化学药剂，他认为人的疾病主要由不同的毒素构成，吃饭就是要排毒，既达到养又达到疗的效果，这实际上是运用现代科学知识和方法对传统中国医学顺势疗法排毒理念的全新诠释，令人耳目一新，同时，在行为道德上又有着宗教式节

俗俭行的思想内核。他所颠覆的实质正是近代西方营养学的传统理念和饮食生活消费方式。林教授所提出的饮食结构和生活方式被有关专家认为是最适合现代远东民族体质需要的一种新尝试,实际上我认为这是东方民族从近现西方强势热量文化中的清醒和对民族传统的一种回归与重建。

由于在思想上迫于对环境污染和营养不良致病的担忧,一般的人常在认识误区中表现出一些反常的饮食方式,并引以为一种时尚行为,典型的案例有:① 以副食取代主食,即以酒肉果蔬取代米面主食的地位,过分地强调热量充分或反之误认为米面是肥胖症的根源。② 以鱼肉代替禽、畜肉,即只吃鱼虾、海鲜,不吃禽、畜肉和其他肉类。一个民族的饮食文化传统是千百年的风风雨雨,久经考验才得以形成的,现代不能也不可能随意推翻传统。文化之根就是生命之根,盲目跟风外来文化而背弃传统文化尤如拔苗助长,一事无成,各地区、各民族饮食文化传统都具有存在的价值,因为,不同的文化都具有共同的目的,都是人类改善生存条件提高生存质量所作出的最佳适应的选择。不同文化之间没有优劣,只有差异,都是合理的生活方式。因此,彼此间不能互代,不能强求输出或者接受,只能互相交流,取长补短,自我更新,都必须遵循内外环境平衡的法则。

在后现代全球一体化进程中,社会成为服务型社会,专业等级教育与职业化进程显得尤为重要,教学研与培训将主导着文化的传承与发展,饮食文化的多样性将会得到更好的保护,在市场中转化为极具个性设计的主要内容而交流世界。不同社会的饮食文化元素会在大餐饮流通市场上得到集中和提炼,从而人类的饮食文化生活具有更多的选择。个人的饮食行为也将脱离那种自由无序状态,在科学设计精神的指导下,自觉地成为规范而合乎标准的理性行为。人类的饮食生活必将是对自己负责也对地球和人类未来负责的一种有序活动。然而由于人类阶级社会的长期存在,饮食文化活动的共享性永远也不会均衡,对于大多数人来说,美味永远值得崇拜,食礼也永具神性。在整个世界层面,中国的那种对食物原料综合利用的工艺精神;法国的那种崇尚美食又注重节约的社会公德;美国的 12 个膳食结构个性化金字塔的那种对生命珍视严谨认真的科学态度,都将成为饮食文化世界的共同的典范。

参 考 文 献

［1］《欧洲文明的源头》,叶雪理著,华夏出版社 2000 年版。

［2］《东方的遗产》,〔美〕威尔·杜美著,东方出版社 2003 年版。

［3］《中国风俗通史》,宋兆麟,等著,上海文艺出版社 2001 年版。

［4］《意大利》,王彦林、黄昌瑞、赵洋仲编著,上海辞书出版社 1986 年版。

［5］《三皇五帝时代》,王大有著,中国时代经济出版社 2005 年版。

［6］《中华文化史》,冯天愈,等著,上海人民出版社 1990 年版。

［7］《神话与民族精神》,谢选骏著,山东文艺出版社 1986 年版。

［8］《中国伊朗编》,〔美〕劳费尔著,林筠因译,商务印书馆 2001 年版。

［9］《酒的故事》,〔英〕休·约翰逊著,李旭大译,陕西师范大学出版社 2004 年版。

［10］《汉族的民俗宗教》,〔日〕渡边欣雄著,周星译,天津人民出版社 1998 年版。

［11］《古埃及神话》,康曼敏编译,海天出版社 2003 年版。

［12］《神话的由来》,王德保著,中国人民大学出版社 2004 年版。

［13］《茶道》,江静、吴玲编著,杭州出版社 2003 年版。

［14］《人类营养学》,何志谦主编,人民卫生出版社 2000 年第二版。

［15］《康德文化哲学》,范进著,社会科学文献出版社 1996 年版。

［16］《印度菜品尝与烹制》,星文珠编著,上海科技出版社 2004 年版。

［17］《西班牙菜品尝与烹制》,王汉明编著,上海科学技术出版社 2003 年版。

［18］《法国菜品尝与烹制》,王汉明编著,上海科学技术出版社 2004 年版。

［19］《德奥菜品尝与烹制》,陶业荣编著,上海科学技术出版社 2004 年版。

［20］《意大利菜品尝与烹制》,王汉明编著,上海科学技术出版社 2003 年版。

［21］《味觉的乐园》,Wolfgang Schivelbusch 著,李公军、吴红光译,百花文艺出版社 2005 年版。

［22］《世界史纲》,马世力主编,上海人民出版社 1999 年版。

［23］《越南菜品尝与烹制》,郭伟信编著,上海科学技术出版社 2003 年版。

［24］《泰国菜品尝与烹制》,占美编著,上海科学技术出版社 2004 年版。

［25］《中国烹饪研究》,陈苏华著,人民日报出版社 2004 年版。

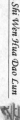

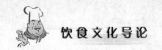
[26] 《齐民要术》,(北魏)贾思勰著,石声汉释,中国商业出版社 1984 年版。

[27] 《多维视野中的文化理论》,庄锡昌,等编,浙江人民出版社 1987 年版。

[28] 《中国风俗史》,(清)张亮采著,上海文艺出版社 1988 年影印本。

[29] 《原始文化研究》,朱狄著,三联书店 1988 年版。

[30] 《食物的历史》,〔美〕菲利普·费尔南德斯·阿莫斯图著,何舒平译,中信出版社 2005 年版。

[31] 《全球通史》,〔美〕斯塔夫里阿诺斯著,吴象婴,等译,上海社会科学院出版社 1999 年版。

[32] 《原始人的心智》,〔美〕弗兰兹·博厄斯著,项龙理译,国际文化出版公司 1989 年版。

[33] 《世界古代发明》,〔英〕彼得·摩姆斯,等著,颜可维译,世界知识出版社 1999 年版。

[34] 《人类学》,〔英〕爱德华·B·泰勒著,连树声译,广西师范大学出版社 2004 年版。

[35] 《中国茶经》,陈宗懋主编,上海文化出版社 1992 年版。

[36] 《国际菜谱》,北京友谊宾馆编,科学普及出版社 1983 年版。

[37] 《现代西餐烹调教程》,王天佑著,辽宁科学技术出版社 2002 年版。

[38] 《珍馐玉馔》,王红湘著,江苏古籍出版社 2002 年版。

[39] 《饮食文化概论》,赵荣光著,中国轻工业出版社 2000 年版。

[40] 《中国食经》,任百尊主编,上海文化出版社 2002 年版。

[41] 《陆羽茶经解读与点校》,程启坤,等著,上海文化出版社 2003 年版。

[42] 《失落的文明:古印度》,西代锡,等著,华东师范大学出版社 2003 年版。

[43] 《李顺才食雕技法》,李顺才著,江苏科学技术出版社 2004 年版。

[44] 《艺术风格学》,〔瑞士〕,H·沃尔夫林著,潘耀昌译,辽宁人民出版社 1987 年版。

[45] 《天工开物导读》,潘吉星著,巴蜀书社 1988 年版。

[46] 《文化演进与人类行为》,〔美〕F·普洛格,等著,吴爱明,等译,辽宁人民出版社 1988 年版。

[47] 《艺术与科学》,〔苏〕米·贝京著,任光宣译,文化艺术出版社 1987 年版。

[48] 《科学世界图景中的自然界》,〔奥〕瓦尔特尔·霍利扎尔著,孙小礼,等译,上海人民出版社 1987 年版。

[49] 《中国各民族的消费风俗》,杜平,等著,广西人民出版社 1988 年版。

[50] 《美学论集》,李泽厚著,上海文艺出版社 1992 年版。

[51] 《文化的变异》,〔美〕C·恩伯,等著,杜杉杉译,辽宁人民出版社 1988 年版。

[52] 《中国食品科技史稿》,洪光柱著,中国商业出版社 1985 年版。

［53］《夏史论丛》，中国先秦史学会编，齐鲁书社 1985 年版。

［54］《中国青铜时代》，张光直著，三联书店 1983 年版。

［55］《中国名菜——大淮扬风味系》，陈苏华著，上海文化出版社 2006 年版。

［56］《中国食物》，〔美〕尤金·N·安德森著，百籁，等译，江苏人民出版社 2003 年版。

［57］《医学的历史》，〔英〕罗伯特·玛格塔著，李诚译，希望出版社 2004 年版。

［58］《中国哲学大纲》，张岱年著，中国社会科学出版社 1982 年版。

［59］《老子说解》，张松如著，齐鲁书社 1987 年版。

［60］《楚辞集注》，（宋）朱熹著，中国人事出版社 1996 年版。

［61］《厨房里的哲学家》，〔法〕布里亚·萨瓦兰著，郭一夫，等译，百花文艺出版社 2005 年版。

［62］《中国酒经》，朱宝镛，等主编，上海文化出版社 2000 年版。

［63］《艺术心理学》，〔苏〕列·谢·维戈茨基著，周新译，上海文艺出版社 1985 年版。

［64］《朱光潜美学文集》，朱光潜著，上海文艺出版社 1982 年版。

［65］《原始社会》，〔苏〕A·N·别尔什茨著，苗欣荣，等译，中央民族学院出版社 1987 年版。

［66］《图腾与禁忌》，〔奥〕沸洛伊德著，文良、文化译，中央编译出版社 2005 年版。

［67］《动物四篇》，〔古希腊〕亚里士多德著，吴寿彭译，商务印书馆 1985 年版。

［68］《图腾崇拜》，〔苏〕A·E·海通著，何星亮译，广西师范大学出版社 2004 年版。

［69］《艺术创造工程》，余秋雨著，上海文艺出版社 1987 年版。

［70］《无毒一身轻》，林光常著，知识出版社 2006 年版。

［71］《吕氏春秋集释》，许维通著，北京市中国书店 1985 年版。

［72］《中国民族史》，吕思勉著，中国大百科全书出版社 1987 年版。

［73］《周礼今注令译》，林尹注译，书目文献出版社 1985 年版。

［74］《山海经校注》，袁珂校注，上海古籍出版社 1980 年版。

［75］《周易大传新注》，徐志锐著，齐鲁书社 1988 年版。

［76］《现代科学之花——技术美学》，涂途著，辽宁人民出版社 1985 年版。

［77］《中国饮食文化》，华国梁，等主编，湖南科学技术出版社 2008 年版。

［78］《国外饮食文化》，李维冰，等主编，辽宁教育出版社 2005 年版。

［79］《历史的观念》，〔英〕R·G·柯林武德著，何兆武，等译，中国社会科学出版社 1986 年版。

［80］《当代史学主要趋势》，〔英〕杰弗里·巴勒克拉夫著，杨豫译，上海译文出版

社 1987 年版。

[81] 《文艺复兴时期的人与自然》,〔美〕埃伦·G·杜布斯著,刘源译,浙江人民出版社 1988 年版。

[82] 《中国饮食保健学》,路新国,等编著,中国轻工业出版社 2001 年版。

[83] 《餐桌艺术经典》,〔日〕今田美奈子著,罗庆霞译,江苏科学技术出版社 2005 年版。

[84] 《科学知识进化论》,〔英〕波普尔著,纪树立译,三联书店 1987 年版。

[85] 《认知心理学》,〔美〕J·R·安德森著,张述祖,等译,吉林教育出版社 1989 年版。

[86] 《文心雕龙》,(梁)刘勰著,上海文瑞楼乾隆年本。

图书在版编目(CIP)数据

饮食文化导论/陈苏华主编. —上海:复旦大学出版社,2013.10
ISBN 978-7-309-10088-4

Ⅰ. 饮… Ⅱ. 陈… Ⅲ. 饮食-文化-中国-高等职业教育-教材 Ⅳ. TS971

中国版本图书馆 CIP 数据核字(2013)第 225985 号

饮食文化导论
陈苏华 主编
责任编辑/罗 翔

复旦大学出版社有限公司出版发行
上海市国权路 579 号 邮编:200433
网址:fupnet@fudanpress.com http://www.fudanpress.com
门市零售:86-21-65642857 团体订购:86-21-65118853
外埠邮购:86-21-65109143
浙江省临安市曙光印务有限公司

开本 787×1092 1/16 印张 31.5 字数 586 千
2013 年 10 月第 1 版第 1 次印刷
印数 1—4 100

ISBN 978-7-309-10088-4/T·492
定价:50.00 元